Sigrid Nieberle

Literarhistorische Filmbiographien

Media and Cultural Memory/ Medien und kulturelle Erinnerung

Edited by / Herausgegeben von
Astrid Erll · Ansgar Nünning

7

Walter de Gruyter · Berlin · New York

Sigrid Nieberle

Literarhistorische Filmbiographien

Autorschaft und Literaturgeschichte im Kino

Mit einer Filmographie 1909–2007

Walter de Gruyter · Berlin · New York

♾ Gedruckt auf säurefreiem Papier,
das die US-ANSI-Norm über Haltbarkeit erfüllt.

ISSN 1613-8961

ISBN 978-3-11-020074-4

Bibliografische Information der Deutschen Nationalbibliothek

Die Deutsche Nationalbibliothek verzeichnet diese Publikation in der Deutschen Nationalbibliografie; detaillierte bibliografische Daten sind im Internet über http://dnb.d-nb.de abrufbar.

Printed in Germany
Satz: Innokentij Kreknin, Greifswald
Einbandgestaltung: Christopher Schneider, Berlin

»… einige werden posthum geboren«

Friedrich Nietzsche: *Ecce Homo*

»Man lebt ja nur so kurze Zeit und ist so lange tot.«

Wiener Volkslied

»Primum scribere, deinde vivere.«

Heimito von Doderer: *Die Dämonen*

»perhaps love for a writer is the purest,
the steadiest form of love.«

Julian Barnes: *Flaubert's Parrot*

Inhalt

1. Einleitung

Eine Studie über die literarhistorische Filmbiographie, die zur noch sehr jungen Biopic-Forschung zu zählen ist, im Jahr 2008 abzuschließen, profitiert von der Aktualität des Themas und unterliegt ihr gleichermaßen. Denn das Biopic *(biographical picture)* floriert: Meldungen über die Kinoproduktionen in den letzten Jahren kündigten eine Welle biographischer Filme an, die von Helden (Ray Charles, Sophie Scholl) und Anti-Helden (Howard Hughes), Forschern und Musikern (Alfred Kinsey, Cole Porter, Bob Dylan), von bildenden Künstlern (Modigliani, Klimt) und nicht zuletzt von Dichtern und Schriftstellerinnen erzählen (Hans Christian Andersen, Jane Austen, J. M. Barrie, Truman Capote, Brüder Grimm, Božena Němcová, Sylvia Plath und Ted Hughes, Beatrix Potter). Weitere Großprojekte sind in Produktion, u.a. *The Edge of Love* über Dylan Thomas für 2008 sowie *Bright Star* über Keats und *Brontë* für 2009. Das Schiller-Jahr 2005 verstärkte hierzulande insofern den Trend zum biographischen Spielfilm, als zum Todestag des Dichters sowohl die alten Filmbestände aufgefrischt und wiederaufgeführt als auch eine neue TV-Produktion über Schillers Leben dem literarhistorischen Filmarchiv hinzugefügt wurden.[1] Der Stummfilm vom Curt Goetz (*Friedrich Schiller – Eine Dichterjugend*, D 1923) wurde vom Münchner Filmmuseum restauriert und an einem Schiller-Themenabend am 27.4.2005 vom Fernsehsender Arte zum 200. Todestag des Dichters ausgestrahlt. Die im Rahmen des »24 Stunden Schiller«-Programms von 3sat am 1.5.2005 gesendete nationalsozialistische Schiller-Biographie von Herbert Maisch (*Friedrich Schiller – Der Triumph eines Genies*, D 1940) ist seit diesem Jahr zudem als DVD-Edition eines »Historienfilms« wieder zugänglich.[2] Mit den Wiederaufführungen der entsprechenden Filmbiographien zu aktuellen Dichterjubiläen zumindest im Fernsehen oder bei dem einen oder anderen Literaturfest ist stets zu rechnen.

Hauptsächlich jedoch setzt Hollywood derzeit wieder auf »jede Menge Leben« im Kino, wie *Focus* und andere Zeitschriften vermelden, und

---

1 *Schiller* als »TV-Historienfilm« in der Regie von Martin Weinhart (D 2005) mit Matthias Schweighöfer in der Titelrolle.

2 Vgl. hierzu auch die kritische Rezension in der FAZ von Rebhandl (2005), Er ist ein Querkopf, er ist ein Grobian! Schiller und Schlüter: Zwei Bio-Pics aus dem Dritten Reich, in: *Frankfurter Allgemeine Zeitung*, 9.8.2005.

nicht selten wird über die Gründe für das ansteigende Angebot und eine ebensolche Nachfrage mit kaum plausiblen Argumenten spekuliert – »bekanntlich ist ja nichts spannender als die Wirklichkeit«.[3] Diesen Spekulationen wird die vorliegende Arbeit keine weiteren hinzufügen. Vielmehr ist es ihr Anliegen, die Erzählungen des Kinos über Autor und Autorin erstmals systematisch zu sichten und in ihrer Relevanz erstens für die Konstruktion literarischer Autorschaft, zweitens für die Einspeisung in ein filmisches Gedächtnis der Literaturgeschichte und die dadurch entstehenden medialen Interferenzen sowie schließlich drittens auf ihre wiederkehrenden narrativen Schemata hin zu untersuchen. Alle diese Filme erzählen von sozial inkommensurablen Figuren, die Schwierigkeiten in ihrem Umfeld haben, die rebellieren, sich unkonventionell verlieben, der Verführung von Drogen erliegen, mitunter deutliche Symptome psychischer Labilität entwickeln und sich für ihre Literatur ›opfern‹ – kurz gesagt: Sie erzählen von Figuren der Devianz, die zum einen die »Legende vom Künstler« stets aktualisieren und zugleich in zumeist konventioneller Weise affirmieren. Das gegenwärtige Konjunkturhoch des filmischen Erinnerns nationalliterarischer Geschichte und individueller Lebensgeschichten macht deshalb besonders deutlich, dass dieses Genre gerade gegenläufig zu den theoretisch für ›tot‹ erklärten Konzepten der Biographie und der Autorschaft breite Erfolge feiert, aber auch veritable Flops erzeugen kann. Deshalb kann ein solches Untersuchungsprojekt auch keinen sachgerechten Endpunkt finden, es sei denn, man setzt mit dem Jahr 2007 einen pragmatischen Termin für den Redaktionsschluss der Filmographie, die sich nun im Anhang dieser Studie findet.

Auch wenn sich die Literaturwissenschaft mitunter noch schwer damit tut, Kino und Film als »Institutionen der Literaturvermittlung« zu berücksichtigen,[4] so handelt es sich bei der Filmbiographie genauso wie bei der Literaturverfilmung doch zweifellos um Genres bzw. Sub-Genres, die eine sehr spezifische Rezeptionsform für Literatur und Literaturgeschichte im Laufe des 20. Jahrhunderts entwickelt haben. Zugespitzt heißt dies: Ein 90minütiger Kinobesuch ersetzt, motiviert oder begleitet Lektüren von Literaturgeschichten, Biographien, literarischen Werken. Auch initiieren solche Jahrestage, die die unhinterfragte kalendarische Ordnung des Kulturbetriebs und selten explizite literarästhetische Regeln befolgen, sowohl jene ›Gedächtnis-Events‹, zu denen Lesungen, Gedenkfeiern mit Nachrufen, Werkeditionen und Filmaufführungen gehören, als auch emergente

3 Pauli (2004), Jede Menge Leben. Film-Biografien so weit das Auge reicht. »Ray« und »Sylvia« markieren den Anfang eines Genre-Trends, in: *Focus* 1, 31.12.2004, S. 101.

4 Kino und Fernsehen, aber auch alle auditiven Medien wie Hörfunk, Hörbuch etc. fehlen im entsprechenden Kapitel bei Anz (2007), Handbuch der Literaturwissenschaft, Bd. 1.

und gleichwohl selektive Prozesse literarischer Kanonbildung.[5] Die literarhistorische Gedächtniskultur muss darüber hinaus als plurimedial bezeichnet werden, weil sie sich aus einem Zusammenspiel von Gedächtnismedien konstituiert. Zudem fordert sie mit dem Kino einen flexibel bespielbaren Gedächtnisort ein, der jedoch nicht unmaßgeblichen, sondern entscheidenden Einfluss auf die Rezeption und damit auch auf die Resignifizierung im Erinnerungsprozess nimmt.[6]

Dass Film ein Medium des kollektiven Gedächtnisses ist, steht aus aktueller kulturwissenschaftlicher Perspektive außer Frage: Er trägt zur »Externalisierung gedächtnisrelevanter Informationen« bei, sorgt für die »Verbreitung und Tradierung von Gedächtnisinhalten« und macht »konkrete Gedächtnisangebote« in seiner spezifischen »formale(n) Gestaltung«.[7] Literarisches wie filmisches Erzählen holen das Vergangene in die Gegenwart, so dass bereits Henri Bergson und später André Bazin das Kino als Medium des Gedächtnisses konzipiert haben.[8] Für Bazin gehört das Kino zu den seit alters her entwickelten kulturellen Techniken, die Zeit aufzuhalten und gleichermaßen das *memento mori* zu pflegen. Film könne deshalb auch als »sich bewegende Mumie« interpretiert werden.[9] Weniger bildhaft, jedoch präziser kann man den komplexen Konnex von Medien und Gedächtnis als ein Zusammenwirken gesellschaftlicher Erinnerungsprozesse beschreiben. Diesbezüglich lassen sich einige konstante Elemente ausfindig machen, die nicht allein für die Entwicklung neuer (digitaler) Medien gelten, sondern auch – damit wäre die Zusammenfassung bei Zierold zu erweitern –[10] für die älteren Formen medial organisierten Erinnerns. (Letztlich stellt sich die rhetorische Frage, ob es überhaupt ein Erinnern ohne Medium geben könne.) Demnach formen Medien jeweils eine spezifische »Disziplinierung der Wahrnehmung« aus,[11] die als Dispositiv im Sinn des Zusammenwirkens von Institutionen, Medien und Diskursen gelten kann. Sodann geht von einem neuen Medium häufig einerseits die Rede vom Kulturverfall und andererseits die von den Demokratisierungspotentialen aus, weil der Zugang zu bisher elitär organisierten epistemischen und kulturellen Ressourcen angeboten werde, dies aber im Zuge der massenhaften Fabrikation und Distribution mit den Gefahren der Verfälschung, Verharmlosung oder anderer

5 Bogner (2006), Der Autor im Nachruf; Grabes und Sichert (2005), Literaturgeschichte, Kanon und nationale Identität, S. 306.
6 Schmidt (2004), Zwischen Medien und Topoi, S. 36, 38.
7 Zur Explikation dieser drei Kriterien vgl. Erll (2005), Medium des kollektiven Gedächtnisses, S. 15f.
8 Vgl. Pethes und Ruchatz (2001), Gedächtnis und Erinnerung, S. 173.
9 Bazin (1945), Ontologie des fotografischen Bildes, S. 25.
10 Zierold (2006), Gesellschaftliche Erinnerung, S. 186ff.
11 Vgl. auch für das Folgende ebd., S. 186f.

Unterkomplexität verbunden sei. Für die Filmbiographik sind des Weiteren die Aspekte der Kommerzialisierung und der rezeptiven Kontingenzerfahrung wichtig. Das Angebot an historischen Helden und Anti-Helden ist mitunter derart groß, dass Erinnerungsprozesse nicht länger mit Verbindlichkeit und Wertevermittlung verbunden sein müssen (aber können). Schließlich lebt jedes Medium von seiner intermedialen und selbstreflexiven Disposition, weil es sowohl an ältere Speichertechniken des kulturellen Gedächtnisses anknüpft als auch diese selbst zum Gegenstand seiner Erinnerungsleistung erhebt. Alle diese Aspekte lassen sich mit Bazins Vergleich des Films mit einer beweglichen Mumie kurz und knapp illustrieren; jedoch sollen sie im Folgenden für das Biopic erst entfaltet und dargestellt werden.

Mein herzlicher Dank für die Unterstützung bei allen Recherche- und Sichtungsarbeiten gilt den überaus hilfsbereiten Mitarbeiterinnen und Mitarbeitern im Filmarchiv des Bundesarchivs Berlin, der Filmmuseen Berlin, München und Potsdam, des Deutschen Filminstituts Frankfurt am Main, des Goethe-Schiller-Archivs Weimar, des Filmarchivs Austria in Wien, der Friedrich-Wilhelm-Murnau-Stiftung Wiesbaden, der defa-spektrum GmbH Berlin, des Progress Filmverleihs Berlin sowie der Transit Film GmbH München. Besonders dankbar für Hinweise und Quellenmaterialien bin ich Ute Hartmann (Bielefeld), Hannes Jaedicke (Chiavari), Ernst Schmerschmeider (Nachlass Curt Goetz, Wien) und Michael Wedel (HFF »Konrad Wolf« Potsdam-Babelsberg) sowie Daniela Rippl, Dagmar Knöpfel (München) und Harald Bergmann (Berlin). Wertvolle redaktionelle und satztechnische Unterstützung verdanke ich Elisabeth Böhm und Innokentij Kreknin (Greifswald). Für die freundliche Aufnahme in die MCM-Reihe und Betreuung im Verlag danke ich Astrid Erll und Ansgar Nünning sowie Susanne Rade und Heiko Hartmann.

2. Von »Tod« und »Wiederkehr«

2.1. Konjunkturen: Autorschaft und Biographik

Eine Untersuchung zur Figur des Autors und der Autorin im biographischen Spielfilm schließt an zwei literaturwissenschaftliche Diskussionen an, die in den letzten Jahren verstärkt geführt wurden: an die Erforschung der Biographik und die der Autorschaft. Die Texte beider Diskurse sind von den Figuren des Abschieds und der Rückkehr, des Todes und der Renaissance, der Krise des sprechenden und des besprochenen Subjekts geprägt.

Roland Barthes verknüpfte – bereits im Titel die Subjektkritik Nietzsches aufnehmend[1] – in seinem vielzitierten Text *Le mort de l'auteur* (1968) das Verschwinden des Autors mit einer Absage an die Biographik. Tritt an die Stelle des Autors der Leser, dessen »Geburt« mit dem »Tod des Autors« zu bezahlen sei, so ist auch dieser Leser »ein Mensch ohne Geschichte, ohne Biographie, ohne Psychologie.«[2] Bereits 1971 ist jedoch in seiner Einleitung zu *Sade Fourier Loyola* zu lesen, dass mit der Lust am Text auch der Autor wiederkehre. Es wird allerdings nicht der altbekannte Autor der Institutionen sein, ja »noch nicht einmal der Held einer Biographie«.[3] Wie »Asche« wird er sein, »die man nach dem Tode in alle Winde streut«.[4] Diese Vorstellung konkretisiert sich in einem Wunsch des schreibenden Subjekts dieses Vorwortes (»ich«):

> »wäre ich Schriftsteller und tot, wie sehr würde ich mich freuen, wenn mein Leben sich dank eines freundlichen und unbekümmerten Biographen auf ein paar Details, einige Vorlieben und Neigungen, sagen wir auf ›Biographeme‹, reduzieren würde (...); ein durchlöchertes Leben, so wie Proust es in sein Werk einfließen ließ, oder ein Film der alten Art, wo jede Rede fehlt und wo der Bilderfluß (...) wie bei einem wohltuenden Schluckauf, durch das kaum wahrnehmbare Schwarz des Zwischentitels, jenes unbekümmerte Eindringen eines *anderen* Signifikanten, unterbrochen wird: Sades weißer Muff, die Blumentöpfe Fouriers, die spanischen Augen von Ignatius.«[5]

---

1 Vgl. Stingelin (2002), »er war im Grunde der eigentliche Schriftsteller, während ich bloss der Autor war«, bes. S. 104f.

2 Barthes (2000), Der Tod des Autors, S. 192.

3 Barthes (1986), Sade Fourier Loyola, S. 12.

4 Ebd., S. 13.

5 Ebd., S. 13.

Wandte sich Barthes in der Zeit vom Ende der sechziger bis zum Ende der siebziger Jahre autobiographischen Texten, seit 1971 aber auch dem Feld der Malerei zu, »auf dem er seine Techniken des Punktierens, Schraffierens, Kritzelns und Verstreuens weiter üben konnte«,[6] so realisierte sich der Wunsch nach der splitterhaften Biographie des Schriftstellers auf unerwartete Weise, indem der Autor selbst zum Darsteller des Autors innerhalb der filmischen Illusion geriet: Roland Barthes erscheint als William Makepeace Thackeray in André Téchinés biographischem Spielfilm *Les sœurs Brontë* (F 1979). Es ist die Rückkehr des Autors auf der Leinwand, gleichsam wie in einem »Film der alten Art«, wo kaum Rede ist. In der den Film abschließenden Sequenz, die eine Begegnung Thackerays mit der Autorin Charlotte Brontë (Marie-France Pisier) in der Londoner Oper erzählt, umfasst seine Rolle nur ein Wort (»Allons!«). Ein Opernglas, das der Autor der Autorin in seiner Loge gibt, fungiert als »*anderer* Signifikant« – wie der Muff, die Blumentöpfe, die spanischen Augen. Die Narration des Kinos, immer schon ein »durchlöchertes« Unternehmen der Montage, bietet dieser Inszenierung zufolge somit einen möglichen Ort der Renaissance des Autors, wobei es dem Publikum anheim gestellt bleibt, ob hier der Leser (der Werke Charlotte Brontës sowie der in dieser Szene aufgeführten Oper) oder der Autor namens Thackeray (der jedoch nicht schreibt, sondern schaut), ja beide in einer Figur repräsentiert werden. Während der Film in seiner Projektion aufflackert, vermittelt er die Illusion dieser historischen Figur und evoziert mediale Interferenz im Spiel der Zeichen. Das letzte Bild des Films zeigt die leere Loge, wo ehemals Autor und Autorin nebeneinander zu sehen waren; sie verschwanden im *Off* der Kinematographie.

Nicht allein in Leben und Werk des Schriftstellers Barthes, auch in die Forschung haben Autor und Biograph wieder Einzug gehalten, wie Publikationen mit Titeln wie *The Death and Return of the Author*, *Rückkehr des Autors* und *Die Rückkehr der Biographien* exemplarisch für eine diesbezüglich intensivierte Forschung anzeigen.[7] Gilt einerseits die Abkehr von Autorschaft und Biographik als Ausdruck einer literatur- und geschichtstheoretischen Krise des erzählenden Subjekts, so ist deren Rückkehr ihrerseits wiederum Indikator für die Krise des lesenden Subjekts. Zwar mag es die kohärente, lineare, teleologische Biographie nicht mehr geben, weil sie nach dem *linguistic turn* der Geisteswissenschaften als nicht mehr erzählbar gelten muss; aber dass sie, deren quantitativer Zuwachs des Öfteren konstatiert wurde, dennoch Bestand hatte und hat, zeigt den Bedarf einer Leserschaft an, deren identifikatorische Lesart des

---

6 Raulff (1996), Wäre ich Schriftsteller und tot …, S. 189.

7 Burke (1992), The Death and Return of the Author; Jannidis et al. (1999), Rückkehr des Autors; Kursbuch 148: Die Rückkehr der Biographien (2002).

biographischen Genres als Kompensation von Orientierungslosigkeit und Handlungsunfähigkeit in der (post)modernen Gesellschaft unterstellt wird.[8] Insbesondere hatte Siegfried Kracauer 1930 die Inflation der neubürgerlichen Biographik nach dem Ersten Weltkrieg beklagt, die sich von Künstlerfiguren, vor allem von den Dichtern abwende und sich auf »Politiker, Feldherrn, Diplomaten« konzentriere.[9] Die Biographie konkurriere mit dem Roman in der alten geschlossenen Form, weil sich der Schriftsteller nicht mehr »auf sein Ich berufen kann« und ihm die Welt hierfür kaum mehr Orientierung bietet: »Das Vertrauen in die objektive Bedeutung irgendeines individuellen Bezugssystems ist den Schaffenden ein für allemal verlorengegangen.«[10] Die Biographik hingegen zehre von den vorgegebenen, authentischen Lebensläufen, auf die sich der Schreibende bezieht, und bediene zugleich das eskapistische Bedürfnis der Bourgeoisie, vor den sozialpolitischen Entwicklungen des 20. Jahrhunderts die Augen zu verschließen. Diese Begründungsstrategie wird im Übrigen neuerdings auf einen kulturtheoretischen Eskapismus verlagert, wenn die Biographik in Feuilleton und Forschung unter der Überschrift »Flucht vor Lacan und Foucault« subsumiert wird.[11] Den drohenden Verlust der Individualität und Autonomie des Subjekts abwendend, so weiter Kracauer, fungiere die biographische Literatur als »Ausflucht« in ein historisches Bewusstsein,[12] das den Stillstand anzustreben sucht:

> »Es gilt einen Bildersaal einzurichten, in dem sich die Erinnerung ergehen kann, der jedes Bild gleich wert ist. Wie fragwürdig immer die eine oder andere Biographie sei: der Glanz des Abschieds ruht auf ihrer Gemeinschaft.«[13]

Die Masse der Biographien erzeuge ein »Museum der großen Individuen«, in dem sich ein Bürgertum ergeht, das dort sowohl die Möglichkeit zur »Flucht« als auch zur »Rettung« findet.[14] Mit dieser medialen Figuration des visuellen Erinnerungsarchivs ist Beliebigkeit und Signifikanz, Abschied und Wiederkehr sowie schließlich – im Gegensatz zur filmischen Biographik – Stillstand der erinnerten Objekte und Bewegung

8 Zum ›Tod des Subjekts‹ und seiner ›Rückkehr‹ vgl. zuletzt Deines (2003), Über die Grenzen des Verfügbaren; Kögler (2003), Situierte Autonomie. Zur Wiederkehr des Subjekts nach Foucault.

9 Der Essay »Die Biographie als neubürgerliche Kunstform« erschien zuerst 1930 in der *Frankfurter Zeitung*; abgedruckt in: Kracauer (1977), Das Ornament der Masse, S. 75-80, hier S. 75. Zur Einbettung seines Beitrags in die breitere biographische Methodendebatte der Historiker in der Weimarer Republik vgl. Gradmann (1993), Historische Belletristik.

10 Kracauer (1977), Das Ornament der Masse, S. 76.

11 Vgl. Löffler (2001), Biografie. Ein Spiel, S. 16; vgl. auch Febel (2000), Zwischen Theoriemüdigkeit und Trivialität.

12 Kracauer (1977), Das Ornament der Masse, S. 78.

13 Ebd., S. 79.

14 Ebd., S. 79.

der erinnernden Subjekte angezeigt. Zugleich schließt die Metapher des »Bildersaals« an die enzyklopädischen Anstrengungen der Aufklärung an, als Porträtsammlungen von Gelehrten und Schriftstellern unter einem solchen Titel publiziert wurden.[15]

In den 1970er Jahren wiederholt sich diese Tendenz in gewisser Weise: Die »Krise des Romans und die Krise des Historismus« (das sprichwörtlich gewordene »Ende der Geschichte«) führen dazu, dass sich Schriftsteller erneut auf die Biographie konzentrieren.[16] Autoren wie Günter de Bruyn *(Jean Paul),* Hans Magnus Enzensberger *(Durruti),* Peter Härtling *(Hölderlin),* Wolfgang Hildesheimer *(Mozart),* Dieter Kühn *(Wolkenstein)* u.v.a. nehmen Anleihen bei historischen Namen und Lebensläufen und begründen eine neue fiktionale Biographik, die sich besonders durch die stilistischen Mittel der Autoreferentialität und Prozessualität auszeichnet. Sie versuchen, dem »narrativ-teleologischen Sog« einer Lebensgeschichte, der noch jedem zufälligen Ereignis einen übergeordneten Sinn abtrotzt, zu entkommen, und tragen dadurch zu einer Emanzipation der Leser bei, woraus sich ein genau umgekehrter Effekt ergibt, als ihn noch Kracauer beobachtete:

> »Solche Literatur wendet sich an einen mitspielenden und mitdenkenden Leser, will ihn durch die subjektiven Entwürfe beziehungsweise durch die als Versuch deklarierten anderen ›Weltbilder‹ anstacheln, sich eigene Bilder zu entwerfen, eigene Urteile zu fällen. Auf alle Fälle soll der Leser sich nicht in die Illusion einer ›heilen Welt‹ flüchten, sich nicht an eine imaginierte Totalität verlieren.«[17]

Die Rückkehr der Biographie nach den traumatischen Ereignissen des Zweiten Weltkriegs und des Nationalsozialismus führte demnach zwar zu veränderter Funktion und neuen Erzählverfahren, deren historische Variabilität innerhalb der Gattungsfrage zu berücksichtigen ist.[18] Letztlich dient sie aber auch der Legitimation von Autorschaft, indem sich der Biograph gleichermaßen von seiner historischen Figur abgrenzt und sich an sie anlehnt, wie Ina Schabert in ihrer komparatistischen Studie *In Quest of the Other Person* für das 20. Jahrhundert zeigen kann.[19] Der »Tod des Autors« wird seither von einer »Renaissance der fiktionalen Dichterbiographie« begleitet, so Ansgar Nünning, deren Zugewinn an Autoreferentialität für die englische Literatur als Tendenz zur Metabiographik be-

---

15 Brucker und Haid (1741-1755), Bilder-sal heutiges Tages lebender, und durch Gelahrtheit berühmter Schrifftsteller.

16 Scheuer (1994), Biographische Modelle in der modernen deutschen Literatur, S. 459.

17 Ebd., S. 485.

18 Vgl. Scheuer (1979), Biographie; Scheuer (1982), Biographie – Überlegungen zu einer Gattungsbeschreibung; Sudau (1985), Werkbearbeitung, Dichterfiguren.

19 Schabert (1990), In Quest of the Other Person. Untersucht wird eine breite Textauswahl, u.a. von Virginia Woolfs *Orlando* über Härtlings *Hölderlin* und Marguerite Yourcenars *Mémoirs d'Hadrien* bis zu Julian Barnes' *Flaubert's Parrot.*

schrieben werden kann.[20] Auch die Geschichtswissenschaft hat eine neue biographische Kultur ausgerufen,[21] die sich der hauptsächlich poststrukturalistisch, marxistisch und mentalitätsgeschichtlich betriebenen Abschaffung des geschichtsmächtigen Subjekts widersetzt.[22] Dabei muss sie ihre eigene konstruktive Narrativität in Rechnung stellen, um nicht in die traditionellen Formen der »oberflächlichen, anekdotischen Biographie« zurückzufallen, »die nach platten chronologischen Kriterien verfährt«.[23] Das »geschriebene Leben« – erfassbar in Fragebögen, Statistiken, tabellarischen Lebensläufen, qualitativer und quantitativer Sozialforschung – wird differenziert von einem »erzählten Leben«, das Identität erzeugt.[24] Dieses Erzählen von Lebensgeschichte(n) konstituiert eine moralische Identität, die bestimmte Traditionen und Werte als zustimmungswürdig präsentiert, andere hingegen als abzulehnend.[25] Mit der breiten Rezeption von Hayden Whites Einsichten in den »historischen Text als literarisches Kunstwerk«[26] kann man darüber hinaus von einem *narrative turn* in der Historiographie sprechen, der die Grenzen zwischen »Fakten und Fiktionen« für den biographischen Text verschwimmen[27] und zum Beispiel auf Ansätze wie Sartres »vrai roman« über Flaubert (1971/72) aufmerksam werden lässt.[28] Die alten Konstanten der Biographik (Linearität, Kohärenz, Kausalität, Teleologie) werden demzufolge substituiert durch Kriterien, die bisher vor allem für literarische Texte galten und zugleich an die Mittel filmischer Narration erinnern, nun aber jegliche historische Darstellung betreffen sollen (Retrospektivität, Perspektivität, Selektivität, Sequenzialität, Kommunikativität, Partikularität).[29]

Damit entsteht eine unmittelbare Nähe zum traditionellen biographischen Roman, der ebenfalls der historischen Konjunktur unterworfen ist: Zwischen 1852 und 1942 lassen sich allein 129 Romane belegen, die das Sujet der neuzeitlichen »Dichtung« mit historischen Figuren aus der Literaturgeschichte aufweisen[30] und zusammen mit anderem Quellenmaterial

---

20 Vgl. Nünning (2000), Von der fiktionalen Biographie zur biographischen Metafiktion, S. 16.

21 Vgl. Röckelein (1993), Der Beitrag der psychohistorischen Methode zur »neuen historischen Biographie«; Hartman (2001), Realism, Authenticity, and the New Biographical Culture; Margadant (2000), Introduction: Constructing Selves in Historical Perspective.

22 Vgl. im Überblick Füssel (2003), Die Rückkehr des ›Subjekts‹ in der Kulturgeschichte.

23 Le Goff (1990), Wie schreibt man eine Biographie?, S. 105.

24 Schneider (2002), Ich und mein Selbst, S. 45.

25 Vgl. Gergen (1998), Erzählung, moralische Identität und historisches Bewußtsein, S. 197-200.

26 White (1986), Auch Klio dichtet oder die Fiktion des Faktischen, S. 101-122.

27 Vgl. Zimmermann (2000), Fakten und Fiktionen.

28 Zu Sartre vgl. Schulten (1991), Jean-Paul Sartres »L'idiot de la famille« – ein methodisches Modell der Dichterbiographie.

29 Vgl. Füßmann (1994), Historische Faszination, S. 32ff.

30 Hingegen sind nur zwölf Romane zwischen 1919 und 1938 zur mittelalterlichen und

und historischen Dramen die namhafteste Sorte der Prätexte für die literarische Filmbiographie und ihr narratives Repertoire darstellen. Der quantitative Schwerpunkt dieser Literatur liegt eindeutig auf den Jahren 1920 bis 1932 (53 Titel) und 1933 bis 1942 (47 Titel),[31] so dass die frühe Filmbiographik als parallele Entwicklung zu diesem populären Genre eingeschätzt werden muss und die beiden medienspezifischen Narrationen gegenseitig voneinander profitierten. Erweitert man die bibliographische Abfrage auf biographische und literarhistorische Romane, die »Lebensromane« aus der europäischen Literaturgeschichte seit der Antike erzählen (Librettisten, Dramatiker, Schriftsteller, Dichter als Protagonisten), ergibt sich für die Jahre 1785 bis 1945 eine Gesamtzahl von 429 deutschsprachigen Erstpublikationen, die sich sortiert nach Erscheinungsjahr darstellen lassen.[32] Die folgende deskriptive Graphik versteht sich nicht

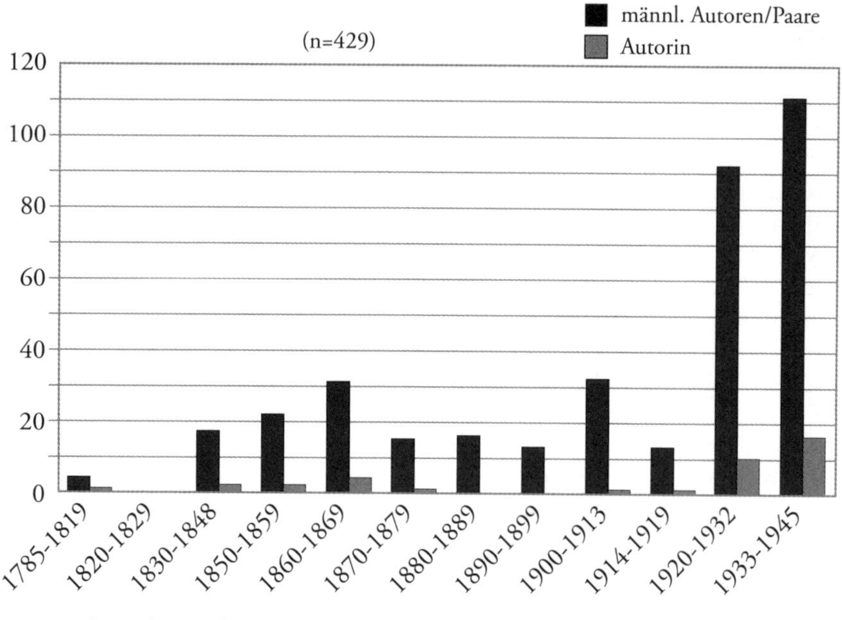

Literarhistorische Romane 1785-1945 (deutschsprachige Erstpublikationen)

frühneuzeitlichen Literaturgeschichte nachzuweisen; vgl. zum Datenmaterial das Projekt »Historischer Roman« des Instituts für Germanistik an der Universität Innsbruck (eingerichtet und betreut von Kurt Habitzel, Günter Mühlberger und Gregor Retti), dessen Datenbank ca. 6.700 deutschsprachige historische Romane des Zeitraums 1780-1945 verzeichnet: http://histrom.literature.at/ (22.07.2008).

31 Einen ersten Schwerpunkt bilden die Jahre 1852 bis 1869 mit 12 Romanen.

32 Quelle der bibliographischen Angaben ist wiederum die Datenbank des Projekts »Historischer Roman«: http://histrom.literature.at/ (22.07.2008). Doppelungen, die durch die Verschlagwortung der Datenbank entstanden, wurden bereinigt. Mehrbändige Romane wurden einfach gezählt.

als statistisch signifikant; die Daten wurden zudem in keinen vergleichbaren Bezugsrahmen eingestellt. Die Rubrik »Autorin« betrifft Romane mit einer weiblichen Protagonistin, die als »Schriftstellerin« oder »Dichterin« rubriziert wurde und die nicht Teil eines schreibenden Paares ist.

Kracauers subjektiver Eindruck, dass die Dichter aus der Biographik seit dem Ersten Weltkrieg gleichsam verdrängt wurden, kann somit in Frage gestellt werden; die von ihm prognostizierte Entwicklung hingegen, dass die Anzahl der (hier nur fiktionalen) Neuerscheinungen historisch-biographischer Literatur ständig zunimmt, hatte 1930 ihren Höhepunkt noch nicht erreicht und erweist sich in der statistischen Stichprobe als plausibel.

Kracauer und Barthes gaben mit ihren Texten zu unterschiedlichen Zeitpunkten jeweils wichtige Impulse zu einer Debatte der Biographik und der Autorschaft. Die sich parallel zu den Debatten entwickelnde Skepsis an ›großen Männern der Geschichte‹ führte zum einen zu einer intensiven Diskussion über entsprechende Darstellungsformen, aus deren Resten sich der Autor und die Biographik gerade nicht wie die »Aschepartikel« bei Barthes, sondern jüngsten Überlegungen zufolge wieder einem »Phönix« gleich erheben könnten.[33] Zum anderen entwickelte sich hieraus eine Annäherung der Geschichts- und Literaturwissenschaften, die beide gemeinsam die Rhetorik des Alten und Neuen, des Abschieds und der Wiederkehr, des Todes und der Wiedergeburt als wissenschaftshistorisches Erzählparadigma pflegen. Žižek beschreibt diese Entwicklung mit folgenden, das *Kommunistische Manifest* zitierenden Sätzen: »Ein Gespenst geht um in der akademischen Welt. Es ist das Gespenst des cartesianischen Subjekts.«[34] Für die Filmbiographik gilt es, die medienspezifischen und medienhistorischen Aspekte dieser Diskussionen zu beachten – wobei uns die gespenstische Figur des Wiedergängers erneut begegnen wird.

2.2. Technische Vorgeschichten

Von den theoretischen Konjunkturschwankungen der Autorschaft und der Biographik zeigt sich die Filmgeschichte – ebenso wie der zur Theorie geradezu gegenläufige Literaturbetrieb und die Alltagskommunikation[35] – weitgehend unbeeindruckt. Zwar stellt die filmische Dichterbiographie

33 Klein formuliert diesen Vergleich mit einem Fragezeichen; vgl. Klein (2002), Grundlagen der Biographik, S. 1.

34 Žižek (2001), Die Tücke des Subjekts, S. 7.

35 Vgl. Zimmermann (2000), Fakten und Fiktionen, Einleitung, S. 1-13. Löffler führt z.B. für das Jahr 1982 weltweit 10.481 biographische Neuerscheinungen an und für die letzten 200 Jahre geschätzte 60.000 Biographien allein über Jesus Christus; vgl. Löffler (2001), Biografie. Ein Spiel, S. 17.

über die Jahrzehnte einen unterschiedlich großen Anteil an der Gesamtproduktion der Filmindustrie dar, aber für das Genre ist eine eher mäßige und dennoch stetige gesellschaftliche Relevanz indiziert, sind doch der Autor und auch die Autorin im Film seit dem Aufkommen des Mediums in regelmäßigen Abständen wiedergekehrt. Man könnte sogar argumentieren, dass die sogenannte »moderne Biographik«[36] bereits mit ihrer filmischen Realisation begonnen hat und sich parallel zur Prosa der Moderne mit den Mitteln der filmischen Narration entwickelte. Als Ausdrucksmittel »ihrer Zeit« geraten sowohl die moderne Biographik als auch der Film in den kulturpessimistischen Fokus der Traditionalisten, die das Erzählen menschlichen Lebens und Schaffens weder dem einen noch dem anderen Genre überlassen wollen.[37]

Dabei gehört die Visualisierung des Künstlers zur langen Tradition biographischer Erzählungen seines Lebens und Werkes. Wie Ernst Kris und Otto Kurz in ihrer basalen Studie zur »Legende vom Künstler« (1934) darstellten, kommt es schon seit der Antike nicht so sehr auf die anekdotische Genauigkeit in der Künstlervita an, sondern auf die eindrückliche und vor allem repetitive Ausgestaltung einzelner biographischer Momente, die Taten und Charakter sinnstiftend miteinander verbinden.[38] Erst in der Renaissance aber gewinnt die Künstlerbiographik neues Potenzial in der Visualisierung der Wiedergeburt des Künstlers innerhalb einer biographischen Darstellung, indem Name und Gestalt fortan in Text und Bild narrativ verknüpft sind. So schreibt Giorgio Vasari mit seinen *Le vite de più eccelenti pittori, scultori e architettori* (1550/1568) nicht allein gegen das Vergessen der Werke und Zeugnisse an, sondern auch gegen das der Künstlernamen. George Didi-Huberman beobachtet bei Vasari vor allem in der Überarbeitung zur zweiten Auflage von 1568 die Tendenz zur Visualisierung und Allegorisierung des Künstlerlebens, die sich in den Holzschnitten der Titelvignetten und Porträts findet. Die paratextuellen Legitimationsschichten des biographischen Kompendiums konstituieren zugleich einen wissenschaftlichen Kanon der Kunstgeschichte und dessen Notwendigkeit:[39] »Mit der Erfindung von so etwas wie der Auferstehung der Kunst hat die Renaissance gleichzeitig das Phantasma vom

36 Zu diesem Begriff, der »die Unbefangenheit des Biographen«, »sein psychologisches Einfühlungsvermögen« sowie »die komplizierte Struktur des seelischen Bildes« umschließt und mit dem Beginn des 20. Jahrhunderts angesetzt wird, vgl. Romein (1948), Die Biographie, S. 63ff. Zimmermann nennt diesbezüglich die »*charakterlich-psychische* Disposition, das *typische* Detail und die *psychologische* Wahrheit« als Kriterien der modernen Biographik; vgl. Zimmermann (2000), Fakten und Fiktionen, S. 2.

37 Vgl. hierzu Romein (1948), Die Biographie, S. 92ff.

38 Vgl. Kris und Kurz (1995), Die Legende vom Künstler.

39 Vgl. Roesler-Friedenthal (1998), Das Porträt des Künstlers in den Kanonisierungsprozessen der Kunstgeschichte.

Tod der Kunst mitgeliefert.«[40] Das für die Renaissance im Kontext der breiten Nachruhmdebatte entwickelte innovative und autonome Künstlerbildnis zeigt zum Teil buchstäblich die zwei Seiten der Medaille: Auf dem Avers dieser Medaillen sind ein Porträt und der Name des Künstlers platziert, auf dem Revers steht das allegorisch-mythologische Programm der Künstlerexistenz geschrieben, das Kunstauffassung und Rolle des Künstlers kommentiert (u.a. Minerva, Merkur, Bacchus, Herkules, Atlas).[41] Lassen sich dabei Darstellungsmodus und mythische Dimension der Künstlerexistenz auf den zwei Seiten der Medaille als Visualisierungsaspekte schlüssig differenzieren, so kommt die aktuelle Diskussion über den biographischen Mythos in den Geschichtswissenschaften zu dem Schluss, dass diese Unterscheidung zwischen erzählter ›Realität‹ einerseits und ›Mythos‹ andererseits bereits selbst Teil des Mythos ist.[42]

Diesen Formen des kulturellen Erinnerns ist ein visuelles und haptisches Moment gemeinsam, das die Memoria mit der Narration der Künstlervita verbindet und über den bloßen Text hinaus erfahrbar macht. Bekanntlich hat sich besonders das 19. Jahrhundert dem romantischen Historismus verschrieben, aus dessen Geist Geschichte sowohl museal archiviert als auch zugänglich und erfahrbar gemacht werden sollte. Im Kontext des Dichterkults prägte diese Gedächtniskultur eine eigene Architektur des Erinnerns aus,[43] mit deren Mitteln die Figur des Dichters plastisch vor Augen geführt wurde. Erinnert sei beispielsweise an den zum Spazieren und Sinnieren einladenden Potsdamer Dichterhain vor Schloss Charlottenhof und vor allem an die zahlreichen imposanten Dichter-Denkmäler nicht allein in Weimar, deren Symbolkraft in nationalphilologisch motivierten Ritualen gehuldigt wurde. Man feierte den Autor als heroische Figur der Geschichte sowie gleichermaßen auch sich selbst als Teil eines lesenden Kollektivs, einer hermeneutischen Gemeinschaft.[44] Diese Aktivierungen der »Speichermedien des kollektiven Gedächtnisses ihrer Zeit« hatten nur den einen Nachteil, nämlich dass sie keine anhaltende Aufmerksamkeit erfuhren und bisweilen sogar nur Anlass für ein singuläres Ereignis darstellten: »Doch zumeist dienten die Schiller-Denkmäler nur mehr dazu, enthüllt zu werden (...). Bei den fälligen Einweihungsreden konnte man

40 Didi-Huberman (2000), Vor einem Bild, S. 61.

41 Diese platzsparende, transportable und in sich bewegliche Darstellungsweise entkräftete die Einwände gegen Künstlerskulpturen und -bilder, die zum Beispiel für Guarino da Verona als »untaugliche Vehikel« des Nachruhms galten, weil sie »ohne Worte und zudem schwer beweglich« seien; vgl. Schweikhart (1997), Mythologische Elemente in Künstlerporträts der Renaissance, S. 232.

42 Vgl. Tonkin (1990), History and the Myth of Realism.

43 Vgl. Graevenitz (1980), Geschichte aus dem Geist des Nekrologs.

44 Vgl. Noltenius (1984), Dichterfeiern in Deutschland; vgl. auch die Einzelfallstudien in Braungart (2004), Verehrung, Kult, Distanz.

dann den Dichter für seine jeweiligen Zwecke vereinnahmen.«[45] Robert Musil brachte die Kritik am Denkmal auf den Punkt, denn das »Auffallendste an Denkmälern ist nämlich, dass man sie nicht bemerkt. Es gibt nichts auf der Welt, was so unsichtbar wäre wie Denkmäler.«[46] Diesem vermuteten Gewöhnungseffekt gegenüber hat der intendierte und singuläre Erinnerungsprozess, der für den Besuch einer Gedenkstätte, einer Lesung oder eines literaturgeschichtlichen Vortrages anzunehmen ist, viel voraus. Die Absicht, die Protagonisten der Literaturgeschichte gleichsam ins Leben zu holen, sie als ästhetisches und sinnliches Ereignis erfahrbar zu machen und ihnen in der Kunst materialiter begegnen zu können, schlug sich gleichermaßen in der Einrichtung und Pflege von Dichterhäusern und Gedenkstätten nieder.[47] Damit einher gingen die an die mediale Entwicklung der Lithographie und des Offsetdrucks geknüpfte Inflation der Druckgraphik und der Photoreproduktion sowie das Sammeln von säkularisierten Reliquien bzw. Fetischen.[48]

Das spezifische Autorenporträt hat in den letzten Jahren einiges wissenschaftliches Interesse auf sich gezogen und kann von mittelalterlichen Handschriften bis zum Autorenfoto[49] nicht lückenlos, jedoch in großen Linien rekonstruiert werden. Für mittelalterliche Bilderhandschriften des 13. bis 16. Jahrhunderts, die jüngst Ursula Peters im Hinblick auf die Inszenierung der Autorfunktion untersucht hat, stellt sie fest, dass Liedersammlungen und gelehrte Texte, insbesondere auch die französische und deutsche Rededichtung, die bevorzugten Orte der Autorprofilierung waren, um ein kunstvolles Spiel zwischen (auto)biographischer Indizierung und rollenspezifischer Entkonkretisierung der Ich-Instanz im Text mittels der Illustrationen zu erreichen. Eine einfache Schematisierung der Autorrollen und -bilder lässt sich für diese Quellen nicht erstellen. Von narrativen Figuren der Metadiegese, die mit Figurendarstellungen korrespondieren, bis hin zu Autorbildern als Illustration und Frontispiz, die Autorfunktionen inszenieren, ist ein breites Spektrum geboten. »Gemeinsam ist all diesen Autorpiktorialisierungen jedoch, daß die Bilder sich

---

45 Selbmann (1993), Dichterdenkmäler im 19. Jahrhundert, S. 50, 54.

46 Musil (1927), Denkmale, in: Musil (1962), Nachlass zu Lebzeiten, S. 62-66, hier S. 63.

47 Vgl. z.B. Beispiel auch die jüngste Erfolgsgeschichte einiger Publikationen über Lage und Geschichte von Dichterhäusern, die als Gedenkstätten zugänglich sind, sowie der Biographie ihrer Bewohner: Braun (2003), Dichterhäuser; Braun (2005), Dichterleben, Dichterhäuser; Nestmeyer (2005), Französische Dichter und ihre Häuser; Semsek (2001), Englische Dichter und ihre Häuser. Ein Projekt zur Gegenwartsliteratur führte die Photographin Herlinde Koelbl durch, die dem Schaffen von Autorinnen und Autoren mit Porträts von deren Arbeitszimmern, schreibenden Händen und Gesichtern sowie begleitenden Interviews auf die Spur kommen wollte; vgl. Koelbl (1998), Im Schreiben zu Haus.

48 Vgl. Davidis und Dessoff-Hahn (2000), Archiv der Gesichter; Ott (2001), Erinnerungsstücke.

49 Bickenbach (2005), Das Autorenfoto in der Mediengeschichte, (in Vorbereitung).

jeweils auf Texte bzw. angrenzende Textpartien beziehen, diese gegebenenfalls im Sinne einer Autorrede umkodieren, den Ich-Reden jedenfalls eine Verständnisebene von Autorschaft einbeziehen.«[50] Am Fallbeispiel des vermutlich von Giovanni Bellini gestalteten Porträts von Raffaele Zovenzoni, das zunächst als Einleitungsminiatur zu dessen Epos *Istrias* 1474 fungierte, lässt sich zeigen, wie sich das Autorporträt in der Frühen Neuzeit aus seinem unmittelbaren Kontext zu lösen beginnt und ein rezeptives Eigenleben anstrebt, das dennoch die Referenz auf den literarischen Text und hieraus diskursiv relevante Autorfunktionalität generiert. Währen das Autorbildnis Zovenzonis, der durch einen komponierten Rahmen hindurch seine eigene Inszenierung indiziert und zugleich die Lektüre in einer »rezeptionsästhetische(n) Idealsituation« überblickt – somit also eine zusätzliche Leser-Autor-Kommunikation über die Visualisierung des Urhebers gegeben ist –, konzentriert sich das aus seinem ursprünglichen Kontext gelöste und verbreitete Autorbildnis auf autorfunktionale Aspekte des Mediendiskurses. Das Autorbild entwickelt sich zu einem »Ort der verdichteten Reflexion über das Verhältnis von Werk, Urheber und Publikum«[51] und erhält somit metonymischen Charakter (der von Foucault als »Verknappung des Diskurses« bezeichnet wird). So kann es auf einer ersten Ebene Prozesse der Textproduktion und -rezeption sowie die kulturelle Bewertung dieser Prozesse beeinflussen und steht auf einer zweiten Ebene als Zeichen dafür ein, dass diese Prozesse einer sich ausdifferenzierenden Autorfunktionalität statthaben.

Für das barocke Autorenporträt gilt dessen Repräsentationsfunktion.[52] Analog zum Emblem und seiner »Doppelfunktion des Abbildens und Auslegens oder des Darstellens und Deutens«[53] begleiten das Autorenporträt *inscriptio* und *subscriptio*, welche religiöse und literarische Funktionen von Autorschaft wörtlich mitliefern. Annäherungen an das Herrscherporträt passen die Figuren in eine entsprechend würdevolle und höfische Ikonographie ein. Interessant war für die barocke Öffentlichkeit nicht der private Mensch, dessen Beobachtung erst von den Aufklärern eingefordert wurde und das dominante Paradigma des 18. Jahrhunderts liefert. Vielmehr war Autorschaft ein Attribut öffentlicher Figuren, die das Porträt repräsentiert – »als gelehrte Männer, als tugendhafte Frauen und Standespersonen«.[54] Mit dem Freundschaftskult und den sogenannten Freundschaftstempeln, wie einer noch heute als Porträtsammlung im

---

50 Peters (2008), Das Ich im Bild, S. 241.

51 Kapfhammer et al. (2007), Autorbilder, Einleitung, S. 9ff. Ein nützlicher Forschungsüberblick zum Autorbild aus literatur- und kunstwissenschaftlichen Perspektiven findet sich auf S. 12-20.

52 Vgl. die Ergebnisse in Skowronek (2000), Autorenbilder, S. 247-251.

53 Schöne (1964), Emblematik und Drama im Zeitalter des Barock, S. 20.

54 Skowronek (2000), Autorenbilder, S. 250.

Halberstädter Gleim-Haus zu besichtigen ist,[55] gerät das Einzelschicksal und sein literarisches Potential in den Blick – einen Blick, der in die Kommunikation mit den Brieffreundinnen und -freunden durchaus mit einbezogen wurde, wenn man etwa an den Schreibstuhl Gleims denkt, der flexibel vor das Bildnis des jeweiligen Adressaten gerückt werden konnte. Das Verhältnis zwischen Lesenden und Schreibenden von Werken und Briefen auf jeweils wechselnden Positionen erfährt auch auf eine solche exzentrische Weise eine merklich zunehmende Dynamisierung im Dispositiv der Autorschaft, wie überhaupt von »vielfältigen Durchdringungen von Porträtkultur und literarischer Kultur« für das 18. Jahrhundert auszugehen ist.[56] Das Interesse an der Beobachtung des Einzelnen führt mithin in der Porträtkultur zur profanen Idolbildung und Selbststilisierung literarischer Autoren und Autorinnen. Kanz spricht anlässlich des Goethe-Porträts durch Tischbein deshalb von einer »veranstalteten Apotheose« des Autors, die sich vor allem auch durch die – im Unterschied zum traditionellen Gelehrtenporträt – körperlich passive Inszenierung in der ›Natur‹, der Landschaft der Campagna, auszeichnet und so für das Autorenporträt neuen narrativen Raum reklamiert.[57] Anhand der Schiller-Figur kann Fahrner jene Idolbildung durch die relevanten Medientransformationen des 19. Jahrhunderts hindurch beobachten. Dabei entfaltet sich ein höchst komplexes und vielfältiges Geflecht von Visualisierungen und damit einhergehenden semantischen Aufladungen einer Autorfigur, das sich als »Bilddiskurs« zusammenfassen lässt.[58] Dieser Diskurs hat sich von den literarischen Texten weitestgehend entfernt und verweist durch Bildzitate zumeist nur auf sich selbst zurück. Bilder, Büsten, lebende Bilder, Umzüge und Feste sowie schließlich auch der Spielfilm bilden ein Zitationssystem, das nurmehr vermeintlich den ästhetischen Regeln des Ähnlichen mit der historischen Person unterliegt und den Autor als Nationalhelden etablieren und affirmieren kann.

Schließlich lieferte die Entwicklung der Photographie, genauer das 1839 von Fox Talbot erstmals verwendete Negativ-Positiv-Verfahren, in der ersten Hälfte des 19. Jahrhunderts die entscheidenden Voraussetzungen für eine visuelle und massenmediale Inszenierung des biographierten Menschen. Das Postulat der ›Schönheit‹, mit dem die Porträtkultur seit der Klassik und Empfindsamkeit zu einer Ähnlichkeitsauffassung kam, konnte mit dem photographischen Primat der faktischen Abbildung nicht mehr übereinkommen. Am Beispiel von Mörikes Ikonographie lässt sich nachzeichnen, wie ein Autor jenseits des Dichterkults eher zufällig, eher

55 Vgl. Kanz (1993), Dichter und Denker im Porträt, S. 138-151.
56 Ebd., S. 199.
57 Vgl. ebd., S. 219-250.
58 Fahrner (2000), Der Bilddiskurs zu Friedrich Schiller.

privat und nur teils für die Öffentlichkeit abgebildet wurde, zumal der Medienwandel vom Bildnis zur Photographie kein repräsentatives Unterfangen, sondern anfangs kaum angesehen war; erst nach dem Tod des Autors meldet das »Adorantenwesen« Ansprüche an sein Bild an.[59] Nach Barthes lässt sich die neue Technik wiederum mit der Figur des Wiedergängers verknüpfen, denn »in jeder Photographie ist jene ein wenig schreckliche Sache vorhanden: die Rückkehr des Toten«.[60] Insbesondere Félix Nadard verstand es, in seinen Künstlerporträts die optisch-chemische Materialisation mit der Wirkung eines physischen Erlebnisses zu verbinden. Die technische Perfektion ging mit dem sowohl dokumentarischen als auch künstlerischen Anspruch (bis hin zur Aufnahme des Dichters auf dem Totenbett) eine medienhistorisch wichtige Allianz ein. Jener museale Bildersaal, den Kracauer noch 1930 metaphorisch eingerichtet wissen wollte, war indessen mit den insgesamt etwa 30.000 photographischen Porträts Nadards, vor allem aber mit seiner und der von Kollegen publizierten siebenbändigen *Galérie contemporaine* ab den 1870er Jahren in Frankreich längst realisiert und vergegenwärtigt.[61] Schließlich ermöglichte die Weiterentwicklung der Rasterung von Bildern und Photographien den Abdruck in jeglichem Druckerzeugnis als Halbtonbilder, so dass seit den 1880er Jahren zum Beispiel jedem Nachruf in Zeitungen auch ein dokumentarisches und als ›authentisch‹ rezipiertes Porträt beigegeben werden konnte.[62] Die illustrativen Druckverfahren sorgten so für eine biographische Kultur der Berichterstattung, die sich an den historischen Figuren und der medialen Repräsentation ihrer Gestalt orientiert.

Das Interesse an der Gestalt des Autors und seinem Bild ist das Resultat einer zweimaligen Verschiebung, wie Wilhelm Genazino vermutet: Erst fragt sich der Leser, wer den ihn interessierenden Text geschrieben hat, und weil die aufschlussreichen Informationen über den »abwesenden« Schriftsteller wie etwa Tagebücher, Briefe und Biographien in der Regel erst nach seinem Tod erscheinen, verschiebt sich das Interesse abermals und nun auf das Bild des Autors.[63] Das Bild jedoch mit seinen beiden Aufgaben der »Geheimhaltung« und gleichzeitigen »Enthüllung« wird in den interpretatorischen Zirkel der Autorschaft eingebunden: Gerade weil der abwesende Autor seine Abwesenheit mit dem Werk legitimiert, schickt

59 Simon (2004), Mörike in Porträts seiner Zeit, S. 133-137.

60 Zitiert aus: Ette (1998), Roland Barthes, S. 463. In der deutschen Suhrkamp-Ausgabe heißt es: »(...) den etwas unheimlichen Beigeschmack gibt, der jeder Photographie zu eigen ist: die Wiederkehr des Toten.« (Barthes (1985), Die helle Kammer, S. 17) Vgl. auch Barthes' Bildunterschrift zu Alexander Gardners Porträt eines zum Tode Verurteilten: »Er ist tot und er wird sterben.« (ebd., S. 107)

61 Vgl. Straub (1997), »L'art à la machine«, S. 116ff.

62 Vgl. Custen (1992), Bio/Pics: How Hollywood Constructed Public History, S. 6f.

63 Vgl. Genazino (1994), Das Bild des Autors ist der Roman des Lesers, S. 9.

er ein – zumeist kunstvoll inszeniertes – Bild von sich in die Welt, das Stellvertreterfunktion übernimmt: »Durch seine fortdauernde Wiederkehr wird das Bild mehr und mehr zum Beleg für das Verschwinden des Autors, obwohl (...) durch das Bild der Schein der Anwesenheit simuliert wird.«[64] Das Bild erzeugt im Zusammenspiel mit den Texten des Autors oder der Autorin einen imaginären Überschuss, der als »Roman des Lesers« Lebensgeschichte(n) erfindet; somit entstehe »eine phantasierbare Linie zwischen Buch und Autor«, deren »Qualität in der Undeutlichkeit liegt, die sie mitteilt«[65] und, so wäre zu ergänzen, zu kompensieren vorgibt.

Erst der Film und seine Institutionalisierung im Kino jedoch ermöglichen, diesen »Roman des Lesers« zu dynamisieren und als eigenständige Erzählung kommerziell und überindividuell zu etablieren. Das frühe Kino bietet einen solchen Roman für ein kulturinteressiertes Kollektiv an und bringt im Zuge der sich entwickelnden Montagetechnik zugleich die »Literarisierung« der visuellen Künstlerfigur hervor: Mit dem sogenannten *switch off*-Verfahren, das sich mit den »Biograph«-Filmen von Griffith durchsetzt, entwickelt sich die linear-szenische Abfolge von Handlungssequenzen zu einer komplexen narrativen Struktur, die zeitliche Parallelität, räumliche Ferne und psychologische Motivation vermittelt. Heterogene narrative Erzählelemente ergänzen sich in der Wahrnehmung der Zuschauer zu einer homologisierten Narration. Die »Literaturgeschichte als Vorgeschichte des Films«, wie Paech formuliert, betrifft sowohl die Erzählverfahren des Realismus (insbesondere an Dickens, Flaubert u.a. erinnernd) als auch die Orientierung an literarischen Stoffen.[66] Die sich zwischen 1906 und 1908 vollziehende »Fiktionalisierung« der Filme, die »Ökonomisierung« der Produktionen sowie die fortschreitende »Institutionalisierung« im Film-Theater war Voraussetzung für die Filmbiographie als Narration einer ›Lebensgeschichte‹.[67]

2.3. Zur Reproduzierbarkeit auktorialer Aura

Boris Tomaševskij, der in seinem bisher wenig rezipierten Aufsatz »Literatura i biografija« (1923) auch für die russische Kultur eine zunehmende und »krankhafte Zuspitzung des Interesses für die so genannte Literaturgeschichte, für die Lebensweise, die Person und die Beziehungen der Schriftsteller und ihrer Umgebung« beobachtete,[68] unterscheidet zwei

64 Ebd., S. 37.
65 Ebd., S. 39.
66 Vgl. Paech (1997), Literatur und Film, S. 45-63.
67 Vgl. ebd., S. 25-44.
68 Tomaševskij (2000), Literatur und Biographie, S. 49.

Gruppen von Autoren: »Wenn es Schriftsteller mit Biographie gibt, so gibt es auch Schriftsteller ohne Biographie.«[69] Eingedenk dieser schlichten Erkenntnis strukturaler Oppositionenbildung lässt sich die Frage stellen, warum das so ist und welche Institutionen und Medien diese Spaltung befördern. Lange vor Foucaults berühmtem Vortrag am Collège de France zur Frage »Qu'est-ce qu'un auteur?« (1969)[70] differenziert bereits Tomaševskij die historische Variabilität der Autorschaft. Auch er setzt das Aufkommen des modernen Autors im 18. Jahrhundert an und verwirft die Relevanz der Autorbiographie für die literaturwissenschaftliche Textinterpretation (sofern die Selbstinszenierung nicht Intention der Dichter selbst sei, wie insbesondere die der Romantiker). Allein die vom Autor geschaffene Legende des Dichters sei für die Literaturwissenschaft von Interesse; die sogenannten »dokumentarischen« Biographien fielen in den Gegenstandsbereich der Kulturgeschichte.[71] Die Erwartung des Publikums ginge dabei jedoch weit über einen vermeintlich faktisch orientierten Informationsbedarf hinaus, wie Tomaševskij schreibt: »Der Leser rief: ›Der Autor, der Autor!‹ – aber er forderte, daß auf diesen Ruf hin ein schlanker Jüngling im Umhang mit einer Lyra und einem rätselhaften Gesichtsausdruck erscheinen sollte.«[72] Sein Entwurf der Autorfunktion ist an die Tradierung von Dichterfiguren gekoppelt, die mit ihren Biographemen im Barthes'schen Sinn der Neigungen und Vorlieben über eine Zusammenstellung von Fakten und Daten weit hinausgehen. Dabei muss die Biographik als Ort der Erzählung jener Autorschaft gelten, die den literarischen Kanon mit konstituiert, Künstlermythen und Anekdoten narrativ organisiert und dabei zugleich die voyeuristischen Ansprüche an Literatur befriedigt. Diesen Anforderungen kommt das Kino in historischer Varianz durchaus nach.

Die filmische Archivierung einer Literaturgeschichte verbindet Geschichte und Gegenwart; sie gewinnt ihre symbolische Bedeutung aus der Konstruktion der Vergangenheit und transformiert sie bei jeder Vorführung in die aktuelle Präsenz der Rezipienten. Ein schreibendes Autorsubjekt, das in der filmischen Darstellung zum beschriebenen Objekt gerät, verhilft dem Publikum zu einem personalisierten ›Zugang‹ zur Welt sowie zur Konstruktion einer kollektiven Geschichte. Dies geschieht gerade und auch über die Figuren der Devianz, die ein komplexes Wechselspiel von Abgrenzung und Identifikation provozieren. In der Kritischen Theorie der dreißiger Jahre wird diesbezüglich ein pessimistischer Aspekt des »affirmativen Charakters der Kultur« postuliert, die das bereits Vorhandene

69 Ebd., S. 61.
70 Foucault (2003), Schriften zur Literatur, S. 234-270.
71 Tomaševskij (2000), Literatur und Biographie, S. 61.
72 Ebd., S. 55.

massenmedial wiederholt und bestätigt.[73] Die »technische Reproduzierbarkeit« der auktorialen Aura aber, die optische statt einer möglichen taktilen Wahrnehmung erfordert, so ließe sich optimistisch mit Walter Benjamin formulieren,[74] ermöglicht gerade auch gegen die totalitäre Funktionalisierung der Medien die Politisierung der Kunst und die Emanzipation der Rezipienten. Der Film wird als ein die Sinne ansprechendes Erlebnis erfahren und ruft, wie die unbedingt ›originale‹ Haarlocke des Genies oder das der bürgerlichen Biographie mitunter beigefügte Stoffstückchen,[75] psychophysiologische Reaktionen hervor, gleichwohl der Zerstreuungseffekt des Kinos keine kontemplative Versenkung in das Kunstwerk ›Dichterleben‹ mehr zulässt. Nähe wird durch Ferne ersetzt, erzeugt aber die »Illusion« der Nähe und des (zerstörten) Auratischen. Die Fama des Dichterlebens wird verknüpft zu einer Narration, die Historizität und Authentizität beansprucht und zugleich mit diesen Größen offene Geheimnisse präsentiert und ihr fabulierendes Spiel treibt. Mit diesen Erzählungen entsteht ›narrative Identität‹, weil – chiastisch, nicht tautologisch – das Erzählte gelebt und das Leben erzählt wird.[76]

1909 drehte D.W. Griffith für die »American Mutoscope and Biograph Company« (ab 1910 nur »Biograph Company«) neben zahlreichen Literaturverfilmungen den ersten, heute nachweisbaren Dichterfilm. Es war der Autor *Edgar Allen* (sic) *Poe,* der im Licht der Kurzfilmprojektion erschien und wenige Minuten später wieder im virtuellen Raum der Narrationen verschwand. Die wichtigsten Elemente einer literarhistorischen Filmbiographie waren bereits gegeben: Mit der Entstehungsgeschichte des Versepos *The Raven* wird die Ehetragödie Poes verknüpft, so dass ein sogenannter Doppelplot entsteht. Während der Dichter (Herbert Yost) um Annahme seiner Texte von den Verlagen und damit um die Anerkennung seines verkannten Genies kämpft, stirbt seine Ehefrau (Linda Arvidson). Leben und Werk stellen einen unauflösbaren Konflikt dar, ist doch das Modell des »sterbenden Dichters« der Romantik, der »die Missgeschicke des Lebens nicht überwinden« kann und »im Elend zugrunde« geht, »während ihn ein Ruhm erwartet, der zu spät kommt« – wie Tomaševskij das Modell beschreibt[77] –, melodramatisch auf den Tod der Ehefrau des Dichters verschoben. Zugleich wird mittels der Parallelmontagen die Figur des romantischen Autors in den ökonomischen Kontext zwischen Kunst und Kommerz eingebettet:

---

73 Vgl. den vielzitierten Aufsatz von Marcuse: Über den affirmativen Charakter von Kultur (1937), in: Marcuse (1968), Kultur und Gesellschaft I, S. 102-127.

74 Vgl. Benjamin (1963), Das Kunstwerk im Zeitalter seiner technischen Reproduzierbarkeit; vgl. hierzu auch Larsen (1993), Benjamin at the Movies.

75 Vgl. Gleixner (2004), Biographie, Traditionsbildung und Geschlecht, S. 39.

76 Vgl. Ricœur (1991), Life in Quest of Narrative, S. 32f.

77 Tomaševskij (2000), Literatur und Biographie, S. 53.

»The full importance of Poe's anxious, frenzied attempt to sell his work is stated in the comparison with his wife's stillness. The combination of these two images generates real emotional power, as well as a parallel sense of time. Poe must make some money before it is too late. The eventual irony of Poe's wasted efforts is experienced by the audience, which knows the wife is dead before he discovers her.«[78]

Extreme Hell-Dunkel-Kontraste mit einer ›prä-expressionistischen Schärfe‹ vermitteln die Ästhetik des literarischen *Gothic* und werden der taghellen Alltagswelt gegenübergestellt.[79] Erreicht wird damit ein Erzählmodell zwischen filmisch angestrebtem (biographischem) Realismus und literarischer Romantik.[80] Der Film endet mit der Einblendung eines Textzitats aus *The Raven,* was auf die filmisch inszenierte, paradoxe ›Authentizität‹ des Literarischen rekurriert. Bereits 1915 erzählt ein Film, diesmal unter dem zitierten Werktitel *The Raven,* diesen biographischen Plot aufs Neue, womit die Liste der filmischen Poe-Biographien erst eröffnet war.[81]

2.4. Literarhistorische Filmbiographien

Mit Blick auf die Kinogeschichte des 20. Jahrhunderts kann von einem Verschwinden des Autors lediglich insofern die Rede sein, als die filmische Dichterbiographie den historischen Tod des Autors stets voraussetzt, um ihn symbolisch wiederauferstehen zu lassen. Es ist der sichere Tod des Autors, der Anfang und Ende der Erzählung bestimmt. Aus psychoanalytischer Sicht liegt gerade darin die Möglichkeit begründet, kollektive Traumata zu bearbeiten, weil der biographische Film nachträgliche Angst vor dem Tod und Trauer über den Verlust inszeniert (das Verkennen individueller historischer Größe durch die Ignoranz einer Gemeinschaft, das Elend der intellektuellen Existenz etc.).[82] Aus diskursanalytischer Sicht jedoch verspricht die massenhafte biographische Individualisierung seit der Aufklärung nicht psychische Befreiung, sondern Unterwerfung und Disziplinierung, wie Foucault argumentiert:

»Das Kind, der Kranke, der Wahnsinnige, der Verurteilte werden seit dem 18. Jahrhundert im Zuge des Ausbaus der Disziplinarmechanismen immer häufiger Gegenstand individueller Beschreibungen und biographischer Berichte. (...) Je mehr Macht oder Vorrechte einer innehat, um so mehr wird er durch Rituale, Diskurse

78 Jesionowski (1987), Thinking in Pictures, S. 164f.
79 Ebd., S. 31; vgl. auch Gunning (1991), D.W. Griffith and the Origins of American Narrative Film, S. 170ff.
80 Vgl. Vardac (1991), Realism and Romance: D. W. Griffith, S. 355.
81 *The Raven* (Charles J. Brabin, USA 1915). Vgl. des Weiteren: *The Loves of Edgar Allan Poe* (Harry Lachmann, USA 1942), *The Man with a Cloak* (Fletcher Markle, USA 1951), *The Spectre of Edgar Allan Poe* (Mohy Quandour, USA 1974)
82 Vgl. Hediger (1998), Montage der nachträglichen Angst.

> oder bildliche Darstellungen als Individuum ausgeprägt. Der ›Name‹ und der Stammbaum, die innerhalb der Verwandtschaft einen Platz anweisen; Heldentaten, welche die Überlegenheiten der Kräfte dartun und durch Erzählungen unsterblich gemacht werden; Zeremonien, die durch ihre Ordnung Machtverhältnisse ausdrücken; Denkmäler oder Stiftungen, die das Überleben nach dem Tode sichern. (...) – all das sind Verfahren einer ›aufsteigenden‹ Individualisierung. In einem Disziplinarregime hingegen ist die Individualisierung ›absteigend‹: je anonymer und funktioneller die Macht wird, um so mehr werden die dieser Macht Unterworfenen individualisiert: und zwar weniger durch Zeremonien als durch Überwachungen; weniger durch die Erinnerungsberichte als durch Beobachtungen; nicht durch Genealogien, die auf Ahnen verweisen, sondern durch vergleichende Messungen, die sich auf die ›Norm‹ beziehen; weniger durch außerordentliche Taten als durch ›Abstände‹.«[83]

Der Autor wandelt auch hier, wie zu zeigen sein wird, auf der Grenze zwischen »aufsteigender« und »absteigender« Individualisierung; neben den Heldenerzählungen z. B. über Schiller und Körner stehen die Narrative des Wahnsinnigen (Lenz, Hölderlin) oder des detektorischen Verbrechers (de Sade, Wilde, Kafka), die dem Disziplinarregime unterworfen werden. Die Macht oder Ohnmacht des Dichterworts wird nicht allein einer Figur zugeschrieben, sondern in der Erzählung allererst generiert. Wenn also der »Tod des Autors« eine »Geburt des Lesers« ermöglicht, dann bezieht sich dieser Neuanfang gleichermaßen auf die filmische Biographie als interpretierende Institution seiner Texte und Kontexte. Indes verweigert das Biopic aber gerade jenen historischen Tod als Gegenstand der Erzählung. Damit der Autor und die Autorin ein immer neues Leinwandleben führen können, das sich in jeder kulturell ritualisierten Kinovorstellung wiederholt, hält das Genre narrative Distanz zum letzten Atemzug. Während beispielsweise für den Krimi oder den Western die Szene mit dem als sterbend gezeigten Leib oft den dramatischen Ausgangs- oder Höhepunkt bildet, gibt die Filmbiographie nur Ausschnitte eines Lebens zu sehen, das womöglich mit einem Beerdigungsritual oder einer Obduktion der Leiche endet. Würde das Publikum seinen letzten Atemzug zu sehen bekommen, wäre die Rückkehr auf die Leinwand als filmische Wiedergeburt womöglich verwehrt. Deshalb wird rechtzeitig geschnitten, so dass der biographisch notwendige Tod im narrativen *Off* des Films gebannt ist. Denn der Autor stirbt auf andere Weise und jedes Mal aufs Neue: nicht in der inszenierten Repräsentation, sondern im filmischen Verschwinden seiner transitorischen Projektion, um dann – bei erneuter Vorführung oder auch in einer gänzlich neuen Version seines Lebens – wieder zu erscheinen. Das Kino mit seiner *Ästhetik des Verschwindens,*[84] dessen Bewegungseffekt sich

83 Foucault (1994), Überwachen und Strafen. Die Geburt des Gefängnisses, S. 247, 248.

84 Vgl. Virilio (1986), Ästhetik des Verschwindens, bes. S. 56-82; vgl. auch Paech (1999), Figurationen ikonischer n...Tropie. Deleuze reiht die Phänomene der Entropie für das ›naturalistische‹ Kino auf: »Verschleiß, Verfall, Schwinden, Zerstörung, Verlust oder einfach Vergessen«; vgl. Deleuze (1989), Das Bewegungs-Bild. Kino 1, S. 177.

der mangelhaften Differenzierung menschlicher Wahrnehmung verdankt, so dass über diesen Mangel immer auch das Medium selbst in den Blick rückt, ist prädestiniert für die Darstellung des verlöschenden Autors. In der Schwärze der Leinwand, in den Beleuchtungseffekten, im Filmriss, im Umschnitt, in den Überblendungen, aber auch zwischen jedem der früher 16 bis 18, seit dem Aufkommen des Tonfilms 24 oder 25 Bilder einer Filmsekunde verschwindet der Schreiber unmerklich im Rhythmus des Projektionsmotors und scheint ebenso unmerklich wieder auf. Was Roland Barthes als »Schluckauf« des frühen Films assoziierte, kann als die medientechnisch bedingten Lücken im filmischen Text gelesen werden, die eine Biographie des Schriftstellers fragmentieren und Platz für sein Verschwinden schaffen. Seine Figur ist performativ konstruiert: Es handelt sich um die Repräsentation eines Subjekts, dessen Schauspieler »ich« sagt und die filmische Imagination des Schreibers damit zugleich vollzieht.[85] Autorschaft ist, so die naheliegende These, nicht länger allein ein Effekt des Buchdrucks, des Copyrights und der Inszenierungsstrategien des Literaturbetriebs; Autorschaft ist im Lauf des 20. Jahrhunderts zugleich ein Effekt der filmischen Visualisierung und ihrer Erzähltechniken geworden. Sie ist ein temporales Phänomen, das den Urheber eines Werkes im Moment seiner Rezeption und Zitation aufruft. Biographische Filme über literarhistorische Autoren und Autorinnen passen nicht die Figuren in ein historisch gewachsenes Konzept von Autorschaft ein, sondern tragen dafür Sorge, dass dieses Konzept immer dann virulent und zuallererst greifbar wird, wenn sich der Blick auf diese Filme richtet. Der Autor oder die Autorin sind im Lauf des 20. Jahrhunderts auch Effekte filmischer Rezeption geworden. Ihr Erscheinen auf der Leinwand ist ein Produkt performativer und inszenatorischer Praktiken des in diesem Zusammenhang bisher kaum beachteten Mediums.

Dabei macht Pierre Bourdieu für jegliche Biographie den Status einer »Illusion« geltend, der nun auch und besonders die filmische Biographie betrifft. Die zerlegbaren Teile einer Lebensgeschichte weisen zudem einen »festen Designator« auf, der über »alle Arten von Institutionen der Totalisierung und Vereinheitlichung« des Subjekts zuarbeitet: den Namen.[86] Foucault wies jedoch in seinem bereits erwähnten Essay darauf hin, dass es sich beim Namen eines Autors um eine spezifische Form des Eigennamens handelt, der weder ausschließlich bezeichnet noch beschreibt.[87] Er ist an »der Grenze der Texte« zu situieren, wo er »entlangläuft, sie zerteilt, ihren Kanten folgt«:

---

85 Barthes greift auf die Performanz-Theorie von Austin zurück und beschreibt das sprechende Subjekt als performatives; vgl. Barthes (2000), Der Tod des Autors, S. 189.

86 Bourdieu (1991), Die Illusion der Biographie. Über die Herstellung von Lebensgeschichten, S. 112f.

87 Foucault (2003), Schriften zur Literatur, S. 243.

> »Er kennzeichnet eine bestimmte Gesamtheit von Diskursen, und er bezieht sich auf den Status dieses Diskurses innerhalb einer Gesellschaft und innerhalb einer Kultur. Der Autorname ist nicht im Personenstand der Menschen lokalisiert, nicht in der Fiktion des Werks, sondern in dem Bruch, der eine bestimmte Gruppe von Diskursen und deren singuläre Erscheinungsweise hervorbringt.«[88]

Dass der Autor und die Autorin in der filmischen Biographie wiederkehren, ist gleichermaßen Bedingung und Effekt ihres Namens, der sowohl Texte als auch Diskurse herbeizitiert, in denen sie aufgerufen und verhandelt werden. Der Autorname als »fester Designator« ist vor allem deshalb ein maßgebliches und unverzichtbares Kriterium für die Definition der literarhistorischen Filmbiographie, weil das Thema des Schreibens und fiktionale Dichterfiguren mit fiktionalen Autornamen das Kino des 20. Jahrhunderts seit jeher zahlreich bevölkern und weil literarische Zitate und andere adaptierte Elemente ohnehin jeglichem Film zu eigen sind.

Die Filmbiographie verquickt ihren Bildungsanspruch und ihr Erzählvorhaben mit den Interessen eines kulturindustriellen Unterhaltungsanliegens. Mit dem Biopic sind deshalb immer auch die Genres des Musicals, der Liebeskomödie, des Melodrams, des Heimatfilms, des *film noir* etc. verknüpft. Es handelt sich in mehrfacher Hinsicht um ein hybrides Genre, das zwischen medialen und narrativen Konditionen situiert ist. So wie Klein drastisch-anthropomorphisierend vom »Bastard« der Biographik spricht oder Taylor einen »Zombie-Effekt« der (un)toten Protagonisten beobachtet,[89] so lässt sich, wie bereits erwähnt, mit Foucault auch der Name für den historisch-symbolisch gedoppelten Körper zwischen dem »Personenstand« und der literarischen Fiktionalität verorten. Schließlich aber findet sich die literarhistorische Filmbiographie mit ihren Werkbezügen sowie der Inszenierung von Textproduktion und -rezeption in einem weiteren ›Dazwischen‹: nämlich in der unmittelbaren Konkurrenz zwischen filmischem und literarischem Erleben. Eine Literaturgeschichte vor der Kamera erzählt im Kino vom literarischen ›Kino im Kopf‹. Nicht von ungefähr kommt der wiederholt formulierte Einwand gegen den ›Dichterfilm‹, dass es weder spannend noch unterhaltsam sei, den Figuren beim Schreiben und Lesen zuzuschauen. Genau diese Narrateme jedoch machen das Genre recht eigentlich aus und werden doch meist von Sub-Plots aus anderen Lebensbereichen dominiert.[90] Welche Varianten hierbei entwickelt wurden, wird im Laufe der Untersuchung entsprechend zu beschreiben sein.

88 Ebd., S. 245.

89 Klein (2002), Grundlagen der Biographik, S. 1; Taylor (2002), Rolle des Lebens, S. 262-268.

90 Vgl. u.a. Murphy, Limited Lives: The Problems of the Literary Biopic, Kinema: http://www.kinema.uwaterloo.ca/murph021.htm (24.07.2008).

Das Genre des Biopic, wie es Neale und Custen definieren, zeichnet sich demzufolge durch den Namen einer historischen Figur aus und durch eine von Sub-Plots dominierte Hybridität, die an Konzepte anderer Genres anschließt oder mit diesen spielt. Des Weiteren gibt es einige erzähltechnische Konventionen, die in vielen Fällen wenn nicht eingehalten, so doch zumindest angedeutet oder auch parodiert werden: Die Spannung zwischen dem innovativen Individuum und einer weitgehend ignoranten Gesellschaft wird häufig in Szenen vor einer öffentlichen Menge realisiert *(trial scenes),* die Visionen und die Entwicklungsmöglichkeiten der Hauptfigur in montierten Traum- und Erinnerungssequenzen *(flashbacks)* rekonstruiert und schließlich der Durchbruch des neu entdeckten Stars am politischen, literarischen oder künstlerischen Himmel in Sequenzen mit der Kumulation sich überschlagender Ereignisse bzw. Erfolge montiert *(montage sequences).*[91] Für das literarische Biopic sind hier die regelmäßig erzählten öffentlichen oder halböffentlichen Dichterlesungen zu nennen, aber auch Gerichtsszenen (Zola, Wilde, Kafka), Traumsequenzen/Visionen (Lenz, Hölderlin) oder montierte Sequenzen mit gerade erschienen Texten des Autors (Zolas »J'accuse«, Werke der *Brothers Grimm*).

Die »moderne« filmische Biographik bedient hiermit zwei Tendenzen, die sich einerseits widersprechen, andererseits aber notwendigerweise gegenseitig ergänzen, insofern sie die »Legende vom Künstler« aufrecht erhalten und zugleich ein identifikatorisches Angebot für das Publikum machen wollen: Konstruiert das Biopic auch den Menschen wie Du und Ich, beharrt es dennoch auf der mythischen bzw. hagiographischen Tradition unerklärlicher Begabungen und Fähigkeiten des Individuums. Wie Christian von Zimmermann in seiner Untersuchung der biographischen Menschenbilder von 1830-1940 darlegen konnte, finden sich diese divergenten Tendenzen auch in der literarischen und historiographischen Biographik. Zwischen den beiden Polen der »Vermenschlichung und Heroisierung« siedeln sich zahlreiche Ansätze einer modernen, neuen Biographik an, die die um 1900 laut werdenden Forderungen nach einer Erneuerung der Gattung aufgreifen, kritisieren oder auch mittels einer Psychologisierung des Heroischen modifizieren.[92] Letztlich bleibt es konkreten Studien zu einzelnen Texten überlassen, die komplexe Konstruktion des biographischen Telos zu erhellen, die zwischen dem Idolisieren der großen Männer der Geschichte und dem Extrapolieren einer psychologischen Wahrscheinlichkeit variieren kann. Die Filmbiographie, für die ebenfalls das Gebot der Einzelanalyse gilt, profitierte womöglich von einem

---

91 Neale (2000), Genre and Hollywood, S. 62f.; Custen (1992), Bio/Pics: How Hollywood Constructed Public History, S. 136, 185ff.

92 Zimmermann (2006), Biographische Anthropologie, S. 274-286; vgl. auch besonders die Kapitel zu Jakob Wassermann und Stefan Zweig, S. 286ff.

wachsenden Interesse an den Bedingungen des Handelns, wozu auch der ›Charakter‹ einer historischen Figur zählte: »Auf eine kurze Formel gebracht könnte man diese Entwicklung vereinfachen unter dem Schlagwort ›vom Faktum der Taten zum Charakter der Tätigen‹.«[93] Einerseits wirkt zu Beginn des 20. Jahrhunderts demzufolge die Erneuerung der ›statischen‹, mythenorientierten und anti-psychologischen Biographie (»Vorbild« und »Standbild«), wie sie etwa Gundolf und Kantorowicz praktizierten.[94] Im Sinne einer ›Entfaltung‹ des Individuums in der Geschichte knüpfen sie an Diltheys Entwurf einer »Biographie als Kunstwerk« an, das sich in größerem Zusammenhang wiederum an das seit der Antike diskutierte Konzept einer ›Charakteristik‹ anschließen lässt.[95] Hier geht es um den ›Kern‹ einer Persönlichkeit, die das Wesen des Künstlers ausmacht. Diese unveränderliche Konstante vorausgesetzt, unterwirft sich die Biographie gleichsam einer historischen und damit allemal medialen Entelechie. Andererseits aber ist die literarhistorische Filmbiographie für das 20. Jahrhundert nicht mehr ohne den Ansatz von Lytton Strachey zu denken, der die berühmte Persönlichkeit ›hinter‹ den hagiographischen oder heroischen Erzählmustern entlarven wollte. Seine die unausgesprochenen Regeln der Diskretion verletzenden Porträts der *Eminent Victorians* (1918) folgten dem Prinzip des »debunking«, indem deren Schwächen und Neigungen teilweise spöttisch enthüllt und sie zu Menschen ›wie Du und Ich‹ gemacht wurden.[96] So verwundert es auch nicht, im entsprechenden Biopic wiederum der Figur des Strachey beim Wannenbad zuzusehen, während ihm die Malerin Dora Carrington den Rücken schrubbt.[97]

Gerade auch diese Tendenz des »debunking« legt Vorbehalte gegen das Genre und kulturpessimistische Befürchtungen nahe: Nach allen Regeln ihrer Kunst übertreibt die Filmbiographie das biographische Prinzip in den Biographismus hinein, der seit seinem Aufblühen ob seiner Redundanz und Geschwätzigkeit kritisiert wurde.[98] Diese Kritikpunkte

93 Ebd., S. 286.

94 Vgl. Raulff (1996), Wäre ich Schriftsteller und tot ..., S. 197-202; Raulff (2000), Der unsichtbare Augenblick, S. 135-139.

95 Vgl. Dilthey (1970), Der Aufbau der geschichtlichen Welt in den Geisteswissenschaften, S. 307ff.: »Die Biographie als Kunstwerk muß nun den Standpunkt finden, in welchem der allgemeinhistorische Horizont sich ausbreitet und nun für einen Wirkungs- und Bedeutungszusammenhang doch dies Individuum im Mittelpunkt bleibt: eine Aufgabe, die jede Biographie doch nur annähernd auflösen kann. (...) Hieraus ergibt sich, daß die Kunstform der Biographie nur auf historische Persönlichkeiten angewandt werden kann. Denn nur in diesen liegt die Kraft, einen solchen Mittelpunkt zu bilden.«

96 Vgl. Raulff (1996), Wäre ich Schriftsteller und tot ..., S. 192f.

97 *Carrington* (Christopher Hampton, GB/F 1995).

98 Vgl. hierzu Kruckis (1994): Biographie als literaturwissenschaftliche Darstellungsform im 19. Jahrhundert; Kindt und Müller (2002), Was war eigentlich der *Biographismus* – und was ist aus ihm geworden?; aus aktueller Sicht vgl. Klier (2003), Literaturkolumne. Biographien oder Tratsch als Kunst; Erdheim (Juni 2002), Klatsch und Tratsch.

sind seit der Individualitätsdebatte des 18. Jahrhunderts virulent; das Exemplarische eines Lebens sollte aufgrund seines Detailreichtums nicht das Konzept einer idealistischen Universalgeschichte unterlaufen, zu der es seinen Beitrag lieferte.[99] Diese Filme könnten deshalb mit ihren Verstehensangeboten für die zitierten literarischen Texte bzw. Textbruchstücke als eine unreflektierte und übersteigerte Fortschreibung des neuphilologischen 19. Jahrhunderts beschrieben werden.[100] Darüber hinaus vermittelt die Filmbiographie durch die ihr eigene Ästhetisierung eine oberflächliche und teilweise ›verfälschte‹ Darstellung literarhistorischer Ereignisse und Personen.[101] Die Filmbiographie ist ein fiktionales Genre, das auf Fakten referiert und nicht ohne die narrativen und ästhetischen Mittel des ›Authentischen‹ auskommen will.[102] Deren eigentümliche Rückbindung spezifisch ästhetischer und alltagshistorischer Phänomene an eine Schauspielerfigur, die häufig interpolierte Zitation der literarischen Werke, schließlich die den Genre-Konventionen folgende Narrativierung einer Biographie könnten dazu verleiten, aus literaturwissenschaftlicher Sicht den Niedergang literarhistoriographischer Traditionen zu beklagen. Es wäre ein leichtes, das Filmkorpus auf seine Verfälschungen und Irrtümer hin zu untersuchen. Aber die literarische Filmbiographie bezieht sich ja gerade nicht auf die faktisch orientierte Historie, sondern auf Legenden, Anekdoten, literarische Auto-/Biographien, Dramen, Briefe, zeitgenössische und postume Quellentexte: mithin also auf Narrationen, die sie in neue Narrationen transformiert.[103] Ist der Bezugspunkt ein autobiographischer Roman, ein Drama, oft auch ein einzelnes Gedicht, entsteht eine sogenannte ›Rückübertragung‹, die das Leben des Autors und der Autorin in den Plot ihrer Werke einfügt: Autorinstanz und Erzählinstanz der literarischen Prätexte werden häufig in eins gesetzt und die Ego-Pluralität der Autorschaft scheinbar eingeebnet, weil das Autor-Ego mit dem ›Ich‹ bzw. der Erzählfunktion der Texte zusammenfällt. Als Beispiele hierfür sei nur an die großen autobiographisch interpretierten Erzählungen erinnert wie *The Great Sinner* (Robert Siodmak, USA 1949), *Lawrence of Arabia* (David Lean, GB 1962), *Doctor Zhivago* (David Lean, USA 1965), *Out of Africa* (Sydney Pollack, USA 1985), oder auch an Filme, die literarischen Plot

99 Vgl. Kruckis (1995), »Ein potenziertes Abbild der Menschheit«, S. 34f.

100 Vgl. ebd., S. 70-116.

101 Vgl. hierzu auch Karpenstein-Eßbach (1998), Medien als Gegenstand der Literaturwissenschaft, S. 27f.

102 Zur Begriffsgeschichte des Authentischen und seinen inszenatorischen Mitteln vgl. Kalisch (2000), Aspekte einer Begriffs- und Problemgeschichte von Authentizität und Darstellung.

103 Vgl. zur narrativen Organisation eines solchen Wissens das Kapitel »Mythos, Gedächtnis, Narration« in Müller-Funk (2002), Die Kultur und ihre Narrative, S. 87-143.

und Autor-Biographie vollends übereinander blenden, wie z.B. *Kafka* (Steven Soderbergh, F/USA 1991), *Shakespeare in Love* (John Madden, USA/GB 1998) oder *Gripsholm* (Xavier Koller, D/CH/A 2000). Mit solchen Verfahren, die eine ohnehin schwer zu bestimmende Grenze zwischen Biographie und Fiktion verwischen, liegt jedoch eine doppelte Fiktionalisierung vor, die umso deutlicher den autonomen Status der filmischen Erzählung einfordert. Deshalb gilt es, die zahlreichen Produktionen darauf hin zu untersuchen, welche Erzählungen der Literaturgeschichte und Literaturgenese sie konstruieren und wie sie dies tun. Weniger produktiv dürfte eine Untersuchung geraten, die literarische Prätexte und filmisch zitierte Texte miteinander vergleicht, denn die Zitationen haben eine spezifische Funktion innerhalb der Narration und tragen zugleich zur außerfilmischen Zitierfähigkeit der Texte bei. Sie bilden den Kanon nicht nur ab – sie schreiben ihn um und tragen ihn in die Matrix des kollektiven literarischen Gedächtnisses wieder ein. Dabei entsteht im besten Fall die Motivation, sich mit den Texten eines Autors oder einer Autorin zu beschäftigen, die heutzutage von Merchandising-Produkten wie ›das Buch zum Film‹ befördert und zugleich kommerziell abgeschöpft wird. Denn die literarische Filmbiographie gehört, wenn sie zu den Hollywood-geprägten Biopics zu zählen ist, zu den finanzintensiven Genres, die mit großem Aufwand produzieren, werben und in vielen Fällen ihre Kosten um ein Vielfaches wieder einspielen. Als populäres Medium der Literaturgeschichtsschreibung sind Biopics mit ihrer hohen Rezeptionsfrequenz kaum zu überschätzen: Ein Kassenerfolg wie *Shakespeare in Love* (John Madden, USA/GB 1998), der an zahlreiche populäre Shakespeare-Adaptationen der letzten Jahre anknüpfen konnte,[104] fand allein in Deutschland über drei Millionen Zuschauer (jeweils ca. 19 Mio. in Europa und USA); aber auch quantitativ weniger erfolgreiche Produktionen über Hölderlin (*Feuerreiter*, Nina Grosse, D/F/PL 1998) und Goethe (*Die Braut*, Egon Günther, D 1999) erreichten noch ca. 23.000 bzw. 116.000 Zuschauer.[105] Damit wurde ein größeres Publikum angesprochen, als eine spezifische Biographie oder eine Literaturgeschichte dies innerhalb kurzer Zeiträume von ein bis drei Jahren je könnten – seien sie auch noch so sehr prominenter Gegenstand des Feuilletons und aufgrund ihrer Darbietungsform und Ausstattung besonders ›leserfreundlich‹. Die Sedimentierung der historischen Filmbiographie (als narrative Formation des Mediums) im literarhistorischen und biographischen Diskurs zeigt nicht zuletzt auch solche Wirkung, dass Biographien in Buchform ihrerseits auf ihre

104 Vgl. Burt (1998), Unspeakable Shaxxxspeares.

105 Quelle der Daten: »Lumiere. Datenbank über Filmbesucherzahlen in Europa« der Europäischen Audiovisuellen Informationsstelle: http://lumiere.obs.coe.int (13.07.2008).

filmische Qualität hin angelegt, geprüft und diese dann als besonders positiv vermerkt wird.[106]

2.5. Biopic-Forschung

Das Genre der literarhistorischen Filmbiographie ist ein Gegenstand intermedial orientierter Forschung. Wurde bisher aus literaturwissenschaftlicher Perspektive einerseits vor allem die Literaturverfilmung untersucht[107] und andererseits, wie Autorinnen und Autoren in die Entwicklung optischer Medien und des Kinos involviert waren (als Kritiker, Drehbuchautoren, Theoretiker)[108] und wie sie Medialität als Thema *(histoire)* und Gestaltungsmittel *(discours)* in ihren Texten behandelten und verwendeten (filmisches Schreiben, literarische Montage etc.),[109] so lässt sich das Erkenntnisinteresse der vorliegenden Untersuchung im Umkehrschluss formulieren: In welcher Weise hat das Kino des 20. Jahrhunderts Autorschaft und Autorfunktion inszeniert und verhandelt? Welche Figuren der filmischen Biographik entwirft das Kino? Und welchen Beitrag leistet es damit zu einer filmischen Literaturgeschichtsschreibung?

In der Biographieforschung wird immer wieder der »deutsche Sonderweg« mit einer auffallend skeptischen Haltung zur Biographie erwähnt, der sich von der großen Popularität des Genres zum Beispiel in England erheblich unterscheidet.[110] Obwohl auch der deutschsprachige

---

106 Dies wird z.B. in Alain Corbins Biographie *Le monde retrouvé de Louis-François Pinagot, 1798-1876* deutlich, weil der Biograph hier seiner historischen Figur, wie er selbst schreibt, »mit der subjektiven Kamera« folgen möchte; vgl. Corbin (1999), Auf den Spuren eines Unbekannten. Ähnlich findet sich die Metapher filmischen Schreibens in einer Rezension der jüngsten Kafka-Biographie; vgl. über Stach (2002), Kafka, den Artikel von Baumgart (Zeit Literatur 57, Dez. 2002), Meine Geschichten sind ich: »Damit hat Reiner Stach seine Kunst der Fokussierung zum ersten Mal entfaltet. Wir werden dieses Blende-auf und Blende-zu, diese Sprünge von Totale auf Halbnah oder Close-up nun immer wieder miterleben, immer wieder unterbrochen von dem Abtauchen aus allem Sichtbaren in eine ›unerreichbare Tiefe‹, um dort ›nachzusehen‹, wie aus Erfahrung sich ein Text kristallisiert. Wir werden Kafka begleiten zum Verlagsbesuch bei Rowohlt und Wolff in Leipzig, nach Venedig, an den Gardasee, in ein Frischluft- und Nacktkultur-Sanatorium im Harz, wir werden ihm zusehen beim Diktieren perfekt juristischer Briefe im verhassten Bureau und beim geistesabwesenden Inspizieren der noch verhassteren Asbestfabrik des Schwagers.«

107 Vgl. grundlegend Schneider (1981), Der verwandelte Text; Bauschinger et al. (1984), Film und Literatur; Albersmeier und Roloff (1989), Literaturverfilmungen; Bohnenkamp (2005), Literaturverfilmungen.

108 Vgl. hierzu vor allem Paech (1997), Literatur und Film; Segeberg (1997), Literatur im technischen Zeitalter; Segeberg (2003), Literatur im Medienzeitalter; bes. auch Stadler (2003), Der technisierte Blick.

109 Vgl. z.B. Möbius (2000), Montage und Collage.

110 Vgl. Klein (2002), Einleitung: Biographik zwischen Theorie und Praxis, S. 16ff.; bemerkenswert ist scheinbar auch die Lukrativität biographischer Projekte, die für England

Literaturbetrieb einen hohen Anteil an biographischen Produkten aufweisen kann (die ›Sachbuch‹-Bestsellerlisten der letzten Jahre geben davon beredtes Zeugnis), ist dieser nicht mit den entsprechenden Zahlen aus England und USA vergleichbar. Für die literarhistorische Filmbiographie kann ähnliches geltend gemacht werden; auch hier nehmen die deutschen Produktionen im Vergleich zum US-amerikanischen und englischen Produktionsausstoß einen relativ marginalen Stellenwert ein. Dies liegt vor allem in den Kommerzialisierungsstrategien der internationalen Filmindustrie, in den Regelungen zum Verleihbetrieb sowie in der Promotion durch Preisverleihungen begründet.[111] Allerdings lässt sich im Bereich der Filmindustrie produktionsökonomisch längst nicht mehr nach nationalphilologischen Kriterien argumentieren. Zwar kann fast jede literarhistorische Filmbiographie in den Dienst einer identitätspolitischen Nationalbiographie genommen werden; es muss aber nicht immer diejenige des Produktionslandes sein, sondern kann über die Transformation des Patriotismus allgemeine Gültigkeit einer nationalen Identität beanspruchen. Beispiel hierfür ist die US-amerikanische Produktion *The Life of Emile Zola* (William Dieterle, 1937), der noch die französischen Tugenden eines aufrichtigen und kämpferischen Nationaldichters hochhielt, während sich *The Adventures of Mark Twain* (Irving Rapper, 1944) dann während des Zweiten Weltkriegs auf die amerikanische Stimme des Nationaldichters besann. Zunehmend wurden diese nationalen Intentionen in der Nachkriegszeit, mehr noch nach dem Ende des Kalten Kriegs, aufgelöst zugunsten einer Vernetzung internationaler Koproduktionen, die heute nicht zuletzt die niedrigen Produktionskosten in Osteuropa ausnutzen. Aber bereits ein früher Film über *Goethes Jugendgeliebte/Goethe's Great Love* (Hans Tintner, D 1930), der mit den noch kostenintensiven Errungenschaften des jungen Tonfilms experimentierte, wurde für den englischsprachigen Markt mit zweisprachigen Zwischen- und Untertiteln produziert. Schließlich sei auch darauf hingewiesen, dass einige der künstlerisch ambitionierten Filmbiographien gar nicht erst den Sprung in die kommerziellen Strukturen des Filmvertriebs schaffen. Manche Biopics unabhängiger Filmemacher werden ausschließlich auf Festivals,

---

angeführt werden und Autorenvorschüsse zwischen 200.000 und 650.000 £ verzeichnen; vgl. Löffler (2001), Biografie. Ein Spiel, S. 15. Vgl. auch Homberger und Charmley (1988), The Troubled Face of Biography.

111 Oscars z.B. in den Kategorien »Best Picture« und/oder »Best Screenplay« (Original/Adaptation) erhielten *The Life of Emile Zola* (1937), *Lawrence of Arabia* (1962), *Out of Africa* (1985), *Shakespeare in Love* (1998). Weitere Beispiele aus den letzten Jahren, die in verschiedenen Kategorien mit dem Oscar oder Golden Globe ausgezeichnet bzw. dafür nominiert wurden, sind u.a.: *My Left Foot* (1989), *Wilde* (1997), *Quills* (2000), *Iris* (2001), *The Hours* (2002).

bei Diskussionsveranstaltungen und später im Fernsehen gezeigt,[112] nicht jedoch im global organisierten Verleihsystem der Großkonzerne. Diese Hürde der Verleihstrukturen für Independents hat auch zur Folge, dass diese Filme nicht in der üblichen ›Wertschöpfungskette‹ der mehrstufigen Lizenzvergabe (Kino, Videoverleih, Videoverkauf, Pay-TV, Free-TV) verwertet werden.

Entsprechend der quantitativen und kommerziellen Dominanz englischsprachiger Biopic-Produktionen gestaltet sich die Forschungslage, die sich hierzu ungleich intensiver als im deutschsprachigen Bereich entwickelte.[113] Deshalb wird im vierten Kapitel speziell die filmische Inszenierung der deutschsprachigen Literaturgeschichte rekonstruiert, weil die entsprechende Forschung sowohl zu einzelnen AutorInnen als auch zu einzelnen Filmen außerordentlich dünn ist. Vor und nach diesem Überblick über die Geschichte der Literaturgeschichte vor der Kamera bleibt die Untersuchungsperspektive jedoch komparatistisch geweitet, weil sich die neuere literarhistorische Filmbiographie – wie bereits erwähnt – immer auch auf Codes und Narrationen des Biopic als Genre bezieht und nicht ›nationalsprachlich‹ isoliert betrachtet werden kann. Interessant sind für die historische Variabilität einer filmisch inszenierten Autorschaft ja gerade auch intermediale, intertextuelle und interfilmische Verflechtungen.

Als grundlegend für eine wissenschaftliche Beschäftigung mit der literarhistorischen Filmbiographie sind zuallererst zwei Monographien zu nennen, die sich des Biopic historisch und systematisch angenommen haben.[114] George F. Custen untersuchte die Epoche der ›klassischen‹ Studio-Ära des Hollywood-Kinos. Er macht für die Zeit von 1929 bis 1960 insgesamt 291 Biopics aus, die er auf ihre Funktion für eine filmische Konstruktion amerikanischer Geschichtsbilder hin untersucht.[115] Seine Ausgangsthese verweist auf die Annahme, dass das Erzählen von Lebensgeschichten gleichsam auf das ›prähistorische‹ Ur-Bedürfnis des Menschen zurückgeht, sich über Mitmenschen und deren Schicksale zu verständigen. Das Hollywood-Kino partizipiert auf seine Weise daran, indem es das Leben einer historischen Person filmisch aufbereitet und

---

112 Jüngste Beispiele hierfür sind etwa die Hölderlin-Filme von Harald Bergmann, wovon *Scardanelli* (D 2000) der bekannteste geworden ist, das *K.aF.ka fragment* (Christian Frosch, A/D/CH 2001) oder, über Annemarie Schwarzenbach, *The Journey to Kafiristan* (Fosco und Donatello Dubini, D/CH/NL 2001).

113 Vgl. etwa Bell (2000), Biopic Bibliography.

114 Einen frühen, jedoch methodisch nicht weiter relevanten Ansatz zur Biographik-Forschung liefert Miller (1983), Star Myths: Show-Business Biographies on Film. Er untersucht ein Korpus von 125 Kino- und Fernsehproduktionen, die die Lebensgeschichten der Stars des amerikanischen Showbusiness erzählen.

115 Custen (1992), Bio/Pics: How Hollywood Constructed Public History; vgl. auch die Fortführung seiner Studie in Custen (2000), The Mechanical Life in the Age of Human Reproduction: American Biopics, 1961-1980; Custen (2001), Making History.

in symbolische Kontexte einstellt, womit es zugleich an einem amerikanischen Geschichtsbild mitschreibt.[116] Henry M. Taylor legte dann 2002 die erste deutschsprachige Monographie zur Filmbiographie vor und schließt in seine Untersuchung auch europäische Produktionen bis in die 1990er Jahre ein. Sein systematischer Ansatz legt den Schwerpunkt auf die narratologische Rekonstruktion linearer vs. nicht-linearer, offener vs. geschlossener oder auch figurenzentrierter vs. dezentrierter Erzählformen, woraus sich jeweils unterschiedliche Konzepte des biographierten Subjekts ableiten lassen.[117] Taylor widerspricht der These von Custen, dass die Filmbiographie ein aussterbendes Genre sei, weil er das Biopic einigermaßen spekulativ als Ausdruck einer Krise versteht, die mit der derzeitigen Entwicklung der postmodernen Informationsgesellschaft nicht überwunden werden könne, sondern weiter virulent bleiben wird: »Insofern könnte die neueste Welle von Biographien vielleicht auch als konservatives Phänomen begriffen werden, als Sehnsucht nach mehr Sicherheit – unter der Annahme, daß Lebensgeschichten ein Gefühl von Sicherheit vermitteln.«[118] Beiden Untersuchungen geht es um die Frage, inwieweit das Biopic als eigenes Genre zu beschreiben ist. Taylor macht jedoch deutlich, dass es sich um ein hybrides Korpus handelt, das nicht ohne Bezüge auf konventionelle Genre-Traditionen zu denken ist, diese aber auch immer umschreibt und umformuliert.[119] In diesem Zusammenhang unterscheidet dann auch Rosenstone zwei verschiedene Typen von Biopics, den ernsthaften, der historischen Rechercheaufwand voraussetzt, und den experimentellen. Wenn mitunter ein Historiker wie Rosenstone selbst zum Berater einer Filmcrew wird, fällt seine Rubrizierung und Charakterisierung dieses Genres leicht zugunsten des ernsthaften Typus aus, obgleich er auch den Wert einer historischen Wahrheit diskutiert, die nicht unbedingt in jedem Punkt an die historischen Fakten gebunden bleiben muss, sondern vielmehr eine eigenständige Ästhetik und Narration erfordern kann.[120] Das Kontinuum, das Rosenstone skizziert und an einem Ende von historischer Sorgfalt, am anderen Ende von experimenteller Filmkunst dominiert sei, scheint nicht vollständig plausibel, schließen sich doch beide Größen überhaupt nicht aus. Dies würde sonst implizieren, dass ein Film umso historisch unzuverlässiger ist, je filmischer seine Mittel sind, mit denen er realisiert

116 Vgl. Custen (1992), Bio/Pics: How Hollywood Constructed Public History, S. 5.

117 Taylor (2002), Rolle des Lebens.

118 Vgl. ebd., S. 378.

119 Vgl. insbesondere ebd., S. 329-338. Im Übrigen ist dies kein besonderes Kennzeichen des Biopic, denn jeder ›gute‹ Film spielt mit den Konventionen. Als offen-texturiertes Konzept *(fuzzy category)* ermöglicht es das Genre, Abweichungen von einer diskursiv verhandelten Norm zu thematisieren; vgl. Altman (1999), Film / genre. Aus literaturwissenschaftlicher Perspektive vgl. Beebee (1994), The Ideology of Genre.

120 Rosenstone (2007), In Praise of the Biopic, S. 15-17.

wurde (und vice versa?). Den genannten Untersuchungen ist ebenfalls gemeinsam, dass sie die Künstlerbiographie nicht explizit von anderen Filmbiographien unterscheiden und auch innerhalb dieser Kategorie nicht differenzieren. So zählt Custen für Hollywoods Studio-Ära insgesamt 49 Künstlerbiographien aus; der ›Dichterfilm‹ ist hier lediglich eine Spielart unter anderen.[121] Taylor bezieht in seine Analyse zwei literarhistorische Filmbiographien mit ein: Er führt *Céleste* (Percy Adlon, BRD 1981) als Beispiel für eine Dezentrierung der biographischen Figur an, weil hier aus der Perspektive von Marcel Prousts Dienstmädchen, Céleste Albaret, der letzte Lebensabschnitt des Romanciers erzählt wird.[122] Als Beispiel für die »Auflösungserscheinungen der klassischen biographischen Fiktion« dient ihm die »postmoderne Subjektivierung« im Fernsehfilm *Kolossale Liebe* über Rahel Varnhagen (Jutta Brückner, D 1984/1991), die durch intensiven experimentellen Einsatz filmischer Metaphern und Verfremdungseffekte erreicht wird.[123] Die Konstruktion von Autorschaft in diesen Filmen sowie die mediale Transformation einer filmischen Literaturgeschichte waren bisher kein Thema der Analyse.

Neben diesen beiden basalen Untersuchungen zur Filmbiographik sind für den deutschsprachigen Bereich einige Einzeluntersuchungen zur Entstehungs- und Rezeptionsgeschichte von Dichterfilmen zu verzeichnen, die sich insbesondere auf die nationalphilologisch bedeutsamen Autoren wie Schiller, Goethe, Hölderlin und Kleist konzentrieren. Heinrich Heining bezieht 1949 in seine filmgeschichtliche Darstellung früher Literaturverfilmungen von Goethes Werken auch die Darstellung des Autors im Spielfilm der dreißiger Jahre mit ein.[124] Linda Schulte-Sasse widmet in ihrer psychologisch motivierten Analyse des nationalsozialistischen Kinos zwei Kapitel den Filmen *Komödianten* über die Neubersche Theatertruppe (Georg Wilhelm Pabst, D 1941) und *Friedrich Schiller – Der Triumph eines Genies* (Herbert Maisch, D 1940).[125] Letzteren Film diskutierte auch Harro Segeberg unter mediengeschichtlichen Aspekten.[126] Elisabeth Miltschitzky erarbeitete im Kontext der Münchner filmphilologischen Studien eine umfangreiche vergleichende Studie zur Figur des Hölderlin als »Filmhelden«, wobei sie den Schwerpunkt auf die Produktion und Rezeption der Filme sowie auf den psychographischen Diskurs des jeweiligen

---

121 Vgl. die Tabellen im Anhang von Custen (1992), Bio/Pics: How Hollywood Constructed Public History, S. 256.

122 Vgl. Taylor (2002), Rolle des Lebens, S. 201-209.

123 Vgl. ebd., S. 238-246.

124 Vgl. Heining (1949), Goethe und der Film.

125 Schulte-Sasse (1996), Entertaining the Third Reich; vgl. auch Schulte-Sasse (1991), National Socialism's Aestheticization of Genius.

126 Segeberg (2001), Literatur als Medienereignis.

Films legt.[127] Die Autorfunktion in Sanders-Brahms Kleist-Film *Heinrich* (BRD 1977) rekonstruiert Mary Rhiel im Kontext von Kleist-Verfilmungen von Eric Rohmer und Hans Neuenfels.[128] Schließlich ist noch ein Aufsatz von Burkhard Röwekamp zu nennen, der sich mit der Transformation der enigmatisch-kafkaesken Erzählung einer Schriftstellerexistenz in den unterschiedlich biographisch und fiktional angelegten Filmen *Kafka* (Steven Soderbergh, F/USA 1991), *Naked Lunch* (David Cronenberg, CAN/GB/JAP 1991) und *Barton Fink* (Joël und Ethan Coen, USA/GB 1991) beschäftigt.[129]

Die Vorgehensweise des vorliegenden Projekts, die literarhistorische Filmbiographie aus den Kontexten des Biopic und insbesondere des Künstlerfilms herauszulösen, ist eine experimentelle. Die Autorfunktion, die ansonsten selbstverständlich auch für Maler, Komponisten und andere signierende ›Urheber‹ gilt, jedoch bisher kaum Gegenstand der Reflexion war,[130] wird auf den literarischen Schreiber beschränkt und in seinem Verhältnis zu einer filmischen (Re-)Konstruktion der Literaturgeschichte diskutiert.

2.6. Vorannahmen der Untersuchung

Die vorliegende Untersuchung schlägt einen Weg ein, der die bisher genannten Aspekte zusammenführt: den der Autorschaftsdebatte, der Biographik und der Biopic-Forschung. Die literarhistorische Filmbiographie als eigenes Sub-Genre beschreiben zu wollen, setzt ein literaturwissenschaftliches Erkenntnisinteresse an und geht von folgenden Annahmen aus:

Der Dichterfilm gehört als virtuelles literarhistorisches Gedächtnis zu den Produktionen der Unterhaltungsindustrie und trägt in unterschiedlicher Ausprägung zu dessen Fortschreibung zwischen Fakten und Fiktionen, zwischen Daten und Narrationen bei. Dabei ergeben sich Interferenzen zwischen text- und performanzorientierten Medien (Kap. 3), die nicht nur die hybride Beziehung zwischen Film und Schrift betreffen, sondern in mehrfacher Hinsicht, das Sub-Genre der literarhistorischen Filmbiographie konstituieren. Hilfreich ist dabei der Ansatz, dass Medien stets auf andere Medien rekurrieren und dies als ihre »Botschaft« vermitteln (McLuhan).

---

127 Diese ertragreiche Studie ist leider nur als Mikrofilm-Edition publiziert worden: Miltschitzky (1998), Hölderlin – Ein traumatisierter Dichter als »Filmheld«.

128 Rhiel (1991), Re-Viewing Kleist.

129 Röwekamp (2000), Kafkaeske Visionen.

130 Vgl. zur Künstlerfigur im Spielfilm Korte und Zahlten (1990), Kunst und Künstler im Film; Walker (1993), Art and artists on screen; Felix (2000), Genie und Leidenschaft; zuletzt zum Komponisten im Biopic die kurzweilige und materialreiche Studie von Tibbetts (2005), Composers in the Movies.

Die literarhistorische Filmbiographie schreibt von Anbeginn des Kinos an eine spezifische filmische Literaturgeschichte, die es in der vorliegenden Studie für die deutsche Literaturgeschichte zu rekonstruieren gilt (Kap. 4). Diese zeichnet sich einerseits durch einen hohen Popularisierungsgrad sowie andererseits durch einen medienhistorisch gewachsenen, mehr oder weniger ausgeprägten künstlerischen Anspruch aus. Als nostalgisches Medium der Erinnerung transformiert sie ältere Medien der Erinnerung (Schrift, Dichterporträt in Relief und Photographie, Dichterhäuser und Grabstätten, vorgängige Filme) in die Narration und erzählt zugleich von deren Funktion im literarhistorischen Diskurs.[131] Zugleich vermittelt das literarhistorische Biopic historische Autorschaftsmodelle und schreibt diese in der Aktualisierung um. Es ist sowohl als fiktional-historiographischer Beitrag zum Diskurs der Autorschaft zu lesen als es auch zu einer Ordnung des Diskurses mittels der Etablierung und Bestätigung der Autorfigur – gleichsam als »Verknappung« des Diskurses – immer wieder neu beiträgt.[132] Dabei konstruiert es Autorschaft als transitorisches und performatives Phänomen im Ereignis des Films und erzeugt somit historische Kontinuität in der Diskontinuität und umgekehrt. Die Figur des Dichters fungiert als historisiertes Subjekt in der chiastischen Verschränkung einer subjektivierten Historie,[133] an dessen Exemplum Entwürfe von Kreativität und Ästhetik verhandelt werden. Die Filmfigur der Autorin bildet für den deutschsprachigen Bereich die Ausnahme (vgl. Kap. 4.1.).

Die Repräsentation eines Diskurses durch eine Figur ist narrativ organisiert, wobei deren Berühmtheit sowohl Voraussetzung als auch Ergebnis der Erzählung ist. Organisationsprinzipien dieser historisch stets variablen, aber keineswegs zufälligen Narrationen sind traditionelle und innovative Biographeme, die sich aus dem Genre selbst sowie ihren Prätexten speisen. Deshalb gilt es auch, die Entwicklung von der »Künstlerlegende« zum Narrativ der Autorschaft nachzuzeichnen und entsprechend ausgewählte Narrative zu analysieren (Kap. 5). Die Konstante dieser Narrative ist der Name des Autors oder der Autorin, den Bourdieu, wie bereits erwähnt, als maßgebliches Kriterium für die Formulierung des Anspruchs, biographisch erzählen zu wollen, annimmt. Über die Signatur bzw. das moderne Label des Autors[134] sowie Indizes des Authentischen wird der Übergang von der Geschichte in die Fiktion gestaltet. Solche Elemente

---

131 Vgl. die Analyse von Paech (2002), Der Platz des Autors beim Schreiben des Films, S. 23. Er betont den nostalgischen Effekt des Schreibens, den sich z.B. der Film-Autor Godard mittels der schreibenden Figur des Doktor Itard aneignet.

132 Foucault (1991), Die Ordnung des Diskurses, S. 20f.

133 Vgl. Deines et al. (2003), Historisierte Subjekte – Subjektivierte Historie, Einleitung, S. 1-24.

134 Vgl. Niefanger (2002), Der Autor und sein ›Label‹.

des Authentischen sind in diesen Biopics auf den literarischen Diskurs abgestellt, so dass ein filmischer Text einen literarischen Text zitiert, um auf die vorgängige *histoire* zu verweisen. Mit diesem ›Thema‹ des Textuellen ist ein wichtiger Aspekt des literarhistorischen Biopic erfasst, der aber nur dann relevant ist, wenn es mit den Gestaltungselementen, dem *discours,* zusammenfällt; denn ein im *voice-over* zitiertes Gedicht, das die Filmerzählung eröffnet, arbeitet nicht allein *mit* den Mitteln der Gedichtrezitation, es *ist* auch eine Gedichtrezitation. Ebenso verhält es sich mit Szenen des Spiels im Spiel; auch hier wird ›tatsächlich‹ im Film ein Stück Drama aufgeführt. In einem weiteren Fall erscheint in der Titelsequenz die Signatur eines Autors auf der schwarzen Leinwand, wie etwa im jüngsten *Luther*-Film (Eric Till, D 2003). In diesem und anderen Fällen handelt es sich um eine animierte, massenmedial reproduzierte handschriftliche Signatur, die bezeichnenderweise im weiteren Verlauf der Titelsequenz vom graphischen Designer-Logo des Filmtitels überblendet wird. Tautologisch betiteln beide Schriftzüge den folgenden Film und bieten medial und historisch autoreferentielle Bezüge auf die Signatur zu lesen an. Insofern werden die Rezitations- und Schreibszenen, aber auch die im weiteren Sinn zu verstehende Inszenierung des ›Literarischen‹ einen besonderen Stellenwert bei der Analyse der Narrative einnehmen. Abschließend werden die Ergebnisse der Untersuchung zusammengefasst und im Kontext einer populären Literaturgeschichtsschreibung diskutiert (Kap. 6).

Aus dem Untersuchungskorpus bewusst ausgeschlossen wurden literaturgeschichtliche Lehrfilme und dokumentarische (Fernseh-)Filme über Dichterhäuser und -städte sowie alle ein- und mehrteiligen Fernsehproduktionen. Gleichwohl diese Filme einen überaus großen Beitrag zur filmischen Literaturgeschichtsschreibung leisten, muss ihnen unter Aspekten der Serialität sowie des *found footage*-Verfahrens mit historischem Filmmaterial eine eigene Untersuchung vorbehalten bleiben.[135]

Die Untersuchung wird von einem Filmverzeichnis ergänzt, das den interfilmischen und internationalen Verflechtungen des Genres versucht Rechnung zu tragen. Es führt insgesamt 184 Filmbiographien auf, die zwischen 1909 und 2007 entstanden sind. Ein deutlicher Schwerpunkt bei

135 Hingewiesen sei hier nur auf einige wenige, häufig wiederholte Fernsehmehrteiler wie *Notorious Woman: The Story of George Sand* (7 Teile, Waris Hussein, GB 1974), *Heinrich Heine* (2 Teile, Klaus Emmerich, BRD 1977), *Molière, ou la vie d'un honnête homme* (3 Teile, Ariane Mnouchkine, F 1977/87), *Heinrich Heine – Die zweite Vertreibung aus dem Paradies* (2 Teile, Karl Fruchtmann, BRD 1983), *Hemingway* (4 Teile, Bernhard Sinkel, US/BRD/F/GB/I 1988), *Balzac* (2 Teile, Josée Dayan, F/I/D 1999), *Die Manns – Ein Jahrhundertroman* (4 Teile, Heinrich Breloer, D 2001), *Unterwegs zur Familie Mann* (3 Teile, Heinrich Breloer, D 2001).

diesen Recherchen lag auf der deutschsprachigen Literaturgeschichte,[136] ergänzt von Kinoproduktionen über die AutorInnen des westeuropäischen und amerikanischen literarischen Kanons, den sie auf von der Forschung bisher noch viel zu wenig berücksichtigte Weise seit nun nahezu hundert Jahren mitbestimmen.

136 Die einschlägige Biopic-Filmographie verzeichnet z. B. überhaupt keine Figuren aus der deutschsprachigen Literaturgeschichte und weist auch bei internationalen Autoren und Autorinnen große Lücken auf; vgl. Karsten (1993), From Real Life to Reel Life.

3. Der bewegte Schreiber: Mediale Interferenzen

»Filmische Porträts von Schriftstellern zeugen vom Interesse des einen Mediums an den Inventarien, Kontexten und Produzenten des anderen Mediums.«[1] Was Röwekamp hier als plausibel erscheinenden Ausgangspunkt für eine Untersuchung von literarhistorisch situierten Spielfilmen unter medienspezifischem Aspekt formuliert, trifft zunächst zu – und dann auch wieder nicht. Das vorrangige Interesse und die dominante intermediale Konstellation der literarhistorischen Filmbiographie ist das Aufeinandertreffen von Literatur und Film: Wenn literarische Texte, wie Mergenthaler zeigen kann, am Diskurs der visuellen Wahrnehmung partizipieren und den Chiasmus des »Sehen-Schreibens« und »Schreiben-Sehens« sowohl konstruieren als auch reflektieren,[2] dann ist es aber auch nur billig, bei einem Medienwechsel von einer ähnlichen chiastischen Figuration auszugehen. Kinofilme machen nicht nur ›sehen‹, sie ›schreiben‹ auch, indem sie den Effekt ›Schreiben‹/Schrift auf der Leinwand erzeugen. Auch hier wirkt eine »Grenzverwischung«,[3] die aufgrund einer Inszenierung von etwas entsteht, das keiner Inszenierung bedarf: Schrift auf der Leinwand wird nicht allein erzählt, gezeigt oder abgebildet, sie ist auch immer Schrift; und ein Gedichtvortrag im *Off* einer filmischen Erzählung bleibt ungeachtet des kontextuellen *emplotment* doch eine lyrische Rezitation. Aufgrund dieser Qualitäten ist der Film mittlerweile auch als hybrides Medium bezeichnet worden, das ohne die Berücksichtigung der »Medien in Medien« nicht beschrieben werden kann.[4] Literarhistorische Filme beschränken sich folglich nicht alleine auf die dispositive Opposition Film/Literatur, sondern verweisen auf jegliches Medium, dessen Metaphern sie wiederum generieren.[5] Literarhistorische Filmbiographien zeugen deshalb auch vom Interesse des Films etwa an den theatralen

---

1 Röwekamp (2000), Kafkaeske Visionen, S. 167.

2 Mergenthaler (2002), Sehen schreiben – Schreiben sehen, S. 403.

3 Ebd., S. 403.

4 Liebrand (2002), Hybridbildungen – Film als Hybride, S. 179f.

5 Hier kommt erneut das vielzitierte Diktum von McLuhan zum Tragen, »the medium is the message«, das sich nicht allein auf den autoreferentiellen, sondern auch auf den referentiellen Verweis bezieht. Jedes Medium überträgt Erfahrung in eine neue Form und fungiert als Metapher. Der ›Inhalt‹ eines jeden Mediums ist immer ein anderes; das Mediensystem bildet auf diese Weise eine Metaphernkette und impliziert seine eigene Entwicklungsgeschichte; vgl. McLuhan (1970), Die magischen Kanäle, S. 64; McLuhan (2001), Das Medium ist die Botschaft.

Möglichkeiten der Oper, an den autoreflexiven Aspekten des Kinos selbst, an der scheinbar dokumentarischen Qualität der Photographie, an den choreographischen Möglichkeiten des Balletts und nicht zuletzt an den Medien des literarischen Dispositivs wie Stimme und Schrift.

Der Begriff ›Interferenz‹, der sich für die Beschreibung dieser Konstellation anbietet, ist zunächst schlicht als »Überlagerung« oder »Überschneidung« zu übersetzen. In der Physik werden damit Überlagerungsphänomene von Wellen beschrieben,[6] in der Linguistik die Einwirkung eines sprachlichen Systems auf ein anderes.[7] Als »Störungsphänomen« ist die Interferenz ursächlich negativ konnotiert, es können ihr jedoch für eine Medienanalyse durchaus positive und überaus produktive Aspekte abgewonnen werden.[8] Für den Zwischenraum zwischen Literatur und Geschichte entwickelte jüngst Stephan Jaeger den Ansatz von interferenten Diskursen. Zwar spricht er von einem »Einbrechen« des literarischen in das historische Paradigma, was einem der beiden Pole eine deutliche Aggressivität zuschreibt, die für die Filmbiographie nicht plausibel erscheint, sind doch literarischer, filmischer und historischer Diskurs als Effekt und Voraussetzung des jeweils anderen zu denken. Wesentlich jedoch ist das Argument Jaegers, dass durch die Interferenz kein neuer Diskurs entsteht, sondern ein unentscheidbares Oszillieren zwischen zwei konkurrierenden Diskursen zu beobachten ist.[9] Unterstützt würde diese Begriffsauffassung durch die Kognitionspsychologie, die für die Erforschung von Aufmerksamkeit und Gedächtnis ein Interferenzkonzept entwickelt hat – und zwar als ein hybrides Aufeinandertreffen von Zeichensystemen und Codierungen.[10] Demgemäß handelt es sich bei der Interferenz um eine beeinflussende Überlagerung neuerer durch bereits bekannte Elemente im Gedächtnis bzw. auch umgekehrt – gleichsam in der Konkurrenz zwischen Lang- und Kurzzeitgedächtnis bei gleichzeitig abgerufenen Routinen. Sie entsteht durch die Vergleichbarkeit beider Elemente in einem

6 Hierauf bezieht sich auch Griem (1998), Bildschirmfiktionen, Vorwort, S. 8.

7 Bußmann (2002), Lexikon der Sprachwissenschaft, S. 314: »Beeinflussung eines Sprachsystems durch ein anderes a) im Individuum (vgl. Transfer) oder b) in der Sprachgemeinschaft (vgl. Entlehnung, Sprachkontakt).« Zur Diskussion des Begriffs vgl. Hellinger (1980), Zum Begriff der sprachlichen Interferenz.

8 Vgl. zu dieser Umwertung auch die Beiträge in Kümmel und Schüttpelz (2003), Signale der Störung.

9 Jaeger (2002), Historiographisch-literarische Interferenzen, S. 80.

10 Frühe Interferenztheorien in der Neuropsychologie und Gedächtnisforschung gehen auf McGeoch (1932) und Melton/Irwin (1940) zurück: Sie untersuchen das Vergessen von einmal Erlerntem bei gleichzeitiger Aktivierung alter und neuer Erinnerungen. Interferenz-Versuche untersuchen insbesondere auch lateral-spezifische Tätigkeiten des Gehirns (wenn z. B. beim Klavierspielen die rechte und linke Hand simultan spielen, aber gleichzeitiges Sprechen das Spiel der rechten Hand, gleichzeitiges Summen das der linken Hand stört); vgl. Spada (1990), Allgemeine Psychologie, S. 126f.; Kolb und Whishaw (1993), Neuropsychologie, S. 178.

spezifischen Aspekt.[11] Diese in einem Merkmal ähnlichen Zeichen oder Zeichenketten sind im Gedächtnis sedimentiert und werden assoziativ abgerufen. Eröffnet sich ein neuer Kontext, überlagern die abgespeicherten Routinen die neuen Bedeutungszuweisungen.

Wollte man diesen Ansatz auf die filmische Inszenierung von Literaturgeschichte übertragen, bedeutet dies, mindestens zwei Paradigmen beschreiben zu können, die sich auf die jeweilige Wahrnehmungseinheit (Sequenz, Szene, Einstellung, Einzelbild) beziehen lassen. Dabei handelt es sich nur um mediale Interferenzen gleichwertiger und gleichzeitiger Diskurse, in denen die Autorfunktion zum Tragen kommt. Im Folgenden werden anhand einiger ausgewählter eindrücklicher Beispiele aus dem Filmkorpus Vorschläge dazu entwickelt, welche medienhistorischen und literaturtheoretischen Aspekte sich als Interpretationsmöglichkeiten für diese Interferenzen anbieten.

3.1. Ankunft des Autors in der Filmgeschichte

»(...) da, wo alle bessern Geschichten anfangen: am Bahnhof.«

Tucholsky: *Schloß Gripsholm*

Der jüngste Film über das Dichterpaar Rimbaud und Verlaine beginnt mit einer selbstreflexiven Passage über das Konstruktionspotential des Kinos für die inszenierte Autorschaft: Der junge Rimbaud macht sich auf den Weg nach Paris zu seinem ersten Treffen mit Verlaine (*Total Eclipse,* Agnieszka Holland, F/GB/BE/I 1995). Die Einfahrt des Zuges, in den der junge Rimbaud im Jahr 1871 einsteigen wird, zitiert einen Topos der Filmgeschichte:[12] *Arrivée d'un train à la Ciotat* der Brüder Lumière (No. 653, 1895). Nach einem *establishing shot,* in dem zunächst nur die Füße Rimbauds zu sehen sind und der nachfolgend von unten in die Totale übergeht, schwenkt die Kamera auf die Achse des Bahnsteigs, zu der sie dann parallel entlangfilmt (00:02:20). Am Ende davon taucht in einer leichten Rechtskurve der erwartete Zug auf und fährt in den Bahnhof ein. Die Kameraperspektive scheint auf den ersten Blick derjenigen zu ähneln,

---

11 Als ›Klassiker‹ in dieser Experimentanordnung gilt der Stroop-Effekt, benannt nach J. Ridley Stroop (1935), wonach früher Gelerntes, z.B. Lesen, verhindert, sich auf eine neue Anforderung einzustellen: Wörter, die Farben bezeichnen, sind in jeweils anderer Schriftfarbe gedruckt, so dass die Benennung der Schriftfarbe erst nach dem Lesen der Wortes möglich ist und fehlerintensiv sein kann; vgl. Anderson (2001), Kognitive Psychologie, S. 101ff.

12 Vgl. Paech (1985), Unbewegt, bewegt – Das Kino, die Eisenbahn und die Geschichte des filmischen Sehens.

Rimbaud wartet auf die Ankunft des Zuges: links *Arrivée d'un train à la Ciotat* der Brüder Lumière (F 1895), rechts aus dem Anfang von *Total Eclipse* (Agnieszka Holland, F/GB/BE/I 1993), Quelle: DVD-Editionen

die auch der geschickt auf dem Bahnsteig postierte Kinematograph der Brüder Lumière hundert Jahre früher eingenommen hatte und den Zug in fast allen Einstellungsgrößen von Weit bis Nah heranholt; obwohl sich der einfahrende Zug verlangsamt, entsteht der Eindruck von Beschleunigung.[13] Es scheint so zu sein, als hätte die Regisseurin Agniezska Holland den leeren Platz auf dem Bahnsteig in der Szenerie der Lumières genutzt, um ihre Dichterfigur bloß hineinzustellen.[14] Auf den zweiten Blick wird jedoch schnell deutlich, dass hier unterschiedliche Techniken am Werk sind: Während der Zug im Kurzfilm der Brüder Lumière links von dem fixierten Kinematographen zum Stehen kommt, zeigt sich in *Total Eclipse,* dass die Kamera parallel zu den Gleisen auf ihren eigenen Schienen fahren muss, ja dem Zug sogar entgegenfährt, sich dann aber wieder im energischen Schwenk der Autorfigur zuwendet, vor die sich schließlich der bremsende Zug schiebt. Die Kamera hat somit die Seiten gewechselt, weil sie auf der bahnsteiglosen Seite des Zugs steht; und sie dokumentiert darüber hinaus ihre eigene technische Mobilisierung auf dem Track oder Dolly und in der zoomfähigen Linse. Aber bereits das narrative Zitat des Zugs ›transportiert‹ etymologisch die Idee der Bewegung (lat. *citare,* in Bewegung setzen, herbeirufen) immer schon mit;[15] zudem gilt die Wahrnehmungsform der Zugreisenden, die eine Landschaft an sich vorbeiziehen lassen und vermeintlich wie im Kino ›festsitzen‹, obwohl sie sich bewegen, als homologes Dispositiv der

13 Vgl. Segeberg (1996), Von der proto-kinematographischen zur kinematographischen (Stadt-)Wahrnehmung, S. 347ff.

14 Im *Off* ist während der Titelsequenz ein Bläserarrangement zu hören; während der Bahnsteigszene ändert sich die Musik abrupt in ein Arrangement mit Streicherbesetzung, die eine pulsierende, spannungserzeugende Unterlegung abgibt. Es folgt ein im *Off* rezitierter Text, der sich später als ein von Verlaine rezitierter Ausschnitt aus Rimbauds Gedicht »Vierge Folle. L'Époux Infernal« herausstellt.

15 Gutenberg und Poole (2001), Zitier-Fähigkeit, Einleitung, S. 9.

proto-kinematographischen Wahrnehmungsform, die nicht zuletzt im literarischen Diskurs seit dem 19. Jahrhundert eine wichtige Rolle gespielt hat.[16]

Bevor allerdings die Kamera vor dem einfahrenden Zug zurückzoomt, ist noch zu sehen, wie der scheinbar übermütige und leichtsinnige Dichter ein wenig strauchelt, als wäre er – in der Allegorie der medialen Interferenz gesprochen – beinahe unter die Räder der Filmgeschichte geraten. Durch das Fenster des stehenden Zugs, in den Rimbaud nun einsteigt, scheint das indexikalische Zeichen einer Uhr hindurch, was die Situierung in der Zeit als Zusammenkunft von Geschichte (erzählte Zeit), Gegenwart (Erzählzeit) und Zukunft (noch zu erzählende Zeit) andeutet; im Abteil, durch dessen Fenster der junge Dichter seinen Kopf der Kamera entgegenstreckt, ist außerdem ein Geistlicher zu entdecken. Vor diesem Hintergrund beißt Rimbaud einmalig in einen Apfel und wirft ihn anschließend sogleich, vom unteren zum oberen Bildrand, weg: Der narzisstische Sündenfall dieser homosexuellen Verführerfigur ist damit bereits als Thema des Films symbolisch antizipiert. Nur durch dieses historisch und symbolisch aufgeladene Zugfenster hindurch ist der Dichter wiederzuerkennen, während er in Richtung der vierten Wand sieht, ohne sie je zu durchbrechen. Im Fensterrahmen des Zuges, innerhalb dessen sich die Porträtaufnahme des Autors zeigt, eröffnet sich somit der diegetische Rahmen der Erzählung: Literaturgeschichte ist dieser *mise en scène* zufolge durch die Kinogeschichte zu erfahren. Die Autorgenese vollzieht sich vor den Augen des Publikums, das zwei sich überschneidende Erzählungen aus unterschiedlichen Medienkontexten zu sehen bekommt.

Das Biopic *Carrington* (Christopher Hampton, GB/F 1995) über die ungewöhnliche Beziehung zwischen der Malerin Dora Carrington und dem Schriftsteller und Biographen Lytton Strachey, das mit *Total Eclipse* den Drehbuchautor Christopher Hampton gemeinsam hat, beginnt im Übrigen mit demselben Topos: Der Autor kommt am Bahnhof an und steckt als erstes seinen Kopf durch den Rahmen des Abteilfensters dem Kinopublikum entgegen. Allerdings steigt er aus einem einfahrenden Zug, der von links in die Kadrage ›einfährt‹, und betritt den nahezu menschenleeren Bahnsteig (00:01:30). Es handelt sich folglich ebenfalls um die Ankunft eines Zuges, die von der Ankunft eines Autors in der Filmgeschichte erzählt; aber die Narration des Biopic wird mit dem Topos des frühen Kinos lediglich verknüpft,[17] sie wird nicht als Weiterführung einer Aufbruchsgeschichte umgeschrieben.

16 Vgl. Segeberg (1996), Von der proto-kinematographischen zur kinematographischen (Stadt-)Wahrnehmung; Paech (1985), Unbewegt, bewegt – Das Kino, die Eisenbahn und die Geschichte des filmischen Sehens.

17 Zudem verzichtet diese Inszenierung auf den Effekt des einfahrenden Zuges, der bremsend auf die Zuschauer zukommt und damit einen paradoxen Beschleunigungseffekt erzeugt.

Die Inszenierung des filmhistorischen Zitats in der Exposition von *Total Eclipse* deutet dezidiert auf die Autoren und Gründer des frühen europäischen Films, die Brüder Lumière, hin, deren Name obendrein Programm ist: Er bringt Licht ins historische Dunkel und soll darüber hinaus ein neues Licht auf dieses lange Zeit als skandalös gehandelte Kapitel der Literaturgeschichte werfen. Dies erschließt sich auch daraus, dass die erste Szene dieses Films zu sehen gibt, was das frühe Kino noch nicht zeigte: das Einsteigen in diesen Zug und seine Abfahrt. Der Beginn von *Total Eclipse* schließt mit der Abfahrt des Zuges in der Nahaufnahme, beginnt also am Ende einer früheren Erzählung des Kinos. Diese Nahtstelle zwischen interferentem Zitat und Beginn der literarhistorischen Geschichte zweier Dichter und ihrer Begegnung wird visuell geschlossen: Der Zug mit Rimbaud beschleunigt derart, dass der Zeitraffer die Umrisse der Waggons verschwimmen lässt; das heißt: von den 16 bis 18 Bildern einer Sekunde im frühen Jahrmarktskino bis zu den 24/25 Bildern im aktuellen Standard – bis hinein in den Zeitraffer – ist es nur eine kurze Zeitreise, die direkt in den schnelleren Ablauf der Bilder umgesetzt wird. Die führt zum Paradox einer überdeutlichen Verundeutlichung des dargestellten Objekts, weil das Verwischen der Objektgrenzen, entstanden durch den Doppler-Effekt der Lichtwellen, analog zu den kinematographischen Einzelbildgrenzen zum Gegenstand des Erzählens erhoben wird.

Das Lumière-Zitat am Beginn des Films ruft zwei wichtige theoretische Problemfelder für die literarhistorische Filmbiographie auf: Es polarisiert – erstens – zwischen Dokumentar- und Spielfilm und nutzt diese Differenz für die Erzählweise des Films. Mittels des Zitats aus dem frühen dokumentarischen Kino behauptet der Film *Total Eclipse* seinen eigenen Anspruch des Authentischen. Zugleich unterwandert er aber diesen Anspruch sogleich wieder in der historischen Markierung des Zitats. Die assoziierten s/w-Bilder schaffen eine narrativ-historisierende Distanz zum Geschehen. Farbe, Musik und Kameratechnik verweisen zudem deutlich auf Traditionen des Melodrams, weniger auf die des Dokumentarfilms. Das Biopic als hybrides Genre[18] schließt zwar über Vorspann und Kontextualisierung einen fiktionalen Vertrag mit dem Publikum, insofern es eine Geschichte des Möglichen erzählen wird, verzichtet aber dennoch nicht auf dokumentarische Mittel des Authentischen und ihrer gleichzeitig dazu widersprüchlichen Markierung einer historischen Distanz.

Die Interferenz auch in diesem Beispiel entsteht *per definitionem* aufgrund eines gemeinsamen Merkmals: Der Anfang einer möglichen literarhistorischen Erzählung wird mit einem möglichen Anfang der Kinogeschichte überlagert – und umgekehrt. Der Film schiebt sich damit in einem autoreferentiellen Gestus über die Geschichte, die hier erzählt

18 Vgl. noch einmal Taylor (2002), Rolle des Lebens.

werden soll, und wird so Teil des Diskurses einer medial transformierten Erzählung. Selbst der Anachronismus, dass die filmgeschichtliche Zugeinfahrt von 1895 in das Jahr 1871 verlegt wird, kann als autoreferentieller Kommentar verstanden werden, lauten doch die ersten beiden Sätze des Drehbuchs, gesprochen von der Figur des Perron-Schaffners, in der deutschen Version: »Guten Morgen! Der Zug kommt heute ein bisschen spät!« (00:02:30) Damit bleibt die Ambivalenz zwischen Fakten und Fiktion und ihrer narrativen Kommentierung bestehen, aus der sich nicht nur diese mögliche (oder auch unmögliche) Version einer Literaturgeschichte speist, sondern das gesamte Genre des Biopic.

Die zweite wichtige Funktion des Zitats ist, dass der Film sich mit seinem Anfang auf ein Jahrmarktskino der Sensationen bezieht. Noch vor der Erfindung der Ladenkinos, gar einer speziellen Kinoarchitektur, bedeutete der Kontext dieser technischen Neuerung saisonale Unterhaltung und affektive Attraktion. Die Legende, dass das Publikum auf Lumières ankommenden Zug panisch reagiert und sich von diesem Gefährt bald selbst überrollt gesehen hätte, ist ein oft behaupteter und genauso oft angezweifelter Gemeinplatz aus der Frühgeschichte der Filmrezeption.[19] Der Anfang von *Total Eclipse* knüpft an diese Ursprungsidee an und verspricht über eine faktische Geschichtsstunde hinaus auch die Sensation im wahrnehmungspsychologischen Sinn.

3.2. »Entdeckt und verschwunden? Was soll das heißen?«

Ist der Schreiber einmal in der Filmgeschichte angekommen, kann er dort aber nicht auf Dauer bleiben. Mit jedem Vorstellungsende im Kino endet auch seine performative Existenz auf der Leinwand; er verschwindet wieder in der Schwärze des Filmmaterials, des ausgeschalteten Projektors, der unbelebten Leinwand. Das Kino als ein Ort des Verschwindens zehrt von der Spannung zwischen Sichtbarkeit und Unsichtbarkeit sowie der Entropie seiner Ikonizität.[20] Und so lässt der Auftrag, den Autor in seiner Funktion als Urheber beunruhigender Texte zu suchen und auch das zu finden, was er geschrieben hat, nicht lange auf sich warten; kaum überraschend mag sein, dass dieser Auftrag mittels der militärischen Befehlskette organisiert wird, die mit ihrer Tendenz zur Vereindeutigung der Zeichen etwaige Irritationen bezüglich oszillierender, interferenter Diskurse unter Kontrolle zu bringen versucht. Denn der Film *Friedrich Schiller – Der*

19 Vgl. auch Segeberg (1996), Von der proto-kinematographischen zur kinematographischen (Stadt-)Wahrnehmung, S. 350.

20 Vgl. Paech (1999), Figurationen ikonischer n...Tropie.

Triumph eines Genies (Herbert Maisch, D 1940) erzählt von seinem medialen Potential, den Dichter nicht nur sprechen zu lassen, sondern auch zu sehen zu geben.

Dieser Film wird von Harro Segeberg dem »affektiven Überwältigungskino« zugerechnet[21] und greift für seinen *plot* und die Visualisierung der *story* maßgeblich auf drei biographische Stationen zurück, die in der zweiten Hälfte des 19. Jahrhunderts die populäre Schiller-Ikonographie dominierten, nämlich der Besuch Schillers bei Schubart auf dem Hohenasperg, die entscheidende letzte Audienz bei Herzog Carl Eugen sowie die erste Lesung der *Räuber* vor seinen Kommilitonen.[22] Jedoch soll diese Adaptation bekannten Bildmaterials, auf die auch der Film von Curt Goetz von 1923 bereits rekurriert, nicht nur literarhistorische Episoden illustrieren, sondern vielmehr die Autorität des Dichters in das Medium Film transformieren. Indessen steht bei diesem späteren Film, den Herbert Maisch 1940 mit Horst Caspar in der Titelrolle und Heinrich George als Carl Eugen von Württemberg für die Tobis drehte, die Interferenz von auditivem und visuellem Dispositiv an zentraler Stelle.[23] Auf dem Höhepunkt der Konflikte, die die Figuren Schiller und Carl Eugen im Verlauf der Handlung um das ›Genie‹ – seine völkische Geburt und sein Potential – austragen, kommt es zu einer Schlüsselsequenz: Schiller liest in den Kellergewölben der »Hohen Carls-Schule« aus seinem heimlich verfassten Drama *Die Räuber*, beklatscht vom Beifall der Kameraden (00:48:20-00:50:13). Das Motiv, dass Schiller von Herzog Carl Eugen beim heimlichen Dichten und Rezitieren erwischt und dafür bestraft wird, ist aus populären Buch-Illustration von Theobald von Oer (1858) oder Franz Schams (1855 u. ö.) bekannt.[24] Der Film jedoch schlägt sein mediales Kapital nicht nur aus der Dynamisierung eingeführter biographischer Topoi, wie Fahrner argumentiert,[25] sondern auch aus der Möglichkeit, das damit zitierte »Pennäler-Genre«[26] ausführlich zu bedienen, indem die Suche nach Schiller seiner Entdeckung vorgeschaltet und mit zusätzlichen Aktanten rekonstruiert wird. Darüber hinaus gibt der Film paradoxerweise etwas zu sehen, was der traditionelle Bilddiskurs zu diesem Motiv nicht zeigen kann, nämlich, dass Schiller und die Seinen nicht zu sehen sind. Parallelmontagen erzählen also, wie die sogenannten »Verschwörer« um Schiller, die sich gegen die Schulleitung auflehnen, vermisst werden, dann aber vermeintlich »entdeckt« sind. Um vier Uhr nachts wird schließlich Alarm geblasen, damit Soldaten die Abtrünnigen suchen sollen. Die

21 Segeberg (2001), Literatur als Medienereignis, S. 495.
22 Vgl. Fahrner (2000), Der Bilddiskurs zu Friedrich Schiller, S. 341ff.
23 Vgl. ausführlicher zu diesem Film auch Kap. 4.4.
24 Vgl. Fahrner (2000), Der Bilddiskurs zu Friedrich Schiller, S. 306-312.
25 Ebd., S. 340.
26 Ebd., S. 309.

»Rattennester« der Verschwörer, die es nach den Worten des Hauptmanns »auszuräuchern« gälte, sind ein unmissverständliches Zitat rassenhygienischer Terminologie des Nationalsozialismus.[27] Der Herzog lauscht also der Lesung des entdeckten Autors Schiller durch ein Loch in der Kellerdecke, was ihn zur Verbannung seines Zöglings auf die Festung Hohenasperg veranlassen wird, wo bereits der verfolgte Dichter Schubart festsitzt. Wie es in der Rede des Pastor Moser heißt (V/1), den die Schiller-Figur hier in kompilierter Form liest (der dialogische Part des Franz Moor fehlt), wird auch im Film »das Oberste zu unterst« gekehrt:[28] die literarische Freiheit ist raumsemantisch im Keller situiert, der Herzog als »Wüterich« und »Tyrann« möchte gerne vom Erdgeschoss auf die rebellischen Geister heruntersehen, wenn ihn der eingeschränkte Blickwinkel nicht daran hindern würde.

Das Geschehen in dieser Sequenz lässt sich deshalb zugleich als Allegorie des filmischen Hörens und Sehens lesen: Meldet der Soldat die »Verschwörer« als »entdeckt«, fragt der Hauptmann sogleich verwundert: »Wo sind sie?« – »Verschwunden.« – »Bist du verrückt geworden? Entdeckt und verschwunden? Was soll das heißen?« – »Ich habe sie eben hier unten noch gehört, Herr Hauptmann (...) aber ich möchte den sehen, der sich in den Gewölben da unten auskennt.« Was soll das also heißen? Es kann – einmal abgesehen von der literalen Bedeutungsebene – heißen, dass es hier eine Dichterfigur filmisch zu entdecken gilt, diese aber ohne entsprechende Beleuchtung und Perspektive sogleich wieder verschwindet. Denn der Soldat hat die »Verschwörer« nur gehört, nicht gesehen. Eine staubige Rußwolke, die aus dem Übertragungsschacht der Stimmen im Keller hervorquillt, verdeutlicht Schwärze und Blindheit der Soldaten sowie – der Zuschauer. Durch eine *»lumière«*, figural im Französischen sowohl für die Einsicht und Erkenntnis als auch für die technische Öffnung gebraucht,[29] spähen die Entdecker nach dem Geschehen; der Blickwinkel schränkt sie derart ein, dass sie nichts erkennen können. Die allwissende Kamera hingegen gewährt, im Verbund mit der Montagetechnik, Einblick in das verborgene Schauspiel und stellt sich als optisches Dispositiv über das bloße Hören. Der Volksempfänger war demnach propagandistisch und informationstechnisch noch zu übertreffen, denn erst der Tonfilm scheint die totale Kontrolle zu versprechen.

---

27 Vgl. Ruppelt (1979), Schiller im nationalsozialistischen Deutschland, S. 126ff.

28 Schillers *Die Räuber* wird in einer vom Schauspiel inszenierten Version filmisch umgesetzt, als der Autor Schiller die Mannheimer Uraufführung des Dramas besucht. Hier wird die – 1783 gestrichene – Rede aus den Kellergewölben noch einmal wiederholt, dort aber im Kontext einer umjubelten professionellen Aufführung.

29 *la lumière* (franz.), Licht; der Begriff kann auch für (figural) Einsicht, Kenntnisse, Geistesgaben, Leuchte oder (technisch) Schlitz, Loch, Öffnung sowie (figural im Plural) Kenntnisse, Wissen, Aufklärung stehen.

Die extradiegetisch/heterodiegetisch agierende Kamera erhält auf diese Weise auktoriale Omnipotenz.

Der auffällige Kontrast zwischen Aufsicht und Untersicht als die beiden diametralen Stile der Perspektive wird auch als Geschehensmoment in Szene gesetzt und in die agierenden Figuren hineinprojiziert: Zum einen, wenn die Obrigkeit durch die *»lumière«* in den Keller sieht, zum anderen, wenn die Kameraden zu Schiller aufschauen: Den Kopf hart in den Nacken gelegt, staunen sie die über ihnen stehende Führerfigur an. Damit wird ein ›Führer aus dem Volk‹ aufgerufen, denn seine exponierte Rhetorik erweist sich am Ende der Sequenz als flüchtiges Moment, das mit dem militärischen Code des Alarmblasens endet: Er ist wieder einer von ihnen und muss genauso antreten, um mit seinen Kameraden in einer Reihe zu stehen – und diese mit ihm. Mit dieser Deklamationsszene wird eine Ikonographie der Doppelung vollzogen, die die historische und symbolische Figur der Biographik auf sich vereinigt. Schiller, der einfache Soldat, wird eingepasst in eine Zitatanhäufung aus Bergpredigt-, Erscheinungs- und Verklärungsikonographie, die aus der Tradition des seine Jünger lehrenden Christus herrührt: »Ich bin der gute Hirt; ich kenne die Meinen, und die Meinen kennen mich (…) Ich habe noch andere Schafe, die nicht aus diesem Stall sind, auch sie muß ich führen, und sie werden auf meine Stimme hören; dann wird es nur eine Herde geben und einen Hirten«, heißt es im Johannesevangelium 10,14-16 (Einheitsübersetzung). Fahrner weist auf die Konnotation dieser Szene mit der frühen Christenverfolgung hin, und das Drehbuch nennt direkt den Vergleich mit Jesus und seinen Aposteln.[30] Dieser Rückbezug auf die christliche Tradition eröffnet für die Suche nach den Verschwörern und ihrem Anführer noch einen weiteren Interpretationsrahmen: Die Stimme des Erlösers ist nur zu hören (»Ich habe sie selbst gehört«); der Film aber hat die Mittel, auch seine Gestalt einzufangen und ihn als bewegende und bewegte Figur zu sehen zu geben. Die Vielschichtigkeit der plurimedialen Querverweise zu berücksichtigen, ist an dieser Stelle insofern wichtig, als das Medium Film nicht nur den Film als ›Botschaft‹ seiner selbst transportiert, sondern auch die Dispositive des Dramas, der Ikonographie, des Hörfunks. Angesichts dieser plurimedialen Interferenzen, die Figuren als Aktanten in Plot- und Diskurszitaten vorführen, mag es nicht verwundern, dass Forschung und Kritik immer wieder diskutieren, ob diese Schlüsselsequenz nun als affirmative oder kritische Geste gegenüber dem Nazi-Regime zu verstehen ist; schwer zu ertragen ist dabei die Ambivalenz dieses Dichterbildes, die sich jedoch im Oszillieren der Diskurse, auch der medialen Diskurse, zumindest offenlegen lässt.[31]

30 Fahrner (2000), Der Bilddiskurs zu Friedrich Schiller, S. 346; Wassermann und Diller (1983), Drehbuch zu dem Film »Friedrich Schiller, der Triumph eines Genies«, 57. Bild.

31 Vgl. hierzu Kap. 4.4.

3.3. Meta-Fiktion in der Oper

Weniger politisch als literaturtheoretisch brisant ist der Fall einer medialen Interferenz, der, wie bereits in Kap. 2.1. erwähnt, Roland Barthes als den Proklamator des ›toten Autors‹ in einer literarhistorischen Filmbiographie präsentiert und auf diese Weise zu dessen filmischer Renaissance beiträgt: Nachdem Barthes in seiner Autobiographie die Praxis der visuellen Selbstinszenierung vom Wissenschaftler zum Schriftsteller und Künstler erprobte,[32] spielt er in André Téchinés Film über die Geschwister Brontë die Figur des William Makepeace Thackeray (*Le sœurs Brontë*, F 1979). Damit stellt sich die Frage, ob Barthes mit diesem Film nicht wiederum seinerseits einer Wahrnehmungs- und Deutungskultur Vorschub leistete, die Literatur – wie es in seinem eigenen, bereits sprichwörtlich gewordenen Essay vom Tod des Autors heißt – »tyrannisch auf den Autor, seine Person, seine Geschichte, seinen Geschmack, seine Leidenschaften« zu beschränken bestrebt ist.[33] Deshalb lohnt es, sich mit diesem kurzen Filmauftritt mit Barthes in einer textarmen Nebenrolle zu beschäftigen. Obgleich er dem Kino nicht besonders zugetan war, sagte er die Rolle sofort zu, ohne das Drehbuch gelesen zu haben, und vertraute diesbezüglich auf seinen Freund Téchiné.[34] Dass Barthes kein Routinier in Textpräsentation und schauspielerischem Spiel war, kommt den avisierten Verfremdungseffekten, die Téchiné beabsichtigte, sehr entgegen.

Die Figur Thackerays wird in einem philosophierenden Gespräch mit seinem Verleger über ›das Leben‹ eingeführt. Auf den Hinweis, dass er Charlotte (Marie-France Pisier) am nächsten Abend in der Oper kennenlernen soll, geht der Autor gar nicht ein. Auch mit Charlotte selbst kommt es zu keinem Gespräch; der Film inszeniert gerade die nahezu wortlose Begegnung von Autor und Autorin. Das Ende dieses Films setzt auch das Ende der Biographie von Charlotte Brontë ins Bild. Nach dem Tod ihres Bruders und ihrer beiden Schwestern Anne und Emily versucht sie, den Ruhm der vormals anonym und pseudonym publizierenden Autorinnen Brontë ein wenig zu genießen. Mit ihrem Ehemann besucht sie London, wo sie in der Oper auf Thackeray trifft.[35] (Überflüssig zu erwähnen, dass die Daten und Ereignisse historisch nicht korrekt sind.) Dieser lädt sie in

32 Vgl. die Analyse der Photographien vom schreibenden Barthes in Ette (1998), Roland Barthes, S. 379, 388ff.

33 Barthes (2000), Der Tod des Autors, S. 186.

34 Vgl. Calvet (1993), Roland Barthes. Eine Biographie, S. 311f.

35 In der Biographie von Elizabeth Gaskell (1857) werden Opernabende erwähnt, die Charlotte beschreibt (ca. 1848) und sie beeindruckt vom Treppenhaus und einer Aufführung von Rossinis *Barbier von Sevilla* zeigten. 1851 fährt Charlotte öfter nach London (noch vor ihrer Heirat 1854), ein Treffen mit Thackeray ist aber nicht belegt; sie kannte ihn schon früher und hat ihn wohl sehr verehrt; vgl. Gaskell (1996), The life of Charlotte Brontë.

seine Loge ein, und gemeinsam gehen sie die große Treppe des Opernfoyers hinauf (01:48:30). Sie nehmen in der Loge Platz, und Thackeray erhält dann von einer fremden Dame ein Opernglas, das er unverzüglich an Charlotte weitergibt (01:50:30). Deren Aufmerksamkeit wird dadurch vom Lesen des Librettos abgelenkt; zögerlich sieht sie durch das Glas. (Von ihrem Mann nahm sie die Brille, die sie gegen ihre Kurzsichtigkeit nutzen sollte, ausdrücklich nicht an; zu deutlich wollte sie die sie umgebenden Dinge gar nicht sehen, lautete ihre Begründung.) In dieser Schlussszene entsteht nun eine mediale Interferenz, die für das Verlöschen der Figuren im Film und in der Geschichte sorgt, denn diese Einstellungsfolge bietet zwei überraschende Momente: Blickt die Autorin zuerst durch das Opernglas, lässt dies aufgrund der Sehgewohnheiten erwarten, dass nach dem Umschnitt ein Blick durch das Glas auf die Bühne zu sehen ist, dass mithin der *point of view* der Autorin von der Kamera übernommen wird. Aber dieser *POV-shot,* der den Blick durch zwei Linsen hindurch – nämlich die der Kamera und die des Opernglases – kumulieren könnte, wird verweigert. Stattdessen schweift der Blick über die Seitenreihe der Logen, in denen weitere Zuschauer zu sehen sind, die ebenfalls mit Operngläsern hantieren und damit den Blick auf die Bühne richten. Das heißt also: Der Blick *durch* ein optisches Medium setzt wiederum nur den Blick *auf* ein optisches Medium frei. Darüber hinaus kann das Simulacrum des Opernglases als Symbol für eine medial konstruierte Wahrnehmung gelesen werden, deren Zeichenvorrat hier als Gabe von einer schreibenden Hand zur nächsten gereicht wird. Das Opernglas, das hier als ›anderer‹, dritter Signifikant fungiert (zwischen Film und Literatur), zeigt den Medienwechsel vom Libretto zur Oper und die damit einhergehende wechselnde Fokussierung auf die dargebotene Inszenierung an, was wiederum als historisierender, aber gleichwohl metafiktionaler Kommentar zum Medienwechsel Literatur/Film gelesen werden kann. Die zweite Überraschung, die diese Einstellung bereithält, ist der Endpunkt jenes Kameraschwenks entlang der Logen, nämlich sein vermeintlicher Ausgangpunkt: die Loge mit Thackeray und Charlotte Brontë. Daraus lässt sich schließen, dass die Filmzuschauer zu keiner Zeit die Perspektive der Figuren übernehmen können, weil die Bewegung der Wahrnehmung in diesem Fall zirkulär organisiert ist; die Kameraführung verweigert ein psychologisch motiviertes Identifikationsangebot.

Darüber hinaus bringt der Kameraschwenk ein weiteres auffälliges Moment medialer Interferenz hervor: Begleitet vom Lichtspiel des Abdunkelns und wieder Aufhellens der Szene suggerieren diese Bilder den Verlauf eines ganzen Opernabends in einem Zeitraum weniger Minuten, während der Schluss einer Ouvertüre – zu Gioacchino Rossinis *Tancredi* (1813) – zu hören ist. Die Figuren verschwinden nahezu und tauchen in

Charlotte Brontë (Marie-France Pisier) und William Makepeace Thackeray (Roland Barthes) in einer Loge der Londoner Oper (*Les sœurs Brontë,* André Techiné, F 1978), Quelle: TV-Mitschnitt

der Rahmung der Loge wieder auf. Anfänge und Enden performativer Narration sind an dieser Stelle dergestalt miteinander verquickt, dass die Reflexion der Bedingung für diese Erzählweise notwendig ins Spiel kommt. Als *point of view* gibt sich die zentrale Lichtquelle des Zuschauerraumes, der Kronleuchter, zu erkennen, obgleich er jedoch nicht zu sehen ist: Indessen ist er es aber, der auf der intradiegetischen Ebene überhaupt erst die Differenz der Zeichen ermöglicht und damit Bedeutungszuschreibung evoziert. Ohne Licht keine visuelle Differenz. Die Kamera muss gleichsam den Leuchter verdrängt und sich an dessen Platz positioniert haben, während der Leuchter am Beginn der Vorstellung zur Decke eigentlich hinauf- und gegen Ende der Vorstellung erst wieder herabgefahren werden sollte. Filmische Anleihen an das Gesamtkunstwerk Oper, deren ästhetisches Erbe das Kino auch angetreten hat, sorgen hier für eine Interferenz mit dem Verborgenen. Die Lichtspiele übernehmen eine ebenso erhebliche Rolle wie die Figuren selbst: Autor und Autorin verschwinden und erscheinen nurmehr in den technischen Möglichkeiten ihrer medialen Repräsentation; ihr spezifischer Blick auf die inszenierte Welt der Oper kann nicht erzählt und vermittelt werden. Sie verschwinden als Schreiber im Licht und in der Perspektive der filmischen Inszenierung, während der Film als institutionelles Performativ ihre Existenz gleichermaßen sowohl behauptet als auch negiert. Am Ende der Sequenz blenden sowohl Text als auch Bild über in das Rauschen des Meeres, das jedoch von den Opernlogen in der Doppelbelichtung stets ›durchschienen‹ ist; ein fiktiver Dialog über Freundschaft und Liebe beendet den Film. Das letzte Bild vor dem Abspann ist eine sich wieder von der doppelbelichteten Assoziation des Meeres abgelöste, über die gesamte Kadrierung eingesetzte leere Opernloge: In metafiktionaler Distanz spiegelt die Leinwand damit die historische Distanz zu den Dispositiven der Oper und des Kinos wider.

Die Opernszene in *Les sœurs Brontë* kann letztlich auch als narratives *mise en abyme* für den gesamten Film verstanden werden, denn das Auslöschen der Autorfiguren findet sich wieder auf der Handlungs- und

Inszenierungsebene: Der Bruder Branwell Brontë malt etwa 1834 ein Bild von sich und seinen drei Schwestern, aus dem er sein Selbstporträt jedoch später wieder entfernt (01:06:40), womit auch die medienspezifische Konkurrenz zwischen Malerei und Roman angedeutet ist. Die Ränder von Branwells Gestalt bleiben aber auch nach seinem Eingriff in das Bild noch sichtbar. Hier ergibt sich eine strukturelle Homologie, denn auch das Dunkel der Oper stellt keine absolute Schwärze im Zuschauer- und Bühnenraum her, so dass die Autorfiguren Thackeray und Charlotte Brontë noch schemenhaft zu erkennen bleiben. Der Film hingegen vermag Schwärze ganz und gar herzustellen, ja birgt in seinen perforativen Zwischenräumen stets die Schwärze des Nicht-Gezeigten. Gleichwohl sind schwarze und weiße Flächen auf der Leinwand nicht etwa leer oder bedeutungslos, sondern schöpfen ihre kontextuelle Bedeutungszuschreibung aus der »Verknappung« oder »Sättigung«, woraus die autoreferentielle Verweisstruktur deutlich wird, dergestalt, »dass das Bild sich nicht nur zum Sehen anbietet: es ist ebenso lesbar wie sichtbar«.[36] Insofern könnte es Barthes auch daran gelegen haben, an jenen Prozessen des filmischen Zeigens und Nicht-Zeigens einiger Biographeme teilzuhaben und das Eindringen eines »anderen Signifikanten« in die Narration mitzugestalten: »Sades weißer Muff, die Blumentöpfe Fouriers, die spanischen Augen von Ignatius«[37] und – so wäre zu ergänzen – Thackerays Opernglas, das nicht seines war.

3.4. Stimme verleihen

Die Stimme der Autorfigur oder ihr nahestehender Figuren wird in der literarhistorischen Filmbiographie häufig als paratextuell angesiedeltes Mittel benutzt, das Filmkontext und filmische Erzählung als Prolog und/oder Epilog zu organisieren vermag. Rezitierte Gedichte wie in *Total Eclipse* (Rimbaud/Verlaine) oder *Rowing with the wind* (Byron, Shelleys), persönliche ›Erinnerungsprosa‹ wie etwa von Tucholskys Romanfigur Lydia als narrative Rahmung *(Gripsholm),* überlieferte oder erfundene Briefe von Bruder und Schwester wie in *Addio, piccola mia* (Büchner) oder des Autors/der Autorin selbst, z.B. in *Treffen in Travers* (Forster/Huber) oder *Durch diese Nacht sehe ich keinen einzigen Stern* (Němcová), werden im kommentierenden *voice-over* eingesetzt, um den Eindruck einer ›authentischen‹ oder ›literarischen‹ Erzählstimme zu erwecken.[38] Dabei entsteht

36 Deleuze (1989), Das Bewegungs-Bild. Kino 1, S. 28.

37 Barthes (1986), Sade Fourier Loyola, S. 13.

38 Vgl. Kozloff (1988), Invisible Storytellers. Voice-Over Narration in American Fiction Film; Taylor (2002), Rolle des Lebens, S. 304-311.

aber auch oft eine historische oder topographische Ferne zwischen Sprecher-Ich im *Off* und inszeniertem Handlungsort, die die Diegese gerade nicht konkretisiert, sondern zumeist um indefinite Orte des Sprechens über den Autor/die Autorin beträchtlich erweitert:

> »Zum einen bezeichnet das Off das, was woanders, nebenan oder im Umfeld, existiert; zum anderen zeugt es von einer ziemlich beunruhigenden Präsenz, von der nicht einmal gesagt werden kann, daß sie existiert, sondern eher, daß sie ›insistiert‹ oder ›verharrt‹, ein radikaleres Anderswo, außerhalb des homogenen Raums und der homogenen Zeit.«[39]

Neben dieser Stimme als akustischer Wiedergängerin, die Präsenz und Absenz in einem produziert, ist eine weitere, dramaturgisch relevante Möglichkeit der Stimmpräsenz zu nennen, die sogenannte *trial scene,* wie sie Custen für das ›klassische‹ Biopic der Studio-Ära beschrieben hat.[40] Es handelt sich dabei um eine häufig genutzte Gelegenheit, literarische Texte zum Sprechen und die rhetorische Potenz der Autorfigur zur Geltung zu bringen. Die Bewährungsprobe in der Öffentlichkeit ist dabei symbolischer Index und narrative Metonymie in einem, etwa für eine tragische Lebensgeschichte, die mit dem Misserfolg einer Dichterlesung vor möglichen Förderern ihren Anfang nehmen kann. Es gibt aber auch die Variante einer wörtlich zu verstehenden *trial scene,* wenn der Autor vor Gericht sich an die Geschworenen/das Publikum wendet und von seiner Weltsicht überzeugen will.[41]

Entsprechende Interferenzen entstehen jedoch erst, wenn die autoreflexive Geste eines Films sich auf den Konnex von Literatur und Film bezieht und dabei medienhistorische und für das Dispositiv spezifische, oszillierende Diskurse in der Narration lesbar werden. Dies ist besonders deshalb von einigem Interesse, weil für die literarhistorische Filmbiographie die mediale Metapher des »dem Autor eine Stimme Verleihen« in Beziehung zu den Erzählungen dieser Filme gesetzt werden kann.

Das Paradigma einer solchen allegorischen Autorfigur, die für das Verleihen ihrer Stimme einsteht, ist Cyrano de Bergerac.[42] Auf der Textbasis des Künstlerdramas von Edmond Rostand (1897), das u.a. als kulturpolitische

---

39 Deleuze (1989), Das Bewegungs-Bild. Kino 1, S. 34.

40 Custen sieht hierin die hermeneutische Kernaussage eines Biopic: »Trials and other scenes of public judgment have the commanding function of laying bare the narrative device, of telling the audience what the film is really about (...).« Custen (1992), Bio/Pics: How Hollywood Constructed Public History, S. 136.

41 Vgl. hierzu Kap. 5.2.

42 Auch die moderne Version über jenen Postboten, der mit Pablo Nerudas Unterstützung die Wirksamkeit der Metapher entdeckt und sich vom berühmten chilenischen Autor Liebesgedichte ›ausleiht‹, um die von ihm begehrte Beatriz zu verführen, gehört in dieses Narrativ (*Il Postino,* Michael Radford, I/F/BE 1994; dieser Film geht auf den Roman *Mit brennender Geduld* von Antonio Skármeta zurück, der bereits 1983 für das Fernsehen verfilmt worden war; Buch und Regie übernahm Skármeta selbst). Vgl. auch Kap. 5.3.

Ermächtigungsphantasie der gedemütigten französischen Nation nach dem verlorenen Krieg 1870/71 interpretiert wurde,[43] entstanden in der Folge eine Reihe von Filmen, die wiederum der literarhistorischen Filmbiographik zuzurechen sind, weil sie vorgeben, die Lebensgeschichte des historischen Bergerac zu erzählen (was bekanntlich mitnichten der Fall ist). Hierzu gehört auch ein erster Kurz-Tonfilm aus dem Jahr 1900, der auf der Pariser Weltausstellung als Technikneuheit gezeigt wurde.[44] Bergerac, aufgrund seiner großen Nase mit einem devianten Makel versehen, verleiht seine poetische Stimme, um den Rivalen Christian bei der Werbung um Roxane zu unterstützen, die er schon lange selbst liebt und verehrt. Schreibt Cyrano zuerst noch die Briefe für den wenig sprachbegabten Kameraden aus dem Regiment der Gascogner, die es schaffen, Roxane in helles Entzücken und sogar Ohnmachten zu versetzen, fordert die begehrte Dame schließlich auch den mündlichen Beweis der poetischen Eloquenz ihres Geliebten. So kommt es zu einer weiteren berühmten Balkonszene der Literaturgeschichte: Christian und Cyrano stehen unten im Garten und werben mit aufgeteilten Rollen um die jedenfalls raumsemantisch bereits erhöhte Geliebte auf dem Balkon. Während Cyrano seinem ›Freund‹ zunächst noch souffliert – was auf der Theaterbühne eine schöne autoreferentielle Geste darstellt –, ergreift er bald selbst eine verstellte Stimme und übernimmt in Eigenregie den Sprechakt, während Christian zunächst weiter posiert. Allein Cyranos Gestalt und seine Identität dürfen nicht ins ›Spiel im Spiel‹ kommen. Dieser Dichter, durch dessen Verse auch ein lyrisch weniger begabter Mensch seine Gefühle artikuliert findet, ist die Allegorie des lyrischen Sprechens per se, lässt sich doch das lyrische Ich und das Du sowohl im Text als auch im ›Leben‹ genauso gut vertauschen.[45] Der Liebesdiskurs speist sich über die Maßen aus der Intertextualität des poetischen Diskurses oder des ritualisiert formelhaften Zitats (Christian wiederholt immerzu das eine Liebesperformativ: »Je t'aime.«)[46] – und in diesem Fall aus einem Zitatvorrat, der an die Figur des Autors und an seine Stimme zurückgebunden wird. Der Akt des Für-Sprechens bedarf des Aktes des Stimme-Verleihens. Dieser Vorgang kann

---

43 Vgl. Pidduck (2005), Versions, Verse and Verve, S. 281f.

44 Benoît Constant Coquelin (Coquelin aîné) spielte die Rolle des Cyrano bereits auf der Bühne mit größtem Erfolg, u. a. mit Sarah Bernhardt als Roxane: Der dreiminütige Film (der Ton wurde parallel auf einem Zylinder abgespielt) ist in der Arte-Edition (DVD) des Films von Augusto Genina (I/F 1923) im Bonus-Material enthalten; zu zwei späteren amerikanischen Kinoversionen vgl. Kunz (1988), American Cinematic Adaptations of Cyrano de Bergerac.

45 Auch das lyrische Ich ist eine ›Erfindung‹ der Jahrhundertwende (zuerst bei Margarete Susmann 1910) und zeigt, nach Herbert Lehnert, die »Identität von Autor und Leser« an »Jeder, der es spricht«, so Heinz Schlaffer, könne das lyrische Ich sein; vgl. Martinez (2002), Das lyrische Ich. Verteidigung eines umstrittenen Begriffs, S. 377.

46 Vgl. Barthes (1988), Fragmente einer Sprache der Liebe.

jedoch nur aus der Distanz wahrgenommen werden, denn weder Roxane noch Christian oder Cyrano äußern den Eindruck einer Abwesenheit bzw. Verschiebung der Stimme (im Sinne eines imaginären ›Übereinstimmens des sich selbst und den Anderen hören‹). Prekär wird die Situation allerdings, als Roxane ein Stottern von Christian vernimmt, so dass Cyrano seinen Platz unter dem Balkon ganz und gar übernehmen muss, soll das Projekt nicht scheitern.[47] Das reizvolle Spiel auf und unter dem Balkon – eine Miniaturstudie zwischen Verwechslungskomödie und Liebestragödie[48] – lebt von der medialen Differenz zwischen Körper- und Stimmeinsatz und dessen sichtbar gemachter verschobener Wahrnehmung, die vom Zuschauer beobachtet werden kann. Voraussetzung für die Stimme im Tonfilm war die technische Isolierung von »Akustik und Optik, Stimme und Bild«.[49] Einem Vorschlag Kittlers folgend, der die Oper *Salome* von Richard Strauss als Ort der medienallegorisch bedeutsamen Begegnung zwischen Stummfilm (Salome) und Phonographie (Jochanaan) liest, ließe sich die Konstellation in Drama um Bergerac noch weiter fassen: Christian steht für die Optik/Gestalt ein, Cyrano für die Akustik/Stimme, und Roxane als paradigmatische Rezipientin auf der Empore obliegt es, die isolierten Kanäle, das Ruckeln der stroboskop-ähnlichen Filmbilder und das von hastigem Sprechen unterbrochene Kontinuum der menschlichen Stimme in ein imaginäres Ganzes zu synthetisieren, kurz: Roxane vereint, was Ton- und Bildspur jüngst getrennt.

Was aber macht nun der Stummfilm? Wie erzählt ein Film, der einem Dichter (s)eine Stimme verleihen will, über die er gar nicht verfügt?

In einer frühen italienischen Produktion, *Cirano di Bergerac* (Augusto Genina, I/F 1923) ermuntert Cyrano den ungeschickt werbenden Christian und verspricht ihm, zu soufflieren. Als Christian auch hier ins Stottern und damit die Kontinuität seines Redeflusses ins Stocken gerät (er somit kinematographisch lesbar wird), übernimmt Cyrano seine Stelle und spricht selbst zu Roxane (00:53:30). Cyrano (Pierre Magnier) erscheint nun, stärker noch als Christian (Angelo Ferrari), in der blau wie die Nacht viragierten Szene als Schatten seiner selbst; er wirkt nahezu wie ein animierter Scherenschnitt und ist für Roxane (Linda Moglia) sowie das Filmpublikum nur schemenhaft zu erkennen. Gleichsam auf der Schattenseite der filmischen Ausleuchtung situiert, repräsentiert er ›orphisch‹ die Schattenwelt des unglücklich Liebenden, der keinen Blickkontakt mit der Geliebten haben soll. Bloß jetzt das Gesicht nicht zeigen! Eine technisch reproduzierbare Stimme, die für die Revitalisierung eines toten Autors

---

47 »Ah! C'est très bien. – Mais pourquoi parlez-vous de façon peu hâtive? Auriez-vous donc la goutte a l'imaginative?« (III/7 im Drama, 00:53:16 im Film von Genina)

48 Vgl. hierzu Hall (1995), How Cyrano's Bravoure Turns Comedy into Tragedy.

49 Kittler (2002), Das Werk der Drei. Vom Stummfilm zum Tonfilm, S. 357.

nicht unwichtig ist, ertönt in diesem Film von 1923 noch nicht; sie wird vielmehr repräsentiert durch die Zwischentitel, so dass man sich lesend darum kümmern muss, wer spricht. Dies gelingt nicht immer, denn die körper- und schriftsprachliche Kontextualisierung, die zwischen den Umschnitten von der Perspektive auf die beiden Herren unter dem Balkon und Roxane auf dem Balkon in der Totalen bzw. Amerikanischen erfolgen sollte, erweist sich als schwierig (zumeist folgt die Texttafel auf das gezeigte Sprecher-Ich), zumal auch die Änderung der Einstellungsgrößen bis zur vereinnahmenden Halbnahen alle drei Figuren gleichermaßen betrifft. Mittels der lichtspezifischen Charakterisierung der gestikulierenden dunklen Figur Cyrano und der hellen, ruhig lauschenden Figuren Roxane und Christian erschließt sich indessen die Differenz zwischen einem figuralisierten lyrischen Ich als Sprecherinstanz und einem ›lyrischen Ihr‹ als Rezipienten (denn Christian zeigt sich genauso hingerissen von den Worten wie Roxane).

Zusätzlich zu dem Faktum, Optik und Akustik in bewegten Bildern mit begleitender Live-Musik ordentlich zu trennen, vollzieht jeglicher Stummfilm darüber hinaus die intramediale Isolierung von Bild und Schrift, die – ausgestattet mit den Operatoren der Anführungszeichen für die wörtliche Rede – für die imaginierten Stimmen im Kopf der Zuschauer einsteht. Es entstehen wiederum zwei Spuren von Bedeutungsgenerierung: die diegetische im Bild und die mimetische im Schriftbild der Zwischentitel (weiße Druckschrift auf blauem Grund).[50] Von hybridem Charakter erweisen sich zudem die über die gesamte Kadrierung gezeigten Briefe, die Cyrano für Christian verfasst (schwarze Handschrift auf weißem Grund), denn sie fungieren sowohl metonymisch für den absenten Briefeschreiber, der nicht der Schreiber ist, als auch symbolisch für die absenten Stimmen im Kopf der Briefeleserin und der Zuschauer (intelligibel sind sowohl die Stimme des Schreibers als auch der Leserin). Die Signifikanten für den literarischen Urheber führen jedenfalls konsequent in die Irre.

Cyrano leiht seinem Freund Christian die Stimme der Verführung (*Cirano di Bergerac*, Augusto Genina, I/F 1923), Quelle: DVD-Edition

50 In der hier zitierten restaurierten Fassung des handkolorierten Films durch die Cinémathèque française (Arte-Edition 2005).

In einer bisher letzten, mit zehn Césars ausgezeichneten Adaptation des Dramas von Rostand, die sich mit ihrem Produktionsbudget von 100 Millionen Francs zu einem nationalmythischen Historienspektakel ausgewachsen hatte (*Cyrano de Bergerac,* Jean-Paul Rappeneau, F 1990), sich aber dennoch explizit auf die erste Langverfilmung bezieht und sogar auf die Alexandriner in Rostands Drama Wert legte, um so der deklamatorischen Stimme zu gesteigerter Geltung zu verhelfen,[51] gibt es keine Zwischentitel. Stattdessen gibt es ein – so könnte man es nennen – ›*On/Off*-Spiel‹. Nachdem Christian vor Roxane ein erstes Mal versagt hat, weil er nur versichern kann, *dass* er sie liebt, aber nicht *wie* (was literale von figuraler Rede unterscheidet), ereignet sich eine erneute Trennung von Optik und Akustik, die mit den Perzeptionsgewohnheiten des illusionistischen Erzählkinos arbeitet. Die Balkonszene beginnt mit einer Bild-Ton-Parallele, die gesprochene Sprache und ersichtliche/n Sprecher/in parallel führt. Noch während Christian (Vincent Perez) um eine Unterredung mit Roxane (Anne Brochet) bittet, haben wir es mit Ton *on screen* zu tun. Auch das Gewitter, dessen Donnergrollen zu hören ist, wird als Wind in den Bäumen und Blitzen sichtbar; die Wetterlage erinnert im Übrigen an den kinematographischen Stroboskop-Effekt, zerfahren doch rhythmisch-abrupte Änderungen der Lichtverhältnisse den Erzählfluss (01:08:40). Erst als Christians Worte zögerlich erste Wirkung zeigen, bleibt die Kamera auf der Figur der Roxane hängen, während der Sprecher zu hören ist: Warum das so ist, offenbart umgehend ein darauf folgender Kameraschwenk auf den verborgenen Schauplatz unter dem Balkon, der die eigentliche Quelle von Christians Rede zeigt. Cyrano (Gérard Depardieu) gestikuliert überaus engagiert und souffliert dem Freund, so dass Christian von hinten, Cyrano hingegen von vorne zu sehen ist. Erst als der Redefluss – und nicht die Bilderfolge – wieder ins Stottern gerät, übernimmt Cyrano mit flüsternder Stimme und wird jetzt in der Halbnahen auch visuell dominant (01:10:00). Im Halbdunkel gehen die Männer aufeinander zu, Cyrano übernimmt Christians Hut und beide wechseln die Plätze: Ab jetzt kommt eine verschiebende Bewegung in Bild- und Tonspur, denn die Kamera fährt mit Cyrano mit, schwenkt hoch auf den Balkon, wo Roxane parallel mitläuft und geht über in ein sequenzierendes Wechselspiel von *On/Off*-Ton. Tonquelle/Sprecher-Instanz und Adressat/in wechseln sich in der visuellen Präsenz ab, während akustisch Cyrano, von wenigen Sätzen Roxanes unterbrochen, monologisch dominant bleibt. Den Vorschlag Roxanes, sich hier oder dort zu treffen, muss der Dichter ablehnen; die Distanz erzeuge doch erst die Nähe, wie er sagt, und ihr weißes Nachtgewand ohnehin ein kinematographisches

51 Vgl. zu Ausstattung und Besetzung Pidduck (2005), Versions, Verse and Verve. Jean-Paul Rappeneau's *Cyrano de Bergerac* (1990).

»Flimmern« in seiner Wahrnehmung. Roxane wird in diesen *On/Off*-Spiel demzufolge auch als Allegorie des Kinematographischen lesbar (sie selbst beginnt zu zittern und zu beben, was erneut eine rhythmische, metaphorische Homologie zum Stroboskop impliziert), wohingegen Cyrano den phonographischen Part übernimmt. Christian spielt an dieser Stelle keine Rolle, er ist nicht mehr zu sehen. Am Ende der Szene, wenn Christian die sinnlichen Lorbeeren für des Dichters Rede erringt und hinauf zu Roxane auf den Balkon steigt (01:15:00), wird das parallele Ton-Bild-Prinzip reaktiviert. Die Erzählung von der Isolierung von Ton und Bild geht zunächst zu Ende. In der Schlusssequenz des Films, in der Roxane in Cyrano den Schreiber und Sprecher von Christians Liebesrhetorik erkennt, wiederholt sich die anfängliche synchrone Ton-Bild-Parallele und die fortlaufende Dynamisierung in asynchroner Kommentierung mittels einer SRS-Sequenz (02:26:00). Das finale Liebesgeständnis Roxanes vereint Liebende und Sprecher in einer gemeinsamen Kadrierung; spricht Cyrano seinen Schlussmonolog, wandert auch der kinematographische Mond, der schon aus Salome einen Stummfilmstar gemacht hat,[52] über jenem Dichter mit der Stimme, die nicht immer seine war. Beide Filme folgen im *plot* dem Drama und zeigen die Trennung von Schreiber und Autor; der Schreiber verlöscht im Akt des literarischen Produzierens durch Ausleuchtungstechniken und Montagefinessen. Erst am Ende der Handlung, wenn die bereits ersterbende Stimme des Autors die eigenen Briefe rezitiert, er sich seines Textes erinnert anstatt ihn zu lesen, erkennt auch Roxane die Stimme aus der Balkonszene wieder und erkennt zugleich an, was das Publikum längst weiß: Bergerac ist der Autor seiner Texte, ihm gebührt die Aneignung seiner Werke in der Geschichte. Roxane ist demzufolge die geborene Leserin, die den Urheber des poetischen Diskurses und ihr Liebesobjekt in einer Gestalt vereint haben möchte, denn: »perhaps love for a writer is the purest, the steadiest form of love.«[53]

3.5. Schrift/Schreiben (auf und mit dem Körper schreiben)

Schrift ist ein überaus traditionelles Interessensgebiet der Kulturwissenschaften, gilt sie doch in der historischen Anthropologie und besonders in der Oralitäts-/Literalitätsforschung als Differenzkriterium für die Entwicklung sogenannter ›Hochkulturen‹.[54] Mit der Hinwendung zum

52 Kittler (2002), Das Werk der Drei. Vom Stummfilm zum Tonfilm, S. 359.

53 Barnes (1985), Flaubert's Parrot, S. 162.

54 Vgl. Assmann und Assmann (1993), Schrift; Kloock und Spahr (2000), Medientheorien, S. 237-249. Türck bindet Schriftkultur zurück an den Kult der Schrift; vgl. Türck (2005), Vom Kainszeichen zum genetischen Code. Kritische Theorie der Schrift.

theoretischen Paradigma des Konstruktivismus, wonach Medien nicht Welt vermitteln, sondern diese überhaupt wahrnehmbar und damit erfahrbar machen, weil sie nicht ohne Medien zu erfahren und zu konzeptionalisieren ist, ändert sich auch die Perspektive auf Schrift. Sie ermöglicht erst die Augmentierung literarischer Kommunikation zwischen Produktions- und Rezeptionszeitpunkt. Ihre archivalischen Qualitäten in einem Konzept des literarischen Gedächtnisses[55] bedingen zudem unterschiedliche Varianten ›schwacher‹ und ›starker‹ Autorschaft, denn nur mit der Signatur eines Textes sei die Aneignungsfunktion der modernen Autorschaft mit ihren juristischen und ästhetischen Implikationen wirksam.[56] Die Impulse des französischen Poststrukturalismus rückten jedoch, die mediale Kopplung von Schreiben und Lesen (Kopie, Kalligraphie, Kommentierung, Bildung) seit etwa 1800 aufgreifend,[57] den Aspekt der literaturwissenschaftlichen Schriftforschung in den Vordergrund, der auf die Prozesse des Schreibens fokussiert;[58] eine ganze Reihe innovativer Forschungsansätze konzentriert sich derzeit auf den Vorgang des Schreibens und dessen Rolle bei der Produktion von Literatur.[59]

Sind Medien, und damit auch Schrift, für eine konstruktivistische Sicht auf Welt unhintergehbar, dann kann Autorschaft nicht ohne Schreiben statthaben. Der Autor wird, so Barthes in seinem Essay vom *Tod des Autors,* für ein »Buch« als ein nachträgliches Vorher festgelegt, besser: ›zugeschrieben‹, was den fortwährenden Fluss des Schreibens im momentanen performativem Agieren, während dessen der moderne Schreiber am Werke ist, unterbricht oder gar beendet: »Sobald ein Text einen Autor zugewiesen bekommt, wird er eingedämmt, mit einer endgültigen Bedeutung versehen, wird die Schrift angehalten.«[60] Schreiben muss deshalb, weil es ein Kontinuum intertextuell verwobener, kreativer Prozessualität darstellt, nicht als transitives Verbum dominieren, es kann auch

55 Assmann (1996), Schrift und Autorschaft im Spiegel der Mediengeschichte, S. 179ff.
56 Ebd., S. 19ff.
57 Vgl. Kittler (1985), Aufschreibesysteme 1800/1900, S. 138-158; Hartmann (2000), Medienphilosophie, S. 86ff.
58 Vgl. Schmitz-Emans (1995), Schrift und Abwesenheit, S. 437.
59 Vgl. vor allem die Bände des Basler Forschungsprojekts »Zur Genealogie des Schreibens. Die Literaturgeschichte der Schreibszene von der Frühen Neuzeit bis zur Gegenwart«: Stingelin (2004), »Mir ekelt vor diesem tintenklecksenden Säkulum«; Stingelin (2005), »Schreibkugel ist ein Ding gleich mir: aus Eisen«. Ferner auch Grube et al. (2005), Schrift; in der Einleitung kaum überzeugend hingegen Schärf (2002), Schreiben. Szenen einer Sinngeschichte.
60 Barthes (2000), Der Tod des Autors, S. 191. In Bezug auf diesen Essay aber von einem »Triumph der Schrift« zu sprechen, scheint m.E. nicht angemessen, weil das damit implizierte agonale Moment die von Barthes betonte, kontinuierlich prozessuale Qualität des Schreibens verfehlt; vgl. Assmann (1996), Schrift und Autorschaft im Spiegel der Mediengeschichte, S. 24.

intransitiv verstanden werden.[61] Geht es also nicht darum, *etwas zu schreiben,* sondern *zu schreiben,* gebührt der »Schreibszene«, ihren Vorkehrungen, Verrichtungen, Gesten und Materialien neue Aufmerksamkeit. Campe formuliert diesbezüglich die Diskrepanz zwischen »Schreibakt« und »Schriftstruktur«, die Thematisierung und Regulierung der Schreibszene durchkreuzen.[62] Schrift und Schreiben thematisierten zudem immer zugleich die Größen von Abwesenheit und Anwesenheit. Abwesenheit von Schrift auf zumeist weißem Grund – in der »Symbolfarbe des Logos« – provoziert die Anwesenheit eines Schreibers, während Anwesenheit von Schrift darauf schließen lässt, dass ein Schreiber anwesend gewesen sein muss.[63] Er hinterlässt jedoch Spuren in einer metaphorischen Landschaft des Schreibens, die es zu entziffern gilt.

Auch wenn es sich in diesem Kontext aufdrängt, eine Opposition zwischen Film und Literatur als schriftfernes und schriftnahes Medium zu eröffnen, bleibt doch Vorsicht geboten. Denn zum einen verweist die Kinematographie auf eine metaphorische Bindung zur Schrift (griech. *graphein* für ›schreiben‹, ›graben‹), wonach sie mit Licht zu ›schreiben‹ imstande sei, und zum anderen hat das Phänomen der Schrift im Film immer schon zu den Kanälen der Filmsprache gehört:

> »Schrift (im Sinne von Buchstabenschrift) kommt im Film vor: als Start- und Endtitel, im Stummfilm zusätzlich als Zwischentitel; als Insert; als Untertitel; als abstrakter Zeichencode oder als einzelnes Zeichen; als eigenständiges Thema; als Bild oder Kalligraphie; als Ornament.«[64]

Angesichts dieser Vielfalt von Zeichentypen und Codes sowie deren Verkopplungen ist eine Binarität zwischen Schrift und anderen Medien, wie sie etwa Vilém Flusser in seiner medienkritischen ›Beschreibung‹ entwirft, nicht plausibel.[65] Schrift im Film erzeugt hingegen vielmehr eine mediale

---

61 Vgl. Barthes: Schreiben, in intransitives Verb?, in: Barthes (2006), Das Rauschen der Sprache, S. 18-28: »Der Schreibende schreibt darin (im romantischen Schreiben, S.N.) nicht für sich selbst, sondern, kraft seiner ungebührlichen Vollmacht, für eine außerhalb liegende und vorangegangene Person (mögen sie auch beide denselben Namen tragen), während sich beim medialen Schreiben der Moderne das Subjekt unmittelbar zeitgleich zum Schreiben konstituiert, sich durch das Schreiben vollzieht und in Mitleidenschaft zieht (…)«. (S. 27)

62 Campe (1991), Die Schreibszene, Schreiben, S. 762, 766.

63 Schmitz-Emans (1995), Schrift und Abwesenheit, S. 41ff., 54.

64 Friedrich und Jung (2002), Schrift und Bild im Film, Vorwort, S. 10.

65 »Es gibt mittlerweile Codes, die besser als die der Schriftzeichen Informationen übermitteln. Was bisher geschrieben wurde, kann besser auf Tonbänder, Schallplatten, Filme, Videobänder, Bildplatten oder Disketten übertragen werden. (…) Die derart codierten Informationen sind bequemer zu erzeugen, zu übertragen, zu empfangen und zu speichern als geschriebene Texte. Künftig wird mit Hilfe der neuen Codes besser korrespondiert, Wissenschaft getrieben, politisiert, gedichtet und philosophiert werden können als im Alphabet oder in arabischen Zeichen.« Flusser (2002), Die Schrift. Hat Schreiben Zukunft?, S. 7.

Interferenz, denn typographische und handschriftliche Zeichen im Film sind nichts weniger als typographische und handschriftliche Zeichen, auch wenn die Materialität der Zeichen wechselt.

Für die literarhistorische Filmbiographie signifikant sind weder die subsidiären Einsätze der Zwischentitel noch die narrativ funktionalen *Inserts;* hier haben die Biopics Teil an den paratextuellen Codierungen des historischen Films oder auch der Genres, an denen sie mit ihrer hybriden Erzählstruktur partizipieren.[66] Diesbezüglich interessanter scheint die »autonome Größe« der Schrift als Bild zu sein, die Schrift und Schreiben zur »Veranschaulichung« bringen soll.[67] Allerdings gilt auch hier, dass es nicht ausschließlich um ein repräsentatives Verhältnis von Schrift und Film gehen kann, sondern ein performatives Moment zu berücksichtigen sein wird. Paech macht darauf aufmerksam, dass sich in einigen Filmen, die – kaum überraschend – vor allem aus der Tradition des Autorenfilms herrühren (Godard, Truffaut, Greenaway), eine Tendenz findet, dem Verlöschen des Autors ausgerechnet im Medium Film etwas entgegenzuhalten und dabei Schrift und Schreiben emphatisch in Szene zu setzen: »Truffaut, der Autor, rettet die Schrift auch um seiner selbst willen.«[68] Diesem Ansatz wäre wiederum zu entgegnen, dass jedes literarhistorische Biopic sich zu Autor und Autorfunktion in Beziehung setzt und dies auch über die obligatorische Inszenierung und damit einhergehende Reflexion von Schrift/Schreiben in der Narration realisiert. (Und vice versa ist für diese Reflexion nicht notwendig die Filmbiographie gebräuchlich, wie zahlreiche Arbeiten oben genannter Regisseure belegen, hat sich doch das Kino im Laufe des 20. Jahrhunderts zunehmend für die Schrift/das Schreiben und die multimediale Hybridation des eigenen Mediums zu interessieren begonnen).[69] In dieser Hinsicht könnte man also das gesamte Sub-Genre der literarhistorischen Filmbiographie als Rettungsversuch für den Autor verstehen. Dass Schreiben und Filmen als produktive Medien darin jedoch aneinander gespiegelt werden und das eine durch das andere Dispositiv während des filmischen Aufführens vor den Augen des Publikums entsteht, spricht im Grunde dafür, dass die Filmbiographie mindestens als Erzählung über die Autorfunktion, über das Schreiben – den Akt des Schreibens und dessen Regulierung – sowie über die unterschiedlichen Funktionen von Schrift (ikonisch-repräsentativ, mnemotechnisch-archivalisch, performativ-produktiv) aufgefasst werden muss.

---

66 Vgl. Taylor (2002), Rolle des Lebens, S. 248f.

67 Friedrich und Jung (2002), Schrift und Bild im Film, Vorwort, S. 11.

68 Paech (2002), Der Platz des Autors beim Schreiben des Films, S. 23.

69 Vgl. Paech (2002), Die Szene der Schrift und die Inszenierung des Schreibens im Film; Spielmann (2002), Das Bild der Schrift und des Schreibens in Peter Greenaways Film *The Pillow Book.*

Konstitutiv für das literarhistorische Biopic erweist sich ein dreifacher Einsatz der Schrift im Film, der im Folgenden zu skizzieren sein wird. Zuallererst ist hierfür eine Unterscheidung zwischen »Skript« und »Text« zu treffen: Mit ›Skript‹ wird die Materialität des Geschriebenen bezeichnet (Manuskripte, Typoskripte), während unter ›Text‹ hier auktoriale, abstrakte Konzeptionen des Geschriebenen zu verstehen (und deshalb vom Material als unabhängig zu denken) sind.[70] Diese Differenz tritt nämlich insbesondere bei der symbolischen Repräsentanz von Schrift im historischen Film auf, weil sie mit Hilfe ikonischer Zeichen vermeintlich zu erläutern vorgibt, wie im Schreibakt des Autors Imaginäres in Symbolisches transformiert wird. Zu sehen gegeben werden dabei jedoch Skripte und Schreibvorgänge, die gerade nicht den Text nahebringen können. (Dies könnte etwa das parallele *voice-over* der Autorstimme übernehmen, die Text oder Textausschnitte rezitiert, um die ästhetischen und soziokulturellen Konzeptionen des Geschriebenen zu vermitteln).

Die Titelsequenz zu Beginn des Biopic *Jefferson in Paris* (James Ivory, F/USA 1995)[71] inszeniert die Funktionsweise eines Pantographen, der hier in der Variante des Polygraphen, die Jefferson seit 1804 benutzte, um seine Korrespondenz zu kopieren,[72] als wundersame Schreibmaschine aus dem Archiv der Geschichte wiederbelebt wird. Zur elegischen Musik erschließt sich in der ersten Einstellung nicht, nach welchem Rhythmus und zu welchem Zweck die beiden parallelen kleinen Räder, die über Holzverstrebungen verbunden sind, vor- und zurückrollen. Die Kamera fährt in Großaufnahme über diese Verstrebungen hinweg, durchquert ein schwarzes unbeleuchtetes Blickfeld, folgt dann weiter den kontrastreich eingeleuchteten Geräteteilen, bis sie bei einer Hand angekommen ist, die dieses Gerät zu steuern scheint, indem sie mit einer Feder schreibt, die darin eingespannt ist. Als die Einstellungsgröße dann zurückzoomt, wird erkennbar, dass es sich um zwei parallel geführte Federn handelt, die zwei parallel angeordnete Blätter Papier mit dem gleichen Text zu beschreiben scheinen. Die Dokumente sind nicht in einem sinnvollen Zusammenhang lesbar; zu schnell blendet die Montage auf eine weitere Großaufnahme eines der beiden Schreibwerkzeuge über, was allerdings nur einzelne Worte auf dem darunterliegenden Papier erkennen lässt: Die starken Schatten des Polygraphen verhindern kohärentes Lesen aufeinanderfolgender Zeilen, so dass mit dieser Inszenierung zwar ein Skript, aber kein Text zu lesen gegeben wird. Nach einmaligem Tauchen einer der Federn in ein Tintenfass endet die Titelsequenz mit dem Verfertigen der Signatur »ThJefferson« auf weißem Papier, bevor auf eine kleine Hütte in winterlicher Landschaft

70 Ludwig (2005), Geschichte des Schreibens, Bd. 1, S. 16f.
71 Vgl. Arens (2003), »Jefferson in Paris«. Imperious History, Un-Domesticated.
72 Vgl. Bedini (1984), Thomas Jefferson and His Copying Machines.

übergeblendet wird, so dass die semantische Kohärenz zwischen Papier und Landschaft über die Farbe weiß gegeben ist. Ein *Insert* zeigt nun den Beginn einer vermutlich historischen Handlung mit »Pike County, Ohio 1873« an. Dieser Beginn eines Biopic realisiert die mimetisch-symbolische Inszenierung eines ungewöhnlichen Schreibvorgangs, der nicht auf Originalität und Einzigartigkeit, sondern auf Vervielfältigung und multiplikatorische Wirksamkeit abzielt; hingegen zeigt die Fokussierung auf eine dieser Federn während des Signiervorgangs wiederum nur eine denkbare Autorinstanz an, die aufgrund der gemeinsamen singulären Stellung mit der menschlichen Hand assoziiert ist. Obgleich die angezeigte multiplikatorische Wirksamkeit, die mit dem Polygraphen figuriert ist, auch Ziel eines jeden modernen literarischen Autors, der von seinem Beruf leben möchte, sein sollte, wäre ein solcher motivischer Anfang für eine literarhistorische Filmbiographie kaum zu erwarten. Zu stark determinieren Genie-Diskurs und literarische Originalitätsidee die Narrationen dieser Filme. Allerdings zeigt ein vergleichbarer Film, der ebenfalls mit einer Schreibszene das Thema der Erzählung auch medienhistorisch exponiert, einen ähnlichen Befund wie der Film über Jefferson: Der Film *Treffen in Travers* (Michael Gwisdek, DDR 1989), der Georg Forster als einsamen Schreiber in Paris in der Exposition vorstellt,[73] setzt ebenfalls Schrift und Schreiben als Folie von Historizität ein. Der Filmanfang enthält aber auch Hinweise auf den fiktionalen Vertrag zwischen Film und Publikum, weil das Biopic als Genre des Erinnerns immer schon auf ein *futurum exactum* des »was gewesen sein wird« rekurriert.[74] Die erste Einstellung des Films zeigt – von der Seite und in Großaufnahme – eine Hand mit Feder, die mit entsprechenden Geräuschen des ›Ritzens‹ (lat. *scribere*) der Feder auf dem Papier und einem Husten eine konzentrierte, dokumentarisch anmutende Atmosphäre erzeugt. Mit dem Umschnitt auf einen Stapel Bücher, der mit dem *Insert* »Paris 1793« belegt wird, setzt ein Kameraschwenk im Raum ein, der Requisiten einer anthropologisch interessierten Gelehrtenkammer vorführt und mit einem Totenschädel das Ende des Films mit dem Tod Forsters in Paris antizipiert. Begleitend hierzu ist eine Stimme im *voice-over* zu hören, die einen Brief an die »Geliebte Therese« rezitiert. Am Ende dieser ersten Sequenz, die der Titelsequenz noch vorausgeht, kommt die Kameraperspektive wieder bei der schreibenden Hand in der großen Seitenaufsicht an, und die Stimme verliest die Grußformel »Euer Georg Forster« (00:01:08). Steht am Ende der Titelsequenz von *Jefferson in Paris* die eigenhändige oder auch kopierte Signatur des Protagonisten – das geht aus dem Vorgang des Signierens nicht hervor –, wird der Autorname im Fall des Forster-Films im *voice-over* verlesen. Die Diskrepanz

73 Vgl. zu diesem Film ausführlicher Kap. 4.8.4.

74 Taylor (2002), Rolle des Lebens, S. 250.

zwischen filmischer, oraler und literaler Medialität zeigt sich in diesem Fall an der Tatsache, dass nicht zu sehen ist, was die schreibende Hand, die in dieser Sequenz performativ mit dem Namen Georg Forster verbunden wird, auf das Papier schreibt. Zu sehen ist der Schreibvorgang, nicht das Skript; der Text aber wird auf der Tonspur regelrecht aufgerufen. Es obliegt dem Zuschauer, aus den Informationen auf diesen separaten Kanälen eine kohärente Erzählung zu generieren, die wie folgt lauten könnte: ›Georg Forster, hustend, sitzt 1793 in Paris in einer Gelehrtenstube und schreibt einen Brief an seine geliebte Therese über seine erbärmliche Situation und die Sehnsucht nach seinen Kinderen.‹ Keiner der beiden Filme, weder über Jefferson noch über Forster, benutzt ein filmisches Schrift-/Schreibkonzept, das Kanzog unlängst formulierte: Er nimmt an, dass die »allmähliche Verfertigung der Worte beim Lesen« in Bezug auf die Inszenierung von Schreiben/Schrift im Film tendenziell so umzusetzen ist, dass der Text eines Autors zu sehen gegeben wird. Entsprechend lange Einstellungszeiten, die mit niedrigen Schnittfrequenzen verbunden seien, würden die Lesemöglichkeit für das Publikum gewährleisten.[75] In den genannten Filmen, wie diese Stichproben zeigen, wird jedoch gerade auf diese Möglichkeit verzichtet, indem entweder nur äußerst fragmentierte Eindrücke des Skripts sichtbar oder überhaupt keine Blicke auf das Papier angeboten werden. Zugleich aber finden sich damit historisch spezifische Dispositive von Schriftlichkeit inszeniert, die als Metaphern für das Einschreiben und Vervielfältigen von Diskursen gelesen werden können. Autorschaft jedoch entsteht in dem Moment, in dem der Name des Autors als ›stabiler Designator‹ mit dem Akt des Schreibens affiziert wird. Dieser Augenblick des auktorialen Performativs kann als ein Signal für den fiktionalen Vertrag mit dem Publikum gelten, denn der Autor, dessen Leben in dem jeweiligen Biopic erzählt werden wird, wird schon lange tot gewesen sein. Soviel ist für das Publikum sicher. Das Verbum ›schreiben‹ ist dabei tatsächlich intransitiv zu denken; sein transitiver Gebrauch – etwa im Sinn von: Jefferson und Forster schreiben Briefe an unbekannte Empfänger, die vor dem Versand kopiert oder nicht kopiert werden – entsteht in der Transformation separater Codes zu einem vermeintlich kohärenten Ganzen: aus Bildern mit jedoch signifikanten Leerstellen, synchronen und asynchronen Tonspuren und gegebenenfalls vorhandenem Vorwissen. Im besten Fall wird darüber hinaus ein autoreflexives *mise en abyme* zwischen weißer Kinoleinwand und weißem Papier assoziiert, das

75 Kanzogs Beispiel ist der Film *Heinrich* (Helma Sanders-Brahms, BRD 1977). Zwar räumt er ein, dass die filmische Inszenierung »nur minimale Informationen über den Inhalt des Briefes« vermitteln würde, aber es käme darauf an, damit – so Kanzogs figurenzentrierte Interpretation – »Kleists innere Verfassung zu zeigen«; vgl. Kanzog (2002), Über die allmähliche Verfertigung der Worte beim Lesen, S. 51. Vgl. zum Film *Heinrich* auch Kap. 4.7.3.

die zunächst anonyme schreibende Hand in der Narration etablieren hilft und ein Konzept von Historiographie über die Verklammerung von Medialität und Historizität aufruft.

Auch der zweite wichtige Einsatz von Schrift in der literarhistorischen Filmbiographie verbirgt den Text des Autors vor den Blicken der Zuschauer. Im Hinblick auf die Stigmata der Autorfigur, die sich regelmäßig mit Tinte in den Körper einschreiben und damit symptomatisch ein *Drama* (griech. für Mord und Ritus) figurieren,[76] wird eine spezifische Verknüpfung von psychischer Devianz und Zeichen des Schreibens erkennbar. Sowohl in *Hälfte des Lebens* (Herrmann Zschoche, DDR 1984) als auch in *Feuerreiter* (Nina Grosse, D/F/PL 1998) sind die psychotischen Schübe Hölderlins mit tintenklecksenden Exzessen verknüpft: In *Hälfte des Lebens* wischt sich der Autor die Tinte über das Gesicht, in *Feuerreiter* ›beschreibt‹ er seinen gesamten Leib.[77] Als in dieser zweiten Version Sinclair seinen Freund nackt auf dem Boden liegend findet, bilden die beiden Gestalten eine veritable *pietá* mit einem sich für die Menschen aufopfernden Dichter und einem der letzten ihn liebenden Menschen, der sich um ihn kümmert und später allerdings, dann in der Judasrolle, an die Irrenanstalt ›verraten‹ wird. Texte werden in diesen Schreibszenen des Körpers nicht sichtbar,[78] vielmehr wird die deviante, außerhalb der Normen befindliche Verfassung des Schreibers in der Verschiebung des Schreibmaterials ›Papier‹ auf die eigene Körperoberfläche deutlich: Die Regulation des Schreibprozesses setzt aus, der Schreibakt misslingt; und doch wird der Körper als Signifikant für das kulturelle Gedächtnis ins Spiel gebracht, das über den Schmerz und die mit Tinte aufgebrachten Narben ständige Präsenz erlangen kann.[79] Im Film *Kafka* (Steven Soderbergh, USA/F 1991) wird der Akzent verschoben zugunsten einer Markierung des Autors – eines Wundmals? – mit Tinte im Gesicht, die nicht zu seiner Arbeitswelt in der Versicherungsanstalt passen will; der Tintenfleck rekurriert auf die zweite Existenz des Autors, wenn er sich nicht der amtlichen Schreibmaschine, sondern am häuslichen Schreibtisch des Füllfederhal-

---

76 »dies hieße letztlich, daß je folgenreicher das Drama ist, um so größer und schöner die Spritzer und Flecken, die Entstellungen und Spuren wären, die es hinterließe«. Didi-Huberman (2004), Anhaltspunkte für eine abwesende Wunde. Monographie eines Flecks, S. 324.

77 Die Einsicht »Ich kann niemals ein Gedicht sein«, die Hölderlin in *Feuerreiter* nach diesem Schreibexzess äußert, verweist auf seinen pathogenen Konflikt zwischen Imaginärem und Symbolischem (vgl. dazu auch Kap. 4.9.2.).

78 Ein weiteres Beispiel ist der de Sade-Film *Quills* (Philip Kaufmann, D/GB/USA 2000), worin die Extrembedingungen seiner Isolationshaft den Protagonisten zu Tintenersatz wie Blut und Kot zwingen, mit denen er sich und die Wände der Zelle beschreibt.

79 Zur Nietzscheanischen (zunächst in der *Genealogie der Moral* formulierten) und ihr folgenden Konzeptionen von Schmerz und Gedächtnis vgl. Assmann (1999), Erinnerungsräume, S. 244ff.

ters bedient.[80] Die Titelsequenz von *Shakespeare in Love* (John Madden, USA/GB 1998) schließlich zitiert in gewisser Weise nur mehr den konventionellen Anfang eines literarhistorischen Biopic. In einer Parallelmontage ist der Theaterdirektor Henslowe auf dem Weg zu seinem Autor, der verzweifelt etwas zu schreiben versucht: seine Signatur (00:04:15). Wieder ist zunächst eine schreibende Hand in Großaufnahme zu sehen, die den Blick auf das beschriebene Papier verwehrt. Die nächste Einstellung zeigt die Nahaufnahme des Autors (Joseph Fiennes), worüber sich – als filmische Beschriftung der nun folgenden Erzählung – der Titel des Films quer über seinen Kopf und Oberkörper schreibt. Über die Parallele der Handschrift des Autors mit der animierten Handschrift des Titel-*Inserts* ergibt sich eine überdeutliche Deixis: ›Hier sehen Sie »Shakespeare in Love«, den Film und die Figur!‹ Umschnitte zeigen an, wohin der Schreiber seine zerknüllten Blätter wirft: neben das auch in diesem Film zitierte Vanitas-Symbol des Totenschädels (das hier kontrapunktisch das Genre der romantischen Tragikomödie kommentiert), in eine Kiste mit Manuskripten und in eine neuzeitliche Tasse aus dem Souvenirartikelsortiment mit der Aufschrift »Stratford-upon-Avon«. Obgleich der Film solche Anachronismen überaus augenzwinkernd inszeniert, wird auch hier die Autorfigur mit ihrem Namen im Akt des Signierens, das nicht recht gelingen will, performativ verbunden, handelt es sich doch bei Shakespeare um die bis heute zum Teil ungeklärte, im Hinblick auf die Textausgaben zu Lebzeiten sicher ›schwache‹, vormoderne Autorschaft. Dabei zeigt sich die rechte Hand von »Will Shakespeare« als über und über mit Tinte beschmutzt, was bedeutet, dass sich seine Anstrengungen des auktorialen Schreibens sowohl auf dem Papier als auch auf der Haut niederschlagen, er demnach einen Text und sich ›selbst‹

Die tintengeschwärzte Hand versucht eine Signatur, die das Titel-*Insert* längst beherrscht – und dies zunehmend in Farbe: weiß wird rosa wird rot! (*Shakespeare in Love)*, John Madden, USA/GB 1998, Quelle: DVD-Edition

80 Als er endlich das Schloss betritt, markiert er mit einem Klecks Tinte aus dem Füller seinen Rückweg aus dem Labyrinth, was auf Schrift als Mnemotechnik zurückweist; vgl. zu diesem Film auch Kap. 4.9.1. und 5.2.

schreibt. Allerdings scheint es so zu sein, dass der Autor mehr seine Finger als das Papier mit Tinte versieht: Um diese Schreibblockade zu kurieren, die gleichwohl mit Misserfolgen in der Liebe verbunden ist, begibt sich Shakespeare, wie er sagt, einmal die Woche zum »Priest of Psyche« (00:06:45). Dort auf der Couch liegend, fallen seine unterschiedlichen Hände erneut auf, die helle linke und die tintengeschwärzte rechte Hand. Diese Teilung spiegelt sich in seinem Doppelleben wider, das zwischen einer gescheiterten Ehe zu Hause in Stratford und dem promiskuitiven Leben in London pendelt. Erst als er von seinem Therapeuten einen Fetisch erhält, ein Schlangenarmband, dessen Papiereinlage er unverzüglich mit seinem Namen versehen soll, scheinen beide Hände gleich stark von der Tinte beschriftet zu sein (00:09:25): Das Armband soll die Trägerin verzaubern, damit sie dem Autor verfällt. Die angestrebte romantische Einheit geistiger und körperlicher Liebe und das damit verbundene unerfüllbare Begehren, das sich auf die schauspielende Lady Viola (Gwyneth Paltrow) richtet, deuten sich damit bereits an. Beflügelt von einem vereitelten Versuch, in das Fenster Lady Violas nachts einzusteigen, sehen wir den Autor nur so sprühen vor Kreativität, wie die Musik impliziert, und sein Drama *Romeo und Julia* schreiben (00:30:51), wobei die rechte Hand wieder über und über mit Tinte bekleckst ist. Um die zahlreichen Seiten, die »Will« in dieser Nacht verfasst, lesen zu können, sind sie wieder viel zu kurz in der Kadrierung zu sehen, ja sogar in einer Montagesequenz zu einer quantitativen und tempusindizierten Zeichenkette kumuliert. Von dem Text, der sich hier verfertigt zeigt, wird nicht erzählt; dieser wird als kanonisch vorausgesetzt. Als Lady Viola dann dem Dichter einen Brief davon schreibt, dass sie einen anderen heiraten wird, fährt die Kamera über ein danebenliegendes, weitgehend vollgeschriebenes Blatt, dessen erste Zeile mit »Shall I compare« beginnt (00:39:00). Dass es sich dabei um den Entwurf seines Sonnetts Nr. 18 handeln muss, kann ebenfalls nur gewusst und gedanklich ergänzt, in der Kürze der Einstellung jedoch nicht weitergelesen werden. Als Shakespeare selbst die Rolle des Romeo spielt – mit der inzwischen zwangsverheirateten Lady Viola als Julia – und in der Schlussszene das tödliche Gift in Händen hält, wird die von Anfang an vorbereitete Metapher der Tinte als Gift seines Lebens lesbar (01:39:40): Die rechte Hand, in der Shakespeare/Romeo das Fläschchen mit der dunklen Flüssigkeit hält, weist keine Spuren seines Schreibens mehr auf. Das Tinten-Mal seiner romantischen Sehnsucht ist verlöscht, weil die Autorfigur mit dem Spiel im Spiel diese gleichsam mit dem Tod der Dramenfigur einlöst. Der Film endet mit einer unglücklichen Liebe und der bereits bekannten Großaufnahme auf die tintenbeschmierte rechte Hand, die mit der Niederschrift von *Twelth Night or What You Will* beginnt, einer Liebesgeschichte (01:50:30): »(...) for she will be my heroine for all time. And her name will be Viola.« Die Stimme des Autors im *voice-over* rezitiert den Text, während die Hand als letztes Wort im Skript den Namen der Geliebten schreibt. Das Werk Shakespeares zeigt sich »eingedämmt« mit einer biographischen Rückkopplung an das Liebessehnen des Autors, der sich mit dem Gift der Tinte stigmatisiert darstellt.

Schreibszenen im literarhistorischen Biopic versprechen keine dramatischen Höhepunkte. Hierin unterscheiden sich diese Filme von Biographien über bildende Künstler/innen oder Komponisten und Musikerinnen, denen die möglichst effektvolle Präsentation des Werks in der Kadrierung oder im Ton entgegenkommt; denn es kann schlicht sehr ermüdend sein, eine Figur bei den kontemplativen Tätigkeiten des Schreibens und Lesens zu beobachten.[81] Dramaturgisches Potenzial lässt sich hier nur ausschöpfen, wenn es beispielsweise um solche eben genannten extremen Schreibsituationen geht, die den Autor als Medium seiner selbst figurieren. Eine weitere, dritte Variante, die der rezeptiven Aufmerksamkeit zuarbeitet, ist der Einsatz der Schrift nicht auf, sondern mit dem Körper. Die Letter materialisiert sich dann nicht im alphanumerischen Zeichen auf weißem Grund, sondern in der Performanz der Figuren selbst, die sich in die Landschaft, ihre Geschichte und den Film qua Kinematographie ›einschreiben‹. Dieser filmische Einsatz der Schrift und des Schreibens findet sich zu Wasser und auf dem Land. Ein besonders eindrückliches Beispiel hierfür ist das Abenteuerepos *Lawrence of Arabia* (David Lean, GB 1962), in dem es nicht um die Entstehung eines einzelnen Werks von T. E. Lawrence geht, sondern vielmehr um die narrative Parallelisierung territorialer mit historiographischen Eroberungen. Lawrence wird auf zweierlei Weise in die Handlung eingeführt, zuallererst als Motorradfahrer, der, durch eine englische Landschaft rasend, den tragischen Tod findet, was jedoch als Leerstelle markiert ist (die Kamera schwenkt nach oben in die Bäume anstatt nach unten in den Straßengraben). Dann folgt eine Rückblende und Lawrence wird – über einen Schnitt – als ›unbedeutender Soldat‹ in Damaskus erwähnt, wo er dann – für die weitere Narration des Filmes und ihren Bildervorrat alles andere als ›unbedeutend‹ – als Kartograph gezeigt wird (Teil I, 00:09:29). Diese Tätigkeit des Kartographierens erweist sich nämlich insofern als narratives *mise en abyme,* als Lawrence auf seinem ersten Kamelritt durch die Wüste sowie in unzähligen weiteren Panorama-Einstellungen als bewegliche Letter auf dem hellen Grund des Wüstensands dargestellt wird. Dieses visuelle Hauptthema des Films – der Ritt durch die Wüste –, das gemeinsam mit dem musikalischen Hauptthema in voller Dynamik und recht martialisch ausgespielt wird, steigert sich im ersten Teil des Films zu regelrechten Schreibsequenzen in Form einer

81 Vgl. noch einmal Murphy, Limited Lives: The Problems of the Literary Biopic, Kinema: http://www.kinema.uwaterloo.ca/murph021.htm (24.07.2008).

Choreographie von Kamelreitern und eines englischen Autors, die als allegorische Lettern in westlicher Leserichtung unterwegs sind (*Lawrence of Arabia,* David Lean, GB 1962), Quelle: DVD-Edition

Choreographie des kriegerischen Subjekts in der Landschaft. Die Eroberung von Aqaba und der Ritt der Howeitat-Krieger unter Führung von Lawrence dorthin sind durch Schnittfolgen zwischen Panoramaaufnahmen einerseits und kleinteiligeren Montagen von Totale/Amerikanische/Halbnahe andererseits sequenziert. Im Rhythmus von etwa einer Minute wird in westlicher Leserichtung von links nach rechts die Formation der Reiter in der Wüste als eine Formation arabesker Zeilen eines topographischen Skripts sichtbar (Teil I, 00:56:40, 00:59:20, 01:00:15, 01:02:40 etc.),[82] womit sich die Transformation von der Kartographie in die Topographie vollzieht. Erst als Lawrence aus dieser Reiterformation ausschert und in die Gegenrichtung reitet, um einen arabischen Kameraden vor dem sicheren Wüstentod zu retten, wird diese Bewegung verkehrt. Damit ist angezeigt, dass Lawrence von nun an auch als arabisch (von rechts nach links) zu lesen ist. Die Assimilation an die arabische Kultur wird kurz darauf durch eine entsprechende Einkleidungsszene bekräftigt, in der Lawrence seine englische Uniform gegen eine weiße Galabija eintauscht (Teil I, 01:21:10). Somit ergibt sich eine Choreographie des kriegerischen Autorsubjekts,[83] die Bewegungen des Körpers in einer kartographisch

82 Bei dieser horizontalen ›Lesbarkeit‹ der Karawanen handelt es sich um ein strukturell konsequentes Moment der gesamten Narration, denn Züge fahren in diesem Film zumeist von Süd nach Nord und queren das Bild in der Vertikalen.

83 Zum Subjekt in der Landschaft vgl. auch Kap. 4.7.1. Der Film *Lawrence of Arabia* verzichtet weitgehend auf die Schreibszene. Erst im zweiten Teil des Films ist Lawrence in der Halbnahen mit Stift und Papier zu sehen (Teil II, 00:18:40 und 01:10:40); weder Skript noch Text werden darin zu sehen gegeben. Deshalb geht aus diesen kurzen Einstellungen auch nicht hervor, ob Lawrence hier Notizen für seine Autobiographie *Seven Pillars of Wisdom* (1927) sammelt oder Texte für militärische Zwecke verfasst.

weitgehend unbekannten Wüstenlandschaft als Einschreibung in die englische Kolonialgeschichte inszeniert. Eine Interferenz dieser Choreographie reitender Körper ergibt sich mit dem theoretischen Konzept der Kinematographie, wenn Licht und Montage eine illusionistische Symbiose eingehen und ebenfalls Körper auf hellem Untergrund in Bewegung setzen.

Ein abschließendes Beispiel erläutert noch einmal alle drei bisher genannten Einsätze von Schrift im literarhistorischen Biopic, die entsprechende Interferenzen zwischen literarischem und filmischem Schreiben provozieren. Es handelt sich um den Anfang von *Iris* (Richard Eyre, GB/USA 2001) über Leben, Werk und insbesondere die Krankheit von Iris Murdoch. Dort erfolgt nach einer Unterwassersequenz mit drei tauchenden Figuren – man erkennt ein älteres Paar und eine junge Frau – der überraschende Umschnitt auf eine Dose mit Büroklammern. Die Kamera zoomt daraufhin zurück und fährt auf einem Schreibtisch entlang auf ein beschriftetes Blatt Papier, das von einer nun sichtbar werdenden Hand in Großaufnahme immer weiter beschrieben wird. Die zweite, daneben liegende Hand kommt ins Bild; sie trägt einen Ehering. Im *Off* ist eine Stimme zu hören, die den Namen »Iris« wiederholt ruft, was mit einem erneuten harten Schnitt auf ein junges Paar unterlegt wird, das mit großem Tempo auf zwei Fahrrädern einen Hügel hinuntersaust. Die Narration macht deutlich, dass das ältere Paar unter Wasser und das jüngere Paar auf den Fahrrädern miteinander zu tun haben müssen, denn die schreibende Figur in der Mitte beider Einstellungen trägt den dazu gehörigen Ehering und verbindet gleichsam beide Paare und die einzelnen sequenzierten Kameraeinstellungen in einem ›Bund fürs Leben‹. Mit dem Umschnitt auf das junge Paar entpuppt sich der rufende Mann als Quelle der Resignifizierung beider Frauenfiguren – der jüngeren und der älteren (verkörpert von Judi Dench und Kate Winslet) mit demselben Namen »Iris«, weil die Stimme aus dem *Off* nach dem Umschnitt als Stimme *on scene* deutlich wird. Die filmischen Mittel des Erzählens zeigen demnach umgehend ihr eigenes Erzählmodell an, nämlich in den folgenden 87 Minuten zwei Erzählstränge parallel zu führen und die Opposition zwischen der jungen und alten Iris Murdoch auch durch zwei Figuren darzustellen, also ihr Werden und ihr Vergehen als Autorin in zwei getrennten Chronotopoi zu erzählen.[84] In der Mitte dieser mehrfach umgeschnittenen Sequenz erscheint ein handschriftlicher Text, der von den laufenden

84 Diese Zweiteilung einer Figur rekurriert über die alt/jung-Opposition hinaus auch auf ein popularisiertes Krankheitsmodell, das dann diskursiv virulent wird, wenn es sich um neurologische Symptome handelt (vgl. hierzu auch Kap. 5.4.): Gelten doch auch Demenz- und Alzheimer-Patienten bisweilen nicht mehr als ›sie selbst‹; sie werden jemand ›anderer‹, wenn das Fortschreiten der Krankheit auf Persönlichkeitsveränderungen ausgreift.

Titel-*Inserts* überlagert wird. Ihm geht ein animierter, die Handschrift simulierender Namenszug »Iris« in der Unterwassersequenz voraus, so dass man es deutlich mit einem Prozess der Autorisierung auf extradiegetischer Ebene zu tun hat. Die Beschriftung des filmischen Materials verdoppelt somit die Beschriftung literarischen Materials; hier wie dort befindet sich das Publikum am Anfang einer Narration: »Edward Lannion was sitting in his pleasant house in London. The sun was shining. It was a morning in June, not quite (...)« (00:02:40) Die narrative Homologiebildung könnte lauten, dass auch diese Figur Iris vermutlich in einem angenehmen Haus sitzt, und die Sonne an einem Morgen im Juni scheint. Auch wenn aus dieser Einstellung nicht hervorgeht, wie die schreibende Figur ihre Narration verfertigt, ist ihr aber zu entnehmen, wie *der Film* dies tut und tun wird: Mittels der Montage, des *voice-over*, der *mise en scène*, des *switch off*-Verfahrens, das zeitliche und räumliche Lücken im filmischen Text überbrückt. Der Film enträtselt zwar nicht gerade die literarische Kreativität seiner Hauptfigur, aber er macht seine eigene Praxis biographischen Erzählens sichtbar. Nur für informierte Leser und Leserinnen eröffnet sich mit diesem handschriftlichen Skript erneut ein weiterer, nur sehr kurz aufscheinender und unvollständiger Blick auf den Text, denn nur sie wissen, dass es sich bei diesem Edward Lannion um den Protagonisten in Murdochs letztem Roman *Jackson's Dilemma* von 1995 handelt, der seinerseits Dichter und Autor historischer Erzählungen ist und am Tag vor der Hochzeit einen rätselhaften Brief von seiner Verlobten erhält, den es zu interpretieren gilt.[85] Diese Anspielungen und Zusammenhänge wird der Film nicht aufklären, aber für seine eigene Narration literarischer Autorschaft ausnutzen. Besonders hervorzuheben ist an diesem Filmanfang jedoch die bereits erwähnte Unterwassersequenz, die den eben genannten Teilen der Titelsequenz und den darin verwendeten Schrifteinsätzen – einer Schreibszene mit performativen Qualitäten sowie den üblichen Titel-*Inserts*, die sich als intermediales Palimpsest über dem ikonischen Skript der Autorin anlagern – noch vorausgeht: Zwei Frauenfiguren und eine Männerfigur (das ältere Paar angekleidet, die junge Frau nackt) bewegen sich schwimmend umeinander herum, gruppieren sich, berühren und lösen sich, entfernen sich (00:00:41-00:02:32). Dabei wird ein Schreibvorgang in der allegorischen Visualisierung erkennbar: schwimmende Lettern in menschlicher Gestalt, die in einer Art polymorpher Verwandlungskunst im Wasser buchstabieren. Was sie buchstabieren – unentzifferbare Botschaften, sich selbst, den Filmauftakt –, ist nicht zu sagen. Vielmehr handelt es sich um intransitives Schreiben als choreographische Inszenierung. Die Sequenz schließt an die Tradition

85 Murdoch (1995), Jackson's dilemma.

der Menschenbuchstaben und Körperalphabete an[86] und erinnert an das Projekt »*Body Type*«, innerhalb dessen die klassischen Tänzer Tiffany Heft und Eric Hoisington die Buchstaben des Alphabets unter Wasser figurieren und dabei den Vorteil der minderen Schwerkraft nutzen.[87] Ist bei der Drucklegung eines solchen Projekts die Reihenfolge des Alphabets eingehalten und somit eine konventionalisierte Ordnung gegeben, folgt das Unterwasseralphabet in *Iris* keinem erkennbaren Muster. Vielmehr zeigt es an, dass die einzelnen Buchstaben und Buchstabenteile, die aus den Tiefen des Imaginären, Unbewussten, Mütterlichen herrühren, später an der Oberfläche sortiert und in eine spezifische Reihenfolge gebracht werden müssen, die den Regeln der Grammatik und Poetik folgt, um auf diese Weise einen lesbaren Text zu ›erzeugen‹. Die mediale Interferenz von Film und Literatur figuriert sich auf diese Weise vollends in der Arabeske zwischen Choreographie und Kinematographie.

86 Vgl. Schabert (1994), Das Doppelleben der Menschenbuchstaben; Schabert (1998), Körperalphabete, Modealphabete und die somatographische Kunst von Erté.

87 Ornstein und Schatz (1996), Body Type. An Intimate Alphabet. Die nackten Körper, die zumeist als Paar figurieren, wurden vor schwarzem Hintergrund inszeniert und photographiert. Den Hinweis auf dieses Projekt verdanke ich Ina Schabert.

4. Literaturgeschichte vor der Kamera

4.1. Ein Archiv inoffiziellen Wissens

Der historische Film, zu dem jegliche Filmbiographie als Subgenre zu rechnen ist, sowie überhaupt audiovisuelles Material, stellte für Historiker lange Zeit keine relevanten Quellen für die Erforschung und Darstellung von Geschichte(n) dar. Erst seit den 1960er Jahren verzeichnet Pierre Sorlin eine zunehmende Akzeptanz dieses Materials in der wissenschaftlichen Disziplin, die mit der Einsicht einherging, dass HistorikerInnen erstens kein Monopol auf die Geschichtsschreibung halten können und sie sich zweitens sowohl den Ansprüchen eines solchen Quellenmaterials stellen als auch in filmspezifische Analyse- und Darstellungsverfahren einarbeiten müssen. Eine der Schwierigkeiten besteht stets in der Verbalisierung filmischen Geschehens für eine historiographische Untersuchung, die zugleich die Fiktionalisierung der Geschichte im Film mit in den Blick nimmt.[1] Dabei ist eben jene Schwierigkeit zu berücksichtigen, die John F. Keener für die Biographik formuliert: »(...) biographical narrative operates somewhere between what we might call ›historical‹ and ›novelistic‹ discourse.«[2] Marcia Landy arbeitet in ihrer anregenden und umfangreichen Studie einen anzunehmenden populärphilosophischen *common sense* heraus, den der historische Film jeweils bediene. Mit Antonio Gramscis Konzept der »Folklore« zeigt sie auf, wie in unterschiedlichen Inszenierungen der Vergangenheit und den damit verbundenen Interessen und Investitionen die bestehenden Ordnungen jenseits der historischen Un-/Wahrheit bestätigt werden: »The past can be affirmed as a reservoir of known, tried-and-true solutions to experience.«[3] Effekt und Funktion des historischen Films, auch des literarhistorischen Films, bestehen damit in der populärkulturellen, narrativen Organisation des vieldeutigen und fragmentarischen *common sense,* der jene Trennung zwischen einer schriftlichen Hochkultur und der visuellen Massenkultur irrelevant erscheinen lässt. Auch wenn die Biographik nicht immer von der historischen Zunft als Teilbereich der Geschichtsschreibung anerkannt war, ja vielmehr

---

1 Sorlin (2001), How to Look at an »Historical« Film, S. 26f., 38.

2 Keener (2001), Biography and the Postmodern Historical Novel, S. 159.

3 Landy (1996), Cinematic Uses of the Past, S. 7, und Gramsci (1985), Selections from the Cultural Writings. Vgl. auch Landy (1998), The Folklore of Consensus, S. 134ff.

versucht wurde, von dieser auszugliedern,[4] muss sie mit einem Ansatz aus der historiographischen Populärkultur, die darüber hinaus den Film als hierfür wichtiges Medium einschätzt, vorbehaltlos dazugezählt werden.

Für die Darstellung der Filmbiographie als Beitrag zur Konstruktion populärer Geschichtsbilder greift George Custen auf eine Unterscheidung von Hayden White zurück, wonach sich »historiophoty« von einer rein verbalsprachlichen »historiography« abhebe.[5] Die Historiophotie produziere in der Verbindung von visuellem und sprachlichem Diskurs einen ikonisch-symbolischen Überschuss, der nicht in die traditionelle Geschichtsschreibung eingepasst werden könne. Zugleich macht White aber geltend, dass jeglichem historiographischen Prozess Elemente der Verdichtung, Verlagerung, Symbolisierung und Modifizierung inhärent sind, »exactly like those used in the production of filmed representation. It is only the medium that differs, not the way in which the messages are produced«.[6] Wenn nun diese historiophotischen Prozesse in der (Re-)Konstruktion von Geschichte am Werk seien, dann trüge die literarhistorische Filmbiographie einen medienspezifisch evidenten Teil dazu bei. Für einen Teil des Publikums schreibe sie immer auch eine glaubwürdige, singuläre und gültige Geschichte »bottom up«, ohne dass hier noch eine größere methodische Differenz zu anderen Medien und Diskursen der Geschichtsschreibung angesetzt werden müsste.

Konträr zu dieser problematischen Einebnung des Mediums, das ja seinerseits Gegenstand des Erinnerns und Vergessens im historischen Film ist, argumentiert dagegen Raphael Samuel, der zwischen dem akademischen, nicht vermittelbaren Diskurs der Geschichtsschreibung als ›esoterischer Form des Wissens‹ und dem geschichtlichen Handeln der Gesellschaft als alltäglicher Praxis unterscheidet:

> »Popular memory is on the face of it the very antithesis of written history. It eschews notions of determination and seizes instead on omens, portents and signs. It measures change genealogically, in terms of generations rather than centuries, epochs or decades. It has no developmental sense of time, but assigns events to the mythicized ›good old days‹ (or ›bad old days‹) of workplace lore, or the ›once upon a time‹ of the storyteller. In place of the pedagogue's ›causes‹ and ›effects‹ or the scholar's pursuit of origins and climacterics, it deals in broad-brushed contrasts between ›now‹ and ›then‹, ›past‹ and ›present‹, the new-fangled and the old-fashioned. So far as historical particulars are concerned, it prefers the eccentric to the typical, the sensational to the routine.«[7]

Somit rückt an die Stelle einer esoterischen Form des offiziellen Wissens die soziale Form des inoffiziellen Wissens, die Geschichte nicht als

---

4 Zur dieser Entwicklung vgl. Raulff (2000), Der unsichtbare Augenblick, S. 118-123.

5 Vgl. Custen (1992), Bio/Pics: How Hollywood Constructed Public History, S. 9ff.

6 White (1988), Historiography and Historiophoty, S. 1194.

7 Samuel (1994), Theatres of Memory. Bd. 1: Past and Present in Contemporary Culture, S. 6.

eine (historistische) ›Erfindung‹ der Geschichtsschreiber begreift, sondern als kollektive Praxis von Gesellschaften, die Wissen von einem (Lern-)Kontext in den anderen transportieren. Große Bedeutung haben hierfür, um nur einige von Samuels Beispielen zu nennen, u.a. historische Kostümdramen, (auto)biographische Erzählungen, auswendig gelernte Balladen, alte Photographien und wechselnde Moden des Retrochic, die Szene der laienhaften und professionellen *reenactments* bzw. *living history* sowie die von Riten dominierte Festkultur. Diese soziale Form geschichtlichen Wissens trägt in hohem Maße zur Konstitution sich ständig wandelnder Geschichtsbilder bei. Dabei ist diese Art der Historiographie den Prozessen des dynamischen Fort- und Umschreibens unterworfen, weil die Erzählungen der Geschichte den jeweils aktuellen Diskursen angepasst werden müssen.

Die in den 1970er Jahren von Jauß und anderen angestoßene Debatte über eine rezeptionskritische Literaturgeschichtsschreibung, die vor allem mit den nationalphilologischen Projekten des 19. Jahrhunderts abrechnete und eine reflektierte historische Narration einforderte,[8] hat sich zwar vom Autor auf die Seite der Leser geschlagen, dabei aber deren inoffizielles Wissen, das ihnen zum Beispiel das Kino vermittelte, außer Acht gelassen. Die literarhistorische Filmbiographie ist einer der Orte, an dem ein solcher Umschlagplatz populärer Geschichte zu suchen ist; sie transportiert Fakten und Fiktionen in einen sozial wichtigen Kontext ritualisierter, kinoarchitektonisch gerahmter Rezeption literaturgeschichtlicher Ereignisse. Sie setzt auf das Abweichende vom Typischen einer Generation, auf die ›alten Zeiten‹, auf symbolische und ikonische Zeichen. Sie erzählt jenseits stilistischer und epochenkritischer Aspekte davon, wie es gewesen sein könnte: Dies erzeugt keine gesicherten Erkenntnisse, aber Ahnung im besten doppelten Wortsinn. Dabei eignet sich die Filmbiographie zugleich die Aufgaben der ›offiziellen‹ Literaturgeschichtsschreibung an,[9] in dem sie Werke ihren AutorInnen und umgekehrt zuordnet und zuweilen auch datiert, Interpretationsvorschläge für literarische Texte liefert und schließlich das soziale Umfeld sowie die Resonanz der LeserInnen gleich miterzählt. Und schließlich hat sie – worauf sich der *New Historicism* erst sehr viel später besinnen konnte – schon immer um das typisierend-unterhaltsame Potential, die soziale Energie und performative Kraft der Anekdote gewusst,[10] die durch ihr

8 Vgl. Jauß (1970), Literaturgeschichte als Provokation, bes. S. 144-207; Fohrmann (1989), Das Projekt der deutschen Literaturgeschichte.

9 Vgl. hierzu Blasberg (2002), Der literarische Eigensinn narrativer Geschichtskonstruktionen.

10 Greenblatt (2000), Was ist Literaturgeschichte?; vgl. darin besonders den Aufsatz zu »Erich Auerbach und der *New Historicism*. Bemerkungen zur Funktion der Anekdote in der Literaturgeschichtsschreibung«, S. 73-100. Vgl. auch Greenblatt (1988), Shakespearean Negotiations.

wiederholtes Erzählen »regelrecht poliert«[11] und gefestigt wird und dabei fortwährend zwischen dem Eindruck höchster subjektiver Authentizität und dem Verdacht verzerrender Zitation hin und her schwankt.

Während die Literaturgeschichtsschreibung im Laufe ihrer Entwicklung von unwissenschaftlichen Lebensgeschichten und Anekdotenklitterung ›bereinigt‹ und mithin entpersonalisiert wurde, nahm die Darstellung ihrer Helden und Antihelden in der populären literarhistorischen Biographik und mit ihr zugleich die Filmbiographie während des 20. Jahrhunderts stetig zu. Indes verzichtete die Literaturgeschichtsschreibung nicht auf das Erzählmodell des »Zu-sich-selbst-kommens« und der teleologischen Identitätserkenntnis; vielmehr setzte sie an deren Stelle neue ›Helden‹ – »sei es eine Idee, ein Volksgeist, ein Prinzip, eine Gattung oder was auch immer«.[12] In der literarhistorischen Filmbiographie jedoch bleibt das handelnde, Erkenntnis gewinnende Subjekt unter filmischen Bedingungen erhalten und wird mit deren Repräsentanten allegorisch verknüpft. Auch die Thematik des Schreibens und die Repräsentation der Schrift verzeichnen wachsende Aufmerksamkeit filmischen Erzählens: von einer ersten Chronik von Theodor Körners Lebensgeschichte *Von der Wiege bis zur Bahre* (Gerhard Dammann/Franz Porten, D 1912), die den Autor nur einmal kurz am Schreibtisch zeigt, an dem er einen Brief schreibt, hin zu exzessiven Schreibszenen z. B. in *Scardanelli* (Harald Bergmann, D 2000) und *K.aF.ka fragment* (Christian Frosch, A/D/CH 2001). Schreiben wird nicht nur ein wichtiger Gegenstand der Erzählung im Sinne einer Ausdrucksästhetik eines Autors, sondern entwickelt sich zum autoreferentiellen Element des eigenen filmischen Erzählens, dessen Adäquatheit während der Narration stets überprüft werden muss. Darüber hinaus hat sich auch das Verhältnis von Erzählzeit zu erzählter Zeit stark gewandelt. Kaum eines der dem erwähnten Körner-Film nachfolgenden Biopics unternimmt wieder den Versuch, die gesamte Chronologie eines Lebens zu erfassen.[13] Der Körner-Film erzählt in ca. 57 Minuten tatsächlich von der ins Bild gesetzten Wiege bis zur Totenbahre. Bereits der nächste, sechs Jahre später entstandene Dichterfilm in vier Akten (in ca. 71 Minuten) beschränkt sich auf die Jugend Goethes (*Der junge Goethe – Sohn der Götter*, Arthur Wellin, D 1918), bis schließlich lediglich einzelne Episoden eines Dichterlebens abendfüllende 90 Minuten oder auch Überlängen beanspruchen.

Um die Geschichte der deutschen literarhistorischen Filmbiographik zunächst quantitativ zu erfassen, zeigt eine erste graphische Darstellung an, wie viele literarhistorische Filmbiographien seit 1912 in Deutschland oder in Koproduktion mit deutschen Firmen produziert wurden.

11 Assmann (1999), Erinnerungsräume, S. 263.
12 Biti (1999), Literatur als Gedächtnis, Literaturgeschichte als Erinnerung, S. 220.
13 Eine weitere Ausnahme ist *The Adventures of Mark Twain* (Irving Rapper, USA 1944).

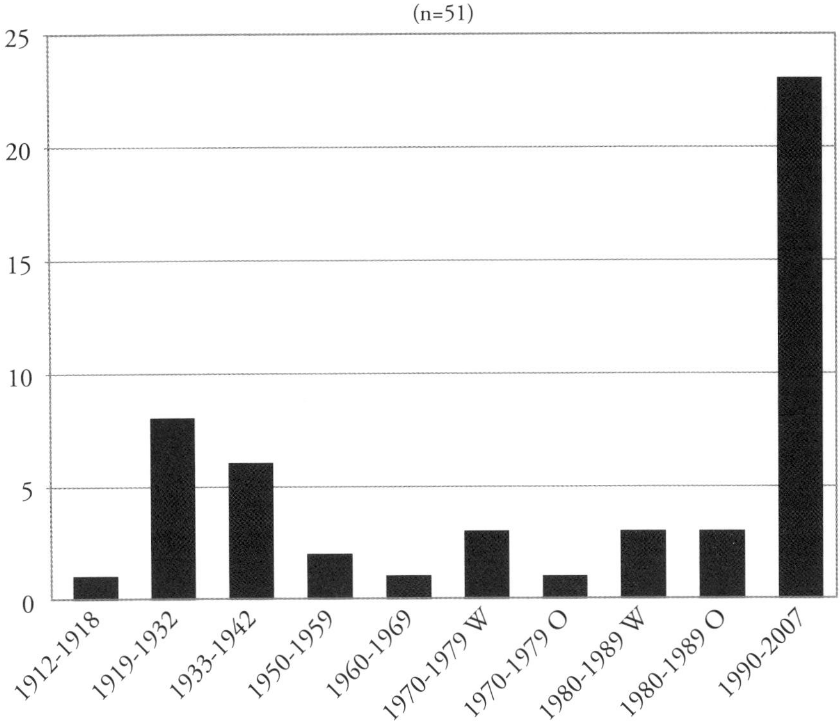

Literarhistorische Filmbiographien 1912-2007[14] – Deutsche (Ko-)Produktionen

Deutlich fallen die beiden quantitativen Höhepunkte in den 1920er Jahren und seit den 1990er Jahren ins Auge, die sowohl mit der von der Forschung beobachteten Inflation der Biographik in der Weimarer Republik als auch mit dem neuesten biographischen Boom korrelieren; am Produktionsverhältnis der 23 Biopics, die seit 1990 entstanden, zu den 13 Filmen, die hiervon deutschsprachige AutorInnen porträtieren, zeigt sich zugleich die Internationalisierung der europäischen und transatlantischen Filmindustrie. Auffällig ist ebenso der Einbruch der literarhistorischen Filmbiographie in den 1960er Jahren, der mit der allgemeinen Krise des Kinos in dieser Zeit einhergeht und noch vor der Erneuerung der fiktionalen Dichterbiographie der 1970er Jahre liegt. Nimmt man die Produktionszahlen aus Ost- und Westdeutschland für die 1970er und 1980er Jahre zusammen, so zeichnet sich bereits damit ein gesamtdeutsch zunehmender Trend des populären Genres ab.[15] Verstärkt wird diese Entwicklung von zahlreichen,

14 Datenquelle sind die in der Filmographie im Anhang dokumentierten Spielfilme.

15 Dieser Trend verläuft parallel zu den Berechnungen für das Biopic im Hollywood-Kino, das für die 1980er Jahre einen Anstieg auf 5,3% der us-amerikanischen Gesamtproduktion

hier nicht aufgeführten TV-Produktionen, die in Zusammenhang mit der fortschreitenden Ablösung des Leitmediums Kino durch das Fernsehen gesehen werden müssen. In seltenen Fällen wurden diese Filme später auch in den Kinos gezeigt, wobei zugleich auch die Kinofilme zunehmend unter Beteiligung von Fernsehsendern hergestellt werden, die sich mit dieser Finanzierung die Rechte an der entsprechenden Wertschöpfungskette sichern.[16]

Zudem sei an dieser Stelle die aus heutiger Sicht im Grunde selbstverständliche Beobachtung vermerkt, dass sich die deutschen (Ko)Produktionen nicht erst seit den 1990er Jahren zwar in der Mehrheit, aber nicht ausschließlich auf AutorInnen der deutschen Literaturgeschichte beschränken. Zwei konträre Beispiele dafür sind die Filme *Dreyfus* (Richard Oswald, D 1930) und *Abschiedswalzer* (Géza von Bolváry/Albert Valentin, D 1934): Während Richard Oswalds Film noch 1930 die Figur eines Émile Zola beschwört, der mutig den juristischen Kampf gegen das antisemitische Militär und die damit sympathisierende Öffentlichkeit aufnimmt, arbeitet die Dreiecksgeschichte um Frédéric Chopin, Konstancja Gladkowska und George Sand 1934 einer polonophilen Propaganda zu. Weder George Sand (Sybille Schmitz) noch Alfred de Musset (Albert Hörrmann) werden hier als Autoren in Szene gesetzt. Vielmehr konzentriert sich die Darstellung dieser kommerziell außerordentlich erfolgreichen melodramatischen Entsagungsgeschichte auf eine neue deutsch-polnische Bündnispolitik, wobei die französischen Aspekte auch in der Kritik deutlich marginalisiert wurden.[17] Der Musikfilm des Nationalsozialismus setzte für den ›Unterhaltungsfilm‹ des Weiteren auf Figuren wie Molière und Hans Christian Andersen. Herbert Maisch, der 1940 auch bei *Friedrich Schiller – Der Triumph eines Genies* Regie führte, drehte 1938 mit den Musikfilmstars Erna Sack (Koloratursopran) und Johannes Heesters (Tenor) den Operettenfilm *Nanon.*[18] Molière (Otto Gebühr) als Kopf einer Komödiantentruppe hält die Fäden der Verwicklungen in der Hand. Die Handlung des Films wird zur Metapher einer ›Komödie des Lebens‹, für dessen Autorschaft nicht der Dichter Molière, sondern der König mit seiner Signatur verantwortlich zeichnet.[19] Ebenfalls ein

verzeichnet; vgl. Neale (2000), Genre and Hollywood, S. 144, Anm. 10. Baldizzone betont den geringen Anteil des Biopic an der europäischen Filmproduktion vor 1950, während die Sowjetunion den Personenkult auch für das Kino realisierte; vgl. Baldizzone (1986), Esquisse d'un catalogue des biographies cinématographiques, S. 13.

16 Vgl. hierzu den Überblick von Prümm (1993), Film und Fernsehen.

17 Vgl. Roschke (2000), Der umworbene »Urfeind«, S. 315-319.

18 Vorlage ist *Nanon, die Wirthin vom Goldenen Lamm.* Operette in 3 Akten von Richard Genée (Libretto vom Komponisten und Friedrich Zell), Uraufführung in Wien 1877.

19 Molière und Ludwig XIV. diskutieren, ob die Unterschrift des Königs, die sich Nanons Patin bei einer Aufführung erschlichen hat, auch im Leben gültig ist und ihren Geliebten, den Marquis d'Aubigné, von der Todesstrafe begnadigen kann: »Der Namenszug Eurer

Sängerinnenfilm, diesmal aber nicht mit der »deutschen Nachtigall« Erna Sack,[20] sondern mit Ilse Werner in der Rolle von Jenny Lind, der *Schwedischen Nachtigall,* ist die gleichnamige Produktion aus dem Jahr 1941 in der Regie von Peter Paul Brauer. Hans Christian Andersen (Joachim Gottschalk) als romantischer Märchendichter ist ganz dem Gesang der Lind erlegen; die Sängerin allerdings – typisch für den stereotypen Plot des Sängerinnenfilms[21] – entscheidet sich im Konflikt zwischen Liebe und Karriere schließlich für ihre berufliche Laufbahn. Der Dichter hingegen braucht den ideologisch forcierten »Heimatboden« für seine Kreativität, er kann der Sängerin nicht auf ihren Reisen folgen. Eine Produktion wie *Robinson soll nicht sterben* (Josef von Báky, BRD 1956), die auf das gleichnamige Lustspiel von Friedrich Forster aus dem Jahr 1932 zurückgeht, reflektiert zwar sozialkritisch über die tröstende Funktion fiktionaler Literatur in einer Erzählung über Daniel Defoes (Erich Ponto) letzten Lebensabschnitt und seinen verbotenen Roman. Allerdings liegt eine gewisse Ironie darin begründet, dass in diesem Film dieselben SchauspielerInnen agieren (Magda Schneider, Romy Schneider, Gustav Knuth u. a.), die intensiv selbst wiederum an der heilen Welt und tröstenden Funktion des bundesdeutschen Kinos der 1950er Jahre mitgewirkt haben (insbesondere in der *Sissi*-Trilogie, Ernst Marischka, D 1955-1957). Deshalb überrascht es nicht, dass es zum guten Ende auch für Defoe einen gütigen Monarchen gibt, der leutselig verzeiht und soziale Missstände wieder zurechtrückt.

Einen filmbiographischen Neuansatz lieferte schließlich Percy Adlons *Céleste* (BRD 1981), worin der letzte Lebensabschnitt Marcel Prousts (Jürgen Arndt) aus der Sicht seines Dienstmädchens erzählt wird und somit die Biographie der ›kleinen Frau‹ in die filmische Fokalisation rückt.[22] Einen ähnlichen Perspektivenwechsel nimmt auch Antonio Skármetas *Mit brennender Geduld* (BRD/PT 1983) vor, der für das ZDF produziert wurde und die Geschicke des Postboten Mario erzählt, der sich vom berühmten chilenischen Autor Pablo Neruda die entscheidenden Tipps für sein poetisches Liebeswerben holt. Erst mit der Neuverfilmung des Stoffes unter dem Titel *Il Postino* (Michael Radford, I/F/BE 1994) wurde dieses indirekte Porträt eines Dichters im politischen Exil (Philippe Noiret als Neruda) ein international beachteter Kinoerfolg.

Majestät kann nie ein Scherz sein.« (01:06:28) Eine vom König gestiftete Ehe zwischen beiden löst den Konflikt im *happy end,* so daß sich der König als besserer Komödienschreiber als der Dichter beweist.

20 Vossen (1998), Die große Attraktion, S. 114.

21 Nach demselben Plot-Muster des melodramatischen »Frauenromans« funktionieren die Filme *Die Nacht der großen Liebe* (Géza von Bolváry, D 1933), *Blumen aus Nizza* (August Genina, D/A 1936) oder *Intermezzo* (Josef von Báky, D 1936); vgl. ebd., S. 114f.

22 Vgl. Taylor (2002), Rolle des Lebens, S. 201-209.

Eine nächste Rubrizierung des recherchierten Filmkorpus ergibt sich aus der Frage, welche Autoren und Autorinnen der deutschsprachigen Literaturgeschichte während der relevanten hundert Jahre für eine filmische Biographie herangezogen wurden.

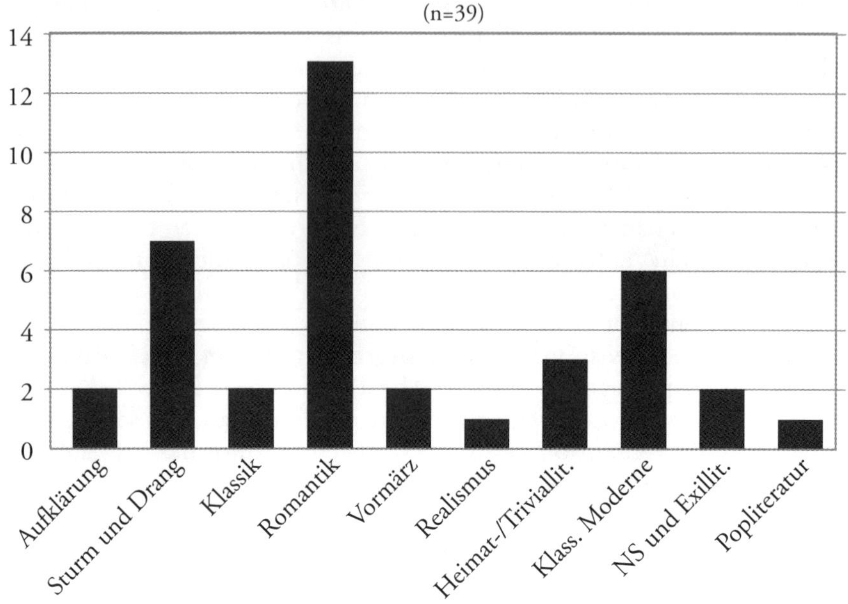

Deutschsprachige Autoren und Autorinnen in der Filmbiographik nach Epochen (internationale Produktionen)[23]

Die der oben stehenden Graphik zugrundeliegende Kategorisierung, die auch internationale Produktionen zu deutschsprachigen AutorInnen einschließt, ist nur sehr eingeschränkt zu vertreten. Sie ist allein unter dem einen Aspekt interessant, dass sich dadurch eine Gewichtung auf die hauptsächlichen Abschnitte der Literaturgeschichte ausmachen lässt – auf die Autoren des Sturm und Drang, der Romantik und der Klassischen Moderne –, die den Hauptteil des Korpus darstellen. Eingedenk der begriffskritischen Epochendiskussion wird hier lediglich eine grobe Typisierung der Dichterfiguren vorgenommen, die sich aus den erzählten Lebensabschnitten ergibt und in den folgenden Kapiteln einzeln beleuchtet wird. Denn freilich kommen hier historisch bedeutsame Unterschiede zum Tragen, wenn etwa Filme, die in der Weimarer Republik, im Nationalsozialismus oder in den Kontexten des jungen deutschen Films der 1970er Jahre entstanden, je unterschiedliche Entwürfe von Autoren des

23 Datenquelle sind die in der Filmographie im Anhang dokumentierten Spielfilme.

Sturm und Drang wie Schiller, Goethe oder Lenz entwickeln und als filmische Beiträge zur Literaturgeschichtsschreibung anbieten.

Ein Ergebnis dieser groben Epochen-Kategorisierung ist jedoch festzuhalten: Die deutsche literarhistorische Filmbiographie erzählt ausschließlich von Modellen der modernen Autorschaft, wie sie insbesondere Tomaševskij und Foucault mit dem 18. Jahrhundert angesetzt haben. Filmbiographien über die Mystikerin, den Minnesänger oder den Regelpoeten sucht man vergeblich. Anders verhält es sich zum Beispiel für die französische oder englische Literaturgeschichte, wo es Cyrano de Bergerac, François Villon oder Shakespeare zu großer cineastischer Popularität gebracht haben. Die deutsche filmische Literaturgeschichte dominieren hingegen Figuren aus den Dekaden von circa 1770 bis 1820 – jene politischen und ästhetischen Rebellen, die mit dem Nimbus der Jugend, dem emotional motivierten Originalitätsanspruch und vor allem mit dem Entwurf des Autors als Künstlerfigur, der sich eine ökonomische Basis seiner unabhängigen Existenz schaffen musste, verknüpft werden können.

Abschließend gilt es noch auf eine weitere Asymmetrie in der literarhistorischen Repräsentanz des Spielfilms hinzuweisen, die auf den ersten Blick nicht weiter verwundern mag, weil sie den Ergebnissen der Frauenforschung zur Kanonisierung der Autorin und ihrer defizitären Berücksichtigung in der Literaturgeschichtsschreibung durchaus entspricht.[24] Auf den zweiten Blick enttäuscht diese Unterrepräsentation der Autorinnenfigur aber jene Erwartung an das Kino, auch nicht gerade nicht dem offiziellen Wissen anzupassen und sich dessen Vorgaben zu beugen, wie es zum Beispiel François Truffaut mit seiner Version über das Leben der in den Schatten der Literaturgeschichte gestellten Tochter Victor Hugos vorgeführt hat (*L'Histoire d'Adèle H.*, F 1975; vgl. Kap. 5.3.). Nur zwei Autorinnenbiographien können für die deutschsprachige Literaturgeschichte zum engeren Filmkorpus gezählt werden. Zum ersten ist hier der Film über die Reiseliteratur verfassende Annemarie Schwarzenbach zu nennen (*The Journey to Kafiristan/Die Reise nach Kafiristan,* Fosco und Donatello Dubini, D/CH/NL 2001). In diesem Fall handelt es sich nicht um eine eigentliche Dichterinnenfigur, sondern um eine Schriftstellerin, die sich primär dem Brief und dem Reisebericht widmete,[25] also den lange Zeit als pragmatisch geltenden Textsorten, die mit dem Klischee des weiblichen Schreibens assoziiert werden.[26] Anders das zweite Beispiel: Die

24 Vgl. im Überblick z.B. Heydebrand und Winko (2005), Ein problematisches Verhältnis: *Gender* und der Kanon der Literatur; Lühe und Runge (2001), Biographisches Erzählen.

25 Bei der Filmbiographie über die Briefe schreibende, exzessiv Goethe verehrende Rahel Varnhagen (*Kolossale Liebe,* Jutta Brückner, BRD 1984/1991) handelt es sich um eine TV-Produktion; vgl. hierzu Taylor (2002), Rolle des Lebens, S. 238-246.

26 Zwei Fernsehproduktionen über *Eugenie Marlitt und die Gartenlaube* (Herbert Ballmann, BRD 1981) und *Bettina von Arnim, geb. Brentano* (Donat Schober, DDR 1985)

ursprünglich für das Fernsehen konzipierte, später auch im Kino gezeigte Biographie über Emerenz Meier, die im Erzählstil des neuen Heimatfilms daherkommt, ist ebenfalls eine seltene Ausnahme im Bereich der geschlechtsspezifischen Unterrepräsentanz (*Wildfeuer*, Jo Baier, D 1991). Die durchaus bekannte Volksdichterin aus dem Bayerischen Wald behandelt in ihren Erzählungen, Gedichten und Dramen das soziale Elend der bäuerlichen Bevölkerung dieser Region. Als sie 1906 nach Amerika auswandert, endet ihre literarische Kompetenz (womit auch der Film schließt), denn sie hat in den folgenden 22 Jahren nichts mehr veröffentlichen können. Ein neuerer Spielfilm über Gisela Elsner kann hingegen gar nicht erst als literarhistorische Filmbiographie rubriziert werden, weil der Sohn der Autorin und Regisseur des Films die Figur mit dem Namen Hanna Flanders codiert hat (*Die Unberührbare*, Oskar Roehler, D 2000) – um jedoch in Interviews wiederholt seinerseits die auktoriale Intention eines filmischen Mutterporträts werbewirksam zu betonen.[27] Auch hier zeigen internationale Produktionen eine andere Entwicklung, denn Filme beispielsweise über die Schwestern Brontë oder Georges Sand haben eine lange Tradition, noch ganz abgesehen von der jüngsten Entwicklung einer ganzen Serie mehr oder weniger gelungener Biopics über Autorinnen der englischen und amerikanischen Literaturgeschichte, die mit internationalen Stars wie Judi Dench/Kate Winslet (Iris Murdoch), Nicole Kidman (Virginia Woolf), Gwyneth Paltrow (Sylvia Plath) und Anne Hathaway (Jane Austen) besetzt wurden.[28] Insofern rechtfertigt sich für die Filmbiographie der deutschsprachigen Literaturgeschichte durchaus der zuweilen gebrauchte Begriff des ›Dichterfilms‹, denn eine Filmbiographie über Annette von Droste-Hülshoff, Marie von Ebner-Eschenbach, Ingeborg Bachmann und viele andere, die diesen Autorinnen einen Platz in der populären Literaturgeschichtsschreibung einräumen würde, steht definitiv noch aus.

In den folgenden Abschnitten wird die Geschichte der literarischen Filmbiographie in Einzeldarstellungen skizziert und zugleich daraufhin befragt, welchen Kanon einer deutschen Literaturgeschichte sie vermitteln.

---

bestärkten diese Stereotypen der weiblichen Autorin, die sich gegen den männlichen Kanon und dessen Primat des Ästhetischen nicht durchsetzen kann.

27 Vgl. auch die Eigeninterpretation in Roehler (2002), Die Unberührbare. Das Original-Drehbuch, S. 18ff.: Roehler arbeite, wie er angibt, mit diesem Film seine Vernachlässigung durch die Mutter auf und emanzipiere sich so als Filmschaffender von ihrer Vorbildfunktion.

28 *Iris* (Richard Eyre, USA/GB 2001); *The Hours* (Stephen Daldry, GB 2002); *Sylvia* (Christine Jeffs, GB 2003); *Becoming Jane* (Julian Jarrold, GB 2007).

4.2. Sänger der deutschen Nation

4.2.1. Körner, 1912

Die Geschichte der deutschen literarhistorischen Filmbiographie[29] setzt ein mit dem bereits erwähnten »historischen Lebensbild« *Theodor Körner. Von der Wiege bis zur Bahre* (Gerhard Dammann/Franz Porten, D 1912).[30] Er wurde von der DMB Deutsche Mutoskop- und Biograph GmbH in Berlin-Lankwitz hergestellt und auf den Plakaten als nationalpatriotisches Kinoereignis markiert, weil er zuerst zum »Sedanstage« vorgeführt wurde – zur Erinnerung an den entscheidenden Sieg der deutschen Armee im Deutsch-Französischen Krieg in Sedan am 2. September 1870: *»Zum Sedanstage!!! Theodor Körner. Von der Wiege bis zu seinem Heldentode! Biograph-Berlin W.8.«*[31] Die Premiere findet zwischen diesem Nationalfeiertag des Kaiserreichs und Körners 99. Todestag am 26. August 1912 statt.[32] Weitere spezielle »Schüler- und Militärvorstellungen« im August 1914 implizieren disziplinierende, indoktrinäre Intentionen.[33] Am 25.9.1912 zeigte sich auch Kafka von einer Vorführung in seinem Tagebuch einigermaßen beeindruckt. Er verzeichnet sowohl die Ursprünge des Kinos im Film-Theater als auch eine Reihe »anderer Signifikanten«, die das bewegte Dichterbild prägten:

> »Heute abend mich vom Schreiben weggerissen. Kinematograph im Landesteater (sic): Loge. Frl. Oplatka, welche einmal ein Geistlicher verfolgte. Sie kam ganz naß von Angstschweiß nachhause. Danzig.[34] Körners Leben. Die Pferde. Das weiße Pferd. Der Pulverrauch. Lützows wilde Jagd.«[35]

---

29 Bisher wurde der Beginn der deutschen Filmbiographik mit der Meester-Produktion *Richard Wagner. Ein kinematographischer Beitrag zu seinem Lebensbild* (William Wauer/Carl Froelich, D 1913) bzw. mit *Madame Dubarry* (Ernst Lubitsch, D 1919) angesetzt; vgl. Taylor (2002), Rolle des Lebens, S. 28; Custen (1992), Bio/Pics: How Hollywood Constructed Public History, S. 5; Simeon (1996), Giuseppe Becce and »Richard Wagner«, S. 220.

30 Ein etwa in derselben Zeit hergestellter Film über *Tolstoj,* den Otto Gebühr in seiner Autobiographie erwähnt und in dem er selbst die Figur des Lenin verkörpert hätte, konnte nicht verifiziert werden (vgl. Borgelt (1993), Die Ufa – ein Traum, S. 98). Maßgeblich in solchen Fällen sind hier die Angaben in der DEFI-Filmographie, die vom Kinematheksverbund herausgegeben wurde und die Grunddaten aller 17.095 in Deutschland hergestellten Filme zwischen 1895 und 1998 verzeichnet.

31 Vgl. die Plakatabbildung bei Zischler (1996), Kafka geht ins Kino, S. 87.

32 Zwei weitere nationalistische Historienprojekte von Regisseur Franz Porten, dem Vater Henny Portens, und dem Kameramann Werner Brandes sind *Der Film von der Königin Luise* (*3 Abtheilungen,* D 1912/13) und *Aus Deutschlands Ruhmestagen 1870/71* (D 1913).

33 Vgl. die Plakatabbildung bei Hanisch (1991), Auf den Spuren der Filmgeschichte, S. 97, sowie Mühl-Benninghaus (1998), Exemplifikationen des Militärischen zwischen 1914 und 1918, S. 273.

34 Die Eintragung »Danzig« bezieht sich auf einen nicht erhaltenen Kulturkurzfilm, der an diesem Abend vor dem Körner-Film gezeigt wurde; vgl. Zischler (1996), Kafka geht ins Kino, S. 90f.

35 Zitiert aus ebd., S. 86f.

Gegliedert in drei Akte, gehört der Film zu den frühen deutschen, zumeist einstündigen Langfilmen, die seit 1910/11 verstärkt produziert wurden,[36] und er weist mit seinem Werbetext als »patriotisches Kolossal-Gemälde« mit 1.500 Darstellern auf den frühen ›Groß‹- bzw. Monumentalfilm und dessen hohen Produktionswert *(production value)* voraus.[37] Als Sänger der deutschen Nation kehrt mit der Figur Körners der romantische »Heldenjüngling« der deutschen »Freiheitskriege« auf die Leinwand zurück.[38] Auffällig ist dabei noch eine starke Affinität zu älteren Medien des Erinnerns, die der Film ins Bild setzt, denn die Rahmenerzählung schöpft ihr authentifizierendes Potential aus dokumentarischen Aufnahmen der Dichtergedenkstätten: So wird zu Beginn das Dresdner Geburtshaus mit seinem Reliefkopf auf der Fassade in der Nahaufnahme gezeigt.[39] Geschlossen wird dieser Rahmen mit Einstellungen von Körners Grabstätte bei Wöbbelin und einer Großaufnahme des Grabsteins mit der Inschrift: »Hier wurde / Carl Theodor Körner / von seinen / Waffenbrüdern / mit Achtung und Liebe / zur Erde bestattet.« (00:24:37) Zwei weitere Einstellungen, jeweils mit Irisblenden und ohne Zwischentitel miteinander verbunden, beschließen den Film, indem sie den Baum (mit Gedenktafel und angelehntem Säbel), unter dem Körner gestorben sein soll, sowie eine

Aufnahme vom Set des ersten deutschen Dichterfilms *Theodor Körner. Von der Wiege bis zur Bahre* (Gerhard Dammann/Franz Porten, D 1912), Quelle: Deutsche Kinemathek

36 Die Fassung von 1912 weist eine Länge von 1.136 Metern auf (ca. 57 Minuten bei 18 Bildern/Sekunde); eine zweite nachzensierte Fassung von 1924 umfasst noch 953 Meter (ca. 47 Minuten). Zischler führt eine 1.300 Meter lange Fassung an, allerdings ohne Archiv- und Abbildungsnachweis (ebd.). Die Angaben in diesem Kapitel beziehen sich auf eine erhaltene 25minütige Fassung im Bundesfilmarchiv Berlin mit teilweise restaurierten Zwischentiteln (BfA Sign. 10567).

37 Vgl. Müller (1998), Variationen des Kinoprogramms, S. 61-70, und Rother (1998), Monumentalkino.

38 Hagemann (2002), »Mannlicher Muth und Teutsche Ehre«, S. 331-350.

39 Das Geburtshaus wurde 1863 zum 50. Todestag Körners als Museum eröffnet und 1945 bei einem Bombenangriff auf Dresden zerstört. Eine kurze Beschreibung des Hauses und Abbildungen der dort versammelten Erinnerungsstücke findet sich bei Bauer (2000), Horrido Lützow!, S. 243ff.

Körner-Büste vor dem Haus in Wöbbelin zeigen. Diese langen ruhigen Einstellungen (je ca. 5 Sekunden) vermitteln ein kontemplatives Moment vor den Denkmälern. Sie zählen aber auch die vorgängigen Medien des Erinnerns an diese Dichterfigur auf und eröffnen einen narrativen Rahmen, in den die filmische Erzählung von Körners kurzem intensiven Leben eingestellt wird.

Diese Erzählung beginnt mit einem Topos der von Foucault beschriebenen »›aufsteigenden‹ Individualisierung« und visualisiert zugleich das chronikal-lineare Erzählverfahren dieses Films, indem nämlich die Familienchronik der Familie Körner aufgeschlagen wird. Eine Hand in Detailaufnahme trägt mit Tinte und Feder den Namen des jüngsten Kindes ein (00:01:00): »Theodor Körner, geboren am 23. Sept. 1791«. Hiermit sind der Name des Dichters und seine für die populärgeschichtliche Tradition wichtige genealogische Platzierung angezeigt. Diese dem Zwischentitel »Nach der Taufe« folgende Sequenz enthält jedoch noch einen weiteren Hinweis auf das Dichterbild des Sängers der deutschen Nation, das hier rekonstruiert werden soll. Dazu verhilft ein Trick, der den Topos vom Musenkuss des Dichters allegorisch ins Bild setzt. Hinter der Wiege des Säuglings wird eine hell gekleidete Figur eingeblendet, die mit der Lyra an das Bett herantritt und das Kind küsst.[40] Weil dieser Einstellung jener Zwischentitel »Nach der Taufe« vorangestellt ist, bleibt diese Erscheinung ikonographisch unentschieden zwischen christlichem Schutzengel und antiker Orpheus-Figur. Die langsame, effektvolle Ein- und Ausblendung der Figur macht sichtbar, was sonst im oralen Diskurs des Mythos und in der Metapher der Literaturgeschichte gefangen bleibt. Sie erscheint und verschwindet gleichsam auf dem Nichts des grobkörnigen Hintergrundes und verweist damit auf ihren eigenen technischen Mehrwert einer filmischen Narration.[41]

Die symbolische Aufladung der hellen Erscheinung dieser mystischen Figur überträgt sich für die folgenden Sequenzen auf den Titelhelden (dargestellt von Friedrich Fehér), der sich, den frühen Konventionen des s/w-Films entsprechend, stets im weißen Kostüm von seinem Umfeld abhebt. Damit kehren sich die Kontrastverhältnisse, wie sie z. B. auf dem Schweißtuch der Veronika oder dem Grabtuch von Turin mit ihren auratischen Abbildern gegeben sind[42] und die mit dem Kino die

---

40 Die Technik der Einblendung wurde bereits mit den zeitsparenden Doppelbildern der Kurzfilme entwickelt, übernimmt im Langfilm dann aber narrative Funktion; vgl. Müller (1998), Variationen des Kinoprogramms, S. 58.

41 Auch die erwähnte erste Filmbiographie über *Richard Wagner* (William Wauer/Carl Froelich, D 1913) operiert mit den Mitteln der Ein- bzw. Ausblendung: So sieht man z. B. das Geisterschiff des Fliegenden Holländers als inspirierende Vision des Komponisten aufscheinen oder die Funktion der Tarnkappe in den Nibelungen anschaulich gemacht, indem die Figur aus den Bildern ›ausgeblendet‹ (retouchiert) wird.

42 Vgl. hierzu Didi-Huberman (1999), Ähnlichkeit und Berührung, S. 48-54.

Lichtprojektion wundersamer Abdrucke des Nachlebens auf einer Leinwand teilen, im s/w-Film gleichsam solarisierend um. Schwarz auf weiß erscheint hingegen die Handschrift im Film, die sich auf den Eintrag in die Chronik und zwei von Körner geschriebene Briefe, an den Rektor der Universität und an den Vater, beschränkt. Körner spielt auf der Gitarre und singt mit seinen Freunden aus der Burschenschaft. Sein jäher Erfolg 1812 als Hofdichter in Wien wird mit einem Plakat angezeigt, das die Aufführung von »Toni. Drama in 3 Akten« ankündigt (00:09:24). Eine Zitation seines lyrischen Werks erfolgt in den Zwischentiteln, wenn dort Verse aus der postumen Gedichtsammlung *Leyer und Schwerdt* eingeblendet werden (»Lützow's wilde verwegene Jagd«, »Die Wunde brennt, die bleichen Lippen beben«, »Vater, ich rufe Dich«).[43] Die eigentliche Todesszene, die einen Heldensturz zeigen müsste, fehlt: Körners letzter Pose auf seinem Pferd folgt unmittelbar der Zwischentitel »An der Totenbahre« (00:23:21), der eine Totale auf das Arrangement von Bahre und Blumenkränzen eröffnet, in der dann die Figur der Toni Adamberger mit einem letzten Kuss für Körner sowie seine Kameraden mit Säbelsalut agieren.

Der 1912 uraufgeführte Film macht sich ebenso wie die beiden weiteren Körner-Filme der Jahre 1927 und 1932 das heroische Narrativ des Nationalismus zunutze. Der Dichter opfert sich auf dem Schlachtfeld der Freiheit. Sie setzen damit eine Tradition von biographischen Körner-Romanen fort, die zum fünfzigsten Jahrestag seines Todes erschienen waren.[44] Das heroische Narrativ konstituiert sich aus zahlreichen stabilen Momenten, wie Wolfgang Müller-Funk am Beispiel des Arminius-Stoffes zeigen kann.[45] Hierzu gehört ein unbestimmter Begriff von »Freiheit«, der allein auf eine Befreiung vom »Fremden« – in Falle des Körner-Stoffs auf die die Deutschen bedrohenden »Welschen« – abzielt.[46] Die eigene Herrschaftsform wird dabei nicht problematisiert, sondern nur die fremde. Daraus folgt in der Körner-Biographie eine unbedingte Ergebenheit gegenüber dem preußischen König. Der Zwischentitel in Körners Lebensbild

43 »Lützow's wilde, verwegene Jagd«: Refrainzeile aus »Lützows wilde Jagd«; »Die Wunde brennt, die bleichen Lippen beben«: Erster Vers aus »Abschied vom Leben. Als ich in der Nacht vom 17. zum 18. Juni 1813 schwer verwundet und hilflos in einem Holze lag und zu sterben meinte«; »Vater, ich rufe Dich!«: Erster Vers aus »Gebet während der Schlacht«. Alle Gedichte erschienen in *Leyer und Schwerdt. Von Theodor Körner, Lieutenant im Lützow'schen Freikorps. Einzige rechtmäßige, von dem Vater des Dichters veranstaltete Ausgabe,* Berlin 1814. Weber kann allerdings belegen, dass der Ruhm Körners weder alleiniger Effekt seines frühen Todes noch der väterlichen Herausgeberschaft seiner nachgelassenen Werke war, sondern dass die Lieder auch zu Körners Lebzeiten schon in Abschriften und Drucken verbreitet waren; vgl. Weber (1991), Lyrik der Befreiungskriege (1812-1815), S. 187ff.

44 Mühlfeld (1862), Theodor Körner; Rau (1863), Theodor Körner.

45 Müller-Funk (2002), Die Kultur und ihre Narrative, S. 229ff.

46 Vgl. Jeismann (1992), Das Vaterland der Feinde, bes. S. 65.

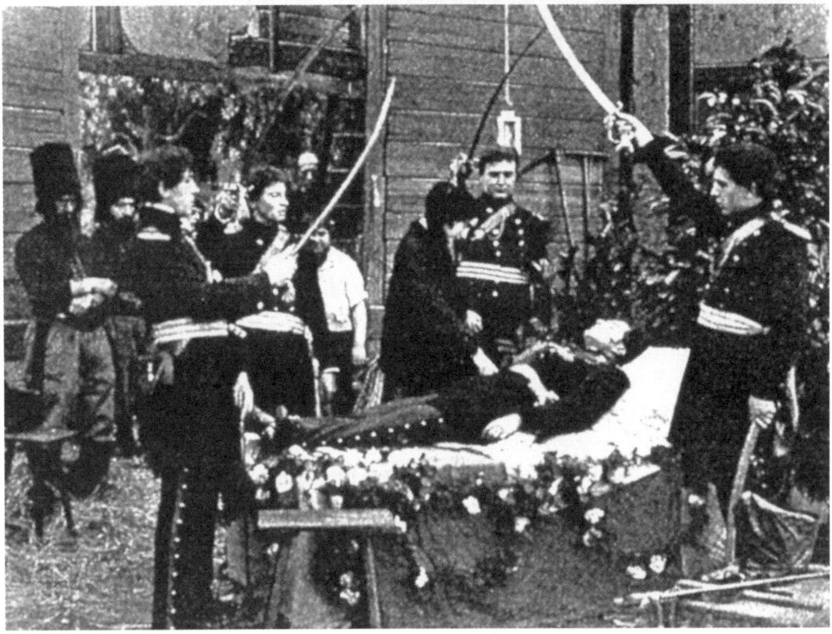

Der erste Körner-Film von 1912 orientiert sich für die *mise en scène* noch stark an den etablierten medialen Formen des Dichtergedenkens: Oben das Gemälde von O. G. von Richter: »Die Lützower an der Leiche Theodor Körners in Wöbbelin am 27. August 1813«, entnommen aus Bauer (2000): Horrido Lützow!, S. 142; unten ein Filmstill aus dem Programmheft zum Film *Theodor Körner. Historisches Lebensbild in drei Akten von der Wiege bis zu seinem Heldentode,* Berlin o. J., o. S., Quelle: Filmarchiv im Bundesarchiv, Berlin.

Von der Wiege bis zur Bahre zeigt dies an: »Laß' mich ziehen, mein König ruft.« (00:14:15) Auch der im Detail gezeigte Brief an den Vater huldigt der eigenen Herrschaftsform: »(...) der preußische Adler erwirkt in allen treuen Herzen durch seine kühnen Flügelschläge die große Hoffnung einer deutschen Einheit.« (00:13:31) Weiterhin gehört zum heroischen Narrativ der unbedingte, spontane Handlungsbedarf; langwierige diplomatische Verhandlungen versprechen keinen Erfolg. Dieser Druck des Unaufschiebbaren pflanzt sich fort über den »Ruf Friedrich Wilhelms III. ›An mein Volk‹« (Zwischentitel), den Körner in Wien in der Zeitung liest, sofort affektiv reagiert und spontan aufbricht (00:12:25). Die fremd markierte Macht wird darüber hinaus mit moralischen Defiziten dargestellt, denn politisch-militärische Überlegenheit wird in moralische Unterlegenheit umgedeutet. Napoleon erweist sich in diesem Sinne als unehrenhafter Feldherr, der seine gesamten Truppen auf ein kleines Freikorps hetzen wird. Auf einen Brief von Lützow notiert er (deutsch!): »Waffenstillstand für jedermann, euch aber ausgenommen. Napoleon« (00:19:00) Schließlich gehört zum heroischen Narrativ ein autoreferentielles Moment, das seinen Aufruf immer wieder aufs Neue in Umlauf bringt und somit eine »kollektive Gedächtnisarbeit« einfordert: »Der Anruf ist stets einer, der aus der Vergangenheit kommt und an die Gegenwart appelliert.«[47] Für diese Appelle sind Dichterworte, einzelne aus den Kontexten herausgerissene Textzeilen, besonders dienlich, weil die Autorfunktion damit nicht nur die Erzählung ihrer Textgenese organisiert, sondern auch eine kollektive Rezeption im intendierten nationalistischen Sinn ermöglicht – wobei gekoppelte Wiederholung und Verstärkung cineastischer Reize die positiven Publikumsreaktionen konditionieren helfen sollen. Die Körner-Filme greifen insofern auf eine literarhistorische Erzählung und auf das Werk Körners aus den Freiheitskriegen zurück, das unter poetisch-ästhetischen Kriterien eigentlich zu vernachlässigen wäre,[48] als sie militärische Erfolge von 1813 und 1870 mit der aktuellen Bedrohung westlicher Mächte kurz vor dem Ersten Weltkrieg verknüpfen, um auch nach der Niederlage während der 1920er Jahre weiterhin das heroische Narrativ zu propagieren und zu verstärken. Dazu haben die filmischen Produktions- und Erzählweisen ein Gutteil beigetragen. Der erste Körner-Film machte noch mit dem Trickverfahren der eingeblendeten Musenkuss-Allegorie, mit exponierten Großaufnahmen von Chronik und Briefen, vor allem aber mit den spektakulären Einstellungen auf die Lützow'sche Kavallerie aufmerksam, die auch von Kafka erinnert werden: »Die Pferde. Das weiße Pferd. Der Pulverrauch. Lützows wilde Jagd.« Diese Notizen beziehen sich auf die letzte Szene des zweiten Aktes: Etwa 40 Sekunden lang sind die schnellen Reiter

47 Müller-Funk (2002), Die Kultur und ihre Narrative, S. 231.
48 Vgl. Portmann-Tinguely (1989), Romantik und Krieg, S. 298ff.

mit ihren Säbeln aus der Untersicht zu sehen, die linksherum immerzu um dasselbe Stück Waldrand herumreiten und eine große Zahl euphorischer Kämpfer implizieren (zwischen 00:17:47: Zwischentitel »Lützow's wilde verwegene Jagd«, und 00:18:28: Beginn des dritten Akts). Was sie eigentlich jagen, nämlich die französischen Gegner, wird nicht gezeigt. Dies korreliert einerseits auf komische Weise mit der autoreferentiellen Appellstruktur des heroischen Narrativs, entspricht aber andererseits der ›Gedichtvorlage‹ Körners zu dieser Szene, denn auch dort wird der Feind nicht namentlich genannt.

4.2.2. Körner, 1927

Ein zweiter Körner-Film von Richard Oswald mit dem Titel *Lützows wilde verwegene Jagd* (auch u.d.T. *Theodor Körners letzte Liebe, Das Heldenschicksal Theodor Körners* oder *Die Todeshusaren,* D 1927) beschränkt die erzählte Zeit auf das letzte Lebensjahr Körners. Oswald, der gegen Ende der 1910er Jahre vor allem mit seinen sexualhygienischen »Sittenfilmen« für Skandale sorgte, orientierte sich seit Anfang der 1920er Jahre stärker an den kommerziellen Interessen des industriellen Unterhaltungsfilms und fokussierte des Öfteren historische und biographische Sujets, ohne jedoch seinen Status als liberaler Filmemacher der Weimarer Republik maßgeblich in Frage zu stellen.[49] An diesem Körner-Film fällt zunächst auf, dass der Stoff nun in das Genre des Melodrams eingebunden wird. Der im früheren Film nur angedeutete Doppelplot zwischen privater und politischer Sphäre,[50] der dem dokumentarischen Kino der Attraktionen verpflichtetet war, wird hier intensiver ausagiert und ruft ein konkurrierendes Moment hervor, indem Liebesverzicht und Vaterlandsopfer gegeneinander gesetzt werden. So folgt Körner (Ernst Rückert) nicht unverzüglich dem Ruf seines Königs, sondern bricht nach einem Duell mit dem Nebenbuhler um Toni Adamberger von Wien auf, um sich dem Lützower Freikorps anzuschließen. Im Feld lernt er die ›Heldenjungfrau‹ Eleonore Prochaska kennen; dennoch bleibt Toni seine »letzte Liebe«.[51] Auch die

---

49 So erschien 1927 auch Oswalds Produktion *Feme,* die sich kritisch mit rechtskonservativer Gewalt und Ideologie auseinandersetzte; vgl. Belach und Jacobsen (1990), Richard Oswald, und darin bes. die Biographie von Hans-Michael Bock, S. 128ff.

50 Der Doppelplot *love and action* gehört bereits zum klassischen Erzählstil, wie ihn das Hollywood-Kino ausprägte; vgl. grundlegend Thompson (1985), The Formulation of the Classical Style, 1909-28; Bordwell (1985), Narration in the Fiction Film.

51 Die Legenden um Körners Tod werden hier mit den Legenden um Prochaskas tödliche Verwundung an der Göhrde am 16.9.1813 verknüpft. Erst auf dem Krankenbett entdeckten die Kameraden die ›wahre Identität‹ der Brandenburgerin, was im Film vor das Todesdatum Körners am 26.8.1813 verlegt wird. Diese ›Heldenjungfrau‹, bereits 1813 als »deutsche Jeanne d'Arc« bezeichnet, verbindet sich mit dem ›Heldenjüngling‹ und

Der Soldat Körner als Autor in Zivil und am Schreibtisch in *Lützows wilde verwegene Jagd* (Richard Oswald, D 1927), Quelle: Deutsche Kinemathek

diplomatische Sphäre nimmt in dieser Version von Körners Lebensgeschichte mehr Raum ein, wenn Minister, Militärs und Gesandte verhandeln und befehlen, so dass die Rhetorik des Unaufschiebbaren zumindest in der Diegese durchbrochen wird. Zwar merkt ein Rezensent in der *Licht-Bild-Bühne* an, dass die Gespräche zwischen Napoleon und dem diplomatischen Personal die Handlung »zerflatterten«, aber zugleich spricht er folgendes Lob aus: »Wohltuend wirkte es, daß Oswald sich klugerweise fern von einseitigem Hurra-Patriotismus hielt und den Hauptwert auf die seelischen Konflikte der einzelnen Personen legte.«[52] Nach dem Ende des Kaiserreichs lassen sich hier also auch kritische Töne gegenüber der alten Herrschaftsform hineinlesen, an die der Film gleichermaßen erinnert. Die pathetischen Gesten, wenn etwa Lützow und Körner den Aufruf an die Sachsen gemeinsam formulieren, möchten aus heutiger Sicht gar parodistisch gelesen werden, wogegen aber der Gesamtgestus des Films sowie

verstärkt die Erzählung vom Opfertod für das Vaterland, zu dem auch tapfere Jungfrauen bereit waren. Vgl. hierzu das aufschlussreiche Kapitel »Heldenjungfrau und Amazone« in Hagemann (2002), »Mannlicher Muth und Teutsche Ehre«, S. 383-393.

52 LBB (Licht-Bild-Bühne), Nr. 55, 1927.

die Apotheose des Dichters auf der Totenbahre im Schlussbild sprechen.[53] Schließlich sieht ein Rezensent sogar in diesem Pathos, verbunden mit den verfälschten historischen Daten und Personen (etwa den Nebenrollen für Beethoven und Goethe), weniger die Gefahr patriotischer Verblendung als der Verbreitung »vermeintlichen Wissens«: »Diese Wirkung von Filmen ist bedeutender, als die so oft behauptete, daß der Film zur Nachahmung veranlasse. Er erzeugt aber viel eher Erinnerungsbilder, als daß er zu Handlungen veranlaßt.«[54]

4.2.3. Körner, 1932

Der dritte und letzte Körner-Film, den es in der deutschen literarhistorischen Filmgeschichte geben sollte, verweist dann erneut auf den Sänger-Mythos, auf den bereits der Titel hindeutet: *Theodor Körner – Ein deutsches Heldenlied* (Carl Boese, D 1932).[55] Doppeldeutig wird damit Körner sowohl als Autor eines Heldenliedes benannt als auch seine ganze Lebensgeschichte mit einem deutschen Heldenepos verbunden. Die Mittel des Tonfilms ermöglichten es, einen solchen beliebten Bariton wie Willi Domgraf-Fassbaender in der Titelrolle zu besetzen. Von der Exposition, in der alternierende Strophenlieder und Degenkämpfe konkurrieren, über die Liebeswerbung bis hin zum leitmotivisch eingesetzten Lied von »Lützow's wilder Jagd« im Feldlager und bei Kampfhandlungen erscheint die Figur erneut als orphische Gestalt propagandistischer Dichtung, zumal Lützow zur Figur Körner sagt: »Bruderherz, hab' Dank. Deine Freiheitslieder waren meine besten Werber.« (Rolle 2, 00:14:10)

Das heroische Narrativ wird auch in diesem Film aufgerufen. Bereits Kracauer situierte diese »mittelmäßige Filmbiographie« im Kontext des nationalen Epos während des erstarkenden Nationalsozialismus, gleichwohl die Freiheitskriege mit der inhärenten Verklärung des nachfriderizianischen Preußens nicht zu den Kernthemen des präfaschistischen Films gehörten.[56] Mit der Heroisierung von Körner als Botschafter eines alten »neuen Deutschland« nimmt der Film die später im Verlauf der nationalsozialistischen Diktatur wachsende biographische Exponierung von Dichtern und Denkern als ›Auserwählte‹ vorweg.[57] Wie eine Kommersszene zu Anfang des Films vorführt, wird Körner dabei deutlich dem

53 Zu den tradierten religiösen Konnotationen der Lyrik der Befreiungskriege vgl. Zimmer (1971), Auf dem Altar des Vaterlandes, S. 49ff.

54 *Der Bildwart*, Berlin, Nr. 3, März 1927, S. 192.

55 Der Film lief auch unter folgenden Alternativtiteln: *Die Toni aus Wien, Die Toni vom Burgtheater, Das Lied vor der Schlacht.*

56 Vgl. Kracauer (1993), Von Caligari zu Hitler, S. 264-287 und S. 318, Anm. 24.

57 Vgl. Korte (1998), Der Spielfilm und das Ende der Weimarer Republik, S. 361-372, 417.

akademischen Milieu der »gebildeten Jugend« zugeschlagen, für das er – etwa im Gegensatz zum als volkstümlicher geltenden Ernst Moritz Arndt – auch zu Lebzeiten schon einstand.[58] Boeses Film legt nun den Akzent plakativ auf eine anzustrebende nationale Einheit der Deutschen vor dem Hintergrund einer zersplitterten Parteienlandschaft der zermürbten Weimarer Republik, wie ein bereits ganz zu Anfang erzählter Dialog zweier Passanten verbalisiert: »›Denn wo drei Deutsche sind, Herr Rentsamtmann, sind drei Parteien‹. ›Sehen sie, Herr Aktuarius, das nützt der Napoleon aus und hetzt Deutsche gegen Deutsche.‹« (Rolle 1, 00:04:50-00:05:00) Der Doppelplot zwischen privater und politischer Karriere des Dichters wird erneut in der Dreiecksvariante erzählt, denn Körner freundet sich auch in diesem Film wieder mit der unter dem Namen August Renz kämpfenden Eleonora Prochaska an, was zu einigen Verwicklungen mit der Körner ins Feld folgenden Toni Adamberger führt. Körner wird in diesem Film auch als Schreiber seiner Dramen inszeniert. Eine Exzellenz vom Wiener Hoftheater schaut ihm dabei über die Schulter und liest laut einige just entstandene Verse aus dem historischen Trauerspiel *Zriny* (1812) über den gleichnamigen südungarischen Freiheitskämpfer, so dass Körner seine nationalistische Intention offenlegen kann: »Aufreizen soll es alle Deutschen von Nord bis Süd. Einig zu sein, wenn es gilt, das Vaterland zu befreien.« (Rolle 2, 00:01:10) Da der Film seinerseits von der Appellstruktur des nationalistischen Narrativs erzählt und dieses in den historischen Kontext einstellt, erfüllt der Film sowohl appellative als auch reflektierende Funktionen, die allerdings nicht mitgelesen werden müssen. Vielmehr lässt der Bezug auf Körners Dramatisierung des legendären Opfertodes von Zriny, der sich 1566 gegen die Belagerung der Festung Sigeth durch die Türken wehrte, seinen eigenen militärischen Tod im Licht eines bewussten Opfertodes erscheinen, womit seine gesamte poetische Existenz einer völkisch-nationalen Entelechie unterworfen wird. Wie eng Autorschaft und Liebschaft miteinander verknüpft werden, verdeutlicht der jeweilige Kameraschwenk auf die Laube, in der Körner schreibt, und auf eine Kulissenlaube im Theater, in der Körner und Toni miteinander flirten. Die »Handschrift« in dieser Körner-Biographie bezieht sich gerade nicht mehr auf den Schreiber literarischer Texte, sondern auf die Einschreibung des nationalen Kampfes in den Körper: Als Körner von seiner ersten schweren Verwundung am Kopf genesen ist, sieht Lützow die Narbe und sagt: »Zeig ma' her. Du, das ist eine Handschrift, die wir nicht vergessen werden.« (Rolle 4, 00:04:38) Auch dieser Film schließt mit der Aufbahrung Körners, nachdem er in den Armen Eleonora Prochaskas verstorben ist, und zeigt sein totenmaskenartiges Gesicht in der Großaufnahme auf einem mit Eichenlaub verzierten Kissen. Erneut singt der Männerchor im

58 Vgl. Weber (1991), Lyrik der Befreiungskriege (1812-1815), S. 187f.

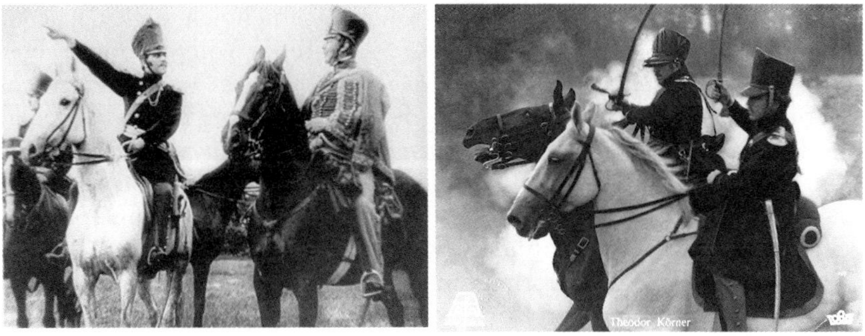

Körner und Lützow zu Pferde – links in *Theodor Körner. Von der Wiege bis zur Bahre* (Gerhard Dammann/Franz Porten, D 1912), rechts in *Theodor Körner – Ein deutsches Heldenlied* (Carl Boese, D 1932), Quelle: Deutsche Kinemathek

Off eine Strophe aus »Lützows wilder Jagd«, während die Kameraden in den nächsten Kampf aufbrechen. Symbolisch ragt im Bildvordergrund das Birkenkreuz auf Körners Grab in die davonsprengenden Reiterkolonnen hinein. Das Motiv des symbolischen Baumes aus dem nordischen Mythenkreis, der für den Neubeginn steht und die deutsche Eiche hier verdrängt, wird verquickt mit dem Kreuz als Signifikanten des Todes und der Auferstehung. Mit diesem Schlussbild ist die Karriere Theodor Körners als Filmfigur seither beendet.

Alle drei Körner-Filme setzen, mit innerfilmischen Zitaten und in einem Fall auch direkt im Titel, auf die eine Refrain-Zeile: »Das ist Lützows wilde, verwegene Jagd«. Die Vertonung des fast gleichnamigen Gedichts durch Carl Maria von Weber (1814) war außerordentlich verbreitet. Das poetische Werk eines Autors findet sich in den Filmen – wie noch des Öfteren zu beobachten sein wird – auf einen einzigen oder auch sehr wenige populäre Verse verdichtet. Damit wird in diesem Fall der Krieg, verbrämt in der Metapher der Jagd, immer wieder aufs Neue sowohl als spielerische Freizeitbeschäftigung höherer Stände als auch evolutionswichtige Überlebensstrategie aufgerufen. Von den zahlreichen anderen Werken Körners ist, mit Ausnahme der Dramen *Toni* und *Zriny* (1812), die in die Handlungsschablone des Melodrams eingebaut werden können, gar nicht oder kaum die Rede. Wichtiger als eine historische Werkschau ist das spektakuläre Tableau, wozu der Topos der Vereidigung der Lützower Jäger in der Kirche von Rogau (bei Breslau) im März 1813 gehört, das mit dem Schwurritual der Soldaten jeweils umgesetzt wird. Diese Szenen lassen die Tradition der vaterländischen Feiern für das Kino wieder aufleben und laden zur kontinuierlichen Identifikation mit der Gründungsgeneration des »teutschen Vaterlandes« ein. Mit der selektiven Inszenierung von Körners lyrischem Werk machen sich die Filme die Tradition des patriotischen

Liedguts des 19. Jahrhunderts zunutze und übernehmen zugleich deren nationalpoetische Funktion, indem sie den Topos vom Lützower Freikorps als »Poesie des Heeres« fortschreiben.[59]

Bereits das Diptychon von Georg Friedrich Kersting mit zwei Szenen aus den Freiheitskriegen, *Auf Vorposten* und *Die Kranzwinderin* (1815, Nationalgalerie Berlin), war als von links nach rechts zu lesende Bildfolge angelegt.[60] Es ist die »Macht der Bilder«, die hier im nationalpatriotischen Diskurs des 19. Jahrhunderts wirksam ist, weil sie Symbole, Rituale, Sprachbilder, Farben, Uniformierung und das soziale Ordnungsgefüge zu visualisieren vermag.[61] Die Körner-Filme übersteigen jedoch noch diese narrativen Möglichkeiten von Zeit und Raum, denn sie geben vor, nicht nur einen momentanen Ausschnitt des Lebens Theodor Körners und seiner ebenfalls gefallenen Kameraden Friedrich Friesen und Heinrich Hartmann zu erfassen – dem bei Kesting die Innenansicht der Nation im Bild der kranzwindenden Jungfrau gegenübersteht –, sondern beide Sphären des Politischen und Privaten, des Männlichen und Weiblichen, des symbolisch Überhöhten und des Authentischen in einem historischen Kontinuum darzustellen, das darüber hinaus an technischer und narrativer Komplexität zunimmt: Vom chronikalen Erzählstil des frühen Langfilms, der noch ohne Parallelmontagen auskommt,[62] reicht die Entwicklung bis zum Tonfilm, der bereits dem Stil des klassischen Erzählkinos nachkommt und Körners Lebensbild mit verharmlosenden Gesangseinlagen ausstattet. Während sich die Historiographie etwa mit Friedrich Meineckes Darstellung *Das Zeitalter der deutschen Erhebung* (1906, 1913 und 1924 in den ersten drei Auflagen erschienen)[63] auf die »Freiheitskriege« mit ihren Symbolfiguren besann und die politische Propaganda bereits mit dem filmbegeisterten Kaiser Wilhelm II. historiophotisch verstärkt auf das Medium Film setzte,[64] bediente die Filmindustrie das popularhistorische

---

59 Vgl. Karl Leberecht Immermann: Das Fest der Freiwilligen zu Köln am Rheine. Köln 1838, S. 10; zitiert aus Schilling (2002), »Kriegshelden«, S. 57.

60 Vgl. hier Hagemann (2002), »Mannlicher Muth und Teutsche Ehre«, S. 507f.; eine Interpretation des Diptychons auf S. 510-517.

61 Ebd., S. 517f.

62 Die Rezension von Malwine Rennert bemängelte den ersten Körner-Film deshalb als »technisch (...) unter dem Durchschnittmaße: die Bilder haben weder Tiefe noch Breite; man sieht nur zerstückelte Einzelheiten, nie einen Gesamteindruck, wie ihn die Wirklichkeit bietet. Alles wirkt zu aufdringlich.« Der patriotische Erziehungsauftrag – »den guten Samen in die deutsche Jugend säen« – scheiterte vor allem daran; vgl. Malwine Rennert: Victor Hugo und das Kino. Französische und deutsche Filmkunst, in: *Bild und Film* 2, 1912/13, S. 129-131; zitiert aus Schlüpmann (1990), Unheimlichkeit des Blicks, S. 77.

63 Meinecke (1963), Das Zeitalter der deutschen Erhebung (1795-1815).

64 Der Körner-Film von 1912 wurde nicht nur während des Ersten Weltkriegs weiterhin gezeigt, sondern, wie die gekürzte und nachzensierte Fassung von 1924 vermuten lässt, auch noch in den 1920er Jahren; vgl. Müller (1998), Variationen des Kinoprogramms,

Gedächtnis des Publikums bis zum Ende der Weimarer Republik mit dem Autor als Repräsentanten des heroischen Narrativs. Damit wurden gleichsam »in ahnungsvollem Schauer und Ehrfurcht die Hände der Väter und Ahnen« ergriffen, wie Meinecke 1913 bei einer National- und Kaiserfeier 1913 an der Universität Freiburg die national-genealogische Gesinnung charakterisierte und die Romantiker zu den Protagonisten der Nation folgendermaßen stilisierte:[65]

> »Mit unzerstörbarem poetischen Frohsinn im Herzen rüstete sich der Romantiker dazu, Leib und Leben einzusetzen für Volk und Vaterland. (...) Alle diese Energien wuchsen empor aus einer erneuerten deutschen Kultur und aus einem durch diese Kultur erneuerten Machtwillen des preußischen Staates. Sie strahlten aus in den Feuerliedern Arndts und Körners, in der Poesie des Lützower Feldlagers und in dem Todesmut der jungen Freiwilligen, die ihren Schiller und ihr Nibelungenlied im Tornister führten.«[66]

Mit dieser Anrufung des Heroischen war vor allem aber auch ein weiterer Zweck verbunden, eine erneute ideologische Aufrüstung: »Die eigentlichen Schlachtfelder unserer Zeit«, so Meinecke 1913, »liegen noch vor uns, nicht hinter uns.«[67]

4.3. Dichters erste Liebe

> »Die ersten Liebesneigungen einer unverdorbenen Jugend nehmen durchaus eine geistige Wendung.«
>
> Goethe: *Dichtung und Wahrheit* (1. Teil, 5. Buch)

Während das heroische Narrativ mit dem »Heldenjüngling« der Romantik verknüpft wird, der sein kurzes Leben auf dem Schlachtfeld der Nation opfert, ändert sich der Fokus, wenn es gilt, die Entwicklung eines Dichters darzustellen. Die Entelechie zielt damit nicht auf den poetischen Heldentod, sondern auf den (vor allem in Liebesdingen) entsagungsvollen und deshalb ruhmreichen Anfang einer poetischen Existenz ab. Der prometheische Generationenkonflikt wird somit nicht zwischen den Vätern zu Hause und den kampfbereiten Söhnen an der Front verhandelt; der Konflikt spielt sich vielmehr innerhalb und zugleich in Abgrenzung von dieser Familie ab, in deren Kontext auch die Frühwerke des Autors entstehen.

S. 273. Historisches Material zum filmbegeisterten Kaiser Wilhelm II. wurde zuletzt neu montiert und kommentiert im *found footage*-Dokumentarfilm *Majestät brauchen Sonne* (Peter Schamoni, D/NL 1999).

65 Meinecke (1913), Deutsche Jahrhundertfeier und Kaiserfeier, S. 162.

66 Ebd., S. 166 und 170.

67 Ebd., S. 175.

Basales Narrativ dieser Filme ist die Rekonstruktion des ›Genius‹, der in seiner Jugend die von der idealistischen Ästhetik propagierte Abspaltung der Kunst vom Leben erfahren muss. Für die Fixierung auf die Dichterjugend spielen vor allem die Traditionen des 19. Jahrhunderts eine Rolle, wenn etwa Gervinus seine *Neuere Geschichte der poetischen National-Literatur der Deutschen* in zwei Teilen bis und von »Goethes Jugend« sequenzierte[68] oder Karl Gutzkow für die Feierlichkeiten zum 100. Geburtstag des Autors ein entsprechendes »dramatisches Zeitbild« verfasste.[69] Die Filme greifen aber zugleich auf die Herausbildung des ›modernen‹, sich selbst reflektierenden Autors in der zweiten Hälfte des 18. Jahrhunderts zurück, die sich zunehmend in autobiographischen Schriften zum Beispiel von Rousseau, Jung-Stilling, Moritz, Brandes, Bräker, Goethe artikulierte; damit wird auch die inflationäre Popularität des Berufsbildes des Dichters relevant,[70] die eine Reihe von Ratschlägen an junge Dichter provozierte.[71] Diese neue Masse reüssierender Autoren rief dialektisch eine Rhetorik der Singularität hervor, die den ›wahren Dichter‹ vom bloßen Nachahmer und Dilettanten abzugrenzen suchte.[72] Damit einher ging der emotive Diskurs der »angebornen Leidenschaft« für die Dichtkunst – wörtlich in *Wilhelm Meisters theatralischer Sendung*[73] –, die sich im späteren biographischen Erzählmodell des Melodramas keineswegs auf die literarische Kreativität beschränkt, sondern auch das Umfeld des Autors und die Objekte seines Begehrens erfasst. Der von den Göttern geliebte Genius ist stets

68 Gervinus (1835-1842), Geschichte der poetischen National-Literatur der Deutschen, Bd. 5 und 6: *Neuere Geschichte der poetischen National-Literatur der Deutschen. Erster Theil. Von Gottsched's Zeiten bis zu Göthe's Jugend,* und *Neuere Geschichte der poetischen National-Literatur der Deutschen. Zweiter Theil. Von Göthes Jugend bis zur Zeit der Befreiungskriege.*

69 Gutzkow (1852), Der Königsleutenant. Uraufgeführt am Vorabend von Goethes Geburtstag am 27. August 1849 in Frankfurt am Main unter dem Titel *Der Königsleutenant. Ein dramatisches Zeitbild aus Goethe's Jugend in fünf Aufzügen.*

70 Kiesel und Münch zählen für 1771 über 3.000 Schriftsteller aus, für 1787 die doppelte Zahl und für 1806 etwa 11.000 (vgl. Kiesel und Münch (1977), Gesellschaft und Literatur im 18. Jahrhundert, S. 90). Freilich dokumentieren diese Zahlen nicht allein einen sozialgeschichtlich relevanten Zuwachs der Autoren, sondern zugleich auch das kontinuierliche Ansteigen der lexikographischen Wut des Registrierens.

71 Vgl. z.B. Shaftesburys *Soliloquy: or Advice to an author* (1710), Wielands *Briefe an einen jungen Dichter* (im *Teutschen Merkur,* 1782-1874) und Goethes *Für junge Dichter – Wohlgemeinte Erwiderung* (in *Über Kunst und Altertum,* 1832). Rilkes *Briefe an einen jungen Dichter* (1903/04 und 1908) erschienen zuerst 1929. Etwa 100 fiktive und historische Briefe versammelt Göbel et al. (1998), Briefe an junge Dichter.

72 Vgl. Westphalen (1978), Zur Entstehung der Dichterfigur, S. 149-162.

73 Goethe (1992), Sämtliche Werke. I. Abt., Bd. 9, S. 84: »Die angeborne Leidenschaft zur Dichtkunst ist so wenig als ein anderer Natur Trieb zu hemmen ohne das Geschöpf zu Grunde zu richten. Und wie der Ungeschickte den man straft, meistens noch einen zweiten Fehler begeht, mit dem ernstlichen Vorsatze das Vergangne gut zu machen, so wird der Dichter, um der Dichtung zu entgehen, erst recht zum Dichter.«

auch ein von den Frauen geliebter Jüngling, wie etwa die einschlägigen Prätexte – zum Beispiel Moritz' *Götterlehre* (1791),[74] Schillers Elegie »Das Glück« (1799)[75] oder Goethes Selbsterfindung in *Dichtung und Wahrheit* (1811-1833)[76] – vorformulierten, um in der Folge nach der biographischen Methode auf die Lebensentwürfe der Autoren rückprojiziert zu werden.[77]

4.3.1. Goethe, 1918

Zwischen 1918 und 1932 entstehen drei Goethe-Filme sowie jeweils ein Schiller- und ein Heine-Film, die alle von deren Dichterjugend erzählen. Hans Land als Drehbuchautor griff für einen nicht erhaltenen Film von Arthur Wellin (D 1918) – ein etwa einstündiger Langfilm – auf Goethes *Dichtung und Wahrheit* zurück. Der Titel *Der junge Goethe – Sohn der Götter* variiert das Sprichwort von Menander, das später auch Tacitus aufgriff: »Quem di diligunt adolescens moritur.« (»Jung stirbt, wen die Götter lieben.«) Goethe selbst hat diese Intertexte vom Liebling der Götter fortgeschrieben: »Alles gaben Götter die unendlichen / Ihren Lieblingen ganz / Alle Freuden die unendlichen / Alle Schmerzen die unendlichen ganz.«[78] Traf nun bei Goethe der allzu frühe Tod eines »Götterlieblings« gerade nicht zu, obgleich dies als Forschungshypothese durchaus formuliert wurde[79] und sich die letzte Strophe der *Marienbader Elegie* (1823)[80] als

74 Im Kapitel »Lieblinge der Götter« zählt Moritz hierzu die Jünglinge Ganymed, Atys, Tithonus, Anchises, Adonis, Hyacinthus, Cyparissus, Endymion, Acis und Peleus.

75 Schiller (1987), Sämtliche Werke, Bd. 1, S. 240, Vers 15-18: »Wie die Geliebte dich liebt, so kommen die himmlischen Gaben, / Oben in Jupiters Reich herrscht wie in Amors die Gunst. / Neigungen haben die Götter, sie lieben der grünenden Jugend / Lockigte Scheitel, es zieht Freude die Fröhlichen an.«

76 Vgl. zum Beispiel »Der neue Paris. Knabenmärchen« (1. Teil, 2. Buch) als Beispiel für seine Erfindungsgabe in der Kindheit; Goethe (1986), Sämtliche Werke, I. Abt., Bd. 14, S. 59ff.

77 Unbeirrt stereotypisierend unterscheidet etwa noch Reich-Ranicki in seiner Rede *Der Liebling der Götter: Goethe* zwischen dem ›Heldendramatiker‹ Schiller und dem ›Menschendramatiker‹ Goethe; vgl. Reich-Ranicki (2001), Vom Tag gefordert: Reden in deutschen Angelegenheiten, S. 93-101.

78 Brief an Auguste Gräfin zu Stolberg, 17.7.1777, in: Goethe (1997), Sämtliche Werke. II. Abt., Bd. 2, S. 92. Musikerfilme griffen später im Titel direkt auf diese Verse zurück: Ein fiktionaler Sänger-Film der Ufa, *Liebling der Götter* (Hanns Schwarz, D 1930), und die NS-Produktion über Mozarts Leben (»staatspolitisch besonders wertvoll«), *Wen die Götter lieben* (Karl Hartl, D 1942).

79 Vgl. z.B. noch den Auftakt einer Frankfurter Vorlesungsreihe zu Goethes 250. Geburtstag von Birus (2001), Im Gegenwärtigen Vergangnes, S. 9: »Wäre Goethe vor Antritt der Italienischen Reise (1786), also höchstens 37jährig, gestorben (kein abwegiger Gedanke angesichts seiner vermutlichen Lungen- und Lymphknoten-Tuberkulose in der Leipziger Studentenzeit!), er würde dennoch einen der obersten Ränge in der deutschen Dichtung einnehmen: vergleichbar Hölderlin, Novalis, Kleist, Büchner, Trakl, Kafka ...«

80 Goethe (1988), Sämtliche Werke. I. Abt., Bd. 2, S. 462: »Mir ist das All, ich bin mir selbst verloren, / Der ich noch erst den Göttern Liebling war; / Sie prüften mich, verliehen mir

autobiographische Selbststilisierung durchaus in diesem Sinne lesen ließe, so ist mit dem Titel »Sohn der Götter« die Sterblichkeit des Autors und seine göttliche Unsterblichkeit gleichermaßen anzitiert und ins schicksalhaft Unbestimmte entgrenzt. Die Titelrolle wurde mit dem vor allem beim jungen Publikum beliebten Schauspieler Alexander Moissi besetzt, der die Reihe von Goethes »Jugendliebschaften« durchspielt, »wenn auch«, wie sich ein Kritiker 1936 an den Film erinnert, »Friederike Brion hinter Kätchen Schönkopf zurückstehen mußte«.[81] Der vierte Akt schließt, nach den Episoden der Frankfurter Besatzungszeit, des Leipziger Studiums und der Ausbildung in Sesenheim und Wetzlar, mit der Niederschrift der »ersten Zeilen« des Werthers, wie ein zeitgenössischer Rezensent vermerkt.[82]

4.3.2. Goethe, 1930

Der Film *Die Jugendgeliebte* (Hans Tintner, D 1930) über die Sesenheimer Episode 1770/71 orientiert sich mit seinem Plot an der erfolgreichen Operette *Friederike* von Franz Lehár, die 1928 am Berliner Metropol-Theater uraufgeführt worden war. Zu Beginn des Films werden die Freunde Goethes in der Straßburger Tischgesellschaft und die Titelfigur selbst in Großaufnahme vorgestellt, so dass diese Folge von relativ langen und ruhigen Einstellungen an das Porträt als Medium der Literaturgeschichtsschreibung erinnert. Im Unterschied zum frühen Körner-Film, worin die Dichtergedenkstätten als narrative Rahmung gefilmt werden, rücken hier die Figuren und ihre Darsteller in den Vordergrund der Erzählung. Es handelt sich bei diesem Film trotz seiner Anknüpfung an die Operette noch nicht um einen Musikfilm im engeren Sinn, sondern er zeigt vielmehr den Übergang vom Stumm- zum Tonfilm vor den sogenannten *all-talkies* mit durchgängigem Ton an. Zusätzlich zu den Zwischentiteln werden auf einer Lichttonspur lediglich die musikalische Untermalung sowie einige komische Lauteffekte wie das Miauen einer Katze, das Gackern von Federvieh und das Schreien eines Mädchens realisiert. Zentrale Stelle mit gesprochenem Text ist in diesem Film die Rezitation des Gedichts »Mit einem gemalten Bande«, vorgetragen vom kleinen Bruder Friederike Brions (Rolle 2, 00:18:40).[83] Mit dieser Figur des ungeübt rezitierenden Knaben stellt der Dichterfilm seinen eigenen Stand

---

Pandoren, / So reich an Gütern, reicher an Gefahr; / Sie drängten mich zum gabeseligen Munde, / Sie trennten mich, und richten mich zu Grunde.«

81 *Film-Magazin* Nr. 3, 19.1.1936; zitiert aus Heining (1949), Goethe und der Film, S. 102.

82 Rhenus (1918), Rheinische Uraufführungen, S. 68.

83 Fassung mit durchgängig zweisprachigen Zwischentiteln Deutsch/Englisch der New Era Film Exchange, Inc., 83 Min. (2.266 Meter), Bundesfilmarchiv Berlin (BfA Sign. 14641). Goethe schildert seinen ›Friederike-Roman‹ in *Dichtung und Wahrheit* (3. Teil, 11. Buch).

filmtechnischer Entwicklung aus: Er steckt noch in den Kinderschuhen. Schon in Gutzkows Lustspiel über den jungen Goethe hatte dieses Gedicht im übrigen als leitmotivisch eingesetzter Versespender herhalten müssen, wobei sich Gutzkow auf die Episode der Belagerung Frankfurts durch die Franzosen verlegt und eine Leidenschaft des Dichters für die Schauspielerin Belinda nach *Dichtung und Wahrheit* (1. Buch, 3. Teil) ausspinnt. Moral dieses dramatischen Zeitbildes ist das nötige Entsagen; zugunsten metapoetischer Reflexionen über das Drama kehrt sich Goethe von Belinda ab.[84] Von anderen Episoden als dramatischem Stoff nimmt Gutzkow bewusst Abstand, denn für die Liebe zum Frankfurter Gretchen erschien ihm Goethe zu jung – was »auf der Bühne« dem Knaben »nur komisch würde gestanden haben«: »Dennoch schreckte hier die Sentimentalität des Stoffes ab.« Nicht in Betracht kommt für ihn auch der »Goethe von Sesenheim«, denn der ist bereits »ein reifer Jüngling«.[85] Mag Gutzkow die Episoden um Gretchen und Friederike auch ohne weiteres abgetan haben, so scheint dem Regisseur und Drehbuchautor Hans Tintner der »reife Jüngling« nun gerade recht zu sein. Die Inszenierung einer Liebeserfahrung am Ende der Adoleszenz, deren Narrateme zumeist ein »Erwachen«, »Besitzen«, »Stürzen« und »Werden« des liebenden Subjekts implizieren,[86] bewahrt jedoch nicht vor Sentiment und Komik, die der Film reichlich einzusetzen weiß. Zum kitschigen Eindruck tragen vor allem die in den Film aufwendig integrierten, anachronistischen Tänze und instrumentalen Lieder von Beethoven, Schubert und Schumann bei. Die Musik von Lehár wird hier nicht gespielt, denn Tintner bezog sich für seinen Film angeblich nicht auf die Operette, sondern auf »›Dichtung und Wahrheit‹ sowie zeitgenössische Berichte und Briefe«.[87] Leitmotivisch ist das Lied vom »Heidenröslein« in der Vertonung von Schubert verwendet, das den Topos der unschuldigen Verführung und der Vergewaltigung herbeizitiert. Indes verfolgt der Film aber gerade die Absicht, die Biographie Goethes vom Vorwurf des unehrenhaften Verhaltens zu bereinigen. Denn bereits Rahel Varnhagen hatte sich beispielsweise mit der betrogenen Friederike identifiziert und die mangelnde Aufrichtigkeit Goethes beklagt, wie aus einem Brief an Varnhagen von Ense vom 11.10.1815 hervorgeht.[88]

84 Gutzkow (1852), Der Königsleutenant, IV/15, S. 167.

85 Ebd., Vorwort, S. VI.

86 Vgl. Austin (2003), First Love. The Adolescent's Experience of Amour. Austin unterstützt die Auswertung ihrer Interviews mit Jugendlichen mit zahlreichen literarischen und filmischen Zitaten und zeigt damit indirekt, wie sich der Liebesdiskurs in Alltagserzählungen sedimentiert.

87 Vgl. die Glosse in *Film-Magazin* Nr. 3, 19.1.1936; zitiert aus Heining (1949), Goethe und der Film, S. 102.

88 Rahel inszeniert ihre affektive und panische Reaktion auf das Gedicht als Todesphantasie; vgl. Varnhagen (1983), Gesammelte Werke. Bd. VI, S. 71: »Die Gedanken gehemmt. Und als sie wiederkamen, konnt' ich ganz des Mädchens Herz empfinden. Es, er *mußte*

Goethe malt das Band: Hans Stüwe in *Die Jugendgeliebte* (Hans Tintner, D 1930): Werbezeichnung zum Film, Quelle: Heinichen (1949), Goethe und der Film, o. S.

1840 gibt dieser einen ersten Beitrag zur in diesen Jahren einsetzenden Friederike-Forschung heraus.[89] Gervinus fühlte sich wohl deshalb in seiner Literaturgeschichte bemüßigt, Goethe in Schutz zu nehmen, weil dieser es in den Liebesdingen »nicht der Mühe werth« befand, »sich selbst vor dem verachteten Publikum in ein vortheilhaftes Licht zu setzen«: »Die Episode in Sesenheim hat man so oft gerügt, als ein Beispiel, wie Göthe auch die liberalen und genialen Sitten seiner jungen Freunde theilte. Aber er verlor den Adel seiner Seele darum nicht; (...).«[90] Friederike

sie vergiften. *Dem* hätte sie nicht glauben sollen? Die *Natur* war dazu eingerichtet. Und wie muß er gewesen sein, er Goethe, hübsch wie er war! Ich fühlte dieser Worte *ewiges* Umklammern um ihr Herz; ich fühlte, daß die sich *lebendig nicht* wieder losreißen; und wie des Mädchens Herz *selbst*, klappte mein's krampfhaft zu, wurde ganz klein, in den Rippen; dabei dacht' ich an *solchen* Plan, an *solch* Opfer des Schicksals; und *laut* schrie ich, ich mußte, das Herz wäre mir sonst todt geblieben. Und zum erstenmal war Goethe feindlich für mich da.«

89 Naeke (1840), Wallfahrt nach Sesenheim; für einen Überblick vgl. Ley (1947), Goethe und Friederike.

90 Gervinus (1835-1842), Geschichte der poetischen National-Literatur der Deutschen, Bd. IV, 2. Aufl., Leipzig 1843, S. 518.

Elga Brink als Friederike Brion in *Die Jugendgeliebte* (Hans Tintner, D 1930), Quelle: Deutsche Kinemathek

kommt in der Goethe-Biographie eine exponierte Stellung zu, wie einer ihrer Biographen 1877 bloß behauptet, denn

> »(i)hr war es gegeben in das Leben des Dichters einzugreifen in einem Augenblick, wo von allen Seiten Anregungen an ihn heranströmten, wo der Jüngling, nun mehr zum Manne gereift, sein Genie in diejenigen Bahnen einlenkte, die allein ihn zu den Höhen hinanführen konnten, der er für immer in der Geschichte des Menschengeistes inne hält.«[91]

Die Verquickung verschiedenster Narrateme aus Goethes Autobiographie mündet in *Die Jugendgeliebte* in den apologetischen Verzicht Friederikes, der ebenso wie jede andere Konstruktion dieser Entwicklung von der »Idylle« zur »Tragödie« eine spekulative Wunschphantasie der Goethe-Verteidiger ist:[92] Nicht Goethe verlässt sie aus ungeklärten Gründen oder

---

91 Lucius (1877), Friederike Brion von Sessenheim. S. 7.

92 Vgl. Ley (1947), Goethe und Friederike, S. 78f. Noch Ley schließt sich im Übrigen der ›Verschleierungstheorie‹ zu dem Gedicht »Mit einem gemalten Bande« an, denn die Kürzung des Autors auf vier Strophen hatte den Zweck, »die wenig rühmliche Art, in der er von Friederike sich trennte zu verschleiern (...).« (S. 36) Die Filmfassung bringt nur die ersten drei Strophen des Gedichts und enthält sich somit dieser Diskussion, indem sie selbst eine weitere Kürzung vornimmt und sich damit gleichsam Autorrechte einräumt.

aufgrund väterlicher Anweisung; er ist bereit, sich über das väterliche Verbot hinwegzusetzen und Friederike zu heiraten. Sie selbst jedoch erkennt auf Anraten Salzmanns in ihm das Genie, weist ihn deshalb ab und befördert auf diese Weise seine Karriere. Als sich das Paar acht Jahre später noch einmal wiedersieht, gesteht ihm Friederike ihr damaliges Entsagen. Der Schlusssatz im letzten Zwischentitel lautet: »Du musst der Welt noch viel Grosses schenken … sonst haette ich ja mein Glueck umsonst geopfert!« (Rolle 4, 00:17:20) Zweierlei Verklärungsstrategien sind hier verquickt, die zum einen den Opferwillen der jungen Frau betreffen und zum anderen die rätselhafte Begabung des Dichters, die von Salzmann, Herzog Carl August und »Rieke« immer wieder behauptet wird. Denn diese Figur schreibt an keiner Stelle im Film, er malt lediglich die Initiale »F« für Friederike auf das Band. Insofern verzichtete der Film auf einen Erklärungsversuch, wie sich das ›Genie‹ in der Textgenese niederschlägt und in sein Werk transformiert. Stattdessen lieferte er einen weiteren biographistischen Beitrag zum Mythos des Genialischen, wozu auch das Rollenprofil des Hauptdarstellers Hans Stüwe beigetragen haben mag, der mit der Rolle des *Cagliostro,* des dubiosen Zauberers und Alchimisten des 18. Jahrhunderts, im gleichnamigen Biopic von Richard Oswald bekannt geworden war (D 1928/29).

4.3.3. Goethe, 1932

Ein Musikfilm nach Franz Lehárs Operette *Friederike* kommt im November des Goethe-Jahres 1932 in die Kinos. Musikalische Höhepunkte waren die ›Gassenhauer‹ aus der Partie des Wolfgang, »O Mädchen, mein Mädchen« und »Sah' ein Knab' ein Röslein stehn«,[93] sowie die melodramatische Deklamationsszene der Friederike, in der sie ihren Verzicht auf Wolfgang formuliert: »Warum hast Du mich wachgeküßt?« (Rolle 7, 00:05:30-00:08:40).[94] Auch Verse aus dem Gedicht »Mit einem gemalten Bande« finden in Lehárs Vertonung wieder Verwendung.[95] Der Verzicht Friederikes wird in dieser Version noch zugespitzt, denn Herzog Carl August (Veit Harlan) stellt die Bedingung, dass Goethe nur ledig an seinen Hof kommen dürfe, worauf sich Friederike spontan mit Lenz (Karl Meixner) verlobt und Goethe schweren Herzens den Laufpass gibt.

---

93 Vgl. zwei kurze Produktionsberichte in Heining (1949), Goethe und der Film, S. 105ff.

94 Bei der einzigen in deutschen Archiven erhaltenen Kopie handelt es sich um eine ca. 62-minütige Exportfassung mit tschechischen Untertiteln (1.716 m), die im staatlichen Filmarchiv der DDR erhalten war, worauf die Signatur BSP 04639 im Bundesfilmarchiv schließen lässt. Die Szenen mit Herzog Carl August (Veit Harlan) fehlen in dieser Fassung, ebenso einige Szenen mit Lenz.

95 Vgl. Lehár (1928), Friederike. Singspiel in 3 Akten.

Besonders hervorzuheben ist an diesem Film eine ›Schreibszene‹, während der Goethe zunächst als Schattenriss an der Wand mit Feder gezeigt wird, dann nach dem Umschnitt aber auch als Figur (Rolle 2, 00:08:24-00:09:30). Allerdings schreibt dieser Goethe nicht, obgleich er am Pult mit Papier und Feder situiert ist; er dichtet die Verse »Sah ein Knab ein Röslein steh'n«, während er singt – so suggeriert es jedenfalls die musikalische Inszenierung. Die Schattenrissprojektion ruft damit den Scherenschnitt der Goethezeit als Medium des Porträts auf, der nicht allein in diesem Goethe-Film Verwendung findet, sondern etwa auch in Richard Oswalds und Carl Boeses Körner-Filmen als Wandstaffage und im späteren Hölderlin-Film *Feuerreiter* (Nina Grosse, D/F/PL 1998) als Abendbeschäftigung des Dichters mit Susette. In der Goethe-Inszenierung des Scherenschnitts geht es hingegen weder um die Herstellung eines historischen Kolorits mittels der graphischen Reminiszenz im *mise en abyme* noch um die Darstellung eines Schreibprozesses. Vielmehr spaltet sich der Autor in eine medienhistorische Symbolfigur, die im Scherenschnitt überliefert sein könnte, hier aber zum filmischen Leben wiedererweckt wird, und in die orphische Ikonographie eines Dichters, dem die musikalischen Verse nur so von den Lippen quellen, als würde er ›Eurydike‹ auf ›Friederike‹ reimen wollen.

Startenor auf der Operettenbühne des Berliner Metropol-Theaters und in der Rolle des Goethe war Richard Tauber, der sich aber für die Filmrolle wohl nicht eignete. Ähnlich wie Willi Domgraf-Fassbaender in der Rolle von Theodor Körner singt sich deshalb der Tenor Hans-Heinz Bollmann durch diese Klitterung einer virtuellen Goethe-Biographie, was sich jedoch aus der Sicht der Kritiker nicht unbedingt als die bessere Wahl erwies. Ohnehin reagierten die Rezensenten auf diesen Film erwartungsgemäß disparat, hatte sich doch die Legitimation des seichten »Publikumsgeschmacks« sowie die Kritik an der Niveaulosigkeit und den technischen Defiziten der eskapistischen Filme seit 1930 als feuilletonistische Kontroverse manifestiert, die das Zusteuern auf die Tonfilmkrise 1932/33 begleitete:[96] Die *Filmwoche* rät »Goethes Nachfolger, Gerhart Hauptmann« (der seinen 70. Geburtstag am selben Abend der Filmuraufführung mit einer Lesung feiert) satirisch an, auch seine Biographie mit einer Friederike zu versehen, »wenn er später ähnlichen Erfolg haben will«. Der Film aber sei beim Publikum außerordentlich gut angekommen, »ein heiterer musikalischer Abend, ein Stück verliebter Rührung – und eine Operette außerdem«:

96 Vgl. hierzu Korte (1998), Der Spielfilm und das Ende der Weimarer Republik, S. 167-190.

»In den Rollen, außer dem verdienstreichen Bollmann und der Christians – alle löblich erprobt. Um Goethe herum kein Versager: die Sandrock, Hörbiger, die Wüst, die Wangel. Und vor der Leinwand: Taschentücher. Und vor dem Vorhang: Bei- und nochmals Beifall.«[97]

Wolfgang Koeppen hingegen, Kritiker beim *Berliner Börsen-Courier,* zeigte sich weniger erheitert und beklagt die Ansammlung von Goethe-Filmen im Jubiläumsjahr.

»Was wir sehen, ist die nicht sehr interessante Liebesaffäre eines Tenors, der sich Goethe nennt und zufällig mit Namen aus des (sic!) wirklichen Goethe-Biographie verkehrt. (...) Immer munter, immer entzückt, immer ein Lied auf den Lippen zieht er über die Freilichtbühne der Indra-G. P. Film im Verleih der Heros-Film-Verleih G. m. b. H. im Reich(s)liga-Konzern.«[98]

Die rhetorische Akkumulation der beteiligten Firmen unterstreicht deutlich den kritischen Gestus gegenüber der ans Alberne grenzenden Kommerzialisierung einer operettenhaften Goethe-Biographik. Mit dieser Tonfilmoperette war dann auch gleichsam ein Ende erreicht, denn nach diesen drei Spielfilmen sollte es keinen jugendlichen Helden Goethe auf der Leinwand mehr geben. Weitere Produktionen aus dem Goethe-Jahr 1932, auf die Koeppen in seiner Kritik anspielt, verweigerten sich einer historischen Filmbiographie: »Goethe selbst wird in diesen Filmen nicht vorkommen, kein Schauspieler soll ihn darstellen – die Klippe des ›Drei-Mäderlhaus‹ wird damit vermieden.«[99] Stattdessen produzierte der Reichskunstwart Dr. Erwin Redslob einen sogenannten »Kulturfilm« über Goethes Werk mit dem appellativen Titel *Goethe lebt ...!* (D 1932). Zahlreiche Theater trugen dazu bei, Szenen aus Goethes Werk zu realisieren, die dann als Werkschau aneinandermontiert wurden. Die Ufa fertigte zwei Kurzfilme für das Beiprogramm mit den Titeln *Goethe – Der Werdegang* und *Goethe – Die Vollendung* (Nicholas Kaufmann, D 1932) und dokumentierte hierin Goethe-Stätten und -Städte in einer topographisch organisierten Biographie. Die Kritik vermerkte zwar die überzeugendere technische Versiertheit der Ufa-Filme, bestätigte aber beiden Produktionen gleich großen Wert für das kollektive Besinnen der Nation (vielleicht auch nur der Berliner) auf ihren unsterblichen ›Schöpfer‹, denn

»sie sind geeignet, den Blick der Deutschen rückwärts zu richten in eine Epoche, in der, weit von Berlin, in der wohlwollenden, geruhigen Stille des Weimarer Hofes, ein einsamer Menschengeist sich loslöste von den Gebundenheiten gewöhnlicher Sterblicher und ein dichterisches Weltbild nach seinem eigenen Bilde schuf.«[100]

97 *Die Filmwoche* Nr. 47 (1932); zitiert aus: Heining (1949), Goethe und der Film, S. 108. Vgl. auch die Vorankündigung in Jaeger (1967), Goethe im Film, S. 9.

98 Kn. [d.i. Wolfgang Koeppen] (Berliner Börsen-Courier, 15.11.1932), Noch ein Goethe-Film?

99 Ankündigung der Ufa-Produktion im *Filmkurier,* September 1931; zitiert aus Heining (1949), Goethe und der Film, S. 112. Dies wird in einer Kritik wiederum an den Filmen bemängelt; vgl. *Die Filmwoche* Nr. 13 (1932); zitiert aus Heining (1949), Goethe und der Film, S. 116.

100 *Die Filmwoche* Nr. 13 (1932); zitiert aus Jaeger (1967), Goethe im Film, S. 10.

4.3.4. Heine, 1922

Das »dichterische Weltbild«, von dem hier so vermeintlich glatt und selbstverständlich die Rede ist, bereitete bei einem anderen Dichter, Heinrich Heine, die größten Schwierigkeiten und sorgte für hitzige Debatten in der Öffentlichkeit. Als 1887 die ersten Pläne zu einem Düsseldorfer Heine-Denkmal aufkamen, rief dies antisemitische Hetzartikel auf den Plan, was sich mit der erneuten Diskussion zum 50. Todestag Heines 1905/06 wiederholte und zunächst in Adolf Bartels Schmähschrift *Heinrich Heine. Auch ein Denkmal* (1906) gipfelte.[101] In der Folge ging es mehr oder weniger deutlich immer wieder darum, ob Heine als Jude oder als Deutscher, als ›ganzer Mensch‹ inklusive seiner politischen Ziele, als ›Dichter‹ oder lediglich als Verfasser des *Buchs der Lieder* einer Würdigung für wert befunden werden sollte. Diesen völkisch-rassistischen Tendenzen, die für Heine bekanntlich in Bücherverbrennung und Denkmalsturz mündeten, stehen Formen des literarhistorischen Gedächtnisses gegenüber, die den Autor für die Operettenbühne bloß auf den Dichter der unglücklichen Liebe zurechtstutzten. Denn sehr viel weniger am Projekt der Nationalliteratur, sondern vielmehr ganz bewusst an der lukrativen »Klippe des ›Drei-Mäderlhauses‹« orientiert (gegen die jene Kulturfilme mit ihrer je eigenen Konstruktion und Inszenierung eines Goethe-Bildes vorstoßen wollten), wurde der Film über *Heinrich Heines erste Liebe* (Eva Christa, D 1922) konzipiert. Im Zuge des großen Erfolgs der Operette *Das Dreimäderlhaus* von Heinrich Berté (Wien 1916) über Franz Schuberts Jugend entstanden in der Folge zwei Singspiele über Heine: Wilhelm Lindemanns *Heinrich Heines erste Liebe* (1917), das auf Mels' »Charakterbild in drei Aufzügen« mit dem Titel *Heines »Junge Leiden«* (1875) zurückgriff,[102] und Emil Sterns *Dichterliebe* (1919).[103] Lindemanns Singoper (sic!) wurde für den Film bearbeitet und 1921/22 von den Hamburger Vera-Werken realisiert.[104] Zum biographischen Interesse der Nachwelt hatte Heine selbst nicht unwesentlich beigetragen, wie die langjährige Aufklärungsarbeit am *Memoiren*-Mythos zeigt, der eine umfangreiche vierbändige Aufarbeitung seines

---

101 Vgl. Schubert (1991), Formen der Heinrich-Heine-Memorierung im Denkmal heute, bes. S. 104-108.

102 Hinter dem Pseudonym »A. Mels« verbirgt sich Martin Cohn; vgl. hierzu und zu späteren Dramatisierungen der Vita Heines: Wilhelm und Galley (1960), Heine Bibliographie. Teil II, S. 239f.

103 Zu letzterem vgl. Wolff (1986), Zum Singspiel »Dichterliebe« von Mendelssohn. Der Titel des Singspiels verweist auf Schumanns Liederzyklus op. 48 *Dichterliebe* nach Texten aus Heines *Lyrischem Intermezzo* (1821/22), die Musik greift hingegen vollständig auf Kompositionen von Mendelssohn zurück.

104 Köhne und Reincke (o. J.), Heinrich Heines erste Liebe. Ein Filmsingspiel in 4 Akten. Der Film ist in einer einzigen Kopie im Moskauer Gosfilmofond erhalten.

Lebens versprochen hatte, die allerdings nie realisiert worden war.[105] Der historische Trivialroman *Heinrich Heines erste Liebe* (1870) von Katharina Diez fabuliert die anekdotischen Erlebnisse des 16jährigen Dichters mit der Scharfrichterstochter Josepha Edel in Düsseldorf aus, noch bevor Heines eigene Darstellung in den nachgelassenen *Memoiren* 1884 erschien.[106] Die Singspiele konzentrieren sich hingegen auf die überlieferten Episoden aus »Harry« Heines Hamburger Lehrzeit bei seinem Onkel Salomon. Sterns *Dichterliebe* erzählt von Heines unglücklicher Liebe zu seiner Cousine Amalie im Jahr 1816; Lindemanns Singspiel und der Film beziehen darüber hinaus auch die Vermutungen um seine Liebe zu Amalies Schwester Therese und seine spätere Frau Mathilde, die Heine erst 1834 kennenlernen sollte, mit ein und verdichten das Personal dieser Zeit: Amalie wird zu Ottilie, Therese heißt Mathilde. In vier Akten vollzieht sich eine Enthüllungskomödie über das sich in finanziellen Schwierigkeiten befindliche Dichtertalent, das schließlich seine Autorfunktion namentlich anerkennt (»das bin ich!«)[107] und auch die wahre Liebe Mathildes von der falschen Ottilies unterscheiden lernt. Mathilde wird ihm »mehr sein« als eine Geliebte, sie bezeichnet sich als »Muse« und »Schwester«, bevor der Dichter von ihr schließlich aus dem ökonomisch regierten Leben in die nebligen Traumwelten seiner Kunst entlassen wird.

Sowohl in Diez' Roman von 1870 als auch in den Singspielen sind die Textzitate ausschließlich dem *Buch der Lieder* (1827) entnommen, und jedes Mal wird Heines Gedicht »Du bist wie eine Blume« (Zyklus »Die Heimkehr« XLVII) als pathetische Liebeswerbung funktionalisiert. Autoreferentiellen Gestus hat die ebenfalls stets zitierte Strophe »Es ist eine alte Geschichte, / Doch bleibt sie immer neu; / Und wem sie just passieret, / Dem bricht das Herz entzwei.« (»Lyrisches Intermezzo« XXXIX), weil selbstredend auch die Singspiele und der Film diese alte Geschichte in immer neuen Varianten erzählen. Heine ist mit seinem *Buch der Lieder* der Inbegriff des Sängers der hoffnungslosen Liebe, dessen Gedichte durch die zahlreichen Vertonungen Eingang in das Volksliedgut gefunden haben und bei Karl Kraus (1909) den Vorwurf der »Operettenlyrik« provozierten.[108] Dies gilt allemal seit der kommentierten Ausgabe von Ernst Elster 1887, worin der Zyklus als autobiographische Konfessionslyrik

105 Vgl. Höhn (1987), Heine-Handbuch, S. 407ff.

106 Diez (1870), Heinrich Heines erste Liebe. Das Genie des »Jünglings« Heine ist auch hier ein unerklärlicher Mythos: »(...) ein tieferblickendes, menschenkundiges Auge gewahrte in dem bleichen, eigenthümlichen Gesicht ein gewisses Etwas – eine geistige, wenn auch noch unentwickelte Kraft, die berechtigt schien, nicht nur die Schönheit dieses entzückenden Maitages mit vollen Zügen zu genießen, sondern alle Schönheit des Lebens sich als Eigenthum anzueignen (...).« (S. 3)

107 Köhne und Reincke (o.J.), Heinrich Heines erste Liebe. Ein Filmsingspiel in 4 Akten, S. 13.

108 Zu Kraus' *Heine und die Folgen* (1909) vgl. Peters (1997), Die Wunde Heine, Kap. III.

interpretiert wurde (und bevor dessen rollenlyrischer Charakter herausgearbeitet werden konnte).[109] Der Film von Eva Christa ist in zumindest zweifacher Hinsicht ein ungewöhnliches Projekt: Wechselt das Narrativ der jugendlichen Entsagung hier vom Melodram in die Liebeskomödie, so ist darin auch der selten anzutreffende ironische Umgang mit dem Phänomen des Dichterbildes zu finden. Denn Mathilde träumt sich ihren Dichter, dessen Pseudonym nicht aufgelöst werden kann: »Hab' von ihm geträumt, / Er sei bei mir gewesen, / Konnt' mit ihm zusammen / Seine Lieder lesen, / Schön war sein Antlitz, / Bleich und sehnsuchtsvoll. / So wie ein wahrer Dichter aussehn soll.«[110]

Wird mit diesem Traum sowohl an Heines Zyklus »Traumbilder« im *Buch der Lieder* angeknüpft als auch die verführerisch-bedrohliche Frauenfigur als »Traumgebild'« eines Dichters ironisiert,[111] so eröffnet er zugleich die Möglichkeit, filmische Techniken einer Visualisierung dieser Träume einzusetzen (so zu Beginn des zweiten Akts, wenn Heine ihr als Prinz und sie selbst als Prinzessin erscheint). Christas 90minütiger Film ist darüber hinaus insofern von hohem Produktionswert, als es sich hierbei um einen Operetten-Stummfilm handelt, der nach dem Beck-Patent hergestellt wurde. Dies bedeutete, dass SängerInnen und Orchester live im Kino sangen und spielten, wobei eine konvex eingespiegelte Aufnahme des Dirigenten am unteren Bildrand für den synchronen Ablauf von Film und Musik sorgen sollte.[112] Zumeist liehen regional populäre Musikgrößen den stummen Filmdarstellern[113] ihre Stimmen, woraus sowohl die Theater- als auch die Filmbranche Profit schlagen konnte. Ein weiterer Vorteil, den diese Operetten-Stummfilme gegenüber der Theateraufführung des Singspiels hatten, war die Erweiterung der Diegese durch Außenaufnahmen sowie die Montage der Handlung, hier beispielsweise in den Traumsequenzen der Mathilde oder in Harrys prospektiver Vision der Lorelei, mit der der Film schließt.[114] Angesichts der deutschnationalen, antisemitischen Heine-Rezeption erscheint dieses Stück biographisch inspirierter

109 Vgl. Mayser (1978), Heinrich Heines ›Buch der Lieder‹ im 19. Jahrhundert, S. 217ff.

110 Köhne und Reincke (o.J.), Heinrich Heines erste Liebe. Ein Filmsingspiel in 4 Akten, S. 4.

111 Vgl. aus dem *Buch der Lieder* (»Lyrisches Intermezzo« XVI): »Liebste, sollst mir heute sagen: / Bist du nicht ein Traumgebild', / Wie's in schwülen Sommertagen / Aus dem Hirn des Dichters quillt?«

112 Vgl. Wedel (1998), Schizophrene Technik, sinnliches Glück, S. 87f.

113 In diesem Fall spielten und sangen Kammersänger Aloys Pennarini (Heinrich Heine), Peter Kreuder (Salomon Heine), Margarete Lanner (Mathilde) und Vera Nordegg (Ottilie) auf der Leinwand und während der Premiere; vgl. die Kritik von Hubert Saget in: Der Kinematograph Nr. 785 (1922).

114 Wedel (1998), Schizophrene Technik, sinnliches Glück, S. 93f. Wedel erwähnt eine weitere Stummfilm-Operette mit Eva Christa als Regisseurin und Lissy Reincke als Drehbuchautorin, *Aus der Jugendzeit* (D 1921), die wie *Heinrich Heines erste Liebe* mit subjektiven Rückblenden zwischen den einzelnen Musiknummern arbeitet.

Unterhaltung als kaum noch nachvollziehbare Trivialisierung, weil auch dieser Film das Stereotyp des unlauteren, ausschließlich am Geld interessierten jüdischen Geschäftsmannes nicht auszulassen vermag.[115] Womöglich ist die Figur des »alten Juden« Hirsch[116] als marginal zu werten und die Intrige, Heine heimlich von seinen Schulden bei dem Makler Liebenthal zu entlasten, sogar als positiver Rettungsversuch des Dichters zu interpretieren. Der Dichter Heine jedenfalls singt seine Lieder am Spinett und gibt sich naiv. Ein späterer Film über Heine als »Trommler der Revolution«, der schon im Arbeitstitel den ›anderen‹ Heine aufruft und den der »fanatische Heineanbeter« Stalin 1936 bei dem nach Moskau exilierten Drehbuchautor Heinz Goldberg in Auftrag gegeben hatte, sollte nicht realisiert werden.[117]

4.3.5. Schiller, 1923

Ein bis zu seiner Restauration im Jubiläumsjahr 2005 filmgeschichtlich gänzlich vernachlässigtes Projekt ist der Film *Friedrich Schiller – Eine Dichterjugend* (D 1923) von Curt Goetz (damals noch: Kurt Götz), der ursprünglich zwei Jahre nach Christas Heine-Film in die Kinos kam. Goetz gründete für dieses Projekt eigens die Produktionsfirma Götzfilm-Comp. m.b.H, die sich allerdings nicht halten konnte und bald wieder aufgelöst werden musste. Quellentexte für diese Filmbiographie waren die von Hans Brandenburg 1909 edierten autobiographischen Materialien und die Jugendbriefe Schillers sowie die Schiller-Biographie von Albert Ludwig (1912),[118] gleichwohl bis 1920 mindestens zwölf biographische Schillerromane und -erzählungen erschienen waren.[119] Insbesondere aber hatte Heinrich Laubes Drama *Die Karlsschüler* (1846) maßgeblich

115 Auch Karl Kraus verzichtet in seiner Anklage nicht auf dieses antisemitische Klischee sowie die Klischees der Kontamination und der niederen Sexualität; vgl. Peters (1997), Die Wunde Heine, S. 139f.

116 Köhne und Reincke (o.J.), Heinrich Heines erste Liebe. Ein Filmsingspiel in 4 Akten, S. 9.

117 Vgl. Straschek (1983), Stalin, Heinz Goldberg und ›Genrich Gejne‹.

118 Brandenburg (1909), Friedrich von Schiller: Feuertrunken – Eine Dichterjugend; Ludwig (1912), Schiller. Sein Leben und Schaffen. Das Drehbuch bezieht sich für die Regieanweisungen zum *Räuber*-Erfolg in Mannheim beispielsweise direkt auf die Stelle in Ludwigs Buch, wo ein Augenzeuge zitiert wird (dort S. 76): »Das Theater glich einem Irrenhaus. Rollende Augen, geballte Fäuste, heisere Aufschreie im Zuschauerraum! Fremde Menschen fielen einander schluchzend in die Arme, Frauen wankten, einer Ohnmacht nahe, zur Tür.« Götz und Kaufmann (o.J.), Friedrich Schiller. Eine Dichterjugend. Drehbuch, S. 127.

119 Darunter z.B. Moritz Bermanns *Die Karlsschüler* (1856), Rudolf von Gottschalls *Eine Dichterliebe* (1894), Armin Steins *Schillers Jugendleben* (1893) sowie die vier Bände von Walter von Molo (*Ums Menschentum, Im Titanenkampf, Die Freiheit, Den Sternen zu*, 1912-1916).

zum populären heroischen Schillerbild beigetragen (»O Dichtkunst! welch ein schmerzliches Geschenk des Himmels bist Du!«).[120] Dort ist bereits Schiller als Nationalheld der Deutschen entworfen, so dass die Gräfin Franziska von Hohenheim der Filmfigur Schiller zuspricht, kein »ganz gewöhnlicher Mensch« zu sein, sondern »berufen ist, einem großen Volke Dichter und Prophet zu werden«; er sei »unter Millionen allein auserwählt (...) zu solcher einsamen Größe –«.[121] Auch Ludwig streicht in seiner Biographie den »heldenhaften Überwinder« des Schicksals heraus.[122] Dies wird im Film von Goetz revidiert: Schiller (dargestellt von Theodor Loos) ist ein regionales Talent, denn die Zwischentitel sind, wenn sie Schillers Aussagen betreffen, im Schwäbischen formuliert: »I komm glei!«; »Könne mer das Mädle net mitnehme?«; »Grad ischts aufgführt worde. Gestern. In Mannheim.«[123] Auch sein freundschaftlicher Kreis, Luise Vischer, Andreas Streicher, die Kameraden der Militärschule und auch die Schiller wohl gesonnene Mätresse des Herzogs, äußern sich im Dialekt;[124] der Herzog, der Hof und die Angehörigen des Mannheimer Nationaltheaters sprechen hingegen Hochdeutsch. Von einer Bedeutung des Dichters für die deutsche Nation ist im Drehbuch keine Rede. Seine anfängliche Bekanntheit ist ebenfalls auf unbestimmte, eher regionale Reichweiten beschränkt: »Sein Name als Verfasser der Räuber fing doch schon an, auch außerhalb Stuttgarts Interesse und Neugier zu erregen«.[125] Laut Aussage des Herzogs sei er »eine Gefahr für Thron und Gesellschaft«;[126] die Kategorien der ›Nation‹ und des ›Volks‹ bleiben auch hier unerwähnt. Vielmehr wurde Schiller im Drehbuch als ein naiver Träumer konzipiert, der sich gern dem Vergnügen widmet und seine bedrohliche Situation nicht realisieren will:

> »Schiller sitzt ganz versunken vor einer Klopstock'schen Ode. Sein Freund Streicher muß ihn aus seinen Träumen reißen. Der Dichter belädt sich noch mit

120 Laube (1847), Die Karlsschüler, S. 229f. Bereits bei Laube ist übrigens die Kommerzialisierung eines Dichterlebens angezeigt: In der »Einleitung« plädiert der Autor für die Wahrung der Urheberrechte, die von den Bühnen unentgeltlich genutzt würden. Die Wertschöpfungskette vom Bühnendrama zum Lesedrama sollte in der entsprechenden Reihenfolge realisiert werden (vgl. S. XVIf.)

121 Ebd., S. 234f.

122 Ludwig (1912), Schiller. Sein Leben und Schaffen, Vorwort, o.S.

123 Götz und Kaufmann (o.J.), Friedrich Schiller. Eine Dichterjugend. Drehbuch, S. 112, 115, 137.

124 Eine Filmkritik zur Uraufführung im Stuttgarter Landestheater weist darauf hin, dass das Schwäbische möglicherweise einen Hinderungsgrund für den überregionalen Erfolg darstellen könnte, obgleich der Dialekt in den Zwischentiteln gerade in Stuttgart »mit viel Behagen begrüßt wurde«; vgl. -r (Schwäbische Kronik des Schwäbischen Merkur, 8.4.1923), Der Friedrich Schiller-Film in Stuttgart.

125 Götz und Kaufmann (o.J.), Friedrich Schiller. Eine Dichterjugend. Drehbuch, S. 139.

126 Ebd., S. 126.

zwei drohend aussehenden Pistolen, die aber beide ganz harmlos sind, die eine hat keinen Feuerstein, bei der anderen ist das Schloß kaputt.«[127]

Dieser Schiller kämpft gerade nicht mit militärischen Mitteln, obgleich auch er – wie der Werbetext nachträglich formuliert – »nach langen Kämpfen zur Freiheit und zu ewigem Ruhme« aufbricht, was er allerdings nur der tatkräftigen Unterstützung seines Umfeldes verdankt.[128] Er ist ein ›Muttersöhnchen‹, das mit seiner Flucht nicht Laura verlässt, sondern wehmütig auf die Heimat und die mütterliche Geborgenheit zurückblickt. Die letzten Sätze im Drehbuch lauten: »Schiller deutet, zu Streicher gewendet, auf einen bestimmten Punkt der Solitude. Titel: ›Da wohnt mei Mutter!‹ Er läßt langsam die Hand sinken.«[129] Diese abschließende Geste unterstreicht die ängstliche Zurückhaltung vor einer ungewissen Zukunft; das heroische Ballen der Fäuste oder das kampfbereite Heben der Hände erweist sich für diesen Dichter der Besonnenheit als ausgeschlossen und kann als Gegenentwurf zum nationalen ›Kampf-Dichter‹ Körner'scher Prägung interpretiert werden. Dieser Gegenentwurf lag aber bereits vor Laubes Heroisierung mit Andreas Streichers Bericht über seine gemeinsame Flucht mit Schiller aus Stuttgart vor, der drei Jahre nach Streichers Tod 1836 erschienen war. Hier findet sich schon der wehmütige Blick zurück auf die Stadt der Mutter ausfabuliert (allerdings im Hochdeutschen: »Meine Mutter!«);[130] ebenfalls liegt es Streicher daran, dass man sich seinen Freund Schiller nicht als den »heftigen jungen Mann« oder Rebellen vorzustellen habe, sondern vielmehr als »freundlich« und einnehmend bescheiden, als eine »äußerst reizende und anziehende Persönlichkeit, die nirgends etwas Scharfes oder Abstoßendes blicken ließ« und auch dazu neigt, entscheidende Situationen zu verkennen oder sich ein wenig ungelenk anzustellen, was Goetz für seinen Film inspiriert haben mag.[131]

Obgleich Streichers autobiographische Erzählung (in auktorial distanzierter Perspektive) den Diskurs des Autors als Verbrecher bedient – »Arrest«, »seine Auslieferung«, »Strafe«, »Straflosigkeit« –, soll die daraus als notwendig erwachsene »Flucht« nicht mit (militär-)juridischem Maßstab gemessen werden. Der Registerwechsel vom Verbrecher zum außergewöhnlich begabten Dichter wird im Vorwort zur ersten Ausgabe

127 Werbetext zum Film *Friedrich Schiller. Eine Dichterjugend. Manuskript: Kurt Götz und Max Kaufmann.* 4 Seiten. München o.J. (Nachlass Curt Goetz, Wien), S. 4.

128 Ebd., S. 4.

129 Götz und Kaufmann (o.J.), Friedrich Schiller. Eine Dichterjugend. Drehbuch, S. 171.

130 Streicher (1912), Schillers Flucht von Stuttgart und Aufenthalt in Mannheim von 1782 bis 1785, S. 33. So auch übernommen in Ludwig (1912), Schiller. Sein Leben und Schaffen, S. 102.

131 Streicher (1912), Schillers Flucht von Stuttgart und Aufenthalt in Mannheim von 1782 bis 1785, S. 20f.

Schiller und Laura in *Friedrich Schiller – Eine Dichterjugend* (Curt Goetz, D 1923), Quelle: Deutsche Kinemathek

besonders hervorgehoben, so dass Schiller fortan als Symbolfigur für den unerlaubt Grenzen überschreitenden Künstler gelten muss:

»Sie (Schillers »Hinterbliebene«, S.N.) fürchten nicht, daß der Titel ›Flucht‹ auch nur einen leisen Schatten auf das Andenken oder den Namen Schillers werfen dürfte, da es allbekannt ist, wie dessen Entfernung von Stuttgart keineswegs Folge irgendeines Fehltrittes war, sondern ganz gleich der Flucht seines ›Pegasus‹, der mit der Kraft der Verzweiflung das Joch bricht, um ungehemmten Fluges himmelan zu steigen.«[132]

132 Ebd., S. 18.

Weder in Laubes pathetischer Dramatisierung noch in beiden Schiller-Filmen der Jahre 1923 und 1940 spielt die Flucht als titelgebendes Zeichen eine Rolle. Jedoch fokussieren sie ihre Handlungsentwürfe auf jenes abschließendes Moment hin, wohingegen Streichers Erzählung mit der Flucht erst eigentlich einsetzt. Der Autor im Diskurs des (ungerecht verfolgten) Verbrechers wird von beiden Filmen fortgeschrieben, so dass diese Flucht aus einem militärischen Disziplinarsystem stets einer Rechtfertigung bedurfte: Die Autorschaft des Genies steht über der Autorität des Herzogs. Ähnlich wie im Falle Goethes, der von den Verdachtsmomenten des unehrenhaften Verhaltens gegenüber Friederike Brion befreit werden sollte, haben auch die Schiller-Biographien ein apologetisches Anliegen, das moralisch argumentiert und die Figur als aufrichtiger Gefühle fähig darstellt. Hierzu bedienen sich die Schiller-Filme darüber hinaus einer Frauenfigur, die als erste Liebe des Dichters gelten soll und bereits in Laubes Drama eingeführt wurde: die fiktionale Gestalt der Laura.[133] Während die Figur der Laura Vischerin im Film von Curt Goetz nicht den höfischen Kreisen angehört und mittels eines Besuchs bei Franziska von Hohenheim sogar die Aufführung der *Räuber* verhindern will, weil sie Konsequenzen für Schiller fürchtet,[134] fungiert sie in der Fassung von Maisch als Mittlerin zwischen dem verliebten Dichter und der ihn fördernden Mätresse des Herzogs. In biographischer Auslegung inspiriert von den frühen »Laura-Oden« entsteht die Kunstfigur der Hauptmannswitwe Luise Dorothea Vischer, die als Adressatin der Oden nach Schillers späterer Aussage einer literarisierten Fiktion seiner Vermieterin gleichkommt.[135] Die Figur wurde für die melodramatische Handlung der Filme marginalisiert, denn Schillers Abschied von ihr nimmt darin keine zentrale Stellung ein, während sie bei Laube noch als ähnlich entsagend wie Friederike Brion gezeichnet ist. Auch wenn Schiller in den Filmen primär der Dichter der *Räuber* ist – bei Goetz finden zudem noch das Gedicht »Der Eroberer« sowie der *Fiesco* kurze Erwähnung –, so verzichten die Inszenierungen für das Kino dennoch nicht auf den Doppelplot *love and action*:[136] Das Opfer, das für die Kunst gebracht werden muss, fordert den bürgerlichen Beruf des Dichters ein und, paradox genug, die Liebe einer zu verlassenden Geliebten.

---

133 Laube begründet diesen dramaturgischen Kniff mit den historischen Überlieferungslükken: »Hier ist also der erfindenden Gestaltung voller Spielraum gelassen.« Laube (1847), Die Karlsschüler, S. XXVII.

134 Vgl. Götz und Kaufmann (o.J.), Friedrich Schiller. Eine Dichterjugend. Drehbuch, S. 101f.

135 Vgl. Alt (2000), Schiller. Leben – Werk – Zeit, Bd. 1, S. 226f.

136 Bordwell (1985), The Classical Hollywood Cinema, S. 16: »The classical film has at least two lines of action, both causally linking the same group of characters. Almost invariably, one of these lines of action involves heterosexual romantic love.«

Die filmischen Jugendbiographien über Goethe, Schiller und Heine, die in den Jahren 1918 bis 1932 produziert wurden, unterliegen einer emotiven Trivialisierung, die durchaus mit derjenigen der Körner-Figur vergleichbar ist, jedoch vom Register des geopferten Lebens in das der geopferten Liebe wechselt. Damit wurde ein grundlegendes Erzählmuster für alle weiteren literarhistorischen Filmbiographien etabliert, das in verschiedensten Varianten immer wieder neu erzählt werden wird. Beiden Narrativen gemeinsam ist dabei die Konstruktion einer liebenden Frauenfigur, die das Dichterleben mit einem Lebensentwurf der Zweisamkeit kontrastiert und diese als notwendiges Moment des Verzichts für den Dichter anzeigt. Dass diese Zweisamkeiten nicht mit einem *happy end* schließen werden, ist bereits in der Konzeption der Frauenfiguren angelegt: Eine moralisch kaum integre Schauspielerin oder ein im Feld kämpfendes ›Mannweib‹ für Theodor Körner, eine Pfarrerstochter für Goethe, die sein Vater nicht für standesgemäß hält, eine ältere Hauptmannswitwe für Schiller oder zwei überspannte Cousinen mit dem wachsamen Vater bzw. Onkel Salomon für Heine. Den entscheidenden Unterschied zum traditionellen Melodram, zur tragischen Romanze, die gerade von grenzüberschreitenden Bindungen lebt, bildet jedoch der Grund für das Scheitern dieser Bindungen. Nicht das paternale Gesetz verurteilt sie zum Scheitern – denn über dieses setzten sich die Autorfiguren ja gerade hinweg –, sondern die Einsicht in eine ungewisse, aber vielversprechende Zukunft des begabten Dichters. Die Autorfunktion ist hiermit, um mit Foucault zu sprechen, auf der Grenze zwischen Liebes- und Disziplinardiskurs angesiedelt, zwischen absteigender und aufsteigender Individualisierung, zwischen Militär, Ökonomie und Familie einerseits und ›Genie‹ andererseits. Der finale Aufbruch in eine nicht näher bestimmte künstlerische ›Freiheit‹ – bei Goethe Richtung Weimar, bei Heine mit der Vision der Lorelei am Rheinufer, bei Schiller über die Württembergische Grenze – beendet zwar eine Liebe, sichert aber den Fortbestand des Werkes, das als *open end* in Form einer literarhistorischen Leerstelle eröffnet wird und das wissende Publikum einlädt, diese mit seinem Wissen um das weitere Schicksal des Autors und den kanonischen Werklisten auszufüllen.

Das ungewisse Ende ist nicht abzukoppeln von einer ›Romantisierung‹ der Dichterfiguren, die sich nicht ausschließlich auf die Rolle des Dichters als Sprecher einer Sprachgemeinschaft bezieht, der »der Welt noch viel Grosses schenken« muss, wie es in *Die Jungendgeliebte* heißt. Bereits dem Dramatiker Laube erschien Schiller als recht eigentlich ›romantisch‹ – »In seinem Werden lag mir seine Romantik«,[137] auch wenn

137 Laube (1847), Die Karlsschüler, S. XIX. Schiller, so Laube weiter, hätte sich später womöglich in seiner Zeit als Regimentsmedicus selbst als »romantische Figur« wahrgenommen (S. XX).

die spätere literarhistorische Epochenzuordnung dem noch widerspricht. Eine ›Romantisierung‹ bedeutet gleichermaßen die Narrativierung des romantischen Liebesideals und zielt auf die Komplettierung des Individuums durch das Paradox der »Einheit des Freiseins-im-Anderen« ab: Liebe ist ein autoreferentielles Preisen der Liebe um ihrer selbst willen, was dem Autor ein unverzichtbares Movens für sein Schreiben ist. Die Erfüllung der Liebe steht der Sehnsucht danach gerade entgegen.[138] Deshalb verzichten auch jedes Mal die Figuren der Friederike, Laura oder Mathilde auf ihre Liebe und nicht etwa der Schreiber der sie bezaubernden Lyrik. Diese ›Romantisierung‹ des Autors im melodramatischen Narrativ bedient eine spezifische Funktion des Kinos, das diesem Ort seit seinem Aufstieg zum bürgerlichen Vergnügungslokal zukommt. Es ist ein Ort des »Konsums der Romantik« im populären Sinn der ›Romanze‹, der gerade jene Trennung zwischen weltentrückter Liebesutopie und ökonomisch bestimmtem Alltag überbrückt und zugleich immer wieder herstellt: Die Überwindung des Konsums kann allein durch Konsum bewerkstelligt werden. Das Kino, stets in engem Schulterschluss mit der Werbung, setzte vor allem in den ersten dreißig Jahren auf ›die Liebe‹, prägte eine regelrechte ›romantische Formel‹ aus und profitierte von einer Visualisierung traditioneller Ideale.[139] Wie Eva Illouz argumentiert, war das Kino seit Anfang des 20. Jahrhunderts unmittelbar mit der neuen sozialen Praxis des Rendezvous verbunden, das sich von informellen Treffen einer Gemeinschaft und von der förmlichen häuslichen Brautwerbung abkoppelte. Ein verabredetes Paar konsumierte nun in der Öffentlichkeit seine eigenen romantischen Liebesutopien jenseits arbeitsökonomischer Pflichten oder paternaler Normen. Das Kino bot ihm – ebenso wie der Tanztee, das Restaurant, auch das Auto – einen intimen und doch öffentlichen Rahmen seines Liebesdiskurses.[140] Diese zunächst vor allem von der Mittelschicht praktizierte Romantisierung des Freizeitverhaltens lässt die Dichterfigur als diametralen Gegenentwurf erscheinen und festigt auf diese Weise das bürgerliche Künstlerbild immer wieder aufs Neue, weil es eben jene antibürgerliche Existenz einfordert, die den Zwiespalt von Kunst und Leben entweder heroisch besiegen kann oder an diesem qualvoll scheitern muss.

138 Vgl. hierzu Hinderer (1997), Zur Liebesauffassung der Kunstperiode, S. 14f., und Giddens (1993), Wandel der Intimität, S. 48-59.

139 Vgl. Bordwell (1985), The Classical Hollywood Cinema, S. 16: »Of the one hundred films in the US, ninety-five involved romance in at least one line of action, while eighty-five made that the principal line of action.«

140 Vgl. das Kapitel »Als die Liebe auf den Markt traf« in Illouz (2003), Der Konsum der Romantik, S. 27-72. Das Starsystem trug ein übriges dazu bei, die Grenzen zwischen filmischer Fiktion und Alltagsrealität verschwimmen zu lassen, wenn nämlich die Darsteller eines Liebespaars häufig auch Spekulationen über ihre ›wirklichen‹ Bindungen zueinander provozierten, weil Rolle und Person im Film stets zugleich wahrgenommen werden können. Für die diesbezüglichen Strategien des Hollywood-Kinos vgl. Wexman (1993), Creating the Couple.

Ein zweiter Aspekt der ›Romantisierung‹ betrifft die Jugendlichkeit des Autors. Sein Name garantiert seit dem Sturm und Drang ein Künstlertum, das fortan einer zunehmenden Aufwertung der Jugendlichkeit und der damit verbundenen Klischees des Ungestümen, Kühnen, Kraftvollen und Zukunftsorientierten erfuhr, das sich zum romantischen Topos entwickelte: Jugend »ist nun der lebensgeschichtlich genuine und sozial lizenzierte Zeitraum der Entfaltung von Subjektivität, ihrer Krisen und Risiken.«[141] Sowohl in der heroischen Erzählung als auch in der melodramatischen Romanze erscheint in den Filmen der von Tomaševskij satirisch entworfene Autor in jugendlicher Gestalt – »ein schlanker Jüngling im Umhang mit einer Lyra und einem rätselhaften Gesichtsausdruck«.[142] Dessen Rätselhaftigkeit besteht in der genialischen Produktion seines Werks, weil die Filme erst gar nicht versuchen, dem historischen Schreiber seiner Texte auf die Spur zu kommen. Er wird vor allem mit seinem lyrischen Werk im Kanon re-etabliert, das sich als besonders ergiebig für die filmischen Erzählung erweist, weil die Leerstellen des lyrischen Ich, Du und Wir flexibel in jegliche biographische Episode eingepasst werden können und zugleich zur Identifikation im Sinne eines literarhistorischen *common sense* einladen. Denn die Verkürzung des lyrischen Werks auf einen Gedichttitel oder wenige Verse, zumal aus der autobiographisch zu interpretierenden Gelegenheitsdichtung und Liebeslyrik, erlaubt die rezeptive Ankopplung an das etablierte Volksliedgut, das auch einem Publikum mit einfacher Bildung die Integration von Dichters Leben und Werk in den individuellen Wissenshorizont ermöglicht. Führt die Zitation des lyrischen Werks zur Einebnung der Ego-Pluralität literarischer Texte, betonen hingegen die Zitate aus dem dramatischen Werk diese Pluralität des sprechenden Egos, das sich prismenhaft auf die Rollen und ihre Darsteller – im dargestellten Drama wie im Film gleichermaßen – aufsplittet. Der Autor spricht hier nicht für sich selbst, sondern in öffentlicher Angelegenheit. Diese Wendung wird im Falle des Schiller-Films von Curt Goetz als biographisch zu lesende Emanzipation des Individuums von seinen »Unterdrückern« inszeniert, obgleich die Charaktere des Dramas *Die Räuber* nicht mit den Protagonisten des Lebensdramas parallelisiert werden: Schiller ist gerade kein Rebell, vermag sich aber mittels seiner dramatischen Dichtung kritisch zu artikulieren. In den Goethe-Filmen *Die Jugendgeliebte* und *Friederike* und in *Heinrich Heines erste Liebe* kommt es hingegen zu einer ausschließlichen Reduktion des jeweiligen Œuvres auf die Liebeslyrik, wobei der Autor stets für sich selbst spricht, zugleich aber einem Liebesdiskurs zuarbeitet, der ›Liebe‹ als außerordentlich individuelles und zugleich kollektiv allgemeingültiges Phänomen – historisch, biographisch und klassenspezifisch indifferent –, ja nahezu als anthropologische Konstante zu etablieren versucht.

141 Oesterle (1997), Jugend – ein romantisches Konzept?, Einleitung, S. 13.
142 Tomaševskij (2000), Literatur und Biographie, S. 55.

Die Autorfunktion regelt mittels der jeweils sehr kurzen dramatischen oder lyrischen Zitate nicht den produktiven Diskurs von Literatur, sondern den eines kanonischen Erbes, das vom rezipierenden Kollektiv nachfolgender Generationen zu bewahren ist. Der sich um 1930 entwickelnde Tonfilm schlug aus diesem kleinsten gemeinsamen Nenner literarhistorischer Kenntnisse schnell Kapital, indem er den historischen Plot mit technisch Spektakulärem verknüpfte und sowohl die Schlagererfolge der Operettenbühnen als auch die kommerzielle Wertschöpfungskette von Plattenaufnahmen, Textbüchern und Klavierauszügen ausnutzte. Dies hatte bereits der Operetten-Stummfilm der frühen 1920er Jahre angestrebt, wie der Film über *Heinrich Heines erste Liebe* mit dem Beck-Verfahren zeigt, und wurde mit der Lichttontechnik dann perfektioniert, die es ermöglichte, ›echte‹ Ton- bzw. Musikfilmstars auf die Leinwand zu bringen. Literarhistorische Bilderbücher, die Lebensstationen und Personen aus einer Dichterbiographie massenweise illustrieren,[143] waren eben nicht in der Lage, diese Bilder als chronologisch-parallele Illusion in der Narration zu organisieren und daraus zugleich ein Erlebnis im öffentlichen Raum zu generieren – zumal das Kino mit seinen melodramatischen Plots zudem die neuen sozialen Konsumpraktiken des Rendezvous beförderte.

Die Reihe der Biographien über den jungen Goethe und Heine werden in der Kinogeschichte nicht fortgeführt. Die Schiller-Biographie hingegen wird noch ein weiteres Mal für die Umschrift der deutschen Nationalliteratur benutzt, um sie dabei im Sinne der nationalsozialistischen Ideologie ins heroische Narrativ zu überführen.

4.4. Das ›Genie‹ des Nationalsozialismus (Lessing, Schiller, 1940/41)

> »Es ist dasselbe, was ich Ihnen (...) zu sagen habe, weil beide zu dem Gleichen berufen sind, der Dichter wie die Jugend: DAS STILLE ZU BEWAHREN, DAS MÜDE ZU ERNEUERN, DAS GROSSE ZU VEREHREN, DAS LEIDENDE ZU LIEBEN.«
>
> Ernst Wiechert: *Der Dichter und die Jugend* (1936)

Die beiden literarhistorischen Filmbiographien, die während des Nationalsozialismus unter dessen Bedingungen produziert wurden, gehören zu denjenigen Propagandafilmen, die sich historischer Sujets bedienten und zusammen mit den Kriegs- und Heimatfrontfilmen etwa zehn bis

143 Vgl. zum Beispiel das Vorwort in Neubert (1919), Goethe und sein Kreis: »Das vorliegende Buch geht vom Bilde aus. Daß gute Abbildungen vorzüglich geeignet sind, das Studium einer Zeit oder einer Persönlichkeit und ihres Kreises zu fördern, ist eine Tatsache, der kaum widersprochen wird.« (S. III)

vierzehn Prozent der Gesamtproduktion des NS-Films ausmachten. Der sogenannte ›Genie-Film‹ ergänzte die biographischen Filme über politische ›Führerfiguren‹ wie *Bismarck* (Wolfgang Liebeneiner, 1940), *Ohm Krüger* (Hans Steinhoff, 1940/41) und Friedrich der Große (*Der große König,* Veit Harlan, 1940/42) aus ›kultureller‹ Perspektive und setzte auf Künstler und Erfinder,[144] deren innovative und revolutionäre Impulse dem Gründungsmythos des deutschen Faschismus eingeschrieben werden konnten.[145] Hierzu gehören die Filmbiographien über *Robert Koch* (Hans Steinhoff, 1939), *Friedemann Bach* (Traugott Müller, 1941), *Rembrandt* (Hans Steinhoff, 1941), *Andreas Schlüter* (Herbert Maisch, 1942), *Diesel* (Gerhard Lamprecht, 1942), Mozart (*Wen die Götter lieben,* Eduard von Borsody/Karl Hartl, 1942), *Paracelsus* (Georg Wilhelm Pabst, 1943) und eben auch über *Friedrich Schiller – Der Triumph eines Genies* (Herbert Maisch, 1940) und Caroline Neuber/Gotthold Ephraim Lessing (*Komödianten,* G.W. Pabst, 1941).

Die um 1940 einsetzende Welle biographischer Propagandafilme steigerte den Anteil der Filmbiographie an der Gesamtproduktion der Jahre 1940 bis 1942 auf etwa 25 Prozent. Goebbels selbst hatte sich bei einer Besprechung der Tobis im April 1940 für eine Steigerung der ›politischen‹ Filme auf 50 Prozent sowie für die womöglich auch kostenintensive Realisierung dieser Projekte ausgesprochen, wozu ausdrücklich *Bismarck, Ohm Krüger* und *Friedrich Schiller* gehörten.[146] Zeigten sich bisher literaturbegeisterte Drehbuchautoren, Regisseure oder Schauspieler hinter einer filmischen Dichterbiographie als Initiatoren, wie es z.B. bei dem ersten Schiller-Film von Curt Goetz der Fall war oder für den ersten Goethe-Film berichtet wird, der von Alexander Moissi angeregt worden sein soll,[147] oder waren es auch überwiegend ökonomische Überlegungen, die mit dem filmischen Musikspektakel der Operette den lukrativen Rang ablaufen wollten, so steht bei den nationalsozialistischen Produktionen die »Medialisierung des Ideologischen« im Vordergrund – koste sie, was sie wolle.[148]

---

144 Vgl. das Kapitel »Künstler und Erfinder« in Courtade und Cadars (1976), Geschichte des Films im Dritten Reich, S. 96-108.

145 Vgl. Hake (2002), German National Cinema, S. 77-85.

146 Vgl. Ruppelt (1979), Schiller im nationalsozialistischen Deutschland, S. 126; Nagl (2003), »Die Entscheidungsschlacht für den deutschen Grossfilm«; Segeberg (2003), Die großen Deutschen, S. 160.

147 Vgl. Rhenus (1918), Rheinische Uraufführungen, S. 68: »Unstreitig eine gute Idee Hans Lands, die, wie Eingeweihte wissen wollen, eigentlich von Moissi selber stammen soll. Jedenfalls ist der große Darsteller nie mit solcher Liebe am Werk gewesen, wie bei diesem Film.«

148 Segeberg (2003), Die großen Deutschen, S. 159.

Diese filmisch biographierten Figuren werden vor allem vereinnahmt für die Reformulierung eines nationalsozialistischen Geschichtsbildes, um sich zugleich im stets aufscheinenden Generationenkonflikt von ihren autoritären symbolischen Vätern als auch von ausländischen Vorbildern abzugrenzen und die Bewegung der Nationalsozialisten als eine ›Bewegung der Söhne‹ zu affirmieren.[149] Die ehemals individualistische Auflehnung des Dichters gegen familiäre und soziale Autoritäten dient dabei nicht länger der Subjektivierung des Einzelnen, sondern – am Konflikt Schillers mit dem Herzog Carl Eugen von Württemberg[150] und dem Aufbegehren des Studenten Lessing gegen seinen Professor Gottsched zu beobachten[151] – einer Kollektivierung der deutschen Literaturgeschichte: »Nazi cinematic history ›re-writes‹ individual desire as collective desire; its ready-made closure anticipates closure yet to come, which is already written as victory (wether in a military or cultural war).«[152]

Nicht von ungefähr scheint in diesem Zusammenhang zu kommen, dass sich das Interesse auf den Bühnenautor konzentriert: Sowohl Schiller als auch Lessing werden in den Kontext des »deutschen National-Theaters« eingestellt,[153] was sich auch in der Darstellung einer spezifischen Theaterarchitektur äußert und autoreferentiell konsequent mit der Theatralität des nationalsozialistischen öffentlichen Lebens korrespondiert, weil hier ein affektives Kino mit den ausgefeilten Inszenierungen der NS-Produktionen korrespondiert:

> »(...) zugespitzt gesagt: je tiefer die Erregung (der Zuschauer, S.N.), desto größer die Möglichkeit ihrer Einbindung in jenes Gemenge aus Allmachts- und Unterwerfungsphantasien, das eine sich selber in Massenmeetings, Parteiaufmärschen und Militärparaden medial inszenierende Gewalt- und Terrorherrschaft für seine Medien-Opfer bereithielt.«[154]

Zwar ist Segebergs These des »affektiven Überwältigungskinos«, das etwa mit Kameraperspektiven extremer Unter- oder Aufsicht, mit großen Tableaus und subtilem Musikeinsatz arbeitet, durchaus auch für die

---

149 Hake (2002), German National Cinema, spricht hier von »the oedipal self-representation of the Nazis as a movement of the sons«. (S. 83)

150 Herzog Carl Eugen nennt die Eleven des Öfteren »meine Söhne« oder »Söhne«.

151 Die Neuberin als Mutterfigur der Theatertruppe findet hingegen in Philine eine treu ergebene Tochterfigur und Erbin.

152 Schulte-Sasse (1996), Entertaining the Third Reich, S. 28f.

153 Vgl. die Totale des »Deutschen National-Theaters« in *Komödianten* (01:43:20). In *Friedrich Schiller* wird die Metapher des *theatrum mundi* bedient: Nach dem Satz »Erst soll die Welt über mein Werk entscheiden« wird von einer Großaufnahme des Dichters auf den Theaterzettel-Aushang des Mannheimer Theaters übergeblendet (01:23:57). Die Aufführungssequenz schließt verbal mit der Feststellung eines Zuschauers: »Heut ist dem deutschen Volk sein Nationaldichter geschenkt worden.« Visuell erfolgt dann eine Überblendung mit einer sich schließenden Tür im Schloss des Herzogs, was Lebenswelt und Theaterwelt bildlich erneut miteinander verbindet (01:27:36).

154 Segeberg (2003), Die großen Deutschen, S. 165.

literarhistorischen Filmbiographien nationalsozialistischer Propaganda plausibel. Allerdings muss dieser Ansatz für speziell diese beiden Filme insofern ergänzt werden, als die Inszenierungen der Lebenswelt, die außerhalb des Kinos wirken sollen, innerhalb der filmischen Diegese im Übergang zwischen öffentlichem Leben und theatraler Kunst gezeigt werden, worauf auch der Titel *Komödianten* explizit hindeutet.[155] Denn die eigentlichen Szenen eines ›Spiels im Spiel‹ rücken in den Hintergrund, vor dem sich die Szenen theatraler ›Authentizität‹ des dramatisierten Künstlerworts umso wirkungsmächtiger an die inner- und außerfilmische Öffentlichkeit richten. Sowohl Schiller (Horst Caspar), der in den Kellern der Karlsschule die (verkürzte) Szene »Franz Moor/Pastor Moser aus dem fünften Akt« der *Räuber* deklamiert (00:49:46-00:00:51:00), als auch die Neuberin (Käthe Dorsch), die sich mit ihrem im Disput entwickelten Kunstverständnis an die höfische Gesellschaft wendet (00:48:50-00:51:28), besetzen damit die dramaturgisch zentralen Szenen: Hier scheint der militärische Eleve zugleich der »Hauptmann« seiner Kameraden zu sein (00:48:33), und dort ist die Prinzipalin eine für die Gruppe sprechende Künstlerin, die sich über das weltliche Prinzipat der Herzogin von Weißenfels (Henny Porten) erhebt: »Zum Adel muß man geboren sein«. – »Zur Kunst auserwählt. Das ist mehr!« Und: »In der Welt der Kunst gelten andere Ordnungen – aber ebenso harte und ebenso klare wie in der Wirklichkeit.« (00:51:00) Die Kunst des Theatralen vermischt sich somit durch die Normaussagen[156] mit dem dargestellten ›Leben‹ der Figuren, sie sprechen für die Kunst: wenn auch nicht innerhalb einer gerahmten Aufführung auf der Bühne, so gleichwohl in einem öffentlichen oder halböffentlichen Kontext, der das Publikum zur Auseinandersetzung herausfordert.[157] Kunst und Politik treffen sich zuweilen, wie sich der Herzog von Kurland, »Rußlands heimlicher Herrscher« (Gustav Diessl), und die Neuberin einig sind.[158] Und über dieses Publikum heißt es dann in direkter Selbstreferenz:

155 Dieser Film sollte ursprünglich wie seine Romanvorlage *Philine* von Olly Boeheim (1935) heißen und wurde während der Dreharbeiten in *Komödianten* geändert. Vgl. Kanzog (1994), »Staatspolitisch besonders wertvoll«. Ein Handbuch zu 30 deutschen Spielfilmen der Jahre 1934 bis 1945, S. 266. Auf die Titeländerung des Schiller-Films von *Rebellen* in *Friedrich Schiller – Der Triumph eines Genies* wird weiter unten noch einmal zurückzukommen sein.

156 Vgl. hierzu ebd., S. 37, und Kanzog (1976), Erzählstrategie.

157 Vgl. hierzu auch die Sequenz, in der Schiller vom Herzog genötigt wird, zunächst Friedrich den Großen und dann ihn selbst zu »spielen«: Der Komödiant Schiller hält der Politik den verzerrenden Spiegel vor (01:03:00-01:07:00). Hier führt die Aufforderung des Herzogs zum Weiterspielen – »Weiter, weiter!« – zum Abbruch der Spielsituation, weil er die Einsicht, ein politischer »Popanz« zu sein, nicht länger ertragen könnte.

158 Vgl. den Drehbuchauszug in Kanzog (1994), »Staatspolitisch besonders wertvoll«. Ein Handbuch zu 30 deutschen Spielfilmen der Jahre 1934 bis 1945, S. 274.

»Die blöde Menge! Ihr (der Herzog von Kurland, S.N.) habt es nie erlebt, wie sie da unten sitzen und warten, daß ihr dunkles Gefühl sich erhellt, ihre stumpfen Gedanken sich schärfen, ihr stummer Mund die Worte aussprechen darf, die er bis dahin nicht formen konnte. Durch uns, durch die Bühne, spricht die Menge zu sich selbst, sprechen die Völker zur Welt. Ich will, daß auch das stumme Deutschland zu sprechen beginnt.« (00:54:05)[159]

Eine im Dialekt sprechende Dichterfigur, wie sie Anfang der 1920er Jahre im Schiller-Film von Goetz noch entworfen wurde, ist unter diesen geänderten Vorzeichen deshalb undenkbar; regionale und idiomatische Differenzen werden zugunsten einer Idee des »Deutschen« eingeebnet, die nun im Filmtheater verkündet wird. Es geht in dieser Art Film um »elementare Konfliktstellungen«, wie Goebbels sie jenseits komplexer sprachlicher Ideologie proklamierte.[160] Dieser Grundkonflikt lässt sich für beide Filme mit einer kompromisslosen »Treue zu sich selbst« benennen, die gegen die dekadenten höfischen Autoritäten, ökonomische Zwänge oder fremdländische Einflüsse verteidigt werden müsse – auch wenn es das Opfer der eigenen Existenz forderte.[161] Es handelt sich gleichsam um literarhistorische ›Durchhaltefilme‹: »Weiter, weiter«, lautet das leitmotivische Motto der Neuberin, das als ihr zitierter »mahnender Ruf« auch den Film beschließt (01:45:00).[162] Dieser unbeugsame Wille, ein indefinites »letztes Ziel« zu erreichen, kann auch die Form des Starrsinns annehmen, der allerdings – so Johann Neuber über seine Frau – die Truppe »groß gemacht« habe (00:58:15).[163]

Der ursprünglich *Rebellen* lautende Titel des Schiller-Films wurde auf Anordnung der Reichsfilmkammer geändert, was in eine ähnliche Richtung deutet: *Der Triumph eines Genies* knüpft an den Titel von Leni Riefenstahls Parteitagsfilm *Der Triumph des Willens* (1936) an.[164] Goebbels

159 Vgl. auch ebd., S. 274.

160 So ein Bericht im *Filmkurier* Nr. 40 vom 17.2.1941 über Goebbels Rede zum »Krieg als großen Erzieher«; zitiert aus Segeberg (2003), Die großen Deutschen, S. 159.

161 Dies betrifft sowohl die Figur der Neuberin als auch die der Philine, wie Lessing über die Schauspielerin sagt, denn zur Künstlerin bedarf es einer unbedingten Treue zu sich selbst (01:05:00). Seinem Freund Perckhammer hingegen empfiehlt er den Krieg als Möglichkeit, »sich selbst« zu finden (01:05:45).

162 »Los, wir müssen weiter!« (00:10:37); »Weiter, weiter, immer weiter, auf des Lebens Wagen, immer weiter, bis an das letzte Ziel!« (Liedtext, 00:46:00); »Rasch, rasch! – Weiter, weiter!« während der Flucht aus dem Zarenpalast (01:20:15); »Weiter, weiter« ruft auch ihr Mann, als sie an sich zweifelt, und das Echo dieses Rufs richtet sie wieder auf (01:37:55; auch 01:40:20). »Weiter, weiter!« lauten auch ihre letzten Worte, bevor sie den heroischen Opfertod stirbt (01:42:35).

163 Später heißt es noch einmal über sie: »Es ist doch das Zeugnis für die Unabhängigkeit eines tapferen Herzens, an einem großen Ziel festzuhalten, selbst mit der Aussicht auf den Bettelstab.« (01:31:10)

164 Vgl. Wassermann und Diller (1983), Drehbuch zu dem Film »Friedrich Schiller, der Triumph eines Genies« (1940), Vorwort, S. 1; Segeberg (2001), Literatur als Medienereignis, S. 504.

Der Herzog von Württemberg (Heinrich George) und Schiller (Horst Caspar) in *Friedrich Schiller. Der Triumph eines Genies* (Herbert Maisch, D 1940), Quelle: Deutsche Kinemathek

spricht in seiner Rede zum 175. Todestag Schillers am 10.11.1934 von der »starken Zuversicht einer künstlerischen Schöpferkraft, die sich in sich selbst erneuert«.[165] Die ausgeprägte ›Willenskraft‹ Schillers ist jedoch bereits während des 19. Jahrhunderts ein Topos in seiner biographischen Darstellung. Noch bei Alexander von Gleichen-Rußwurm bildet er den Auftakt seiner Biographie und wird umstandslos auf Schillers eigenes Werk zurückgeführt: »Der Dichter stellte sich von früher Jugend an immer die schwierigsten Aufgaben und setzte volle männliche Kraft an ihre Lösung. Sein festes Wollen hat aus ihm den Menschen geformt, den wir bewundern.«[166] Bewundert soll er nicht wegen seiner Dichtung werden, so auch der Film,[167] sondern wegen seiner ›Menschlichkeit‹, die ihn die Zucht und Ordnung der strengen Ausbilder zugunsten einer uneigennützigen

165 Die vollständige Rede ist abgedruckt in Ruppelt (1979), Schiller im nationalsozialistischen Deutschland, S. 154ff.; zum Schiller-Jubiläum 1923 vgl. auch Albert (1994), Schiller als Kampfgenosse?, S. 67-76.

166 Gleichen-Rußwurm (1913), Schiller. Die Geschichte seines Lebens, S. 1.

167 Vgl. die ersten Einstellungen in der Hohen Carls-Schule, die den Autor im Konflikt mit Ausbildern und unreflektiert gehorsamen Kameraden zeigen.

Hilfe für einen kranken oder ungerecht behandelten Kameraden stören lässt und ihn auch dazu treibt, die strengen Regeln für sein heimliches Schreiben auf der Krankenstation bzw. – symbolisch noch stärker aufgeladen – im Karzer zu brechen.

Die Einforderung einer indefiniten »Freiheit« und »Sehnsucht«, wie sie dem heroischen Narrativ inhärent ist (und von Horst Caspar schauspielerisch u. a. mit dem ›Sternenblick‹ auf einen indefiniten Fixpunkt umgesetzt wurde), muss als künstlerisches Streben näher bestimmt werden, das sich ausschließlich in einer straff organisierten Gruppe und vor allem nach rigorosen Prinzipien entfalten können soll. Die Aktanten der deutschen Dramengeschichte entpuppen sich als Rebellen »nicht *gegen* die Autorität, sondern *nach* Autorität«.[168] Denn Schillers Auflehnung gegen die Autorität des Herzogs (Heinrich George) – der sich im übrigen als Kritiker des preußischen Militärstaates und seines König darstellt, seine angeworbenen Soldaten als Söldner verkauft und sich nicht um »Deutschland« kümmert – bezieht sich nicht auf die Gruppe seiner befreundeten Kameraden aus der Militärschule; vielmehr demonstrieren diese einen sozialen Kontext, der die neue Führerfigur aus dem Volk vorbehaltlos anerkennt. Sie stehen stramm und erwidern damit Schillers militärischen Salut, wenn er sie im Gasthaus trifft (01:16:37). Insofern greift der Film die politisch-militärische Rezeption der Schiller-Figur seit den Freiheitskriegen 1806/13 wieder auf[169] und löst ein, was Max Kommerell bereits 1928 gefordert hatte: den Dichter der deutschen Klassik »als Führer« zu akzeptieren, weil nur er geistige Energien zu bündeln vermag.[170] Selbst eine Einstellung mit der Schiller-Figur, die das für den Künstlerfilm typische Wanderer-Motiv aufnimmt und ihn in der Landschaft zeigt, nimmt hier groteske Züge an, weil Schiller nicht durch Wiesen und Wälder läuft, sondern eine Allee entlang wandert: Da Alleen zum Zweck des Beschattens marschierender Truppen angelegt wurden, stehen dort deshalb auch die Bäume gleichsam militärisches Spalier (01:27:00).

Auch über die »Neubersche Bande« wird berichtet, dass es sich hier um eine überaus disziplinierte Gruppe handelt. Dem Vorurteil gegenüber der unmoralischen Lebensweise der Komödianten zu begegnen, scheint oberstes Gebot: Was im Musikfilm *Nanon* (1938) über die Truppe des Molière als antiziganistisches Vorurteil geäußert wird, nämlich bei Ankunft einer Schauspieltruppe ›die Wäsche von der Leine nehmen‹ zu müssen (00:05:58), wird gleich zu Anfang ausgeräumt. Der Vorspann bringt

168 Diese These Segebergs zum Schiller-Film muss auch für *Komödianten* geltend gemacht werden; vgl. Segeberg (2001), Literatur als Medienereignis, S. 524.

169 Gerhard (1994), Schiller als »Religion«, S. 128ff.

170 Zu Max Kommerells *Der Dichter als Führer in der deutschen Klassik. Klopstock, Herder. Goethe. Schiller. Jean Paul. Hölderlin* (Berlin 1928) vgl. Albert (1994), Schiller als Kampfgenosse?, S. 7ff.

eine Gedenktafel mit den Lebensdaten der Neuberin (1697-1760), die von folgenden zwei Textbildern fortgesetzt wird: Sie »befreite das deutsche Theater von den billigen Zoten des Hanswurst. In harter Arbeit erzog sie die Schauspieler und Zuschauer. / Ohne die Neuberin hätten unsere Klassiker wie Lessing, Schiller und Goethe kein Theater gefunden, das in würdigem Rahmen ihren Werken gerecht geworden wäre.« (00:01:59-00:02:33) Erziehung, harte Arbeit[171] und Würde stecken damit ein semantisches Feld ab, das die Neuberin als aufmüpfige Wegbereiterin für das Genie positioniert: Sie wird den »Klassikern« weder gleichgestellt noch wäre demnach zu bezweifeln, dass die deutschen Dramen des genannten kanonischen Triumvirats nicht ohnehin geschrieben worden wären. So stellt der Film von Anfang an die Konditionen einer theatralen Inszenierung aus – den »würdigen Rahmen«, wofür es sich zu »kämpfen« lohnt. Dieser Kampfeswille ist jedoch – wie im Falle Schillers, der sich darüber mit dem Herzog streitet – kein anerzogenes »Genie«, sondern ein angeborenes: »Das Genie weiß nur, dass es so sein muss, wie es ist, so handeln muss, wie es handelt« (00:38:00), wie Schiller es formuliert. Zu ihrem von Arbeitsethos und Strenge dominierten Charakter kommentiert die Neuberin dann ganz ähnlich: »Ach, ich bin so, wie ich sein muss.« (00:10:16)

In *Komödianten* ist demzufolge eine Spaltung in die einerseits weibliche Führerfigur und andererseits den Autor der deutschen Literaturgeschichte zu beobachten: Die Neuberin wird nicht als Autorin gezeigt, sie schreibt nicht, sondern organisiert, dirigiert, propagiert.[172] Sie strebt wie Lessing (Curt Müller-Graf) – gegen die französisierende Orientierung des Professor Gottsched (Harry Langewisch) – eine ›aufklärerische‹ und als ›ernsthaft‹ intendierte Theatertradition an, die jedoch von dem jungen Studenten Gotthold erstmals formuliert wird: »(...) da wir doch Deutsche sind (...) Ein deutsches Theater mit deutschen Stücken.« (00:15:00) Die Autorfunktion sowie die poetische Reflexion jenseits der Improvisation und die schriftliche Fixierung für die Nachwelt obliegen diesem jungen »Studiosus« (dessen Nachname Lessing zunächst nicht genannt wird). Er ist die Figur am Schreibtisch; und er schafft mit seiner *Emilia Galotti* ein »Trauerspiel in deutscher Sprache«, das sogar den Adel zu begeistern weiß: »Merkwürdig, Eure Personen sprechen wie Menschen, die man kennt. Und doch scheinen sie mehr als wir« (01:39:40), äußert sich die Herzogin von Weißenfels über das Stück, das Differenzen scheinbar einebnet

171 Vgl. auch den Ausspruch der Neuberin: »Eine Schauspielerin muß arbeiten – und arbeiten.« (00:09:45)

172 Eines von Friederike Caroline Neubers Vorspielen, *Ein deutsches Vorspiel* (1734), mit einem Verzeichnis ihrer Dichtungen erschien bereits 1897 zum 200. Geburtstag (Deutsche Litteraturdenkmale des 18. und 19. Jahrhunderts. Hg. von August Sauer. Leipzig 1897); vgl. auch Biographie und Bibliographie bei Kord (1992), Ein Blick hinter die Kulissen, S. 293-301 und 411.

und zugleich neue installiert. Die Umkehrung der literarhistorischen Wertschätzung zwischen der Protagonistin Neuber und der Nebenfigur Lessing zeigt sich beiläufig an der Umkehrung der Figurenpositionierung: Erscheint der Studiosus zuerst als Bittsteller vor der Neuberin, die ihm von der (Probe-)Bühne herab sowohl die Möglichkeit zur Übersetzung eines »Bändchens Corneille« als auch eine Freikarte für die nächste Aufführung gibt (00:17:00), so sitzt er in dieser Aufführung bereits oberhalb dieser Bühne auf dem Rang und spricht danach den Satz: »Ein Dichter möcht' ich werden – und für die Neuberin schreiben.« (00:19:00) Der Neuberin bleibt hingegen ein kulturpolitischer Aktionismus vorbehalten, der sich als siegreicher Kultur-»Kampf« artikuliert und an einer Stelle auch die nationalsozialistische Praxis der Bücherverbrennung in deutlich autoreflexivem Bezug auf die Leinwand holt, um sie im Nachhinein literarhistorisch zu legitimieren. Denn die Neuberin verbrennt auf der Bühne die Strohpuppe des Hanswurst und kommentiert dies mit folgenden Worten: »Wir werfen Dich von unseren heiligen Brettern und überantworten Deine traurige Gestalt den läuternden Flammen.« (01:24:45)[173] In dieser Szene wird dezidiert das Spektakel der Bücherverbrennung aufgerufen, wie es 1933 praktiziert worden war und mit vermeintlichen Praktiken des sich institutionalisierenden Theaters verknüpft. Erneut wird damit die Grenze zwischen ›Leben‹ und ›Spiel‹ aufgebrochen. Geschützt in diesem Rahmen einer historisierenden Inszenierung ist es so möglich, nicht Bücher, sondern allegorisierte Personen vor den Augen der Zuschauer zu verbrennen.

In *Friedrich Schiller* werden ebenfalls zwei literarhistorische Aktanten gegenübergestellt, wovon es einer zu Anerkennung und Autorschaft bringt, der andere hingegen, der Dichter Christian Daniel Schubart (Eugen Klöpfer), auf dem Hohenasperg in Festungshaft einsitzt. Auch im früheren Schiller-Film von Goetz war die Kontrastierung beider Dichterfiguren und die Anteilnahme des jungen Schiller an Schubarts Schicksal angezeigt. Schubart war bereits nach Ulm geflohen, lässt sich aber leichtgläubig verleiten, noch einmal über die Grenze nach Blaubeuren zu kommen, wo er sogleich verhaftet wird. Mit einer solchen Kontrastierung der beiden Autoren wird zugleich die Position des ›genialen‹ Autors gegenüber der Autorität des Herzogs bespiegelt.[174] So kommt es zu einer signifikanten

173 Die Formulierung »den Flammen überantworten« wurde verwendet in der Bekanntgabe der Bücherverbrennungen am 10. Mai 1933 durch die Deutsche Studentenschaft: »Wider den undeutschen Geist«, in: *Deutsche Kultur-Wacht,* Heft 9, 1933, S. 15; zitiert aus Wulf (1983), Literatur und Dichtung im Dritten Reich, S. 44f.

174 Schönfeld sieht in Schubart ein verstecktes Alter ego des Regisseurs, wonach sich Maisch mit diesem unterdrückten Künstler identifiziert und damit regimekritische Aspekte codiert habe. Fraglich bleibt zum einen, ob hinsichtlich der kollektiven Autorschaft eines Films tatsächlich die ›Handschrift‹ des Regisseurs für das Deutungsangebot eines Films alleine ausschlaggebend sein kann. Zum anderen wiederholt eine solche Interpretation

Andreas Streicher und Schiller – dieser dem heroischen Dichter entsprechend mit dem ›Sternenblick‹ – kurz vor der gemeinsamen Flucht in *Friedrich Schiller. Der Triumph eines Genies* (Herbert Maisch, D 1940), Quelle: Deutsche Kinemathek

Szene, die jeglicher Annahme, bei Schiller könnte es sich um einen feigen Flüchtling handeln, entgegenwirken soll und dessen Opferwillen noch einmal betont: Er stellt sich dem Herzog in einer von ihm selbst ersuchten Audienz. Der Herzog, der kurz zuvor die Festsetzung Schillers auf dem Hohenasperg »ohne Aufsehen« angeordnet hat, fragt ihn, warum er nicht schon längst geflohen sei: »Weil er nicht konnte?« – »Weil ich nicht wollte!«, antwortet Schiller. Und: »Ich werde es mit meinem Leben zu bezahlen wissen, daß ich meinem Fürsten die Wahrheit – und nichts als die Wahrheit – gesagt habe.« (01:34:40/01:35:40) Sein kompromissloses Wollen[175] ist wie bei der Neuberin Voraussetzung für die Bewunderung »durch die Welt«, die hier durch das gedruckte Werk und nicht allein durch die Erinnerungsleistung der Gesellschaft erhalten bleibt: »Meinen Mund können sie zum Schweigen bringen. Mein Werk, das weiß ich, wird weiterleben!«

die Rückübertragungsprozedur des Biopic, indem der Autor mit einer oder mehreren Figuren seines Werks identifiziert wird (Schiller in *Die Räuber* und Maisch in *Friedrich Schiller*); Schönfeld (2006), »Blut muß ich saufen, es wird vorübergehen!«, S. 88.

175 Vgl. auch den ersten Disput mit dem Herzog, wenn Schiller ihm ein entschlossenes »Ich will!« (so handeln wie ein Genie) entgegenschleudert (00:38:33).

(01:36:35) Dass er sich schließlich doch mit Streicher auf den Weg macht, verdankt er dem dringenden Rat seiner Mutter. Sie ist – im Gegensatz zur früheren Film-Version – hier entscheidende Handlungsinstanz und nicht nur der emotionale Bezugspunkt des Dichters. Die Intrige der Mätresse des Herzogs, der Reichsgräfin Franziska von Hohenheim (Lil Dagover), und von Laura (Hannelore Schroth) bleibt im Grunde wirkungslos, denn Schiller missachtet ihre Ratschläge; lediglich seinem besten Freund Streicher und seiner Mutter gesteht er diese Unterstützung zu.

Diese Beobachtung deutet auf die dramaturgische Reduktion des Liebesplot hin:[176] Laura gehört hier nicht mehr als Vermieterin und Hauptmannswitwe der Klasse des niederen Militärs an, sondern, als Pflegetochter des Generals Rieger, dem höfischen Milieu. Sie wird von Franziska von Hohenheim protegiert und vom Hofmarschall umworben. Ihre aufopferungsvolle Liebe, der ebenfalls das entsagende Moment eingeschrieben ist, nobilitiert den Dichter gleichsam. Eine vergleichbare Konstellation findet sich im Liebesplot von *Komödianten,* wenn Achim von Perckhammer (Richard Häußler) als Neffe der Herzogin eine unstandesgemäße, aber erst nach und nach sich entwickelnde aufrichtige Liebe für die Aktrice Philine (Hilde Krahl) empfindet, die ihm gleichermaßen metaphorischen Adel zubilligt. Dieser Handlungsstrang einer Liebe zwischen Adeligem und Bürgerstochter sowie die höfischen Intrigen, die diese Bindung verhindern sollen, zitieren vor allem Lessings *Emilia Galotti* und Schillers *Kabale und Liebe,*[177] was einerseits als Rückübertragung in die Biographie Lessings und andererseits als kanonbildendes Moment eines deutschen National-Theaters gelten muss. Philine muss Achim zugunsten der Kunst entsagen, weil sie ihr Leben dem Erbe der Neuberin und einer »unendlichen Aufgabe« »geweiht hat« (01:44:10). Sie entscheidet sich gegen eine Ehe mit Perckhammer: »Ich habe schon die Bühne gewählt, und ich muß ihr treu bleiben.« (01:35:58) Der Liebesplot nimmt für beide Filme entsprechend reduzierte Bedeutung ein, auch wenn er nicht ganz fehlen darf. Für *Komödianten* wurde der Fokus weg von der fiktionalen Figur der Philine im gleichnamigen Roman von Olly Boeheim (1935) stärker auf die Neuberin gerichtet;[178] für *Friedrich Schiller* wurde für den Liebesplot auf Laubes *Die Karlsschüler* zurückgegriffen und in einer Nebenhandlung entsprechend mit den »Oden an Laura« verquickt.[179] Das

176 Schulte-Sasse interpretiert diese Reduktion psychoanalytisch, indem die Beziehung der Führerfigur zum Volk erotischer aufgeladen sei als die heterosexuelle; vgl. Schulte-Sasse (1996), Entertaining the Third Reich, S. 163. Vgl. auch generell Schulte-Sasse (1991), National Socialism's Aestheticization of Genius.

177 Schulte-Sasse (1990), A Nazi Herstory, S. 70f.

178 Vgl. Kanzog (1994), »Staatspolitisch besonders wertvoll«. Ein Handbuch zu 30 deutschen Spielfilmen der Jahre 1934 bis 1945, S. 273.

179 Hieraus wurde auch die Figur des Hofmarschalls von Silberkalb übernommen; vgl. Ruppelt (1979), Schiller im nationalsozialistischen Deutschland, S. 128.

zölibatäre Modell des Künstlerlebens, das den Protagonisten dabei letztlich zukommt, wird in den Diskurs der Treue und des Opfers eingebettet.[180] Es gibt keine individualistischen Paarbeziehungen als Identifikationsangebot, sondern ein Kollektiv deutscher Nationaldichtung – erstarrt in der Bewunderung und im Durchhalten. Mit diesem Entsagungsmodell geht ein weiteres religiöses Moment einher: Die Herde-Hirt-Metapher manifestiert sich zum einen in Schillers herausragender Position bei seiner Deklamation der *Räuber*-Szene, weil sie sich an der Ikonographie der Bergpredigt orientiert, und wird zum anderen in der wörtlichen Formulierung aufgerufen, wenn es über die ›führungslose‹ Neubersche Theatertruppe heißt: »Eine Herde ohne Hirt'!« (01:39:00) Das »angeborene Genie« erfährt somit zwei Wendungen in der Künstlerideologie des Nationalsozialismus: Zum einen die ›völkische Geburt‹ des Genies und zum anderen dessen christliche Begründung, die jedoch nur mehr als implizites Bild-Zitat oder in der negativen Formulierung vorgeführt wird, was in beiden Fällen auf Phänomene vergangener Zeiten hinweist.[181] Vorschub leistete dieser Ideologie eine Literaturgeschichtsschreibung, die den Dichter in die ›Führerfigur‹ transformierte, wie es 1926 etwa Friedrich von der Leyen unternahm:

> »Die Zeit von 1750-1830 ist weder eine geistliche noch eine ritterliche und adlige noch eine bürgerliche, sie ist die Zeit der deutschen Dichtung schlechthin. Zum erstenmal gehört die deutsche Dichtung sich selbst und beherrscht das geistige Leben. Der größte Dichter ist der größte Deutsche, das Politische und Wirtschaftliche scheint wesenlos. (...) In der Zeit Goethes sind die Dichter selbst die Führer.«[182]

Beide Filme lassen, entsprechend dieser prozessual-dynamischen Implikation des Führens, den Lebensabschnitt der Protagonisten jeweils in der Passage enden: Schiller sitzt mit Streicher in der Kutsche; das letzte Wort des Schiller-Films spricht zuvor ein ehemaliger Widersacher aus der Militärschule:[183] Er erkennt die beiden Flüchtenden, Schiller und Streicher, und verkündet, obwohl sie mit falschen Pässen reisen, dennoch das erlösende »Passiert!«, was durchaus doppeldeutig zu verstehen ist: als

180 So sagt Caroline Neuber über sich selbst gleich zu Beginn des Films: »Sie ist eine alte Frau, über die Liebe längst hinaus. (...) Richte er seine Liebeserklärungen an mein Theater und bleibe er dem treu. Das ist die größte Liebe, die er mir erweisen kann.« (00:08:43) Kurz vor ihrem Tod kommt sie zu der Einsicht, daß »Treue« »die größte Liebe« sei (01:41:00).

181 An die Stelle der Neuberin tritt Lessing, wenn Perckhammer die Verantwortlichen für die Einstudierung von *Emilia Galotti* festlegt: »Gotthold, die Akteure und ich.« (01:40:00)

182 Leyen (1926), Geschichte der deutschen Dichtung, S. 79.

183 Der letzte Ausruf Schillers während der Fahrt, »Die Freiheit!«, soll zensiert und herausgeschnitten worden sein, was die These bestätigt, daß »Freiheit« außerhalb der Institutionen von Zucht und Ordnung nicht erlaubt wäre; vgl. den Hinweis in Courtade und Cadars (1976), Geschichte des Films im Dritten Reich, S. 97.

Aufforderung zur Weiterfahrt und als Fazit einer literarhistorischen Darstellung, die, wie im Film erzählt, »passiert« sei. Es folgt daraufhin noch eine Öffnung der Perspektive auf die Landschaft, die hier metonymisch für die »Welt« fungiert, die Schiller nun erwartet. Die Neuberin stirbt »auf der Landstraße«, gelehnt an ihren (Thespis)Karren. Das Ende von *Komödianten* bietet daran anschließend noch einen Epilog, der sich dem Motiv des kollektiven Gedächtnisses widmet: Der narrative Rahmen, der mit einer Gedenktafel für Caroline Neuber eröffnet worden war, wird mit der Installation einer solchen wieder geschlossen, denn die Herzogin von Weißenfels übergibt der ›Truppe‹ sowie Perckhammer und Lessing das »Deutsche Nationaltheater«, wo eine neue Gedenktafel für die Neuberin angebracht wurde. Philine spricht von der Mittelloge aus, die traditionell dem Potentaten vorbehalten war, in den leeren Zuschauerraum hinein die folgenden Schlussworte:

> »Dies ist das äußere Denkmal Deines Sieges. Wir nehmen es in Besitz voll tiefer Dankbarkeit für Dein Leben. Und so lange unser Herz schlägt, wird es uns vorwärts treiben mit dem mahnenden Ruf: Weiter, weiter!« (01:45:00)

Die Ausgangsthese von Segeberg bestätigt sich hier sogar auf doppelte Weise: Es handelt sich um eine zweifache »Medialisierung des Ideologischen«, weil sich die Referenz »Dies« in den zitierten Schlusssätzen sowohl auf den Zuschauerraum bzw. das Theater als Ganzes als auch auf den Film selbst bezieht. Der Film arbeitet hier über seine eigene mediale Ideologisierung hinaus mit diegetischen Elementen des Theaters, was für den nationalsozialistischen Dichterfilm als signifikant gelten muss.[184]

Deuteten die bisherigen Beobachtungen darauf hin, dass überwiegend lyrische Texte die Zitate für das Biopic vorhalten – von Körners Versen aus *Leyer und Schwerdt* im heroischen Narrativ bis zur Liebeslyrik Schillers, Goethes und Heines in der melodramatischen Romanze –, so ändert sich dies in einer Erzählweise, die theatrale Aspekte des Künstlerlebens betont und dadurch die nationale und staatspolitische Bedeutung hervorzukehren versucht. Dabei wird die dramaturgische Konzeption auf eine Inszenierung des Lebens/Spielens der Protagonisten abgestellt und die Genese der beiden Dramen – *Die Räuber* mit ihrem »rebellischen« Hauptmann und *Emilia Galotti* mit dem Schicksal der Philine[185] – auf Handlungs- und Darstellungsebene deutlich vermischt.[186] Diese Mixtur

184 Erinnert sei hier noch einmal an *Nanon* (1938) mit der Theatertruppe Molières. In *Die schwedische Nachtigall* (1941) wird neben dem Märchendichter auch der Bühnenautor Andersen vorgestellt, der für Jenny Lind eine Hauptrolle konzipiert.

185 So sagt Lessing über sein Drama zu Philine: »Und es ist ein Abglanz von Eurem Schicksal darin.« (01:39:50)

186 Weniger deutlich ausgestellt ist der Rückgriff des Schiller-Films auf *Kabale und Liebe*, der mit den Referenzen auf das bürgerliche Trauerspiel bezeichnenderweise die familiären und Liebesangelegenheiten der Hauptfigur betrifft (Vater Schiller/Musikus Miller;

literarischer und biographischer ›Theatralität‹ kommt einem heroischen Opferdiskurs zugute, der von Figuren und Publikum gleichermaßen ein großes Maß an Identifikationsbereitschaft abfordert.

Horst Caspar in der Titelrolle von *Begegnung mit Werther* (Karl Heinz Stroux, BRD 1949), Quelle: Heinichen (1949), Goethe und der Film, o. S.

Der mit den Prädikaten »staatspolitisch und künstlerisch besonders wertvoll«, »kulturell wertvoll« und »volksbildend« ausgezeichnete Film *Komödianten* wurde nach 1945 nicht der FSK-Kontrolle vorgelegt, war aber auch auf keiner Verbotsliste verzeichnet.[187] Der Schiller-Film, der die Prädikate »staatspolitisch wertvoll«, »künstlerisch wertvoll« und »jugendwert« erhalten hatte, wurde bereits im Jahr 1952 den Kinos wieder zur Verfügung gestellt und seither auch als Videoproduktion und Fernsehausstrahlungen vermarktet.[188] Sein Hauptdarsteller Horst Caspar hatte noch 1943/44 in Veit Harlans *Kolberg* den rigorosen und opferbereiten Gneisenau gespielt; 1949 erschien er erneut mit dem »Sternenblick« als Darsteller des Werther auf der Leinwand (*Begegnung mit Werther,* Karl Heinz Stroux). Auf der Grundlage eines dramatisierten Briefromans entstand so eine ikonographische Inszenierung, die sich leicht mit dem faschistischen Idol Schiller verwechseln ließ und im Bemühen um eine Umcodierung erneut den ›klassischen‹ Kanon zwischen Geschichte, Fiktion und filmischer Inszenierung bestätigte.

Franziska von Hohenheim/Lady Milford); vgl. Ruppelt (1979), Schiller im nationalsozialistischen Deutschland, S. 128.

187 Vgl. Kanzog (1994), »Staatspolitisch besonders wertvoll«. Ein Handbuch zu 30 deutschen Spielfilmen der Jahre 1934 bis 1945, S. 267. Die Rechte-Inhaber (Friedrich-Wilhelm-Murnau-Stiftung) geben derzeit eine FSK-Freigabe von »ab sechs Jahren« an.

188 Zensurkarte vom 28.08.1952 (04697): »Jugendfrei, feiertagsfrei« (Deutsches Filminstitut Frankfurt a. M.). Der Schiller-Film wurde auch als Kritik am nationalsozialistischen Regime gelesen, was auf Zeitzeugendokumente und Apologien des Regisseurs nach 1945 zurückgeht. Segeberg hält diese Aspekte ebenfalls für wenig produktiv; vgl. Segeberg (2001), Literatur als Medienereignis, S. 493. Aus psychoanalytischer Sicht sprechen hierfür einige Argumente; vgl. Schulte-Sasse (1996), Entertaining the Third Reich, S. 151ff.

4.5. Der Heimatfilmdichter (Löns, 1956)

Der Film *Rot ist die Liebe* (Karl Hartl, BRD 1956) – als einzige Filmbiographie zur deutschen Literaturgeschichte für die 1950er Jahre nachweisbar – ist auf den ersten Blick ein typischer Heimatfilm: mit einer kitschigen Liebesgeschichte, vielen Naturaufnahmen und volkstümlichen Liedeinlagen.[189] Auf den zweiten Blick allerdings scheint er das Unterfangen zu sein, den seit dem Nationalsozialismus in Misskredit geratenen Heimatdichter Hermann Löns wieder im kulturellen Diskurs zu etablieren – als Liebenden, Leidenden und Schreibenden. Anlass, an den Autor Löns und sein Werk mit einer Filmbiographie zu erinnern, bot der 90. Geburtstag von Löns, wie das Pressebüro damals betonte:

> »Der im September 1914 vor Reims gefallene Hermann Löns hat auf eine wunderbare Weise stets im Herzen des Volkes gelebt, und wenn sein Name vielleicht auch nicht immer unmittelbar gegenwärtig war, so werden doch seine Heide- und Liebeslieder bis zum heutigen Tag gesungen, so selbstverständlich wie man Volkslieder singt.
> Hinzu kommt, dass um die Gestalt dieses Dichters, Jägers und Naturforschers immer auch ein Hauch von Romantik gewesen ist, die insbesondere in der Heide zu einer Legendenbildung geführt hat, in der seine Freundschaft mit den Bauern, sein Waidmannstum und vor allem seine vielfältigen Beziehungen zu den Frauen die farbigsten Kapitel schrieben. Aber er war ein souveräner Mann, der nach eigenem Gesetz lebte und nach diesem gleichen Gesetz 1914 auch in den Soldatentod ging.«[190]

Regisseur dieser verharmlosenden Re-Etablierung einer deutschen Dichterfigur war Karl Hartl, der im weiteren Verlauf dieses Pressetextes als »großer Regisseur« der beiden Mozart-Biographien *Wen die Götter lieben* (D 1942) und *Reich mir die Hand mein Leben* (A 1955) erwähnt ist. Er konnte sich auch nach der österreichischen und deutschen Filmproduktion unter NS-Prämissen wieder etablieren. Mit dieser Regiebesetzung versuchte die Bavaria-Produktion an die Erfolge der Heimatfilme der Berliner Berolina-Produktion unter Leitung von Hans Deppe anzuknüpfen. Dieser hatte mit *Schwarzwaldmädel* (BRD 1950) und *Grün ist die Heide* (BRD 1951) das für die 1950er Jahre kommerziell äußerst erfolgreiche Genre des Heimatfilms geprägt und bis 1960 mit etwa 20 Produktionen fortgeführt, darunter auch zahlreiche spezifische Heide-Filme (*Heideschulmeister Uwe Karsten,* BRD 1954;[191]

189 Zum Genre vgl. Trimborn (1998), Der deutsche Heimatfilm der fünfziger Jahre.

190 D--ck (5.2.1957), Eine deutsche Liebesgeschichte aus vergangener Zeit. Karl Hartls Hermann Löns-Film der Bavaria »Rot ist die Liebe«. film-presse zum honorarfreien Abdruck (Stiftung Deutsche Kinemathek Berlin, Schriftgutarchiv).

191 Zwei der erfolgreichen Heide-Filme von Hans Deppe sind Remakes, als müsste hier Filmgeschichte noch einmal neu und vor allem in Farbe geschrieben werden: *Grün ist die Heide* (Hans Behrendt, D 1932) und *Heideschulmeister Uwe Karsten* (Carl Heinz Wolff, D 1933).

Wenn die Heide blüht, BRD 1960).[192] Der Film *Rot ist die Liebe* versucht nun einige Jahre nach Deppes ersten Heimatfilmen auf der kommerziellen Erfolgswelle dieser Kassenschlager mitzuschwimmen. Setzte Deppe immer wieder auf eines der Traumpaare des bundesdeutschen Nachkriegsfilms, Sonja Ziemann und Rudolf Prack, so sparte auch *Rot ist die Liebe* nicht mit einem Staraufgebot wie Dieter Borsche, Cornell Borchers und Barbara Rütting. Jedoch weist der Löns-Film einen signifikanten Unterschied zum Gros der Filmproduktion der 1950er Jahre auf, denn er spielt nicht in der Gegenwart, sondern kurz vor dem Ersten Weltkrieg, als – so eine mögliche Interpretation – die deutsch-nationale Selbstüberschätzung und politische Aggression, die in den Nationalsozialismus münden, ihren Anfang nahmen. Während zahlreiche Nachkriegsfilme mit dem Publikum den zeitgemäßen Umgang mit Konsum und Kapitalismus einübten und zugleich »Essen, Trinken, große Autos, Konsum, Ferien, soziale(n) Aufstieg und technologische(n) Fortschritt« feierten,[193] erzählt der Dichterfilm von einem nationalen und rassistischen Autor der Kaiserzeit. Dies war nur unter bestimmten Bedingungen möglich; seine Biographie musste vor allem an die erzählbaren Mythen einer schwierigen Künstlerpersönlichkeit angepasst werden.

Dass der Filmtitel *Rot ist die Liebe* von der überwiegend gebrauchten Zitation des Dichternamens im Titel der meisten Filmbiographien abweicht, ist auffällig. Diese Abweichung lässt auf einen programmatischen und appellativen Vereindeutigungsversuch schließen, der auch auf weiteren Ebenen dieses Films zu beobachten ist. Der Filmtitel *Rot ist die Liebe* korrespondiert syntaktisch deutlich mit dem bereits erwähnten erfolgreichsten Film der Dekade, *Grün ist die Heide.*[194] Letzterer Titel ist ein Zitat aus Löns' Gedicht »Das Geheimnis«, obgleich es sich ansonsten weder um einen historischen noch um einen Dichterfilm handelt. Die Geschichte von Vertriebenen des Zweiten Weltkriegs, die ihre Heimat-Findung in der Lüneburger Heide versuchen, wird mit dem versöhnlichen Liebesplot des Försters mit der Flüchtlingstochter verknüpft und in ein pittoreskes Landschaftsbild eingestellt: »Es ist alles dran – Lönslieder und schlesisches Heimattreffen und Schützenfest und Wildderertücke und Liebesglück im Heidewinkel.«[195] Alle diese Topoi des Heimatfilms, einschließlich der obligatorischen Stadt-Land-Gegensätze, der Landschaftspanoramen und Tieraufnahmen, weist

192 Vgl. Projektgruppe Deutscher Heimatfilm des Ludwig-Uhland-Instituts für Empirische Kulturwissenschaft (1989), Der deutsche Heimatfilm, S. 69-95.

193 Seeßlen (1989), Durch die Heimat und so weiter, S. 140.

194 Von 1951 bis 1959 sahen 19 Millionen Zuschauer den Film *Grün ist die Heide,* bei der Erstausstrahlung in der ARD am 12.9.1980 entschieden sich bei einer Einschaltquote von 47 Prozent geschätzte 15 Millionen Zuschauer für dieses Spielfilmangebot; vgl. Bliersbach (1985), So grün war die Heide ... Der deutsche Nachkriegsfilm in neuer Sicht, S. 33.

195 Filmkritik von ft: »Grün ist die Heide – blau der Bart«, in: Die Neue Zeitung, 22.12.1951; zitiert aus Beindorf (2001), Terror des Idylls, S. 139.

Löns (Dieter Borsche) am Schreibtisch, beobachtet von der vernachlässigten Ehefrau (Barbara Rütting) als Reflektorfigur in *Rot ist die Liebe* (Karl Hartl, BRD 1956), Quelle: Deutsche Kinemathek

auch der Löns-Film auf. Die Titel beider Filme zeigen in ihrer syntaktischen Konstruktion eine einfache Aussage an, die mit einer Farbzuweisung arbeitet. Die Definition der Heide als »grün« steht im Widerspruch sowohl zum Wechsel der Jahreszeiten als auch zur zitierten lyrischen Provenienz, denn gerade bei Löns ist die Heide in ihrem differenten Farbenspiel immer wieder Thema. Zudem ist die grüne Heide im zitierten Gedicht »Das Geheimnis« als Schauplatz einer versteckten Sexualität formuliert: »Was die grüne Heide weiß, / Geht die Mutter gar nichts an, / Niemand weiß es außer mir / Und dem grünen Jägersmann; / Ja grün ist die Heide / Die Heide ist grün, / Aber rot sind die Rosen, / Wenn sie da blühn.«[196] Auch die Zuweisung der Farbe Rot ausschließlich zur Liebe, nicht zu den »Rosen« des Gedichts, die scheinbar weitere symbolische Konnotationen zu tilgen versucht, provoziert durch ihre syntaktische Schlichtheit: Insbesondere bei Löns spielt die Farbe Rot sowohl für die sexuelle Obsession aber auch für seine Topik der Jagd und damit des Blutes eine große Rolle, abgesehen einmal von den zahlreichen weiteren kultursemiotischen und psychologischen Aufladungen des Signifikanten »rot« zwischen Aggression und Begehren.[197]

196 Löns (o.J.), Sämtliche Werke, Bd. 1, S. 250.
197 Vgl. z.B. Gross (1981), Warum die Liebe rot ist.

Explizit weist der Löns-Film in der Titelsequenz auf seine Vorlage hin: »nach Motiven des Romans *Das zweite Gesicht* von Hermann Löns«, jener ›Quintessenz‹ seines Œuvres aus dem Jahr 1912, die als ein literarisch zu vernachlässigendes, ideologisch jedoch bedrohliches Amalgam aus rassistischen, misogynen und germanischen Kulturtheorien bezeichnet werden muss.[198] Literarhistorisch tradierte Grundlage für die Überblendung des Romans mit der Biographie war dessen autobiographische Lesart der 1920er Jahre, als nach Löns' Tod auf dem Schlachtfeld des Ersten Weltkriegs die Rezeption seiner Werke verstärkt einsetzte. Löns wurde zum nationalen und völkischen Märtyrer der Kriegsgeneration stilisiert, der mit seinen Gedichten zahlreiche Texte für die Liedkultur der Jugendbewegung in der Weimarer Republik lieferte. Sein völkisch-national orientierter Verleger Eugen Diederichs resümiert 1927 in seiner Autobiographie den großen kommerziellen Erfolg des Romans *Der Wehrwolf* nach 1914:

> »Überblicke ich dessen Absatzzahlen vom ersten Jahre (1911, S.N.) bis zum Weltkrieg und sehe dann das gewaltige Anschwellen des Absatzes seit seinem Tode 1914, das unmittelbar mit ihm einsetzte (1927 ist der Absatz bis 300 000 gediehen, in annähernd gleicher Absatzhöhe steht auch sein Roman das zweite Gesicht), so erkennt man: Bei diesem Buche war für den Absatz nicht das Erkennen seines Wertes allein entscheidend, sondern das immanente Bedürfnis des deutschen Volkes, sozusagen einen Theodor Körner des Weltkrieges zu besitzen. Er ist der einzige Dichter in der Volksphantasie geblieben, der als solcher für das Vaterland starb, und sein Wehrwolf ist zum Symbol für unseren Glauben an eine deutsche Zukunft trotz unserer Niederlage geworden.«[199]

Löns war der Dichter, der nicht nur seinen Figuren im *Wehrwolf*-Roman den Gebrauch des ›germanisch-christlichen‹ Hakenkreuz-Zeichens zuschrieb, sondern auch seine eigenen Briefe damit unterzeichnete.[200] Er eignete sich besonders für eine Funktionalisierung als völkisch-rassistische ›Führerfigur‹ eines Dichters,[201] weil er die gleichermaßen idyllischen und aggressiven Elemente der Blut- und Boden-Ideologie in seinen literarischen Texten kultivierte. Der nationalsozialistische Löns-Kult fand seinen ersten und letzten Höhepunkt, als die Reichskanzlei 1935 eine Überführung vermeintlicher Löns-Gebeine in die Lüneburger Heide anordnete, was zu einer an Peinlichkeiten und Pannen kaum zu überbietenden

---

198 Zur Rezeption der rassentheoretischen Schriften insbesondere von Gobineau (dt. *Versuch über die Ungleichheit der Menschenrassen,* 1853-55) und Langbehn (*Deutsche Schriften,* 1878) bei Löns vgl. Dupke (1994), Hermann Löns, S. 70ff. Die instruktive Biographie von Dupke, die den »Mythos Löns« zu demontieren versucht, verzeichnet die Filmbiographie lediglich in einer Fußnote und geht nicht weiter darauf ein; vgl. Dupke (1993), Mythos Löns, S. 66.

199 Diederichs (1938), Aus meinem Leben. Geschrieben im Jahre 1927, S. 51.

200 Vgl. Dupke (1994), Hermann Löns, S. 126.

201 Vgl. etwa Dinter (1935), Deutsch bis in den Tod. Wie Dichter des Weltkrieges sangen und starben, S. 2 (»Hermann Löns, der Dichter der deutschen Heide«).

politisch-symbolischen Farce geriet.[202] Im Widerspruch zu dieser Heroisierung umgab die Dichterfigur Löns jedoch eine sein Intimleben betreffende Anrüchigkeit, die durch Publikationen ihm vormals nahestehender Personen, insbesondere durch das Buch der Cousine seiner zweiten Ehefrau, Hanna Fueß (als Dritte in der skandalösen *ménage à trois* mit Hermann und Lisa Löns), noch befördert worden war.[203] Bezeichnenderweise veröffentlichte Fueß ihre Erinnerungen unter dem Pseudonym »Swaantje«, jenem Frauennamen, den im Roman *Das zweite Gesicht* die Geliebte des Künstlers Helmold Hagenrieder trägt, wodurch die autobiographische Lesart des Romans stark unterstrichen wurde.[204] Die Schilderungen von Löns als obszönen, sexuell obsessiven Charakter ließ die boulevardeske Wertschöpfung seiner Lebensgeschichte sprunghaft ansteigen, woran auch der Film *Rot ist die Liebe* noch sehr viel später und unter veränderten Rezeptionsbedingungen partizipierte.

Im Drehbuch und unter Regie von Karl Hartl wurden nun – was bei einem Heimatfilm der 1950er Jahre nicht weiter verwundern mag – jegliche politisch-ideologischen und sexuellen Einlassungen des Romans tunlichst ignoriert. Im Zuge einer (auto)biographischen Rückübertragung wird die Dichterfigur Löns in seinen eigenen Roman eingepasst, dessen Entstehen zugleich im Film erzählt wird. Die Frauenfeindlichkeit des Dichters (Dieter Borsche) und die demzufolge strikt getrennten Lebenswelten der Geschlechter werden höchstens angedeutet, wenn er seiner Ehefrau Lisa (Barbara Rütting) und »der Cousine Rosemarie« (Cornell Borchers) den Zutritt zu seinem Arbeitszimmer verbietet. Genauso wird auf die von Löns' Alkoholsucht und psychopathologischer Disposition herrührenden Exzesse, die ihm massive Schwierigkeiten bereiteten, im Film nur angespielt. So gibt es Hinweise auf das häufige gemeinsame Trinken mit der komischen, rein fiktionalen Figur des Heidekarl (Günther Lüders) und einen vermutlich vom Liebeskummer ausgelösten, im Grunde aber uneindeutigen Selbstmordversuch des Dichters, der auch ein Unfall hätte sein können: Auf dem Weg in das Wirtshaus »Zum blauen Himmel« verläuft er sich im nebligen Moor und wird erst einen Tag später in einem Kahn gefunden. Ist die Figur des Heidekarl für den Film hinzuerfunden, so wird die Figur des »blonden Juden« Direktor Meier aus dem Roman, der den Künstler Helmold Hagenrieder zu antisemitischen Äußerungen veranlasst, ganz ausgelassen.[205]

202 Vgl. die Schilderungen in Dupke (1993), Mythos Löns, S. 19-33; und Dupke (1994), Hermann Löns, S. 175-188.

203 Vgl. zu möglichen autobiographischen Parallelen Dupke (1993), Mythos Löns, S. 219ff.

204 Swantenius (1921), Hermann Löns und die Swaantje. Auch die Ehefrau des Dichters, Lisa Löns, wird mit dem Vornamen der Ehefrau des Malers Hagenrieder, Grete, chiffriert. Die männliche Hauptfigur trägt indes den Vornamen Hermann und nicht Helmold.

205 Perfide genug, wird der Antisemitismus Hagenrieders als Abwendung vom Antisemitismus deklariert: »Der Maler lächelte, weniger über das, was der andere sagte, als darüber,

Annemieken aus der Romanvorlage, die dort als zweite Geliebte Helmolds die Verkörperung des völkisch-bäuerlichen Weiblichkeitsideals darstellt, wird entsprechend verharmlosend in eine naive Dienstmagd umgeschrieben, die ihre Verliebtheit in den Dichter schließlich zugunsten einer Bindung mit einem Jäger aufgibt. Auch die restlichen Paare finden wieder zueinander und komplettieren fast ein *happy end:* Hermann versichert seine Ehefrau seiner Treue, und Cousine Rosemarie fügt sich in ihre Vernunftehe mit dem Prinzen Niko. Der Konflikt des Dichters, sich zwischen den beiden Frauen entscheiden zu müssen, wird durch den Ausbruch des Ersten Weltkriegs aufgeschoben. Der Film endet mit der Abfahrt von Löns zum Kriegsdienst; der literarhistorisch versierte Zuschauer weiß jedoch, dass mit dem Tod Löns' an der Front der Liebeskonflikt ein von außen aufoktroyiertes Ende nimmt.

Das Drehbuch kann sich für die Ausgestaltung der Dichterfigur nicht an der Romanvorlage orientieren, weil der Künstler Helmold Hagenrieder als Maler konzipiert ist. Im Roman ist die schreibende Profession vielmehr weiblich besetzt: Das intellektuelle Pendant zur ›urwüchsigen‹ Annemieken einerseits und zur seriösen Ehefrau Grete andererseits ist dort die Schriftstellerin Swaantje, die sich im Film zur privatisierenden »Cousine Rosemarie« wandelt. Der Dichter Löns wird im Film unter den hauptsächlichen Aspekten seines Werks vorgestellt. Zunächst ist er, durchaus Körner vergleichbar, als volkstümlicher Barde angelegt, wenn er bei seiner Geburtstagsfeier selbst zur Gitarre greift und das eigens komponierte, dem Volksliedton nachempfundene »Ich kenne eine Wirtin hier« singt, womit auch noch die zarten Bande zwischen Wirtin und Dichter angedeutet sind (00:13:00). Sodann wird sein lyrisches Werk zitiert, indem Ehefrau Lisa die Bettlektüre ihrer Cousine Rosemarie entdeckt und dort die Verse »Aug' zu Auge zärtlich spricht /

Hermann Löns (Dieter Borsche) als Barde in *Rot ist die Liebe* (Karl Hartl, BRD 1956), Quelle: Deutsche Kinemathek

was diese Worte in ihm locker machten. Er war lange überzeugter Antisemit gewesen, bis er einsah, daß damit die Judenfrage nicht zu lösen wäre, und daß dieses Volk für die Germanen bitter notwendig sei, damit sie sich an dessen Emsigkeit aus ihrer angeborenen Trägheit emporärgerten.« Löns (1917), Das zweite Gesicht, S. 246.

Aber uns lieben, das dürfen wir nicht« aus dem Gedicht »Verbotene Liebe« in der Anthologie *Der kleine Rosengarten* (1910) unterstrichen findet (00:27:20). Der Autor des Romans *Das zweite Gesicht,* dessen Titel sich auf die Darstellung der Swaantje in einem Gemälde Hagenrieders bezieht und folglich für die melodramatische Handlung der Filmbiographie irrelevant ist, zeigt sich im Film als Vollender seines Werks: Er liest dem Heidekarl die vermeintlich letzten Zeilen des Romans laut vor,[206] resümiert die Entwicklung der letzten Monate und seine verzweifelte Liebe zu Rosemarie (01:04:00); dann läuft er hinaus ins Moor, um Schnaps aus dem Wirtshaus zu holen, worauf die erwähnte dramatische Suchaktion nach dem Dichter einsetzt. Der Roman wird somit als Löns' Vermächtnis zitiert, der die autobiographische Liebesgeschichte des Autors erzählen würde, so dass mit den Zitationen der Texte zugleich deren Rezeption – stellvertretend durch die Festversammlung, die heimliche Geliebte, den Heidekarl – angezeigt ist und die Rückübertragung der Autorfigur in die Romanfigur einen hermeneutischen Zirkel zwischen Leben und Schreiben noch weiter legitimiert.

Zusammenfassend lässt sich die Filmbiographie über die letzten Lebensjahre von Hermann Löns als ein Versuch beschreiben, die vom Autor in seinen Gedichten entworfene idyllische Heidelandschaft vor Augen zu führen und dabei seine zum Melodram geformte Vita in das Genre des Heidefilms einzupassen. Ein Interesse daran, die Schreibprozesse des Autors filmisch zu rekonstruieren, lässt sich nicht erkennen; die Situierung der Figur am Schreibtisch oder in der Redaktion scheint keine Handlungsrelevanz zu haben. Vielmehr folgt der Film den widersprüchlichen Selbststilisierungen des historischen Löns zu seinen Lebzeiten als Dandy, Bürger, Jägersmann und Wanderer.[207] Diese gegensätzlichen Bilder des Autors werden durch die übliche Stadt-Land-Opposition des Heimatfilm-Genres narrativiert: Die ›besseren‹ Menschen leben stets in der Natur; dekadente Lebensweisen hingegen sind Entwicklungen der Urbanität. Richtig wohl fühlt sich der Dichter nur in seiner Jagdhütte, in die er aus seiner Stadtvilla und der Zeitungsredaktion flieht. Die filmische Dichterfigur Löns in ihrer Jagduniform kann als eine Wiederbesinnung auf die sozialdarwinistischen Konzepte des Autors gelesen werden, hat doch Löns die Jagd als atavistische und für den Volkskörper essentielle Tätigkeit verherrlicht.[208] Die Jagdmetapher wird zugleich von ihrer politischen Funktion in eine Metapher des Liebeswerbens umgedeutet, denn der Dichter gäbe, so Annemieken, seiner Cousine »Nachhilfestunden in

206 Die Dichterfigur Löns liest den vorletzten Absatz; die letzten beiden Zeilen, die sich auf Grete Hagenrieder beziehen, werden weggelassen; vgl. ebd., S. 272.

207 Vgl. hierzu die Photographien in Dupke (1994), Hermann Löns, Bildteil nach S. 112.

208 Vgl. ebd., S. 94.

der Jägerei – jeden Tag, von früh bis spät« (00:21:00). Sein Verzicht auf die Cousine lässt ihn aber nicht unterlegen erscheinen, sondern macht die Größe dieser tragischen Figur recht eigentlich aus. Die Landschaften und Wetterlagen im Genre des Heimatfilms dienen innerhalb der Erzählkonventionen als symbolische Bildwelten für Handlungen und Konstitution der Charaktere. Sonnenschein, Nebel, Gewitterregen sind Indizes einer melodramatischen Dramaturgie, die das Opfer des Dichters und seiner Liebe für das Wilhelminische Volk und Vaterland fordert. Der ›Jägerpoet‹, zu dem sich der Autor Löns bereits selbst stilisierte, wird vom Löns-Bild der Filmbiographie fortgeschrieben; es hat sich durch die Konzessionen an das Genre des Heidefilms von der faktischen Biographie weitestgehend entfernt und gerade dadurch nicht unwesentlich zur Aufrechterhaltung des verklärenden Löns-Kults beigetragen. Die Lüneburger Heide als derjenige Kulturraum,[209] in dem mit dem Lager Bergen-Belsen von 1943 bis 1945 das menschliche Grauen perfektioniert und noch 1944/45 der letzte Ufa-Durchhalte-Film gedreht wurde,[210] geriet so leicht wieder in Vergessenheit.

4.6. Märchendichter in Hollywood (Brüder Grimm, 1962 und 2005)

»Und was Du da wieder aufgebaut! Vierzig Märchen zusammenbraut!«, spricht Jacob Grimm zu Siegfried Wagner in seiner Märchenoper *An allem ist Hütchen schuld!* (1915).[211] Dieses Konglomerat aus Märchen- und Sagenzitaten sowie biographischer Parodie, in der sich der Autor selbst als Figur entwirft und mit der Figur Jacob Grimm über den Vorwurf des Plagiats und der Kontamination in Streit gerät, stellt gleichsam einen der Vorläufer zu einem Hollywood-Film aus den letzten Jahren der Studio-Ära dar. Bereits dort werden die Brüder Grimm zu Protagonisten einer theatralen Literaturgeschichte erhoben und die Frage nach deren Autorschaft und Sammeltätigkeit gestellt. Das Biopic, das sich in diesem Fall als ein von MGM produziertes Musical präsentiert (*The Wonderful World of the Brothers Grimm,* Henry Levin/George Pal, USA 1962), reiht sich in eine Genretradition ein, die aber auch aus Märchenfilmen wie *The Wizard*

209 Vgl. hierzu auch Brockhoff et al. (1998), Ja, grün ist die Heide …: Aspekte einer besonderen Landschaft.

210 *Das Leben geht weiter* (D 1945, Wolfgang Liebeneiner, unvollendet); vgl. dazu den hochgelobten Dokumentarfilm *Das Leben geht weiter. Der letzte Propagandafilm der Nazis* (Mark Alan Cairns, D 2002) sowie das gleichnamige Buch von Blumenberg (1993), Das Leben geht weiter.

211 Zitiert aus Rölleke (2002), Die Brüder Grimm als Bühnenfigur, S. 100.

of Oz (Victor Fleming, USA 1939) herrührt und ihrerseits Elemente aus dem Fantasy-, Adventure- und Musical-Genre verwendet. Nach ähnlichem Muster einer biographischen Rahmenhandlung mit episodischen Märchen-Erzählungen, die Lied- und Tanzeinlagen sowie ein animiertes Puppenpersonal aufweisen, verfährt auch der spätere Film über Hans Christian Andersen (*The Daydreamer,* Jules Bass, USA 1966), der an den Erfolg des Grimm-Films anzuknüpfen versucht.[212] Jener erste Grimm-Film, der über die biographische Erzählung hinaus auch Märchen aus der berühmten Sammlung *Kinder- und Hausmärchen* (KHM) der Brüder Grimm »zusammenbraut«, möchte vor allem die Entwicklung von den unverstandenen, gesellschaftlich wenig akzeptierten Märchensammlern und Autoren gelehrter, aber gleichwohl ›uninteressanter‹ Abhandlungen zu den gefeierten Mitgliedern der Berliner Königlichen Akademie zeigen, deren wichtigstes Publikum aber nach wie vor die vielen märchenbegeisterten Kinder sind. 2005 kommt eine Neuauflage des Stoffes heraus, die auch wieder MGM mitproduziert und -vertreibt, von Regisseur Terry Gilliam jedoch in deutlich anderer Form filmischen Erzählens umgesetzt wird (*The Brothers Grimm,* GB/CZ/USA 2005). Anstelle des Musicals kommt hier primär das Fantasy-Genre zum Tragen, bleibt im Grunde aber vage zwischen »[genre] romp, action, adventure, comedy«.[213] Anhand der beiden Grimm-Filme lässt sich nun der Paradigmenwechsel im klassischen Biopic besonders gut nachvollziehen, was im folgenden Vergleich entwickelt werden soll.

Der erste Grimm-Film von 1962 besteht aus einer biographischen Rahmenhandlung und drei Binnenerzählungen mit aufwendigen Lied- und Tanzeinlagen, die eine kleine Auswahl aus den erstmals 1812 erschienenen KHM bringen (»Die zertanzten Schuhe«, »Von den Wichtelmännern«, »Der singende Knochen«), so dass hier Leben und Werk in jeweils als getrennt erkennbaren diegetischen Realisationen ihren Niederschlag finden. Über diese Oppositionenbildung von Leben vs. Werk soll vermutlich der Eindruck historischer Authentizität entstehen, die sich jedoch allein aufgrund der zahlreichen fiktionalen Charaktere auf biographischer Ebene (Verleger, Verlobte, Herzog u.a.) nur auf den allerersten Blick annehmen lässt. Analog zu dieser lediglich vermeintlichen biographischen

212 Mit der Besetzung wird zugleich eine direkte Verbindung zu *The Wizard of Oz* hergestellt, denn Ray Bolger and Margaret Hamilton spielen hier wie dort.

213 Diese Unentscheidbarkeit scheint auch zu massiven Konflikten zwischen dem Regisseur Terry Gilliam und den Produzenten Bob und Harvey Weinstein geführt zu haben; vgl. McCabe (2005), The Times bfi London Film Festival [Terry Gilliam on »Brothers Grimm«], S. 24f. Die Weinstein-Brüder hätten sich doch mit dem Plot der »Brothers Grimm« besonders gut identifizieren können, weil er die Bruder-Beziehung diskutiert. Zur schwierigen Entstehung, insbesondere bei der *post-production,* vgl. die ausführliche Darstellung in McCabe und Gilliam (2006), Dreams and Nightmares.

Treue werden in den Märchenepisoden auch keine – soweit dies überhaupt möglich wäre – textgetreuen Verfilmungen der Kinder- und Hausmärchen dargeboten, sondern recht freie Synthesen einzelner Motiv- und Figurenzitate, die neue ›zauberhafte‹ Erzählungen konstruieren.[214] Die montierten Überblendungen der Ebenen von Leben und Werk – hier zumeist als Kombination von Unschärfeblenden sowie Auf- und Abblende verwendet – dienen gleichsam einer Interpunktion der filmischen Narration, die einen solchen Wechsel der Handlungsebenen, *flashbacks* oder dergleichen indizieren kann.[215] In der jüngeren Version des Grimm-Biopic von 2005 wird diese buchstäblich umgesetzte Überblendung von Leben und Werk nicht mehr aufrechterhalten: Die recht deutlich psychoanalytisch motivierten Figuren werden in deren eigene Märchenwelt hineinversetzt und müssen dort, inmitten der wiederum heranzitierten Figuren und Handlungselemente, ihre Abenteuer bestehen. Die bereits erwähnte Rückübertragung von Autorfiguren in ihre Texte gerät in diesem Fall freilich zur Parodie, denn während dieses Verfahren etwa im Löns-Film das Genre des Melodrams affirmiert, entlarvt dieser Film sich selbst und das Leben der Brüder Grimm allemal als ›Märchenerzählung‹ einer filmischen Biographik. Autorschaft ist nicht länger eine durch Überblendungen organisierte Einheit biographischer Rahmung, so legt diese *bricolage*-lastige Version nahe, sondern ein diegetischer Effekt des Erzählens selbst.

Beide Filme jedoch folgen ihrerseits einem Märchenmotiv: der Bruderliebe und der damit einhergehenden gegenseitigen Erlösung der Geschwister. So ist in dem frühen Film die historisch plausiblere Version anzutreffen, dass Wilhelm (Laurence Harvey) der dominante Märchensammler gewesen sei und der unverheiratete Jacob (Karlheinz Böhm), der gelehrtere Autor von beiden, den verheirateten Bruder sowie dessen Familie sein Leben lang begleitete und unterstützte (und vice versa). Hier stehen ökonomische und gesundheitliche Motive im Vordergrund, die Jacob auf das Eheglück mit der fiktiven Figur der Greta Heinrich[216] verzichten lassen. Bei Terry Gilliam hingegen löst die Psychoanalyse das Modell der vernunftorientierten Lebensplanung ab, denn in diesem Film hat Jacob (Heath Ledger) ein kindliches Trauma erlitten, das ihn zum obsessiven

214 Die drei Märchen (KHM 133, 39, 28; gezählt nach der Ausgabe letzter Hand 1857) werden in jeweils signifikanten Abwandlungen erzählt: Bei den »zertanzten Schuhen« handelt es sich um eine, nicht zwölf Königstöchter, deren nächtliche Aktivitäten es aufzudecken gilt; bei den »Wichtelmännern« handelt es sich um einen unverheirateten Flickschuster, der bei ungetaner Arbeit die Gnade des Königs zu verlieren droht; das Drachentöter-Märchen vom Ritter Ludwig und Knappen Hans wird nach Ludwig Bechsteins Version vom »Schwarzen Grafen« mit dem Märchen vom »singenden Knochen« (KHM 28) kombiniert und mit zahlreichen *slapstick*-Elementen ausgestattet.

215 Vgl. Wulff (2001), Visuelle Reflexivität, Transition, Punktuierung.

216 Der Name ist natürlich onomastisch gesehen ein winkender Zaunpfahl, wenn dieses Gretchen nicht Dr. Heinrich Faust, sondern den standhaften Jacob verführen soll.

Sammeln von Märchenerzählungen nötigt: Die *pre-title sequence* erzählt von Not und Elend im Grimm'schen Elternhaus;[217] eine mögliche Ausflucht aus der frühen Verantwortlichkeit der Brüder für ihre Mutter und jüngeren Geschwister nach dem Tod des Vaters wird symbolisiert durch die ›Zauberbohnen‹, die sich der kleine naive Jacob für das letzte Geld hat aufschwätzen lassen. Der Mangel führt beinahe zum Tod der kleinen Schwester Charlotte, so dass Jacob alle späteren Abenteuer im deutschen Märchenwald aus einem Schuldkomplex heraus abarbeitet, was Wilhelm (Matt Damon) teils ironisch neckend, teils besorgt kommentiert. Bezeichnenderweise ist die Exposition jenes Märchenplots gerade nicht aus dem Repertoire der Grimm'schen Märchen entnommen, sondern wird als offene Rahmenerzählung und als stark veränderte Adaptation des alten englischen Märchens »Jack and the Beanstalk« vor das hauptsächliche Geschehen gesetzt.[218] Nach Hedwig von Beit kreist das Märchen von der Bruderbeziehung u.a. um die Ablösung von der inzestuösen Bindung an die Schwester:[219]

> »Der ältere Bruder, der bei der Schwester bleibt, ist der ›ältere Held‹, d.h. der archaische Heldentypus, der noch in der Inzestbeziehung zur Schwester verharrt (…). Der jüngere, eigentliche Held, ist demgegenüber der zu höherer Bewußtwerdung Berufene, der das tragische Verhängnis, zu welchem jene Unbewußtheit im Laufe der Zeit geworden ist, durch eine höhere Form der Beziehung zur realen Frau und zur eigenen Seele ersetzt.«[220]

Die Gilliam-Version verschmilzt nun wiederum die beiden Entwürfe der Brüder-Figuren zu einem gemeinsamen ›Entwicklungsroman‹, den Jacob und Wilhelm gemeinsam durchleben. In beiden Filmen weist zwar Jacob keine Verbindungen zu einer ›realen Frau‹ auf, aber sein Status in der Familie als der ältere Bruder wird unterschiedlich bewertet. In der Version der sechziger Jahre dominieren rationale Gründe seine Entscheidung gegen eine Ehe; dem traumtänzerischen, unverlässlichen, ja den Nachbarsfrauen sogar psychopathologisch verdächtigen Wilhelm muss der lebenstüchtige ältere Bruder zu Hilfe kommen: So endet dieser Film mit dem Zitat eines möglichen Märchenanfangs und -endes: »Es waren einmal zwei unzertrennliche Brüder«, sagt Wilhelm, während erst die Abspannsequenz auf eine mögliche inzestuöse Deutung mit dem Schlusssatz anspielt: »Und sie lebten glücklich bis an das Ende ihrer Tage«. Damit

217 Vgl. Rölleke (2004), Die Märchen der Brüder Grimm, S. 30ff.

218 Hierbei fällt auch eine phonetische Nähe zwischen Jack und Jake auf, die die Anglizisierung der Namen der Brüder Grimm zu »Will« und »Jake« mit sich bringt. Eine Übersetzung (»Jack und die Bohnenranke«) findet sich in Die Brüder Grimm. Brothers Grimm. Das Buch zum Film von Terry Gilliam (2005), S. 14-23.

219 Mit dem Bruder-Schwester-Inzest spielt auch die biographisch inspirierte Filmphantasie *Grimm* (Alex van Warmerdam, NL 2003), die das Geschwisterpaar Jacob und Marie im Märchenwald vorstellt, aber keine historische Dimension eröffnet.

220 Beit (1997), Symbolik des Märchens, S. 210.

Links: Wilhelm und Jakob Grimm, dargestellt von Laurence Harvey und Karlheinz Böhm (*The Wonderful World of the Brothers Grimm,* Henry Levin/George Pal, USA 1962), Quelle: VHS-Edition; rechts: »Jake« und »Will« Grimm, dargestellt von Heath Ledger und Matt Damon (*The Brothers Grimm,* Terry Gilliam, GB/CZ/USA 2005), Quelle: DVD-Edition

wird u.a. der Schluss von »Brüderchen und Schwesterchen« (KHM 11) zitiert: »Schwesterchen und Brüderchen aber lebten glücklich zusammen bis an ihr Ende.«[221] Vier Jahrzehnte später schiebt sich nun die psychoanalytische Interpretation der Bruderbeziehung in den Vordergrund, und jener ältere Bruder gelangt über die Erlösung der verwunschenen Töchter des Dorfes Marbaden zur Liebesfähigkeit; diese Persönlichkeitsentwicklung lässt ihn seine Fixierung auf die kindliche Schwester und die Schuld an ihrem Elend bewältigen. Ironisch kommentiert Jacob einen Kuss, den sowohl er als auch sein Bruder von der schönen jungen Angelica erhalten: »Ich dachte, am Ende kriegst Du immer das Mädchen.« (01:45:20) Mit diesem augenzwinkernden *happy end* wird darüber hinaus die Idee eines kollektiven literarischen Gedächtnisses transportiert, denn nur derjenige, der das Ende der Geschichte bereits kennt und sich wie etwa Cavaldi oder Jacob zur rechten Zeit an sie erinnert, wird ihren positiven Ausgang mitbestimmen können. Die ›Realität‹, in der diese Filmfiguren leben, ahmt demnach die Literatur nach und folgt deren narrativer Logik.

So wenig jegliches Märchen als ahistorisch gelten kann, so wenig sind diese Märchenfilme als unpolitisch zu werten. So zeigt sich im ersten Film eine deutliche Kritik am europäischen Feudalstaat, genauer an der dekadenten Kleinstaaterei, die keinerlei übergeordnete Idee von sich selbst hat, was aus amerikanischer Perspektive die Wertschätzung der demokratischen Verfassung umso stärker betont. Die Figur des Herzogs ist dementsprechend die bloße Karikatur eines geld- und ruhmsüchtigen Egozentrikers, der sich in seiner repräsentativen Beflissenheit gegenüber dem preußischen König lächerlich macht. Die Chronik und das Porträt, die von bediensteten Historikern wie den Grimms und vom Hofmaler

221 Kinder- und Hausmärchen. Gesammelt durch die Brüder Grimm (1977), S. 103.

anzufertigen sind, werden damit implizit als überkommene Medien dargestellt, die keinen Bezug zu den Untertanen haben. An deren Stelle tritt das volkspoetische und wissenschaftliche Buch der Brüder Grimm, wovon letztlich auch der Herzog mit wachsendem überregionalen Ansehen profitiert. Zumindest die Vorbildfunktion der Brüder Grimm basiert auf dem Buch, das der Film in der Titelsequenz als seine eigene Quelle angibt: Es handelt sich um Hermann Gerstners *Die Brüder Grimm – ihr Leben und Werk,* das 1952 erschien.[222] Der Bibliothekar Gerstner, so schreibt er selbst noch 1984, besann sich nach dem Zweiten Weltkrieg und dem Nationalsozialismus darauf, »sich selbst und der nachfolgenden Generation Mut machen und ein Vorbild aufzeigen (zu wollen). Als Schriftsteller und Germanist erschien mir kein Leben mehr geeignet als das der Brüder Grimm.«[223] Die restaurative Rückbesinnung nach dem Nationalsozialismus auf das Deutschland der Dichter und Denker, die hier proklamiert wird, ist eine Rückbesinnung auf die disziplinierte Lebensleistung der Brüder, »die, aus gemeinsamer Wurzel emporsteigend, sich umschlungen halten und deren Kronen das gleiche Lied rauschen«, so Gerstner im Vorwort, und die »untrennbar nebeneinander (stehen) im Reich des Geistes«, des Weiteren Standhaftigkeit, Fleiß, politische Autonomie, Traditionsbewusstsein und Besinnung auf bleibende Werte repräsentieren.[224] Über den Umweg einer Hollywood-Produktion, die obendrein stereotype deutsche historische Topoi inszeniert (Schloss Neuschwanstein, Fachwerkhäuser und Drachenhöhle), gibt dieser Film mittels seines zugrunde liegenden Konzepts folglich einem deutschen Publikum die restaurativen germanistischen Ideen der Nachkriegszeit zu sehen, was bis in die kontinuierlichen Fernsehausstrahlungen dieses Films bis heute anhält.

Während der erste Grimm-Film zugleich eine gewisse ahistorische Wahrheit über die Emanzipation des vorbildhaften Individuums proklamiert,[225] scheut sich der neuere Grimm-Film nicht, Mittel des historischen Films zu zitieren, indem – allerdings für die märchenspezifische Decodierung der Handlung wenig hilfreiche – Indizes für Zeit und Ort integriert werden. Untertitel zeigen etwa an: »Es war einmal ... 1796« oder »15 Jahre später ... im französisch besetzten Deutschland«. Abgesehen einmal von der anachronistischen Verwendung des Ortes »Deutschland«, den es zu

222 Gerstner hielt lange Zeit quasi das biographische Monopol in Sachen Brüder Grimm; er publizierte nach der erwähnten ersten kommentierten Quellenanthologie von 1952 noch die große Doppelbiographie *Leben und Werk der Brüder Grimm* (1970), dann auch die rororo-Biographie *Die Brüder Grimm* (1973 u.ö.).

223 Gerstner 1984 in einem Brief an Inge Meidinger-Geise; zitiert aus Meidinger-Geise (1984), Heimkehr in Vorbilder. Hermann Gerstner und die Brüder Grimm, S. 329.

224 Gerstner (1952), Die Brüder Grimm, S. 9.

225 Indem zum Beispiel »der Herzog« anonymisiert wird und keinerlei Jahreszahlen genannt werden; vom 1813 wiederhergestellten Kurfürstentum Hessen ist nicht die Rede.

dieser Zeit der Duodezfürstentümer schlicht nicht gegeben hat, spielt die Handlung dann in fiktionalen Orten wie »Karlstadt« und »Marbaden«, die erneut auf das *bricolage*-Verfahren hindeuten, indem hier Städtenamen wie Karlsruhe, Marbach, Marburg, Wiesbaden, Baden-Baden etc. zitiert und kombiniert werden. Gilliam begründet sein Verfahren der Datierung und Situierung mit der ausdrücklichen und recht provokativen Intention, »Deutschland« im Kino einmal nicht als Besatzermacht, sondern als besetztes Land zeigen zu wollen (als gäbe es nicht reichlich amerikanische Filme über die GIs im Deutschland der Nachkriegszeit).[226] Ein ›anderes‹ historisches Deutschland jenseits der NS-Klischees klingt darüber hinaus in der Filmmusik an, worunter sich auch ein während der Freudenfeier am Schluss gespieltes Tanzlied aus der Klezmer-Tradition findet (01:44:30), das einer ausgelöschten jüdischen Tradition der Schtetl vor dem Holocaust entlehnt zu sein scheint.

Was nun den Aspekt der Autorschaft der Brüder Grimm betrifft, so sind beide filmische Versionen nicht annähernd am Stand der Forschung interessiert. Hier wie dort sammeln Wilhelm (in der älteren Version) und Jacob (in der jüngeren) Geschichten ›vom Wegesrand‹ und bedienen damit das Stereotyp der beiden über Land ziehenden Brüder. Längst ist bekannt, dass die Quellen für die KHM in bürgerlichen gebildeten Kreisen sprudelten und entweder aus dem unmittelbaren sozialen Umfeld der Brüder stammten (die in dieser Sache mehr Besuche empfingen als welche abstatteten) oder ohnehin aus literarischen Texten extrapoliert wurden.[227] Entspricht der erste Film dem hartnäckigen Idyll, dass die KHM nur den begabten Erzählerinnen ›aus dem Volk‹ vom Munde abzusammeln und zu notieren waren (der Blumenfrau oder der als Hexe verstoßenen Kinderfreundin), so notiert Jacob in der nächsten Fassung lediglich die märchengleichen Ereignisse, die er im Märchenwald erlebt. Kommt er in einer der Schreibszenen nicht über seinen Namen und den Titel des zu erfindenden Märchens hinaus, so rettet ihm der geläuterte Gegenspieler Cavaldi schließlich sein Notizbuch, was zu einem rundum gelungenen *happy end* nicht unwesentlich beiträgt. Ohne diese authentische Vorlage, so suggeriert der Film, hätte er selbst nicht entstehen können; denn nur die kontinuierliche mediale Überlieferung ermöglicht es, die Erzählung

---

226 So formuliert Gilliam im Interview: »Diese ironische Umkehrung fand ich sehr amüsant. Und ich wollte gerade den deutschen Zuschauern in Erinnerung rufen, dass die Geschichte ihres Landes vor dem 20. Jahrhundert begonnen hat.« Gilliam (Der Spiegel, Nr. 41, 10.10.2005), »Ich fordere Gefängnis für alle«. US-Regisseur Terry Gilliam, 64, über den Nutzen der Repression und seinen neuen Film »The Brothers Grimm« (Interview), S. 154.

227 Vgl. hierzu Knoop (1985), »... in die ganze Geschichte der Poesie eingreifen ...«; Hampf (1986), Die Märchen der Brüder Grimm; Kuxdorf (1986), Die Kontroverse um die Märchen der Brüder Grimm; Rölleke (2004), Die Märchen der Brüder Grimm, S. 76-93.

vom Buch in den Film zu transferieren und zu transformieren. Obgleich beide Filme kein historisch plausibles Bild der Autorschaft der Brüder Grimm vermitteln, müssen sie beide als engagierte Plädoyers für das Erzählen und die Tradierung von Erzählungen eingeschätzt werden. Um an dieser Tradition mitzuwirken, schiebt sich der Film als durchaus relevantes Medium in den sichtbaren Vordergrund. Das narrative Medium Film lässt nicht simpel durch eine Figur erzählen, sondern setzt sämtliche technische Finessen ein, die dafür dienlich sein können. Das Cinerama-Format, in dem der erste Grimm-Film produziert und projiziert wurde, bemühte sich um eine Intensivierung des Kinoerlebnisses und wollte den Illusionseffekt weiter perfektionieren.[228] Die vielen eingesetzten Spezialeffekte, vor allem der animierten Puppen-Figuren im *stop-motion*-Verfahren, zitieren die großen Vorläuferfilme, indem z.B. der Drachenkampf von Ritter Ludwig und Knappe Hans an Siegfrieds Drachenkampf in Fritz Langs *Nibelungen* (*Teil 1: Siegfried*, D 1922-24) erinnert. Etwa zeitgleich entstanden die berühmten kämpfenden Skelettkrieger in *Jason and the Argonauts* (Don Chaffey, GB/USA 1963),[229] die mit dem wandernden Skelett des toten Knappen Darstellungs- und Herstellungsverfahren gemeinsam haben. Aber auch der neuere Grimm-Film spart in diesem Bereich der *special effects* nicht, wenn der böse Wolf als digital animiertes Werwolf-Zitat daherkommt, wenn die Bäume des Märchenwalds auf ihren Wurzeln laufen können und vor allem wenn die überzeugend eingesetzten Horrorelemente (ekliges animiertes Getier, *Morphing* von Gestalten wie der metamorphotischen alten und jungen Königin, Sound, Licht/Schatten) im Hinblick auf traditionelle analoge Trickverfahren und digitale CGI-basierte Animationen nicht mehr leicht unterschieden werden können. Beide Filme betreiben einigen Aufwand, um das Publikum auch auf seine Produktionspotentiale aufmerksam zu machen; wenn die Zuschauer das Kino mit dem Eindruck eines ›gut gemachten‹ Films verlassen, treten Kriterien wie Historizität und Plausibilität durchaus in den Hintergrund. Dieser Aufwand kann deswegen als Plädoyer für das Erzählen verstanden werden, weil gerade die Kumulation von Genre-Traditionen auf den übermäßigen Einsatz von narrativen Mitteln schließen lässt und diesem Erzählen in der Binnenlogik der Narration lebensrettende Funktion zukommt: Jacob rettet Wilhelm auch dadurch, so der Film von Levin und Pal, dass er mit ihm gemeinsame Sache machen und ebenfalls Märchen sammeln will; das Erzählen wirkt somit insbesondere gegen ökonomische und

228 Das in den fünfziger Jahren entwickelte Cinerama-Verfahren, das für Herstellung und Vorführung jeweils drei miteinander koordinierte Kameras und Projektoren benötigte, zielte auf eine halbkreisförmige Projektion ab (2,68:1), die störende Reflexe verhindern sollte. Nur selten verfügten die Kinos jedoch über die notwendige technische Ausstattung.

229 Vgl. hierzu Giesen (2001), Lexikon der Special Effects, S. 148, 304f.

gesundheitliche Gefahren. So verhält es sich auch im Film von Gilliam, aber sehr viel deutlicher: Die böse Königin als eine figurale Mischung zwischen Rapunzel und Sneewittchens Stiefmutter flieht in ihren Turm ausdrücklich vor der Pest, wie Angelicas Vater seiner kleinen Tochter in einer Rückblende erzählt, wodurch zugleich das generative Prinzip der Erzähltraditionen deutlich wird (00:34:08). Die Flucht vor der Pest muss als eines der wichtigsten Motive narrativer Konstruktion gelten, wenn man an das *Decamerone* denkt, dessen Rahmenhandlung von dem durch die Seuche notwendig gewordenen Landaufenthalt und der Entstehung des Erzählzyklus handelt. Der Tod droht den Brüdern jedoch implizit durch die Pest (ist die un/tote Königin im Turm noch ansteckend?) und explizit durch die französischen Besatzer: Ihr Leben könnten sie nur behalten, wenn sie die Erzählungen von den verwunschenen Kindern in Marbaden als narrativen Betrug entlarven würden – von Betrügern, wie sie auch selbst welche sind. Dies wird gleich zu Anfang des Films deutlich, weil sie die Ängste der Bevölkerung ausnutzen und mit allerlei inszenatorischen Trickverfahren glauben machen, dass sie Geisterspuk, Hexenwesen und dergleichen mehr austreiben könnten. Das Töten der Mühlenhexe von Karlstadt ist nichts weiter als ein ›gut gemachtes‹ Ende eines noch offenen Märchens und insofern ein augenzwinkernd historisch-nostalgisches Spiel im Spiel – situiert im Spannungsfeld zwischen betrügerischem Zauberspuk und Kino. Dieses erlösende Moment des beruhigenden, aber keineswegs sicheren Todes der Hexe erweist sich letztlich als einziges veritables Mittel gegen den Tod, sei es der der Brüder selbst oder ihrer jungfräulichen ›Schwestern‹, deren Leben von der un/toten Königin eingefordert wird: »Für die Zeit noch einer Erzählung bleiben Entscheidungen mit tödlichen Konsequenzen unvermeidlich in der Schwebe.«[230] Nicht von ungefähr saust deshalb auch während des *happy end* ein letztes Spiegelfragment mit dem zuckenden Auge der Königin noch einmal durch die Luft – als wirklich beendet darf auch dieses Märchen also nicht gedacht werden.

Gleichwohl das Erzählen in beiden Filmen als Wert an sich betont wird, ist bezüglich der poetologischen Grundierung beider biographischer Narrationen ein entscheidender Unterschied zu beobachten: Im älteren Grimm-Film steht das Suchen als Handlungsmovens im Vordergrund der integrierten Märchenepisoden, das Aufdecken von Leerstellen, das Lösen von Rätseln. Nach Propps Morphologie des Märchens wird damit der Knoten des Zaubermärchens überhaupt erst geschürzt.[231] So begleitet ›die Kamera‹ den mit einer Tarnkappe ausgestatteten Jägersmann bei den nächtlichen Abenteuern der Prinzessin und folgt ihr heimlich und unbemerkt dorthin, wo sie ihre Schuhe zertanzt; der Schuster hat es ebenfalls

230 Foucault (2003), Die Sprache, unendlich, S. 86.
231 Propp (1972), Morphologie des Märchens, S. 68.

mit nächtlichen Ereignissen zu tun, und hier kommt ebenfalls die filmische Erzählung selbst den heimlichen Wohltaten der Wichtelmänner auf die Spur, indem sie das für den Flickschuster unsichtbare Geschehen in seiner Werkstatt sichtbar macht; schließlich hilft die Flöte eines Hirtenknaben, die sich als »singender Knochen« entpuppt, den durch den Ritter verschuldeten Tod des Knappen aufzudecken, wozu der Film seine Spezialeffekte für die Darstellung des Skeletts beisteuert und somit erneut das eigentlich Unsichtbare zeigen kann. Das allen Märchenepisoden gemeinsame Motiv des Sammelns von Informationen sowie das Aufdecken mehr oder weniger gut gehüteter Geheimnisse kann als Autoreferenz auf die Sammel- und Suchtätigkeit der Brüder Grimm interpretiert werden: »Märchen jedoch, so ihre (der Brüder Grimm, S.N.) Annahme, gehen niemals verloren, sondern finden immer ›heimliche Plätze in Wohnungen und Gärten‹, wie es in der Vorrede (der KHM) heißt, an denen sie überleben können«.[232] Durch die Trennung zwischen Entdecker und Entdecktem werden gleichsam auch Autorschaft und Erzählstoff getrennt gehalten, selbst dann oder gerade auch dann, wenn die Märchenfiguren in die Fieberträume ihres kranken Schreibers Wilhelm eindringen und die biographische und fiktionale Ebene sich zu vermischen drohen: Ausdrücklich bürge der Autor Wilhelm jedoch dafür, dass er die Figuren durch seine Namensgebung zum Leben erwecken könne (01:47:50). So wie Schneewittchen, deren Scheintod es aufzudecken gilt, in einem gläsernen Sarkophag aufbewahrt wird, worauf ihr Name in goldenen Buchstaben geschrieben steht, und somit als Allegorie für die Märchenpoesie gedeutet werden kann, so ist auch das Buch der KHM ein solcher Aufbewahrungstopos gegen Verlust und Vergessen der ›Volkspoesie‹.[233] In gleicher Weise können dann aber auch die beiden Filme über die Brüder Grimm, die sich in kalligraphisch ausgestalteten Buchstaben den Namen der Brüder Grimm in die Titelsequenz schreiben, als ein solcher Ort des Archivierens interpretiert werden; ihre Märchenfiguren weisen in gleicher Weise allegorische Züge auf, die auf das Verborgene, das Geheimnisvolle und das bereits verloren Geglaubte der Märchentradition hin deuten: Diese Königin im Turm, der im übrigen wie das Unbewusste keinen rechten Eingang hat, gilt es zu entdecken und zu erlösen sowie in einem zweiten Schritt – und tautologisch genug – die un/tote Königin zu den Toten zu schaffen und die un/toten Mädchen zu den Lebenden. Diese Aufgabe ist wie der Drachenkampf als eine »schwere Aufgabe« zu bewerten, der in den von Propp beschriebenen Formen des Zaubermärchens stets eine Lösung (Brautwerbung etc.) und die Wiederherstellung der Ordnung folgen muss.[234]

232 Sennewald (2002), »Es war einmal mitten im Winter«, S. 677.
233 Vgl. ebd., S. 677.
234 Propp (1972), Morphologie des Märchens, S. 67ff.

In der neueren Adaptation des Stoffes werden bei dieser Restaurationsarbeit allerdings die Ebenen der Autorschaft und der Erzählstoffe nicht mehr auf diegetischer Ebene getrennt. Vielmehr korreliert hier das Modell des »einen, der auszog, das Fürchten zu lernen« mit der Aufdeckung rätselhafter Ereignisse. An die Seite der ›Entdeckung‹ im früheren Film gesellt sich die Narration der ›Bewältigung‹ hinzu, um in einer verbindenden Geste postmoderner Zitationstechnik ineinander aufzugehen. Es gilt also nicht nur, so die naheliegende Aussage des Films, die Märchen der Brüder Grimm (wieder) zu entdecken, sondern sie auch zu bewältigen, was aufgrund der pädagogischen Diskussion über ihre Grausamkeit und ihr traumatisierendes Potential nicht völlig überrascht.[235] Darüber hinaus aber obliegt es dem Publikum, einen Blick in den nicht mehr transparenten ›gläsernen Sarkophag‹ des Films, sondern in den vermauerten Turm der bösen Königin zu tun. Erst dadurch sind Publikum und MärchenleserInnen in der Lage, die vielen Anspielungen auf die zahlreichen Texte zu decodieren. Im besten Falle wird dem Zuschauer bewusst, dass er selbst als ein solcher Aufbewahrungsort vergessener oder verlorener ›Volkspoesie‹ gelten könne – ein textueller Speicher rhetorischer Figuren und einzelner Narrateme: So sticht sich zum Beispiel Rotkäppchen an einem Strauch in den Finger, was keinen weiteren Effekt in der Erzählung macht, als das weitere Märchen »Dornröschen« aufzurufen; oder es werden, um auch einen der vielen komischen Momente des Films zu erwähnen, die beiden Brüder gezwungen, in Frauenkleidern den Dielenboden zu schrubben, um von Cavaldi als seine »little Cinderellas« bezeichnet zu werden (00:42:00).[236]

Solches Engagement der Rezipienten lässt auf einen tatsächlichen Wechsel in der Erzählweise schließen: Proklamiert der frühere Film die gemeinsame Autorschaft der Brüder Grimm, so ändert sich der Fokus auf den traumatisierten Jacob, der Schreiben und Erzählen als therapeutisches Mittel einsetzt; aber nicht nur seine Seele, sondern auch die der gesamten Marbadener Bevölkerung gesundet durch die Bewältigung der Erzählungen über die Vorgänge im deutschen Märchenwald. Oral zu überliefernde Märchen können nur in jeweils einer gültigen Version entfaltet werden, und zwar dann, wenn Leser und Leserin mittels der Zitatdecodierung ihre jeweils eigenen Lesarten aktivieren. Insofern unterläuft der neuere Film die schriftsprachliche Standardisierung der KHM durch die Brüder Grimm. Aber auch im älteren Film sehen wir die Brüder nicht die Märchen schreiben, sondern erzählen. Liest man diese Aspekte mit dem

235 Der Untertitel der deutschen Fassung heißt entsprechend: »Lerne das Fürchten«.
236 Weitere zitierte Märchen sind »Rapunzel«, »Hänsel und Gretel«, »Brüderchen und Schwesterchen«, »Die sieben Raben«, »Von einem, der auszog das Fürchten zu lernen«, »Der treue Johannes«, »Fitchers Vogel« u.a.m.

autoreflexiven Konzept des Märchens zusammen, wie es Nietzsche in der *Geburt der Tragödie* kurz angedeutet hat, so können sowohl der Künstler als auch das Märchen ihre eindeutigen Positionen von Produktion und Rezeption zugunsten einer ausgeprägten Autoreflexivität aufgeben:

> »Nur soweit der Genius im Aktus der künstlerischen Zeugung mit jenem Urkünstler der Welt verschmilzt, weiß er etwas über das ewige Wesen der Kunst; denn in jenem Zustande ist er, wunderbarerweise, dem unheimlichen Bild des Märchens gleich, das die Augen drehn und sich selber anschaun kann; jetzt ist er zugleich Subjekt und Objekt, zugleich Dichter, Schauspieler und Zuschauer.«[237]

Ein ambitionierter Spielfilm über die Brüder Grimm und ihre KHM sieht sich so in der Lage, die gerade behauptete Autorschaft durch die symbolischen und autoreflexiven Potentiale des Märchens wieder relativieren zu müssen. Das Publikum der Filme wird in je unterschiedlicher Weise herausgefordert, diese Texte zu entdecken und zu bewältigen. Dass man Texte und deren Botschaften überhaupt hermeneutisch ›entdecken‹ kann oder psychoanalytisch ›bewältigen‹ muss, ist seinerseits ein Indiz für die jeweils spezifische ideologische Historizität der beiden filmischen Realisationen.

Abschließend sei noch ein kurzer Blick auf die Aufnahme und Bewertung beider Filme geworfen: 1963 erschien im Jahrbuch *Brüder Grimm-Gedenken* ein Beitrag von Wayland D. Hand, der die Rezeption des Grimm'schen Œuvres in den USA zu rekonstruieren versucht. Eher nebenbei erwähnt er bei der zunehmenden Verbreitung die Rolle des Kinos, denn mit den Disney-Filmen, etwa mit dem großen Erfolg von *Snow White and the Seven Dwarfs* (1937), sei auch die Zahl der Übersetzungen und Editionen der Grimm'schen Märchen in den USA angestiegen.[238] Hand schließt seinen Aufsatz mit den Hoffnungen, die er auf den Film von Henry Levin und George Pal aus dem Vorjahr setzt:

> »Wir haben gesehen, dass die Grimmschen Märchen einen großen und dauernden Einfluß auf die amerikanische Volksliteratur genommen haben. Die Einfühlung mit den Brüdern selbst wird durch den großen Grimm-Film sicher enger und herzlicher als je zuvor.«[239]

---

237 Nietzsche, Die Geburt der Tragödie oder Griechentum und Pessimismus, in: Nietzsche (1954), Werke in drei Bänden, S. 40; vgl. hierzu auch Sennewald (2004), Das Buch, das wir sind, S. 5f.

238 Vgl. Hand (1963), Die Märchen der Brüder Grimm in den Vereinigten Staaten, S. 532f. und 537, Anm. 1. Vgl. auch Inge (2004), Walt Disney's »Snow White and the Seven Dwarfs«: Art, Adaptation, and Ideology. Hand legt nahe, dass der erste Disney-Märchenfilm 1928 erschien, was als Irrtum gewertet werden muss. Eine erste abendfüllende *Snow White*-Version, die Disney inspiriert haben soll, erschien bereits 1916 (J. Searle Dawley, mit Dorothy Cumming als Königin und Marguerite Clark in der Titelrolle). Disney produzierte ab 1922 Zeichentrickfilme nach Märchenmotiven; vgl. Zipes (2000), The Oxford Companion to Fairy Tales, S. 129f.

239 Hand (1963), Die Märchen der Brüder Grimm in den Vereinigten Staaten, S. 537.

Zeigt sich ein Philologe hier überaus unverkrampft im Umgang mit der Hollywood-Version deutschsprachiger Literaturgeschichte, fällt die Bewertung des jüngeren Grimm-Films durch den Leiter der Kasseler Gedenkstätte, Bernhard Lauer, deutlich strenger aus: Er hat sich im Herbst 2005, als *The Brothers Grimm* in Deutschland anlief, nachdrücklich gegen den neuen Film ausgesprochen, weil er nicht den historischen Gegebenheiten entspräche und somit ein verzerrtes Bild der Brüder Grimm vermitteln würde. Allerdings könne man sich vorstellen, von der Popularität des Films auch als Grimm-Museum zu profitieren.[240] Solche Vorbehalte werden jedoch einem in den letzten Jahren an großen Fantasy-Epen[241] geschulten Publikum nicht gerecht, denn die überdeutlichen Genre-Markierungen von *The Brothers Grimm* würde auch keine historischen Tatsachen erwarten lassen.[242] Trotz unterschiedlicher Bewertung beider Filme spricht jedoch aus beiden Einschätzungen der Glaube an die mächtige Kompetenz des Biopic, indem es ein adäquates oder eben auch weniger adäquates biographisches Bild der Brüder Grimm vermitteln könne, das sich im kollektiven Gedächtnis der Leser und Leserinnen einnisten würde. Daraus lässt sich schließen, dass sich zwar die Erzählweisen des Biopic – in diesem exemplarischen Fall – deutlich geändert haben, die Rezeptionshaltung des Publikums, auch des professionell engagierten Publikums aus Philologenkreisen, jedoch kaum.

4.7. Neuansätze der 1970er Jahre

Zwischen den beiden diskutierten Filmen über die Brüder Grimm von 1962 und 2005 liegt der bisher noch kaum diskutierte, eindrückliche Paradigmenwechsel in der Entwicklung des Biopic, der sich in den 1970er Jahren vollzieht. Während Custen für die 1940er Jahre für das Hollywood-Biopic eine Orientierung auf populäre Figuren der Künste und des Sports anstelle der Zentrierung um Personen aus Adel und Politik ausmachte,[243] gesellten sich in den 1950er Jahren mit wachsender Tendenz Filme über den devianten Anti-Helden hinzu: Drogenprobleme und psychosomatische Labilität

240 Vgl. z.B. kbu/DPA (Stern, Nr. 41, 6.10.2005), »Brothers Grimm«: In der Heimat ungeliebt.

241 Zum Beispiel: *Harry Potter* (bisher 4 Teile; USA 2001 und 2002, GB/USA 2004 und 2005), *Lord of the Rings* (3 Teile, Peter Jackson, New Zealand/USA 2001-2003), *The Chronicles of Narnia* (bisher zwei Teile, Andrew Admson, USA 2005/2008) u.a.m.

242 Nur zwei Beispiele: Bereits das Brüllen des MGM-Löwen im Vorspann geht sofort über in weitere unheimliche Tierlaute, was eine mysteriöse, aber keine historisch inspirierte Sound-Atmosphäre erzeugt; die Kalligraphie der Betitelung erinnert stark an nostalgische Schriften aus dem Fantasy- und Adventure-Bereich (mit schwungvollen Unterlängen bei Cover-Gestaltungen von PC-Spielen, Büchern, Filmen etc.).

243 Vgl. Custen (1992), Bio/Pics: How Hollywood Constructed Public History, S. 205ff.

gerieten ebenso in den Fokus der Filmindustrie wie das Scheitern in sozialer, familialer und beruflicher Hinsicht.[244] Nach dem Ende der Studio-Ära in den USA zog diese Entwicklung auch narrative Konsequenzen nach sich. Aus der Erosion der linear-geschlossenen Erzählform entwickelten sich zunehmend Ansätze zu nicht-linearen, offenen Erzählformen, was mit der Dezentrierung der Hauptfigur einherging.[245] Vor dem Hintergrund dieser internationalen Tendenzen gilt es zudem, die europäischen Diskussionen um ein nationales Kino zu berücksichtigen (französische *nouvelle vague,* italienischer *neo-realismo,* englisches *free cinema* etc.), die für die Geschichte der deutschen literarhistorischen Filmbiographie nicht ohne das Oberhausener Manifest von 1962 und die hybride Kategorie des darin proklamierten »neuen deutschen Films« zu denken sind – jene »explosive Verbindung von radikaler Ästhetik und radikaler Politik, die die unterschiedlichsten kulturellen Einflüsse verarbeitete und die verschiedensten filmischen Ausdrucksformen hervorbrachte«.[246] Wie Elsaesser darlegt, koppelt sich die innovative Generation deutscher Regisseurinnen und Regisseure vor allem vom autoritär-ödipalen Erzählmuster des Vater-Sohn-Verhältnisses ab oder stellt dieses dekonstruktiv in Frage, während das Oberhausener Manifest mit seinem auf Godard verweisenden Motto »Papas Kino ist tot!« gerade diese Beziehung in der Negation noch affirmierte, um jedoch zugleich die thematische und stilistische Kontinuität des sogenannten Unterhaltungskinos seit der NS-Zeit zu kritisieren.[247]

Die beiden hauptsächlichen Tendenzen der Biographik im 20. Jahrhundert – die »Psychologisierung und Heroisierung« historischer Personen –, die sich teils zuwiderliefen und teils ergänzten, sind nicht ohne die Rezeption der Pathographie zu denken, die um 1900 einsetzte und, u.a. basierend auf der sogenannten Degenerationstheorie, unheilvolle Sondierungsraster für geistige Gesundheit und Krankheit etablierte.[248] Gleichsam in der sozialkritischen und psycho-emphatischen Retrospektive unterzogen die Filmemacher der 1970er Jahre das literarhistorische ›Genie‹ einer erneuten Sichtung, indem sie von Umständen und Bedingungen für dessen Kreativität erzählten. Die Demontage des heroischen Narrativs im Dichterfilm der 1970er Jahre erfolgt auf drei Feldern der Devianz, nämlich in psychischer Hinsicht (Lenz als Psychotiker), in juristischer Hinsicht (May als krimineller Phantast) und ideologisch-sexueller Hinsicht (Kleist als Idealist und Homosexueller).

---

244 Vgl. Taylor (2002), Rolle des Lebens, S. 25-44.

245 Vgl. bes. ebd., S. 32f.

246 Hake (2004), Film in Deutschland, S. 253.

247 Hier sei noch einmal an das Beispiel des Löns-Films *Rot ist die Liebe* erinnert (Kap. 4.5.). Zur ambivalent einzuschätzenden Erneuerung des deutschen Kinos vgl. Elsaesser (1986), American Graffiti und Neuer Deutscher Film, S. 317.

248 Vgl. Zimmermann (2006), Biographische Anthropologie, S. 208ff.

4.7.1. Subjekt in der Landschaft (Lenz, 1971)

Der Film *Lenz* von George Moorse, der 1971 in die Kinos kam und wie Syberbergs *Karl May* und Sanders-Brahms *Heinrich* nationale wie internationale Würdigung erfuhr,[249] ist in eine (biographie-)kritische Strömung einzuordnen, ja war seiner Zeit sogar voraus, indem er den Abschied von der väterlichen Ordnung an der Figur des Dichters Jakob Michael Reinhold Lenz und seiner Pathographie durchdeklinierte und dabei vor allem die Erzählbarkeit einer solchen Pathographie zur Diskussion stellte. Intensiv eingesetzte Mittel der Verfremdung versuchen darin die vom Hollywood-Kino etablierte Konvention des Kinos als »Schauplatz des Imaginären« zu desavouieren.[250] In diesem Film sind sowohl der Protagonist als auch die Zuschauer den Strukturen des »Schizoiden« ausgeliefert, wenn die Grenzen eines Ich nicht mehr abzustecken sind, wenn die Spiegelfunktion des Kinos aussetzt und die Kohärenzkonstruktion als rezeptives Erleben – im Sinne einer objektiven Teilhabe am Geschehen – verweigert wird. Diese Anti-Illusion wird insbesondere durch den Einsatz der Montage erreicht, die auf die sinnliche Wahrnehmung des Publikums als produktives, bedeutungsgenerierendes Potential abzielt.[251] Bereits dadurch, dass der implizite Autor etwas wagt, damit seine Erzählung aus der Zeit fällt, wird die autoreflexive Funktion dieses kritischen Kinos augenfällig: So werden die Szenen mit den Dorfbewohnern in Zeitlupe gezeigt, während Landschaftsaufnahmen auch im Zeitraffer dargestellt sind; ein möglicher kohärenter Eindruck zwischen erzählter Zeit und Erzählzeit zerfällt, wenn die Figuren mit geschlossenem Mund zu sehen sind, ihre Stimmen jedoch aus dem *Off* sprechen; auch durchbrechen Lenz und Oberlin des Öfteren die vierte Wand und schauen direkt in die Kamera, wodurch Vergangenheit und Gegenwart gleichsam aus dem Bildrahmen fallen, und dergleichen mehr. Wenn der neueste Grimm-Film, wie aufgezeigt, die Autorität des Erinnerns und Zitierens nicht mehr dem dargestellten Autor, sondern dem Zuschauer zuspricht, so basiert dieser Wechsel auch auf den angedeuteten Entwicklungen des europäischen Nachkriegs- und 68er-Kinos und ihrer neuerlichen Rezeption in den USA. Jedoch ist für den Neuen deutschen Film und seine europäischen Nachbarn vor einer Mythisierung

249 *Lenz* erhielt 1971 das Filmband in Gold für den besten Spielfilm, die beste Kamera (Gérard Vandenberg) und beste darstellerische Leistung (Michael König); er lief 1971/72 auf allen wichtigen Festivals im Ausland (Barcelona, Cannes, Luzern, Moskau, New York, Venedig u. a.). *Karl May* erhielt das Filmband in Gold 1975, *Heinrich* 1977 das Filmband in Gold für das Drehbuch von Sanders-Brahms sowie den Bundesfilmpreis »Die goldene Schale« für den besten Spielfilm.

250 Elsaesser (1986), American Graffiti und Neuer Deutscher Film, S. 306.

251 Vgl. hierzu die theoretischen Überlegungen bei Kluge (1983), Bestandsaufnahme: Utopie Film.

des Neuanfangs zugleich zu warnen, wie Hake zu Recht betont: Ohne die Vorläufer – und dies gilt auch für die neue Filmbiographie, die sich fortan verstärkt den Anti-Helden und deren Pathographie zuwendet – hätte es keine »kritische Aneignung der Konventionen des Genrekinos und die Wiederentdeckung der Geschichte einer politisch engagierten Filmkunst« geben können,[252] oder kurz gesagt: Nur das Vertraute lässt sich auch verfremden.

In seiner rigorosen Konzentration auf die in der Filmbiographie zu vermittelnde Medialität erinnert der Film von Moorse, der zuvor mit einer TV-Verfilmung von Kleists *Der Findling* in Erscheinung trat,[253] sicherlich auch an die experimentelle Biographie *Die Chronik der Anna Magdalena Bach* (Jean-Marie Straub, BRD/I 1967) – die ihrerseits auf *Das Tagebuch eines Landpfarrers* von Robert Bresson (*Journal d'un curé de campagne,* F 1950) verweist –, worin mit Hilfe starker Verfremdungseffekte (s/w-Film, Schwarzfilm, Vor- und Rückblenden, *Voice-over* u.a.m.) und eines fiktiven und kompilierten Tagebuchs von Huillet/Straub die Musik des Johann Sebastian Bach in den Vordergrund der kausal entkoppelten, nicht-linearen Narration rücken soll.[254] Gerade weil nun *Lenz* nicht der Literatur das Primat zuspricht, sondern die Subjektivität beider Medien, der Literatur wie der des Films, mittels der filmischen Erzählung erörtert, kann dieser Film auch als einer der ersten Vorboten der »Literaturverfilmungskrise« des deutschen Films der 1970er Jahre gelten.[255] Der Film hält sich außerordentlich eng an seine Vorlage, Georg Büchners gleichnamige Erzählung, die von Büchner 1835 wiederum nach Berichten des Pfarrers Oberlin begonnen wurde, aber Fragment blieb.[256] Insofern handelt es sich

252 Hake (2004), Film in Deutschland, S. 257.

253 Der seit 1958 in Deutschland lebende und arbeitende George Moorse (1936-1999) arbeitete sowohl für *Der Findling* (BRD 1967) als auch für *Lenz* (BRD 1971) mit dem Literarischen Colloquium in Berlin zusammen, das beide Filme mitproduzierte. Ähnlich wie Hans W. Geißendörfer, der aus der Autorenfilm-Szene kam, 1968/69 für den Bayerischen Rundfunk *Der Fall Lena Christ* drehte, zahlreiche Literaturverfilmungen verantwortete (u.a. *Sternsteinhof* 1975/76, *Die Wildente* 1976, *Der Zauberberg* 1981) und seit Mitte der 1980er Jahre die *Lindenstraße* produziert, führte auch Moorse in über 180 Folgen dieser Fernsehserie Regie.

254 Der Filmtitel war stilbildend für den Neuen deutschen Film und diente späteren Filmen auch als Muster, um ein ›authentisches‹ Rollenangebot zu formulieren, wie Elsaesser vermutet: *Die verlorene Ehre der Katharina Blum* (nach Heinrich Böll), *Die Moral der Ruth Halbfass, Die Ehe der Maria Braun, Der Tod* der *Maria Malibran;* vgl. Elsaesser (1994), Der Neue Deutsche Film von den Anfängen bis zu den neunziger Jahren, S. 180.

255 Rentschler zählt für die Jahre 1976 bis 1978 alleine 40 Literaturverfilmungen; vgl. Rentschler (1984), West German Film in the course of time, S. 129-153. Er interpretiert den Autorenfilm als Entwicklung aus dieser Hinwendung zur Literaturverfilmung, als sich junge Autoren ihre eigenen Bücher nach etablierten Vorlagen zurechtschrieben (vgl. ebd., S. 139f.); vgl. auch Elsaesser (1994), Der Neue Deutsche Film von den Anfängen bis zu den neunziger Jahren, S. 178ff.

256 Vgl. die Materialien in Dedner et al. (1999), »Lenzens Verrückung«; zur Entstehung vgl. Hauschild (1993), Georg Büchner, S. 498-518.

zugleich um eine Filmbiographie, die einen spezifischen Ausschnitt aus dem Leben einer historischen Autorfigur zeigt, obgleich sie nicht mehr den genre-dominierten Vorgaben des klassischen Erzählkinos folgt, sondern als neu modellierte Annäherung an die Lebensgeschichte eines Dichters zu werten ist. Moorse verwahrt sich mit seinem Film dagegen, dass man ihn in die Reihe derjenigen Biographen einstellt, die – wie Oberlin und Goethe, später auch Gervinus u.a. – Lenz für seine Krankheit verantwortlich gemacht haben; danach hätte sich Lenz durch seinen unmoralischen Lebenswandel selbst zugrunde gerichtet.[257] Indem sowohl Büchner als auch Moorse auf eine erklärende Vorgeschichte verzichten und sich allein auf die Phase des fortschreitenden »Wahnsinns« konzentrieren, versuchen sie, lediglich das Geschehen auszustellen und kausale Verknüpfungen sowie explizite Wertungen zu vermeiden. Das filmtheoretische und ideologische Potential liegt in seiner Subjektkritik, die der Film über die Mutter-Imago und die Inszenierung des Subjekts in der Landschaft realisiert.

Der Dichter Lenz kommt am 20. Januar 1778, wie das *Insert* angibt, auf Empfehlung von Christoph Kaufmann zum Waldbacher Pfarrer Johann Friedrich Oberlin (eigentlich Waldersbach in den Vogesen). Von ihm wird er in die Familie aufgenommen; Lenz soll am Alltagsleben der Oberlins teilhaben und sich erholen. Als Oberlin und Kaufmann den Ort für einige Tage verlassen, geht Lenz in den Nachbarort Fouday, um dort ein verstorbenes Mädchen wieder zum Leben zu erwecken. Sein Scheitern treibt ihn noch weiter in den »Wahnsinn«. Neben dieser paranoiden Symptomatik, sich für Christus zu halten, was der Film im Übrigen durch entsprechende Inszenierung stützt (wenn Fensterkreuze und Lenzens seitlich geneigter Kopf in der Pose des Gekreuzigten ins Spiel kommen), treten häufig Angst-, Panik- und Erschöpfungszustände sowie ein Selbstmordversuch auf, was schließlich zum Abtransport des Gemütskranken nach Straßburg führt, den Oberlin in seiner Hilflosigkeit veranlasst. Der Film endet ebenso offen wie das Fragment der Erzählung.

Wie Kanzog bereits dargestellt hat, zeichnet sich für Lenz in der Interpretation von Moorse ein Problem mit den väterlichen Normen ab, die von Oberlin als moralisch-theologische Instanz repräsentiert werden. Sein Versuch, Lenz wieder auf den Pfad des Glaubens zu bringen und ihn an die Pflichten eines Sohnes zu erinnern, scheitert. »Die normverletzende und mißglückte Imitatio Christi ist in ein Trauma umgeschlagen:

---

257 Vgl. Dedner (2001), Biographisches Erzählen, S. 59f. Dass Lenz nicht den Sturm und Drang wie andere Autoren der Zeit durchlebt und bewältigte hätte, sondern an den »Werther«-Symptomen und an seinem Hang zur Intrige zerbrochen sei, legt Goethe in *Dichtung und Wahrheit* (3. Teil, 14. Buch) nahe.

Lenz erscheint nunmehr selbst als ein ›Besessener‹.«[258] Eine apathische Geste auf dem Wagen nach Straßburg, mit der Lenz ein Messer zieht und wieder einsteckt, lässt darauf schließen, dass er fortan womöglich keine Selbstmordversuche unternehmen wird. Bei Büchner heißt es: »(...) es war aber eine entsetzliche Leere in ihm, er fühlte keine Angst mehr, kein Verlangen, sein Dasein war ihm eine notwendige Last. – – So lebte er hin.«[259] Die interpretatorische Leerstelle der Gedankenstriche, die ein »so« nicht weiter spezifizieren, korreliert im Film mit der Metapher des weggesteckten Messers; hier ist im Grunde kein filmischer Schnitt möglich, obgleich er gegen Ende nicht zu vermeiden ist. Die väterliche Instanz und gleichermaßen die autoritative Instanz der Narration sind gegen Lenzens Verfall machtlos. Filmgeschichtlich mindestens genauso interessant wie die (Gott-)Vater-Inszenierung sind auch Lenzens Visionen der Mutter, die ihn zweimal heimsuchen. Diese Erscheinungen rahmen die Predigt ein, die Lenz auf Einladung von Oberlin in der Kirche von Waldbach hält. Während die Mutter ihm in der Erzählung zuerst in der Natur erscheint und sich als Verursacherin seines Elends offenbart,[260] liest Lenz die zweite nächtliche Erscheinung als Botschaft ihres Todes.[261] Der Film setzt die Erscheinungen der Mutter akustisch begleitet von Stöhnen und Dodekaphonie um; die Mutter wird zwar damit nicht verbal oder symbolisch als Ursprung seiner Krankheit bezeichnet, aber es indizieren Geräusche und Bilder einen solchen Zusammenhang. Bezieht man bei einer solchen Überlegung etwa den mit demselben Mittel der Mehrfachbelichtung hergestellten Zusammenhang zwischen Theodor Körner im ersten literarhistorischen Biopic der deutschen Literaturgeschichte überhaupt heran (an seine Wiege tritt eine mit Lyra ausgestattete Schutzengel-Orpheus-Figur, die den Säugling küsst; vgl. hierzu Kap. 4.2.1.), so zeigt sich darin eine Substituierung der Muse durch die Mutter: Der Dichter erhält seine außerordentlichen Fähigkeiten nicht mehr durch eine schemenhafte Erscheinung an der Wiege, sondern reflektiert seine Existenz an der Erscheinung der Mutter, der er »dies alles« verdanke. Nicht allein die Psychoanalyse mit ihrem libidobesetzten ödipalen Mutterbild, auch die schizophrenogenen Mütter, wie sie die Psychiatrie der 1960er und 1970er Jahre entworfen hat, könnten hier Modell gestanden haben (vgl. hierzu auch Kap. 5.4. zu »Genie und Wahnsinn«). Allemal trägt eine

258 Vgl. Kanzog (1983), Norminstanz und Normtrauma, S. 79.

259 Büchner (1992), Werke und Briefe, S. 158.

260 Als »müsse [sie] hinter einem Baume hervortreten, groß, und ihm sagen, sie hätte ihm dies alles beschert.« Ebd., S. 141.

261 In der Erzählung heißt es: Sie »sei in einem weißen Kleid aus der dunkeln Kirchhofmauer hervorgetreten, und habe eine weiße und eine rote Rose an der Brust stecken gehabt; sie sei dann in eine Ecke gesunken, und die Rosen seien langsam über sie gewachsen, sie sei gewiß tot; er sei ganz ruhig darüber«. Ebd., S. 143.

Michael König als lesender Lenz in winterlicher Landschaft in *Lenz* (George Moorse, BRD 1971), Quelle: Deutsche Kinemathek

solche technische Überblendung von Figur und Landschaft zur weiteren ›Psychologisierung‹ der Dichterbiographie bei.

Das poetische Potential des Films, dies ist ein weiterer wichtiger Aspekt, zeigt sich in der topographischen Situierung des Protagonisten und auch anderer Figuren, die mit einer durchgängigen Strukturierung der offenen Erzählung zusammenwirkt. Wie die Erzählung Büchners ist auch der Film in Abschnitte eingeteilt, die durch Landschaftsbeschreibungen unterbrochen und zugleich verbunden sind. Die äußerst langen Sequenzen zeigen einen gebrochenen Mann, der sich durchs Gebirge quält; jede Wanderung führt ihn an eine neue Station seines Leidens- und Lebenswegs: durchs Gebirge zu Oberlin, mit Oberlin gemeinsam zu den Bauern und im Gespräch über die Natur, mit Holzfällern über die Berge, zum toten Mädchen nach Fouday, von dem toten Mädchen zurück und danach an ihr Grab, schließlich mit Oberlin gemeinsam nach Waldbach. Insgesamt erstrecken sich die Wander-Sequenzen über 70 zumeist sehr lange Einstellungen.[262] Aber Lenz erreicht keinen Gipfel wie Petrarca den Mont Ventoux (1336) in einer kulturell imaginierten Urszene des Dichters, der eine Landschaft schaut und sich davon abkehrt, um in den Bekenntnissen des Augustinus zu lesen und sich fortan seiner Innenschau zu widmen.[263] Noch in Béla Balázs' kinotheoretischem Ansatz, dass Landschaft im Film eine »Physiognomie, »ein Gesicht« sei, »das den Menschen meint«, scheint die ausschließliche Spiegelfunktion der Landschaftsschau zu dominieren.[264] Wirken bereits in Büchners Fragment Natur- und Seelenbeschreibung zusammen,[265] so ist die inszenierte Landschaft im Film jedoch nicht nur Ausdruck der Pathologie des Dichters, insofern die Wanderungen mit ihrem Auf und Ab auch die Labilität der psychischen Verfassung anzeigen oder die Stille der Landschaft die psychische Ruhe und Ausgeglichenheit des Protagonisten nahelegt. Vielmehr handeln Erzählung und Film auch davon, die Landschaft von Lenz abschließend zu befreien:

> »mehrmals wo der Wagen bei dem schlechten Wege in Gefahr geriet, blieb er ganz ruhig sitzen; er war vollkommen gleichgültig. In diesem Zustand legte er den Weg durch's Gebirg zurück. Gegen Abend waren sie im Rheintale. Sie entfernten sich allmählig vom Gebirg, das nun wie eine tiefblaue Krystallwelle sich in das Abendrot hob, und auf deren warmer Flut die roten Strahlen des Abends spielten; (...).«[266]

262 Vgl. die Aufstellung bei Mayer (1994), Lenz, S. 62, Anm. 1. Die Untersuchung von Hans Mayer geht auf ein filmphilologisches Seminar bei Klaus Kanzog im Sommersemester 1979 an der Universität München zurück und basiert zum Teil wohl auf seiner dort 1982 abgeschlossenen Magisterarbeit zur Beziehung Lenz/Oberlin in Film und Erzählung.

263 Damit beginnt u.a. auch Ritter seine Rede über Landschaft; vgl. Ritter (1963), Landschaft. Zur intermedialen Konstruktion von Landschaft im Reisebericht um 1800 vgl. Jost (2005), Landschaftsblick und Landschaftsbild; zur Landschaft im Film das Themenheft »Landschaft«, *Film-Dienst* 57/17 (2004), S. 3-66.

264 Béla Balázs: Der sichtbare Mensch oder die Kultur des Films (1924), in: Balázs (1982), Schriften zum Film, Bd. 1, S. 100.

265 Büchner (1992), Werke und Briefe: »(...) seine Tränen waren ihm dann wie Eis, er mußte lachen. Je höher er sich aufriß, desto tiefer stürzte er hinunter« (S. 149); »Da stürzte er halb wahnsinnig nieder, dann jagte es ihn auf, hinaus in's Gebirg. (...) Er rannte auf und ab.« (S. 151); »die Landschaft beängstigte ihn, sie war so eng, daß er an Alles zu stoßen fürchtete« (S. 154) etc.

266 Ebd., S. 157f.

Die Ankunft im Tal verkündet das Verebben der vorher aufgetürmten Erzählung über den Dichter Lenz. Das deviante Subjekt – angekommen in der Gleichförmigkeit der vermuteten katatonen Apathie – wurde aus jener Landschaft entfernt, die noch am ehesten seinen psychischen Zustand zu repräsentieren vermag. Bedrohlich nimmt sich vor allem der Fels aus, der die Figur mitunter fast aus dem Bild verdrängen will; die christliche Kirche, die auf einem solchen Fels patrilinearer Ordnung gegründet ist, findet somit eine adäquate metonymische Figuration in der filmischen *mise en scène.*[267] Mit diesem Verschwinden des wahrnehmenden und beschreibenden Subjekts aus der Landschaft verschwindet zugleich die Landschaft, – denn es gilt traditionell, »Landschaft ist, wenn das Subjekt in sie eintritt«[268] – außer: die Kamera tritt an dessen Stelle. Dotzler machte auf ein entsprechendes Gedankenexperiment Lacans aufmerksam, das den Menschen durch eine selbsttätige Kamera ersetzt und somit Bilder von menschenleeren Landschaften ermöglicht, jedoch den Betrachter am Ende wieder einsetzt; und wenn er nur das Sehen des Sehens beobachtete.[269] Verschwindet der Mensch Lenz aus seinem ›Gebirg‹, bleiben immer noch die Besichtigungen seines Verschwindens durch Oberlin, was später von Büchner gesehen wird, was wiederum von Moorse, dem Filmteam und schließlich dessen Kamera gesehen wird. Der Dichter sitzt zwar lesend im Schnee, schreiben wird er aber nichts. Seine Figur gerinnt zur Allegorie des Schreibens: Als dunkler Griffel wandert er auf schneeweißen Landschaften (wo Oberlin wie auf Pegasus einherreitet) und verschwindet letztlich von der Oberfläche literarischer Produktivität. Er schreibt mit seinem Körper keine entzifferbaren Lettern mehr in den weißen Grund.

Hinzu kommt eine weitere traditionelle Deutungsmöglichkeit für die Dominanz der Landschaft in diesem Film. Landschaft ist auch immer Metapher für die Geschichte per se; inflationär verwendet und damit auch im populären Diskurs etabliert, zeigt sie sich vor allem in einer Historiographie, wie sie von Macaulay und Adams für die englische und amerikanische Geschichte praktiziert wurde und in der Filmbiographie einen festen Bestandteil der filmischen Inszenierung darstellt. Die Landkarte als Faktenspeicher und die gemalte Landschaft als Ort öffentlicher und privater Spekulation sind die beiden Medien, die bei Macaulay die Historiographie wechselseitig bestimmen.[270] Der Vorteil der Landschaftsmetapher, die sie gegenüber chronologisch orientierten Figurationen hat, liegt in der Freiheit des Historiographen begründet: Selektivität, Simultaneität

267 »Du bist Petrus, und auf diesen Felsen will ich meine Kirche bauen (...).« (Mt 16,18; vgl. auch Joh 1,42; Einheitsübersetzung)

268 Dotzler (1999), Landschaften, menschenleer, S. 247.

269 Ebd., S. 253.

270 Vgl. auch Tibbetts (2005), Composers in the Movies, S. 5.

und die freie Wahl des Maßstabs, von der makro- bis zur mikroskopischen Analyse, eröffnen sich in einem solchen zeitfernen Raum der Geschichte.[271] Eine Dichterfigur in der Landschaft kann demzufolge auch stets als Signal für ihre Position in der Literaturgeschichte gelesen werden: Lenz kämpft sich durch ›Sturm und Drang‹, ist von Kollegen, der Familie und allen guten Geistern verlassen, steht allein auf weiter Flur und wird von den übermächtigen Felsen der Geschichte bedroht. Die Reihe möglicher allegorischer Deutungen ließe sich fortführen. Landschaft gibt in diesem Film demzufolge Anlass zur Bedeutungszuschreibung auf mindestens drei Ebenen: der Innenschau einer psychischen Verfassung des Protagonisten, seiner Situierung im zeitlos anmutenden Raum der Literaturgeschichte und der medial autoreferentiellen Option einer filmischen Entleerung der Landschaft, die das Subjekt zugunsten der Maschine/Kamera zum Verschwinden bringen kann.[272]

Die historische Einordnung und damit zugleich die Politisierung des Films nimmt Moorse deshalb an anderer Stelle und mit anderen Mitteln vor. Zu Beginn ist eine Montage von zeitgenössischen Stichen aus dem Amerikanischen Unabhängigkeitskrieg zu sehen, am Ende eine Montagesequenz mit Bildern aus der Zeit der Französischen Revolution. Obgleich die Handlung offen endet, schließt der Film mit dem von Moorse hinzugefügten Emblem, das ›Einheit und Unteilbarkeit der Republik, Freiheit, Gleichheit, Brüderlichkeit oder den Tod‹ in französischer Sprache proklamiert[273] und somit wörtlich die Parolen der französischen Bürger aus dem Jahr 1793 zitiert. Moorse stellt mit dieser *pre-title sequence* und dem Abspann einen deutlichen Bezug zwischen der erzählten Zeit im Jahr 1778 und jenen für Europa so wichtigen politischen Ereignissen her, die zwar mit Lenz' Phase des psychischen Zusammenbruchs nicht unmittelbar zu tun haben, die aber die Veränderungsbedürftigkeit einer Gesellschaft anzeigt. Es entsteht folglich das Bild einer Gesellschaft, die den Künstler und seine Krankheit mit prä-aufklärerischer christlicher Demut heilen möchte, während der Mangel an sozialen, ästhetischen und gesundheitlichen Entwicklungsmöglichkeiten für die arme Bevölkerung allenthalben zu bemerken ist. Eine solche Politisierung eines Einzelschicksals vor dem Hintergrund radikal zu ändernder Machtverhältnisse wurde von der damaligen Filmkritik durchaus skeptisch gesehen und ist aus heutiger

271 Vgl. Gaddis (2002), The Landscape of History, S. 22.

272 Hinzuweisen ist an dieser Stelle auch auf die Farbgebung des Films, die eine Verbindung zwischen Oberlins Farbenlehre (gelb für Wärme und Geborgenheit etc., blau für Kälte, Nacht etc.), die er mit Lenz bespricht, und dem damit konnotierten Virage-Verfahren des Stummfilm-Kinos herstellt: Narration und Medium treten auf diese Weise in einen historisch fundierten Dialog.

273 »UNITE / INDIVISIBILITE / DE LA REPUBLIQUE / LIBERTE / EGALITE / FRATERNITE / OU LA MORT«; vgl. auch Mayer (1994), Lenz, S. 35f.

Sicht als kontraproduktive Provokation einzuschätzen. Denn folgt man Moorses Selbstdeutung von dem Verlust der Naivität und Harmonie der »einfachen naturbezogenen Menschen der Berge«, dann – darauf wies Kritiker Wolfram Schütte hin – erschließt sich eine »reaktionäre Deutung«, die sich aus der Kontrastierung der heilen Natur und dem Unheil der politischen Veränderung speist.[274] 1973 erschien mit Peter Schneiders *Lenz* dann das Kultbuch der enttäuschten Linken und ein Plädoyer für die neue Sensibilität der radikalisierten Studentenrevolte.[275] Diese Umschrift kontrastiert Berliner Konsum-Landschaften mit dem Blick aufs Gebirge in der Nähe von Trento, verzichtet mithin auch nicht auf das probate Mittel der Landschaftsmetapher, mit der schon Büchner und kurz vorher noch Moorse gearbeitet haben.

4.7.2. Kriminell und wilhelminisch-deutsch (May, 1974)

Hans-Jürgen Syberberg porträtiert mit dem zweiten Teil seiner Deutschland-Trilogie den Erfolgsautor des Trivialen, Karl May (*Karl May*, BRD 1974); die anderen beiden Teile der Trilogie sind Ludwig II. von Bayern und Adolf Hitler gewidmet. Der Autor May findet sich somit in eine Reihe gestellt mit einem feudalen und einem faschistischen Repräsentanten staatlicher Macht, die vor allem durch deren Missbrauch und die sie umrankenden pathographischen Diskurse des Größenwahns charakterisiert sind. Syberbergs zweiteiliges Autorenporträt mit einer Länge von 187 Minuten erzählt detailliert und mit dokumentarischem Gestus die letzten zehn Lebensjahre Karl Mays, die von Gerichtsprozessen, politischem Opportunismus, einem Eheskandal sowie einer letzten großen Schaffenskrise geprägt sind. Dieser Autor schreibt nicht, sondern ist vor allem in juristische Auseinandersetzungen mit verschiedenen Klägern und Beklagten, insbesondere der Witwe seines Verlegers Heinrich Münchmeyer verwickelt. Aber auch andere Zeitgenossen bezichtigen ihn insofern in Platonischer Manier der dichterischen Lüge, als May seinen Erfolg auf der bloßen Behauptung des autobiographischen Gehalts seiner Werke begründet habe und nicht ausreichend belegen könne, dass er die Abenteuer seiner Romanhelden selbst erlebt hat:

> »Ich bin wirklich Old Shatterhand resp. Kara Ben Nemsi und habe erlebt, was ich erzähle. Daß ich dabei, wie der Maler, die Feder in die Farbe tauche, versteht sich so von selbst, daß ich es gar nicht zu erwähnen brauche.«[276]

274 Schütte (*Frankfurter Rundschau*, 10.05.1971), George Moorses jüngster Film »Lenz« nach Georg Büchners Novelle.

275 Schneider (1973), Lenz. Eine Erzählung.

276 Karl May an einen Leser, 15.4.1898; zitiert aus Beneke und Zeilinger (2007), Karl May, S. 85.

Seine Ausgabe letzter Hand in 30 Bänden trägt den Titel *Karl Mays Illustrierte Reiseerzählungen* (1907 bis 1912) und signalisiert mithin Anschluss an das dokumentarische und zumeist auch autobiographisch zu lesende Genre der Reiseliteratur.[277] Öffentlich diskutiert und in zahlreichen Polemiken hervorgekehrt wird zudem die sittliche Gefährdung der Jugend, die von Mays Romanen ausgehe.[278] Auch dass er unrechtmäßig einen Doktortitel führte, ist Gegenstand juristischer Prozesse. Schließlich kommt noch der langwierige Scheidungsprozess hinzu, als er seine Ehefrau Emma wegen seiner Beziehung zu Klara Plöhn verlässt; die vormaligen Ehepartner bezichtigen sich gegenseitig moralischer und finanzieller Vergehen und zerren auf unerfreuliche Weise ihr Privatleben in die Öffentlichkeit.

Die Besetzungsliste dieses Films weist berühmte Schauspielerinnen und Schauspieler auf, die ihren Zenit nach dem Nationalsozialismus und den 1950er Jahren längst überschritten hatten. Kristina Söderbaum spielte in zahlreichen NS-Filmen unter der Regie ihres Ehemanns Veit Harlan, etwa in *Jud Süß* (1940), *Der große König* (1942) und *Kolberg* (1944); in Syberbergs Film übernimmt sie 62jährig die Rolle der Emma May. In der Titelrolle glänzt Helmut Käutner, dem man als Regisseur während der NS-Zeit keine Regimetreue vorwerfen konnte, der aber in den 1950er Jahren überwiegend restaurative Tendenzen unterstützte. In weiteren Rollen sind u.a. Käthe Gold als Klara May, Mady Rahl als Pauline Münchmeyer, Rudolf Prack als Sächsischer Justizminister, Lil Dagover als Bertha von Suttner sowie Attila Hörbiger als Militär-Schriftsteller Dittrich zu sehen. Diese ehemals erstklassige Riege der deutsch-österreichischen Filmindustrie, die sowohl vor als auch nach 1945 große Erfolge mit Propaganda- und Unterhaltungsfilmen erzielen konnte, steht für eine Umcodierung von Rollenprofilen. Auch wenn die Schauspielerliste an berühmte und berüchtigte Filme der Ufa sowie an die banale Ästhetik des Heimatfilms erinnert, wird zugleich ein Signal für das Überschreiben bekannter Deutungsmuster gesendet. Mit dieser Besetzung eröffnen sich für Syberbergs Film Möglichkeiten von Geschichte und Geschichtsschreibung, auch Filmgeschichtsschreibung, ohne vollkommen neu ansetzen zu müssen. Jeder dieser ehemaligen Stars steht für existenzielle und historische Kontinuität in der Diskontinuität. Gleichsam selbstironisch setzt die erste Einstellung des Films nach der Titelsequenz mit Emmas Selbstbespiegelung und ihrer Klage darüber ein, dass sie soviel Falten habe, während Karl sie beruhigt, denn dies wären die Falten, die über die letzten 30 Jahre entstanden wären und wofür er sie lieben würde. Ob es in diesem Dialog

277 Diese Ausgabe löst die Vorgängerausgaben in 30 Bänden ab, die seit 1896 erschienen war: *Gesammelte Reiseromane* und *Gesammelte Reiseerzählungen*.

278 Eine Bibliographie der »frühe(n) Apologien und Polemiken«, auf die sich der Film fortwährend bezieht, ist zusammengestellt in Arnold (1987), Karl May, S. 296.

um die gealterte Ehefrau Mays oder die NS-Schauspielerin Söderbaum geht, die als Allegorie für die gewachsene und reife Liebe zwischen Figur und Publikum fungiert, bleibt doppeldeutig, denn beides sind plausible Deutungsmöglichkeiten.

Der Film gliedert sich in zwei große Teile, die mit jeweils einem Motto betitelt sind: das voraufklärerische »In finsteren dunklen Gründen« und das topographisch-psychologisierende »Die Seele ist ein weites Land in das wir fliehen«. Die erzählte Zeit setzt 1899 ein, als May seine erste Orientreise antritt, und endet 1912 mit dem Tod des Autors, der auf einer Bahre präsentiert und von seiner Ehefrau beweint wird. Orte des Erzählens sind Mays Villa »Shatterhand« in Radebeul, die Dresdner Villa des Verlegers Heinrich Münchmeyer und seiner Witwe Pauline, dazwischen immer wieder Sequenzen in der Reisekutsche, wenn May mit seiner Frau Emma, später Klara, unterwegs zu Zeugen oder Gerichtsprozessen ist. Auch die Orientreise 1899-1900 wird anfangs erwähnt, von der May – als Beleg für seine Reisen und ›authentischen‹ Erfahrungen – zahlreiche Postkarten an kritische Literaturredakteure in Deutschland schickt.

Zwei widersprüchliche Prinzipien dominieren diesen Film und bauen eine poetische Spannung auf: Zum einen verweigert diese Biographie das biographistische Paradigma, das Werk und Leben des Autors in der Tradition des älteren Biopic üblicherweise ineinanderblendet. Der Film erzählt vielmehr davon, wie das Prinzip der Rückübertragung bei dem Autor Karl May gerade nicht angewendet werden kann und welche Schwierigkeiten dies sowohl dem Produzenten als auch den Rezipienten bereitet. Zum anderen verwendet Syberberg umfangreiches überliefertes dokumentarisches Material zu diesem Schriftstellerleben – Briefe, Tagebücher, Prozessakten, Presseartikel –, das mit Monologen und Dialogen kombiniert wird. Schwarzblenden zwischen einzelnen Sequenzen, die regelmäßig den Wechsel von Erzählort und -zeit anzeigen, erinnern an ein Umblättern von Seiten einer Chronik oder an den theatralen Bühnenvorhang, der sich vor das Geschehen schiebt. Wenn also Literatur wie diejenige von May nicht autobiographisch sein kann und jedenfalls fiktionalen Charakter haben muss – so ließe sich mit dem Film fragen –, welchen Status beansprucht dann ein dokumentarischer Spielfilm, der einerseits behauptet, das Leben des Autors authentisch und an den historischen Fakten entlang zu erzählen, und andererseits gerade diese Behauptung als Diskurs des Kulturbetriebs entlarvt? Dieser Film würde eine solche Frage jedoch nicht beantworten und auch keine Entscheidung in die eine oder andere Richtung fällen wollen, sondern er beschränkt sich darauf, diesbezüglich kritisch nachzuhaken und Diskussionen zu provozieren.

Die Provokation, die der Film neben einer narrativen Irritation zugleich auf der Ebene des *plot* auslöst, ist die ebenfalls nicht zu entscheidende

Frage, ob May als phantasievoller und erfolgreicher Autor von Abenteuerromanen unter juristischen Gesichtspunkten als kriminell eingeschätzt werden soll oder kann. Weil Karl May während einer Haftstrafe mit dem Schreiben begonnen habe – nicht zuletzt in Ermangelung ›ehrbarer‹ Berufe, die er nach seinem Rauswurf aus dem Lehrerseminar in Betracht ziehen konnte –, bleibt er im Jargon seiner Kritiker ein Krimineller, der schreibt. Der Makel der Vorstrafen haftet an ihm wie ein Brandmal. Auf diese Weise kehrt diese Karl May-Biographie die Kehrseiten der Wilhelminischen Epoche hervor (ihren Bürokratismus genauso wie den Spiritismus), während der man sich doch in deutscher Tugend und Tapferkeit gefiel und gerne für Recht und Ordnung sorgte. Diesem Diskurs folgen auch die vielgelesenen Reise- bzw. Abenteuerromane Mays, obgleich sich auch darin zahlreich ›dunkle‹ Seiten finden, die jedoch dem Guten und Schönen regelmäßig unterliegen. Gerade die Lektüreoptionen der psychischen Allegorie, deren Wunschstrukturen die Reiseromane dominieren, scheinen Defizite einer rigiden Disziplinargesellschaft kompensiert zu haben. Deshalb scheint es auch für Syberberg kein Widerspruch zu sein, Karl May als »den Schöpfer der einzig wahren Heldenlieder des wilhelminischen Zeitalters« zu bezeichnen.[279]

Auffällig ist an diesem Film insbesondere ein technischer Aspekt, der erwähnt werden muss: Dieser Film vollzieht das Leben des Autors als Inszenierung nach und verfremdet vor allem diejenigen Elemente, die aus dem illusionistischen Hollywood-Kino vertraut sind, insbesondere Panoramaaufnahmen, teure Außenaufnahmen oder Aufnahmen von exotischen Schauplätzen. Das sächsische Dorf Ernstthal, Mays Geburtsort, wird in der Titelsequenz ebenso als erkennbares Pappmodell gezeigt wie das Modell des Dampfers »Kaiser Wilhelm« oder die Szenen in der anfänglichen Sequenz zur Orientreise, wo gemalte Hintergründe und Figuren aufscheinen. Kulissenmalerei und Rückprojektion sind filmische Hilfsmittel, wenn keine Originalschauplätze aufgesucht werden können. Indessen werden sie in diesem Film als Hilfsmittel ausgestellt, was vielmehr die Abwesenheit als Anwesenheit des Autors in seiner Biographie inszeniert. Damit verweigert der Film auch kommerzielle Qualitätsmerkmale der Filmfabriken, die für gelungene Illusion sorgen sollen – was im übrigen noch für die NS-Verfilmung *Durch die Wüste* (Hübler-Kahla, D 1936) galt, nicht aber für die große Welle von Karl May-Verfilmungen in den 1960er Jahren, die nicht in den USA gedreht wurden –,[280] und vollzieht zugleich Mays eigenes Defizit nach, nicht an den Originalschauplätzen seiner *Winnetou*- und *Schut*-Romane gewesen zu sein. Auf diese Weise gehen Film- und Romanautor eine empathische Allianz ein: Syberberg

279 Zitat Syberbergs auf der Hülle der DVD von *Karl May*, die 2007 ediert wurde.
280 Vgl. Kramer (2007), Heldisches Geschehen, nacherzählt, S. 298.

wie May verweigern Authentizität, obgleich sie sie beide beharrlich in Anspruch nehmen.

Authentizität heißt für Syberbergs Film dann auch, das mediale Potential der Zeit auszuloten und für die eigene Erzählung nutzbar zu machen. Karl May scheint vor allem mit der Photographie recht vertraut gewesen zu sein. Er war ein Autor, der das Verhältnis von visualisiertem Subjekt und Objekt im literarischen Diskurs von beiden Seiten her kultivierte, indem er nämlich einerseits seine Leser mit hochgradig stilisierten Bildern seiner selbst versorgte und andererseits diese begeisterten Leser und Leserinnen in einem liebevoll gepflegten Album archivierte.[281] Dieses Album dokumentiert auf eindrucksvolle Weise, wie die Rezipienten der Romane von dem erschwinglich gewordenen Medium der Porträtphotographie Gebrauch machten und sich selbst im Photoatelier als eifrige und begeisterte Leserschaft inszenieren ließen, um diese Bilder an den Autor zu senden. Deshalb verkehrt Mays Leseralbum ironisch die traditionelle Porträtsammlung gelehrter Dichter und Denker, denn es stellt die Rezipienten trivialer Romane in den Mittelpunkt der Aufmerksamkeit. Karl May indessen ließ sich 1896 mehrfach als Old Shatterhand und Kara Ben Nemsi photographieren, so dass Erfinder und Erfundene, der Autor und seine Figuren, nicht mehr zu unterscheiden sein sollten. Diese Photographien verschickte er in großer Zahl an professionelle wie unprofessionelle Leser und Leserinnen. Syberbergs Film stellt diese Möglichkeiten der Photographie und ihr narratives sowie allegorische Potential aus, indem er May als Schauspieler seiner eigenen Rolle zeigt, die er sich mit seinen Figuren auf den Leib geschrieben hat, jedoch nicht durchhalten kann. Darüber hinaus enthält dieser Film eine besonders eindrucksvolle selbstreferentielle Geste: Als Emma May und Klara Plöhn auf den Jahrmarkt gehen, besuchen sie ein Zelt mit sogenannten »Lebenden Bildern« (Teil 1, 00:23:25), worunter eine Ansammlung optischer und kinematographischer Apparate zu besichtigen ist. Bei der Vorführung des Kinetoscope sehen sie Kurzfilme der Brüder Lumìere und von George Méliès (*La Fée Carabosse,* F 1906; *Le Voyage à travers l'impossible,* F 1904). Diese Kurzfilme werden jedoch nicht wie die Bilder des Panoptikums oder des Daumenkinos mit ihrer technischen gerahmten Performanz in den May-Film implementiert, sondern direkt in die Diegese dieser Biographie übernommen. Das Publikum bekommt unvermittelt und über die gesamte Kadrage Filmausschnitte zu sehen, die nur insofern mit dem Leben Karl Mays zu tun haben, als sie den medienhistorischen Kontext illustrieren und – um vieles wichtiger – allegorisch für Mays Erzählverfahren gelesen werden können. Was an den zitierten Filmen von Lumière und Méliès fasziniert, ist ihre technische Finesse, die bereits mit Überblendungen, Doppelbelichtungen,

281 In Auswahl abgedruckt in Beneke und Zeilinger (2007), Karl May, S. 239ff.

Trickaufnahmen, Animation, Virageverfahren und andere Handkoloration sowie, grundlegend, Montage aufwarten kann. In, oder besser: an einem Punkt wie dem unmöglichen Reiseziel jenes Zuges in Méliès *Le Voyage à travers l'impossible,* der zur Sonne fährt und abstürzt, treffen sich George Méliès, Karl May und Hans-Jürgen Syberberg. Obgleich weder Schriftsteller noch Regisseure dort sein konnten, wo oder wovon scheinbar im Nachhinein ihre Werke handeln, sind sie in der Lage, plausibel, unterhaltsam und lehrreich von diesen Orten zu erzählen. Zudem rufen diese Orte (die Sonne, Amerika, der Orient, das Wilhelminische Sachsen) symbolische Bedeutungsschichten auf, gerade weil sie als faktengrundiertes Reiseziel nicht zur Disposition stehen.

Deshalb ist hier Hatzig zuzustimmen, der – anders als Deeken[282] und andere Kritiker – argumentiert, dass es sich bei Syberbergs Film »nicht um eine exakte historische Rekonstruktion, sondern um die Darstellung und filmische Deutung des Trivialmythos des 19. Jahrhunderts und seine lebensgeschichtliche Brechung« handelt.[283] Dabei arbeitet der Film nicht daran, die aporetische Struktur des Mythos zu verdecken, sondern sie mit einer ebenfalls ostentativen Montage offenzulegen, was wiederum per se ein unmögliches Unterfangen darstellt. Dass Leben und Werk des Autors May einen Trivialmythos darstellen, belegt neben dem Syberberg-Film auch die wechselvolle Rezeptionsgeschichte seiner Werke, die etwa von der Deutung als homosexuelle Begehrensallegorie und ihres Autors (Arno Schmidt) bis zur katholischen Rehabilitation des Autors und seiner Alter ego-Figur Winnetou (Wohlgschaft) ein breites Spektrum interpretatorischen Lustgewinns bietet.[284]

4.7.3. »Zu den Akten« (Kleist, 1977)

»(N)icht die schönste, so doch interessanteste Poetenleiche aller Zeiten«, schrieb Franz Zalto in einer der wenigen positiven inländischen Kritiken zu *Heinrich* von Helma Sanders-Brahms (BRD 1977).[285] Diesem Superlativ ist keineswegs zuzustimmen, denn der Filmbetrieb lebt von sich gegenseitig überbietenden Superlativen. Jedoch nimmt der Film *Heinrich* im Kontext des Neuen deutschen Films eine besondere Position ein, weil er die Abkehr vom literarischen Kino der frühen 1970er Jahre einleitet. Man hatte genug von den Literaturverfilmungen und historisch-dokumentarischen

282 Vgl. Deeken (1984), Träume eines Geistersehers.
283 Hatzig (1987), Verfilmungen, S. 661.
284 Schmidt (1963), Sitara und der Weg dorthin; Wohlgschaft (1994), Grosse Karl-May-Biographie.
285 *Wochenpresse*, 25.10.1978; zitiert aus Neugebauer (1980), Heinrich, S. 185.

Biographien der letzten Jahre, und der Ruf nach dem Blick auf das gegenwärtige Alltagsleben als Filmstoff wurde lauter[286] (was keine faktische Entwicklung erläutert, sondern ein diskursives *perpetuum mobile* darstellt). Während die deutschen Kritiker der Regisseurin u.a. vorwarfen, diesen Film zu unpolitisch und zu konventionell gestaltet zu haben, muss er aus heutiger Perspektiver insbesondere wegen seines Erzählverfahrens und seiner nachträglichen, recht aufgesetzt wirkenden Adressierung an Ulrike Meinhof[287] durchaus zu den interessanten Filmprojekten seiner Zeit gerechnet werden.

Helma Sanders-Brahms drehte die bisher einzige Kleist-Biographie, die aus der deutschen Filmgeschichte bekannt ist. Angesichts des Kleist'schen Lebenswegs und Werks, seiner Verkennung zu Lebzeiten, seiner indifferenten Sexualität und seines theatralen erweiterten Selbstmords, scheint es nahezu erstaunlich, dass das Kino sich nicht öfter dieses Autors angenommen hat.[288] Der Film von Sanders-Brahms entwickelt eine offene Erzählform, die mit dem Begriff des ›psychologischen Realismus‹ zu charakterisieren ist, der die asynchronen Montageverfahren des klassischen Realismus benutzt, um jedoch die Wirkung historischer Realität mittels Perspektivübernahme des Publikums zu erzielen. Figuren sprechen hierfür häufig im *voice-over* – insbesondere der Protagonist –, um die gezeigten Bilder als die von ihnen geschauten und kommentierten zu installieren und auf diese Weise die Seh- und Hörerfahrungen der Figuren mit denen der Zuschauer zu synchronisieren.[289] Dies schließt jedoch nicht aus, die Bild-Ton-Differenz weniger komplementär als kontrastiv oder sogar konterkarierend zu interpretieren, was jedoch das ästhetische Programm des psychologischen Realismus bereits als solches hinterfragen und eine reflektierende Ebene der Rezeption einziehen würde. Der üblichen Unglaubwürdigkeit historischer Filme wollte Sanders-Brahms darüber hinaus durch detailgetreue Inszenierung und entsprechender Besetzung der Rollen entgegenwirken, indem die Schauspieler und Schauspielerinnen den Figuren möglichst ›wesensverwandt‹ gewesen seien. Dieses Parallelisieren

---

286 Vgl. die Filmkritik zu *Heinrich* von Wolfram Schütte in der *Frankfurter Rundschau,* 21.5.1977; zitiert aus ebd., S. 179.

287 Vgl. Helma Sanders-Brahms: Jetzt, zu Heinrich, zur deutschen Kritik und zu mir selber gesagt, in: Neugebauer (1980), Heinrich, S. 211.

288 Als zwei ambitionierte cineastische Projekte, die sich jedoch den Texten und nicht primär der Autorfigur Kleist nähern, sind Eric Rohmers *Die Marquise von O...* (BRD/F 1976) und Hans Neuenfels' *Heinrich Penthesilea von Kleist* (BRD 1983) zu nennen; vgl. hierzu ausführlich Rhiel (1991), Re-Viewing Kleist.

289 Vgl. hierzu Rhiel (1991), Re-Viewing Kleist, S. 72f.: »The textual strategies (...) are significant for the ways that they implicate us as spectating subjects in a relationship of identification with the author, Heinrich von Kleist. Underpinning these strategies is a general belief in the power of the writing or filming subject to make visible a pre-given truth through language.«

soll bis zum Vornamen des Protagonisten Heinrich und seines Darstellers Heinrich Giskes gereicht haben. Was jedoch der Gewinn an Authentizität sei, wenn Sanders-Brahms als Regisseurin »über ein halbes Jahr« Requisiten wie die Stickarbeiten der Wilhelmine von Zenge selbst angefertigt habe, was vom deutschen Publikum wie viele andere Kleinigkeiten weder erkannt noch gewürdigt worden wäre, bleibt unklar; es ist ein kaum plausibles Scheinargument.[290] Vielmehr strebt Sanders-Brahms mit solcher Rechtfertigung eine metaphorische, jedoch kaum verhohlene Selbststilisierung an, weil sie – wie Wilhelmine – mit vielen kleinen ›Stichen‹ ein Bild herstellt und damit Anschluss an die Tradition weiblicher mimetischer ›Handarbeiten‹ sucht. Das Lamento einer Regisseurin, die weder zu den feministischen Filmemacherinnen ihrer Zeit gehören wollte noch von der Oberhausener Männerriege akzeptiert wurde, ist in ihren Werkkommentaren unüberhörbar.

Der Film *Heinrich* rekonstruiert das Leben des Autors von seinem Ende her und bringt ihn insofern als »Zeitgenossen« nahe, als er zu keiner sich selbst genügenden nationalen, künstlerischen und geschlechtlichen Identität finden kann. Dem Film geht es um eine kollektive Erinnerungsarbeit, die mittels des Erzählverfahrens realisiert wird. Demnach wird »ein zerbrochenes, zerrissenes Leben beschrieben, in Szenen, die sich assoziativ reihen, so wie sich die Erinnerung reiht«.[291] Nach der Titelsequenz wird hierfür zuallererst auf den bereits erläuterten Topos des Subjekts in der Landschaft angespielt (Kap. 4.7.1.), der als existenzielle Metapher fungiert und mit einem Bett, »wie ein Gebirge«, überblendet wird.[292] Im weiteren Verlauf kontrastiert die Exposition dieser Lebensbeschreibung zwei Schreibszenen, zum einen den depressiven Kleist, der im Bett Wärme und richtige Worte sucht, um einen Bittbrief an den Staatskanzler Karl August von Hardenberg zu verfassen, und zum anderen den Kanzler selbst, der an einem gediegenen, Macht und Pracht ausstrahlenden Schreibtisch auf eben diesem Brief notiert, dass der Bittsteller Kleist, der am 19.11.1811 signierte, bereits am 22.11.1811 nicht mehr am Leben sei. Was darauf folgt, ist eine kurze narrative Parabel auf die moderne Autorfunktion und ihre Verquickung mit dem administrativen und ökonomischen Diskurs. Denn der somit erledigte Brief wird in die Akte sortiert, von einem Kanzleidiener zum nächsten gereicht und auf diese Weise durch die langen Gänge der Staatskanzlei bis in dessen Archiv befördert. Jedesmal lautet die Botschaft

290 Helma Sanders-Brahms: Jetzt, zu Heinrich, zur deutschen Kritik und zu mir selber gesagt, in: Neugebauer (1980), Heinrich, S. 210f.

291 Ebd., S. 192.

292 Die Regisseurin selbst assoziiert hiermit zum einen das vor jedem Schreibprozess liegende weiße Blatt Papier und zum anderen »Heinrichs Bettgruft«, was jedoch eher beliebig auf Heines sprichwörtliche »Matratzengruft« verweist; vgl. Neugebauer (1980), Heinrich, S. 157 und 193.

an den nächsten Boten: »Zu den Akten«. Einmal im Archiv angekommen, ist der letzte Akt der Archivierung zu beobachten, indem die »Akte Kleist« dem Buchstaben K zugeordnet wird. Autorennamen werden demzufolge selbst dann, wenn sie keinen finanziellen Gewinn erzielen können und nicht in den Regalen der Buchhändler geführt werden, sondern vielmehr mit erfolglosen Bittbriefen verquickt sind, in alphabetischer Ordnung vorgehalten. Mit dieser Sequenz entsteht eine Spannung zwischen dem Titel des Films, der schlicht mit dem Vornamen Heinrich überschrieben ist und familiäre oder freundschaftliche Vertrautheit signalisiert, und dem Vorgang der Archivierung einer historischen Person namens von Kleist, die einer für die Preußische Geschichte und der deutschsprachigen Literaturgeschichte in vielerlei Hinsicht wichtigen Familie angehört.[293] Wie Vor- und Nachname stehen deshalb auch Film(titel) und Filmerzählung im Verhältnis gegenseitigen Signifizierens. Der Autor »Kleist« wird dem staatlichen Archiv zugewiesen und harrt dort der administrativen Ewigkeit des staatspolitischen Gedächtnisses. Dem wirkt womöglich das aktive Erinnern des Kinos an eine Person namens »Heinrich« entgegen. Wie Heinrich von Kleist sich selbst in das kulturelle Gedächtnis eingeschrieben hat, legt in der Exposition des Films die fragmentarische Zitation seines Abschiedsbriefes und noch weiterer Briefe nahe, die entweder im *Off* als *voice-over* und später als direkte Figurenrede *on-screen* gelesen werden. Jener Abschiedsbrief an seine Schwester Ulrike (Grischa Huber) wird demzufolge keinem staatlichen Archiv einverleibt, sondern mit Hilfe der filmischen Performanz der Erinnerungsarbeit des Kinopublikums überantwortet.

Das Erzählverfahren des Films lässt sich deshalb als eine rekonstruktive Überlagerung der medialen, emotionalen, ästhetischen und staatspolitischen Diskurse beschreiben, denn die Ereignisse formieren sich zumeist nach Überblendungen, die sprachliche Assoziationen verketten und zwischen den verschiedenen Sphären und Stationen der Kleist'schen Biographie der Jahre 1797 bis 1811 wechseln. Wenn Kleist beispielsweise der Tochter Henriette Vogels von der Schlacht bei Aspern erzählt, so erzählt die nächste Filmsequenz ihrerseits davon, wie Kleist und Dahlmann (Stefan Ostertag) dieses Schlachtfeld nach dem Kampf besucht haben. Die chronikal-lineare Ordnung erweist sich für den gesamten Film als sekundär, wird aber doch zu Beginn des Films, in der Titelsequenz, mit Orts- und Jahresangaben gleichsam der Erzählung vorgeschrieben und auch in manchen wichtigen Passagen eingehalten, in denen etwa von den

293 Erinnert sei insbesondere an den Freund Lessings und Gleims, den Dichter und preußischen Offizier Ewald Christian von Kleist, der an Verletzungen im Siebenjährigen Krieg starb.

Vorbereitungen des Selbst-/Mordes berichtet wird.[294] Mary Rhiel weist zudem auf die wichtige Titelsequenz dieses Films hin, die im *close-up* Caspar David Friedrichs Gemälde *Der Mönch am Meer* (1808-1810) zeigt – ein Gemälde, von dem sich Kleist selbst tief beeindruckt zeigte und das ihm das Erhabene nahebrachte.[295] Damit ergibt sich eine metaleptische Rahmung, die die angestrebte Authentizität und historische »Wahrheit« dieses Films insofern relativiert, als der Film seinen Autor sieht wie Kleist den Mönch. Auf diese Weise wird von Anfang an ein Moment fiktionaler Distanzierung in das historisch angelegte Projekt integriert.[296] Die These Rhiels, dass es sich bei diesem Film um eine weitgehend subjektive Erzählung in der ersten Person handelt, weil Kleist in der zirkulären Struktur am Anfang und Ende des Films und gleichzeitig »am Morgen meines Todes« aus seinen Briefen zitiert, er also nach seinem Tode wieder zu einer narrativen Stimme findet und gleichsam filmisch aufersteht,[297] ist in dem Punkt der symbolischen Resurrektion durchaus nachzuvollziehen. Hingegen übersieht Rhiel, dass der Film auch ›objektivierende‹ Stimmen von Zeitzeugen im *Off* sprechen lässt, wenn etwa Dahlmann sein enges Verhältnis zu Kleist erläutert oder Wieland, in einem Brief an Dr. Wedekind, Kleists Aufenthalt bei einem Tischler als merkwürdigen Einfall bewertet.[298]

Der Beobachtung Rhiels indessen, dass sich die assoziativ wirkende, zirkuläre Erzählstruktur als metaphorisches Verfahren beschreiben lässt, ist völlig zuzustimmen. Dabei werden jedoch nicht nur Begriffe wie ›Tod, Homosexualität, Kunst, Irrationalität, Träume, Krankheit, Natur‹ füreinander eingesetzt.[299] Die gesamte Erzählung umkreist das Ereignis des Todes des Autors Heinrich von Kleist und seiner Freundin Henriette Vogel (Hannelore Hoger), ohne es jemals zu zeigen. Damit geht der Film durchaus mit den Erzählungen des konventionellen Biopic überein. Gleichsam voyeuristisch fixiert die Erzählung den Zeitpunkt des Todes, der jedoch nur als Schüsse gehört, im Verlaufsprotokoll rekonstruiert und psychologisch gemutmaßt werden kann. Die Regisseurin thematisiert diese Leerstelle zwar in ihrem Werkkommentar, begründet sie aber

294 Notabene hat sich Kleist nicht gemeinsam »mit« der unheilbar kranken Henriette erschossen, die von seiner militärischen Präzision im Schießen profitiert hätte, wie die Regisseurin bemerken möchte; vgl. Helma Sanders-Brahms: Diese Geschichte vom Sterben in Deutschland, in: Neugebauer (1980), Heinrich, S. 157f., 162. Kleist hat laut Polizeibericht zuerst Henriette Vogel erschossen und dann sich selbst. Die Rechtsmedizin spricht heute von einem »erweiterten Suizid«; vgl. Riße und Weiler (1999), Heinrich von Kleist und Henriette Vogel, S. 112-114.

295 Vgl. Begemann (1990), Brentano und Kleist vor Friedrichs *Mönch am Meer*.

296 Vgl. Rhiel (1991), Re-Viewing Kleist, S. 55f. und 71.

297 Vgl. ebd., S. 57.

298 Neugebauer (1980), Heinrich, S. 45f. und 94f.

299 Vgl. Rhiel (1991), Re-Viewing Kleist, S. 55f. und 71, S. 61.

nicht und vermeidet damit aufs Neue, den Tod und seine Absenz zu diskursivieren:

> »Im Film bleibt, wie in den Dokumenten, der Moment des Todes selbst verborgen, und auch die Stunden vorher habe ich mich gescheut, in Szenen nachzustellen: die erstaunten, aufmerksamen und freundlichen Zeugen beschreiben sie in ihrer dokumentierten Sprache, vor den preußischen Beamten, die sie registriert haben.«[300]

Man könnte sogar noch weiter gehen und sowohl Kleists Werk als auch seine Sexualität, wie sie der Film darstellen, diesem Prinzip der Leerstelle zuordnen. Die Sequenz zur misslungenen Aufführung des *Zerbrochenen Kruges* am Weimarer Hoftheater 1808 wechselt rasch auf eine Unterhaltung zwischen Goethe, dem Herzog und der Herzogin, die sich in unterschiedlicher Weise als ignorant gegenüber dem Drama und seinem Autor erweisen. Seiner Kanonisierungsfunktion kommt dieser Film zwar gewissenhaft nach, indem bereits am Anfang der Erzählung ein Bücherstapel im *close-up* gezeigt wird, der alles Wichtige von Kleist enthält.[301] Auch zitiert Kleist aus dem einen oder anderen Text sowie aus seinen Briefen, jedoch zeigt der Film weniger, wie Literatur entsteht, sondern wie sie gerade nicht entstehen kann und auch von den Zeitgenossen nicht verstanden wird, so dass das Publikum sie auch nur ›oberflächlich‹ in Fragmenten und Skripten vermittelt bekommt.[302] Musterhaft steht hierfür die Internierungssequenz, als Kleist während seiner Haft an *Penthesilea* arbeitet, seine Schwester Ulrike für seine Freilassung bittet und der französische Offizier auf das Dilemma hinweist, dass Kleist schon lange nicht so produktiv gewesen wäre wie in dieser Haft. Mit diesen Defiziten an fremder Anerkennung und mit mangelndem Selbstbewusstsein geht Kleists indifferente sexuelle Orientierung einher, die von Rhiel und anderen als nicht-gewusste Homosexualität bewertet wird, während dieser Begriff für die Zeit um 1800 nicht produktiv und sinnvoll zu sein scheint, weil er kaum das erst gegen Ende des 19. Jahrhunderts etablierte Denken in den sexuellen Kategorien des Homogenen und Heterogenen repräsentieren kann. Vielmehr wirkt auch hier nicht das Prinzip der Alterität, sondern das der Substitution, denn Heinrichs Bindung an Ernst von Pfuel (Heinz Hönig) wird beispielsweise mit folgendem Briefzitat

300 Helma Sanders-Brahms: Jetzt, zu Heinrich, zur deutschen Kritik und zu mir selber gesagt, in: Neugebauer (1980), Heinrich, S. 158.

301 »Die Bücher, die sich an den Wänden stapeln: DER PRINZ VON HOMBURG, PENTHESILEA, DER ZERBROCHENE KRUG, DAS KÄTHCHEN VON HEILBRONN, Stöße der ABENDBLÄTTER.« Neugebauer (1980), Heinrich, S. 11.

302 Es wäre, wie in Kap. 3.5. bereits vermerkt, entgegen Kanzogs Argumentation zu bezweifeln, dass der Film es tatsächlich schafft, dem Publikum das Verfertigen der Texte beim Schreiben zu vermitteln; vgl. Kanzog (2002), Über die allmähliche Verfertigung der Worte beim Lesen, S. 51.

charakterisiert: »Ich heirate niemals, sei du die Frau mir, die Kinder und die Enkel.«[303] Wenn der Film von den affektiven Bindungen Kleists an Dahlmann, Pfuel, Henriette und seine ebenfalls geschlechterindifferente Schwester Ulrike erzählt, wechselt er folgerichtig ins Freie, wo das Subjekt in der Landschaft zu einem Ich wird, das sich selbst beobachtet findet und seinen Beobachter widerspiegelt. Auf dem Feld, am Thuner See, auf der Reise nach Paris oder im Wald am Kleinen Wannsee, wo Kleist und Henriette letztlich den Tod finden, sind die Geschehensmomente des Begehrens situiert, die jedoch immer wieder in Kleists Todessehnsucht aufgehen. Die unerfüllte romantische Liebe ist eine Liebe zum Tode, wie uns auch diese Erzählung erneut glauben machen möchte. Dabei gibt es keine Erfüllung und keine Erlösung, weder für den toten Autor noch für seine Beobachterinnen und Beobachter.

Während sich westdeutsche Regisseure und Produktionen bis Anfang der 1990er Jahre nicht weiter mit der deutschsprachigen Literaturgeschichte beschäftigten,[304] was sicherlich auch an der verstärkten Übernahme des kulturellen Bildungsauftrags durch das öffentlich-rechtliche Fernsehen gelegen hat – vor allem angesichts der wachsenden Konkurrenz durch die privaten Sender seit Anfang der 1980er Jahre –,[305] weisen die DEFA-Produktionen über deutsche Autoren alle eine Kontextualisierung von Revolution und Literatur auf und können in dieser Hinsicht zwar nicht nahtlos, aber immerhin diskursiv kohärent an die Ansätze der 1970er Jahre angereiht werden.

---

303 Neugebauer (1980), Heinrich, S. 92.

304 Anfang der 1980er Jahre entstand unter der Regie von Percy Adlon eine Filmbiographie über Marcel Proust, die aus der Sicht seiner Zofe Céleste Albaret erzählt ist (*Céleste,* BRD 1981); vgl. hierzu Taylor (2002), Rolle des Lebens, S. 201ff. 1982 hatte *Hammett* von Wim Wenders in den USA Premiere, ein mit den *film noir*-Konventionen spielendes Porträt des Kriminalautors Dashiell Hammett. Daneben entstanden einige deutsche Koproduktionen zu Marquis de Sade, Gertrude Stein, François Villon (vgl. die Filmographie im Anhang).

305 Ende der 1970er und in den 1980er Jahren entstanden einige Fernsehfilme, z.B. über Robert Walser (*Der Vormund und sein Dichter,* Percy Adlon, 1978), Ludwig Thoma (*Blauer Himmel, den ich nur ahne,* Stefan Rinser, 1979), *Eugenie Marlitt und die Gartenlaube* (Herbert Ballmann, 1981), Rahel Varnhagen (*Kolossale Liebe,* Jutta Brückner, 1984/91). Für das DDR-Fernsehen seien nur zwei Beispiele genannt (Regie jeweils Donat Schober): *Fontane, Theodor – Potsdamer Str. 134c* (1981) und *Bettina von Arnim, geb. Brentano* (1985).

4.8. Die Revolutionäre der DEFA

»Die Schwierigkeiten, den Film als historisches Quellenmaterial zu verwenden, Kunst und Literatur vergleichbar, beginnen mit der Erzählweise des Mediums. Es ist ein zusammengesetztes Medium, das nie Etwas sagen kann, sondern immer nur Etwas und Etwas Anderes gleichzeitig, und es ist ein mythisches Medium, das weder in der Vergangenheitsform erzählen kann (...) noch in der Gegenwartsform, sondern immer in einer mythischen Weise, die Vergangenheit in die Gegenwart stürzen lässt, um etwas über beides hinaus Wirksames zu schaffen (...).«[306]

Was Georg Seeßlen für den Habsburgerfilm der 1950er Jahre formuliert, kann als allgemeine Beobachtung nicht nur auf jeglichen historischen Film bezogen werden, sondern dann auch auf die literarhistorischen Filme der DEFA. Allerdings mit einem wichtigen Unterschied: Die Wirksamkeit, die eine konstruktive Überblendung von narrativer Vergangenheit und projizierter Gegenwart annehmen lässt, bezieht sich für die DDR nicht nur auf ästhetische und politische Effekte in einem demokratisch geregelten Diskurs, sondern konnte für die Beteiligten auch unmittelbare Wirksamkeit auf ihre Lebensentwürfe und Existenzen als Filmemacher haben, von der Eröffnung von Operativen Vorgängen und Personenkontrollen (OV und OPK) durch die Staatssicherheit und Ausgliederung aus den Produktionscliquen der DEFA[307] bis hin zum Damoklesschwert des Berufsverbots oder der Ausbürgerung.[308]

Ende der 1970er Jahre, als Ausbürgerung und Abwanderung vieler DDR-Intellektueller und KünstlerInnen längst im Gange waren, entstand die erste der insgesamt fünf Filmbiographien, die die DEFA bis zu ihrer

306 Seeßlen (1992), Sissi – Ein deutsches Orgasmustrauma, S. 65.

307 Für die im Folgenden behandelten Filme kann insofern von einer »Produktionsgemeinschaft« gesprochen werden, als vielfach personelle Kontinuität in den DEFA-Kontexten zu erkennen ist: Helga Schütz hat für die Büchner- und Fallada-Filme Szenario und Drehbuch geschrieben; sie war zeitweise verheiratet mit Egon Günther, der als Regisseur Klassikerverfilmungen für die DEFA verantwortete (siehe unten Anm. 352). Helga Schütz hatte den Künstler-Protest gegen die Ausbürgerung von Wolf Biermann am 19.11.1976 unterschrieben; vgl. Jäger (1994), Kultur und Politik in der DDR, S. 166. Michael Gwisdek spielte im Büchner-Film den Pfarrer Weidig und im Hölderlin-Film die Figur des Jacob Gontard, bevor er selbst Regie in seinem Film über Georg Forster führte, wofür er auch das Drehbuch schrieb; seine Ehefrau Corinna Harfouch spielt im Fallada-Film Elsa-Marie Bukonje und im Forster-Film Therese Huber. Roland Gräf war vor seiner Regiearbeit Kameramann u.a. bei Warneke (Regie des Büchner-Films) und Zschoche (Regie des Hölderlin-Films) und zeichnete später im Fallada-Film für Regie und Drehbuch verantwortlich; seine Frau Christel Gräf übernahm die Dramaturgie. Lothar Warneke hatte in den 1980er Jahren einen Hölderlin-Fernsehfilm des Studenten Herwig Kipping begutachtet, der 1993 den Novalis-Film herausbrachte.

308 Für den »VEB DEFA Studio für Spielfilme« sind für die Jahre von 1958 bis 1989 mindestens 143 Decknamen inoffizieller Mitarbeiter des Staatssicherheitsdienstes nachgewiesen; vgl. Geiss (1997), Repression und Freiheit, S. 214ff.

Auflösung 1992 produzieren sollte. Diesen Anfang machte der Film *Addio, piccola mia* über Georg Büchner (Lothar Warneke, DDR 1979), dann folgten die erfolgreiche Hölderlin-Biographie *Hälfte des Lebens* (Herrmann Zschoche, DDR 1984), eine ebenso populäre Biographie über Hans Fallada (*Fallada – Letztes Kapitel,* Roland Gräf, DDR 1988) sowie ein im April 1989 uraufgeführter Film über Georg Forster, seine Frau Therese Huber und ihr *Treffen in Travers* (Michael Gwisdek, DDR 1989).[309] Schließlich ging mit *Novalis – Die blaue Blume* (Herwig Kipping, D 1993) die Ära der Deutschen Film-Aktiengesellschaft endgültig zu Ende; das Biermann-Lied »Und wenn ich tot bin« (im Film gesungen von Eva-Maria Hagen) könnte man auch als ironische Kommentierung des Künstlerfilms verstehen und knüpft deutlich an die Tradition der DDR-Opposition an; dabei ist es aber doch nur eine historische Anspielung unter vielen, worauf noch genauer eingegangen wird.

Auffällig, aber angesichts der streng organisierten Genehmigungsverfahren für DEFA-Filmproduktionen nicht gerade überraschend ist, dass sich alle genannten Filme mit der Literaturgeschichte im Zeichen der Revolution auseinandersetzen. Damit tendieren sie zu einem von der DDR-Literaturgeschichte favorisierten Interpretationsansatz über die Funktion der Französischen Revolution und der damit verbundenen literarischen Texte, die vor allem die »Konstituierung des Proletariats zur geschichtsbildenden Kraft« ermöglichten.[310] Für die Filmschaffenden eröffnete zudem der Bezug auf das Ereignis einer Revolution die Dimension der filmhistorischen Traditionen, denn mit der Russischen Revolution war stets auch die durch sie groß gewordene Generation der jungen Filmemacher wie Eisenstein, Kulešow, Vertov u.a. aufgerufen, deren Stile und Sujets das europäische Kino maßgeblich beeinflussten.[311] Zwar galten die Dichter-Filme der DEFA, je nach Rezeptionshaltung, gerade nicht als affirmative Erzählungen über diesen Zusammenhang von Literatur und Gesellschaft, sondern sollten, insbesondere z.B. im ›verspäteten‹ Film von Kipping über Novalis, die kritische Haltung gegenüber Herrschaftsformen und Ideologien

309 *Treffen in Travers* wurde 1990 mit dem Hauptpreis des letzten Nationalen Spielfilmfestivals der (ehemaligen) DDR und dem Kritikerpreis »Große Klappe« ausgezeichnet; Corinna Harfouch (als Therese Forster) und Hermann Beyer wurden als beste Darsteller ausgezeichnet. *Fallada – letztes Kapitel* hatte den nationalen Hauptpreis 1988 erhalten. *Hälfte des Lebens* erhielt 1986 den Preis für den publikumswirksamsten Film der DDR und den DDR-Kritikerpreis; Ulrich Mühe als Hölderlin wurde als bester männlicher Hauptdarsteller geehrt. Zur Festival-Rezeption im Ausland: *Hälfte des Lebens* lief 1986 in der Sektion »Panorama« auf der Berlinale, *Fallada – Letztes Kapitel* im Wettbewerb der Berlinale 1989; *Treffen in Travers* wurde auf dem Filmfestival in Cannes 1989 in der Sektion »Un certain regard« gezeigt.

310 Vgl. das Vorwort in Träger (1975), Die Französische Revolution im Spiegel der deutschen Literatur, S. 7.

311 Vgl. Richter (1972), Der politische Film (1944), S. 63ff.

forcieren und damit auch die DDR-Geschichte aufarbeiten helfen. Aber auch schon die Büchner-, Hölderlin- und Forster-Biographien können nicht als eindimensionale Erzeugnisse staatlicher Kultur- und Filmpolitik der SED gewertet werden; hier wurden doppelte Böden der Interpretationsmöglichkeiten eingezogen, die eine Dichterfigur als Leitbild für eine kritische Haltung entwarfen – wem und was gegenüber auch immer.[312] Gemeinsam ist den Filmen aber dennoch, dass sie sich – gänzlich dialektisch – auf sozialistisch traditionellen literarhistorischen Pfaden bewegten[313] und den Dichter nicht etwa primär als Liebenden oder Reisenden oder Schreibenden zeigten, sondern stets als einen sich gegen das Herrschaftssystem Auflehnenden, sei es gegen die nationalsozialistische Diktatur bei Fallada oder die Feudalherrschaft bei Büchner, Hölderlin, Forster und Novalis.[314] Problematische Bereiche wie Falladas Suchtkrankheit oder Hölderlins zwischen Susette und Sinclair schwankende sexuelle Orientierung werden dabei zwar mehr oder weniger deutlich angetippt; ›private‹ Probleme des Individuums treten jedoch hinter die politischen und sozialen Aspekte schlicht zurück oder erzeugen allemal massive Konflikte zwischen politischer und privater Sphäre. Die Einforderung des privaten Glücks, die in den DEFA-Filmen über den DDR-Alltag zumeist systemkritischen Status erhielt, wird in den Künstlerfilmen zugunsten der Frage nach den Bedingungen von Kunst im Staat und dem Verhältnis von Kunst und Macht zurückgedrängt: Als Allegorie hierfür ist eine spezielle Szene im Büchner-Film *Addio, piccola mia* anzuführen, denn der Regisseur Lothar Warneke versammelt als ›Statisten‹ für das Auditorium, das Büchners Vorlesung in Zürich hört, seine Regie- und Drehbuchkollegen der DEFA, so dass dieser autoreferentielle Verweis auf die Funktion des Films als Anhörungsforum das Genre der Dichterbiographie mit großem intellektuellen

312 In der Menge der etwa zwischen 1980 und 1989 produzierten 149 Spielfilme der DEFA spielen die Dichterbiographien keine gewichtige Rolle. Auch als Beiträge zum politischen Protest der 1980er Jahre scheinen sie nicht wahrgenommen worden zu sein; vgl. Wiedemann und Lohmann (1991), Der DEFA-Spielfilm zwischen Anpassung und Protest.

313 Ähnliches kann für die desintegrierten Dichterfiguren in der Literatur der Zeit gelten: Müller führt das Beispiel der Autorinnenfigur Natascha Roth im (Schlüssel-)Roman *November* von Rolf Schneider an (Hamburg 1979), die die Revolution wegen ihrer Grausamkeit liebt und demnach ebenso an einer weiteren Rezeption des Revolutionsparadigmas für die Literatur weiterzuschreiben scheint; vgl. Müller (1989), Dichter-Helden in der DDR-Literatur der siebziger Jahre, S. 78ff.

314 Büchner beispielsweise galt auch in der Forschung als Repräsentant eines gemeinsamen Nenners der Literaturgeschichte: »So verschieden die Antworten auf die neue Situation innerhalb der nachromantischen modernen bürgerlichen Kunstentwicklung auch ausfallen, mehr oder weniger gemeinsam ist ihnen (…) die Erfahrung des universellen Eingebundenseins des Lebens in den Geschichtsprozeß (…)«. Poschmann (1983), Georg Büchner. Dichtung der Revolution und Revolution der Dichtung, S. 285.

Potential auflädt.[315] Die Dichterfilme der DEFA sind darüber hinaus im Kontext der bereits erwähnten gesamtdeutschen Produktionskrise der 1970er und 1980er Jahre zu sehen, als die kulturstabilisierenden Potentiale der Literaturverfilmung wiederentdeckt und diese mitunter auch schnell als »Nacherzählungskino« abqualifiziert wurden.[316] Dabei entstand zum Beispiel mit einem Film wie *Lotte in Weimar* (Egon Günther, DDR 1975) eine interessante Abrechnung mit dem Goethe-Kult (1974 wurde der 225. Geburtstag Goethes begangen).[317] Die Dichterbiographien zählen deshalb zum erweiterten Korpus der »Erbefilme«, mit denen sich die DEFA in den 1970er Jahren auf die präsozialistischen Traditionen und Literaturen besinnen wollte.[318] Mit den Filmen über Fallada und Novalis wird zudem der antifaschistische Gründungsmythos der DDR zur Diskussion gestellt, denn zum einen wird Fallada in seinem durchaus ambivalenten Verhältnis zur NS-Diktatur gezeigt und zum anderen die Romantik in einem anzunehmenden historischen Zusammenhang mit dem deutschen Faschismus gestellt und an der Figur Novalis exemplifiziert.

4.8.1. Büchner, 1979

Die Figur Georg Büchners, die von Helga Schütz (Szenario), Christel Gräf (Dramaturgie) und Lothar Warneke (Drehbuch, Regie) entworfen wurde (*Addio, piccola mia,* DDR 1979), ist ein veritabler Vorläufer derjenigen Protagonisten, die den Aufbau des sozialistischen Arbeiter- und Bauernstaates betrieben. Die Filmbiographie versteht sich folglich als Fortschreibung der auf Ludwig Büchner zurückgehenden Interpretation des Autors als Autor des Sozialismus und der Revolution.[319] Aus heutiger Sicht muten der dokumentarische, episodale Erzählstil und die dozierenden Passagen über historische ›Fortschritte‹ doppelt fremd an, denn die Kanonisierung des Autors Büchner wird über eine als ambivalent zu

---

315 Als ›Statisten‹ wirken an dieser Szene u.a. Helga Schütz, Herrmann Zschoche und Lothar Warneke selbst mit; vgl. Schenk (1994), Das zweite Leben der Filmstadt Babelsberg, S. 354f.

316 Elsaesser (1994), Der Neue Deutsche Film von den Anfängen bis zu den neunziger Jahren, S. 158.

317 Hake (2004), Film in Deutschland, S. 236f.

318 Vgl. Berghahn (1999), The Re-Evaluation of Goethe and the Classical Tradition in the Films of Egon Günther and Siegfried Kühn, S. 223. Der IX. SED-Parteitag 1976 ließ in seinem Parteiprogramm verlauten: »Die sozialistische Nationalkultur der DDR schließt die sorgsame Pflege und Aneignung aller humanistischen und progressiven Kulturleistungen der Vergangenheit ein. Die sozialistische Kultur der DDR ist dem reichen Erbe verpflichtet, das in der gesamten Geschichte des deutschen Volkes geschaffen wurde.« Zitiert aus Jäger (1994), Kultur und Politik in der DDR, S. 184.

319 Vgl. Büchner (2001), Georg Büchner, der Sozialist (1896).

wertende Demontage historischer Mythen angestrebt. So unterstreicht der musikalische Einsatz des klassischen Konzertrepertoires von Bach und Mozart zwar einerseits den Klassikerstatus Büchners, die verfremdenden, psychodelischen Klangeffekte von Gerhard Rosenfeld hingegen arbeiten dieser Mythisierung entgegen und setzen akustische Signale für prekäre psychische Erfahrungen und auch politische Entwicklungen. Der Film versucht den Spagat, Büchner als historische Ausnahmefigur darzustellen, die dennoch ein ›normales‹ Leben führte und angesichts der Verelendung der Bauern seine revolutionäre Pflicht tat: »Ich lebe, also muss ich handeln«, heißt das Credo dieser Figur (01:06:00). Eine weitere Überzeugung, die Büchner zugeschrieben und öfters im Film wiederholt wird, ist, dass die Revolution nur gelingen kann, wenn es gelingt, die Massen dafür zu gewinnen. Einzelaktionen wie der verratene Frankfurter Wachensturm (3. April 1833) kosteten nur unnötig Menschenleben und seien deshalb zu verurteilen. Obgleich der Filmtitel »Addio, piccola mia« ein Zitat aus Büchners Briefen an seine Geliebte aufgreift,[320] findet sich die Liebesbeziehung zwischen Büchner (Hilmar Eichhorn) und Louise (Ute Lubosch), die eigentlich Wilhelmine hieß, in die Anfangs- und Schlussphasen des Films verbannt: Aus Straßburg und von Louise kehrt der Student Büchner 1833 heim nach Hessen, geht dann jedoch – inzwischen steckbrieflich gesucht – im Februar 1835 zu ihr zurück, um *Dantons Tod* zu beenden, woraufhin er als Dozent an die Universität Zürich wechselt, wo Louise 1837 erst kurz nach seinem frühen Tod eintrifft; 23jährig stirbt Büchner am Typhus. Der Autor Büchner ist in diesem Film vor allen Dingen der Verfasser des *Hessischen Landboten.* Er schreibt seine Texte nicht am Pult (dort schreibt er Briefe), sondern diskutiert die Tauglichkeit einzelner Sätze im kritischen Kollektiv. Wenig elegant wird dabei das Büchner-Zitat schlechthin, »Friede den Hütten! Krieg den Palästen!«, als spontaner Einfall des jungen Studenten aufgerufen und kollektiv gutgeheißen. Die Dramen *Dantons Tod* und *Woyzeck* werden zwar angesprochen, aber im Grunde marginalisiert. Das vielzitierte, für die sozialistische Ideologie negativ zu bewertende Diktum aus *Dantons Tod,* dass die Revolution »ihre eignen Kinder« frisst (I/5),[321] wird auf diese Weise gar nicht erst erwähnt; auch dass die Tragik und das Scheitern Dantons aus der Sicht Robespierres gerade darin liegt, sich den Massen der Französischen Revolution in den Weg stellen zu wollen, wird nicht diskutiert.[322] Vielmehr eröffneten Theaterstücke für Büchner generell die Möglichkeit, »die

320 In einem der letzten Briefe an Wilhelmine Jaeglé (27.1.1837): »Adio piccola mia!«; vgl. Büchner (1992), Werke und Briefe, S. 326.

321 Ebd., S. 84.

322 »Wer in einer Masse, die vorwärts drängt, stehen bleibt, leistet so gut Widerstand als trät' er ihr entgegen; er wird zertreten.« (I/6) Ebd., S. 87.

Massen als Helden« darzustellen, wie die Filmfigur argumentiert, was sich angesichts der hochkomplexen und individuellen Charakterisierung eines Danton, Robespierre oder Woyzeck nicht unbedingt als Interpretationsansatz erster Wahl anbietet.[323] Ein solcher Ansatz erinnert hingegen an das filmische Potential, wie es zum Beispiel Eisenstein in *Panzerkreuzer Potemkin* (*Броненосец Потёмкин*, SU 1925) für seine Diskussion der Geschichtsentwicklung und ihrer antagonistischen Kräfte nutzbar machte. Auch der »VEB DEFA Studio für Spielfilme« folgte – wenn auch sehr viel »differenzierter und widersprüchlicher« als die Dogmatik der Ufa – der propagandistischen These Lenins, »die Filmkunst sei die wichtigste aller Künste«.[324] Um die »Massenwirksamkeit« des Kinos zu forcieren, was in den 1970er Jahren in der DDR intensiv diskutiert, auch kritisiert wurde, wird der Film für ein kollektives Erleben konzipiert, das sozialistische Überzeugungen einüben und das Individuum im Staat affirmativ aufgehen lassen sollte.[325] Ästhetische, politische, philologische Problematisierungen komplexer Zusammenhänge wirken unter solchen Prämissen nur störend: Dass allein der *Hessische Landbote* über allen anderen Werken Büchners steht, suggeriert der mit dem tabellarisch-biographischen Vorspann korrespondierende Abspann, der als »Werke« lediglich den *Hessischen Landboten* ohne Kategorisierung auflistet, Büchners andere Texte hingegen unter »Dichtungen«, »Abhandlungen« und »Übersetzungen« subsumiert. Darüber hinaus betont der Film die Eingriffe Ludwig Weidigs in den Text, um auf die ungerechtfertigte Infragestellung von Büchners Autorschaft zu verweisen. Er kann sich als junge »Rotznase« nicht gegen den älteren Rektor durchsetzen, verbittet sich aber ausdrücklich alle Textteile, die aus religiösen Kontexten stammen und von Weidig ungefragt hinzugefügt wurden: Mit einer kirchlich motivierten und religiös argumentierenden Revolution will Büchner nichts zu tun haben (00:53:40), er sei nur für die »nackte Wahrheit«, Fakten und Zahlen, zu haben.

Trotz des dokumentarischen Impetus der Figurencharakterisierung und des Erzählverfahrens vermittle der Büchner-Film jedoch vor allem Stimmungsbilder, wie ein Kritiker schrieb; er setze nicht auf Handlung

323 An diesen Aporien und Widersprüchen arbeitete auch die Büchner-Rezeption auf dem Theater. Im Sinne einer »kollektiven Selbstverständigung« wird *Dantons Tod* – »bewusst auf ein Kunstprojekt orientierend« – vom geschichtsmimetischen Verständnis abgekoppelt; vgl. Hörnigk (1988), Gewinn an Nähe: »Dantons Tod« auf den DDR-Bühnen der siebziger und achtziger Jahre, S. 293.

324 Geiss (1997), Repression und Freiheit, S. 7. Die überaus spärliche Quellenlage dieser Lenin-Hermeneutik illustriert der Band von Dahlke und Kaufmann (1970), ... wichtigste aller Künste. Lenin über den Film. Dokumente und Materialien.

325 Vgl. Miltschitzky (1998), Hölderlin – Ein traumatisierter Dichter als »Filmheld«, S. 15f.; Miltschitzky (1996), Als Individuum im Kollektiv, S. 419ff.

Auch Büchner (Hilmar Eichhorn) wechselt sein Medium zwischen Tinte und Blut in *Addio, piccola mia* (Lothar Warneke, DDR 1979), Quelle: Deutsche Kinemathek

und würde dadurch den Blick auf die Geschichte eher verstellen.[326] Der dokumentarische Primat in der bildästhetischen und narrativen Gestaltung ist verantwortlich für die regelmäßig nach ein bis zwei Minuten einsetzenden harten Schnitte, die mit langen Schwenks und Kamerafahrten sowie zahlreichen langen Einstellungen in der Totale zusammenwirken, so dass auf diese Weise der Eindruck eines historischen Albums entsteht, das mit den jeweiligen Umschnitten ›durchgeblättert‹ wird. Unterstützt wird dieses Verfahren von den zahlreichen Passagen des *Voice-over,* in denen der kleine Bruder Georgs, Wilhelm Büchner, sowie seine Braut Louise aus ihren und Georgs Briefen lesen. Der dadurch nahegelegte Effekt des Authentischen, der eine zusätzliche akustische Ebene in die Diegese einzieht, intensiviert und distanziert gleichermaßen, denn es bleibt unklar, von woher und aus welcher zeitlichen Distanz heraus diese Stimmen sprechen. Somit arbeiten visuelle und akustische Mittel Hand in Hand, um eine sowohl aktualisierend-interpretative als auch historisierend-distanzierende Sicht auf die Anfänge der deutschen Revolution und ihren zu früh verstorbenen Protagonisten zu gewähren.

326 Peter Ahrens in der *Weltbühne,* 9/1979; zitiert aus Habel (2001), Das große Lexikon der DEFA-Spielfilme, S. 18.

4.8.2. Hölderlin, 1984

Als ein weiterer ›Liebling der Götter‹, der die irdische Welt zu früh verlassen hat, wird fünf Jahre später Friedrich Hölderlin im Film *Hälfte des Lebens* (Herrmann Zschoche, DDR 1984) vorgestellt. Die Idee zu diesem Projekt reicht ins Jahr 1977 zurück; ihre Realisierung wurde von der DEFA-Direktion unter Hans-Dieter Mäde mit dem Hinweis auf die Häufung von historischen Stoffen und »Erbefilmen« bewusst verzögert.[327] Das Titelzitat aus Hölderlins wohl berühmtestem Gedicht nutzt der Film für eine biographische Erzählung der Jahre von 1796 bis 1806 über die Halbheiten in Hölderlins Leben und seinem Streben nach ›Vollkommenheit‹, ergänzt mit dem Verweis im Abspann, dass Hölderlin noch weitere 36 Jahre gelebt habe. Die erste Hälfte und damit seine literarisch produktive und politisch aktive Zeit, wenn man von den Scardanelli-Gedichten absieht, endet am 11. September 1806 in der Autenrieth'schen Klinik in Tübingen, wohin der Dichter (Ulrich Mühe) eingewiesen wird, als er den Tod Susette Gontards (Jenny Gröllmann) nicht zu überwinden scheint und in eine tiefe psychische Krise gerät. Das Drehbuch von Christa Kozik und Herrmann Zschoche folgt in dem dramaturgisch zentralen Aspekt, dass Hölderlin eine auch sexuell ausgelebte Liebesbeziehung mit der Ehefrau seines Brotherrn Jacob Gontard (Michael Gwisdek) unterhielt, einem Interpretationsansatz von Pierre Bertaux aus dem Jahr 1978, der Hölderlin in zweierlei Hinsicht rehabilitieren wollte: Hölderlin, der als literarhistorische Figur in höchstem Maße als ein Diskursprodukt des 20. Jahrhunderts gelten muss,[328] sollte fortan sowohl als vitaler heterosexueller Mann als auch als psychisch labiler, aber nicht endogen geisteskranker Mensch wahrgenommen werden, der sich mit der Krankheit dem Weiterleben in einer repressiven und ignoranten Gesellschaft entzogen hat.[329] Auch das Hörspiel *Scardanelli* von Stephan Hermlin (1970), das Drama *Hölderlin* von Peter Weiss (1971) und die Romane wie Gerd Wolfs *Der arme Hölderlin* (1972) oder Peter Härtlings *Hölderlin* (1976) trugen zu einer stetigen literarischen Modellierung der Dichterfigur seit den 1970er Jahren bei, die im Zuge der 68er-Bewegung vor allem das sozialkritische, linke Potenzial des vermeintlichen Jakobiners betonte. Und schließlich kann der DEFA-Film *Hälfte des Lebens* nicht als erste filmische Annäherung an die Biographie Hölderlins gelten: Bereits 1982 hatte das französische Fernsehen einen Hölderlin-Film ausgestrahlt (*L'ange foudroyé,* Bernard Férié, F 1982), während der Filmessay *Hommage á Hölderlin* von Herwig Kipping, der zehn Jahre später den (unten noch zu erläuternden) Novalis-Film drehen sollte,

327 Vgl. Miltschitzky (1998), Hölderlin – Ein traumatisierter Dichter als »Filmheld«, S. 112.
328 Vgl. Schmidt (1995), Hölderlin im 20. Jahrhundert; Nieberle (2001), Hölderlin.
329 Bertaux (1987), Friedrich Hölderlin, S. 8, 53 u.ö.

aufgrund politischer und persönlicher Auseinandersetzungen des Absolventen mit der Hochschulleitung gar nicht erst den Weg von der HFF Potsdam in das DDR-Fernsehen fand.[330] Elisabeth Miltschitzky, die ihre Studie *Hölderlin – ein traumatisierter Dichter als »Filmheld«* der umfänglichen Rekonstruktion und Interpretation dieser Filme gewidmet hat, spricht völlig zu Recht von einem »Medienwechsel in der Hölderlin-Rezeption« zu Beginn der 1980er Jahre, die sich weg von der abklingenden literarischen hin zur intensiven filmischen Rezeption entwickelte.[331] Mit dem Film *Feuerreiter* (Nina Grosse, D/F/PL 1998) ist die filmische Hölderlin-Biographik vorerst zum Ende gekommen (vgl. hierzu Kap. 4.9.2.).

Ideologiegeschichtlich interessant ist der DEFA-Spielfilm *Hälfte des Lebens* besonders im Hinblick auf die Politisierung Hölderlins. Auch er wird – entsprechend der offiziellen kulturpolitischen Meinung – als bürgerlicher Revolutionär gezeichnet, der jedoch im Unterschied zur Büchner-Figur in *Addio, piccola mia* nicht den rechten pragmatischen Zugriff entwickeln kann. Galt Büchner innerhalb der »Erbedebatte« als revolutionär-demokratisch, die Weimarer Klassik dagegen als bürgerlich-demokratisch, so wurde Hölderlin beiden Kategorien zugeschlagen, weil er zwar formal der Klassik anhinge, in seinen Zielen aber durchaus als revolutionär zu beschreiben sei.[332] So bezeichnen sich Hölderlin wie auch sein Freund Isaac von Sinclair als Republikaner, jedoch gilt der Dichter als »thatenarm und gedankenvoll«, wie das Zitat aus seinem Gedicht »An die Deutschen« behauptet.[333] Sinclair hingegen, als Kontrastfigur entworfen, charakterisiert sich als pragmatischer Idealist: »Was nicht sein kann, muss wenigstens im Werden bleiben,« zitiert die Figur aus Schleiermachers *Fragmenten* (00:10:10).[334] Hölderlins Scheitern liegt – im Unterschied zu Büchners

330 Der Filmessay *Hommage á [sic] Hölderlin* (die falsche Schreibung des Akzents stammt aus dem Filmtitel) widersprach in vielerlei Hinsicht den Vorgaben der DDR-Filmproduktion an der HFF. So zog Kipping in seinem Konzept den Subjektivismus der Historizität, den negativen dem positiven Helden und den Film als sinnliche Erfahrung dem kollektiven Massenerlebnis vor. Formal sei er zwischen »Pamphlet«, »Parabel«, Essay und ›Film-Lyrik‹ anzusiedeln; vgl. Miltschitzky (1998), Hölderlin – Ein traumatisierter Dichter als »Filmheld«, S. 22f. Der Begriff des »traumatisierten Dichters« scheint im Übrigen von Miltschitzky etwas unglücklich gewählt, weil er weder psychohistorisch noch systematisch reflektiert wird; die psychoanalytischen Interpretationsansätze in ihrer Untersuchung (zumeist nach Jungs Archetypenlehre) erweisen sich ebenfalls als wenig überzeugend, weil sie anachronistisch und ahistorisch gleichermaßen operieren.

331 Ebd., S. 11.

332 Vgl. ebd., S. 6, Anm. 27; Packalen (1986), Zum Hölderlinbild in der Bundesrepublik und der DDR; Pezold (1971), Hölderlins Platz in der Literaturgeschichte; Radczun (1971), Bericht über das ›Hölderlin-Kolloquium‹ in Jena.

333 Hölderlin (1992), Sämtliche Werke und Briefe, Bd. 1, S. 193 (1. Fassung), S. 265 (2. Fassung).

334 »Dafür ist das Zeitalter noch nicht reif, sagen sie immer. Soll es deswegen unterbleiben? – Was noch nicht sein kann, muß wenigstens immer im Werden bleiben.« Schlegel (1967), Charakteristiken und Kritiken, S. 223.

Entschiedenheit – in der Unmöglichkeit seiner Liebe begründet; beiden gemeinsam ist das frühe Ende in der heillosen Krankheit, die im Fall Büchners zum Tode und im Fall Hölderlins in die lebenslange Geisteskrankheit führt. So ist es auch nicht weiter erstaunlich, dass das typhusbedingte Fieber Büchners und die psychotischen Halluzinationen Hölderlins mit vergleichbaren filmischen Mitteln dargestellt werden, nämlich in Überblendungen von Sequenzen surrealer Vorstellungswelten, akustisch begleitet von elektronisch generierten, kakophonen Klangeffekten wie Cluster und atonalen Skalen.[335] Auch gibt es visuelle und akustische Parallelen zwischen beiden Filmen zu vermerken: Zum einen zeigen die vom *homo viator*-Motiv inspirierten handlungsstrukturierenden Sequenzen sowohl Büchner als auch Hölderlin als symbolische Wanderer auf einsamen Höhen und gewundenen Wegen; zum anderen sorgt das bereits erwähnte *voice over*-Verfahren, das intervallisch Briefe von und an die Dichter zu Gehör bringt, auch im Hölderlin-Film für den Effekt der ›authentischen‹ Rezitation. Hölderlin und Susette charakterisieren sich fortlaufend selbst, indem sie aus den überlieferten Quellen der häufig als ›schönsten Liebesgeschichte der deutschen Literaturgeschichte‹ kolportierten Beziehung vortragen.[336] Der entscheidende Unterschied zwischen beiden Filmen ist das Erzählverfahren, das bei *Hälfte des Lebens* – im Unterschied zu *Addio, piccola mia* – durchaus die Mittel des *point of view* nutzt: Das Paar Hölderlin/Susette wird häufig in der dafür üblichen *shot-reverse shot*-Technik gezeigt, um Dialogizität und Binarität des Paares durch den Perspektivwechsel umzusetzen. Die Paarigkeit oder auch Hälftigkeit, die mit dem Titelzitat sowie der erzählten Zeit des Films angedeutet wird, findet somit nicht nur inhaltliche Entsprechungen (etwa in der Zitation des Gleichnisses von den Platonischen Kugelmenschen, die in der Liebe ihre zweite Hälfte suchen),[337] sondern auch in formaler Hinsicht (etwa mit der Situierung des Paares an Tisch und Bett). Darüber hinaus werden in diesem Film sehr viel stärker die Codes des historischen Films zitiert, zum Beispiel die Indizierung von Zeit (durch *Inserts* mit Jahresangaben) und Ort (mittels der *establishing shots* auf die Panoramen von Frankfurt am Main oder Homburg vor der Höhe, heute Bad Homburg). Nicht mehr das historische Album, das seine monotone Schnittfolge kultiviert und sich in formaler Hinsicht stark zurücknimmt, sondern die Inszenierung auch emotionaler Entwicklungsstränge mit den suggestiven Mitteln des Erzählkinos gestaltet diesen ersten Hölderlin-Spielfilm.

335 Desgleichen lässt sich die einem Klavierkonzert der Wiener Klassik nachempfundene Filmmusik (Georg Katzer) mit ihrer ausgeprägten Leitmotivik auch im Hölderlin-Film als akustisches Paradigma des ›Klassikers‹ interpretieren.

336 Zur asymmetrischen Tradierung der Briefe und einem Interpretationsvorschlag vgl. Hofmann (2003), ›Spiegel meiner Seele‹. Susette Gontards Briefe an Hölderlin.

337 Vgl. hierzu genauer Nieberle (2001), Hölderlin, S. 317.

Hölderlin (Ulrich Mühe) wandert über die Homburger Brücke in *Hälfte des Lebens* (Herrmann Zschoche, DDR 1984), Quelle: Deutsche Kinemathek

Literaturgeschichtlich eröffnet dieser Film eine markante Kluft zwischen den bürgerlichen Etablierten der Weimarer Klassik, die Hölderlin nicht anerkennen wollen; das Zeitschriftenprojekt »Iduna« mit Schiller platzt, und Goethe rät ihm arrogant zu »kleinen Gedichten«. Im Gegensatz dazu werden Heinse als Verächter alles Bürgerlichen gezeigt und Schubart als politisch Verfolgter, die somit zu symbolischen Leidensgenossen Hölderlins geraten. In Bezug auf die Kanonisierung von Hölderlins Werken durch den Film ist ebenfalls eine affirmative Tendenz festzustellen: Vorgestellt werden der ohnehin kanonische Roman *Hyperion,* vor allem der zweite Teil mit seiner Widmung »Wem sonst als Dir« an Susette (Hölderlin liest aus der politisch relevanten Stelle »So kam ich unter die Deutschen«, das sich als Kritik an den NS-Barbaren oder auch ahistorisch als nationales Stereotyp verstehen lässt) und das Gedicht »Hälfte des Lebens« aus der Gruppe »Nachtgesänge« in seiner Entstehungsphase 1804.[338] Allerdings sind die Szenen, die das Verfassen jenes Gedichts erzählen, an den progredienten Verlauf der Psychose gekoppelt, so dass dieser Text deutlich innerhalb des Narrativs von Genie und Wahnsinn kontextualisiert wird (vgl. dazu genauer Kap. 5.4.). Als Hölderlin in Autenrieths Klinik eingeliefert wird, tobt er und rezitiert währenddessen scheinbar beliebige Passagen aus früheren Gedichten. Hieraus entsteht ein gleichsam

338 Hölderlin (1992), Sämtliche Werke und Briefe, Bd. 1, S. 754ff., S. 445.

›unverständliches‹ Gemisch aus »Menons Klagen um Diotima« und »An die Deutschen«, wodurch aber dennoch die beiden stets betonten Grundkonflikte in Hölderlins Biographie, die hoffnungslose Liebe zu Susette (Diotima) und das politisch gescheiterte Projekt der Revolution, noch einmal angesprochen sind. Indem der Regisseur Zschoche vom Drehbuch abweicht und mit der von Hölderlin zitierten Abschiedsrede des Empedokles den Forderungen der DEFA-Direktion unter Hans-Dieter Mäde nach einem positiven Ende nachgekommen ist,[339] eröffnet sich mit diesem Ende eine Perspektive auf die mögliche politische Sprengkraft literarischer Texte. Auf diese Weise wird dem idealistischen Träumer Hölderlin, der im Grunde überhaupt nicht die Forderungen nach den positiven Helden der Geschichte und Gegenwart erfüllt, noch ein letzter Rest revolutionärer Intention zugesprochen. Damit unterläuft der Film zum einen die banalisierende Tendenz des Drehbuchs, allein eine romantische Liebesgeschichte erzählen und Abstand von zu komplizierten Darstellungen politischer Ereignisse nehmen zu wollen; zum anderen relativiert die Schlussszene mit einem Zitat aus dem Gedicht »Die Liebe« jegliche aktionistische Einfärbung zugunsten einer chiastisch-paradoxen individualistischen Kollektivierung bzw. kollektiven Individualisierung der Liebe, wird doch hier »die Sprache der Liebenden« zur »Sprache des Landes« erhoben; »Ihre Seele der Laut des Volks!«[340]

4.8.3. Fallada, 1988

Die Aktualisierung der Biographie eines »Dichters in dürftiger Zeit«, die eine entsprechend systemkritische Interpretationsmöglichkeit der allegorischen Künstlerfigur eröffnet, trifft in gleicher Weise auf den Film *Fallada – Letztes Kapitel* zu (Roland Gräf, DDR 1988). Auch dieses Filmprojekt, das in großen Zügen und vielen Details den beiden Biographien von Werner Liersch und Tom Crepon folgt,[341] erzählt die letzten zehn

339 Vgl. zur Rekonstruktion der Textgenese und dem durchaus nicht üblichen Gutachterverfahren, das für dieses Projekt angestrengt wurde und drei verschiedene Stimmen der DDR-Germanistik zum Film wiedergibt (Mieth, Radczun, Schiller), die ausführliche Darstellung bei Miltschitzky (1998), Hölderlin – Ein traumatisierter Dichter als »Filmheld«, S. 119ff.

340 Hölderlin (1992), Sämtliche Werke und Briefe, S. 324.

341 Vgl. etwa die Schilderungen des ersten Treffens mit Ulla Losch und des Gewaltausbruchs Dietzens im August 1944, während dessen er auf seine Frau Anna schießt, bei Crepon (1978), Leben und Tode des Hans Fallada, S.247f. und 261. Crepon bezieht sich für seine Erzählung wiederum auf die autobiographisch interpretierten Romane *Der Alpdruck* (1947) und *Der Trinker* (1950). Der Plot um die spionierende und denunzierende Sekretärin stammt aus der Darstellung von Liersch; vgl. Liersch (1981), Hans Fallada. Sein großes kleines Leben, S. 312, 333, 337, 380.

Jahre eines Autorenlebens und die fortschreitende Zerrüttung seiner Existenz bis zum Tod (1937-1947). Prekär erwies sich jedoch an Fallada als negativem Helden, dass er seine Suchtkrankheit – im Gegensatz zum ungeklärten und unverschuldeten Krankheitsbild Hölderlins – durch Disziplin und Abstinenz in den Griff bekommen hätte können. Das dargestellte Scheitern des in der DDR zunächst für seine Kleinbürgerlichkeit von Georg Lukács u.a. gescholtenen, später für seinen antikapitalistischen Realismus geschätzten Autors[342] wurde von dem einflussreichen DDR-Filmkritiker Heinz Kersten als »die Tragödie eines sensiblen, schwachen Menschen, der vor allem in seinen privaten Verstrickungen gezeigt wird«, bezeichnet.[343] Inwiefern die Flucht in Alkohol und Morphium vor dem Amt des Bürgermeisters und den damit verbundenen Aufgaben, wozu ihn die Rote Armee nach dem Zweiten Weltkrieg berufen hatte, als »private Verstrickung« gelten kann, scheint fraglich zu sein. Vielmehr zeigt sich an dieser Kritikerreaktion die zwiespältige Einschätzung eines Autors, der sich nicht entschlossen genug vom Nationalsozialismus distanziert, sich nach dem Krieg aber genausowenig für den sozialistischen Arbeiter- und Bauernstaat engagiert hat. Indes hatte die Suchtkrankheit das opportunistische Verhalten des Autors in solchem Maße befördert, dass er sowohl für die Nationalsozialisten an einem Filmskript und Roman arbeiten wollte[344] als auch für die spätere russische Besatzermacht Reden und gedruckte Beiträge zum moralischen Wiederaufbau beisteuerte, weil sein Drogenbedarf immer wieder drängende Geldnot verursachte. Fallada sei kein »Dichter«, wie die Figur selbst differenziert: »ich bin Schriftsteller« (00:09:30), womit die ökonomischen Aspekte einer modernen Autorenexistenz betont sind. Mit der Drogensucht ist darüber hinaus eine sexuelle Obsession verknüpft, die den Teufelskreis der Abhängigkeiten am Laufen hält, denn es sind stets die Frauen um Fallada (Jörg Gudzuhn), die ihn zum Missbrauch von Alkohol, Tabletten und Morphium verführen. Entsprechend muss er sein schlechtes Gewissen betäuben, wenn er seine Frau Anna (Jutta Wachowiak) mit der Sekretärin Elsa-Marie Bukonje (Corinna Harfouch) und dem Dienstmädchen Anneliese (Ulrike Krumbiegel) betrügt;[345] zum Rückfall in die Morphiumsucht verführt ihn seine spätere zweite Frau Ursula Losch (Katrin Saß), die als *femme fatale* die Kontrastfigur zur Ehefrau darstellt, deren Güte, Liebe und Nachsichtigkeit der Protagonist

342 Vgl. den Überblick bei Zachau (2000), Hans Fallada, S. 25-70.

343 Heinz Kersten (1988); zitiert aus Habel (2001), Das große Lexikon der DEFA-Spielfilme, S. 164.

344 Es handelt sich um die Romane *Altes Herz geht auf Reisen* als Vorlage für den UFA-Film *Altes Herz geht auf die Reise* (Carl Junghans, D 1938) und *Der eiserne Gustav* (im Rowohlt-Verlag 1938), der jedoch – als Paraderolle für Emil Jannings konzipiert – nicht als Film realisiert wurde; erst 1958 gab Heinz Rühmann den »eisernen Gustav« im Kino.

345 Die Sekretärin Else-Marie Bakonje/Bakonie heißt im Film Elsa-Marie Bukonje.

wiederum nur selten goutieren kann. Zudem verliert er sich regelmäßig in seiner Tobsucht, die zu Gewaltausbrüchen gegenüber der Familie führt. Auch die Sekretärin Elsa-Marie erweist sich als verwerflicher Charakter aus dem engsten Umfeld des Autors, denn sie arbeitet zugleich für das Propagandaministerium und denunziert Fallada dort wiederholt als wenig verlässlichen nationalsozialistischen Volksschriftsteller. Allerdings reicht auch ihr schlechter Einfluss nicht soweit, dass sie Fallada zu einem angeforderten antisemitischen Roman motivieren könnte; der obskure, dem Propagandaministerium angebotene *Kutisker*-Roman (1943/44) über den jüdischen Bankenskandal,[346] mit dem sich Fallada wieder andienen und die kriegsbedingte Mangelware Papier zum Schreiben verschaffen wollte, bleibt im Film übrigens ebenso wie der opportunistisch verfertigte nationalsozialistische Schluss des *Eisernen Gustav* (1938) nur eine angedeutete Schimäre.[347] Vielmehr wird die antifaschistische Haltung des Autors betont, etwa seine spätere Ablehnung eines »billigen antisemitischen Roman(s) im ›Stürmer‹-Stil«, den er ausdrücklich nicht schreiben wollte, wie er seine Sekretärin 1943 wissen ließ,[348] oder auch die Entstehung seines letzten Romans, *Jeder stirbt für sich allein* (1947), der auf Gestapo-Akten basiert, die Fallada von Johannes R. Becher erhalten hat, und den Widerstand der ›kleinen Leute‹ im Nationalsozialismus darzustellen versucht.

Den antifaschistischen Gründungsmythos der DDR wahrend, strebt der Fallada-Film einen dokumentarischen Eindruck an, der jedoch durch expressionistisch verfremdete s/w-Rückblenden in die Kindheit, seine frühen Morphium-Erlebnisse oder das mittlerweile zerstörte, frühere Familienleben aufgebrochen wird. Die Kamera fängt ruhig und ausdauernd die Carwitzer Landschaft um Falladas Haus herum ein; es ist eine leere

346 Die Bankenskandale der 1920er Jahre, die aufgrund der Vermögensdelikte des Bankiers Iwan Kutisker und der Finanziers Brüder Barmat als von Juden zu verantwortende Weimarer Degenerationsgeschichte erzählt wurden, waren bereits in Fritz Hipplers Hetzfilm *Der ewige Jude* (D 1940) antisemitisch ausgenutzt und im Sinne der nationalsozialistischen Ideologie bewertet worden.

347 Anzunehmen ist, dass Fallada 1944 in der Landesheilanstalt Strelitz am *Kutisker*-Projekt schrieb, das Manuskript aber verloren ist; vgl. Studnitz (1996), Es war wie ein Rausch, S. 321, 324f., 409. Das *Kutisker*-Projekt sei lediglich die von Fallada lange gesuchte »große Parabel vom Erfolg« gewesen, deren Akten man ihm vom Ministerium anvertraut hätte; vgl. Crepon (1978), Leben und Tode des Hans Fallada, S. 328ff. Zum *Eisernen Gustav* vgl. auch Studnitz (1996), Es war wie ein Rausch, S. 298-311. Crepon stellt das umgeschriebene und ergänzte Ende des *Eisernen Gustav* als einen der »Not der Nötigung« geschuldeten Romanteil dar; Crepon (1978), Leben und Tode des Hans Fallada, S. 314.

348 Im Film halten Autor und Sekretärin darüber Dialog; historisch belegt ist, dass die Sekretärin Else-Marie Bakonie einen Brief mit diesem Wortlaut gemeinsam mit ihrem »Offenen Brief an Fallada« nach Kriegsende 1945 veröffentlichte, um den Autor wegen seiner pro-nazistischen Haltung zu denunzieren; vgl. Studnitz (1996), Es war wie ein Rausch, S. 325.

Fallada (Jörg Gudzuhn) während eines Drogen- und Gewaltexzesses, der Lebensgefahr für seine Familie bedeutet; in *Fallada – Letztes Kapitel* (Roland Gräf, DDR 1988), Quelle: Deutsche Kinemathek

Landschaft ohne Subjekt, ohne Wanderer, in der allerdings, jeweils in der Totale gezeigt, das Haus der Familie steht – gleich einem *haunted house,* in dem allerlei Unbewusstes vorgeht, das einen das Fürchten lehren kann. Die zahlreichen Tischszenen – sowohl des Autors am Schreibtisch als auch der Familie am Esstisch – sequenzieren die Erzählung und vermitteln den Eindruck eines überforderten Literaturarbeiters, der zwischen den hausgemachten Suppen seiner Ehefrau und dem stetigen Nikotin-, Alkohol- und Tablettenkonsum beim Diktieren oder Tippen hin und her wechselt. Die leitmotivische Konsequenz generiert sich zum einen aus der akustischen und bildlichen Vorbereitung des Gewehrschusses, den Fallada auf die Ehefrau abgibt und der von seinem jugendlichen Trauma herrührt, als er 1911 in einem Doppelselbstmordversuch seinen Freund Hanns Dietrich von Necker mit der Schusswaffe tötete. Dieser Schuldkomplex wird jedoch nicht erzählt, sondern mit verschiedenen akustischen und bildlichen Akzenten nur angedeutet (zum Beispiel spielt der Knecht mit Falladas Gewehr, was diesen in Panik versetzt u.ä.). Zum anderen fungiert der sparsame und konsequente Einsatz der Musik als leitmotivischer Erzählstrang: Der *Valse triste* (op. 44, 1903) von Jean Sibelius, für den Fallada eine biographisch belegte Vorliebe gehabt hat, begleitet und intensiviert den dargestellten Verfall seiner psychischen Existenz und die Ehegeschichte mit Anna; dieser von zwei Hauptthemen und häufigem da Capo dominierte Walzer war ursprünglich als Schauspielmusik für das Drama *Kuolema (Tod)* von Arvid Järnefeld gedacht und vertont den Tanz eines Mädchens mit dem Sensenmann. Im Kontrast zu diesem romantischen Motiv vom Tod und dem Mädchen[349] ist mit der Entwicklung der Beziehung zu Ulla Losch jeweils das vom Grammophon gespielte Robert Stolz-Lied »Frag' nicht, warum ich gehe« verbunden. Dieses Lied repräsentiert die irrationalen Motive der Suchtkrankheit für das Paar Fallada/Losch, weil seine starke Wiederholungsstruktur im Refrain genau jene Unmöglichkeit sentimental verklärt, die jede Suchtkrankheit kennzeichnet, nämlich das eigene Verhalten rational und emotional rechtfertigen zu können.[350] Die deutliche Trennung in die unmittelbare *off-scene* (Orchester mit Sibelius-Walzer) und mittelbare *on-scene* (Grammophon mit Stolz-Lied) eingesetzte Musik weist auf das narrative Ansinnen des Films hin: Er möchte den Zwiespalt zwischen dem ›eigentlichen‹, unmittelbaren Fallada zu sehen geben, den Autor ohne Drogensucht und Verfall, den Autor hinter Untreue und Diebstahl, hinter der Kulisse kranker Selbstinszenierung und Ausweichtaktiken, und den von Drogen kontaminierten Geist, der nur mehr unter Einfluss der zugeführten giftigen Substanzen ansprechbar und handlungsfähig erscheint. Als die Sekretärin Bukonje ihn 1945 in einem »Offenen Brief« wegen seiner NS-Vergangenheit denunziert,[351] fragt sie darin nach dem »echten Fallada«, einem, der sich nicht mehr verstellt und dem jeweiligen politischen System opportunistisch andient (01:23:20). Der Film versucht sich nun darin, mögliche Hintergründe seiner Suchtkrankheit und sexuellen Obsession zu liefern. Hierfür wird erneut das Mittel des *Voice-over* eingesetzt: Es sind die vermeintlich ›ungeschminkten‹ Geständnisse des Autors, die, von der Stimme des Schauspielers Gudzuhn gelesen, Authentizität und Intimität herstellen sollen. Gleich einem tagebuchartigen Bewusstseinsstrom werden hier Brief- und Textzitate montiert, was dem Publikum Einblicke in die Beweggründe und Befindlichkeiten des Autors vermitteln soll, der zum Beispiel nach eigenem Bekenntnis seiner Ehefrau Anna alles zu verdanken hat, ihr aber dennoch nicht treu bleiben kann. Dass sie einen Großteil der Manuskriptarbeit erledigt, wie Fallada im selben zitierten Text, *Heute bei uns zu Haus* (1943), berichtet, verschweigt der Film. Dann würde womöglich die kleinbürgerliche, ländliche und arbeitsteilige Familienidylle, die Falladas Rettung gewesen wäre, hätte er dies nur erkennen und diszipliniert leben können, gestört worden sein. Folgerichtig im Sinne einer Enthüllungsgeschichte erfährt das Kinopublikum erst ganz

349 Umgekehrt nennt Anna ihren Mann stets »Junge«.

350 »Frag nicht, warum ich gehe. Frag nicht warum. Was immer auch geschehe. Frag nicht warum. Ich kann dir nurmehr sagen: Ich hab Dich lieb. Das schönste im Leben wollt ich dir geben. Frag mich nur nicht das eine, frag nicht warum. Frag nicht warum ich weine, frag nicht warum.«

351 Siehe oben Anm. 348.

am Ende den wahren Namen des Hans Fallada, wenn er sich als Rudolf Ditzen vorstellt. Aber dass er ein »Autor der Revolution« gewesen sei, wie die Figur dem russischen Kommandanten gegenüber schließlich noch anbringt (01:21:20), will da schon keiner mehr hören. Am Ende des Films steht eine bemerkenswerte interfilmische Bezugnahme auf den Büchner-Film von Warneke, als er die Filmschaffenden der DEFA als Darsteller im Anatomie-Saal versammelte: Bei Fallada ist nicht wie dort der medizinisch dozierende Dichter und sein Auditorium zu sehen, das zum größten Teil von Filmemachern des VEB DEFA Studio für Spielfilm verkörpert wurde, sondern der Schriftsteller als Objekt medizinischer Forschung in einem Hörsaal im Jahr 1947. Ein Professor führt den Studierenden am Beispiel des apathisch blickenden Falladas und seines zerrütteten Körpers die Folgen der Drogensucht vor, empfiehlt aber gleichzeitig, dessen Romane zu lesen, als wäre dieses Ende der physische und psychische Preis, den die Literatur von ihren Autoren einfordere. Die Autorfigur bleibt zwischen Vorbild und Warnung aporetisch gefangen. Immerhin aber hat damit der Fokus gewechselt: Schauten früher die Filmschaffenden auf den forschenden Dichter, so ist dessen Existenz nun seinerseits den Blicken der Forschung anheimgestellt und zum wehrlosen, ›thatenarmen‹ Objekt eines solchen biographischen Erzählens gemacht, das mit dem diagnostischen Blick der Medizin kooperiert. Indem dieses Filmende ein solche Wendung nimmt, stellt es den Aspekt von der Objektivierung des Biographischen autoreflexiv aus und vollzieht ihn sogleich mit.[352]

4.8.4. Forsters und Huber, 1989

Treffen in Travers (Michael Gwisdek, DDR 1989) ist der Beitrag der DDR zur 200 Jahr-Feier der Französischen Revolution. Die Premiere fand im April 1989 in Berlin statt, etwa vier Monate vor der ersten der Montagsdemonstrationen in Leipzig, die die so genannte ›friedliche Revolution‹ in der DDR einleiteten.[353] Der Film wurde von der Kritik begeistert

352 Ähnlich verfährt der Fernsehfilm *Lenz. Ich aber werde dunkel sein* von Egon Günther (SR/ORB 1992). Günther, der seit Anfang der 1960er für die DEFA arbeitete, in den 1970er Jahren Klassikerverfilmungen wie *Lotte in Weimar* (DDR 1975) und *Die Leiden des jungen Werthers* (DDR 1976) drehte und bei dem genannten Lenz-Film für Regie und Drehbuch verantwortlich zeichnete, zitiert hier seine früheren Produktionszusammenhänge, die er aber gleichwohl verfremdet: Am Ende seiner Lenz-Biographie (vgl. hierzu auch Kap. 5.4.) liegt der Körper des Dichters in einem modernen pathologischen Hörsaal im Moskau der frühen 1990er Jahre.

353 Vgl. im Überblick Heydemann et al. (1999), Revolution und Transformation in der DDR 1989/90. Zur Begriffsprägung vgl. auch die Darstellung des letzten Staatsratsvorsitzenden und SED-Generalsekretärs der DDR, Egon Krenz: *Wenn Mauern fallen. Die friedliche Revolution: Vorgeschichte, Ablauf, Auswirkungen* (Wien 1990).

aufgenommen und vor allem für das gelungene Regie- und Drehbuchdebüt des Schauspielers Michael Gwisdek gelobt.[354] Klaus Wischnewski schreibt in seiner Rezension in jenem Themenheft der Zeitschrift *Film und Fernsehen,* das sich dem Anniversarium der Französischen Revolution widmet, davon, dass dieser Film »wie ein Autorenfilm (wirke), als könne, würde, müsse dieser Regisseur seine Stoffe selbst in den Film übersetzen. Regisseur (Michael Gwisdek) und Kameramann (Claus Neumann) scheinen einig wie eine Person; (...).«[355] Hier deutet der Kritiker das DEFA-Konzept des produzierenden Kollektivs im Angestelltenverhältnis um in die ursprünglich französische Autorenfilm-Idee, die sich beide in den einerseits instanzenreichen Kontrollverfahren und andererseits der zumindest theoretischen Zuspitzung auf einen verantwortlichen Künstler und Filmautor zutiefst widersprechen. Ziehen für *Treffen in Travers* auch Regisseur und Kameramann an einem Strang und wird deshalb das Szenarium von Thomas Knauf nach einer Novelle von Fritz Hofmann schlicht verschwiegen,[356] erscheint doch die Parallelisierung des (kollektivierten) Filmautors mit der historisch narrativierten Autorschaft sinnfällig. Das narrative Konzept des Films speist sich aus einem deutlichen Kontrast zwischen schnellen Parallelmontagen und langen kontemplativen Einstellungen, die auch minutenlanges Schweigen der Protagonisten zulassen. Die Handlung des Films erzählt von der *ménage à trois* zwischen Georg Forster (Hermann Beyer), seiner Frau Therese (Corinna Harfouch) und Ludwig Ferdinand Huber (Uwe Kockisch), die im November 1793 in einem Gasthof nahe des Schweizerischen Städtchens Travers aufeinander treffen, um die Scheidung des Ehepaars Forster zu besprechen und vollziehen zu lassen (was nicht gelingt, so dass Therese Forster erst nach dem überraschenden Tod Georg Forsters im Januar 1794 in Paris ihren Geliebten Ferdinand Huber heiratet). Der Titel antizipiert polysem die Spannung zwischen einem privaten Aufeinandertreffen und dem Treffen bei Kampf und Jagd, wobei der Ortsname *Travers,* einer kleinen Stadt im Jura, die widersprüchlichen Konnotationen des Durchgangs *(traversieren)* und des Barrikadenbaus *(Traverse)* noch weiter stützt. Diese Dreierbeziehung

354 Vgl. die beiden Rezensionen in Habel (2001), Das große Lexikon der DEFA-Spielfilme, S. 623, von Fred Gehler im *Sonntag* 21/1989, und Heinz Kersten im *Tagesspiegel,* 30.4.1989.

355 Wischnewski (1989), Lohn des Risikos [Zum Film »Treffen in Travers«, DDR 1989], S. 44; vgl. auch Krenzlin (1989), Das Weiße im Auge der Geschichte. Gespräch mit Hermann Beyer, S. 46, zur Arbeitsweise des Regisseurs Gwisdek, den Überblick über die abgedrehten Szenen zu behalten und in die Drehabfolge einzugreifen: »Das ist aber nichts ganz Neues. Woanders heißt so eine Arbeit Autorenfilm.«

356 Bereits Hofmann unternimmt in seiner Novelle den Versuch, die Ereignisse in Travers aus fünf unterschiedlichen Perspektiven zu schildern (Gendarm, Wirt, Ferdinand Huber, Therese Forster, Georg Forster); vgl. Hofmann (1977), Treffen in Travers, und dazu Heuser et al. (2003), Georg Forster und das Treffen in Travers, S. 115ff.

wird aus unterschiedlichen Blickwinkeln beleuchtet, so dass auf der diskursiven Ebene moralische (der Wert der Freundschaft), sexuelle (Thereses Verlangen und Forsters Versagen), familiale (Vaterschaft Forsters und das komplexe Verhältnis von Eltern und Stiefvater Huber zu den Töchtern) sowie schließlich politische Aspekte (die Unvereinbarkeit von politischem Engagement und bürgerlichem Privatleben) zum Tragen kommen. Die Unvereinbarkeit und der nötige Verzicht bleiben dann auch unversöhnlich als Fazit am Ende des Films stehen. Denn als Forster schließlich wieder nach Paris reist, um die Revolution weiter voranzubringen, und sich deshalb endgültig von der Familie trennt, gibt es ein kurzes Bekenntnis der Wirtin des Gasthauses, deren Sohn ebenfalls in Paris für die Neuordnung der Gesellschaft kämpft. »Eines Tages wirst Du das verstehen«, zitiert sie ihren Sohn, »die Probleme eines einzelnen Menschen sind nicht so wichtig in dieser verrückten Welt. Daran denke ich jetzt immer, wenn es weh tut. Denn begreifen werde ich es wohl nie ganz.« Darauf erwidert Forster mit der rhetorischen Frage: »Wer kann das schon begreifen?« (01:40:13) Ein harter Schnitt zeigt dann die zurückjagende Kutsche nach Paris. Zwar kann der Film die abschließend gestellte Frage nicht beantworten, aber als Genre-Zitat ausstellen. In einer ersten umfänglichen Interpretation des Films weisen die Verfasser auf das mit diesem Schluss aufgerufene Zitat aus dem melodramatischen Klassiker *Casablanca* (Michael Curtiz, USA 1942) hin.[357] Darin verabschiedet sich Rick von Ilsa auf dem Flugplatz mit den Worten:

> »What I've got to do you can't be any part of. Ilsa, I'm no good at being noble, but it doesn't take much to see that the problems of three little people don't amount to a hill of beans in this crazy world. Someday you'll understand that. No, no ... Here's looking at you, kid.« (01:33:21)[358]

Während Rick auf Ilsa verzichtet, um sie für die weitere Widerstandsarbeit gegen die Nationalsozialisten mit Victor Laszlo frei zu geben, entlässt Forster seine Frau in die Privatheit der Beziehung mit Ferdinand Huber. Diese Tat für die gesellschaftliche Neuordnung und den Kampf gegen herrschende Verhältnisse liegt gerade in der Passivität, nämlich im Verzicht auf das eigene private Glück. Den stereotypisierten melodramatischen Plot »irgendwann zu begreifen«, wird in *Casablanca* noch in Aussicht gestellt, in *Treffen in Travers* hingegen, worin die eine Frau und ›ihre‹ zwei Männer ebenfalls in einem Gasthaus im politischen Exil aufeinander treffen, als unlösbare Aufgabe des Genres hinterfragt: Es gibt keine

357 Heuser et al. (2003), Georg Forster und das Treffen in Travers, S. 119.

358 An dem Drehbuch zu *Casablanca* zeigt sich auch wieder das Moment der kollektiven Autorschaft, waren doch mindestens sechs Autoren an seiner mit vielen Anekdoten überlieferten Entstehung beteiligt (Murray Burnett, Joan Alison, Julius J. Epstein, Philip G. Epstein, Howard Koch, Casey Robinson).

überzeugenden rationalen Begründungen im politischen Diskurs für Verzicht und Aufopferung, es gibt womöglich nur tradierte Diskurse, die diese Aspekte formen und bündeln: »Wer kann das schon begreifen?«[359]

Um die Schwierigkeiten und Konflikte, die mit einem solchen postulierten Aufopferungswillen entstehen, aus verschiedenen ›Perspektiven‹ zu beleuchten, setzt der Film auf eine durchgängige Inszenierung des Blicks – der Innen- und Außenschau genauso wie der Selbstbespiegelung –, bietet doch der mehrtägige Aufenthalt im Gasthaus Gelegenheit zur politischen und familiären Bilanzierung. Diese Standortbestimmung wird deshalb auf figuraler und literaler Ebene realisiert: Forster steht bei Ankunft und Abfahrt am Fenster, immer wieder drängt sich das Fensterkreuz in den Bildvordergrund. Das Publikum nimmt demzufolge die Welt draußen nur durch den Blick Forsters wahr, der auf seine Familie und ›die Welt‹ schaut (hochgradig allegorisch, lässt sich diesbezüglich auch mit dem Bild der von der Welt isolierten DDR spielen). So nimmt Therese die Liebesgeschichte ihres Dienstmädchens mit deren Verehrer durch das Fenster wahr und beobachtet auch, wie Ferdinand und Georg sich jeweils um die Töchter kümmern. Die Kamera, die des Öfteren über die Schulter der Figuren zu schauen vorgibt, aber nicht immer deren *point of view* übernimmt und zuweilen explizit die schauende Figur einfängt – so kippt die assoziierte Innen- und Außenschau jeweils in ihr Gegenteil –, gibt sich als eine spähende Kamera zu erkennen, die sogar durch die Bäume lugt, als Georg und Ferdinand eine letzte entscheidende Auseinandersetzung über Therese führen. Jede der drei Figuren wird sodann auch als sich selbst bespiegelnde Figur gezeigt, die in unterschiedlichen Paarkonstellationen den Blick auf eine gerahmte Inszenierung freigibt, die im räumlichen Kontext der Schlafzimmer von der Kamera eingefangen wird. Den finalen Höhepunkt dieser eingestreuten Szenen bildet die Selbstbespiegelung Ferdinands, der während dieses Blicks in den Spiegel und entsprechend eitler (hoffentlich nicht ganz ironiefreier) ›Pose‹ den Marquis von Posa aus Schillers *Don Carlos* (V/3) zitiert: »Rette dich für Flandern! Das Königreich ist dein Beruf. Für dich zu sterben war der meinige.« (01:27:40) Der Verzicht auf die begehrte Frau zugunsten eines Nationenschicksals erfordert weitere Verzichtsleistungen aus dem Umfeld des politischen Helden. Ferdinand wird demnach in der historischen Unbedeutendheit versinken, weil er darauf verzichtet, mit Forster nach Paris zu gehen und dort gemeinsam mit ihm für die Revolution zu kämpfen. Die ebenfalls deutlich gesetzten Rahmungen des Fensters werden erst durchbrochen, als Forster

359 Der lange wortlose Blick, mit dem sich Georg und Therese voneinander verabschieden (»Here's looking at you, kid.« / »Ich schau' Dir in die Augen, Kleines.«) wirkt unter diesen interfilmischen Prämissen nahezu komisch, wenn Beyer und Harfouch die Posen von Bogart und Bergmann – als filmhistorisch oppositives Paradigma – aufnehmen.

Ludwig Ferdinand Huber (Uwe Kockisch), Georg Forster (Hermann Beyer) und seine Frau Therese (Corinna Harfouch) in *Treffen in Travers* (Michael Gwisdek, DDR 1989), Quelle: Deutsche Kinemathek

sich von Therese lossagt; er öffnet ihr Fenster von außen, indem er auf der Außengalerie in das Zimmer hineinsieht und zu ihr spricht, als sie ihm die Tür zur Innengalerie nicht öffnen wollte. Deutlicher kann der metaphorische Wechsel von der häuslichen Welt der Familie zur außenpolitischen Sphäre der Revolution nicht markiert sein. Durch dieses Fenster spähte zuvor auch der Wirt, der von »Preußischen Geheimen« erpresst wird (Druckmittel ist das gefährdete Schicksal des rebellischen Sohns des Wirts) und mit seinem Spionageauftrag stark an den für den preußischen Polizeistaat schnüffelnden Wirt in Lessings *Minna von Barnhelm* erinnert. Erneut wird also der Autor, wie schon im *Fallada*-Film, als ein Objekt staatlich kontrollierter Konspiration dargestellt, der durch seine Gedanken und Schriften die eigene Existenz und die seiner Familie gefährdet.

Die überaus ostentative Metaphorik der Innen- und Außenansichten korreliert auch mit den beiden vorgestellten Todesarten, die den mit der Vanitas-Symbolik charakterisierten Gelehrten Forster bedrohen:[360] So gibt der Film eine Guillotine zu sehen, die in der Titelsequenz von zwei

360 In der *pre-title sequence* schwenkt die Kamera in einem Raum von der schreibenden Feder über Totenschädel, Geräte, Souvenirs längst vergangener Forschungsreisen; vgl. auch Heuser et al. (2003), Georg Forster und das Treffen in Travers, S. 118.

Männern vorbereitet, aufgezogen und gefällt wird; nach diesem harten Schnitt – literal wie figural – rast eine Kutsche durch wechselnde Landschaften und passiert eine Grenzstation zwischen Frankreich und der Schweiz. Dieses Motiv der Guillotine wird nur einmal noch aufgegriffen, als Therese ihrem Ehemann das Haar schneidet, dabei seinen Kopf in die Höhe zieht und – die Methoden der Französischen Revolution stets kritisierend – fragt, ob die Aktanten der Hinrichtungen die Köpfe hinterher »so« hochhalten; in der »Kadrage führt Kameramann Claus Neumann diese bildliche Enthauptung Forsters zuende«, indem ihm in der nächsten Einstellung durch den Bildrand gleichsam der Kopf abgeschnitten wird.[361] Neben dieser äußeren Bedrohung trägt Forster aber eine weitere Todesart in sich. Noch bevor die Gestalt Forsters zu sehen und sein Name genannt ist, exponiert die Narration ihr Leitmotiv von der inneren Bedrohung: Sein Husten zieht sich, neben der äußerst sparsam und eher dokumentarisch eingesetzten Musik, als akustisches Signal für den schlechten Gesundheitszustand des Protagonisten durch den ganzen Film, vom akustischen Index im *Off* bis zum ausgespielten Anfall mit nicht mehr enden wollenden Hustenkrämpfen in der szenischen Darstellung. Nun starb Forster in Paris laut Eigendiagnostik an der »skorbutischen Gicht« (so in einem seiner letzten Briefe an Therese und die Töchter vom 27. Dezember 1793),[362] einer typischen am Symptom orientierten Krankheitsbenennung der Zeit.[363] Husten gehört bekanntlich weder zum engeren Symptomkatalog der auf Vitamin C-Mangel basierenden ›Seefahrerkrankheit‹ Skorbut[364] noch zur durch Harnsäureablagerungen in den Gelenken hervorgerufenen Gicht – was nicht bedeutet, dass Forster keinen begleitenden Husten durch sekundäre Infektion gehabt haben könnte. Husten gehört jedoch im kulturgeschichtlichen Metaphernvorrat zu den Zeichen der Ansteckung; zahlreiche durch Tröpfcheninfektion übertragene Krankheiten, insbesondere die Lungentuberkulose, äußern sich im Husten und verbreiten sich auch dadurch. Nimmt man nun den ›Übertragungsweg‹ einmal wörtlich und schließt von der übertragenen

361 Ebd., S. 120, Anm. 8.

362 Forster (1989), Werke, Bd. 17: Briefe 1792 bis 1794 und Nachträge, S. 496.

363 Vgl. zum Beispiel die Unterscheidung zwischen Faulfieber, Nervenfieber oder Frieselfieber, deren Bezeichnungen auf die Äußerungen der Krankheiten, nicht auf deren Ursachen schließen lassen; vgl. Pfeifer (2000), Medizin der Goethezeit, S. 55-58. »Skorbutische Gicht« wurde auch als »skorbutisches Fieber« bezeichnet. Die Mangelkrankheit Skorbut wurde im 18. Jahrhundert häufig als Infektionskrankheit eingeschätzt; vgl. Pfeifer (2000), Medizin der Goethezeit, S. 131. Vitamine und Vitaminmangel konnten erst Anfang des 20. Jahrhunderts bewiesen werden.

364 Von seiner Tochter Clärchen wird Forster auf seine schlechten Zähne angesprochen; er weist auf den Sauerkrautmangel auf den Schiffen hin, dem er auf der Reise mit James Cook 1772-1775 ausgesetzt war (00:22:00).

Krankheit auf die übertragene Rede,[365] so zeigt sich hier eine Figuration der politischen Ansteckung mit den gefährlichen Ideen der Revolution. Tödlich könnte der Kontakt mit Forster insofern sein, als er sowohl seine Frau Therese als auch ihren Geliebten Ferdinand überreden möchte, mit ihm nach Paris zu kommen. Therese geht davon aus, dass Forster sie wieder nach Deutschland begleitet, Ferdinand hingegen ist schließlich davon überzeugt, dass er in Paris gebraucht wird, und wäre sogar bereit, Therese dafür aufzugeben und Forster zu folgen.[366] Der Husten und die epidemische ›Krankheit zum Tode‹, als die man die scheiternde Revolution auch bezeichnen könnte, wie die exponierte Guillotine nahelegt, führen jedoch zu Isolation oder Tod: Forster wählt dementsprechend den Weg zurück und stirbt nur zwei Monate später verzweifelt und vereinsamt in Paris.

Literarhistorisch besehen, unternimmt dieser Film den interessanten Versuch, der historischen Rezeption gerecht zu werden. Wegen seines revolutionären Engagements und auch seines proletarischen Volk-Begriffs wurde Forster im 19. Jahrhundert nicht mehr adäquat tradiert (von der DDR dann hingegen mit einer großen Ausgabe der Akademie der Wissenschaften bedacht),[367] während seine Witwe später unter dem Namen ihres zweiten Ehemanns Huber zahlreiche Werke, darunter die Biographien ihrer beider Ehemänner und eine Reihe von Romanen, publizierte und es – zunächst aufgrund ihres ›unmoralischen‹ Lebensentwurfs geschmäht – damit auch durchaus zu einiger Popularität brachte.[368] Ferdinand Huber konnte sich weniger als Literat denn als Journalist durchsetzen. Im Film werden nun weder Forster, der Weltreisende und politische Gesandte, noch Huber, der zweitrangige »Dichter« schreibend inszeniert. Allein Therese sitzt am Schreibtisch und verfasst einen Text, der jedoch nicht zu ermitteln ist[369] und recht romantisierend klischeehaft von dem Wunsch, »sich zu verdoppeln« und »einer Frau zwischen zwei Männern« zu handeln scheint. Mehr erfahren wir als Zuschauer darüber nicht, jedoch gesteht

365 Vgl. Strowick (2002), Poetologie der Ansteckung und bakteriologische Reinkultur.

366 Diese dramaturgische Wendung rührt her von Therese Hubers Schilderung des Treffens in Travers und des intensiven Austausches von Ideen und Nachrichten zwischen den beiden Männern; vgl. Huber (1806), L. F. Huber's Sämmtliche Werke seit dem Jahre 1802 nebst seiner Biographie, Bd. 1, S. 115-118.

367 Vgl. Gilli (1996), »Volk« bei Georg Forster und den deutschen Jakobinern; Peitsch (2001), Georg Forster: A history of his critical reception.

368 Zur Asymmetrie der überlieferten Briefe und der ehelichen Beziehung vgl. den Beitrag von Hilmes (2003), Georg Forster und Therese Huber: Eine Ehe in Briefen. Gegen die darin formulierte These, Therese hätte ihre Briefe an die Ehemänner vernichtet, um von einer biographischen Annäherung an ihr Werk abzulenken, spricht das Faktum, dass sie beiden Ehemännern ein biographisches Denkmal gesetzt und die Briefe Georg Forsters publiziert hat (2 Bde., Leipzig 1829); womöglich müsste in dieser Frage der Selbstentwurf der Autorin um 1800 stärker berücksichtigt werden.

369 Auch Heuser konnte keine Quellen hierfür eruieren; vgl. Heuser et al. (2003), Georg Forster und das Treffen in Travers, S. 111f.

diese Narrativierung des schreibenden Subjekts der Frau eine Autorität im zögerlichen Versuch zu, die ihre spätere Karriere antizipiert. War es gerade Therese, die sich zu dieser Zeit noch anonym an den Publikationen ihrer Ehemänner beteiligt hat (u.a. auch an den von Ferdinand Huber herausgegebenen Zeitschriften *Friedens-Präliminarien, Neue Klio* und *Flora*)[370] und sich insbesondere auch dem Brief als selbstkonstitutives Medium widmet,[371] sehen wir hingegen nur Georg in der *pre-title sequence* als Briefe schreibenden Ehemann. Weitere Texte – etwa Therese Forsters *Abentheuer in Neuholland* (Tübingen 1793), die Georg in Travers lesen wollte, seine umfänglichen Reiseberichte und sämtliche seiner anderen Schriften als auch die tatsächlich eher zu vernachlässigenden Dramen Ferdinand Hubers und sein laufendes Zeitschriftenprojekt *Flora* –, all dies erwähnt der Film gar nicht erst. Zwar betont der Darsteller Hermann Beyer in einem Interview, dass Forster »Schriftsteller, nicht Politiker« gewesen sei; zugleich aber wird deutlich, dass es bei diesem Projekt sowohl um die Diskussion einer Neuordnung der Gesellschaft, der Geschlechterverhältnisse und Lebensformen geht als auch um die Stilisierung des Georg Forster als Märtyrer der Revolution, wie Beyer vorschlägt:

> »Und Forsters Überzeugung, dass eine neue Gesellschaft zu schaffen auch neue Beziehungen zwischen Mann und Frau ermöglicht, ja notwendig macht, hat diesen Mann in ein ungeheures Vakuum gestoßen, aus dem er in die Politik zu fliehen versucht. Er gerät auch dort in ein Vakuum. Ich bezweifle damit nicht seine politische Motivation. In der *Einschätzung* der Revolution bei gleichzeitigem Leiden daran hat er Leninsches Format.«[372] (Hervorhebung im Original)

Der Tenor dieser Interpretation in der DDR des Jahres 1989 entspricht immer noch der Parallelisierung der Französischen mit der Russischen Revolution, die als die beiden einschneidenden europäischen Ereignisse der Neuzeit zu gelten haben, wie Lenin propagierte. Das Treffen in Travers dient als historische Folie, um jenes Verhältnis noch einmal zu affirmieren und zugleich aber den Preis für eine solche politische Selbstaufopferung in Frage zu stellen. In der Logik der filmischen Erzählung allerdings erweisen sich nicht nur äußere Umstände als repressiv und revolutionäre Ideen als ansteckend; auch das Verhältnis zwischen Individuum und Staat, zwischen privatem Glück und öffentlicher Pflicht, zwischen Anpassung und Aufbegehren stehen noch einmal zur Disposition. Davon erzählt dieser Film; – und mit der Anspielung auf den US-amerikanischen Klassiker *Casablanca* erzählt er auch etwas anderes, nämlich die genrespezifische

370 Vgl. dazu das *Marbacher Magazin* von Hahn und Fischer (1995), »Alles von mir!«: Therese Huber (1764-1829), Schriftstellerin und Redakteurin.

371 Vgl. hierzu Hilmes (2003), Georg Forster und Therese Huber: Eine Ehe in Briefen, S. 122ff.

372 Krenzlin (1989), Das Weiße im Auge der Geschichte. Gespräch mit Hermann Beyer, S. 46.

Kommentierung des Melodramas, das die Protagonisten der Geschichte qua Erzählkonvention zum Verzicht nötigt. Das ist zwar nicht zu »begreifen«, muss aber deshalb immer wieder aufs Neue erzählt werden.

4.8.5. Novalis, 1993

Gleichsam als Nachtrag zu den Dichterfilmen der DEFA aus DDR-Zeiten lässt sich Herwig Kippings *Novalis – Die blaue Blume* (D 1993) interpretieren. Es ist der letzte Film der DEFA, den die Aktiengesellschaft vor ihrer Auflösung Ende 1992 produzierte.[373] Auf einer ersten Ebene thematisiert der Film die Romantik als wiederzuentdeckende literarische Epoche, um sich mit ihren Konzepten gegen Bürokratie und Totalitarismus zu wenden. Hier knüpft der Film an eine in den 1970er Jahren angestoßene Romantikrezeption in der DRR an (herkommend von Anna Seghers zu Sigrid Damm, Günther Kunert, Christa Wolf),[374] die zwar auch in Zusammenhang mit der Erbedebatte gesehen werden kann, in Abgrenzung von der Realismusprämisse aber auch als Ausdruck kulturpolitischen Protests aufgefasst wurde.[375] Auf einer zweiten Ebene formuliert diese Autorschaftsphantasie, als die der Film wegen seiner überfrachteten symbolischen Dichte, historischen Ferne und freien Textbehandlung auch bezeichnet werden kann, eine melodramatische Konfiguration zwischen Novalis (Christoph Schiller), Sophie von Kühn (Agathe de la Fontaine) und dem Tod (Reiner Heise). Das romantische Paradigma vom Tod und dem Mädchen wird darüber hinaus variiert mit der faustischen Thematik. Die Figur des Todes trägt deutliche mephistophelische Züge und paktiert mit der jungen Sophie: Sollte sie sich von ihm abwenden und ihrem Verlobten Friedrich von Hardenberg zuwenden, wird sie sterben. Sie muss den Tod mehr als den Dichter lieben. Dieser dramaturgisch nicht so recht ausgefeilte Plot wendet sich am Ende aus unerfindlichen Gründen zugunsten einer gemeinsamen Flucht von Novalis und Sophie, die in einer Mischung aus *Easy Rider*-Topik und »Peterchens Mondfahrt« auf einem Motorrad die Reise ins Weltall antreten. Die visuelle Anspielung an Kubricks *2001 – A Space Odyssey* (GB/USA 1968), die den riesigen blauen Erdball zeigt, der »von hier oben« so schön zu betrachten sei, wurde durch die audiovisuelle Verkoppelung des Liebespaares mit dem »Kaiser«-Walzer von Johann Strauß bereits vorbereitet, ist doch der filmmusikalische Einsatz

373 Vgl. Schenk (1994), Das zweite Leben der Filmstadt Babelsberg, S. 351; Schittly (2002), Zwischen Regie und Regime, S 307-313.

374 Vgl. die Texte in der Anthologie von Hess und Liebers (1978), Arbeiten mit der Romantik heute (Arbeitshefte der Akademie der Künste der DDR, Bd. 26).

375 Vgl. Hilzinger (1991), »Avantgarde ohne Hinterland«. Zur Wiederentdeckung des Romantischen in Prosa und Essayistik der DDR.

des Strauß-Walzers »An der schönen blauen Donau« zu den Bildern aus dem Weltall bei Kubrick legendär. Kipping macht noch einen weiteren Meilenstein der Filmgeschichte zum ästhetischen Paten für seine Novalis-Interpretation, die auf einer dritten Bedeutungsebene zu entdecken ist. Mit dem Zitat aus Andrej Tarkovskijs Künstlerfilm über den Ikonenmaler Andrej Rublëv (*Андрей Рублёв,* SU 1966-1969) wird zugleich das Ikonische der Künstlerfigur selbst thematisiert. Nicht zu Beginn, wie in der Geschichte des Malers Rublëv, der sich im Konflikt zwischen dem inneren Auftrag seiner Kunst und den strengen Regeln der Religion sieht,[376] was eine gewisse Parallelisierung mit den Konflikten des jungen Autors Friedrich von Hardenberg erlaubt, sondern am Ende der Geschichte um Novalis wird das Motiv des Fesselballons eingesetzt. Die hochsymbolische Ballonfahrt, die bei Tarkovskij noch die Figur Jefim von einem Kirchturm aus antritt[377] und somit den Bezug auf das antike Ikarus-Motiv konterkariert, wird von Kipping in einen neuen topographischen Kontext eingestellt, denn hier soll der Ballon aus dem Berliner Olympiastadion von 1936 starten. Zu dieser Fahrt kommt es jedoch erst gar nicht, denn Novalis und Sophie flüchten, wie bereits erwähnt, mit dem Motorrad in Richtung Weltall. Dies könnte sowohl als eine Verbeugung vor Tarkovskij gelesen werden, der seinen Film erst nach langen Auseinandersetzungen mit den sowjetischen Behörden in seiner Heimat zeigen durfte, als auch als eine Abrechnung mit dem anachronistischen Zeichenvorrat des sowjetischen und sowjetisch orientierten Künstlerfilms, fand doch die erste Ballonfahrt bekanntlich 1783 in Versailles statt. Das »Kollektivsymbol« Ballon, so Jürgen Link, stand sowohl für die »Faszinationskraft klassischer Literatur« als auch für eine Fortschrittsgeschichte der Maschinen (wozu die Montgolfieren, benannt nach ihren Erfindern, gezählt wurden), die ihrerseits eng mit den Kontexten der Französischen Revolution verknüpft waren und als wundersame Jahrmarktsspektakel die Diskursgrenze zwischen »Wissen und Glauben« zu überwinden vermochten. Texte von Goethe, Günderode, Kleist, Jean Paul, Immermann, Fontane – sie alle nutzen den Ballon als Symbol für die literarische und maschinelle (bzw. industrielle) Fliehkraft.[378] Bei Kipping hat die Ballonfahrt nun ausgedient, gleichwohl ihre symbolische Zitation auf die inflationäre Verbreitung zu

---

376 Vgl. Schünemann und Hülbusch (2000), Kunst als Offenbarung des Göttlichen. »Andrej Rubljow« von Andrej Tarkowskij.

377 Vgl. auch Taylor (2002), Rolle des Lebens, S. 209-216.

378 Vgl. hierzu Link (1988), Literaturanalyse als Interdiskursanalyse. Am Beispiel des Ursprungs literarischer Symbolik in der Kollektivsymbolik, S. 287ff. Goethe schrieb an Schiller am 12.5.1798, dass Schillers Brief ihn »bei der Ilias angetroffen [habe], wohin ich immer lieber zurückkehre, denn man wird doch immer, gleich wie in einer Montgolfiere, über alles Irdische hinausgehoben und befindet sich wahrhaft in dem Zwischenraume in welchem die Götter hin und her schweben.« (zitiert aus ebd., S. 287)

Zeiten Novalis' hindeutet; zumal in politischer Hinsicht musste auf dieses drastische Mittel zur Republikflucht nicht mehr zurückgegriffen werden, wie dies 1979 geschehen war,[379] denn ein Motorrad erweist sich für die Apotheose des Dichters scheinbar tauglicher. Denn nach der sogenannten Wende und der Öffnung hin zum Westen – so wandert schon in der allerersten Einstellung des Films der blutrote Sonnenball von Osten nach Westen[380] – gelten neue Regeln für die filmische Darstellung künstlerischer und literarischer Selbstreflexion, obgleich sowohl der Blick aus dem Ballon ›auf die Erde‹ und noch stärker der Blick vom All auf die Erde entsprechende analytische Distanz für den Künstler gewähren.

Die erwähnte Handlung des Novalis-Films spielt, soweit sich dies überhaupt festlegen lässt, von der Begegnung mit der zwölfjährigen Sophie von Kühn im November 1794 bis zu deren Tod im März 1797. Allerdings finden sich die narrativen Entitäten – ebenfalls stark an Tarkovskijs Erzählstil orientiert – in lockeren Assoziationen aneinander gefügt und in einem stellenweise exorbitanten Bilderrausch verdichtet (vor allem durch die vielen Anspielungen auf Bildmotive von Caspar David Friedrich und die Nutzung anachronistischer Repräsentationsarchitektur des späteren 19. Jahrhunderts, der Schlösser Neuschwanstein im Allgäu und Granitz auf Rügen), der darüber hinaus mit zahlreichen Verfremdungseffekten intensiviert wird: So gibt es im Schloss der Familie Hardenberg eine Videowand mit Porträts von Marilyn Monroe bis Lenin und Stalin; *heavy metal*-Musik begleitet die bedrohliche Entwicklung des jungen Dichters; und die Kühn'schen Töchter treffen sich mit ihren Freunden am Strand von Prora auf Rügen, dem niemals fertiggestellten Ferienparadies der nationalsozialistischen »Kraft durch Freude«-Organisation; schließlich sind auch der Berliner Alexanderplatz mit dem Fernsehturm, das Berliner Olympiastadion und seine Katakomben sowie Reste der Berliner Mauer als topographische Marker eingestreut, was deutliche Signale für den nötigen aktualisierenden Blick auf das Künstlerschicksal setzt.

Dass es Kipping aber nicht allein bei den topographischen Verweisen um die Aktualisierung und Bilanzierung postsozialistischer deutscher Geschichte geht, verdeutlicht der Monolog des Bruders Carl von Hardenberg, in dem es heißt:

---

379 Der Fall der Republikflucht der Familien Wetzel und Strelzyk 1979 über die Grenze nach Bayern mit einem selbst genähten Heißluftballon erregte damals hohe mediale Aufmerksamkeit. Der Ballon ist noch heute im Heimatmuseum Naila zu besichtigen.

380 Dieses Bild könnte auch durch die vierte Strophe aus Novalis' Gedicht »Der sterbende Genius« aus der Fragmentensammlung »Glaube und Liebe« (1798) inspiriert sein: »Nimm diese Zweige, decke mit ihnen mich, / Nach Osten singe dann das erhabne Lied, / Bis auf die Sonne geht und zündet / Und mir die Thore der Urwelt öffnet.« Novalis (1965), Schriften, Bd. 2, S. 484.

»Wir Deutschen stehen an einem Schicksalsweg, von dem wir nicht wissen, wo er uns hinführt. Führt er uns in eine Sackgasse oder in die Freiheit, in die Hölle oder ins Paradies? Deutschland ist ein Bollwerk des Geistes. Aber wenn dieser Geist anfängt zu stinken und die Kultur in Barbarei umschlägt, möchte ich die Epoche dieser Übermenschen nicht erleben.« (01:07:15)

In dieser Collage nationalsozialistischer, nietzscheanischer und christlicher Diskursfragmente scheint die Problematik des Neuanfangs nach der Öffnung der Mauer und der Neubestimmung der deutsch-deutschen Entwicklung greifbar zu werden. Immer noch mag es Leute vom Schlage des »Onkel Großkreuz« geben (wie es der Figur des Onkels Friedrichs von Hardenberg zugeschrieben wird), die in chauvinistisch-nationalistischer Weise das Deutschtum und die rücksichtslose Unterwerfung fremder Ressourcen predigen.[381] »Das Feuer der Revolution ist erloschen«, lautet der Status quo (01:07:05), was sowohl für die Situation nach 1789 als auch für diejenige nach 1989 gelten kann. Der Autor weigert sich, in den Ballon zu steigen und vorgefertigte Bahnen zu ziehen; er bricht auf, um zum einen seiner bedingungslosen Liebe bis in den Tod zu folgen[382] und damit die romantische Uneinlösbarkeit der Liebe doch einzulösen, zum anderen aber die Entwicklungen auf der Erde von sicherer Entfernung aus zu beobachten. Dementsprechend gibt es innerhalb des Films deutliche Probleme mit der Plausibilisierung der zitierten Zeichen. Vielmehr erweckt der Film den Eindruck einer gewissen ›Zitierwut‹ und die ausagierte Lust, nach dem Zusammenbruch des auch häufig internalisierten, zensierenden sozialistischen Systems endlich alles ostentativ aufrufen zu können (den sowjetischen Tarkovskij ebenso wie den amerikanischen Kubrick), ohne sich dafür mit jedem einzelnen Bild und Satz rechtfertigen zu müssen, womit Kipping in den Produktions- und Kontrollzusammenhängen der DEFA bereits seit seinem Debütfilm *Hommage à Hölderlin* große Schwierigkeiten hatte.[383] Insofern trifft diesen Film die Tragik der Verspätung umso härter, denn als es endlich möglich war, avantgardistische Filme zu drehen, wollte sie – in der neuen Orientierung auf den Westen und das konventionelle Erzählkino des Hollywood-*mainstream* – die Mehrzahl des Publikums nicht mehr sehen.[384] Auch

381 Auch der Onkel äußert sich in Zitaten (00:25:58): »Am deutschen Wesen soll die Welt genesen.« (aus Emanuel Geibels Gedicht »Deutschlands Beruf«, 1861: »Und es mag am deutschen Wesen / Einmal noch die Welt genesen.«; wiederum zitiert von Kaiser Wilhelm II.)

382 Friedrich von Hardenberg starb 1801 an Lungentuberkulose. Diese Krankheit wird auch im Film angezeigt (mit den dafür üblichen Zeichen des Bluthustens in ein weißes Taschentuch) und knüpft erneute Verbindung zum Topos der potentiellen ›Ansteckung‹, die dem romantischen Ideenvorrat von Novalis zugeschrieben werden könnte; vgl. dazu die Angaben oben in Anm. 365.

383 Vgl. die Angaben oben in Anm. 330.

384 Vgl. Allan (1999), DEFA: An Historical Overview, S. 18f.; McGee (2003), »Ich wollte ewig einen richtigen Film machen!«; Schittly (2002), Zwischen Regie und Regime, S. 313.

die außergewöhnliche Erzählweise der chronologisch-assoziativen Montage und die Übernahme der Perspektive der Künstlerfigur, wie sie von Tarkovskij geprägt waren, konnten sich als innovative Momente im Genre der Filmbiographie nicht durchsetzen. Schließlich obliegt es aber auch nicht mehr dem Film, das Vergessen zu verhindern; Erinnerungsprozesse an den Künstler werden mit einem Zitat des Liedes »Und wenn ich tot bin« von Wolf Biermann (als der zeitweise meistumstrittenen Künstlerfigur der DDR), gesungen von Eva-Maria Hagen (die Novalis' Mutter spielt), als kontingente und doch von der Liebe eines einzelnen Menschen abhängige Prozesse ausgestellt:

> »Und wenn ich tot bin, Liebster, / sing mir kein Lied voll Schmerz. / Pflanz keine Rosen auf mein Grab, / kein Schattenbaum auf's Herz / Sei Du mein grün, mein Schauer, / mein Morgentau im Licht / Mach wie Du willst: Vergiss mich, / oder vergiss mich nicht.« (00:29:12)

Die Autorfigur ist in den behandelten DEFA-Filmen stets nur eine mögliche Allegorie für den Künstler in einem sozialistischen Staat, der diesen voranbringen will, der seinen Teil dazu beiträgt, ›aufzubauen‹ und gegen überkommene Unterdrückungssysteme intellektuell und literarisch vorzugehen, auch wenn – wie im Falle von Novalis – das »Feuer der Revolution« gerade erloschen ist. Genau darin liegt aber auch das Potential dieser Filme, »*Etwas* und *Etwas Anderes* gleichzeitig« zu erzählen.[385] Der verfolgte, ins Exil geflohene Büchner, der politisch verzweifelte und in seiner Liebe vom Kapitalisten Gontard ausgespielte Hölderlin, der ausspionierte und manipulierte Fallada, der sich am Revolutionsgedanken aufopfernde Forster, der an Liebe und Revolution verzweifelte Novalis: Sie alle leiden unter den Bedingungen, Literatur für das Volk und den Staat zu produzieren, ohne Anerkennung, Freiheit im Denken oder gar Förderung gewährt zu bekommen. Insofern können sie mühelos sowohl als Affirmation historischer Kritik an bereits überwundenen Gesellschaftssystemen interpretiert werden als auch als historisch motivierte Personifikationen politischer und kultureller Gegenwartskritik. Der Zusammenhang von erzählter Zeit und Erzählzeit wird auf diese Weise mehr als deutlich und zerfällt zugleich in die Extreme eines interpretatorischen Kontinuums der literarhistorischen Filmbiographie zu den Bedingungen in der ehemaligen DDR. Kein Wunder also, dass einer der ersten Filme zur Aufarbeitung der DDR-Geschichte, der ohne entlastende Komik auskommt und vor allem auf filmästhetische und narrative Kriterien größten Wert legt, gerade das komplizierte und ambivalente Verhältnis zwischen pflichtbewusstem Stasi-Hauptmann und erfolgreichem, aber verdächtigen Staatsdichter in Szene setzt: Das Leben der Autoren und ihrer staatlichen Beobachter

385 Seeßlen (1992), Sissi – Ein deutsches Orgasmustrauma, S. 65.

war womöglich immer schon jeweils *Das Leben der Anderen* (Florian Henckel von Donnersmarck, D 2006).[386]

4.9. Genre-Innovation/Genre-Konvention seit den 1990er Jahren

Während die DEFA-Produktionen der 1980er Jahre noch zuweilen auf die historische Dichterfigur setzten, um Vergangenheit und Gegenwart aneinander zu spiegeln, blieb eine eigene Traditionsbildung in diesem Genre in der westdeutschen Filmlandschaft bis zum Ende der 1990er Jahre aus. Die Filmgeschichte ist sich mittlerweile weitgehend einig, die Entwicklungen des gesamtdeutschen Films nach der ›Wiedervereinigung‹ vor allem als Rückkehr zum Genrekino, als thematische Fortsetzung einer filmischen Aufarbeitung des Nationalsozialismus (die in den 1980er Jahren begonnen hatte) und, zum größten Teil, als eine in der romantischen Komödie erstarrende Banalisierung beschreiben zu können.[387] 1994 bezeichnete Wenders den »Autorenfilm als ein historisches Phänomen, das sich verlebt hat«.[388] Mit dem Ende des Neuen deutschen Films, das plakativ mit dem Tod von Fassbinder 1982, der intellektuellen Regression der Kohl-Regierung und der verordneten kulturpolitischen Rückwendung zum Unterhaltungsfilm angesetzt wird, hatte eine Internationalisierung des westdeutschen Kinos begonnen, die sich einerseits in der nochmals verstärkten Amerikanisierung des einheimischen Marktes und andererseits in der Abwanderung deutscher Regisseure und Regisseurinnen in amerikanische oder europäische Arbeitskontexte niederschlug. Für die literarhistorische Filmbiographie lässt sich Entsprechendes beobachten: Der einzige vor den *Brothers Grimm* aufgeführte Film aus amerikanischer Koproduktion, der sich einer Figur der deutschsprachigen Literaturgeschichte widmet, ist Steven Soderberghs *Kafka* (USA/F 1991). Dieser Film ist keine biographische Arbeit, sondern eine im Namen des Autors mögliche Hinwendung zum

386 Eine erneute und wie in *Treffen in Travers* assoziativ mögliche Anspielung auf *Casablanca* liegt hier mit dem Decknamen des observierten Dichters Dreymann (!) vor, gehört doch zu einem ordentlichen Melodrama eine Dreier-Figuration. Dreymann wird in den Stasi-Protokollen als »Laszlo« geführt, wodurch der Name des antifaschistischen Widerstandskämpfers Victor Laszlo aus *Casablanca* aufgerufen ist, was wiederum auf das im semantischen Feld von Pflicht, Erpressung, Staatsdienst, Machtmissbrauch, blankem Trieb und wahrer Liebe angesiedelte Figuren-Dreieck Staatsminister/Schauspielerin/Dichter hinweist. Insofern bietet auch dieser Film erneut einen spezifischen autoreferentiellen Kommentar zum Genre des Melodramas an.

387 Elsaesser (1994), Der Neue Deutsche Film von den Anfängen bis zu den neunziger Jahren, S. 411-433; Hake (2004), Film in Deutschland, S. 303-340; Rentschler (1993), Film der achtziger Jahre. Endzeitspiele und Zeitgeistszenerien.

388 Zitiert aus Rost (1996), Kinostunden der wahren Empfindung, S. 367.

Genre des *film noir:* Literarische und filmische Werke werden somit im selben Atemzug der Filmvorführung zitiert – und dies nicht zu knapp. Kommerziell war dieser Film kein Erfolg; in der Forschung gehört er jedoch, u.a. aufgrund seiner Bezüge zu Orson Welles *Prozeß*-Verfilmung (*Le Procès,* F/I/BRD/Y 1962), zu den am meisten beachteten Filmen des Genres, wobei er sehr disparat rezipiert wurde (dazu unten mehr).

Erst zur Jahrtausendwende findet sich dann wieder eine ganze Reihe von Biopics, die eine filmische Geschichte der deutschsprachigen Literatur mit- bzw. umschreiben. Eine Ausnahme bildet dabei die Hölderlin-Trilogie von Harald Bergmann (*Lyrische Suite / Das untergehende Vaterland,* D 1992; *Hölderlin-Comics,* D 1994; *Scardanelli,* D 2000); sie ist ein Autorenfilm-Projekt, das sich unbeeindruckt von den Kommerzialisierungstendenzen der 1990er Jahre intensiv und ausschließlich einem Autor zuwendet, der ja nicht das erste Mal Gegenstand filmischer Darstellung geworden war.[389] Indem sich das Biopic aber ohnehin als hybrides Genre zeigt, das von den Konventionen anderer Genres parasitär profitiert, diese aber auch im kritischen Umgang hinterfragt, eröffnet sich mit jedem neuen Film dieser Hausse der Biopic-Konjunktur[390] die Frage nach dem affirmativen oder innovativen Potential der filmischen Biographik, das Genre und Narration in ein wechselvolles Verhältnis der Konstituierung setzt. Darüber hinaus ist es stets wichtig, danach zu fragen, wie ein solcher Film seine eigene ›Authentizität‹ behauptet und mithin seinen historiographischen Anspruch anmeldet. Was der *Kafka*-Film in dieser Hinsicht scheinbar absichtsvoll und ostentativ versäumt, holen die deutschen Produktionen später umso rigider nach. Bei den im Folgenden diskutierten, zwischen 1998 und 2001 entstandenen Filmen drängt sich jedenfalls der Eindruck auf, dass die literarhistorische Filmbiographie, die das deutsche und europäisch koproduzierende Kino damit erzeugte, weniger im Kontext einer historiographisch-aufklärerischen als einer modisch romantisierenden und insbesondere kommerziellen Tendenz zu sehen ist. Im Zusammenhang mit dem Aufwind des Biopic im US-amerikanischen und englischen Kino – in den 1990er Jahren entstanden dort, auch in internationalen Koproduktionen zusammengerechnet 16 literarhistorische Biopics; hinzu kommen noch einmal neun französische (Ko-)Produktionen – könnte man auf den epigonalen und zitierenden Impetus schließen: Erfolg zieht solange Erfolg nach sich, bis das Publikum gesättigt ist. Auffällig ist an dieser quantitativen Konzentration vor allem die Zweiteilung in die Autoren der

389 Aus dieser Trilogie konnte bisher nur ein Film gesichtet werden, die anderen sind noch nicht zugänglich gewesen; ihre Analyse wird vorerst einer gesonderten, späteren Darstellung vorbehalten bleiben müssen.

390 Zum Zuwachs des Genres vgl. auch noch einmal die Graphik in Kap. 4.1. Diese Zahlen sagen jedoch nichts über den noch immer geringen Anteil des Biopic an der Gesamtproduktion von Filmen eines spezifischen Kulturraumes aus.

Klassik/Romantik und der klassischen Moderne. Hölderlin, Goethe und Clemens Brentano stehen Kafka, Tucholsky, Brecht und Schwarzenbach gegenüber. Für die Literaturgeschichte des Vormärz und des Realismus oder für die Avantgarden (Dada, Existentialismus, Popliteratur etc.) interessierte sich zum Beispiel kein Filmprojekt. Die beiden Filmgruppen repräsentieren auf diese Weise die beiden »Aufschreibesysteme«, die als serielle Speichermedien der Schrift und des Buchdrucks um 1800 noch die vielfach interpretierbare Dichtung hervorbrachten, während um 1900 die technischen Medien die Speicherung der Wörter übernahmen, das Imaginäre und Reale aber an Kino, Grammophon und Phonographen abtraten.[391] Zitieren die Filme einerseits Effekte und Bedingungen literarischer Kreativität unter diesen sich ändernden Vorzeichen, so nimmt es auch nicht Wunder, dass sie entsprechend ihres Sujets auf die Bedingungen filmischen Erzählens reflektieren. Dabei nutzen und zitieren sie ein oder mehrere Genres und formen dieses damit zugleich um. So gesellen sich zum *film noir* und zum dominierenden »(Melo-)Drama« (Tucholsky, Hölderlin, Goethe, Brentano) auch das Road Movie (Schwarzenbach) und das Kammerspiel (Brecht) hinzu.

4.9.1. (De-)Montage des Genres (Kafka, 1991)

Als Auftakt zu dieser Biopic-Hausse für die deutschsprachige Literaturgeschichte erfolgt zunächst jedoch Anfang der 1990er Jahre die aufwendige und phantasievolle (De-)Montage des Genres: Der Film von Soderbergh kann als postmoderner Abgesang auf das Biopic gesehen werden, was von seinen Kritikern bisher stets übersehen wurde. Man sollte hier eben nicht die mangelnde Integrität und Kohärenz der zitierten Orte, Figuren und Narrateme einklagen (Gerhold) oder den Film als Literaturverfilmung interpretieren (Wagner),[392] denn beide Ansätze verfehlen den zitierenden und synthetisierenden Charakter einer Autorschaftserzählung, die im Namen Kafkas zu einer Erzählung über die Bedingungen des medial repräsentierten Schreibens und Lesens ansetzt. Wie in *Lenz* von George Moorse und vielen anderen Filmbiographien erfolgt nämlich auch in *Kafka* bereits in der Titelsequenz der Hinweis auf den Autor der literarischen Vorlage, sei es die »Novelle von Georg Büchner« oder das *Kafka*-Drehbuch »written

391 Kittler (1985), Aufschreibesysteme 1800/1900, S. 288-333.

392 Gerhold (2003), Kafka/Kafka (1991). Der Dritte Mann unter Prager Anarchisten; Wagner (2005), Franz Kafka (Orson Welles: The Trial – Steven Soderbergh: Kafka). Bilderpolitik. Braun behandelt den Film als »*Prozeß*-Adaption« und vermerkt nebenbei, der Film sei »keine Autorenbiographie, keine reine Werkverfilmung; er vereinigt Ideen von beidem«; vgl. Braun (2006), Kafka im Film. Die »Prozeß«-Adaptionen von Orson Welles, Steven Soderbergh und David Jones, S. 34.

by Lem Dobbs«. Der filmische Paratext dient demnach der Fiktionalisierung des folgenden Geschehens; zugleich jedoch fungiert der ›stabile Designator‹ des Autornamens »Kafka« in der Titelsequenz (über die gesamte Breite der Kadrage) als Signal für eine mögliche biographische Rezeption und ist deshalb auch als eine solche Anknüpfung an das hybride Genre des Biopic spielerisch ernst zu nehmen.[393] Das narrative Muster des Investigativen, das den Autor als Verbrecher zeigt (vgl. Kap. 5.2.) und mit den stilistischen Codes des *film noir* verknüpft ist,[394] bestimmt noch zwei weitere Autorenfiguren in Filmen der Jahre 1991 und 1992: die an William S. Burroughs angelehnte Figur des Bill Lee in David Cronenbergs *Naked Lunch* (CAN/GB/JAP 1991) und der fiktionale Drehbuchautor Barton Fink im gleichnamigen Film von Joël und Ethan Coen (USA/GB 1991). Insofern ist hier Röwekamp beizupflichten, der ein »Beobachtungsmuster Schriftsteller« für diese drei Filme beschreibt: Die darin verhandelte »Unwägbarkeit der Welterfahrung, das Infragestellen von Realitätsprinzipien und omnipräsente Bedrohungssituationen«[395] werden gleichsam auf Messers Schneide selbst als filmische Narrateme einer Schriftstellerexistenz zerlegt, indem nicht nur diese Aspekte diskutiert werden, sondern sich zugleich auch die Genregrenzen zwischen historischem Film, Biopic, Detektivfilm, Gerichtsfilm, Psycho-/Horrorthriller perforiert sehen.

Die Geschichte über den schreibenden Versicherungsangestellten Kafka (Jeremy Irons), der sich mit anarchistischen Schriften (biographisch 1918) und Aktanten (filmisch 1919) auseinandersetzt, seinen Kaffee im Prager »Continental« trinkt und an Bluthusten leidet, ruft einige bekannte Biographeme aus der Lebensgeschichte Kafkas auf, die mit den Narratemen aus seinen kanonischen Werken in einer reizvollen Pastichearbeit kombiniert werden. Auf der Suche nach seinem verschwundenen Freund Eduard Raban, der von unbekannten Tätern ermordet wurde, wie das Publikum von Anfang an erschließen kann, kommt der Protagonist durch Gabriela Rossmann (Theresa Russell) in Kontakt mit dem anarchistischen Prager Untergrund; plötzlich findet er sich im Visier der Untersuchungen eines Inspektor Grubach (Armin Müller-Stahl) als den Repräsentanten

---

393 Spielerisch ernst nehmen im Sinne von Wolfgang Isers Rezeptionskonzept, das den Leser zum Objekt eines Spiels macht und ihm somit die Herrschaftsposition des hermeneutisch intentionalen Subjekts streitig macht; vgl. hierzu auch Assmann (1997), No Importance in Being Earnest? Literary Theory as Play Theory.

394 Diese Codes, die sich auch als Inszenierungs- und Sehgewohnheiten beschreiben lassen, werden im *film noir* vor allem durch die mysteriöse Dimension der Großstadt und ihre kontrastiven Licht- und Schattenanteile bestimmt (Häuserschluchten, Treppen etc.). Hinzu kommen plötzliche Wechsel von Unter- und Aufsichteinstellungen, Weitwinkelaufnahmen, *low key*-Beleuchtung etc., was vor allem den Eindruck der Düsternis, des Obskuren und Beklemmenden in einer Welt unterstreicht. In diesem urbanen Raum sind Gut und Böse nicht zu trennen, sondern nur zu vermuten.

395 Röwekamp (2000), Kafkaeske Visionen, S. 180.

der obskuren (Staats-)Macht wieder. Die finale Szene im Schloss über der Stadt zeigt den Autor mit der Figur des Dr. Murnau (Jan Holm), der auf der Suche nach einem »effizienteren Menschen« quälende Experimente und Verhöre durchführt, jedoch am Ende selbst zu Tode kommt, weil es Kafka noch gelingt, den ursprünglichen Plan Eduard Rabans auszuführen und eine Bombe im Schloss zu zünden; danach kehrt er an den Schreibtisch der Versicherungsgesellschaft und in seinen bürokratischen Alltag zurück. Geschehenselemente und Namen der Figuren werden den Romanen *Der Verschollene, Der Prozeß, Das Schloß* sowie u.a. den Erzählungen *Hochzeitsvorbereitungen auf dem Lande* und *In der Strafkolonie* entlehnt.[396] Die literarischen Ursprünge der Figuren, ihr Verhalten (z.B. in der Analogie von Max Brod und dem Steinmetz Bizzlebeck) und ihre Namensvariationen regen zu zahlreichen Vermutungen an, die aber keinerlei Falsifikation erfahren können. Zurück bleibt die Unsicherheit der Interpreten im Publikum, denn man fühlt sich nur erinnert, weiß aber nicht genau, welche Textreferenzen hier auf welche Weise verknüpft wurden, und kann sich ob dieser Erinnerung somit bestens in die Erfahrungswelt des Protagonisten einfühlen. Ein solches Verfahren, Biographeme und Narrateme zu einer filmischen Erzählung zu vermengen und neu zu arrangieren – die darüber hinaus zahlreiche Anknüpfungspunkte an das Zeichenrepertoire des Genrekinos anbietet, indem sie Interieurs und Figurenregie aus Klassikern der Filmgeschichte aufruft und insbesondere die Filme Orson Welles' zitiert und ehrt –,[397] ist aus einem Film von Wim Wenders bekannt. Sein Biopic über den Krimiautor Samuel Dashiell Hammett, das wie der Film *Kafka* allein den Nachnamen des Autors im Titel trägt (*Hammett,* USA 1982), warnt das Publikum noch vor zu eiligen biographischen Schlüssen: »This is an entirely imaginary story (...),« sagt der Zwischentitel nach der Titelsequenz (00:02:04). Die nun folgende Geschichte über den Freund Jimmy Ryan (Peter Boyle), mit dem der ehemalige Privatdetektiv Hammett (Frederic Forrest) einen Fall von Zwangsprostitution im Gassengewirr von San Franciscos China Town der 1920er Jahre aufklären will, operiert ebenfalls mit dem chiastischen Überblenden

396 Zum Beispiel ist Eduard Raban der Protagonist in *Hochzeitsvorbereitungen auf dem Lande;* Inspektor Grubach trägt den Nachnamen der Zimmerwirtin in *Der Proceß;* Gabriela Rossmann scheint verwandt zu sein mit Karl Rossmann aus dem Romanfragment *Der Verschollene;* vgl. für zahlreiche weitere Bezüge Braun (2006), Kafka im Film. Die »Prozeß«-Adaptionen von Orson Welles, Steven Soderbergh und David Jones, S. 35; Wagner (2005), Franz Kafka (Orson Welles: The Trial – Steven Soderbergh: Kafka). Bilderpolitik, S. 154.

397 Zahlreiche Einstellungen und die vom Cymbal dominierte Filmmusik erinnern an die Zithermusik in *The Third Man* (Carol Reed, GB 1949), das Schloss zitiert das Schloss in *Citizen Kane* (Orson Welles, USA 1941), die Büros verweisen auf *Le Procès* (Orson Welles, F/I/BRD/Y 1962), die Folterszene im Schloss auf *Brazil* (Terry Gilliam, GB 1985); vgl. auch Röwekamp (2000), Kafkaeske Visionen, S. 171.

Kafka (Jeremy Irons) in der Versicherungsanstalt an der Schreibmaschine; literarische Texte schreibt er mit der Hand; in *Kafka* (Steven Soderbergh, USA/GB/F 1991), Quelle: VHS-Edition

von Autor, Figur, Figurenvorbild und Erzählstilen, denn Hammett war es, der die literarische Vorlage für einen Klassiker des *film noir, The Maltese Falcon,* lieferte und somit einen der wichtigsten Prätexte für dieses Genre schrieb.[398] So gewaltsam die Krimis Hammetts sein mögen, so akustisch und visuell eindringlich wird sein – an ein für den Gangsterfilm der 1930er Jahre typisches Rattern der Maschinengewehre erinnerndes – Hacken auf der Schreibmaschine dargestellt; der dynamische Ermittler im Kampf gegen das organisierte Verbrechen wird zum dynamisch ermittelnden Schreiber auf *story*-Suche.[399] Auf diese Weise entsteht sowohl in *Hammett* als auch in *Kafka* eine interessante »zusätzliche Dimension mitlaufender Selbstbezüglichkeit, die man am ehesten als ›autostory‹ bezeichnen könnte«, weil sie die »historisch-reflexive Bezugsfolie durch eine ästhetisch-reflexive (ersetzt)«.[400] Diese Selbstbezüglichkeit stellt aber nun keinen Selbstzweck an sich dar; sie arbeitet im Kafka-Film einer Biographismus-Kritik zu, indem das traditionelle Verfahren der Rückübertragung einer Autorfigur in sein/ihr Werk – wie z.B. am Löns-Film gezeigt (Kap. 4.5.) – eine Zuspitzung und Übertreibung erfährt, die sich als Kritik

398 Der Roman erschien 1930, seine spätere Verfilmung wirkte stilbildend in der Hochzeit des *film noir: The Maltese Falcon* (John Huston, USA 1941). Von Hammett stammen u.a. auch die Vorlagen für die *The Thin Man*-Reihe (W. S. Van Dyck u.a., USA 1934-1947).

399 Zu Hammetts Romanen und der Entwicklung des Gangsterfilms vgl. Holzmann (2001), Schaulust und Verbrechen, S. 299-308.

400 Wagner (2005), Franz Kafka (Orson Welles: The Trial – Steven Soderbergh: Kafka). Bilderpolitik, S. 156.

an der biographischen Interpretation des Werks deuten lässt. Zwar wird einerseits die biographische Nähe des Autors zum Film und die mediale Affinität der Kafka'schen Texte ausgenutzt,[401] um diese Strategie der Autoreferentialität zu legitimieren; andererseits aber zeigt das Verfahren auf, dass eine biographische Interpretation in die Irre führen kann, wenn hinter den Texten wieder ›nur‹ Texte und letztlich ›nur‹ Filme aufscheinen. Sehr deutlich wird dies in der letzten Schreibszene des Films, die wie in der Exposition und einer weiteren, dritten Sequenz das *voice-over* als dominantes Gestaltungsmittel einsetzt: Während eine extradiegetische Stimme den von der Autorfigur zu schreibenden Text suggeriert, der von der Stimme des Schauspielers gesprochen worden zu sein scheint, ist zugleich die Figur intradiegetisch mit einem quälenden Husten zu hören. Somit erweist sich das Mittel des Authentischen, die Stimme des Autors, als Abspaltung der Figur, die zeitlich und räumlich – und im Verhältnis zum hustenden Autor – nicht mehr zuzuordnen ist; es entsteht somit weniger der unmittelbare akustische Eindruck einer Identität, sondern vielmehr eine zunächst irritierende und schließlich distanzierende Parallelisierung von zwei akustischen Erzählräumen; die Erzählstimme erweist sich als eine mögliche Stimme des Autors und auch wieder nicht, so dass sie sich nicht eindeutig biographisch interpretieren lässt.

Eine solche Kontrastierung von Biographismus und Biographismus-Kritik wird darüber hinaus mittels der unterschiedlichen Schreibweisen und ihrer medialen Repräsentanz vor Augen geführt: Kafka schreibt in der Versicherungsanstalt auf der Schreibmaschine, nur zu Hause benutzt er seine Handschrift und die nötige Tinte. Auf diese Weise entstehen zwei Autorschaftsmodelle: zum einen der anonyme Schreiber im Großraumbüro, der auf Verlangen verwaltungstechnische Berichte und andere Archivpapiere verfasst; zum anderen der Autor eines Originalmanuskripts, das mit der Aura einer singulären Handschrift versehen ist und von der Inspiration seines Verfassers abhängt – kurz: Das Autorschaftsmodell der Moderne mit seinen ›Kopien ohne Original‹ eines Literaturarbeiters kollidiert mit dem traditionellen Modell des unverwechselbaren, einzigartigen Manuskripts des literarischen Genies. Die Texte Kafkas jedoch sind laut dieser filmischen Erzählung sowohl als Typoskripte (wovon eines z.B. Gabriela Rossmann in der Wohnung Eduard Rabans findet) als auch als Drucke in entlegenen Zeitschriften (die Bizzlebeck alle gelesen haben will) im Umlauf. Das Werk des Autors wird demzufolge nicht an seine Handschrift gebunden; auch werden (vermeintliche) Briefzitate (wie etwa anfangs ein Brief *über* den Vater) [402] im *voice-over* sowohl zu Situationen,

401 Vgl. Alt (2005), Franz Kafka. Der ewige Sohn, S. 214ff., 495ff.; Zischler (1996), Kafka geht ins Kino.

402 Als Kafka eine Schlussformel für seinen Brief über den Vater sucht (der Empfänger bleibt ungenannt), erwägt er solche Phrasen wie »Dein Dich liebender Sohn«, »Dein

in denen Kafka vor der Remington sitzt, verwendet als auch (im finalen Verfassen des Briefs *an* den Vater) an seinem häuslichen Schreibtisch. Die Grenzen zwischen anonymer technokratischer Autorschaft[403] und namhafter auktorialer Aura verlaufen gerade nicht parallel zur Grenze zwischen bürokratischem und literarischem Diskurs, sondern kreuz und quer.

Der literarische Kanon wird in diesem Film dementsprechend auf zwei unterschiedliche Arten transportiert und konstituiert:[404] Zum einen erscheinen die Texte in den zahlreichen indirekten und direkten Zitaten, die an Kafkas Werke erinnern, dieser Erinnerung aber keinerlei Versicherung in der Historie anbieten. Man kann sich nicht versichern; sich versichern zu wollen, ist sinnlos – da ziehen Story und Plot am selben Strang der Verunsicherung. Zum anderen aber wird deutlich, dass Kafka nicht nur in seiner Erzählwelt agiert, sondern auch permanent an ihr weiterschreibt. Diese literarische Produktionsweise arbeitet der autobiographischen Lesart dieses Kafka-Films zu; so wird erwähnt, dass er an den Erzählungen *Die Verwandlung* und *In der Strafkolonie* schreibt, was aber nicht zu sehen ist. Gewichtiger scheint hier das Filmende zu sein, wenn Kafka eigenhändig und *coram publico,* wie bereits erwähnt, den *Brief an den Vater* verfasst. Hier kommen noch einmal das genealogische Prinzip der biographischen Deutung zum Tragen und die wichtige Rolle der

---

zur Liebe unfähiger Sohn«, »Dein von jeder Art Familie zu Tode gelangweilter Sohn« (00:16:05).

403 Vgl. hierzu die Sequenz einer Schreibmaschinentätigkeit, die ganz ohne Autorfigur auskommt: Die Kamera hält in die Maschine hinein und nahe darauf; Umschnitte und Überblendungen erfolgen lediglich auf die Tastatur mit anonymen Fingerspitzen (00:06:30-00:06:45). Das Skript ist folglich doppelt chiffriert, denn weder über seinen Verfasser noch über seine Entstehung lässt sich eine Aussage treffen; es entsteht gleichsam von selbst und erscheint in der Folge auch nicht als Ergebnis des Schreibprozesses vor der Linse. Ganz anders der Schreibprozess des Autors Kafka mit Tinte und Papier: Hier bleibt die Kamera immer in Bewegung und kreist ihn tatsächlich mit entsprechenden Fahrten ein; am Ende der Szene liegt die erste Seite des *Briefs an den Vater* gut lesbar auf dem Tisch (01:30:28-01:31:22).

404 Zwei weitere Filme, die Kafka als Autor entwerfen, präsentieren primär den Briefschreiber Kafka, der sich nicht zur Liebe entschließen kann. Das 1990 entstandene Biopic über die Journalistin und Kafka-Übersetzerin Milena Jesenská bleibt den gängigen Klischees des neurotischen, soziophoben, hustenden, vom Vater unterdrückten Autors verpflichtet, der die Erzählungen *Die Verwandlung* und *Bericht für eine Akademie* geschrieben hat; weitere Werke werden nicht erwähnt (*The Lover,* dt. *Geliebte Milena,* Véra Belmont, D/F/CDN 1990). Zudem wird die Überlieferungsgeschichte der Briefe des Paares (durch Max Brods Emigration nach Palästina) miterzählt. Ein jüngster Kafka-Film ist das experimentelle Projekt *K.aF.ka fragment* von Christian Frosch (A/D/CH 2003), das die Liebenden Felice Bauer (Ursula Ofner) und Kafka (Lars Rudolph) im Berlin der Gegenwart zeigt. Dominant hierin ist die Handycam-Ästhetik des Video-Clips. Für das Publikum kaum erträglich, darin war sich die Kritik weitgehend einig, ist die psychoanalytische Strapazierung des symbolischen Weiblichen, das in ›wildesten‹ Formen, Farben und Klängen eine Übermacht für den Autor darstellt, an dem er sich verzweifelt abarbeitet.

Psychoanalyse in der Biographik des 20. Jahrhunderts; literarische Kreativität wird zumeist aus dem sozialen, familialen und psychischen, im Grunde aber auch metaphorisch zu verstehenden ›Hintergrund‹ zu erklären versucht, den das Biopic seit den 1950er Jahren traditionellerweise in den ›Vordergrund‹ holt. Daher überrascht es nicht, dass diese Schreibszene des *Briefs an den Vater* nichts zu erklären vermag, schon gar nicht die rätselhaften und ob ihrer Rätselhaftigkeit auch akzeptierten Vorgänge in der Versicherungsanstalt, im Schloss, in seiner Lebenswelt.

Den Ausweg aus dieser binären Opposition literarischer Produktivität des Autors – angesiedelt in den semantischen Feldern zwischen Vervielfältigung und Originalität, zwischen intertextuell oder biographisch orientierten Rezeptionsweisen, zwischen indirekter und direkter Kanonisierung eines Œuvres – bietet die Instanz des Dritten, nämlich das Kino selbst. Kafka findet bei seinen Nachforschungen das Geheimnis des korrupten Geflechts zwischen dem Schloss und der Versicherungsanstalt heraus, wonach Dr. Murnau in zahlreichen Todesfällen vorsätzlich falsche Totenscheine ausgestellt hat, damit die Angehörigen der im Experiment getöteten Arbeiter eine Summe aus der Versicherung erhalten. Diese Todesfälle werden als »Orlac-Schadensfälle« bezeichnet; hierzu gibt es im Archiv auch eine entsprechende Akte. Orlac heißt nun wiederum die Pianistenfigur aus Robert Wienes berühmtem expressionistischen Spielfilm *Orlacs Hände* (D/A 1924); dieser Figur wurden nach einem Unfall die Hände eines Toten implantiert, die nicht seinem Willen gehorchen wollen, sondern dem ihres ehemaligen Besitzers, eines vormaligen Mörders. Was diese Figur Kafka demnach findet, ist die Verbindung zu einer prominenten Erzählung der Filmgeschichte, die wie seine hier vorgebliche eigene Biographie um Unfälle, Experimente und die Frage der Willensfreiheit kreist, was im Namen Orlac semantisch und diskursiv gebündelt erscheint. In Anbetracht der Möglichkeit, die Vorgänge im Schloss als Traum des Autors interpretieren zu können, scheint das Kino einmal mehr der Fluchtpunkt von Kafkas narrativer Energie zu sein.

Kafka betritt das Archiv im Schloss und steht vor der Qual der Wahl, welche Tür zum Gesetz führen könnte; *Kafka* (Steven Soderbergh, USA/GB/F 1991), Quelle: VHS-Edition

Braun weist außerdem darauf hin, das die 16-minütige Farbsequenz am Ende des Films, die die Laborexistenz Murnaus im Schloss erzählt, wie im Fantasy-Film *The Wizard of Oz* (Victor Fleming, USA 1939) als deutliche Markierung für das Publikum fungiert, an dieser Stelle nun in »das Reich der Phantasie und Magie« einzutreten.[405] Dabei ist dem *Kafka*-Film allerdings nicht zu entnehmen, wessen Auktorialität sich die Schlusssequenz im Schloss verdankt: Der Name Murnau verweist denotativ auf den Regisseur Friedrich Wilhelm Murnau, der hier seinerseits zur filmischen Figur gerät, so dass ihn ein vergleichbares Schicksal wie den Autor Kafka ereilt.[406] Ein Urheber als weitere »Metalepse zweiten Grades«, wie Wagner den Einbruch des Autors – nicht des Erzählers in einem metaleptischen Akt ersten Grades – in die Diegese bezeichnet,[407] ist folglich nicht auszumachen. Er wäre womöglich nur wieder mit dem Namen Soderbergh als Autorprojektion anzunehmen, was den Mechanismus der biographischen Hermeneutik als nicht enden wollende Serie der Autorzuweisungen als Autorfunktion markiert und nachzeichnet. Deshalb erzählt der Film nicht nur mit einem werkkritischen Impetus von der »Literatur als Verfahren«, wie Wagner argumentiert,[408] sondern von der Interpretation des Verfahrens gleich mit.

4.9.2. Liebesdreiecke (Hölderlin, Brentano, Goethe, 1998/99)

Eine erste Gruppe von drei Dichterfilmen, die gegen Ende der 1990er Jahre in die Kinos kam, widmet sich den Figuren Hölderlin, Goethe und Brentano und nimmt so die epochale Wende um 1800 in den Blick, die damals mit einem Blick auf die anstehende Jahrtausendwende korrelierte. Die Filme *Feuerreiter* (Nina Grosse, D/F/PL 1998), *Die Braut* (Egon Günther, D 1999) und *Requiem für eine romantische Frau* (Dagmar Knöpfel, D 1999) nutzen das romantische Erzählmuster der Beziehungstragödie, die sich aufgrund spezifischer psychischer Dispositionen der Hauptfiguren sowie gesellschaftlicher Schranken entwickelt und regelmäßig ein böses Ende nimmt, nämlich in den genannten Filmen mit dem Tod der geliebten und gehassten Frauen: Christiane Vulpius geht elend und ohne den Beistand

405 Braun (2006), Kafka im Film. Die »Prozeß«-Adaptionen von Orson Welles, Steven Soderbergh und David Jones, S. 35.

406 Der Film *Shadow of the Vampire* (E. Elias Merhige, GB/USA/Luxembourg 2000) setzt diesen Gedanken wiederum in ein Biopic um, das ebenfalls eine frei erfundene, mit zahlreichen Biographemen des F. W. Murnau (John Malkovich) ausgestattete Geschichte über die Entstehung seines Klassikers *Nosferatu* erzählt.

407 Wagner (2005), Franz Kafka (Orson Welles: The Trial – Steven Soderbergh: Kafka). Bilderpolitik, S. 154.

408 Ebd., S. 156.

ihres Ehemanns Goethe zugrunde, Susette Gontard stirbt an Tuberkulose und gebrochenem Herzen und Auguste Bußmann wählt das Ophelia-Modell, um ihrem Leben im Wasser ein Ende zu setzen.

Die gemeinsame Struktur dieser Filme zeigt sich darin, dass sie den transitorischen Zustand der Paarbeziehung als reales, imaginäres und symbolisches Konstrukt in seiner diskursiven Verfertigung verhandeln. Dabei spielen Sexualität, Begehren und Briefe die entscheidenden Rollen. In der Überschreitung der Grenzen des ehelichen Diskurses eröffnet sich eine Vielzahl möglicher Beziehungsoptionen, die – fürwahr ein traditionelles, auch konventionelles Unterfangen – erneut als Gegenstand biographischen Erzählens reüssieren. Bei allen drei genannten Filmen handelt es sich um eine Umformulierung des romantischen Liebesdreiecks in ein postromantisches, die sich insofern voneinander unterscheiden, als der Dritte im Bunde (das auch ein Drittes im Bunde, ein Brief, ein Text etc. sein kann) nicht mehr unerfüllbare Liebe in der Verschwendung von Zeichen impliziert, sondern mediatorische Ordnung ihrer Zirkulation: Es zieht die Ökonomie in das Dreieck ein.[409]

Der Hölderlin-Film *Feuerreiter* variiert die Viererkonstellation in zwei aneinander gespiegelten Dreieckskonstellationen (Jacob Gontard/Susette//Hölderlin/Sinclair, die zum einen an die hetero- vs. homosexuelle Beziehungsoption gebunden sind[410] und zum anderen die Entwicklung von der romantischen Utopie zur postromantischen Ökonomie vorführen, indem sie beide das Thema Treue in das des Betrugs überführen. Der durchaus ambitioniert erzählte Film, der die Jahre von 1796 bis 1806 (von der Ankunft Hölderlins im Hause Gontard bis zu seiner Einlieferung in die Heilanstalt) vom Todesjahr Susettes (1802) her proleptisch und analeptisch entfaltet, wiederholt die erzählte Zeit im DEFA-Film *Hälfte des Lebens* und kann somit als Neuerzählung der filmischen Hölderlin-Biographik der 1990er Jahre gelesen werden.[411] An zentraler Stelle, an der die beiden Dreieckskonstellationen jeweils vollständig und einmalig in der Kadrierung integriert sind – und es folglich keinen abwesenden Dritten gibt –, wird die Verknüpfung beider Dreiecke durch den autobiographisch gedeuteten Roman *Hyperion* deutlich: Trifft zunächst Gontard (Ulrich Mühe) auf das heimliche Liebespaar Susette (Marianne Denicourt)/Hölderlin (Martin Feifel) (01:05:00), das sich symbolisch im

409 Vgl. Schahadat (2002), Liebesdreiecke, 238f.

410 Der Figur Hölderlin eine »vitale Körperlichkeit, also eine Sexualität« zu verleihen, war für Regisseurin Nina Grosse ein Hauptanliegen des Films; hinzu kommt die Frage nach der romantisch unmöglichen Einlösung jeglicher Liebe; vgl. das Interview in Haase (1998), Feuerreiter. Das Buch zum Hölderlin-Film, S. 16; zum Beziehungsdiskurs Hölderlin/Sinclair vgl. auch Nieberle (2003), »Daß der suchende Blick es / Kaum noch erkennt«.

411 Vgl. zu *Hälfte des Lebens* die Kap. 4.8.2. und 5.4.; zum Vergleich beider Filme im Kontext der Hölderlin-Philologie seit den 1970er Jahren auch Nieberle (2001), Hölderlin.

Treppenhaus küsst, was er irritiert überspielt und nicht kommentiert, ist in der nächsten Szene Hölderlin beim Buchhändler zu sehen (01:07:50), von dem er erfährt, dass sein Roman ein »überspannter« Text und »ein Ladenhüter« sei. Diese Kränkung wird noch verstärkt, als er nach Hause geht und dort seinen Geliebten Isaak von Sinclair (Ulrich Matthes) am Tisch der Gontards antrifft (01:08:40). Während ihn Susette an die Tafel bitten möchte, verweist ihn Jacob Gontard auf seine Position als »Domestiken«, dem ein gemeinsames Essen mit der Herrschaft nicht geziemt. Freund Sinclair fällt Hölderlin in den Rücken, weil er – eifersüchtig gegen Susette intrigierend – die Position Gontards nur bestätigt. Aus dieser symbolischen Verwerfung Hölderlins aus der Viererkonstellation folgt zum einen die Abspaltung Hölderlins in seine zunehmend eigene Realität der Psychose, die sich kurz danach andeutet,[412] und zum anderen die Transformation der romantischen Liebe, die er mit Sinclair, dann mit Susette teilen wollte, in die semiotische Ökonomie des Dritten. An die Stelle der selbstlosen, entgrenzt-verschwenderischen Gabe tritt das Tauschgeschäft. Hölderlin verkauft sein Manuskript des *Hyperion* für 150 Gulden an den ihn bereits vorher fördernden Sinclair; Susette verkauft ebenfalls ihre ›Werte‹, in diesem Fall Schmuck, um die Flucht mit Hölderlin und das neue Leben fern von Frankfurt zu finanzieren. Obwohl Sinclair in den Besitz einer ihrer verkauften Ringe kommt und mit diesem neu konnotierten Zeichen der außerehelichen Liebe die Fluchtpläne des Paares an den Ehemann Gontard verrät, scheitert der Fluchtplan nicht an diesem Verrat, sondern an den Bedenken Hölderlins, dass der Versuch, diese Liebe zu leben, zum Scheitern verurteilt sein wird. Auf dem Silvesterfest, von dem sich Susette und Hölderlin ursprünglich absentieren wollten, um ihre gemeinsame Reise anzutreten, offeriert Gontard seiner Frau ein hübsche Überraschung (01:24:15): Begleitet von Musik, beginnt die kurze Vorstellung einer Laterna Magica, die just um Mitternacht auf dem dargestellten Zifferblatt ein Herz vom Ritter an seine Dame wandern lässt. Dieser autoreferentielle Einschub, der auf die frühen medienhistorischen Anfänge der bewegten Bilder rekurriert, transformiert das Symbol der selbstlosen, unerreichbaren Liebe (konnotiert mit Minne) in eine Zirkulation der Zeichen, die eine Rekonstitution der Ordnung zum Ziel hat (konnotiert mit dem im Begehren zirkulierenden Ding-Geschenk). Ein kurzer Dialog zwischen Gontard und Hölderlin wägt die beiden Prinzipien noch einmal verbal gegeneinander ab: Gontard trinkt auf die Treue, Hölderlin auf den Augenblick der Liebe (01:25:50). Erzähltechnisch ist zudem eine Differenzierung zwischen homo- und heterosexueller Liebe zu beobachten, die sich auch im Einsatz filmischer Mittel niederschlägt. Die ›Bettszene‹ mit Hölderlin und Sinclair (00:39:50) wird linear erzählt, wobei konventionelle

412 Vgl. zum »Wahnsinn« Hölderlins Kap. 5.4.

Umschnitte zwischen halbtotalen (das Paar) und halbnahen Einstellungen (der Einzelne) die sexuellen Handlungen in das *ob scenae*/Obszöne der filmischen Montage verschieben. Die heterosexuelle Vereinigung von Susette und Hölderlin (00:59:00) wird hingegen mit einigem Aufwand an nichtlinearen Rückblenden und ekstatisch konnotierten Weißblenden umgesetzt, so dass sich das Außergewöhnliche dieser Liebe über die Differenz zur filmisch als konventionell markierten Homosexualität konstituiert. Die Rückblende, die sowohl den großen Bogen der Erzählung als auch die einzelne Bettszene dominiert, ist in diesem Film autoreferentiell angelegt, imaginiert sich doch Hölderlin als Orpheus-Figur. Er kann zwar – obgleich Hauslehrer mit umfassender humanistischer Bildung – diesen Namen in der Unterrichtsstunde nicht korrekt an die Tafel schreiben, weil er den griechischen Buchstaben *phi* scheinbar nicht kennt. Aber noch bei der Einlieferung in die Klinik spricht er davon, dass er sich jetzt nicht umdrehen dürfe. Der mythische Blick zurück, als filmische Metapher figuriert in der Rückblende, kostete der Geliebten Eurydike das Leben. Hölderlins Sehnsucht erstreckt sich dabei auf das geliebte Objekt (Reales) und gleichermaßen auf die Fähigkeit, das Dritte (Imaginäre) zu beherrschen und wie Orpheus dichten zu können (Symbolisches): »die Steine zum Weinen zu bringen und die Götter zur Vergebung« (01:49:55). Diesem Dreieck zwischen Ich und Du und der Mediatorfunktion der Texte, die im ›Fall‹ Hölderlin gerade nicht in die Ökonomie überführt werden kann (sondern in eine 36 Jahre währende Unerreichbarkeit im Tübinger Turmzimmer mündet), gilt die engagierte Aufmerksamkeit des Films, der den Texten und ihrer Entstehung auffällig viel Raum gibt. Eine der zahlreichen Schreibszenen spiegelt diese Funktion des Kinos insofern wider, als Hölderlin weiße Streifen Papier mit Verszeilen auf einer gerahmten Fensterscheibe wie ein Puzzle zusammenfügt und dabei die Verse skandiert (00:17:40). Die Scheibe verliert auf diese Weise ihre Transparenz und wird zunehmend einer weißen gerahmten Leinwand ähnlich. Zwischen die Welt und den Betrachter, der einen vermeintlich ungetrübten Blick auf die ›Realität‹ wahrnimmt, schieben sich Literatur und Kino mit ihren Zeichenvorräten und narrativen Verfahren. Ton, Bild, Schrift, *framing* und Montage wirken an diesem Prozess auf referentieller und autoreferentieller Ebene zusammen, um Dichtung vor den Augen des Publikums entstehen zu lassen. Der intertextuelle Bezug des Filmtitels »Feuerreiter« zum gleichnamigen Gedicht von Eduard Mörike wird im Film indessen nicht narrativiert und auch nicht in Anspielungen integriert. Jener Reiter, der sich scheinbar todessehnsüchtig in eine brennende Mühle stürzt, wo der Müller ihn später als Gerippe noch auf dem Pferd sitzend findet, legt die Interpretation des Unerklärlichen nahe, weil – wie in Mythos und Melodram üblich – die innere Motivation für die Wahl der schlechteren Handlungsoption nicht aufgeklärt wird. Gedicht und Film offerieren somit eine veritable strukturelle und semantische Leerstelle. Der Filmtitel lässt aber auch den Schluss zu, dass der anonyme Feuerreiter sowie die lyrische Sprecherinstanz keine konkrete Identität haben und es deshalb durchaus denkbar wäre, dass auch ein anderer Autor an diese Stelle Hölderlins rücken könnte – einer, der ebenfalls nicht bereit ist, seine ästhetischen Prinzipien gegen die Ökonomie der Zeichen einzutauschen, was allerdings von jedem anerkannten Dichter verlangt wird und woraus sich seine Inkommensurabilität mit Welt und Gesellschaft erklärt. Auf diese Weise wird die historische Singularität der Figur implizit und doch programmatisch relativiert.

Wechselnde Positionen sind auch in dem Film *Die Braut* von Egon Günther angezeigt, der 1999 zum 250. Geburtstag Goethes in die Kinos kam.[413] Dieses Nachfolgeprodukt zu *Feuerreiter,* an dem Jürgen Haase im ersten Fall als Produzent, im zweiten Fall als Chef der Vertriebsfirma beteiligt war, konnte fünf Mal so viele Zuschauer verbuchen wie *Feuerreiter* (23.000 vs. 116.000 Kinokarten)[414] und diente auch als kostenloses *open air*-Angebot der Stadt für die Weimar-Touristen im Jubiläumsjahr. Wie schon der Titel andeutet, handelt es sich auch hier um eine austauschbare Protagonistin. Anders als Filme mit Namen im Titel, wie z. B. *Friederike, Nora* oder *Céleste,* die ebenfalls auf die Nebenfigur der Literaturgeschichte fokussieren und die eigentliche Hauptfigur, in diesen Fällen Goethe, Joyce und Proust, als dezentralisierte Figuren entwerfen, ruft »Die Braut« eine soziokulturelle Rolle auf, die von der Figur der Christiane Vulpius ausgefüllt wird. Damit schließt der Titel an den Goethe-Film *Die Jugendgeliebte* (D 1930) an, der ebenfalls den Gegenstand seiner Erzählung, die Goethe-zentrierte Literaturgeschichte, nicht schon im Titel preisgibt. Der Regisseur Egon Günther, der aufgrund seiner früheren, in Kap. 4.8. bereits erwähnten DEFA-Literaturverfilmungen *Lotte in Weimar* und *Die Leiden des jungen Werthers* (1975/76) sowie des späteren Fernsehfilms *Lenz* (1992) mit dem Stoff längstens vertraut ist, betont in einem Interview die ironische Distanz zur Figur Goethe (Herbert Knaup), die sich in seiner

413 Unbedingt hingewiesen sei auf die Dokumentation Goethe light von Thomas Frickel (D 2002), die genau mit jener Jubiläumsindustrie abrechnet, die auf die Aura des Autors setzt. In dieser Doku-Fiktion agiert der dem Stieler-Goethe sehr ähnlich sehende Darsteller Christo Aprilov, der mit den Filmleuten durch die Lande reist und zahlreiche Goethe-Gedenkveranstaltungen besucht, wo das Filmteam die Reaktionen des Publikums auf den ›Doppelgänger‹ einfängt. Die Groteske spitzt sich zu, als ›Goethe‹, aus Osteuropa kommend und ohne Aufenthaltsgenehmigung arbeitend, von der deutschen Polizei ausgewiesen werden soll.

414 Quelle der Daten (vgl. auch Kap. 2.4.): »Lumiere. Datenbank über Filmbesucherzahlen in Europa« der Europäischen Audiovisuellen Informationsstelle: http://lumiere.obs.coe.int (13.07.2008).

ständigen Abwesenheit von Weimar äußere.[415] Dabei negiert oder übersieht der Regisseur sein eigenes Erzählkonzept, stellen sich doch die linear montierten Sequenzen als eine einzige Abfolge von Abwesenheiten dar, die zudem von zahlreichen Ab- und Aufblenden mit dazwischen montiertem Schwarzfilm unterbrochen sind, was das Prinzip filmischer Abwesenheit noch weiter unterstreicht. Auf diese Weise entsteht ein Reigen von Paarkonstellationen, die mit dem Reden über den/die jeweils Abwesende/n bzw. über seine/ihre Briefe die Zeichen des Begehrens innerhalb der Dreiecke erst am Zirkulieren halten. Das antithetisch charakterisierte Frauenpaar Christiane Vulpius (Veronika Ferres) und Charlotte von Stein (Sibylle Canonica), später auch Christiane und Bettina von Arnim, sind Mediatorinnen der Liebesökonomie innerhalb der durch sie ineinander verklammerten Dreieckskonstellationen. Der ›Reigen‹ von Paaren (dessen Prinzip am besten in Schnitzlers gleichnamigen Drama nachzulesen ist), die über ein Drittes kommunizieren, lässt sich dramaturgisch wie folgt nachzeichnen: a) Christian August Vulpius/Christiane Vulpius/Goethe: Vulpius bittet Goethe um Hilfe in einer existenziellen Krise, wofür er seine Schwester mit einem Brief zu ihm schickt. Zwischen dem Anfang des Films und seinem Ende, an dem Vulpius seine Schwester rächen und Goethe erschießen will, liegen 20 Jahre: Die Frage »Sie sind doch der mit dem Brief?« schließt das Zirkulieren der Zeichen ab (01:41:50); b) Charlotte von Stein/Goethe/Christiane: Charlotte ist als gebildete adelige Geliebte des Dichters die stereotype Gegenspielerin zur ungebildeten, noch fast analphabetischen Fabrikarbeiterin Christiane. Goethe schickt Charlotte ein Billett mit dem Vorschlag einer Ehe zu dritt, wie er es in *Stella* vorgeschlagen hätte; c) Charlotte (Lollo) von Lengefeld/Charlotte von Stein/Goethe: Lollo lässt sich immer wieder für die Intrigen der eifersüchtigen Charlotte instrumentalisieren: »Warum immer ich?,« fragt Lollo. – »Weil Du mich liebst,« antwortet Charlotte, die gehässig über die Dreierkonstellation Lollos mit ihrem Ehemann Schiller und ihrer Schwester spricht; d) Wieland/Christiane/Goethe: Wieland agiert als väterlicher Freund ohne Vorurteil gegen die auch »Putzfrau« genannte Geliebte des Dichters. Er versucht, ihr aus seinen Texten vorzulesen, erläutert ihr seine Übersetzung von *Romeo und Julia,* was sich als Liebesmodell aber nur bedingt eignet. »Liest ER Ihnen nicht vor?« – »Nein.« (00:34:44) Wenigstens hat sie in Wieland einen Freund gefunden, der mit ihr Bewunderung gegen Rückenstärkung tauscht; e) Als letzte Station der Dreiecksverschiebungen kommen Bettina von Arnim und ihr unzüchtiger Brief über den von ihr am eigenen Leib erfahrenen Busenbewunderer Goethe ins Spiel. Die Lektüre dieses Briefs facht die Liebe und Eifersucht Christianes so sehr an,

415 Vgl. das Interview im Bonusmaterial der DVD-Edition des Films; in der Transkription des Interviews fehlt diese Passage; vgl. Haase (1999), Die Braut, S. 128-131.

Veronika Ferres als Christiane Vulpius in *Die Braut*
(Egon Günther, D 1999), Quelle: Deutsche Kinemathek

dass sie Bettina körperlich angreift und auf sie einschlägt. Hierfür erhält sie einen der seltenen Liebesbeweise Goethes: Er lässt ein Billett an die Arnims schreiben, womit er ihnen Hausverbot erteilt.

Die auf diese Weise kompilierten Narrateme aus der Christiane- und Goethe-Biographik verdanken sich dem Genre der Liebestragödie. Die Fokussierung auf die Figur Christiane jedoch verdankt sich der literarischen Arbeit von Sigrid Damm, die mit ihren Cornelia- und Christiane-Biographien bereits die Perspektivierung auf die ›Opfer des Genies‹, ihre Lebensentwürfe, ihre Chancen und Hindernisse als Frauen der Goethe-Zeit gelenkt hatte.[416] Zu erwähnen ist schließlich noch die implizierte, vermeintlich ›natürliche‹ Korporealität des Weiblichen, die an Christiane exemplifiziert wird. Zweimal sehen wir diese Figur, und nur diese, nackt und lasziv übers Bett gestreckt; selbst Meyers Blick auf die schöne Sterbende, der er das Laken wegzieht, bedient nicht nur den Voyeurismus der Figur. Christiane ist zudem der Inbegriff naiver Selbstaufopferung, die noch jenseits der Sprache ihr Wohlbefinden oder Leid entweder überhaupt nicht äußert (das übernehmen für sie Schwester, Tante, Diener) oder in Lauten des Vor-Symbolischen – grunzend, kichernd, schnaufend. Für die Charakterisierung dieser Nicht-Identität unterbricht der Film seine lineare Erzählweise, fällt in die Zeitlupe, wenn sie eine sich im Zerbrechen befindliche Vase Goethes aus den ihr verbotenen Räumen rettet, was im übrigen in eine unfreiwillige Action-Parodie entgleist (00:48:50), oder wenn sie den Hausherrn zu Hause freudig erwartet (00:56:35). Dieser Wille zu Unterordnung und Selbstaufgabe ist demzufolge keine momentane Erscheinung, sondern ein gleichsam zeitloser Zustand dieser Frauenfigur: »Ich verändere mich nicht, innerlich.« (01:28:20). Enervierend an dieser Figur ist darüber hinaus ihr heftiges Atmen, nahe an der Hyperventilation, wenn sie durch den Park läuft – und zwar immer ›triebhaft-natürlich‹ rennt und nicht ›kontrolliert-kultiviert‹ geht. Goethe findet zuallererst an ihrem Geruch Interesse, was eine plakative Umsetzung des »odor di femina« ist. Sie ist so sehr naturalistische Natur, dass noch einmal betont wird, wie sie das Waschen vergessen könnte. Bertuch gibt deshalb allen jungen Mädchen den Rat, sich ungesehen ›in der Natur‹ zu reinigen. Um eines geht es jedoch in diesem Film nicht – um Literatur und ihre Entstehung:

> »Es ist ein Film über ihre Liebe zu Goethe und das Geheimnis, das diese Liebe umgibt. Ein Liebesfilm. Kein Film, der über die Schaffenskrisen Goethes berichtet oder der sich anmaßt, mal darzustellen, wie denn so einer dichtet. Er läßt den Dichter nicht 'raus, er läßt ihn nicht über sein Werk reden, er ist nur präsent und liebt, liebt sie, das ist der Film.«[417]

Tatsächlich verzichtet der Film auf jegliche Schreib- oder Rezitationsszene vor Publikum.[418] Der Goethe'sche Kanon, der von den anderen Figuren immer mal aufgerufen wird, hat keine Handlungsrelevanz oder

---

416 Vgl. Damm (1989), Cornelia Goethe; Damm (1998), Christiane und Goethe. Eine Recherche. Vor allem die Christiane-Biographie wurde als offensichtliche dramaturgische Vorlage – oder zumindest Ideenspende – nicht gewürdigt, weder in den *credits* noch im Buch zum Film von Haase noch in der ebenfalls publizierten Drehbuchvorlage *Morgenröte färbte ihre Wangen* von Albrecht Börner.

417 Egon Günther im Interview in: Haase (1999), Die Braut, S. 128.

418 Die private Lesung Wielands vor Christiane kommt nicht zustande, und die Darbietung der Jagemann (»An den Mond« in der Vertonung von Zelter) ist aus Christianes Perspektive nur eingeschränkt zu hören und gar nicht zu sehen.

nennenswerte autoreferentielle Dimension; er dient als Zitatrepertoire.[419] Deshalb erstreckt sich die Austauschbarkeit in diesem Fall auch wieder auf den Dichter Goethe, »ein vergleichsweise normaler Mensch«[420] – aber verglichen mit wem und in welcher Normalität?

Ein dritter anzuführender Film, der sich zuletzt dem (post-)romantischen Liebesdreieck widmete, ist die Verfilmung von Hans Magnus Enzensbergers *Requiem für eine romantische Frau* durch Dagmar Knöpfel.[421] In diesem Film wird die Rolle der Frau in der Dreiecksbeziehung – ebenso wie bei den Figuren Susette Gontard und Christiane Vulpius – entsprechend dem romantischen »Schriftverkehr«[422] konzipiert: Als Leserin und Briefschreiberin stimuliert sie die Textproduktion des Partners, der sich nicht auf den Brief beschränkt, sondern auch mit seinen literarischen Texten den Lesebedürfnissen der Geliebten Genüge leistet, die mit einem Antwortbrief wiederum ›korrespondiert‹.[423] Eine Variation davon, zum Beispiel bei Christiane und Auguste, entsteht in der Verschiebung der Leserin auf ein größeres Lesepublikum, denn die Problematik in den jeweiligen Beziehungen liegt gerade darin begründet, dass der Schriftverkehr von den Frauen unterbrochen wird (aber z.B. nicht von literarisierten Figuren wie Charlotte von Stein oder Bettina von Arnim). Zwar gibt es auch im Film *Requiem für eine romantische Frau,* der die Liebe und den Ehezwist zwischen Auguste Bußmann (Janina Sachau) und Clemens Brentano (Sylvester Groth) zu rekonstruieren versucht, zwei erweiterte Liebesdreiecke, wozu im ersten Fall der Onkel Augustes, der Bankier Bethmann, zu zählen ist, und im zweiten Fall die eifersüchtige und dominante Schwester von Clemens, Bettina von Arnim. Folgt man den von Enzensberger und Knöpfel vorgenommenen Montagen der Quellen und Narrateme, fokussiert sich das Drama aber vor allem auf das Dreieck Auguste/Clemens/Text. Sein Schreiben ist dasjenige Element, in das der Autor sich vor dem naturhaften Weib, dessen Begehren ihm Angst macht, regelmäßig flüchtet (vgl. hierzu Kap. 5.5. zum Grauen der Autorschaft). Zustande kommt dabei ein einzelnes Gedicht, »Über eine Skizze. Verzweiflung an der Liebe in der Liebe« (1808), das seiner Frau die Todessehnsucht auf ihren Leib schreibt, wollte man das Gedicht autobiographisch interpretieren, wie es der Film vorschlägt. Dem einzelnen Gedicht stehen in der filmischen

419 Herzog Carl August zitiert aus *Torquato Tasso:* »Erlaubt ist, was sich ziemt.«; auf dem Geburtstagsempfang rezitieren der Herzog und Charlotte von Stein jeweils Strophen aus »An den Mond« und »Selige Sehnsucht« (aus dem *West-östlichen Divan*) (01:29:56).

420 Egon Günther im Interview in: Haase (1999), Die Braut, S. 129.

421 Vgl. Enzensberger (1996), Requiem für eine romantische Frau.

422 Vgl. zur Vorgeschichte des romantischen Briefs im 18. Jahrhundert Koschorke (1999), Körperströme und Schriftverkehr.

423 Vgl. Siegert (1993), Relais. Geschichte der Literatur als Epoche der Post, S. 84ff.

Erzählung nun zahlreiche Briefe gegenüber, die zwischen den Figuren hin- und hergeschickt werden. Dabei sind zwei Sorten Briefe zu unterscheiden, nämlich diejenigen, welche Auguste noch vor ihrer Flucht aus Frankfurt von Clemens erhalten haben muss und die somit außerhalb der chronikalen Ordnung der Erzählung zu datieren sind. Auguste hütet diese Briefe aus ungenannter Zeit[424] wie einen Schatz und liest sie immer wieder, um darin nicht nur einen Geliebten zu suchen, den es nicht (mehr) gibt, sondern auch eine Art von Liebe, die jenseits des ihr zugänglichen, ›realen‹ Lebens liegen muss. Noch kurz vor ihrem Selbstmordversuch in München, bei dem es sich auch um eine gut inszenierte Vorstellung gehandelt haben kann (das klärt der Film nicht), besinnt sie sich auf Clemens' Worte, der jedoch noch weniger als sie Fähigkeit und Neigung zu haben scheint, romantische Liebe und Leben zu vereinen: »Die poetische Existenz« ist die einzig mögliche (00:16:00). Auguste schreibt an Clemens, als sie für einige Zeit aufs Land verschickt wird, um ihn nicht mehr zu stören; sie gehe ihm schlicht »auf die Nerven« (00:52:00), wie er in einem seiner Briefe über sie schreibt. Sie schreibt hingegen Liebesbriefe, die einer »Unmittelbarkeitsphantasie« zuarbeiten und ihre Abwesenheit metonymisch substituieren sollen.[425] Andere Briefe hingegen, auch die von Clemens an Auguste, zirkulieren um einer Ordnung willen, die in diesem Chaos romantischer Liebe erst noch gestiftet werden will. Hierzu dient eine Materialisierung der Zeichen des Begehrens dergestalt, dass der Bankier Bethmann dem Dichter Geld bietet, damit er sich nicht von ihr scheiden lässt. Auch die Briefe von Freund Savigny beteiligen sich als Mediatoren, um Ruhe und Frieden in die Beziehung zu bringen. Clemens schreibt schließlich an Auguste, sie solle »von seinen Sachen nichts mitnehmen« – bevor sie die gesamte Wohnung verwüstet und dann, in Männerkleidern, endgültig abfährt. Ordnung muss sein – und kann es nicht. Indessen ist die Unordnung und Verschwendung, die zwecklose Zirkulation der Zeichen genausowenig realisierbar, denn sie kann nur wieder in die symbolische Ordnung der Schrift transformiert werden. Vor der Folie des romantischen Liebesdreiecks interpretiert, ergibt sich der dramatische Konflikt des Films nicht allein aus der melodramatischen Unerklärlichkeit, durch unkonventionelles und unvernünftiges Verhalten tragisches Leid zu produzieren. Vielmehr geht es um die konfliktuöse Besetzung der Dreieckspositionen zwischen Auguste und dem Text, zwischen denen sich Clemens entscheiden oder – zweite Möglichkeit – die er in seine poetische Existenz integrieren müsste, was er aber beides nicht tut. Auguste oszilliert zwischen dem Realen und dem Imaginären. Als Objekt

---

424 Vgl. sonst die *Inserts* von »Anfang Oktober 1807« bis »Frühjahr 1809«, dann wieder, schon fast als Epilog, »acht Jahre später« (Scheidungsurteil) und zuletzt »28 Jahre später« (Selbstmord Augustes).

425 Koschorke (1999), Körperströme und Schriftverkehr, S. 206ff.

Das Paar Auguste Bußmann (Janina Sachau) und Clemens Brentano (Sylvester Groth), beobachtet von Brantanos Schwester Bettina (Jeanette Hain) in *Requiem für eine romantische Frau* (Dagmar Knöpfel, D 1999), Quelle: Deutsche Kinemathek

romantischer Liebe kann sie keinesfalls konkrete Gestalt annehmen; ihr Verharren im Imaginären, das Clemens ihr aufoktroyieren will, wäre die beste Voraussetzung für dessen Symbolwerdung in der Schrift (z.B. in dem genannten Gedicht). Diese Transformation, die ein Dichter zu leisten hat, widerstrebt sowohl dem Text als auch der Frau, die beide abwechselnd das begehrte Objekt und das abwesende mediatorische Dritte darstellen: Ist die Frau imaginär, der Text aber symbolisch geworden, präsentiert sich das Subjekt als Autor; wird die Frau (als Ehefrau im Alltag) real, bleibt der Text imaginär und das bedeutet: ungeschrieben, was nun Autorschaft im performativen Akt des Schreibens verunmöglicht. Weil Clemens seinem Körperbegehren zu häufig nachgibt, fällt die jeweils folgende Abkehr von diesem Körper immer heftiger aus. Um seinem Textbegehren nachgeben zu können, braucht er die abwesende Dritte. Das Verbot für die Frauen, real zu werden als eine bestimmte oder gar selbstbestimmte Frau, bleibt im Titel der Vorlage und des Films wirksam: Requiem für *eine* romantische Frau, und es wäre doch gleichgültig, welche. Schon für den Briefroman des 18. Jahrhunderts, aber auch noch für den Dichterfilm am Ende des 20. Jahrhunderts gilt: »Personalisierung ist Desexualisierung.«[426]

426 Ebd., S. 29.

4.9.3. Idyllen des Obszönen (Tucholsky, Brecht, Schwarzenbach, 2000/01)

Die Filme über Tucholsky, Brecht und Schwarzenbach sind mit den Genretraditionen ähnlich kompatibel wie die Liebestragödien: Sie stellen die narrativen Schemata des Biopics und seine Anleihen beim Erzählkino erst gar nicht in Frage und affirmieren die narrativen Konventionen des Genres auf recht berechenbare Weise.

Der Tucholsky-Film *Gripsholm* (Xavier Koller, D/A/CH 2000) arbeitet mit dem Verfahren der Rückübertragung und macht – wie im Falle Kafkas – den Autor zur Figur seines eigenen Textes. Hierfür werden biographische Ereignisse aus den Jahren 1929 bis 1931 (der Urlaub mit seiner Geliebten Lisa Matthias in Schweden; das Verfassen des kurzen Romans *Gripsholm;*[427] der Soldaten-Prozess, als die Reichswehr Tucholsky verklagt hatte) in den Sommer 1932 projiziert. Im *voice-over* kommentiert Kurts Geliebte Lydia (wie die Romanfigur genannt »Prinzessin«, dargestellt von Heike Makatsch) am Filmanfang und -ende diesen »schönsten Sommer (ihres) Lebens«.[428] Mit dieser akustischen Erzählinstanz konkurriert die visuelle Rahmenerzählung, weil sich der Autor (Ulrich Noethen) – an einem Billardtisch sinnierend – in Rückblenden an die erzählte Zeit auf Schloss Gripsholm erinnert.[429] Der Aufenthalt auf dem Schloss, das dem Autor und seinen Freunden von einem hinzuerfundenen großzügigen Mäzen, dem Baron Valberg, zur Verfügung gestellt wird, ist ein nur fünf Wochen dauernder Ausschnitt in der erzählten Zeit des Romans, in der sich die problematischen Entwicklungen der letzten Lebensjahre seines Autors verdichten. Variiert wird dabei die Figuration des Melodrams insofern, als zunächst mit dem Flieger Karlchen ein zweiter Mann zu dem Paar hinzukommt. Diese Konstellation zweier Männertypen wird dann von der romantischen Opposition der Blonden und Schwarzen abgelöst, wenn die Freundin Lydias, die Chanson-Sängerin und Tänzerin Billie (Jasmin Tabatabai) auf dem Schloss eintrifft. Auf diese Weise wird das melodramatische Element des Eifersuchtsdramas integriert, das sich darüber hinaus mittels der eingespielten und für dieses Filmprojekt

427 Der Roman erscheint im März/April als Vorabdruck im *Berliner Tageblatt* und Anfang Mai 1931 in Buchform bei Rowohlt.

428 Die erotischen Abenteuer, etwa die *ménage à trois* zwischen Kurt, der Prinzessin und der Sängerin Billie, sind inspiriert vom Roman und auch von der Autobiographie von Lisa Matthias. Letztere war aufgrund der Schilderung Tucholskys als untreuen Erotomanen zum Zeitpunkt ihres Erscheinens umstritten; vgl. Matthias (1962), Ich war Tucholskys Lottchen, S. 187. Dort betont die Erzählerin jedoch, dass die Begegnung zu dritt, wie im Roman beschrieben, so nicht stattgefunden habe, sondern es sich um eine (kurze) Beziehung zwischen ihrer Freundin Yvonne und Tucholsky gehandelt hätte.

429 Vgl. zum Narrativ des Billardspiels in diese Film Kap. 5.6.

neu vertonten Tucholsky-Chansons auch noch genrekonform umgesetzt findet.[430]

Die autobiographische Lesart des Romans, die Autor und Ich-Erzähler in eins setzt und den Film somit zwischen Biographie und Literaturverfilmung ansiedelt, rechtfertigt sich insofern, als im Roman keine deutlich erkennbare Grenze zwischen Paratext und Text markiert ist (soweit das möglich ist), weil das erste Kapitel aus einem kurzen Briefwechsel zwischen dem Verleger Rowohlt und dem Autor Tucholsky besteht, der im Film als eiliger mündlicher Dialog zwischen beiden Figuren im Treppenhaus realisiert ist. Der letzte Satz, die Kapitelzahl »2« sowie der erste Satz dieses folgenden Kapitels markieren im Roman den Übergang vom Autor-Ich zum Erzähler-Ich, der hier bezeichnenderweise im Plural erscheint: »Und nun wollten wir ja wohl die Prinzessin abholen.«[431] Gleichwohl ist aber auch für das Autor-Ich in den vorangestellten Briefen von einer Ego-Pluralität, wie sie Foucault beschrieben hat, auszugehen,[432] d.h. die historische Person Tucholsky und der Brief unterzeichnende Tucholsky als Entwurf einer Autorfigur sind voneinander zu unterscheiden und haben je eigene Diskursfunktionen. Stimmen auch der Autornachname auf dem Umschlag, dem Vorsatzblatt und in den fiktionalisierten Briefen noch überein, so ändert sich in den nächsten Kapiteln jedenfalls der Vorname von Kurt in Peter (»Wir hatten uns unter anderm auf Peter geeinigt – Gott weiß, warum.«),[433] der wiederum auf Tucholskys Pseudonym Peter Panter verweisen könnte, was jedoch schlicht im Unbestimmten bleibt. Jedenfalls fände eine explizit nicht-autobiographische Lesart hier paradoxerweise die biographisch belegte Zustimmung des Autors, der in einem Brief an Alfred Stern kurz nach Erscheinen des Romans davon schreibt, dass die interpretatorische Suche nach historischen Vorbildern von Figuren und Ereignissen im Grunde erfolglos bleiben muss:

> »Außer einem etwas vaguen Modell zum Karlchen[434] und der Tatsache, daß es wirklich ein Schloß Gripsholm gibt, in dem ich nie gewohnt habe, ist so ziemlich alles in dieser Geschichte erfunden: vom Briefwechsel an Rowohlt

430 Die Neufassungen der Chansons »Tamerlan«, »Anna-Luise«, »Sie zu ihm« und »Körperkultur« wurden komponiert von Olivier Truan, David Klein und Michael Heitzler und interpretiert von ihrer Klezmer-Band Kol Simcha (CD *Gripsholm,* VOJ 04-00).

431 Tucholsky (1998), Schloss Gripsholm, S. 151. Delabar argumentiert, dass diese Erzählkonstruktion deutliche Signale des ›Authentischen‹ enthalte (aber auf was verweisend?); vgl. Delabar (2002), Eine kleine Liebesgeschichte, S. 121f. Genauso plausibel könnte man hingegen argumentieren, dass eine solche Passage in die Handlung hinein – mit dem Wechsel des Personalpronomens und des Vornamens – ihre eigene kunstvolle Konstruiertheit gerade markiert und die Fiktionalisierung besonders gut zu erkennen gibt.

432 Foucault (2000), Was ist ein Autor?, S. 216f.

433 Tucholsky (1998), Schloss Gripsholm, S. 154.

434 Hierbei handelt es sich um den Freund Erich Danehl; der lediglich erwähnte dritte Freund im Bunde, Jakopp, erinnert an Hans Fritsch.

an bis zur (leider! leider!) Lydia, die es nun aber gar nicht gibt. Ja, es ist sehr schade.«[435]

Der Autor fungiert in einer autobiographischen Interpretation des Romans demnach als einheitsstiftendes »Prinzip«, denn »mit Hilfe des Autors kann man auch Widersprüche lösen, die sich in einer Reihe von Texten finden mögen«.[436] Ein solcher Widerspruch zwischen Autor- und Erzählinstanz im Roman *Schloss Gripsholm* wird in der Verfilmung durch die schauspielerische Performanz der Autorfigur, die eben noch mit dem Verleger verhandelt und anschließend – wie angekündigt – Lydia abholt, aufgelöst. Allerdings kann eine filmische Erzählung kaum den *point of view* der Ich-Erzählperspektive konsequent durchhalten,[437] so dass sich wiederum die gegenläufige Tendenz ergibt, die Narration des Romans in eine vielschichtige Perspektive aufzubrechen (z. B. in der Konkurrenz zwischen Lydias *voice over*-Kommentaren und der visuellen Fokalisierung auf Kurt).[438] Wie bereits dem Roman vorgeworfen wurde, eine zu leichte »Sommergeschichte« zu sein,[439] die in den Zeiten des Niedergangs der Weimarer Republik einem politisch kritischen Autor nicht zu Gebote gestanden hätte, entwirft auch der Film einen oberflächlichen Blick auf die Biographie Tucholskys und die Literaturgeschichte seiner Zeit, weil die problematischen Jahre zum intim-frivolen Melodram stilisiert werden. Hiermit korrelieren auch die im Film vermittelten Texte Tucholskys: Er wird als Chanson-Texter eingeführt, wie die Schreibmaschinen-Großaufnahme zu Beginn nahe legt, worauf gerade anonyme Finger das Chanson »Tamerlan« tippen. Auch die Schlusssequenz mit dem Epilog, in dem Billie in Berlin wieder auf der Bühne steht, nun jedoch vor Nazi-Publikum und einem Hakenkreuz auf dem Bühnenprospekt, singt sie das Tucholsky-Chanson »Anna-Louise«, was zunehmend das Missfallen des Publikums erregt. Zwar werden Tucholskys politisch engagierte, journalistische Arbeiten kurz erwähnt, aber sie stellen keinen Gegenstand einer Erzählung dar, die sich um die Rekonstruktion ihrer Motivation und Entstehung bemühen würde. Die topische Opposition der Idylle zwischen *locus amoenus* (die Urlaubswochen auf dem Schloss in Schweden) und

435 Tucholsky (2005), Gesamtausgabe, Bd. 19: Briefe 1928-1932, S. 286f. Delabar zitiert den Verleger Ernst Rowohlt, der sich noch 1947 über die »verdammten Spießer« mokierte, die die Briefwechsel-Konstruktion am Romananfang »tierisch ernst« nahmen; vgl. Delabar (2002), Eine kleine Liebesgeschichte, S. 123f.

436 Foucault (2000), Was ist ein Autor?, S. 215.

437 Ein vielzitiertes, aber eben äußerst seltenes Beispiel für die konsequent durchgehaltene Ich-Perspektive im Film ist die Chandler-Verfilmung *Lady in the Lake* (Robert Montgomery, USA 1947), in dem die Kamera die Perspektive des Detektivs Philip Marlowe übernimmt, der nur im Spiegel zu erkennen ist.

438 In manchen Passagen, etwa der Beschreibung der schlimmen Zustände im Kinderheim, wechselt auch der Roman in die allwissende Position des heterodiegetischen Erzählers.

439 Vgl. Delabar (2002), Eine kleine Liebesgeschichte, S. 116f.

In der Idylle von Schloss Gripsholm ein Liebesdreieck in wechselnden Konstellationen (v.l.n.r.: Kurt, die Prinzessin, Billie, Karlchen) in *Gripsholm* (Xavier Koller, D/A/CH 2000), Quelle: DVD-Edition

locus terribilis (das Kinderheim sowie die Welt ›draußen‹, Deutschland)[440] wird im Film wie im Roman durchgehalten. Eine wie auch immer gestaltete Familienharmonie mit dem geretteten Kind aus dem Heim ist jedoch nur auf Zeit zu denken, wie der Roman suggeriert; das Paar und das Kind treten jedoch gemeinsam die Heimreise an und können so etwas aus ihrer Zeit in Schweden hinüberretten in den deutschen Alltag, der ihnen fremd geworden sein dürfte. Der Film folgt dieser Zukunftsperspektive nicht, hier bleibt der weinende Autor alleine auf dem Schloss zurück und seiner Verzweiflung überlassen. Der Kommentar von Lydia führt ebenso aus der Handlung hinaus, wie er deren Anfang eingeleitet hatte, und benennt die narrative Differenz zwischen dem Roman – Kurt habe die Geschichte »anders« erzählt – und dem Film, der demzufolge die eine gegen die andere Fiktion ausspielt. Abschließend vermerkt die Stimme im *Off* den Tod des Autors, der drei Jahre später erfolgt sei.

Die Reise nach Kafiristan (*The Journey to Kafiristan,* Fosco und Donatello Dubini, D/CH/NL 2001) erzählt von der Fahrt in den Hindukusch, die die Reiseschriftstellerinnen Ella Maillart (Nina Petri) und Annemarie Schwarzenbach (Jeanette Hain) im Sommer 1939 gemeinsam unternehmen. Literarische Vorlagen für den Film waren die Reisebeschreibung *The Cruel Way* von Maillart,[441] der Roman *Das glückliche Tal* von Schwarzenbach sowie einzelne verstreute, von Roger Perret ausgewählte und edierte Texte

440 Vgl. ebd., S. 135.
441 Deutsche Buchausgaben erschienen unter folgenden Titeln: *Auf abenteuerlicher Fahrt durch Iran und Afghanistan* (1948), *Flüchtige Idylle – Zwei Frauen unterwegs nach Afghanistan* (1988, 1995), *Der bittere Weg – Mit Annemarie Schwarzenbach unterwegs nach Afghanistan* (2001).

von Schwarzenbach über die Reise.[442] Der Film reiht sich ein in die Aktivitäten und Publikationen zur Wiederentdeckung Schwarzenbachs, die 1987 mit einem kleinen Artikel in einer Schweizer Literaturzeitschrift angestoßen wurde und vor allem in Kontext der Frauen- und Reiseliteraturforschung Resonanz fand.[443] Der Film ist als klassisches Road-Movie organisiert, d.h. die Reise als Metapher für eine Fahrt »ins Innere«,[444] wie von der Figur Annemarie explizit formuliert (00:42:00), absolviert mehrere Stationen, die als odysseeische Abfolge von Bewährungsproben verstanden werden können: Wie gehen die Figuren um mit Politik (der Nazi-Botschafter auf dem Schiff nach Trabzon), Drogenmissbrauch (Annemarie sublimiert damit, Ella versucht zu kontrollieren), Krankheit (als sich umeinander Kümmern), Sexualität und Liebe (Annemarie hat eine Affäre mit der Tochter des türkischen Botschafters, während Ella Annemarie heimlich liebt), dem Fremden (Panne in der Wüste und Hilfe von den Beduinen), dem Tod (Annemarie wird depressiv, Ella aktionistisch)? Diese Stationen werden linear abgefahren und adäquat erzählt, wobei die topographischen Stationen und faktualen Grenzübertritte mit *Inserts* angezeigt sind. Die Handlung wird sequenziert durch die Schreibszenen, die Annemarie zumeist in der Halbnahen an der Schreibmaschine zeigen, während ein *voice-over* ihrer Stimme kurze Passagen aus den später veröffentlichten Texten rezitiert, was suggerieren soll, dass diese just in dem Augenblick entstanden sind. Wie Ella Maillarts Buchtitel einer deutschen Ausgabe ihres Reisebuchs nahe legt – »flüchtige Idylle« –, ist dieses Projekt eine Reise in ein allzu entferntes Land, an einen mythischen Ort: Das glückliche Tal, in dem der Vogel Phoenix sowohl in Vergangenheit als auch Zukunft schaut, wie Annemarie erwähnt (01:15:00), ist ebenso unerreichbar wie das wahre Afghanistan, da der Ausbruch des Zweiten Weltkriegs eine Fortsetzung der Fahrt von Kabul aus verbietet. Ella verlässt Annemarie, um nach Indien zu gehen; diese folgt ihr, wie das *Insert* im Abspann vermerkt, noch für einige Wochen dorthin, schließt sich dann aber 1940 ihrer (Ex-)Geliebten Erika Mann und deren Bruder Klaus in den USA an, wo ihre Morphiumsucht sie in eine erneute Phase der psychischen Instabilität und des Entzugs zwingt. Schließlich erwähnt das *Insert* noch, dass Annemarie Schwarzenbach 1942 im Alter von 34 Jahren den Folgen eines Fahrradunfalls (in Sils Maria) erliegt, während Ella im 94. Lebensjahr in einem kleinen Schweizer Bergdorf stirbt (1997 in Chandolin). Als *eidyllion,* als Genre-Bildchen dieses Films, fungiert die Panorama-Einstellung auf die Wüste, durch die sich der kleine blaue Wagen nach Osten zu bewegt, ergänzt durch die Großaufnahmen einer

442 Schwarzenbach (2000), Alle Wege sind offen.
443 Vgl. Fähnders und Rohlf (2005), Annemarie Schwarzenbach, S. 309-342.
444 Vgl. Hlavin-Schulze (1998), »Man reist ja nicht, um anzukommen«, S. 20ff.

Annemarie Schwarzenbach und Ella Maillart im Orient (*Die Reise nach Kafiristan / The Journey to Kafiristan,* Fosco und Donatello Dubini, D/CH/NL 2001),
Quelle: Deutsche Kinemathek

der Frauen am Steuer, meist Annemarie, und der lesenden Beifahrerin, meist Ella.[445] Bisweilen werden diese Perspektiven zwischen Panorama und Großaufnahme durchbrochen von *POV-shots* durch die Windschutzscheibe des Wagens mit Blick auf die sandigen, buckligen Pisten. Idyllisch wirkt dieser *locus amoenus,* weil sich die Frauen jenseits der europäischen Bedrohung durch Faschismus und Kriegsgefahr vollkommen frei bewegen (Annemarie beweist große Kenntnis von den Bestechungspraktiken bei Grenzbeamten etc.): Keine Spuren ›anderer‹ Einschreibungen zeigen sich in den bereinigten menschenleeren und zivilisationsfernen Einöden einer literarisch und filmisch zu erfassenden *terra incognita.* Nicht mehr als idyllisch, sondern als rein kitschig in der Anhäufung der Klischees ist die Inszenierung der Begegnung Annemaries mit der Tochter des türkischen Botschafters in Teheran zu bewerten (dem Roman Schwarzenbachs entnommen), die sich in einer Tanzszene und einer Bettszene niederschlägt. Die obszöne Sexualität, die schon in *Gripsholm* mit der *ménage à trois* eine gewisse Rolle gespielt hat, begegnet auch in diesem Film und bestätigt die

445 Hinter der Fahrerin ist jedes Mal eine Reihe Bücher im Heck des Wagens zu erkennen (eine recht plakative Metonymie für den literarischen Hintergrund der Erzählung), die erst umfällt und aus der Ordnung gerät, als Ella Annemarie verlassen hat.

Annahme, dass die Idylle hier eine Möglichkeit ist, lesbische Beziehungen der Literaturgeschichte zu thematisieren. Dabei werden stereotype Exotismen in der Wahrnehmung des sowohl ethnisch als auch sexuell Fremden nicht vermieden.

Ein dritter Film schließlich, der mit dem Verfahren der rückprojizierten Autorenfiguren in ihre Romanhandlungen – wie dies bei Tucholsky und Schwarzenbach der Fall ist – zunächst nichts gemein hat, erzählt seine Biographie dennoch auf ganz vergleichbare Weise. Der nur ein Jahr vor *Die Reise nach Kafiristan* uraufgeführte Film über Brechts letzten Tag in seinem Buckower Anwesen (*Abschied – Brechts letzter Sommer,* Jan Schütte, D 2000) setzt ebenfalls auf den *locus amoenus.* Das Ferienhaus steht gegen den *locus terribilis* des Kulturministeriums und der DDR als neuem totalitärem Staat, der mit seinen Methoden der Intellektuellenhatz dem Faschismus nicht nachgestanden habe. Die obszöne Dimension, die wieder nur an diesem von der Außenwelt abgeschnittenen Ort gezeigt werden kann, ist die polygame Lebensweise des Autors (Josef Bierbichler), der immerhin sechs Frauen mit verschiedenen Aufgaben um sich versammelt: Helene Weigel als kettenrauchende *mater familias* (Monica Bleibtreu); Barbara als seine Tochter (Birgitt Minichmayr); Ruth Berlau als alkoholkranke Ex-Geliebte (Margit Rogall); Elisabeth Hauptmann als zuverlässige, aber verklemmte Manuskriptbearbeiterin (Elfriede Irrall); Käthe Reichel als Muse seiner späten Gedichte (Jeanette Hain); Isot Kilian (Rena Zednikowa) als Ehefrau des Gegenspielers Wolfgang Harig (Samuel Fintzi), der sie unfreiwillig mit dem Dramatiker »teilt«.[446] Die politische Handlung, so das konventionelle und starre Konzept der Erzählung, wird als Diskussion unter Männern ausagiert: Wolfgang als der kritische Sozialist, der Ulbricht zum Rücktritt auffordern will, steht gegen Brecht, den alten opportunistischen Staatsdichter und Leiter des Berliner Ensembles, der keine Kraft mehr hat für wahres politisches Engagement. Hinzu kommen noch die Beamten der Staatssicherheit, die Helene unter Druck setzen und sie zum Schweigen bringen, als Harig und seine Frau verhaftet werden sollen, sowie die Chauffeure und die Assistenten Brechts, von denen Palitzsch den Eckermann gibt, der bisweilen den Wortlaut des Autors notieren muss. Dieser Männerwelt, die über Autos und Motorräder sowie Telefon mit der Außenwelt verbunden ist, steht die hermeneutische Gemeinschaft von Brechts Frauen gegenüber, die jegliches Zeichen

446 Über die Rolle der einzelnen Frauen in Brechts Leben, ihre Bedeutung für sein Ego und ihren jeweiligen Anteilen an seinem Werk sind sich die Biographinnen nicht einig. Während die eine Publikation den Autor in Bausch und Bogen verteidigt, unterstellt die andere den Frauen um Brecht ein eingetrübtes Erinnerungsvermögen oder willentliche Umakzentuierungen, die ihre geäußerte Kritik am großen Meister anzweifeln lassen; vgl. Kebir (1989), Ein akzeptabler Mann? Brecht und die Frauen; Häntzschel (2002), Brechts Frauen.

seiner Äußerungen deuten, um seine Zuwendung eifern sowie sein Werk verfechten und auch erben. In ihren Gesprächen geht es um Soziales und Gesundheit, Eifersucht und Verständnis sowie ihre vergangene und gegenwärtige Rolle in Brechts Leben. Als Helene dem bedrohten Harig etwas sagen will, ja ihm womöglich einen Hinweis auf seine prekäre Situation der bevorstehenden Verhaftung geben sollte, überlegt sie es sich anders und schweigt. Kommunikation von Frauen ist möglich in Bezug auf Essen und Medizin, Kinder, Kleidung, Organisation des Hauswesens und längst gewesene oder noch nicht vollzogene Sexualität mit dem allzu menschlichen Genie, dessen Lebensgeister merklich schwinden. Vor allem Helene wirkt an der systematischen Isolation des Autors von der Außenwelt mit, indem sie strikt seiner Harmoniesucht folgt (ein strenges Prinzip dieser Gemeinschaft ist es, sich keinesfalls zu streiten, was erwartungsgemäß misslingt) und alles, was ihn als Herzkranken aufregen könnte, von ihm fernhält. Einbrüche von außen sind dennoch nicht ganz zu vermeiden, werden aber schnell überspielt. Käthe erweist sich als Medium, das die beiden Gedichte rezitiert, die im Film (neben einer flüchtigen Aufzählung einiger Dramentitel) Erwähnung finden: »Wie es war I« (00:26:14) und den Anfang von »Heißer Tag« aus dem 22 Gedichte umfassenden Zyklus »Buckower Elegien« (01:12:00). Die damit avisierte Parallelisierung mit Goethes »Marienbader Elegie« für seine ›letzte Liebe‹, die 55 Jahre jüngere Ulrike von Levetzow, ist evident. Das Werk des Autors wird im Film stets von anderen genannt, er selbst beteiligt sich nicht an der Affirmation des Kanons. Brecht sitzt zumeist in der Halbnahen am Schreibtisch; was er schreibt, ist nicht zu erkennen und ist auch nicht Gegenstand des Erzählens. Als eine Gruppe von FDJ-Pionieren dem Dichter ein Ständchen bringt und ein Junge die erste Strophe von »Erinnerung an die Marie A.« rezitiert, rührt es Brecht zu Tränen. Nur der geschützte Kontext seiner idyllischen Existenz ermöglicht einen Blick auf den sentimentalen Brecht, der schon am Abend dieses letzten Ferientags als Theatermacher wieder eine Probe an diesem 10. August 1956 im Berliner Ensemble leiten will. Wie die *Inserts* im Abspann vermelden, ist Brecht drei Tage nach diesem Ferienende gestorben; die Todesnähe symbolisiert der schwarze Wagen, der von Berlin her kommt, um ihn abzuholen. Er stellt den Konnex zur Außenwelt und

Brecht und seine Frauen lauschen am letzten Ferientag in Buckow dem rezitierenden FDJ-Pionier (*Abschied – Brechts letzter Sommer,* Jan Schütte, D 2000), Quelle: TV-Mitschnitt

zum Reich des Todes gleichermaßen dar. Brecht, der nach einem Zusammenbruch für kurze Zeit wie sterbend auf dem Bett liegt und an seinem Testament schreibt, zweifelt zwar auch an der DDR, kann aber diesen Zweifeln keinen handlungsrelevanten Ausdruck mehr verleihen.

Alle drei Filme über Autorinnen und Autoren der klassischen Moderne, die um das Jahr 2000 herum entstanden, präferieren das Erzählmodell der Idylle. Der Tod wird entsprechend ausgeklammert und im *voice-over* oder in *Inserts* jeweils am Ende des Films angekündigt, aber – wie zu vermuten – nicht auf der performativen Ebene des filmischen Erzählens vollzogen. Nur auf diese Weise kann die historische Figur für tot erklärt werden und die symbolische Figur des Autors wiederkehren. Gemeinsames Thema ist nicht nur die Obszönität womöglich ungewöhnlicher sexueller Präferenzen, sondern auch die mindere Aufmerksamkeit für das literarische Werk. Wenn Texte rezitiert werden, so versuchen die visuellen Mittel der Narration erst gar nicht, die Entstehung eines literarischen Textes zu problematisieren oder über die mimetische Repräsentation eines Skripts zu rekonstruieren; als Nebeneffekt entsteht daraus die literarisch so wichtige Spannung zwischen Lesbarkeit und Unlesbarkeit, die in den Filmen zu den verborgenen, unlesbaren Skripten tendiert. Jenseits des Genre-Bildchens moderner Autorschaft im 20. Jahrhunderts droht der Faschismus in Deutschland, der Krieg in Europa oder die sich zum Überwachungsstaat entwickelnde DDR in ihren Anfängen. Gegen diese implizit aufscheinenden historischen Hintergründe setzt das Genre-Kino schöne und vor allem zeitlose Bilder von Schlössern in Schweden, Seeufern in der Mark Brandenburg oder Wüstenpanoramen, gedreht in Jordanien und Usbekistan. Der damit aufgerufene *locus amoenus* erinnert an die rhetorische Mnemotechnik, die auch anschließt an die traditionelle *historia magistra vitae*,[447] die nach den Weltkriegen und den Gräueln des Faschismus als Sinnstiftung aus dem vorgelebten ›Leben‹ und seinen Protagonisten nur mehr unter diesen besonderen Bedingungen möglich erscheint. Es ist das kulturelle Gedächtnis der Orte (sowohl im *Genitivus subjectivus* als auch *objectivus* zu verstehen),[448] das hier noch einmal aufgerufen wird, um an die genannten Autorinnen und Autoren zu erinnern.

447 Vgl. Assmann (2000), Geschichte im Gedächtnis.
448 Vgl. hierzu Assmann (1999), Erinnerungsräume, S. 298ff.

5. Filmische Narrative moderner Autorschaft

5.1. Von der Künstlerlegende zum Narrativ der Autorschaft

Nach einem Längsschnitt durch die populäre deutschsprachige Literaturgeschichte, wie sie das Kino bisher geschrieben hat, gilt es nun in einem zweiten, erzählanalytisch orientierten Schritt einen Querschnitt durch das Korpus zu legen, der a) die interfilmischen und internationalen Verflechtungen im Genre der literarhistorischen Filmbiographie darstellt und b) an den ausgewählten Narrativen zeigt, wie das Prinzip Autorschaft in den verschiedenen Diskursen seine Wirksamkeit zeigt und auf diese Weise die Funktion des Autors/der Autorin immer wieder neu legitimiert.

Literarhistorische Filmbiographien entwerfen mittels ihrer historischen und gleichermaßen symbolischen Autorfiguren einen massenmedial vermittelten Kanon literarischer Werke vor dem – oftmals pittoresken – Hintergrund kanonisierter politischer und kulturhistorischer Ereignisse. Auch versuchen sie dadurch, an der Konstituierung einer kollektiven Identität in den nationalliterarischen Diskursen mitzuwirken.[1] Letzteres wurde insbesondere an Filmen über den kämpferischen Autor als Soldaten, Rebellen und Revolutionär deutlich (Schiller, Forster, Körner, Büchner), gilt aber gleichermaßen für den Entwurf weniger heroischer als tragikomischer Figuren in den Kontexten nationaler ›Erbe‹-Diskussionen (z. B. Biopics der DDR, Cyrano-Verfilmungen etc.).[2] Andere Filme bedienen sich der Narrateme des devianten Künstlers, der von ›Wahnsinn‹ (Lenz, Hölderlin) oder Suchtkrankheit (Fallada) bedroht ist, wieder andere stellen den Autor in die kriminalistische Erzählung ein (Kafka, Hammett) oder projizieren seine Figur in die von ihm erschaffenen *possible worlds* des Märchens zurück (Brüder Grimm). Kaum eine Filmbiographie vermag dabei auf die Figur des Autors und Autorin als Liebende/r zu verzichten. Die alte Regel des Erzählkinos, *love and action* möglichst wirkungsvoll in der *story* miteinander zu verknüpfen, wie schon im ersten literarhistorischen Biopic über Poe und seine Ehetragödie (1909) zu beobachten ist,[3]

---

1 Vgl. zu diesem Zusammenhang die Beiträge in Bhabha (1990), Nation and Narration.

2 Zur DDR-Kulturpolitik vgl. Jäger (1994), Kultur und Politik in der DDR; zur französischen Debatte vgl. Hayward (1993), French National Cinema; zur englischen Monk und Sargeant (2002), British historical cinema: The history, heritage and costume film.

3 Vgl. auch Kap. 2.3.

wird zumeist eingehalten und hat sich als überraschend stabil bis hin zu den jüngsten Produktionen über Brentano oder Goethe erwiesen.[4] Jede der Filmbiographien strebt im Grunde an, Bedingungen und Kontexte des Schreibens und Lesens zu (re-)konstruieren und für das Publikum nachvollziehbar zu machen. Dabei bietet zudem kaum einer der Filme nur einen einzigen literarhistorischen Diskurs an; meist aber wird einer dieser Diskurse favorisiert und über spezifische Narrative dominant gesetzt.

Im jüngsten Beispiel, dem Biopic *Capote* (Bennett Miller, USA/CAN 2005), werden etwa drei dieser Narrative kombiniert und auf die Autorbiographie angewendet, um die Entstehung der Erzählung *In Cold Blood* (1966) zu rekonstruieren: 1.) Die Figur Truman Capote (Philip Seymour Hoffman) bedient das investigative Narrativ. Capote versucht sechs Jahre lang herauszufinden, wer von den beiden Verdächtigen aus welchen Motiven eine gesamte Familie in Holcomb, Kansas, getötet hat. Hierzu fährt er, als New Yorker Intellektueller skurril genug, wiederholt in den Mittleren Westen und vollzieht regelrechte Verhöre insbesondere des einen der beiden Verdächtigen im Gefängnis. Er spielt jenem Perry Smith (Clifton Collins Jr.) nur vor, ihm helfen zu wollen; stattdessen jedoch hält er sich aus den juristischen Vorgängen (Gnadengesuche etc.) vollständig heraus und nimmt die Hinrichtung der Täter billigend in Kauf, um seinen literarischen Text vollenden zu können. Diese Schuld ist Voraussetzung für seinen Erfolg als Autor; er handelt demnach innerhalb der Möglichkeiten des investigativen und nicht des caritativen Diskurses. Sowohl Capotes eigener Text als auch der Film über ihn arbeiten beide mit den Mitteln der Kriminalisierung und damit einhergehenden Entkriminalisierung, um den Täter teils zu markieren und teils zu versuchen, seine Tat plausibel zu machen. 2.) Capotes Alkoholabhängigkeit entwickelt sich fortlaufend als Ausdruck einer labilen Persönlichkeit, die durch den Schuldkomplex noch weiter befördert wird und das Ausbleiben von Folgewerken erklärt. Anstatt zu schreiben, trinkt er immer häufiger an der Schreibmaschine. Der literarische Erfolg kostet ihn mittelbar seine Gesundheit; er opfert sein Fleisch für die Kunst. 3.) Die deviante Sexualität des Autors, seine Homosexualität, die mythisch-stereotyp mit einer narzisstischen Persönlichkeit gepaart ist, erschwert es ihm, soziale Bindungen zu pflegen und die Zuwendung von Freundin Nelle Harper Lee (Catherine Keener) wertzuschätzen. Der Premierenerfolg ihres verfilmten Romans *To Kill a Mockingbird* (Robert Mulligan, USA 1962) führt bei Capote zum Kontrollverlust: Profilneurotische Selbstdarstellung und übermäßiger Alkoholkonsum führen zu einer der vielen Schaffenskrisen und übermäßigem Selbstmitleid; der Autor bleibt in Unglück und Einsamkeit gefangen. Die Kombination dieser drei dominanten Narrative

4 Auf die Ausnahme Zola wird in Kap. 5.2. eingegangen.

(Investigation, Suchtkrankheit, sexuelle Devianz) entwirft eine Existenz, die außerhalb der bürgerlichen Normen und Privilegien angesiedelt ist und vielmehr die Nachtseiten dieser Ordnung beleuchtet und an die Öffentlichkeit zerrt, mithin also den Auftrag des Intellektuellen in der Gesellschaft glaubwürdig erfüllt.

Dieser Film lässt sich nur schwer einem Genre zuordnen; er setzt sich zusammen aus Elementen des klassischen Biopic (z.B. die große Lesung aus dem unveröffentlichten Manuskript, einer sogenannten *trial scene*), des Thrillers (z.B. in den Sequenzen, in denen das rätselhafte Verbrechen in Rückblenden einmontiert wird), des Gerichtsfilms (z.B. in den Befragungsszenen des Verdächtigen in der Zelle) und des Melodrams (die unglückliche Dreier-Konfiguration zwischen Autor, Freundin und Freund und die Trinkerszenen). Das adäquate Genre eines Biopic bestimmt sich aus der Affinität der Handlung zu bestimmten gängigen *plots,* die sich wiederum aus konventionalisierten Narratemen zusammensetzen. So profitiert die Biographie der liebenden Autorin vom Erzählmodell der Romanze (komisch) oder des Melodrams (tragisch), die Biographie des Autors als Verbrecher vom Gerichtsfilm oder *film noir,* als Rebell oder Revolutionär vom militärischen Historienfilm usw. In neueren Filmen, etwa im oben genannten Beispiel *Capote,* aber auch in *Kafka* oder *Brothers Grimm,*[5] gerät genau diese Hybridität des Genres ihrerseits in den Fokus des Erzählten, denn es werden zahlreiche Narrateme zitiert und auf häufig überraschende Weise miteinander kombiniert, um mit immer neuen interessanten Varianten der Genre-Modellierungen – die sich zudem ebenso in den filmspezifischen Kontexten der Filmindustrie ereignen (Werbung, Begleitprodukte etc.) – die Aufmerksamkeit der Rezipienten zu erringen und zugleich das Genre umzuschreiben.[6] Das Genre ist demnach für die Produktion von Erzählungen genausowenig als eine vorgängige Kategorie wie der Autor, Regisseur oder Rezipient zu denken; vielmehr sind sie ›Effekt‹ ihres Handelns und zugleich ihrer funktionalen Benennung in den entsprechenden Diskursen. Als wirksam erweisen sich in den filmischen Autorschaftsnarrativen zum Teil immer noch die traditionsreichen Motive der Künstlerbiographik, wie sie Kris und Kurz als *Die Legende vom Künstler* beschrieben haben. Hierzu gehören die Anekdoten aus der Jugend eines Künstlers, die nicht »als *Vorgeschichte* im Sinne kausaler Abhängigkeit, sondern als *Vorzeichen*« für seine künftigen Leistungen gedeutet werden.[7] Darüber hinaus ist der Künstler mit einer Virtuosität

5 Vgl. Kap. 4.6., 4.9.

6 Neale (2000), Genre and Hollywood, S. 219; im Überblick: Berry-Flint (2004), Genre, sowie die Beitrage zu Genre-Konzepten in Braudy und Cohen (2004), Film Theory and Criticism, S. 657ff.

7 Kris und Kurz (1995), Die Legende vom Künstler, S. 37.

versehen, die das treffende Abbild der Wirklichkeit in seinem Werk als inneren Ausdruck seines Selbst und nicht als handwerkliches Kopieren der Umgebung erscheinen lassen; und es gilt eine grundsätzliche Überlegenheit des Künstlers gegenüber seiner Umwelt aufgrund seines Witzes, seiner Erfindungsgabe, seiner Sachkenntnis und auch der göttlichen Eingebung, die aus den antiken Quellen sowohl in die Novellistik der Renaissance als auch in die Künstlerbiographik, etwa von Vasari, übernommen wird.[8] In der späteren Entwicklung der Biographik formieren sich aus diesen Motiven der Künstlervita unterschiedliche Erzählmuster, die zu Beginn des 19. Jahrhunderts für die Kunstgeschichte mit spezifischen biographischen Autorentypen verknüpft sind, so etwa mit dem »Materialsammler«, dem »Historiker« oder »gelehrten Forscher« sowie dem »Erzähler«, der zwischen Faktischem und Vermutetem nicht streng trennen müsste oder gar »seiner Phantasie freien Lauf lassen dürfe«.[9] Mit dem letzteren Aspekt kann vor allem gemeint sein, das Leben eines Künstlers mit entsprechenden Narrativen zu korrelieren, was insbesondere in der populären Biographik zu Anfang des 20. Jahrhunderts kommerziellen und literarischen Erfolg hatte.[10] Das Narrative, dessen Begrifflichkeit das erzählerische Muster betont und im Unterschied zur Narration nicht so sehr den Prozess des Erzählens berücksichtigt, zeichnet sich vor allem durch seine Qualität der intertextuellen und/oder intermedialen Vernetzung aus. Dabei geht es nicht um die allumfassende – und das bedeutet, per se unmögliche – Wiederholung eines Erzählmusters, sondern um die Möglichkeit für die Rezipienten, dieses Muster wiederzuerkennen, darüber zu kommunizieren und, wie Bateson strukturalistisch formulierte, die »Relevanz« von »A und B, Teile oder Komponenten derselben ›Geschichte‹«, anzuerkennen.[11] Mit Ricœur lässt sich für diese Narrative der Anspruch einer (aristotelischen) Moral vermuten, wobei die Verknüpfung von Leben und Fiktion im Akt der Rezeption stattfindet (gedacht als eine Überschneidung: »intersection of the world of the text and the world of the reader«),[12] der wiederum von den Narrativen und anderen Umständen bestimmt ist. Narrative stiften

8 Vgl. ebd., S. 123f., 131ff., 139.

9 Zur Diskussion der Künstlerbiographik seit dem 18. Jahrhundert vgl. Hellwig (2005), Von der Vita zur Künstlerbiographie, S. 110f. Zur Gesamtschau auf die Entwicklung in der Geschichtswissenschaft vgl. Haehner (1999), Historische Biographik.

10 Für die Weimarer Republik sind insbesondere die Biographien von Emil Ludwig zu nennen. Ludwig legte als seine erste Publikation eine dreibändige Goethe-Biographie vor mit dem Untertitel »Geschichte eines Menschen« (1920), darauf folgten bald die Bestseller über *Napoleon* und *Wilhelm II.* (beide 1925). Populär waren diese und zahlreiche folgende Biographien vor allem aufgrund ihrer programmatischen Entheroisierung der ›großen Männer‹ und einer deutlichen Subjektivierung des Erzählers; vgl. Ullrich (2005), »Der Fesselndste unter den Biographen ist heute nicht der Historiker«.

11 Müller-Funk (2002), Die Kultur und ihre Narrative, S. 19.

12 Ricœur (1991), Life in Quest of Narrative, S. 26.

insofern Bedeutung, als sie räumliche und zeitliche Ordnungen vorschlagen oder auch zertrümmern, die Handlungslogik der Überwindung einer Krise zumindest aufrufen, wenn auch negieren, und nicht zuletzt mittels der Rezeptionsgemeinschaft innerhalb und außerhalb der Textgrenzen Identität evozieren oder diese auch als Kategorie infrage stellen. Die modernen Erzählweisen, die sich der traditionellen Geschlossenheit des teleologischen, heroischen Narrativs widersetzen (durch Fragmentierung, Delinearisierung, unzuverlässiges Erzählen, Polyperspektivität, Subjektivierung, Autoreflexion, Metafiktion u.a.m., was an die filmische Erzähltechnik anschließt),[13] schaffen zwar bisweilen neue Narrative, begnügen sich aber häufig auch mit der kritischen Umorganisation und Destruktion der überlieferten Muster. Diesem dialektischen Effekt verdankt sich die Konstanz einiger Narrative in der filmischen Biographik, deren einzelne Narrateme sich nur langsam in ihrer Relevanz füreinander ändern. Als übergreifende Tendenz kann jedoch für die literarhistorische Filmbiographie von einer ›Entheroisierung‹ des Subjekts ausgegangen werden, die im Zuge der modernen Subjektkritik nicht allein in einer anvisierten vagen ›Vermenschlichung‹ der Autoren zum Ausdruck kommt,[14] sondern sich im weiteren Sinn als Entlastung des Subjekts von seinem alleinigem Handeln und Verantworten darstellt.[15] An diese Stelle treten nun aber nicht mehr völkische oder sozialistische Gemeinschaften als alternative Ursprungsidee, sondern Sprache und deren Performanz in ihren Diskursformationen. Die Autorfigur vereinigt somit einzelne Narrateme auf sich im Sinne einer Autorfunktion,[16] die sich im filmischen Erzählen in genrespezifische Narrative integriert und diese zugleich organisiert. Im Folgenden werden fünf ausgewählte Narrative moderner Autorschaft diskutiert (ein juristisches, metonymisches, pathologisches, psychologisches und poetologisches), die sich um zahlreiche weitere Querschnitte durch die Diskurse und ihren adäquaten Genres ergänzen ließen. Wie diese Narrative in einzelnen Filmen realisiert sind und welche unerwarteten Vergleichsmöglichkeiten sich quer durch die Nationalliteraturen dadurch ergeben, weil die internationalen Verflechtungen der Produktionszusammenhänge, ihre interfilmischen und intermedialen Zitate und Referenzen, ihre epochenübergreifenden Paradigmen die biographischen Erzählungen dominieren, zeigen die folgenden Kapitel.

---

13 Müller-Funk (2002), Die Kultur und ihre Narrative, S. 29f.

14 Vgl. etwa Romein (1948), Die Biographie, S. 117: »Genau besehen handelt es sich nämlich um eine Herabminderung des Helden, wenn man ihn fleckenfrei reibt oder – noch extremer – ihn zu legendärer Grösse erhebt. Denn in seinen Fehlern – behalten wir eben dies alte Wort bequemlichkeitshalber bei, auch wenn es unsere Absicht nur mangelhaft ausdrückt – steckt ja ein Stück seiner Menschlichkeit, und gerade in dieser Menschlichkeit versteckt sich wiederum seine Bedeutung.«

15 Vgl. auch Taylor (2002), Rolle des Lebens, S. 60-66.

16 Vgl. Niefanger (2002), Der Autor und sein ›Label‹.

5.2. Autoren vor Gericht

In der Forschungsdebatte über historische Konzepte von Autorschaft wurde zuletzt auch der »Autor als Verbrecher« rekonstruiert. Steffen Martus geht davon aus, dass sich der Diskurs über den Autor auch als eine kriminalistische Figurenkonstellation beschreiben lässt, die den Autor zum Täter und den Philologen zum Detektiv macht, weil »die Philologie damit in sachlich und historisch bestimmbaren Zusammenhängen ihre Kompetenz markiert, etwas zu sehen, was andere Leser nicht sehen«.[17] (Stationen seiner Rekonstruktion dieses Diskurses sind u. a. Konzepte und ›Fälle‹ von Wieland, E. T. A. Hoffmann, Fontane, Ernst Jünger.) Die Erzählung in ihrer raum-zeitlichen Ausbreitung bemüht sich um Rekonstruktion und weckt dadurch Verständnis und Empathie für den Täter; sie macht seine Tat nachvollziehbar, die man ihm aufgrund plausibler Gründe nachsehen soll. Es gilt demnach, die Motive seines Handelns und Schreibens jenseits einer schlicht anzunehmenden ›kriminellen Energie‹ herauszufinden:

> »Lassen sich durch Temporalisierung Werk und Autor als Text- und Lebensgeschichte aufeinander abbilden, wodurch Autoren in einem tieferen und historisch bestimmten Sinn zu Tätern werden, so steckt in der Historisierung und Genealogisierung der Tat doch zugleich die mögliche Depotenzierung und Verantwortlichkeit, wenn die Schuld ganz oder teilweise auf die ›Umstände‹ übergeht. Sobald man die ganze Person ohne Unterscheidung des Wichtigen vom Unwichtigen, des Bedeutungsvoll-Perfekten vom Bedeutungslos-Imperfekten als Täter in den Blick rückt, beginnt man zugleich ihre Handlungsmächtigkeit zu beschneiden.«[18]

Der paradoxe Effekt jeder kriminalistischen Erzählung ist folglich ihr Wechselspiel zwischen der Kriminalisierung und Ent-Kriminalisierung. Deshalb wäre es auch zu kurz gegriffen, diesen Ansatz auf die filmische Narrativierung des Lebens und Werks von Autoren entsprechend einer Rekonstruktion einer eindeutigen Rollenzuweisung zu dem Autor als Täter und dem professionellen Leser/Zuschauer als Detektiv anwenden zu wollen. So zeigt sich zum Beispiel in Wim Wenders *Hammett* (USA 1982) ein Kriminalautor, der als ehemaliger Detektiv zwar gegen das organisierte Verbrechen ermittelt, zugleich aber selbst das eine oder andere Vergehen (mit einer Zwangsprostituierten) zu verantworten hat. Auf die literarhistorische Filmbiographie, die sich als hybrides Genre auch der Elemente aus den Genres des Kriminal- und Gerichtsfilms bedient, ist das Modell von Martus folglich nicht übertragbar, weil – so die naheliegende These – der Reiz der Filme gerade darin besteht, dass die porträtierten Autoren ihre Positionen in der Figurenkonstellation wechseln. Sie sind meist

17 Martus (2002), Der Autor als Verbrecher, S. 407.
18 Ebd., S. 421.

beides, Täter und Detektiv, Kläger und Beklagter in einer Figur. Dies wird in den folgenden Stichproben aus dem Filmkorpus deutlich werden. Das Narrativ des Autors im kriminalistischen und mithin juristischen Diskurs umfasst stets die Möglichkeiten des Anklagenden und Angeklagten, in die der Autor während seiner Lebensgeschichte sich hineinbegeben oder auch hineingeraten kann.[19]

Unterscheiden sich Kriminalfilm und Gerichtsfilm mittels der verschiedenen narrativen Akzentsetzung, so nimmt es die hybride Filmbiographie auch hier nicht genau.[20] Mitunter benutzt sie den Topos des jüngsten Gerichts, um etwa über die moralische Integrität (»großer Poet oder ebenso großer Schurke«) des Lord Byron zu urteilen (*The Bad Lord Byron,* David MacDonald, GB 1949). Die Gerichtsszenen haben in diesem Film vor allem narrativ-seqenzierende Funktion, weil von dort aus in Rückblenden die Ehegeschichte mit Lady Lamb aufgerollt wird. Allerdings fragt nicht jeder Gerichtsfilm nach dem ›*Whodunit*‹, sondern entscheidet über Schuld und Unschuld und schildert insbesondere den Weg zur Entscheidungsfindung in einer zumeist finalen Gerichtsszene (als Ort und Zeit der Entscheidung),[21] während der Kriminalfilm nicht in jeder seiner Varianten nach Schuld und Unschuld fragt, dafür aber keinen Täter unmarkiert aus dem Geschehen entlässt; hier ist die Szene der Entscheidung die Tat/das Verbrechen selbst, das bisweilen gezeigt oder auch ausgespart wird – je nach Akzentuierung der Leerstelle. Hieraus leitet sich – nur sehr grob skizziert – auch die jeweilige Beteiligung des Publikums durch die entsprechenden Erzählkonventionen ab. Handelt es sich beim Kriminalfilm um ein verrätseltes Suchschema, in dem es psychologische und die Handlungslogik betreffende Leerstellen zu füllen gilt (wer hat was warum getan), lädt der Gerichtsfilm zum moralischen Engagement ein, sodass das Publikum zu einer erweiterten Geschworenenbank wird und über Schuld und Unschuld sowie die Angemessenheit der Strafe befinden kann. Hierzu motivieren beispielsweise entsprechend dominant gesetzte halbnahe Einstellungen auf die beteiligten Hauptfiguren, während im

---

19 Kaum überraschend ist, dass der Autor als Verbrecher nicht in jedem Fall in das Genre des Kriminal- oder Gerichtsfilms eingepasst wird: Steht seine Schuld/Unschuld oder, je nach Fall, auch die seines Umfelds nicht mehr zur Debatte, nutzt die Filmbiographie auch nicht die Elemente des Kriminal- und Gerichtsfilms. Hierzu gehören etwa die Filme über den Marquis de Sade (*Quills,* Philip Kaufman, USA/D/GB 2000; *Sade,* Benoît Jacquot, F 2000), der als verurteilter Verbrecher mit den Widrigkeiten seiner Haftbedingungen zu kämpfen hat: Sein Schreiben wird als gleichsam unheilbare Triebtäterschaft dargestellt; vgl. auch den Aufsatz von Albert, worin jedoch von »Literaturverfilmungen« die Rede ist: Albert (2003), »Folge Deiner Lust« – Libertinage und Gewalt in Sade-Verfilmungen von 1952 bis 2001.

20 Wie wenig genau die Gerichtsfilme in ihren unterschiedlichen Formen es selbst nehmen, zeigt Kuzina (2000), Der amerikanische Gerichtsfilm, S. 71ff.

21 Vgl. ebd., S. 49.

Kriminalfilm vor allem auch die gekonnt gesetzten Schnitte und deren Interpretation große Aufmerksamkeit erfordern (was nicht heißen soll, dass die Montage im Gerichtsfilm nicht von Interesse wäre).

Setzt man nun den Autor schlicht als Täter in eine solche literarhistorische Erzählung ein, könnte der Schreibakt als sein Verbrechen gedeutet werden, das Drehbuchautor und Regisseur als professionelle Interpreten einer filmischen Investigation und Urteilsfindung unterziehen. Was aber, wenn dieser Schreibakt selbst eine Anklage formuliert, die für die Unschuld eines Beklagten plädiert, was dazu führt, dass der Autor deshalb selbst angeklagt wird, vor dem Urteil ins Exil flüchtet und schließlich doch rehabilitiert wird, weil ihm die Geschichte über die Jahre ›Recht‹ geben wird? Was aber, wenn ein Kläger, der seine moralische und juristisch relevante Verleumdung in den Griff bekommen möchte, plötzlich selbst zum Angeklagten wird, über dessen Schuld verhandelt wird, sodass die Gerichtsszene – wie auch im ersten Fall – zum dramatischen Höhepunkt des Films gerät? Was aber, wenn ein Autor den rätselhaften Tod seines Freundes aufklären will und dabei selbst in die Mühlen einer undurchschaubaren Kriminalistik gerät, was zwar die Verdachtsmomente bestärkt sowie ein anarchisches Verbrechen des Autors für die Opfer provoziert, sich aber letztlich als folgenlos für den Autor und seine Gesellschaft erweist? Unschwer lassen sich an diesen drei ›Fällen‹ die Plots der Filme über Zola, Wilde und Kafka erkennen, auf die im Folgenden näher eingegangen wird. Obgleich die Filme Partei ergreifen für die Figur des Autors, ihn also weniger ›überführen‹ als ›verteidigen‹ wollen, engagieren sie sich jedoch weder trennscharf bei der Verbrechensaufklärung noch bei der Urteilsfindung: Sie zeigen vielmehr vor literarhistorischem Hintergrund die Dependenz beider Bereiche und ihre diskursive Verquickung. An den Beispielen ihrer exponierten Protagonisten soll deutlich werden, wie die Narrative des juristischen Diskurses vor den Augen des Kinopublikums ablaufen.

Der Prozess gegen Émile Zola ist zweifellos der bekannteste und älteste Fall aus dem juridischen Repertoire der filmischen Autorenbiographik. Der ›eigentliche‹ Fall des jüdischen Majors Alfred Dreyfus, der 1894 wegen Landesverrats zu Unrecht verurteilt, aber erst 1906 rehabilitiert wurde und für den sich Zola engagierte, genoss im Frankreich der Dritten Republik die höchste politische, mediale und intellektuelle Aufmerksamkeit. Zwischen 1930 und 1958 entstanden dann vier Zola-Filme, die alle die Dreyfus-Affäre und die Verwicklung des Autors darin erzählen. Zwei dieser Filme, der 1930 von Richard Oswald gedrehte deutsche Spielfilm und der 1937 von William Dieterle gedrehte amerikanische Spielfilm bieten sich für einen kurzen Vergleich besonders an, weil es sich bei beiden

Filmen um ein ›klassisches‹ – und das bedeutet ein nach der biographischen Entelechie organisiertes, narrativ geschlossenes – Biopic handelt, das in einem Fall die Figur des Alfred Dreyfus und im anderen Fall den Autor Émile Zola als Titelfigur einsetzt.[22] Beide Filme haben ein nationalpolitisches Interesse: So muss es von Oswald als ein, wie schon in Kap. 4.1. kurz erwähnt, außergewöhnliches und mutiges Projekt gelten, sich im zunehmend nationalistischen und antisemitischen Klima der fragilen Weimarer Republik zugunsten des Engagements von Zola auszusprechen und die Verurteilung des Juden Dreyfus als Akt willkürlicher Rechtsprechung selbst noch einmal zu verurteilen. Der amerikanische Film des deutschen Regisseurs Dieterle, der 1930 nach Hollywood wechselte und mit einer Serie von Biopics berühmt wurde,[23] ist als Plädoyer für den mutigen Intellektuellen zu interpretieren, den es im faschistischen Deutschland vor und nach der Machtergreifung durch die Nationalsozialisten nicht gegeben hat und der womöglich der Willkür der faschistischen Diktatur noch Einhalt hätte gebieten können. Aber auch jenseits des biographischen Aspekts, hier Bezüge zwischen dem im Exil arbeitenden deutschen Regisseur und seinem Sujet herstellen zu wollen, fällt an den Biopics von Dieterle die Tendenz auf, die Charaktere großer Männer zu radikalisieren, indem sie sich rückhaltlos ihren Erfindungen oder dem Dienst am Nächsten bzw. an der Gesellschaft hingeben;[24] Konflikte dabei, zwischen individuellen und öffentlichen Bedürfnissen abwägen zu müssen, entstehen somit erst gar nicht (was zum Verzicht auf den Liebesplot führt). Die missliche Lücke des Biopic eines amerikanischen Nationaldichters, der sich ähnlich wie Zola für die Diskurse der Freiheit und Gerechtigkeit instrumentalisieren ließe, schloss Irving Rapper erst 1944 mit seinem Film *The Adventures of Mark Twain.* Dieser Film teilt mit dem Zola-Film nicht nur den ehemaligen Assistenz-Regisseur, denn Rapper hatte die

Zola in der genretypische Halbnahen vor der Geschworenenbank, gespielt von Paul Muni, in *The Life of Emile Zola* (William Dieterle, USA 1937), Quelle: VHS-Edition

22 *Dreyfus* (Richard Oswald, D 1930); *The Life of Emile Zola* (William Dieterle, USA 1937).

23 Weitere Biopics von Dieterle behandeln das Leben von Pasteur (*The Story of Louis Pasteur,* USA 1935), Benito Juarez (*Juarez,* USA 1939), Paul Ehrlich (*Dr. Ehrlich's Magic Bullet,* USA 1940), Paul Julius Reuter ('USA 1940). Die Rollen von Zola, Juarez und Pasteur spielte Paul Muni, die von Ehrlich und Reuter dann Edward G. Robinson.

24 Vgl. Custen (1992), Bio/Pics: How Hollywood Constructed Public History, S. 211.

Dialogregie bei *The Life of Emile Zola* geführt, sondern auch den erfolgreichen Filmkomponisten Max Steiner, so dass beide Dichterfilme mit einem ähnlichen ›Sound‹ überzeugen.[25]

Der Film *Dreyfus* von Richard Oswald bedient sich zum einen der später obligatorischen Elemente des Biopic (z.B. der Montagesequenzen und der Redeszene vor Publikum) und zum anderen der des Gerichtsfilms (im Vorspann benennt er sich selbst jedoch als »Spionagefilm«). Die teleologische Anlage des Films präsentiert Zolas einzigen Lebenszweck – der Dichter tritt genau zur Mitte des Films auf und besetzt die Peripetie *(plot point),* nämlich mit dem Verfassen seiner Artikels »J'accuse…!« und in der Aufopferung für das Opfer des »Justizmordes«, Dreyfus (Fritz Kortner), indem er an dessen Stelle tritt und sich selbst einem Prozess unterzieht, weil er wegen übler Nachrede und Rufschädigung angeklagt wird. Zola (Heinrich George) wird zu einem Jahr Gefängnisstrafe und einer Geldstrafe von 3000 Francs verurteilt, flüchtet aber noch kurz vor der Urteilsverkündung im Juli 1898 nach London. Die Substitution von Dreyfus durch Zola wird vor allem in der identischen Inszenierung des Gerichtssaals, in dem die Prozesse gegen den Offizier und den Schriftsteller geführt werden, sichtbar. An der Wand hinter der Richterbank hängt ein überdimensionales Gemälde mit Jesus am Kreuz, sodass die Wiederholungsstruktur des Juden (Dreyfus), der für die Christenheit (das französische Militär) geopfert wird, damit in einem *mise en abyme* verdichtet ist. So wie Dreyfus den Satz »Ich bin unschuldig« unzählige Male wiederholt, betont Zola seinen Dienst an der »Wahrheit und Gerechtigkeit« immer wieder. Das zirkuläre Moment der Substitution (Zola für Dreyfus für Jesus Christus für alle Christen) entspricht dem zirkulären Schriftverkehr in der gesamten ›Affäre‹: Ein Bote bringt Papiere mit wenig spektakulären Neuigkeiten von dem wahren Verräter Major Esterhazy in die deutsche Botschaft; dort holt ein Dienstmädchen die verworfenen Zettel aus dem Papierkorb und bringt sie ins französische Kriegsministerium zurück, für dessen Gegenspionage sie arbeitet. Die Identität des Verräters ist nur über seine Handschrift im sogenannten *bordereau* (einer Auflistung geheimer Projekte) zu ermitteln, wozu sich die bestellten Gutachter im Laufe der verschiedenen Verfahren gegen Dreyfus und Esterhazy widersprüchlich äußern. Verurteilt zu Degradierung und lebenslanger Deportation wird Dreyfus jedoch lediglich auf der Basis eines »Geheimdokuments«, das dem Gericht erst rechtswidrig nach Abschluss der Beweisaufnahme vorgelegt worden war. Wie sich sehr viel später herausstellt, wird in diesem

---

25 Steiner prägte mit seinen Kompositionen maßgeblich den Stil der ›klassischen‹ Hollywood-Filmmusik (u.a. für *King Kong,* 1933, *Jezebel,* 1938, *Gone with the Wind,* 1939, *Casablanca,* 1942, u.v.a.). Dieterle arbeitete mit Steiner auch für seine Biopics über Ehrlich und Reuter zusammen.

Dokument eine »Kanaille D.« erwähnt;[26] der hermeneutische Zirkel als Interpretationsmethode des Gerichts führt zu dem Ergebnis, dass es sich hierbei um Dreyfus handeln muss (was später von Journalisten und den wenigen Dreyfus-freundlichen Militärs sowie Zola bezweifelt wird). Zolas schriftstellerisches Engagement hingegen ist für die filmische Erzählung mitnichten an seine Handschrift gebunden; vielmehr spricht er sogar ›wie gedruckt‹, wenn er sich an die jungen Menschen im Café wendet und scheinbar spontan zu ihnen über »Recht, Gerechtigkeit und Wahrheit« spricht (00:47:35), obgleich er aus seiner Broschüre *Lettre á la jeunesse* (1897) zitiert, was somit einer obligatorischen *trial scene* des Biopic-Genres entspricht. Zolas Artikelserie im *Figaro* für Dreyfus und gegen den grassierenden Antisemitismus, aber vor allem auch gegen die nationalkonservative Zeitung *La Libre Parole* von Edouard Drumont, wird im Film erst gar nicht erwähnt. Alles läuft auf den Druck seines Artikels »J'Accuse...! Lettre au président de la république« in der Zeitung *Aurore* vom 13.1.1898 hinaus, der jedoch nicht – wie andere montierte Titelseiten zur Indizierung der Chronologie – als Druckerzeugnis gezeigt wird.[27] Der Wendepunkt, an dem der Autor als moralischer Kläger zum juristisch Beklagten wird, ist demnach ein Effekt dieses performativen Sprechakts »Ich klage an«.[28] Das Druckbild der 300.000 Exemplare starken Auflage dieser Zeitungsausgabe enthält die Möglichkeit einer autoreferentiellen Lesart auf dem Titelblatt: »J'accuse...!« Bereits am Ende des Artikels, den Zola dem Herausgeber der Zeitung, Georges Clemenceau, vorträgt, formuliert der Autor bereits seine Erwartung, dass ihm ein Schwurgerichtsprozess wegen Verleumdung gemacht werden würde; die drei Punkte als typographische Leerstelle »J'accuse...!«,[29] die den elliptischen Satzbau mit dem transitiven Verbum *accuser* unterstreicht, verweist demzufolge auf die denkbaren Objekte der Anklage, wozu auch das selbstreflexive Pronomen »mich« gehören kann. Die grammatische Struktur enthält so immer schon das narrative Potential des Klagenden und gleichermaßen

26 Bei Korn wird erläutert, dass es sich hierbei um den unbeteiligten Kartographen Dubois handelt, der für jeweils 10 Francs Kartenmaterial geliefert hatte; die Quittungen darüber waren vom Kriegsminister entfernt worden, weil die geringen Summen den vermögenden Dreyfus eher ent- als belastet hätten; vgl. Korn (1980), Zola in seiner Zeit, S. 359f.

27 Zola publizierte schon bald seine Artikel, die er während der Affäre für den *Figaro* geschrieben hat, noch vor seiner öffentlichen Anklage in *Aurore* in Buchform: Zola (1897), Humanité, vérité, justice. L'affaire Dreyfus. Lettre à la jeunesse.

28 Dramaturgisch parallel zu diesem Handlungsstrang entwickelt sich die Entlarvung des wahren Täters Major Esterhazy, der zunächst Klage gegen Matthieu Dreyfus, den Bruder des Verurteilten, wegen Verleumdung erhebt, dann aber selbst wegen des Verdachts auf Landesverrat angeklagt wird; später gesteht er in einem Zeitungsartikel aus London, dass er der Autor des *bordereau* gewesen sei.

29 Vgl. die Abbildung der Titelseite in Korn (1980), Zola in seiner Zeit, Abb. 64, sowie die Teilübersetzung des Artikels, S. 376.

Beklagten. Im Vordergrund der filmischen Erzählung steht dabei nicht etwa interpretatorische Kompetenz der Philologen, Kritiker oder Filmschaffenden, sondern die des Autors selbst: Er interpretiert die Aktenlage, die Handschriftenproben, die »Geheimdokumente« und kommt zu dem Schluss, dass Dreyfus unschuldig ist und er sich selbst deshalb im Sinne des Rechtsstaates, dem nicht mehr zu trauen ist, schuldig machen muss, weil er nur so den Unschuldsbeweis erbringen kann und vor allem die Re-Vision – im filmisch-wörtlichen wie narrativ-juristischen Sinn – des Dreyfus-Prozesses vorantreiben kann.

Obgleich der Zola-Film vom Dieterle sich ebenfalls der Elemente des Gerichts- und Spionagegenres bedient und viele Einstellungen und Szenen gänzlich parallel zum Film von Oswald umgesetzt sind, so dass man davon ausgehen kann, dass Dieterle den Vorgängerfilm gut kannte und sich an ihm orientierte,[30] ist diese Version von Anfang an als Künstlerfilm markiert. In den ersten sieben Minuten gibt dieser Film die große Oper mit symphonischer Ouvertüre von Steiner, stellt er doch seine Exposition in den Beginn von *La Bohème* von Giacomo Puccini (1896) ein, eine Oper des Verismo, die ihrerseits auf Henry Murgers zumeist autobiographisch interpretierten Roman *La vie de Bohème* (1851) zurückgeht. Nicht der Maler Marcello und der Schriftsteller Rodolfo frieren hier in der Mansarde im Paris der 1830er Jahre (und heizen den kleinen Ofen mit Büchern),[31] sondern das Freundespaar des noch unbekannten Malers Cézanne und ebenso darbenden Autors Zola im Jahr 1861 (die sich des gleichen Heizmaterials bedienen). Auch nicht die arme lungenkranke Nachbarin Mimi, die sich in Rodolfo verlieben wird, klopft dann an die Tür und bittet symbolträchtig darum, ihre Kerze anzünden zu dürfen; vielmehr erscheinen Zolas Mutter und seine zukünftige Frau Alexandrine, um ihm die frohe Nachricht zu bringen, dass er fortan als Angestellter in der Buchhandlung arbeiten könne und die existenzielle Krise nun ein Ende nähme. An diesem Punkt löst sich die mediale Interferenz von Oper und Literaturgeschichte auf, und der Film folgt seinem eigenen hybriden Plot, um schließlich in das Gerichtsnarrativ zu münden.

---

30 So etwa die Verhaftungs- und Überführungssequenzen mit Dreyfus sowie seine öffentliche Degradation. Drehbuchvorlagen und -autoren sind jedenfalls nicht identisch.

31 Die Regieanweisung des Librettos, die *mise en scène* der Mansarde betreffend, kann zugleich als Beschreibung der Ausstattung in der ersten Filmsequenz gelesen werden, wenn sie auch nicht in jeder Einzelheit übereinstimmt: »Durch ein großes Dachfenster übersieht man eine Menge von Giebeln, Dächern, Kaminen, alles im Schnee. Links im Zimmer ein Kaminofen. Ein Tisch, eine kleine Kommode, ein Bücherschrank, vier Stühle, eine Staffelei und ein Bett. Bücher und Papiere liegen verstreut umher. Auf dem Tische zwei Leuchter. Das Zimmer hat hinten und seitlich eine Türe.« Puccini (o.J.), Die Bohème. Szenen aus Henry Murgers »Vie de Bohème« in vier Bildern, deutsch von Ludwig Hartmann, S. 4.

Zola (Heinrich George) vor Gericht wendet sich an die Geschworenen in *Dreyfus* (Richard Oswald, D 1930), Quelle: Deutsche Kinemathek

Der finale Gesetzeskonflikt wird durch Probleme vorbereitet, die Zola (Paul Muni) mit seinem Chef in der Buchhandlung hat, weil er sich in seinen journalistischen Arbeiten gegen soziale Missstände und politische Unrechtmäßigkeiten engagiert, was ihn sogar seinen Arbeitsplatz riskieren lässt, obwohl er und seine Frau kaum noch ihr Auskommen haben (00:10:30); auch die Rettung jener Prostituierten, die Vorbild der Romanfigur Nana werden soll, ist eine Aktion auf der Grenze der Legalität, weil Zola sie bei einer Razzia mit einer Lüge vor dem Zugriff der Polizei schützt. Die spätere Parteinahme für Dreyfus (Joseph Schildkraut) erscheint jedoch auch als eine Art der Selbstrettung, scheint doch Zola seinem alten Jugendfreund Cézanne (Vladimir Sokolov) mittlerweile zu etabliert, »too famous and too fat«, zu sein. Den Weg zurück jedoch in die alten Tage der rebellischen Bohème gibt es nicht: »You can never go back to it, and I never left.« (00:34:40) Sich gegen die Ungerechtigkeit, die Dreyfus widerfuhr, einzusetzen, erinnert somit auch an den Mut und die idealischen Ziele des jungen Zola und überwindet die Saturiertheit des etablierten Vielschreibers und Großverdieners. Als schließlich noch die Aufnahme in die Académie Française winkt, scheint seine Autorenexistenz vollendet: »Now there's nothing left for me to desire.« (01:07:30)

Der nun einsetzende innere Wandel des Autors vollzieht sich am Schreibtisch (psychologisch expressiv mit großer Musik untermalt), als er, nachdem er Madame Dreyfus zunächst abgewiesen hatte, mit sich ins Gericht geht und sich dabei gegen die Académie und für einen offenen Brief an den Präsidenten der Republik entschließt: »J'accuse…!« Der Artikel wird als Rede des Autors inszeniert *(trial scene)*, die er dem Zeitungsverleger, Madame Dreyfus und den Arbeitern des Verlags vorträgt. Die häufigen halbnahen Einstellungen in dieser Szene beziehen genauso das Filmpublikum in dieses Auditorium mit ein. Im Anschluss daran wird nun die Titelseite während ihrer Herstellung gezeigt: Die typographische Leerstelle der drei Platzhalter-Punkte impliziert in dieser Variante deshalb auch visuell noch die Möglichkeit, dass sich die Anklage gegen den Autor wendet. Diese lässt nicht lange auf sich warten, denn unmittelbar nach dem Erscheinen des Artikels erhält er eine Vorladung: »You are accused…«, beginnt der Autor einen Satz in diesem Schreiben seiner Frau vorzulesen, den der Richter dann in der mit einer Überblendung angeschlossenen Gerichtsszene weiterführt: »…of having in a newspaper article« etc. (01:23:20). Zola rechnet nicht nur mit einer Anklage – »J'attends,« lautet der Schlusssatz des Artikels –, sondern er hat sich ausdrücklich selbst dafür entschieden, wie er in der fast fünfminütigen Rede an die Geschworenen als »Repräsentanten der Nation« betont: »I am here because I wished. I alone have chosen you as my judges.« (01:48:00) Der Autor ist keinesfalls Opfer des Rechtsstaates wie Dreyfus, sondern soll sich als autonomes Subjekt behaupten können. Weil diese Variante der Zola-Biographik das Engagement für Dreyfus als individualistischen Selbstfindungsprozess erzählt, nährt sich dieser Film auch nicht von der zirkulären Bewegung des Handschriften-Verkehrs und insbesondere nicht von der Substitution, worauf die symbolische Verkettung des Martyriums jener Figuren Jesus Christus/Dreyfus/Zola/Jesus Christus basiert. Zola will sich nicht primär für Dreyfus opfern, sondern zurück zu seinen Wurzeln intellektueller Identität gelangen. Folgerichtig erscheint die Ikone des Gekreuzigten erst ganz am Ende der Gerichtssequenz, indem die Kamera nach oben schwenkt und auf einem hoch hängenden Christusgemälde kurz stehen bleibt (01:55:00); die Syntax dieser Kameraführung entspricht wiederum einer elliptischen Figur, denn auf diese Weise macht sie offensichtlich das Angebot, die drohende Leere nach der (Ver-)Handlung symbolisch zu füllen. Obgleich die Filme von Oswald und Dieterle den Liebesplot für Dreyfus jeweils nur andeuten, für Zola jedoch weitgehend aussparen, inszeniert der Film von Dieterle die Figur der Lucie Dreyfus dennoch als Zeugin im Prozess gegen Zola. Auch ist ein Brief an ihren Ehemann, den sie ihm zusammen mit einer Shakespeare-Anthologie und dem Roman *Paris* von Zola auf die Teufelsinsel schickt, das einzige handschriftliche

Dokument, das in der Kadrage des gesamten Films gezeigt wird. Bezeichnenderweise ist auch dieser Brief durchsetzt von graphischen Leerstellen, sodass der unschuldige Major und das Publikum aufgefordert sind, die von der Zensur geschwärzten Stellen zu ergänzen. Insgesamt lässt sich deshalb für Dieterles biographische Erzählung weniger vom Prinzip der zirkulären Verschiebung als von dem der jeweils elliptisch notwendigen Ergänzung sprechen.

Aufgrund der voneinander abweichenden Zentrierung der jeweiligen Hauptfiguren Dreyfus oder Zola erweist sich das narrative Prinzip der biographischen Entelechie in beiden Biopics als außerordentlich verschieden: Während Dreyfus' Bestimmung in seinem Opfer für die moralische Rekonstitution der französischen Republik lag, weil anhand seines Schicksals und in seinem Namen die entscheidenden Werte eines demokratischen Rechtssystems verhandelt wurden, ist die Figur und der Fall Dreyfus aus der zentralisierten Perspektive auf den Autor Zola hingegen ein willkommener Anlass, die eigene Bestimmung noch einmal zu überdenken. Nur so findet Zola auf den ›rechten‹ Weg der intellektuellen und moralischen Verantwortung für die Unterdrückten und Benachteiligten Frankreichs zurück, um auf diese Weise dem Telos des Autors als Mahner und Kritiker zu folgen. Beiden Filmen, das dürfte ebenfalls deutlich geworden sein, ist jedoch das Prinzip gemeinsam, dass der Autor sowohl Kläger als auch Beklagter ist, auch wenn im ersten Fall der Autor den unschuldigen Verbrecher ersetzt und im zweiten Fall der unschuldige Verbrecher das Leben des Autors sinnfällig ergänzt.

Einem solchen Prinzip des Positionswechsels folgen auch die Filmbiographien über Oscar Wilde, die zu einer regelrechten »Industrie« der englischen Populärkultur gehören, welche aus dem legendären Ruf seines ungewöhnlichen Lebensstils ihre Gewinne zieht.[32] Auch in diesem Fall ist die Rezeptionsgeschichte des wahren ›Falles‹ lang und intensiv, insbesondere auch deshalb, weil Wildes Lebenslauf den dramatischen Spannungsbogen des tragischen *rise and decline* ungewöhnlich deutlich aufweist: Durch die Prozesse 1895 stürzt er von seiner gesellschaftlichen und literarischen Höhe in die Tiefe von Zuchthaus und Zwangsarbeit ab, wovon er sich bis zu seinem frühen Tod 1900 nicht mehr erholen sollte.[33] Vorlage für die privaten Szenen in dem Film *The Green Carnation* (für den US-Markt: *The Trials of Oscar Wilde;* Ken Hughes/Irving Allen, GB 1960) waren die Biographie von H. Montgomery Hyde und das Drama *The Stringed Lute*

32 Varty (1998), A Preface to Oscar Wilde, S. 40; zitiert aus Stetz (2000), Oscar Wilde at the Movies, S. 90.

33 Vgl. Schmid (1994), Vom hohen Niveau des blauen Porzellans.

von John Furnell.[34] Der Film *Oscar Wilde* (Gregory Ratoff, GB 1960) aus demselben Jahr hatte für sein Drehbuch auf ein Künstlerdrama von Leslie und Sewell Stokes zurückgegriffen, in dem der Hauptdarsteller Robert Morley bereits 1938 auf der Theaterbühne die Titelrolle gespielt hatte. Der bisher letzte Film *Wilde* (Brian Gilbert, GB 1997) kann ebenfalls im Kontext einer Reihe neuer Künstlerdramen gesehen werden, die sich der Figur Wildes annehmen und durchaus experimentierfreudiger und wohl auch poetologisch reflektierter mit dem biographischen Stoff umgehen, als die recht konventionelle, jüngste Filmbiographie dies tut.[35]

Allen Dramen und Filmen gemeinsam ist der juristisch dokumentierte *plot,* dass die Verleumdungsklage, die Oscar Wilde gegen John Sholto Douglas, den Marquess of Queensberry, anstrengt, sich gegen ihn selbst wendet:[36] Will er die Klage gegen den Vater seines Geliebten, Lord Alfred »Bosie« Douglas gewinnen, muss er seine Homosexualität, seine Promiskuität und den Umgang mit Strichjungen leugnen. Obzwar er den Prozess verliert und der Fall damit abgeschlossen sein könnte, ist an der Verfolgung dieser Verbrechen immerhin der Krone gelegen, so dass der Staatsanwalt wegen des Verdachts auf »acts of gross indecency« (widernatürliche Unzucht) ermittelt und Klage erhebt. Kann sich das Gericht im ersten Prozess nicht auf ein Urteil einigen, verständigt es sich im zweiten Prozess am letzten Verhandlungstag, dem Geburtstag der Königin Victoria am 25.5.1895, auf eine Strafe von zwei Jahren Zuchthaus bei schwerer Arbeit.

Die beiden frühen Wilde-Filme, die beide im Jahr 1960 herauskamen, haben ein gemeinsames Anliegen, wie Stetz überzeugend aufzeigt: In den 1950er Jahren galten noch immer jene Unzuchts-/Sodomie-Paragraphen aus dem Jahr 1885, nach denen Oscar Wildes Fall verhandelt und verurteilt wurde. Der sogenannte »Wolfenden-Report« von 1957, der auf eine Regierungsinitiative zurückging, hatte das Ziel, private homosexuelle Praktiken zu entkriminalisieren, wenn sie dem ›öffentlichen Wohl‹ nicht entgegenstünden.[37] Allerdings trug die öffentliche Meinung diese Bestrebungen nicht mit, so dass Kultur- und Filmbetrieb eine Chance auf Veränderung der Gesetzgebung darin sahen, diese öffentliche Meinung zu beeinflussen.

---

34 Vgl. Aquino (2005), Truth and Lives on Film, S. 100.

35 Vgl. Krämer (2000), Der Dichter als tragischer Held und Ideenträger, S. 286ff. Bei diesen neueren Dramen handelt es sich um David Hares *The Judas Kiss* (1998), Moisés S. Kaufmans *Gross Indecency. The Three Trials of Oscar Wilde* (1997), Tom Kilroys *The Secret Fall of Constance Wilde* (1997) und Tom Stoppards *The Invention of Love* (1998). Terry Eagletons Drama *Saint Oscar* war schon 1989 erschienen. Im selben Jahr wie der Film erschien auch die Photo-Biographie Oscar Wildes *(The Wilde Album),* die sein einziger Enkel Merlin Holland erstellt und publiziert hatte.

36 Vgl. die vollständig edierten Gerichtsakten in Holland (2004), Irish Peacock & Scarlet Marquess: The Real Trial of Oscar Wilde.

37 Vgl. Stetz (2000), Oscar Wilde at the Movies, S. 94.

Die Absicht, die homophoben heterosexuellen Zuschauer zugunsten einer Gesetzesreform umstimmen zu wollen, gehen jedoch die beiden Filme auf sehr unterschiedliche Weise an: Der Film *Oscar Wilde* von Gregory Ratoff holt den Fall Wilde aus dem juristischen Diskurs heraus und betont vor allem dessen psychologische Aspekte: Der Homosexuelle ist nur bedingt für seine Neigung verantwortlich, denn er handelt triebgesteuert und kann deshalb höchstens moralisch, aber nicht juristisch belangt werden. Dieser Oscar Wilde beteuert wiederholt seine eigene Schuld (im prägnanten *voice-over* »And so I blame only myself.«) und will in der Gesellschaft vor allem nicht provozieren oder gar die Toleranz seines Umfeldes strapazieren; die homosexuelle Emanzipation wird so über Empathie des Publikums für die schuldlose Abnormität befördert, die mit juristischen Mitteln nicht zu korrigieren sei. Der zweite Film, *The Green Carnation* von Ken Hughes und Irving Allen, setzt auf die Strategie der Verharmlosung. Wilde kann sich keines Vergehens oder Verbrechens schuldig gemacht haben, weil er nichts anderes tat als tausende andere viktorianische heterosexuelle Ehemänner auch, nämlich ihre Frauen zu betrügen und ein – in der Doppelmoral der Zeit legitimiertes – sexuell von Familie und Ehe unabhängiges Leben zu führen. Zu diesem Zweck werden sowohl die provokanten Seiten des ästhetizistischen Bürgerschrecks Wilde negiert als auch seine Neigung, zwischen familiärer Häuslichkeit mit Constance und den zwei Söhnen einerseits und der zum Teil durch die *amour fou* zu Douglas beförderten Kontakte zur kriminellen Halbwelt mit Prostitution und Erpressung andererseits seine Abenteuer zu suchen. Insoweit erweist sich in dieser Variante nicht der Homosexuelle als Bedrohung für die gesellschaftliche Ordnung, sondern der unkontrolliert cholerische Homophobe, der für die Verfolgung des harmlosen Liebhabers seines Sohnes mehrfach die Gesetze bricht und der eigentliche Verbrecher ist.[38] Unnötig ist zu vermerken, dass die beiden Filme zur Realisierung ihrer Absichten, die historische Figur Wilde entsprechend zu interpretieren, sich nicht an die Faktenlage halten (wie dies kaum je ein Biopic getan hat), sondern Szenen und Einstellungen erfinden, die der moralischen Wertung der ›abnormen‹ Verhaltensweisen dienen (Begegnungen zwischen Theaterdirektor und Autor, um gemeinsam einen Skandal zu verhindern; rührende Abschiedsszenen zwischen Wilde und seiner Ehefrau vor seiner Verhaftung; die Bekundung uneingeschränkter Sympathie für Wilde von einem indischen Vertreter des Commonwealth etc.). Gemeinsam ist ihnen auch, dass sie die berühmte und beeindruckende Rede Wildes über die platonische Liebe, »the love that dare not speak its name«, als »cri de cœur«[39]

38 Vgl. ebd., S. 100ff.

39 Vgl. zur überlieferten Wirkung der Begeisterung im Gerichtssaal die Schilderung bei Ellmann (1992), Oscar Wilde, S. 625. Die Prozessprotokolle halten fest, dass es sowohl

vom ersten Prozess in den zweiten Prozess (kurz vor den Urteilsspruch) verschieben, um die genrespezifische Spannungskurve des Gerichtsfilms komplett auszureizen.

Dieser dramaturgischen Strategie folgt auch noch der neueste Film *Wilde* aus dem Jahr 1997, wie die große Gerichtsszene zeigt, in der Wilde das Gedicht »Two Loves« seines Geliebten Bosie mit der besagten Stelle von der Liebe, die ihren Namen nicht zu nennen wagt, interpretiert (01:28:00). In vieler Hinsicht jedoch bedarf es kaum mehr der narrativen Strategien des Schuldbekenntnisses oder der Verharmlosung, um die Titelfigur und deren Verhaltensweisen dem Publikum näher zu bringen. Das Gesetz zur Verfolgung der widernatürlichen Unzucht war in Großbritannien 1967 aufgehoben worden. Man kann davon ausgehen, dass jeder dieser Filme, der den Autor als Kläger und Beklagten vorstellt, zugleich einen Aspekt der jeweils herrschenden Sexualmoral in der englischen Gesellschaft wiedergibt, die es sich leisten will, an der Figur Wilde das soziale ›Problem‹ (oder die mangelnde Selbstverständlichkeit) der Homosexualität zu exemplifizieren und zu diskutieren.[40] Letztlich aber bleibt bezüglich der historisch überlieferten Autorfigur die provozierende Widersprüchlichkeit narrativ zu organisieren und mit Wildes wissentlichen Lügen als Voraussetzung für seine Verleumdungsklage umzugehen: Diese aporetische Konstellation, die auch unabhängig vom Diskurs der Homosexualität gesehen werden kann, bedeutet im Grunde, dass Wilde seinen vormals guten Ruf mit einem moralischen und juristischen Vergehen der Leugnung wiederherstellen möchte. Um diese Herausforderung in den Griff zu bekommen und womöglich genau jene Unlösbarkeit von Schuld/ Unschuld erzählen zu können, ohne eindeutig Partei ergreifen zu müssen, orientiert sich der jüngste Film für sein Drehbuch an der wissenschaftlichen Biographie von Richard Ellmann. »Ich bin hier der Ankläger!«, soll Wilde zu Beginn seiner Befragung im Prozess gegen Queensberry gesagt haben, was vor dem Hintergrund, dass die öffentliche Meinung ohnehin schon umgeschlagen hatte in eine moralische Verurteilung Wildes, einigermaßen überflüssig erschienen sein mag.[41] Die Biographie Ellmanns und der Film versuchen nun erneut, ein adäquates Register für den Fall Wilde zu ziehen und rekurrieren auf die psychologischen Aspekte einer Homosexualität, die zum einen eine dependente Persönlichkeit Wildes (Stephen Fry) impliziert und zum anderen in Lord Alfred Douglas

um die Interpretation von Douglas' Gedicht ›Two Loves‹ als auch um die Auslegung des *Dorian Gray* und zahlreicher Briefstellen ging; vgl. Holland (2004), Irish Peacock & Scarlet Marquess: The Real Trial of Oscar Wilde, S. 57f., 100ff., 255ff.

40 Zum *›social problem‹ film* der 1950/60er Jahre in Großbritannien vgl. Landy (1996), Cinematic Uses of the Past, S. 199ff.; zur historischen Rekonstruktion vgl. Foldy (1997), The trials of Oscar Wilde: deviance, morality, and late-Victorian society.

41 Ellmann (1992), Oscar Wilde, S. 602.

(Jude Law) den wahren Schuldigen für die Tragödie des Autors zu erkennen glaubt. Hierzu arbeitet der Film mit zwei Klischees schwuler Identität, nämlich der erotischen Hörigkeit des älteren gegenüber dem jüngeren Partner und der Mutterfixierung, die jene zwei bis heute unerklärlichen Verhaltensweisen Wildes zu erklären versuchen: Das eine Moment ist der Entschluss, den Vater Bosies zu verklagen, obwohl Wilde keine Chance hatte, seine homosexuellen Praktiken zu leugnen; das andere ist die Verweigerung der Flucht ins Ausland nach dem verlorenen Queensberry-Prozess, die ihn vor dem Urteil und der harten Strafe hätte retten können und wozu ihn auch zahlreiche wohlmeinende Freunde überreden wollten. In beiden Fällen entscheidet sich nun Wilde nicht für oder gegen etwas, sondern erfüllt diesbezüglich die Forderungen seines Liebhabers und seiner Mutter. Nicht etwa aus Gründen der eigenen Rufschädigung, sondern weil Bosie auf diese Weise den Zwist mit seinem Vater bestreiten will, greift Wilde zur Klage. Als schließlich ein Bruder Bosies vermutlich wegen seiner versteckten Homosexualität Suizid begeht und sich auf diese ultimative Weise den üblen Interventionen seines Vaters entzieht, tritt Wilde an die Stelle des Rächers für die Brüder Douglas, die unter der Homophobie des Marquess litten, der im Übrigen selbst keineswegs einen einwandfreien Leumund vorweisen kann. Den Tatbestand der Verleumdung erwähnt zuallererst Bosie in einer Auseinandersetzung mit seinem Vater, die auf dem Anwesen der Douglas' stattfindet (tatsächlich aber manche Sätze aus den Postkarten und Telegrammen zwischen Vater und Sohn enthält).[42] Der juristische Diskurs wird somit nicht erst von Wilde bedient, sondern von Alfred Douglas in die Geschichte ihrer Liebesbeziehung implementiert (00:52:46: »because that's libellous.«).[43] Auch als sich Wilde entscheidet, seinem Anwalt in der Queensberry-Klage nicht die Wahrheit zu sagen und seine wahre Beziehung zu Bosie zu leugnen, ist der Geliebte anwesend. Die Kamera zoomt vom Anwaltsschreibtisch zurück in den Raum, schneidet um auf Oscar in der Halbnahen, der auf einem Sessel sitzt, während Bosie am anderen Ende des Raums steht und auf ihn suggestiv herabschaut; erst nach dem neuerlichen Umschnitt auf Bosie in der Halbnahen, äußert Oscar den Satz: »There's no truth in the accusation, whatever.« (01:16:12) Den Moment der Besinnung und autonomen Entscheidung, wie er ausschlaggebend für die Klage-Motivation Zolas ins Bild gesetzt war, gibt es in diesem Film nicht. Offensichtlich wird Oscar von Alfred manipuliert. Beide Liebenden befinden sich demzufolge auch in einer

---

42 Vgl. ebd., S. 607.

43 Für ›Verleumdung‹ gibt es im Englischen zahlreiche Begriffe (e.g. *aspersion, backbiting, calumniation, defamation, obloquy, traducement*), u.a. auch den seit Shakespeare literarisch wichtigen Begriff des *slandering;* Bosie benutzt jedoch den einzigen juristisch einschlägigen Begriff *libel/libellous.*

hermeneutischen Beziehung, die sich gegenseitig in ihren Intentionen auslegen: Nicht allein interpretiert Oscar ein Gedicht des Geliebten vor Gericht, wie bereits erwähnt; auch Alfred entziffert für Oscar mit dem Vorwissen aus der Auseinandersetzung mit seinem Vater, wo dieser bereits die für ihn wichtige Differenzierung zwischen »Sodomit sein« und »als Sodomit posieren« einführt, einen Text, nämlich das Billett, das Queensberry ins Hotel schickt und Wilde als jenen »posierenden Sodomiten« beschuldigt. Scheinbar ist nur Alfred in der Lage, den Text seines Vaters korrekt zu lesen, obgleich dies letztlich zum Erheben der Verleumdungsklage durch Oscar führt. »Now we take him to court«, sagt wiederum Alfred zu Freund Robbie Ross (01:13:35), der die daraus folgenden Konsequenzen genau vorhersagen kann. Neben dieser interpretatorischen Abhängigkeit folgt der Film schließlich auch in der Frage, wer Wilde von den im Grunde vernünftigen Fluchtplänen abbringen konnte, der Biographie Ellmanns: seine Mutter (gespielt von Vanessa Redgrave). Der mutterfixierte Homosexuelle als psychoanalytischer Modellfall der devianten Persönlichkeitsentwicklung ist hier, bei aller schillernden, provokativen Charakterisierung Wildes, von zentraler Bedeutung für die Unschuldsannahme. Er ist in diesem Film weder schuldbewusst noch harmlos noch rebellisch, sondern in seiner Widersprüchlichkeit ein Musterbeispiel für den neurotisch-narzisstischen Mann, der nicht zu seiner heterosexuellen Männlichkeit finden konnte, weil er die Mutterbindung nicht rechtzeitig gelöst hat.[44] Mit seiner Standhaftigkeit rettet er nicht nur sein Ansehen, sondern auch das seiner Mutter; es wäre zudem die finale Gelegenheit gewesen, diese starke Bindung endlich zu lösen, was er aber erneut verabsäumt.[45] Folgt die Handlung hier nicht der Selbststilisierung Wildes als christlichem Märtyrer und Bosie als verräterischem Judas, wie der Autor sie nachträglich in *De profundis* vorgenommen hatte und die sich auch in manchem modernem Wilde-Drama wiederfindet,[46] so setzt der Film dem zwei

44 Freud hat diese Theorie bekanntlich nicht allein formuliert; er beruft sich in seinen *Drei Abhandlungen zur Sexualtheorie* (1905) auf zeitgenössische Debatten von »Krafft-Ebing, Moll, Moebius, Havelock Ellis, v. Schrenck-Notzing, Löwenfeld, Eulenburg, I. Bloch, M. Hirschfeld« (S. 47, Anm. 1). Die Mutterfixierung des Homosexuellen sei eine allen Männern geeignete Entwicklungsstufe, wie Freud 1910 und wieder 1915 seinen Ausführungen hinzufügt, »nach deren Überwindung sie sich mit dem Weib identifizieren und sich selbst zum Sexualobjekt nehmen, das heißt vom Narzißmus ausgehend jugendliche und der eigenen Person ähnliche Männer aufsuchen, die sie so lieben wollen, wie die Mutter sie geliebt hat.« Freud (2000), Drei Abhandlungen zur Sexualtheorie (1905). Studienausgabe, Bd. V: Sexualleben, S. 56, Anm. 1.

45 Lady Wilde soll zu ihrem Sohn gesagt haben: »Wenn du bleibst, selbst wenn du ins Gefängnis musst, wirst du immer mein Sohn sein. Für meine Liebe macht das keinen Unterschied. Aber wenn du gehst, werde ich nie wieder mit dir sprechen.« Ellmann (1992), Oscar Wilde, S. 631. Der Film übernimmt das Statement wörtlich (01:21:17).

46 Vgl. Krämer (2000), Der Dichter als tragischer Held und Ideenträger, S. 294, zu Hares *The Judas Kiss*.

alternative Modelle entgegen, ohne sie zugunsten der einen oder anderen Option zu gewichten: Das eine Modell fungiert als Leitmotiv aus dem Genre des Märchens, das sich durch den gesamten Film zieht und im *voice-over* von der Autorstimme erzählt wird. Damit wird eine autobiographische Lesart des Märchens vom selbstsüchtigen Riesen nahegelegt (*The Selfish Giant* in *The Happy Prince and Other Tales,* erschienen 1888), womit Wilde sich vor seinen Söhnen für seine egoistische Existenzform rechtfertigt.[47] Das andere alternative Modell narrativer Intertextualität, das nicht weniger rezeptive Aufmerksamkeit beansprucht, ist die des anzitierten antiken Mythos, denn schließlich exponiert die Erzählung ihren Anfang in einer amerikanischen Silbermine, in die Wilde auf seiner Amerikareise 1882 in Leadville, Colorado, einfährt. Bereits während dieser programmatisch orphischen Fahrt in die Unterwelt zeigt die Kamera die begehrlichen Blicke Wildes auf die glänzenden Körper der jungen Arbeiter in der Mine; zudem äußert er sich in doppeldeutigen Bemerkungen und macht den Männern ebensolche Komplimente. Einmal mehr ist damit der schicksalhafte und damit unausweichliche Niedergang des Autors angedeutet, der nach der Logik der mythologisch inspirierten Entwicklungspsychologie Freuds wenig eigene Gestaltungsmöglichkeiten hat (außer sich gegebenenfalls einer Psychoanalyse zu unterziehen oder Literatur zu produzieren). Das generelle Problem einer neurotisch konzipierten sexuellen Präferenz, die jedoch nicht länger als pathologisch zu denken sei, könne am Ende des 20. Jahrhunderts nicht allein als Merkmal homosexueller/invertierter Identität gelten.[48] Die ausgesprochene Vorliebe Wildes für junge männliche Prostituierte hingegen, die oftmals auch Bosies Geliebte waren, und seine voyeuristische Praxis, seinem Geliebten bei sexuellen Handlungen mit anderen (auch käuflichen) Männern zuzusehen, liefert für diesen Film eine Aktualisierung moralischer und juristischer Fragen, da die Thematisierung von Strichermilieu, Erpressung und männlicher Homosexualität auch in den 1990er Jahren in Großbritannien keine Selbstverständlichkeit darstellten und die Kriminalisierung des Autors damit einhergeht. Die gleichermaßen angelegte Entkriminalisierung in dieser Erzählung erfolgt mittels der Theorie des psychoanalytisch beschriebenen, modernen Subjekts – zumal es in den während der 1990er Jahre verstärkt aufkommenden

47 Der selbstsüchtige Riese weist die spielenden Kinder aus seinem Garten und wundert sich dann, warum der Frühling nicht kommen will. Erst als er versteht, dass er einem Jungen, den er dann besonders liebt, helfen muss, beginnt die Natur wieder zu grünen; der Junge mit seinen Wundmalen nimmt bald darauf eine ikonische Ähnlichkeit mit Jesus Christus an und verhilft dem Riesen zum Eintritt ins Paradies. Von Wildes Sohn Cyril ist überliefert, dass der Autor stets weinen musste, wenn er diese Geschichte seinen Söhnen zur guten Nacht erzählte; vgl. Belford (2004), Oscar Wilde, S. 265.

48 Erst 1993 war Homosexualität aus dem ICD (International Classification of Diseases) der Weltgesundheitsorganisation WHO entfernt worden.

Queer Studies intensiv diskutiert wird –, das weder ›Herr im eigenen Haus‹ sein noch sich selbst als kohärentes Subjekt entwerfen kann. Nicht zufällig wirbt der Film für seine Hauptfigur mit dem Slogan »The First Modern Man«. Wie Wilde in seiner ersten gerichtlichen Befragung betont, geht es bei seiner Literatur und seiner Vorliebe für das (auch paradoxe) Denken nicht um die Kriterien wahr oder falsch, gut oder böse, moralisch oder unmoralisch; ein detektivischer Interpret wird hier nicht zum Ziel gelangen, weil seine Texte jenseits dieser Fragen angelegt sind (01:17:10). Das Autorsubjekt erhebt keinen Anspruch auf Wahrheit, im Gegenteil – es entscheidet sich, wenn auch nicht selbständig, für die Lüge und das Leugnen. Diesem Autor ist daher die appellative Wirkung seiner Ausführungen vor Gericht weitgehend versagt; die Inszenierung zeigt ihn nur in seltenen Momenten, nämlich dann, wenn er lügt (»Certainly not.«), in der Halbnahen oder Nahaufnahme. Er steht getrennt von der Gesellschaft hinter der Balustrade des Zeugenstandes; und er agiert nicht wie Zola in eigener Sache auf der breiten Bühne des Gerichtssaals (und zumeist ›kontextlos‹ in der halbnahen Einstellung), was das Publikum als zweite Geschworenenbank in die Urteilsfindung mit einbeziehen würde. Wilde ist als Angeklagter nur ein Teil des juristischen Diskurses, sodass er zumeist im Kontext mit der Richterbank, den Anklägern oder Geschworenen zu sehen ist. Im Unterschied zu Zola stand es Wilde überhaupt nicht an, allein aus freiem Entschluss angeklagt zu werden. Insofern wäre hier einem in der Forschung geäußerten ›Liberalismusverdacht‹ zu widersprechen, der in diesem Film »das Motto ›Be Yourself‹« in einem allzu wörtlichen Sinne umgesetzt sehen möchte,[49] dabei aber übersieht, dass gerade die Grenzen dieser Bestrebungen zum Gegenstand des Erzählens gemacht wurden. Vielmehr – so ließe sich die aktualisierte filmische Narration der 1990er Jahre interpretieren – enthält das Zeichen im Sinne einer semantischen Differenz immer schon sein Gegenteil, das mitgemeint ist: Jemanden anzuklagen, bedeutet zugleich, sich der diskursiven Dynamik des Beklagtwerdens auszuliefern.

Diese Doppelstruktur der Zeichen, die das aktive Subjekt (des Verfolgers und Klägers) zum passiven Objekt (des Verfolgten und Beklagten) machen und vice versa, sind ein großes Thema der Moderne, dessen sich bekanntlich Kafka in seinen Texten intensiv angenommen hat. Insbesondere der Anfang von *Der Proceß* erzählt von der ambivalenten Position des Protagonisten K., der noch während seiner eigenen Verhaftung die Nachbarn im Haus gegenüber beobachtet und zugleich von diesen beobachtet wird. Würde man annehmen, dass er nach seiner Verhaftung sich als verhaftet erweist (gleich, ob im juristischen oder alltagssprachlichen Sinn), so stellt

49 Vgl. Krämer (2000), Der Dichter als tragischer Held und Ideenträger, S. 292.

sich heraus, dass er verhaftet und doch nicht verhaftet wurde.[50] Auf diese Weise entstehen komplexe Oppositionen unterschiedlicher Art, die unter anderem auf das mögliche semantische Gegenteil (A/B) als auch auf die Negation eines Zeichens (A/Non-A) rekurrieren. Die Schwierigkeiten, triftige Unterschiede in der Bedeutung wahrzunehmen, entstehen durch die wahrnehmungsspezifischen Bedingungen in diesem Text sowohl für die Aktanten als auch die Rezipienten. Darüber hinaus wiederholen sich diese Schwierigkeiten der unterscheidenden Wahrnehmung, denen die Figuren aus der Perspektive des Erzählers ausgesetzt sind, auf der philologischen Ebene der Editions- und Interpretationsgeschichte:

> »Die im Finstern, im Zwielicht, im Nebel oder im Halbdunkel der von K. beschrittenen Räume um sich greifende Entdifferenzierung wirkt sich nicht nur auf die Wahrnehmung der erzählten Figur Josef K. (und anderer erzählter Figuren) aus, sondern affiziert auch die Roman-Lektüre. (…) Wenn aber die Wahrnehmung K.s und die ihn umgebende wahrgenommene Wirklichkeit nicht trennscharf geschieden sind, erlangt der Text eine Zwei- und Mehrschichtigkeit, die mit der Wahrnehmung und Deutungsneigung spielt.«[51]

Eine solche Konzeption des Verstehens und der sich dabei ergebenden Schwierigkeiten, die Josef K. sowie andere Figuren des Romans bei der Erlangung von Wahrheiten (im Sinne von selbstversichernden Eindeutigkeiten) und Subjekt konstitutierendem »Herrschaftswissen«[52] über seine Wirklichkeit des eigenen »Proceßes« haben, macht sich genauso Steven Soderberghs Film *Kafka* (USA/F 1991) zunutze. Die Identifikation der Romanfigur K. mit ihrem Autor Kafka wird mit demselben Mittel vorgenommen, mit dem das Gericht über Dreyfus geurteilt und den Übergang vom Text ins ›Leben‹ gestaltet hat: Die Initiale »D.« in einem Brief wird dort als Abkürzung für den Namen Dreyfus verstanden; hier wird die Initiale »K.« des Romans in den »Kafka« des Films ausbuchstabiert. Dabei ist es nur konsequent, die Figur Kafka in ein narratives Repertoire aus dem Genre des *film noir* einzustellen, das die Wahrnehmungsmöglichkeiten der Figuren und Zuschauer ebenso wie aus der Perspektive des Romanerzählers per se einschränkt, zeigen sich doch Gassen und Plätze, Häuser und Häuserschluchten als vielfach schattierte, düstere, nach aufklärendem Licht verlangende raumsemantische Topoi des Verdachts und der Investigation (vgl. Kap. 4.9.1.).[53] Kafka ist in diesem Film Verfolger und

---

50 So sagt der Aufseher zum »verhafteten« Josef K. über dieses interpretatorische Problem: »›Ach so‹ (…), ›Sie haben mich *mißverstanden,* sie sind verhaftet, gewiß, aber das soll Sie nicht hindern Ihren Beruf zu erfüllen. Sie sollen auch in Ihrer gewöhnlichen Lebensweise nicht gehindert sein.‹« Kafka (1990), Der Proceß (Kritische Ausgabe, Bd. 5,1), S. 26; Hervorhebung S.N.; vgl. hierzu auch Mergenthaler (2002), Sehen schreiben – Schreiben sehen, S. 330.

51 Mergenthaler (2002), Sehen schreiben – Schreiben sehen, S. 328, 329.

52 Ebd., S. 325.

53 Vgl. auch Laußmann (1987), Strategien visueller Verrätselung im film noir, S. 50ff.

Verfolgter zugleich, er will ein Kapitalverbrechen – den Mord an seinem Freund Eduard Raban – aufklären und begeht selbst eines, indem er im Schloss eine Bombe zündet, die Dr. Murnau das Leben kostet. Er betätigt sich als Detektiv und wird doch selbst ausgespäht; er inspiziert den Leichnam Rabans in der Pathologie und gerät unvermittelt in den Fokus der Ermittlungen durch Inspektor Grubach. Dabei steht sogar der ›stabile Designator‹ des Autornamens auf dem Spiel, denn als ihn der Inspektor fragt: »Kafka, Kafka. Ist das ihr richtiger Name?«, gibt Kafka seinerseits eine wenig konzise Antwort und fragt nur rhetorisch: »Ja – warum sollte er es nicht sein?« (00:18:09) Eine solche verunsichernde Taktik des selbst stark verunsicherten Versicherungsangestellten könnte im Publikum provozieren: Warum sollte er es sein? – wenn wir uns nicht auf die Regeln des Genrekinos und das Spiel mit der filmischen Autorbiographie einlassen?

Der *film noir*, das narrative Muster des Verdachts und des Investigativen sowie einige Parallelen mit Kafkas Biographie, die in diesem Film zu einer komplexen Gemengelage aus faktischen und fiktiven Narratemen kombiniert werden und bereits auf diese Weise die Zuschauer zur interpretatorischen ›Wahrheitssuche‹ animieren (was an diesem Film ist romanhaft, was biographisch, was genrebedingt?), weist üblicherweise keine Gerichtsszene auf. Die intertextuelle Nähe zu Kafkas Roman *Der Proceß*[54] und der darin implementierten Türhüterparabel (9. Kapitel), worin der »Mann vom Lande« Einlass ins Gesetz verlangt, wird in Soderberghs Film zu einer dem Genre des Gerichtsfilms entlehnten Entscheidungsszene metonymisch verdichtet. Diese Szene greift Elemente der semantischen und narrativen Doppelstruktur der Parabel auf (»›[R]ichtiges Auffassen einer Sache und Mißverstehen der gleichen Sache schließen einander nicht vollständig aus.‹«)[55] und führt anstelle der Gerichtsszene eine Entscheidung, aber kein Urteil herbei: Kafka gelangt auf seiner Suche nach dem Mörder über einen unterirdischen Gang, den er auf dem Friedhof durch ein leeres Grab betreten hat, in das Schloss hinein. Er steht vor einer großen Treppe, an deren Ende eine kleine Tür zu sehen ist. Dort erwartet ihn jedoch nicht der Türhüter, sondern es eröffnet sich die Rückwand eines Archivschranks »C-3« in einem Raum voll mit Archivschränken, wovon er einen als Tür benutzen kann (01:08:40). Der *point of view-shot* wechselt auf die Wahrnehmung des Autors, der sich einmal um die eigene Achse dreht, danach die Archivlade schließt und sich anschickt zu gehen. Ein harter Umschnitt beschließt die autodiegetischen Einstellungen und wechselt zu einer Totalen, die zunächst als geometrisches Muster erscheint. Denn

54 Vgl. Kap. 4.9.1., ferner Wagner (2005), Franz Kafka (Orson Welles: The Trial – Steven Soderbergh: Kafka). Bilderpolitik; Braun (2006), Kafka im Film. Die »Prozeß«-Adaptionen von Orson Welles, Steven Soderbergh und David Jones.

55 Kafka (1990), Der Proceß (Kritische Ausgabe, Bd. 5,1), S. 297.

von dem Archivraum gelangt Kafka in einen hexagonalen Raum, dessen jegliche Wände mit Türen in unterschiedlicher Höhe versehen sind, die wiederum nur durch leichte Holztreppen miteinander verbunden sind. Die ›Wahrheit‹, die es für den Suchenden herauszufinden gilt, befindet sich vermutlich hinter einer dieser Türen, die aber aufgrund ihrer nahezu identischen Optik nicht differenziert wahrgenommen und interpretiert werden können. Der *establishing shot,* mittig von oben, eröffnet hingegen eine Sicht auf den Raum, die nur eine übergeordnete Erzählerinstanz haben kann, da sie alle Treppenauf- und -abgänge zentriert darstellt; keine der sechs Türen bleibt im Verborgenen. Es ist ein Blick, der impliziert, dass er außerhalb der kinematographischen Sphäre liegen muss, weil er nicht erfahren, sondern als abstrakter Plan präsentiert wird, was zugleich die Erzählzeit zum Stocken kommen lässt.[56] Als der Autor in diesen Raum des Literarischen eintritt (denn nur dieses liegt hier außerhalb des Kinematographischen), blickt er zunächst kurz desorientiert umher, entscheidet sich für eine Tür ohne ersichtlichen Grund und markiert dann, gleichsam in einem spurenlesenden und spurenlegenden Akt seines detektivischen Schreibens, mit einem Tintenfleck eine der Treppen, die zu der Tür führt, durch die er gekommen ist. Dann wählt er eine danebenliegende Tür – führt seine potentiellen spurenlesenden Verfolger somit kalkuliert in die Irre – und öffnet nun langsam den Durchgang. Eine Großaufnahme seiner Hand auf der Klinke, die auf die sich öffnende Tür umgeschnitten wird, fokalisiert dieses Tun kaum als intendierte Handlung, denn die Entscheidung wird womöglich obsolet, aber mindestens nicht nachvollziehbar sein: Der Zugang zum Gesetz scheint ohnehin offen zu sein. Die Farbwelt, die sich an dieser Stelle des ansonsten in s/w gehaltenen Films mit einem Male auftut, kann als Zugang zum Gesetz (des Dr. Murnau) aber auch zum eigenen Unbewussten (im Sinne einer Traumsequenz etc.) gedeutet werden. Diese Gänge des Schlosses führen Kafka letztlich zur Brutstätte eines rezeptiven Knotens um die anzitierten Schöpfermythen von *Metropolis, Nosferatu* und *Frankenstein,* der auf filmische wie literarische Intertexte verweist und die Figur des Autors zudem vermeintlich als Aktanten in seinen eigenen Texten vorführt.[57] Unentschieden bleibt, ob nicht jede dieser Türen denselben Weg eröffnen würde, denn wie es in der Türhüterparabel heißt, war der eine Eingang, der sich hier vervielfacht findet, nur für den einen »Mann vom Lande« bestimmt. Aber diese Inszenierung der detektivischen Autorschaftsnarration vermittelt neben dem ›kafkaesken‹

56 Vgl. auch die Unterscheidung zwischen einem Barockgarten, der als Gesamtplan und in einer Ansicht von oben konzipiert und wahrgenommen wird, während der englische Landschaftsgarten dem kinematographischen Raum näher steht, weil er auf Augenhöhe erfahren werden muss; vgl. Geiger (2005), Organische Architektur im Futurismus, S. 61f.

57 Vgl. hierzu noch einmal Kap. 4.9.1.

und psychoanalytischen Schatz der Wächtermetaphorik darüber hinaus ein wichtiges Bild der Welt als Bibliothek, wie es Jorge Luis Borges in seiner Erzählung *La Biblioteca de Babel* (1944) entworfen und in hexagonal angelegten Gängen als Universum des Wissens und der Narrationen organisiert hat. Im Film gleichsam als leerer Raum dieser Bibliothek zitiert, changiert die darin situierte Handlung zwischen einer psychoanalytischen Operation (als Zugang zum Unbewussten) und der imaginierten Unmöglichkeit einer literarhistorischen *tabula rasa.*

Der Autor vor Gericht ist somit in erster Linie Leser, der die Texte seiner nächsten Umwelt interpretiert, insoweit sie seinen Lebensentwurf berühren: Zola die Dreyfus-Akten, Wilde das Bosie-Gedicht, Kafka die eigenen Tintenkleckse zwischen den sechs Türen, die ihn alle zum Gesetz führen könnten. Die Wertung des autonomen Autorsubjekts ist dabei entweder verquickt mit der dem ›klassischen‹ Biopic entsprechenden Heroisierung seines Charakters, wenn etwa im Fall Zolas seine bewusste Intention, verklagt zu werden, schlicht behauptet und daraus eine Erfolgsgeschichte gemacht wird. Dagegen wird das Subjekt von seiner Autonomie entbunden, wenn intentionales Handeln nicht mehr möglich ist und diskursive Prozesse den Autor als Beklagten vereinnahmen, ohne dass er sich bewusst dafür entschieden hätte, so dass die neueren Erzählungen über Wilde und Kafka zudem die Kritik des modernen Subjekts gleichermaßen mit erzählen. Es gibt aber auch ein allen erwähnten Filmen gemeinsames Moment zu vermerken: Wollen wir den Autor verstehen und uns ›ein Urteil über ihn bilden‹ können, wie es der juristische Diskurs verbal impliziert und wie uns die Filmbiographien dies aufgrund ihrer genrespezifischen Erzählmodelle versprechen, müssen wir ihn zuallererst als Lesenden kennenlernen. Auf diese Weise entsteht die für das Erzählkino so wichtige und von der Theorie zumeist betonte Kohärenzerfahrung,[58] weil demzufolge Autorleben und Leserleben nicht soweit auseinanderliegen, wie die rezeptionsorientierte Opposition zwischen Bedeutung Festschreibendem und Bedeutung Zuschreibendem bisweilen glauben machen will: Ein jeglicher auf und vor der Leinwand erlebt die Doppelstruktur des interpretierenden Subjekts und des interpretierten Objekts zur gleichen Zeit; allein die Autorfigur jedoch lädt ein zur Teilnahme an seiner biographischen Doppelexistenz als Suchendem und Gesuchten, Kläger und Beklagten, Richtendem und Gerichteten.

58 Vgl. Winkler (2002), Über das mimetische Vermögen, seine Zukunft und seine Maschinen.

5.3. Von Briefen, Lieutenants und anderen Stellvertretern

Dichterfiguren im Spielfilm sind Figuren uneigentlichen Sprechens. Sie personifizieren rhetorische Figuration, indem sie für jemanden oder an dessen/deren Stelle einer anderen Figur oder eines Kollektivs sprechen. Das gilt für den Autor als Ankläger und Angeklagten wie für den oder die Autor/in als Liebende/n. Das Beispiel Cyrano de Bergeracs, der in einer medial paradigmatischen und gleichermaßen tragischen Konstellation seinem Rivalen poetische Mittel und noch dazu seine Stimme leiht, gehört zum metapoetischen Kanon der europäischen Literatur.[59] Er opfert seine Liebe der Kunst, indem er sie demjenigen, der mit seiner Sprache sprechen will, anheim gibt. Der Fernsehfilm *Mit brennender Geduld* (BRD/PT 1983), den Antonio Skármeta nach seinem gleichnamigen Roman realisierte und 1991 einem Kino-Remake unter dem Titel *Il Postino* (Michael Radford, I/F/BE 1995) unterzogen wurde, erzählt von einem vergleichbaren Geschehnis, das jedoch weniger die Figur des Dichters als vielmehr den Profiteur in den Blick nimmt. Ein Postbote befragt den berühmten, im Exil sich befindenden Pablo Neruda nach der richtigen Metapher für seine Liebesgedichte, die er seiner Beatrice überbringen will. Die Metapher »im Dienst der strategischen Vermittlung von Begehren« sei eine phallische Macht, die es ermögliche, die Liebe einer begehrenswerten Frau zu erringen, wie Roman und Film behaupten und zugleich spielerisch in Frage stellen.[60] Skármetas Entwurf der medialen Verquickung von Dichter, Boten und rhetorischer Figur stellt die Figuration als komödiantisches Element aus, erweisen sich doch der Postbote und die hohe Schule der Liebesmetaphorik als einigermaßen inkongruent. Weil Dichter und Liebender hier nicht in einer Figur reflektiert werden und somit auch das Begehren eingelöst werden kann, führt es zunächst folgerichtig zum Verstummen des Liebenden. Seine Bewunderung für Neruda jedoch veranlasst Mario, eigene Gedichte zu schreiben, die zwar nicht immer den Regeln der Kunst entsprechen, jedoch aufrichtiger Ausdruck von innerer Befindlichkeit sind. Die Tragikomik dieses Films folgt dem Prinzip der Verspätung, mit der Neruda wieder auf der kleinen italienischen Insel eintrifft und seinen bereits verstorbenen Schüler nicht mehr antrifft. Erst dieser tragische Tod macht den Boten zum Dichter.

Tragische Erzählungen über die Uneigentlichkeit des Sprechens und dessen mediale Konstitution liefern auch jene zwei Erzählungen über Schriftstellerinnen, die Autorschaft vor der Folie des Briefes als metonymisches Paradigma diskutieren. Längst gilt der Brief nicht mehr als authentischer ›Ausdruck‹ einer Persönlichkeit, die sich selbst äußert und zugleich

59 Vgl. Kap. 3.4.
60 Vgl. Landfester (2002), Das Zittern der Rose, S. 35f.

die beiden weiteren »Grundfunktionen der Informationsübermittlung« und »des Appellierens« nutzt,[61] sondern er wird in seinem Potential gewürdigt, im Akt des Schreibens Identität zu konstituieren. Besonders das 18. Jahrhundert, das Brieftheorie und Briefsteller inflationär hervorbrachte, erwies sich in seiner Bedeutung für den modernen Subjektentwurf und für die Entwicklung der Autorschaft als überaus wichtig.[62] Im Zuge dieser Forschung wurde jedoch zugleich deutlich, dass es sich beim Schreiben von Briefen über eine spezifisch weibliche emanzipatorische Politik hinaus um eine grundlegende moderne Technik des Selbst- und Fremdentwurfs handeln müsse.[63] Neben den dramaturgischen Funktionen, die der Briefszene zumal in Schauspiel und Oper zugeschrieben werden (›Botenbericht‹, Intrigeninitiative, *screw ball* etc.),[64] offenbart sich mit dem Brief im Film eine metonymische Qualität, die als autoreferentielle und autoreflexive Qualität eines Films beleuchtet und bewertet werden kann. Kommt dem Brief ohnehin immer eine metonymische Funktion zu, die vorgibt, etwas oder jemanden präsent zu machen, der/die/das absent bleibt (was sich insbesondere die fiktionale Briefliteratur zunutze macht),[65] kann der weiße Briefbogen auf der weißen Leinwand als *mîse en abyme* für die Abwesenheit des/der AutorIn gelesen werden: Anstelle abwesender, ›toter‹ Autorschaft bekommt das Publikum eine Filmfigur zu sehen sowie deren Briefe zu lesen, womit eine doppelte Adressierung der Briefe – an den abwesenden Empfänger und an das Publikum – impliziert ist.

Die Briefe in den Filmen, die nun in diesem Abschnitt zur Diskussion stehen, können deshalb gleichermaßen als autobiographische Inszenierungen verstanden werden. Zwei Autorinnen schreiben Briefe über ihre Erfahrungen, Erlebnisse und Wünsche, ihre Träume und ihr Begehren – kurz, sie ziehen Bilanz und entwerfen zugleich eine Zukunftsperspektive, die jedoch von den Filmerzählungen bereits eingeholt werden. Briefe im biographischen Spielfilm erinnern an eine Figur, die noch gar nicht vergessen war, weil es sie – entsprechend des filmischen *futurum exactum* – nicht gegeben haben wird; sie inszenieren den Verlust von etwas Abwesenden, das vorher noch niemals anwesend war. Zu sehen ist also zum Zeitpunkt der Filmrezeption der tote Autor, genauer: die tote Autorin,

61 Vgl. noch Nickisch (1991), Brief, S. 13.

62 Vgl. Becker-Cantarino (1985), Leben als Text; Runge, Steinbrügge (1991), Die Frau im Dialog.

63 Vgl. unter medien- und kulturwissenschaftlichen Aspekten z. B. Reinlein (2003), Der Brief als Medium der Empfindsamkeit; zur spezifischen Konstitution von Autorschaft im Brief vgl. Hahn (1994), Brief und Werk: zur Konstitution von Autorschaft um 1800, sowie zuletzt den Sammelband von Strobel (2006), Vom Verkehr mit Dichtern und Gespenstern.

64 Vgl. z. B. Klotz (1972), Bühnen-Briefe.

65 Vgl. grundlegend Beebee (1999), Epistolary Fiction.

die sich im Akt des Schreibens verloren hat und gleichermaßen in der filmischen Performanz zum Verschwinden gebracht wurde:

> »Der Gestus des Schreibens, nicht mehr und nicht weniger, könnte sich im Gestus des Filmens wiederholen. Das jedenfalls setzt die Metapher (oder Katachrese?) von der *caméra stylo,* der Kamera als Füllfederhalter voraus: Die Bewegung des einen und des anderen, der Kamera wie des Federhalters hinterlässt eine Spur der Aufzeichnung, in der sich das Erzählen unmittelbar in Bildern und Tönen wie in der graphischen Linie, die sich zu Worten gestaltet, herstellt.[66]

Was Joachim Paech hier zum Anfang von Wim Wenders' *Himmel über Berlin* (D/F 1987) konstatiert, lässt sich auf jegliche Schrift im ›Autorenfilm‹, zumal im Autorinnen-Biopic, übertragen: Die hybriden Konstellationen von Genre/Genus (Biopic) und ihre biographische Inszenierung des Autobiographischen (Brief) schlagen sie auch in medialer Hinsicht nieder: Der filmische Akt, Literaturgeschichte zu schreiben, doppelt den literarischen Akt, sich selbst und die eigene Geschichte zu schreiben. Mit diesem autobiographischen Akt wird in der filmischen Biographik ein diskursiver Knoten der Selbstauskunft geschürzt, indem die Biopics versuchen, die überlieferten Briefe als Basis für ihre Erzählkonstruktion zu nutzen und vom momentanen Verfassen auf das Leben des Autors und der Autorin auszuholen, weil sie mit akustischen und/oder visuellen Vor- und Rückgriffen etwas einholen, was sich in der Rezeption als ›Porträt‹ einer Künstlerexistenz zusammenfügen wird. Somit knüpfen sie durchaus an die Techniken der epistolaren Selbstinszenierung an, indem sie das kulturell codierte Erschreiben der eigenen Identität sowohl ausstellen als auch herstellen.

Paul de Man betont für das autobiographische Schreiben, dass es dem Diskurs der »Selbstheilung, des Sich-selbst-Wiederherstellens« zugehört; es kompensiere ein Moment der Deprivation und widme sich der Beschreibung des Entzugs von etwas (zunächst unspezifisch) Erwünschtem:[67] »Tod ist ein verdrängter Name für ein sprachliches Dilemma, und die Wiederherstellung der Sterblichkeit durch die Autobiographie (die Prosopopöie der Stimme und die des Namens) beraubt und entstellt genau in dem Maße, wie sie wiederherstellt.«[68] Für eine Beschreibung des Briefs im biographischen Spielfilm lässt sich nun genau damit ansetzen, denn wenn autobiographisches Schreiben einerseits nicht gattungsspezifisch zu bestimmen ist, andererseits aber sich das Genre mittels des Aufrichtens von Genregrenzen erst sichtbar wird[69] und beispielsweise in der filmischen

66 Paech (2002), Die Szene der Schrift und die Inszenierung des Schreibens im Film, S. 73.
67 de Man (1993), Autobiographie als Maskenspiel, S. 137f.
68 Ebd., S. 145.
69 Zur Überschreitung von Gattungsgrenzen, deren Kontamination und dem ironischen Gebot, »die Gattungen nicht [zu] vermischen«, vgl. Derrida (1994), Das Gesetz der Gattung, S. 247.

Performanz des (auto)biographischen P/Akts generiert,[70] dann fungiert der Brief und seine metonymische Deprivation als autoreflexives Dispositiv in der filmisch inszenierten (Selber)Lebensbeschreibung.

Grundlegendes narratives Konzept hierfür ist die Doppelung des Erinnerns, indem der Film zunächst an das Briefeschreiben des Autors/der Autorin erinnert und dabei eine Figur zeigt, die sich wiederum bilanzierend an ihr eigenes Leben erinnert. Die Möglichkeiten des Subjekts, im Zuge dieser Erinnerungsarbeit ›Ich‹ zu sagen, werden damit als begrenzte Möglichkeiten deutlich, weil das autobiographische Ich die Autorschaft von der Schrift trennt und dennoch in der Idee der Ganzheit metonymisch für ein Wir einsteht, das sein Ich mit dem Lese- und – in diesem Fall auch – Kinopublikum teilen muss. Die a priori anzusetzende weibliche Konnotation der Schrift, der Autobiographie, des Briefes, wie sie in der älteren poststrukturalen Rhetorik verhandelt wurde, ist weiterhin jedoch nicht unhinterfragt akzeptabel. Das Ich vor dem Text ist immer auch als ein Ich im autobiographischen Text zu denken und vice versa, weshalb vielmehr der Text und auch seine Paratexte den Lektüremodus bestimmen als es das »Davor« des Textes vermag.[71] Deshalb zeigen die Filme keine Autorinnen *als* Autorinnen, sondern sie verleihen ihnen ein Geschlecht und ein Gesicht und verschleiern/maskieren beides auch auf unterschiedliche Weisen.[72] Autobiographie ist demzufolge nicht die Dokumentation oder Abbildung einer Geschlechtsidentität, sondern umgekehrt ist Geschlechtsidentität immer schon als autobiographisches Sprechen zu verstehen, indem es zwischen intendierter Selbstinszenierung (Performanz) und ›absichtsloser‹ Wiederholung bzw. Verschiebung (Performativität) oszilliert, um ein Selbst zu konstituieren.[73]

Die beiden Filme, auf die nun im Folgenden näher einzugehen sein wird, sind – bei allen Unterschieden – in mehrfacher Hinsicht miteinander vergleichbar. Beide schildern mit den Mitteln des historischen Films – etwa den *Inserts* am Filmbeginn, die historische Faktizität signalisieren sollen – ein Frauenleben, das in Vielem von den traditionellen Lebensentwürfen ihrer Zeit abweicht: Truffauts *L'Histoire d'Adèle H.* (F 1975) erzählt die ›wahre Geschichte‹ einer berühmten Tochterfigur der Literaturgeschichte und somit auch einen Abschnitt aus deren Vaters Leben: 1863 bricht die literarisch überaus talentierte Adèle Hugo (1830-1915) – dargestellt von Isabelle Adjani – nach Halifax auf, um dort ihren vermeintlichen Liebhaber, Lieutenant Pinson, aufzusuchen, der sich jedoch längst von ihr abgewendet hat. Sie entwickelt geradezu eine Obsession für diesen

70 Lejeune (1994), Der autobiographische Pakt, S. 13-51.

71 Ebd., S. 51.

72 Vgl. de Man (1993), Autobiographie als Maskenspiel, S. 133.

73 Vgl. Babka (2002), Unterbrochen, S. 36ff.

Mann und folgt ihm schließlich bis nach Barbados. Der geistige und körperliche Verfall der Protagonistin arbeitet der Narration des Künstlerfilms zu, der häufig die konventionelle Opposition von Genie und Wahnsinn in Szene setzt.[74] Denn als Pinson schließlich die Begegnung mit ihr sucht, um sich ihrer Nachstellungen zu entledigen, erkennt sie ihn nicht mehr; sie ist dem ›Wahnsinn‹ verfallen. Adèle schreibt ihre Briefe an die Eltern, die sich im Exil auf der Kanalinsel Guernsey befinden, um sich und ihr Handeln zu rechtfertigen; Antwort erhält Adèle stets vom gestrengen, aber liebenden Vater.

Sich in den Briefen zu korrigieren und immer neu zu erfinden – also das eigene Leben mit immer neuen Projektionen und Versionen palimpsestartig zu schildern –, ist eine Erzählkonstruktion, die Truffauts Film mit Dagmar Knöpfels Biopic über die bekannteste tschechische Autorin des 19. Jahrhunderts, Božena Němcová (1820-1862), teilt. 30 Jahre nach Truffauts Film wurde *Durch diese Nacht sehe ich keinen einzigen Stern* (D 2004) mit Corinna Harfouch in der Hauptrolle uraufgeführt (Münchner Filmfest 2005). Auch Němcová – als deren Vorbild mitunter George Sand genannt wird[75] – führte teilweise ein Leben jenseits bürgerlicher Moralvorstellungen, indem sie neben ihrer Ehe mit einer Reihe intellektueller Männer liiert war, unterlag diesen Konventionen jedoch andererseits in fataler Weise, weil sie sich vermutlich erst der Kontrolle ihres gewalttätigen und alkoholsüchtigen Ehemanns entziehen konnte, als es zu spät war. Ihr körperlicher Verfall, eine ungenannte fortschreitende Unterleibskrankheit, die immer wieder schwerste Schmerzattacken und Blutungen verursacht, sowie die isolierte Situation in Litomyšl, wohin sie sich 1861 von Prag aus geflüchtet hatte, um ihre Werkausgabe vorzubereiten, rufen einen dem Delirium ähnlichen Zustand hervor, der wechselweise von einem schmerzlindernden Opiat sowie dem exzessiven Briefeschreiben an ihren Verleger verstärkt zu werden scheint. Nach dem völligen körperlichen und psychischen Zusammenbruch holt ihr Ehemann Josef Němec sie zurück nach Prag, wo sie kurze Zeit später, im Januar 1862, stirbt. Literarische Vorlage für Knöpfels Film ist die Veröffentlichung dreier Brief-Entwürfe vom 21. November 1861, verfasst in Litomyšl, die 1920 noch fragmentarisch zuerst in tschechischer Sprache, 1995 dann vollständig und 1997 in deutscher Übersetzung in der Friedenauer Presse erschienen waren.[76] Der Filmtitel *Durch diese Nacht sehe ich keinen einzigen Stern* ist zwar auch ein Brief-Zitat, stammt aber aus einem Brief der Autorin an ihre Mutter des Jahres 1856:

74 Vgl. Kap. 5.4.
75 Dijk, Walle (2003), Les »George Sand« étrangères.
76 Němcová (1997), Durch diese Nacht sehe ich keinen einzigen Stern.

»Es kommt mir vor, als wenn eine Wolke so schwarz und schwer wie die Nacht über mir schwebte, mich mehr und mehr niederdrückte, bis sie mich ganz erdrücken wird, – und durch diese Nacht sehe ich keinen einzigen Stern, der mir freundlich leuchten möchte.«[77]

Dass beide Schreiberinnen gerade nicht an literarischen Texten anderer, womöglich im Literaturbetrieb deutlich anerkannteren Gattungen arbeiten, sondern an Briefen, die zudem keine ›Vollendung‹ bzw. ›Endgültigkeit‹ erfahren können, sie also fragmentarisch und vorläufig bleiben und deshalb dem traditionellen Werk-Begriff entgegenstehen, gibt einen ersten Hinweis auf die metonymischen Prozesse in den filmischen Erzählungen: Steht zum einen der Vater Victor Hugo für ›das literarische Werk‹ und seine Anerkennung, so fungiert zum anderen der ebenfalls im Hintergrund bleibende Verleger als Garant für die Vollendung einer Gesamtausgabe der Autorin. Die männlichen Figuren der Autorität sind somit an die Vorstellung eines Werkes geknüpft, während die Autorinnen-Figuren diesen Konventionen opponieren: mit Fragment statt Vollendung, Personalisierung statt Abstraktion, Authentizität statt Fiktionalisierung, Palimpsest statt Manifest.[78] Die Fokussierung der Filme auf Nebenschauplätze der Literaturgeschichte und ihre metonymische Codierung lässt sich auch im Hinblick auf die Figurenkonstellation beobachten. Jene drei Brief-Entwürfe an ihren Freund Vojtěch Náprstek, in denen Němcová verzweifelt versucht, ihre elende, desolate Situation zu erklären und ihren Rückstand an der Arbeit der Gesamtausgabe zu rechtfertigen, machen bereits deutlich, dass es sich um eine Umadressierung ihrer Selbsterklärung handelt: Nicht an den Verleger Antonín Augusta, dem die Druckerei in Litomyšl gehört und der ihre Werkausgabe herausbringen möchte und deshalb auch ihren Aufenthalt finanzieren soll, richtet sie die Briefe, sondern an einen Freund, von dem sie Aufmerksamkeit und Verständnis erwartet.

Auch im ›Fall‹ der Adèle Hugo spielt der Stellvertreter eine gewichtige Rolle, denn ein Lieutenant, dessen Titel wörtlich nichts weniger als eben ›Stellvertreter‹ heißt,[79] nimmt den Platz des abwesenden Vaters ein, der ausschließlich über die Stimme und Schrift in die filmische Diegese integriert wird, der aber an keiner Stelle im Film ›erscheint‹. Während die

77 Zitiert aus ebd., Nachwort, S. 25.

78 Die Geschlechterbinarität kann und soll jedoch nicht essentialisiert werden: Der Film *Heinrich* von Helma Sanders-Brahms (BRD 1977), in dem die Regisseurin das Leben ebenfalls vom Verfassen eines Briefs exponiert (am 19.9.1811 an Karl August von Hardenberg), thematisiert zwar eine schwierige Autorschaft und den Selbstmord des Dichters; deshalb aber von Effeminierung der *écriture* des porträtierten Heinrich von Kleist zu sprechen – genauso wie von Maskulinisierung – läge allein im Auge des Betrachters und der Betrachterin (vgl. auch Kap. 4.7.3).

79 Franz. *lieu* (Platz, Ort, Stelle), *tenant* (Haltender; Inhaber, Verteidiger). Der Hinweis findet sich bei Kline (1996), Truffaut's Adèle in the New World, S. 203.

historische Person Adèle Hugo mit ihrem Bruder korrespondierte (der dann die Mutter unterrichtete), weil der Vater keine Zeit für die Angelegenheiten seiner Tochter in Halifax zu haben schien,[80] erhält die filmische Adèle H. – die Verkürzung des Nachnamens muss als Fiktionalisierung gelesen werden – stets Briefe von der Hand des Vaters. Es geht Adèle mitnichten ausschließlich um die Liebe des Lieutenant, in die sie sich im Laufe der Handlung hysterisch hineinphantasiert, sondern – kaum überraschend – um die Liebe des Vaters, die er ihrer toten Schwester Léopoldine wohl ungleich stärker entgegengebracht hatte. Erst wenn sich auch Adèle ausgelöscht habe, so rekonstruiert Kline die psychoanalytisch motivierte narrative Logik des Films, kann sie mit ihrer toten Schwester gleichziehen und die Liebe des Vaters erringen.[81] »Née de père inconnu« (von Adèle mehrfach wiederholt), das Stigma des unbekannten Vaters bzw. der eigene Zweifel am sozialen Vater,[82] der nicht der biologische sein kann, ist eine Erfahrung, die beide Schreiberinnen gemacht haben.[83] Das Anrufen einer symbolischen väterlichen Instanz, die nicht auf den Geliebten abzielt, sondern auf die Sorge des *pater familias,* der Orientierung, Nahrung und Obhut garantieren solle, tritt auf den ersten Blick deshalb auch in den Briefen von Němcová zutage. Nahezu ohne jegliche Eitelkeit oder Scham schildert sie ihren Hunger, ihre Schmerzen, ihre körperlichen Symptome – womit sich jedoch auf den zweiten Blick die Selbstadressierung noch viel plausibler darstellt, weil sie die diskursive Ordnung zunehmend aus den Augen verliert. Hinzuweisen ist besonders auf die ökonomische Dimension der Briefe: So wie Adèle als unmündige Tochter ihren Vater jedes Mal um konkrete Summen für ihren Lebensunterhalt bitten muss, so erbettelt auch Němcová finanziellen Spielraum und

80 Vgl. Vines (2000), From Film to Reading and Writing: *L'Histoire d'Adèle H.,* S. 544.

81 Kline (1996), Truffaut's Adèle in the New World, S. 202ff.

82 Kline argumentiert hinsichtlich der Fokussierung auf den Vater mit der biographischen Disposition des Autors, der ebenfalls Kind eines ihm unbekannten biologischen Vaters war, und mit Adèle eine autobiographische Figur erfindet; vgl. ebd., S. 206ff. Auch wenn man den Autorenfilm nicht autobiographisch deuten möchte, bleibt ein starkes Interesse an Männlichkeit und Autorschaft im Werk Truffauts zu beobachten; vgl. Holmes, Ingram (1998), François Truffaut, S. 151ff. Der einzige weitere ›historische‹ Film im Gesamtwerk, *L'enfant savage,* hat ebenfalls die auffällige Koppelung von (Ersatz-) Vaterschaft und Autorschaft aufzuweisen; vgl. hierzu auch Paech (2002), Der Platz des Autors beim Schreiben des Films.

83 Adèle Hugo war womöglich die Tochter von Charles-Augustin Saint-Beuve, der sowohl mit Victor Hugo als auch seiner Frau Adèle gut befreundet war. Saint-Beuve schrieb u.a. ein Gedicht auf Mutter und Tochter; vgl. Hugo (1968), Le Journal d'Adèle Hugo, Bd. 1, S. 36. Božena Nemčovás biologische Eltern werden in einem adligen Paar vermutet (Dorothea von Sagan und Fürst Karel Clam-Martinic), die das Kind bei Dienstboten einer Schwester der Mutter, Theresia Novotná und Johann Pankl, aufwachsen ließen; vgl. Němcová (2005), Großmutter, Anhang, S. 279, sowie zur autobiographischen Einschreibung dieses Komplexes in den Roman vgl. Langer (1998), Babička contra Ahnfrau.

erörtert die pekuniären Probleme mit ihrem Ehemann, mit dem Verleger und mit dem befreundeten Mäzen Daněk. Briefe sind nicht allein Tauschware gegen neue Briefe, sondern auch für Geld: Sie vermitteln zwischen symbolischen und ökonomischen Werten, die beide für eine Konstitution des modernen Subjekts und zumal einer sozial anerkannten Autorschaft unerlässlich sind. Die »Bilanz« eines Lebens erweist sich somit sowohl als Metapher als auch als literales Faktum.

Beide Schreiberinnen rechtfertigen sich deshalb vielmehr vor sich selbst, und das bedeutet in der Konsequenz des filmischen Framing: vor keinem und jedem. Sie schreiben (sich) um ihr Leben, denn mit jedem Brief, den sie formulieren, ent-historisieren sie ihre Lebensgeschichte, indem sie diese Vergangenheiten in die filmische Gegenwart hereinholen. Gegenläufig hierzu formt sich im Verlauf der Filme jeweils eine Erzählung, die mehr und mehr an Glaubwürdigkeit, Plausibilität, Folgerichtigkeit und Sinnhaftigkeit der einzelnen Geschehnisse und der vorausgesetzten biographischen Entelechie verliert – kurzum: Die Lebensgeschichten demontieren sich vor den Augen des Publikums selbst, bevor sie überhaupt zustande kommen.

Für diese De-/Montage eines Lebens vor laufender Kamera ist die auktoriale Position der Selbstadressierung überaus wichtig. Truffaut bleibt in seiner Erzählung diesbezüglich unbestimmt: Dass Adèle nicht nur Briefe, sondern auch Tagebuch schreibt, kann zwar angenommen werden, bleibt aber im gesamten Film implizit.[84] Knöpfel hingegen bedient die Selbstadressierung insofern, als sie den traditionellen Topos der Briefe von Verstorbenen aufgreift.[85] Eine fiktive sowie Fiktionalität signalisierende Rahmenhandlung ihrer biographischen Erzählung zeigt das pompöse Begräbnis der Autorin, das – wie es häufig als Gestus des Biopic zu finden ist – als ein Plädoyer für das verkannte Genie, dem von der Gesellschaft die verdiente Anerkennung verweigert worden war, und als eine aufwändig inszenierte Anklage an das nationale Kollektiv der ignoranten Leser und Leserinnen in Geschichte und Gegenwart gelten kann. Im *voice-over* ist die Stimme der toten Autorin zu hören, die sich über die große Anteilnahme an ihrem Begräbnis mokiert. Die Rückschau auf ihr Leben rahmt

84 Andere Kommentare des Films gehen vom außerfilmischen Wissen um die historisch überlieferten Tagebücher aus und sehen sie im Film dargestellt; vgl. Kline (1996), Truffaut's Adèle in the New World; Vines (2000), From Film to Reading and Writing.

85 Wie beim Brief unter Lebenden ist auch diesbezüglich eine verstärkte literarische Entwicklung im 18. Jahrhundert angezeigt; populär waren vor allem Elizabeth Rowes *Letters from the Dead to the Living* (1728), Wielands *Briefe von Verstorbenen an hinterlassene Freunde* (1753), Margareta Mollers *Briefe von Verstorbnen an Lebendige* (1759), später auch noch die Reisebriefe aus England von Hermann Fürst von Pückler-Muskau unter dem Titel *Briefe eines Verstorbenen* (1830/31); vgl. hierzu Jacob (2002), Briefe aus dem Jenseits.

eine komplexe Verquickung von Zeitebenen ein, die den Tod ihres Sohnes Hynek 1853, ihre erfolgreiche Lesung aus ihrem Hauptwerk *Babička* (*Die Großmutter*, 1855),[86] ihre Zerwürfnisse mit dem Ehemann in Prag, ihr Aufenthalt bei der Familie des Brauereibesitzers Daněk in Chlumec retrospektiv miteinander verbinden, woraus sich erst langsam ein lineares rezeptives Konstrukt ihrer Lebensgeschichte bzw. eines Ausschnitts von 1853 bis 1862 gewinnen lässt, ohne dass die mit Blenden organisierten Wechsel von Zeit und Ort restlos narrativ aufgehen. Denn zugleich können diese Rückgriffe auch als Sprünge in die autobiographische Interpretation von Němcovás Roman *Babička* aufgefasst werden (etwa der Empfang bei der Fürstin oder die Erzählstunde für die Daněk-Kinder), so dass historische und literarische Fiktion in eins verwoben erscheinen.

Der Film von Truffaut ist hingegen weitestgehend linear erzählt, sieht man von den obligatorischen und auch den auffälligeren Parallelmontagen ab, wenn etwa das Publikum mit einem Brief an die Eltern gemeinsam ›losgeschickt‹ wird: Eine Montagesequenz nimmt die Verfahren des Filmanfangs wieder auf, um die transatlantische Passage des Briefs anzuzeigen und um den Handlungsort kurzzeitig nach Guernsey zu verlegen (wo Victor Hugo eine Zeitungsannonce per Brief aufgeben lässt, um die – allerdings phantasierte – Vermählung seiner Tochter bekannt zu geben). Auch gibt es zwei Sequenzen, die Adèles Alpträume erzählen, worin sie eine Gestalt im weißen Nachthemd ertrinken sieht und sich dabei womöglich selbst als ertrinkend imaginiert, was auf ihre Identifikation mit der Schwester Léopoldine verweist. Truffaut benutzt für diese Sequenzen ebenso wie für die Passage des Briefs nach Guernsey das Mittel der Doppelbelichtung, das die narrative Linearität nicht chronologisch aufbricht, sondern vielmehr auf der Zeitschiene topologisch verdoppelt, weil sich Adèle in der Verschmelzung mit Léopoldine zugleich in paradoxer Weise ›verdoppelt‹, indem sie mitunter ihren Namen und ihre Lebensgeschichte übernimmt. Während sich einerseits Adèle das Leben ihrer toten Schwester einverleibt, so tritt andererseits das Begräbnis des Autors Victor Hugo an die narrative Position ihres eigenen Todes und Begräbnisses. Denn auch Truffauts Biopic ist mit einer narrativen Rahmung versehen, die über Montagesequenzen von Bildern hergestellt wird: Anfangs sind Zeichnungen und Gemälde von bedrohlichen Wellen, schwankenden Schiffen und alten Landkarten zu sehen, die metaphorisch von der Atlantikpassage erzählen, jene vorab behauptete Wahrheit der Geschichte jedoch unmittelbar unterlaufen, da es sich gerade nicht um ›dokumentarisches‹ Bildmaterial handelt, wie es mit den abgefilmten Fotografien am Schluss des Films verwendet ist. Dort erzählt eine extradiegetische

86 Zur national konstitutiven Funktion des Romans vgl. Langer (1998), Babička contra Ahnfrau, S. 133ff.

Stimme von den weiteren Schicksalen der Familie, nachdem Adèle (1872) von Madame Baa zurück nach Frankreich gebracht worden war. Der Vater sorgte umgehend für Adèles Einweisung in eine psychiatrische Klinik, wo sie bis zu ihrem Tod 1915 lebte (›musizierend, schreibend, die Gartenarbeit liebend‹).[87] Eine Montagesequenz mit Fotografien von einer Manuskript-Sammlung (Adèles Tagebüchern?), einer Klinik-Pforte, einer Zeichnung von Hugos Heimkehr aus dem Exil sowie drei Fotografien seines Begräbnisses 1885 und letztlich von Adèles Grabstätte beschließen die dokumentarische Rahmung, die in eine phantasmagorische Coda übergeht: Nicht länger die Erzählstimme, sondern die Figur der Adèle selbst, die nun – das Schwarz/Weiß der Fotografien wird beibehalten – am Meer steht und in einem weißen Nacht- oder Leichenhemd (wie jene Ertrinkende aus ihrem Alpträumen) aus ihrem Tagebuch rezitiert, führt den Film zu Ende. Das Meer, das als Symbol der Isolation gelesen werden muss,[88] erweist sich als der finale Ort dieser Figur, so dass die Verschränkung von gemalten, gezeichneten und fotografierten schwarz/weiß Bildern und Farbbildern in eine wiederum dokumentarisch anmutende Phantasmagorie der zur Sprache gekommenen Adèle mündet. Das Kino und seine Mittel – so eine mögliche Interpretation dieser Rahmenerzählung – ermöglichen demzufolge einen Zugang zu Wort- und Bildmaterial, der über die bloße Historizität hinausgeht. Entsprechend findet der anfängliche Satz »L'Histoire d'Adèle H. est authentique.« sein relativierendes Echo am Ende des Films. Dort heißt es nurmehr: »C'etait l'histoire d'Adèle H.« Auf den ausdrücklichen Wahrheitsanspruch wird nun verzichtet; das Kino erzähle eben seine eigene Geschichte – mit Briefen, Fotos und Bildmaterialien, mit Stimmen und Farbverhältnissen, mit Kadrierung und Montageverfahren, die sich das Medium Film allesamt zunutze mache.

Das Biopic über Němcová weist in der Rahmenerzählung keine derartige Reflexionsebene auf: Dort werden die *Inserts* am Ende als Epitaphe benutzt, die über die dem Sarg folgende Trauergemeinde geschrieben sind: (1) »Božena Němcová, die berühmteste und meist gelesene tschechische Schriftstellerin, starb am 21. Januar 1862 in Prag.« (2) »Ihr Roman ›Die Großmutter‹ erlebte bis heute mehr als 200 Auflagen und wurde in 30 Sprachen übersetzt.« Während bei Truffaut die Schlusssequenz von einer männlichen Erzählstimme sowie von der Figurenrede Adèles begleitet wird, besinnt sich Knöpfels Erzählung auf die scheinbar objektivierende Macht der Schrift: Kanonurteil und faktuale Zahlen versuchen

87 Die Parallelen zum Leben von Camille Claudel sind frappant und wurden – ebenfalls mit Isabelle Adjani – ganz ähnlich in Szene gesetzt. Mit der Einlieferung in eine Anstalt 1913, wo Claudel bis zu ihrem Tod 1943 lebte, endet auch dieser Film (*Camille Claudel,* F 1988, Regie: Bruno Nuytten); vgl. hierzu Kap. 5.4.

88 Vgl. die Lektüre des Films von Silverman (1983), The Subject of Semiotics, S. 79.

zwar, weniger wertschätzende Interpretationen dieses Lebens(werks) auszuschließen, unterstreichen aber zugleich die eigene Relevanz des Films: Man habe sich keiner unwürdigen Autorin gewidmet, vielmehr arbeite der Film dem kollektiven Erinnern an eine vergessene, bisher unterschätzte Lebensgeschichte zu. Gleiches lässt sich von Truffauts Projekt sagen, das im Rückgriff auf die Ende der 1960er Jahre zuerst publizierten Tagebücher der Adèle Hugo durch Frances Vernor Guille an eine vergessene Figur der Literaturgeschichte erinnert und in gewisser Weise ihren 1915 weitestgehend unbemerkt gebliebenen Tod – so der *voice-over*-Kommentar – wieder in das Bewusstsein der französischen und weltweiten Filmrezipienten hereinholt: Ihr öffentlich gemachtes Leiden und Sterben wird dem Exil und Tod ihres Vaters erneut beigeordnet, gerade weil die Montagesequenz am Ende des Film sein national bedeutsames Begräbnis erzählt, während ihre letzten 43 Lebensjahre eine große narrative Leerstelle bilden.

Die Erzählverfahren der Binnenerzählung erweisen sich bei Knöpfel und Truffaut durchaus vergleichbar und eröffnen interessante komplexe Perspektiven auf die filmischen Möglichkeiten, die Schreibszene und alle damit als zugehörig anzunehmenden Vorgänge zu realisieren. Es ist davon auszugehen, dass es sich bei einer Briefszene zumeist um eine Szene der Intimität handelt. Die Figur scheint nur allein zu sein, obgleich sich die Anwesenheit einer Kamera in den Vordergrund der Wahrnehmung schieben könnte, weil eine weitere Figur mit ihrem *point of view*, den die Kamera übernehmen könnte, schlichtweg fehlt. Literarisches Schreiben – wenn es nicht diktiert wird – ist wie das stumme Lesen eine kontemplative Tätigkeit, die keine Gesellschaft, auch keine Zuschauer, benötigt. Vermag die filmische Erzählung den Vorgang des Schreibens nicht ansprechend zu vermitteln, so dass aus dem sichtbaren Skript auf der Bildfläche ein lesbarer Text werde, kann er auch nicht mehr auf die Aufmerksamkeit der Zuschauer, die sich auf Film als ›Filmhandlung‹ konzentrieren, rechnen. Können Bühnendarstellungen den Text eines Briefs noch weniger zu lesen geben als der Film, weil der Film mindestens das Skript in Lesegröße zeigen kann, so operieren doch alle diese Medien wiederum mit Optionen ihres plurimedialen Code, indem etwa der Text von Schreiber oder Schreiberin *on-screen* rezitiert bzw. auch vom Empfänger verlesen wird. Hinzu kommt die häufige Variante, dass der Text im *voice-over* und *off-screen* unterlegt wird, was einen Eindruck von der so genannten ›inneren Stimme‹ geben soll. Die Trennung zwischen Skript und Text wird durchaus in den Filmen selbst reflektiert, etwa wenn auf dem Tisch in Adèles Zimmer eine Seite eines Briefes liegt (Totale von vorne-oben), der nahezu die gesamte Kadrage einnimmt. Es lässt sich lediglich die graphische Strukturierung (Anrede, Text, Unterschrift) auf dem Blatt wahrnehmen, so dass auf ein Briefdokument zu schließen ist. Der Text ist hingegen nicht zu lesen: Außer der Signatur

»Adèle«, die sich unten im Bildvordergrund befindet, ist ein vermutlich ›eigenhändiges‹ Skript der Protagonistin wahrzunehmen (in regelmäßiger Handschrift, ohne Kleckse etc.), das vom braunen Holz des Tisches gleichsam gerahmt erscheint. Erst mit dem dieser Einstellung folgenden Kameraschwenk auf Adèle, die einen kleinen Holzschrein anbetet, der ein Foto des Lieutenant Pinson enthält und somit auch die braune Holzrahmung in der metaphorischen Verschiebung des Blicks wiederholt, kommt die Referenz auf die metonymische Funktion von Brief und Foto zum Vorschein. Wichtig scheint hier nicht zu sein, *was* Adèle schreibt, sondern *wo* und *womit* sie ihre religiöse Praxis der Liebe zelebriert und welche Bedeutung diese Praxis für ihr Leben hat. Die autoreferentielle Geste des filmischen Schreibens zeigt sich demnach in der weißen Fläche, die den Zuschauern eine Schriftprobe von Adèle gibt (zu graphologischen Zwecken?) – so, wie die Kinoleinwand eine strukturelle ›Gestaltprobe‹ der Figur Adèle selbst vermitteln kann. Es scheint weder möglich zu sein, Adèles Texte zu ›verstehen‹ noch ihr Handeln. Dennoch oder gerade deshalb ist es für die eigene Seherfahrung unerlässlich und auch ergiebig, diese Figur zu beobachten und vom der voyeuristischen Kompetenz der Kamera zu profitieren. Auf diese Weise folgt das Publikum der Figur, die sich in masochistischer Hingabe vor die Fenster der aktuellen Geliebten Pinsons stellt und deren gemeinsames Liebesspiel in einer deutlich in Szene gesetzten (Fenster-)Rahmung beobachtet.[89] Adèle und die Zuschauer gehen somit eine Allianz ein, die den Film und seine Narration wenn nicht psychoanalytisch plausibilisieren, so doch wahrnehmungsästhetisch legitimieren hilft.

Das Moment der ostentativen (Fenster-)Rahmung stellt auch im Film über Němcová ein bedeutsames Moment dar: Während sie beginnt, die ersten Zeilen an den Freund zu überlegen und vor sich herzusagen, steht sie an einem doppelt verglasten Fenster, das die doppelte mediale Codierung (Brief und Film) metonymisch figuriert: Der Blick durch das Glas nach außen zeigt die invertierte Innenschau an und zugleich die Brechung durch die Linse der Filmkamera. So nimmt diese Autorin – wie das Publikum – eine Welt wahr, die sie für ihre eigenen Erfahrungen vereinnahmen und narrativ transformieren wird. An dieser Stelle macht sich darüber hinaus eine Kameraführung bemerkbar, die in einem extensiven *over shoulder-shot* die zwar naheliegendste, aber explizit nicht ›identisch‹ anmutende Perspektive mit der von ihr gezeigten Figur einnimmt. Die interne Fokalisation wird vermieden, die Differenz zwischen Autorinnensubjekt und subjektivierender Kamera vielmehr noch betont.

89 Auf die Anspielungen, die Truffaut damit an Hitchcocks *Rear Window* (USA 1954) macht, wurde bereits hingewiesen; vgl. Kline (1996), Truffaut's Adèle in the New World, S. 198f. Zu weiteren Hitchcock-Zitaten vgl. Vest (1997/98), Echoes of Alfred Hitchcock's *Vertigo, The Birds,* and *Frenzy* in Francois Truffaut's *Story of Adèle H.*

Während in Knöpfels Biopic über Němcová der Schwerpunkt merklich auf den Neuformulierungen und Überschreibungen eines Lebens sowie der schwierigen Subjektivierung einer solchen homodiegetischen Narration liegt, indem die Protagonistin drei Versuche des Briefschreibens startet, um sich (selbst) zu erklären, fächert sich die Adressierung der Selbstdarstellung in Truffauts Projekt auf: Adèle Hugo schreibt im Verlauf der Erzählung mindestens drei Briefe an Pinson und vier Briefe an die Eltern. Unentscheidbar wird die Adressierung hinsichtlich dreier Schreibszenen, die nahelegen, dass Adèle an einem Tagebuch schreibt, für das sie auch die umfänglichen Papierrollen vom Buchhändler kauft bzw. später auch geschenkt bekommt. Allerdings benutzt sie dabei beispielsweise eine so stark appellative Sprache (»Gib ihm Freiheit ...« etc.), dass Brieffunktion und -adressierung auch an dieser Stelle gegeben sind und es sich, wie bereits angedeutet, genausogut um Briefentwürfe oder dergleichen handeln könnte. Überhaupt läuft die dramaturgische Zuspitzung auf Adèles zunehmende Unfähigkeit hinaus, für sich zu sprechen und sich brieflich zu artikulieren. Den letzten der drei Briefe an Pinson schickt sie mit einer Prostituierten zu ihm, die er nach Lust und Laune auch bei sich behalten solle: Sie schickt dem Stellvertreter ihre Stellvertreterin. Etwas später erzählt der Film, wie Adèle auf den Straßen von Bridgetown auf Barbados schließlich auffällig geworden ist und ein Schreiber für Madame Baa, die sich der Kranken angenommen hat, einen Brief anstelle der Tochter an den Vater Victor Hugo anfertigt. Die Stellvertreterfunktion des Briefes wird folglich in immer weiter reichenden substituierenden Ketten variiert. Auch die Briefe von Zuhause, die Adèle erhält, enthalten eine solche Verschiebung von Fürsprache, werden doch die Briefe, die Adèle an ihre Eltern richtet, allein vom Vater beantwortet, der stets für Adèles Mutter mitspricht. Der Plot des Films könnte folglich als eine fortschreitende Ent-Autorisierung der Schreiberin zusammengefasst werden, die mit einer Ent-Historisierung – im Sinne des präsentischen Nicht-Erzählens einer Lebensgeschichte – einhergeht. Die Stimme des Vaters, die im *voice-over* die Handlung gleichsam akustisch ›überschattet‹, gewinnt immer mehr Gewicht, während dessen Adèles monologisches Schreiben (zuerst gebrochen im Spiegel oder frontal zur Kamera, dann zunehmend im Bett liegend und rezitierend) im Hinblick auf Erzählzeit und *on-screen*-Kadrierung immer weiter zurückweicht: Die Figur rückt zunehmend in den Bildhintergrund ihres Zimmers, in dem sie sich einschließt und der Krankheit im Laufe der Zeit erliegt.

Die Schreibszenen im Film über Božena Němcová sind hingegen sehr viel wirkungsmächtiger komponiert: Die Schreiberin ist zu sehen und sowohl rezitierend *on-screen* als auch im *voice-over* und *off-screen* zu hören. Auch implizieren die mit Blenden hergestellten narrativen Rückgriffe auf die verschiedenen erwähnten Zeitebenen, dass der Film eben nicht nur die innere Stimme der Autorin vermitteln, sondern auch die Bilder vor deren innerem Auge in Szene setzen kann. Die scheinbar objektivierende Instanz des Geschichte konstruierenden Erzählers, der Figuren und Geschehnisse wie in Truffauts Film extradiegetisch kommentiert und linear ordnet, fehlt in diesem Biopic: Von Anfang an, wenn die Stimme der verstorbenen Autorin zu den Bildern ihres eigenen Begräbnisses zu hören ist, wird eine konsequente Subjektivität indiziert, die lediglich mit den die Erzählzeit strukturierenden *Inserts* (»Erster Brief« etc.) sowie mit dem Epitaph am Schluss konkurriert. Allerdings bedeutet der Verzicht auf eine objektiv erscheinende Geschichtsinstanz nicht, dass die Kamera stets den *point of view* der Figur im Sinne einer internen Fokalisation übernehmen würde und womöglich die filmische Apparatur illusionistisch vergessen ließe. Gerade das Gegenteil passiert vor dem Auge des Betrachters: Eine an die Ästhetik privater Videoaufnahmen erinnernde, bisweilen auch merklich ruckelnde und wackelnde Kamera stellt eine Vertrautheit und Nähe mit der Autorinnenfigur sowie den Effekt des unmittelbaren Partizipierens an deren Leiden her, wobei die Einstellungen zwischen interner und externer Fokalisation wechseln. Insbesondere im Abschnitt des dritten Briefes dominieren Großaufnahmen des kargen Essens und lenken den Blick auf körperliche Bedürfnisse. Weitere stark variierende Einstellungsgrößen nehmen eine sich an Sexualität und Lebenslust erinnernde Frau in Augenschein, woran auch deutlich wird, dass die imaginativen und unbewussten Vorgänge ohnehin nur symbolisch transformiert und kommuniziert werden können. Aber auch diese Lebensgeschichte unterliegt der Dramaturgie des Verfalls, die sich zwar nicht an der Umadressierung bzw. zunehmenden Unentscheidbarkeit der Adressierung zeigt (der Adressat bleibt bei allen drei Briefen derselbe), sondern an der psychosomatischen Verausgabung, denn das frauliche Unterleibsleiden ist von progredientem Blutverlust gekennzeichnet. So wird häufig gezeigt, wie die Autorin ihr Verbandmaterial prüft, reinigt, wechselt. Tinte und Blut gehen auf diese Weise eine obszöne Konkurrenz ein: Fließt das eine, stagniert die andere, und umgekehrt. So kann das Schreiben zumindest anfangs noch von den Schmerzen und Blutungen ablenken, dann aber immer weniger, weil der narrativen Logik der Künstlervita zufolge sich Künstlerschaft gerade in der physischen und psychischen Opferung formiert. Die ›Lieblinge der Götter‹ sterben früh – oder vegetieren, wie Lenz und Hölderlin, Adèle Hugo oder Camille Claudel – in geistiger Absenz jahrelang und jahrzehntelang vor sich hin. Das Leben fordert seinen Tribut von der Kunst und vice versa, lautet die im Biopic immer wieder aufs Neue formulierte Botschaft: »Nein. Es muss schöner werden. Es muss schöner werden«, begründet die Autorin Němcová ihr Verwerfen des vorangegangen Briefentwurfs. Was jenes »es« ist oder werden soll, bleibt dabei offen, so dass sich ein kaum jemals abzuschließender Prozess des Umschreibens und Umdeutens für die Autorin und die Zuschauer aufdrängt.

5.4. Irr-itationen: Genie und Wahnsinn

> »Das Ungeheure in der Kultur ist dies, daß wir unser Publikum wider seinen Willen und zu unserm Schaden zur Ironie erheben, indem wir seine Leidenschaften reinigen dadurch, daß wir alles zur Anschauung bringen, selbst den Wahnsinn und die Irrenhäuser und Narrenspitäler. Denn was kann von dem allen das Resultat sein, als daß es dieses sonst für das Gefühl und die Empfindung so Zerreißende auch nur als einen Zustand kennen lernt, als ein Pathologisches, dem gegenüber es sich besser, erhabener fühlt, und mit dem es zuletzt spielen lernt.«
>
> Johann Wolfgang Goethe 1813 im Gespräch mit Riemer

> »Goethe konnte im Jahr 1813 nicht wissen, daß das Schlimmste noch bevorstand.«
>
> Theodore Ziolkowski: *Das Amt der Poeten*

> »Lauter schwierige Patienten.«
>
> Buchtitel von Marcel Reich-Ranicki[90]

Das Narrativ von Genie und Wahnsinn gehört zu den wirkungsmächtigsten Künstlernarrativen, das historisch bereits seit der Antike etabliert ist, sich scheinbar nicht ›abnutzt‹ und bis zu den jüngsten *Biopic*-Produktionen zu beobachten ist. Die Pathologisierung des Künstlers und der Künstlerin betrifft alle Arten künstlerischer Kreativität, sei es die bildende Kunst, die Musik, die Literatur u. a. m. Die postmortale Diagnostik hat diesbezüglich vor allem ihre eigene historische Konditionierung zum Vorschein gebracht, wenn Autoren wie Lenz oder Hölderlin, aber auch Malern wie van Gogh, Musikern wie Robert Schumann durch die Jahrzehnte medizinischen ›Fortschritts‹ verschiedenste Ausformungen psychopathologischer Devianz zugeschrieben wurden.[91] Die Filmbiographie, wie sie sich seit den 1970er Jahren etabliert hat, differenziert hier nicht besonders genau, wie

90 Peter Voß führt die Metapher in der Vorbemerkung noch weiter: »Er (Reich-Ranicki, S.N.) sieht sich als Arzt des Literaturbetriebes, der die Autoren pflegt, aber auch, wenn es nach seinem Dafürhalten nötig ist, unters Messer nimmt, ohne Narkose versteht sich.« Reich-Ranicki (2003), Lauter schwierige Patienten, S. 7.

91 Filme etwa über Vincent van Gogh und Robert Schumann erforderten zunächst eine Diskussion intermedialer Narrationen der Epilepsie (van Gogh) und der Syphilis (Schumann), die an anderer Stelle geführt werden muss.

sich zeigen wird, sondern schöpft aus dem reichen Fundus von Symptomen und Therapiemöglichkeiten, um die Leidens- und Lebensgeschichte vielleicht nicht immer plausibel aber möglichst eindringlich darstellen zu können. Aus diesem einfachen Grund konzentriert sich das folgende Kapitel nicht allein auf bekannte ›Fälle‹ aus der Literaturgeschichte, sondern bezieht auch Musiker- und Künstler(innen)filme in die Betrachtung mit ein, um Gemeinsamkeiten und die wenigen Unterschiede in den einzelnen filmischen Realisationen im Narrativ historischer Pathographie herauszustellen.

Das Begriffspaar »Künstlertum und Psychopathologie« eröffnet eine wohlbekannte Dichotomie und geht zurück auf die antiken *melancholia*- und *mania*-Konzepte, innerhalb derer – nach den Regeln der Humoralpathologie des 5. bis 3. Jahrhunderts v. Chr. – die schwarze Galle des Melancholikers je nach Wärmegrad sowohl für die außerordentliche Begabung als auch für depressive Zustände und manische Krankheitsbilder relevant war.[92] Die antiken nosologischen Aspekte lassen sich freilich nicht mit modernen psychopathologischen Klassifikationssystemen vergleichen, obgleich es unterschiedliche Formen der Geisteskrankheiten gab (Phrenitis, Mania, Epilepsie u.a.), die bis in die Frühe Neuzeit galten.[93] Das literarische Erzählen des Wahnsinns nahm jedoch von Alters her eine Sonderstellung ein, »weil die Krankheitsdarstellung der Dichter nicht der medizinischen Fachliteratur bedurfte, ihnen genügte die genaue Beobachtung und Registrierung der Phänomene, soweit sie als Determinanten des ›Wahnsinns‹ und anderer Geisteskrankheiten notwendig waren«.[94] Über Genie und Wahnsinn als narrative Stigmatisierung zu sprechen, bedeutet darüber hinaus, über eine *longe durée* hinweg dichotom, binär, auch bipolar zu denken. Man könnte sich ebenso ein Kontinuum vorstellen oder ein Modell der Steigerung. Immer aber bleibt es ein dyadisches Denken, das Michel Foucault in seiner *Histoire de la folie* zu überwinden gedachte: »Man könnte eine Geschichte der Grenzen schreiben [...], mit denen eine Kultur etwas zurückweist, was für sie außerhalb liegt«.[95] Diese dadurch geschaffene Leere, der freie Raum, sagt etwas über die Grenzziehung aus, über die Prozesse der Absplitterung und gleichermaßen über die Vereinnahmung. Über Sinn und Irrsinn, Vernunft und Unvernunft, Sprache und Schweigen wird im freien Raum ihrer Differenz entschieden. Foucault versucht, hinter die Spaltung der Begriffe zu

92 Müller (2000), Signum oder Stigma, S. 71ff.; Wagner-Egelhaaf (1997), Die Melancholie der Literatur, S. 32ff., sowie die Beiträge in Clair (2005), Melancholie. Genie und Wahnsinn in der Kunst.

93 Vgl. hierzu Kutzer (1998), Anatomie des Wahnsinns.

94 Ebd., S. 65.

95 Foucault (1973), Wahnsinn und Gesellschaft, S. 9.

gelangen und vor die Trennungsoperationen der Psychiatrie.[96] Wahnsinn ist eine Notwendigkeit, die überhaupt erst Sinn ermöglicht: »Man könnte es kurz fassen und sagen, dass er an die *Möglichkeit* der Geschichte gebunden ist.«[97] In einem zweiten Schritt ließe sich nun der medizinisch-psychiatrische Diskurs über den Wahnsinn mit demjenigen der Literatur zu einer neuerlichen Dyade kombinieren.[98] Das literarische Sprechen über den Wahnsinn, ebenso grenzziehend wie vereinnahmend, folgt seit der Antike anderen Regeln als Symptombeschreibung und Diagnostik. Hier werden Sympathiebekundungen oder auch negative Wertungen geäußert. So scheint für die Lenz-Rezeption zu gelten: »Die einen fällten in kritischer Distanz zu dem Autor ein moralisch abwertendes Urteil, die anderen schätzten und würdigten ihn und brachten ihre Anteilnahme zum Ausdruck«.[99] Mit den genannten Oppositionen geht darüber hinaus der Geschlechterdiskurs einher, der selbst wiederum als naturalisierte, historisch variable Dichotomie organisiert ist. Er steht quer zur Dichotomie von Genie und Wahnsinn, knüpft aber sowohl an den literarischen als auch psychopathologischen Diskurs an, steht mit ihnen in osmotischer Beziehung der gegenseitigen Reflexion und Generation. Genialität ist zunächst ein Konzept kreativer Männlichkeit, innerhalb dessen der Künstler Brüche und Abstürze erfahren oder auch die Grenze zum Wahnsinn überschritten haben mag. Das weibliche Subjekt der Kreativität konstituiert sich zwar ebenso wie das männliche Subjekt erst in seiner Repräsentation, so dass jedes Rezeptionsmuster zugleich auch ein Produktionsmuster der Kategorien Geschlecht, Künstlertum und Wahnsinn darstellt. Aber das weibliche Subjekt ist einer doppelten Grenzüberschreitung ausgesetzt, da es sowohl mit dem männlichen Genie-Konzept kompatibel sein[100] als auch die Grenze zwischen Kunst und Wahn überschreiten muss.[101]

---

96 Wie Foucaults Historiographie des Wahnsinns als »*parody* of rationality's own linguistic and rhetorical devices« gelesen werden kann, untersucht Pugh (1992), Foucault, Rhetoric and Translation, S. 131f.

97 Foucault (1973), Wahnsinn und Gesellschaft, S. 12.

98 Die anthropologischen und später auch psychoanalytischen Diskurse bringen seit der Aufklärung eine weitere Spaltung hervor, nämlich zum einen das Erklärungsmodell der neurophysiologisch bedingten, endogenen Entstehung von Wahnsinn und zum anderen die sozialpsychologische, auch psychoanalytische Erklärung des Wahnsinns aus der Umwelt und der individuellen Ontologie der Patienten; vgl. hierzu Kaufmann (1995), Aufklärung, bürgerliche Selbsterfahrung und die »Erfindung« der Psychiatrie in Deutschland, 1770-1850, S. 25-49.

99 Martin und Stiening (1999), »Man denke an Lenz, an Hölderlin«, S. 50.

100 Bereits die pseudoaristotelische, humoralpathologische Verknüpfung der *melancholia* mit einer außerordentlichen Begabung des Mannes ist phallozentrisch angelegt und wird in der Renaissance fort- und umgeschrieben; vgl. dazu Schiesari (1992), The Gendering of Melancholia, insbes. S. 101ff.

101 Vgl. dazu auch Christadler (1996), Natur des Genies und Weiblichkeit der Natur, S. 32-43. In der feministischen Debatte wurde der Wahnsinn von Frauen auch bisweilen als einzig

Da es sich hier um arbeitshypothetische, ordnungsstiftende Dichotomien handelt, ist anzunehmen, dass in filmischen Erzählungen über die *Beautiful Minds*[102] alle drei Diskurse zum Tragen kommen. Der Film als narratives, diegetisches Medium nimmt Anleihen in unterschiedlichen Diskursen zur Erklärung seines eigenen Erzählmodells – gleichsam als *»Möglichkeiten einer Geschichte«.*[103] Ein Film über Leben, Werk und Wahnsinn eines Künstlers oder einer Künstlerin ist nicht therapieorientiert und muss deshalb auch keine Diagnose stellen; vielmehr könnte man, wie ein Kritiker über Vincente Minnellis van Gogh-Film *Lust for Life* (USA 1956) argwöhnte, darauf schließen, dass die Konfrontation mit dem genialisch-wahnsinnigen Künstler dem Publikum sowohl Einladung zur Identifikation als auch Legitimation der eigenen »Normalität« anböte.[104] Keiner der für dieses Kapitel gesichteten Filme, soviel sei vorweggenommen, stellt eine definitive Diagnose, außer sie erweist sich im Laufe der Erzählung als falsch; vielmehr handeln die Filme auf der Ebene der Symptombeschreibung, um daraus historisch autoreflexive Erzählmodelle und zugleich Erklärungsmodelle für die Devianz zu gewinnen. Die Filme lassen sich also einerseits als Transformationen literatur-, kunst- oder musikhistorischer

---

mögliche Form weiblichen Aufbegehrens und unterdrückter Kreativität diskutiert; zur Kritik dieser Romantizismen an Shoshana Felman u.a. vgl. Showalter (1985), The Female Malady, S. 5. Eine umfassende Kritik liefert Schlichter (2000), Die Figur der verrückten Frau, S. 87ff.: Der feministische Opfer- und Patriarchatsdiskurs reproduziere in seiner Verschränkung die Dichotomie von Weiblichkeit und Wahnsinn immer wieder aufs Neue. Überschreitet die Frau die Grenze zum Wahnsinn, zum männlichen Habitus oder zur sexuellen Perversion – wie von Lombroso paradigmatisch für die Debatte um 1900 entwickelt –, ist dies selbst wiederum Zeichen ihrer äußerst selten vorkommenden Genialität, die scharf vom »Talent des Weibes« zu trennen sei; vgl. das Kap. »Das Genie beim weiblichen Geschlecht« in: Lombroso (1894), Entartung und Genie, S. 66-90.

102 Das Psychodrama *A Beautiful Mind* (dt. Untertitel: *Genie und Wahnsinn,* Ron Howard, USA 2001) erzählt die paranoid-schizophrene Gedankenwelt des amerikanischen Nobelpreisträgers John Forbes Nash jr. Die Nähe zum Künstlerfilm ergibt sich aus der Inszenierung des Mathematikers als Rechen-Künstler: Nicht die Gegenstände seiner verzweifelten Forschung werden diskutiert – diese sind zunächst vielmehr als kryptische oder auch komische Einfälle eines genialen Gehirns markiert –, sondern die Vorliebe der Figur, Formeln und Rechenwege auf die Fensterscheiben seiner Arbeitsräume und der Bibliothek der Universität Princeton als kalligraphische Ereignisse zu notieren. Die Figur bezeichnet die Mathematik als ein »Kunstwerk«.

103 Schäffner weist darauf hin, dass der »diskursive Rahmen« für Foucaults Studien die Psychiatrie um 1950 und ihre phänomenologische Ausrichtung war. Dieser Ausrichtung gemäß wurde »sowohl die individuelle Persönlichkeit als auch überindividuelle existenzielle Erfahrungsformen rekonstruiert und dabei nicht nur eine transzendentale Begründung der Wahnformen, sondern Analysen von Existenz schlechthin zu liefern versucht«; Schäffner (1997), Wahnsinn und Literatur, S. 59. Filme aus dem Genre des Biopic über wahnsinnige KünstlerInnen könnten mit Foucault demnach auch als Analyseversuche dieser Existenzen gelesen werden.

104 Grob (2000), Unglaubliches Blau, Grün wie von geschmolzenen Smaragden. Vincent van Gogh im Film, S. 78f.

Phänomene lesen, andererseits aber auch als Inszenierungen des ärztlichen Blicks durch die Kamera zum Zwecke einer von vorneherein nutzlosen Anamnese. Dabei stellen die Filme die historischen Bedingungen des ärztlichen Blicks in Rechnung: Sie eröffnen ein diskursives Spektrum, wie es Michel Foucault für die *Geburt der Klinik* beschrieben hat, wobei der Blick emphatische Funktion und Position einnimmt: Es ist die Rede »vom Raum, von der Sprache und vom Tod. Es ist die Rede vom Blick«.[105] Ohne die Ausformung des modernen ärztlichen Blicks um 1800 ist auch die ›Erfindung‹ der modernen Psychiatrie, die den Wahnsinn als Krankheit zu behandeln beginnt, nicht denkbar. Es geht Foucault um die Geburt der Klinik – und damit auch der Irrenanstalt, des Asyls –, die überhaupt erst »die Möglichkeit eines Diskurses über die Krankheit ist«; erst dort bildet sich eine »gemeinsame Struktur« heraus, »die gliedert und artikuliert, was *gesehen* und *gesagt* wird«.[106] Filmische Transformationen über den Wahnsinn profitieren von dieser Doppelstruktur des Hörens und Sehens und bedienen sich eines Blicks, der symptomatische Wahrheiten innerhalb einer medial spezifischen Historizität produziert. In Anlehnung an Malraux ließe sich dieser Filmfundus als *asile imaginaire* beschreiben, der über die Funktion des Kinos als *musée imaginaire*[107] hinaus einer popularisierten Psychiatriegeschichte zuarbeitet. Das Wegschließen der Künstler und Künstlerinnen in der Anstalt bannt die von der Krankheit ausgehende Gefahr mittels der Isolation, denn »jede Krankheit, die man als Geheimnis behandelt und heftig genug fürchtet, wird als im moralischen, wenn nicht wörtlichen Sinne ansteckend empfunden«.[108] Bringen uns die Filmbiographien einerseits die Schriftsteller als »exemplarisch Leidende«, denen es gelingt, ihr Leiden in der Literatur zu sublimieren,[109] regelmäßig nahe – wenn etwa Forster, Novalis oder Kafka leitmotivisch husten und in blutige Taschentücher spucken –, so sorgt die Illusion auf der Leinwand zugleich für eine Trennung der Welten – von infizierter Kunst- bzw. Künstlerwelt und davon abgeschirmter Alltagswelt des Kinobesuchs. Das Publikum folgt den Betroffenen allein mit der gehörigen historischen und diagnostischen Distanz in die Kliniken und Verwahranstalten, aus denen sie zumeist nicht mehr zurückkehren. Die mangelnde Aufklärung der Krankheitsbilder und die effektvolle Inszenierung der Katamnesen, zumal bei den historisch diversen Formen des ›Wahnsinns‹, hält in den Filmen aber genau jene geheimnisvollen und furchterregenden Aspekte der Krankheit aufrecht, die es über den Abtransport und Isolation der Betroffenen zu bewältigen gilt.

105 Foucault (1999), Die Geburt der Klinik, S. 7.

106 Ebd., S. 17.

107 Vgl. Paech (1990), Ein-BILD-ungen von Kunst im Spielfilm, S. 48.

108 Sontag (2003), Krankheit als Metapher, S. 10.

109 Sontag: Der Künstler als exemplarischer Leidender, in: Sontag (1995), Kunst und Antikunst, S. 91-101, hier S. 94.

Drei folgende Abschnitte sollen die filmische Inszenierung von Künstlertum und Psychopathologie näher erläutern, zuerst im Blickwinkel des literarischen, dann vor dem Hintergrund des klinischen Diskurses und in einem letzten Punkt in Bezug auf die Grenzüberschreitung der Geschlechterkategorien. Dabei kommen mehr oder weniger ausführlich Filme über die Dichter Jakob Michael Reinhold Lenz (der Kinofilm von George Moorse, 1971, sowie der Fernsehfilm von Egon Günther, 1992) und Friedrich Hölderlin *(Hälfte des Lebens,* Herrmann Zschoche, DDR 1984; *Feuerreiter,* Nina Grosse, D/F/PL 1998), die Komponisten Wolfgang Amadeus Mozart und Antonio Salieri (*Peter Shaffer's Amadeus,* Miloš Forman, USA 1984), die Bildhauerin Camille Claudel (*Camille Claudel,* Bruno Nuytten, F 1988), die neuseeländische Autorin Janet Frame (*An Angel at my Table,* Jane Campion, NZ/GB/AUS 1990) sowie über den Pianisten David Helfgott (*Shine,* Scott Hicks, AUS 1995) zur Sprache. Alle Filme entstanden seit Anfang der 1970er Jahre und beschreiben – mit Ausnahme der Lenz-Filme – psychopathologisierte Lebensläufe seit der ›Erfindung‹ der Psychiatrie um 1800.[110]

Zu einer veritablen Erzählung über Genie und Wahnsinn, so konnten dies Ariane Martin und Gideon Stiening an den Beispielen Lenz und Hölderlin für die literarische und biographische Rezeption herausarbeiten, gehören zumindest vier Topoi: 1.) die topographische Ver-rückung der Figur, das Umher-irren verwahrloster Subjekte ohne teleologisches Muster, 2.) die Liebesmelancholie, hervorgerufen durch die Unmöglichkeit des Begehrens, weil die Objekte des Begehrens anderweitig vergeben sind, 3.) die Instrumentenmetapher, die nervliche Dissonanzen des Wahnsinnigen in der Überspannung anzeigt, und 4.) die serielle Beschreibung von Künstlern und Künstlerinnen in psychisch problematischer Verfassung.[111] So werden häufig Lenz und Hölderlin als katatone, später schizophrene Autoren beschrieben, die sich in vielem mit den Selbstmordkandidaten Kleist und Günderode vergleichen lassen. Hier erklärt sich der Wahnsinn aus der Differenz der Ähnlichkeiten. Zu ergänzen ist hier das Verfahren der Kontrastierung, indem den ver-rückten Künstlern etablierte Existenzen entgegengestellt werden, um ihre Differenz in der Verschiedenheit vor einer vermeintlichen Folie der Normalität zu markieren. Anhand einiger Beispiele lässt sich die filmische Fortschreibung literarischer und biographischer Traditionen als stereotype, ja klischeehafte Erzählmuster deutlich nachzeichnen. Vorgezeichnet und diskutiert wurde dieses Muster jedoch bereits in Goethes Künstlerdrama *Torquato Tasso,* wenn der Dichter unstandesgemäß liebt, sich unverstanden fühlt, schließlich für irre erklärt

110 Vgl. auch die kurzen, anekdotenhaften Darstellungen einzelner Abschnitte der Psychiatriegeschichte in Müller (1993), Vom Tollhaus zum Psychozentrum, S. 36-58.

111 Vgl. Martin und Stiening (1999), »Man denke an Lenz, an Hölderlin«, S. 45-70.

wird oder – wie Goethe selbst formuliert haben soll: an der »Disproportion des Talents mit dem Leben« scheitert.[112]

Die Verrückung des Dichters Lenz kündigt nun die Spielfilmfigur Goethe an, wenn er den Freundschaftsbruch mit folgendem Sprachbild einleitet, das auf den Wechsel von der Vernunft zum Wahn als sanfte Passage beschreibt: »Du willst den Bruch, um desto übergangsloser, leichter und eleganter eintauchen zu können in die vierte bis siebte Dimension des Wahnsinns? Ich ahne schon lange, dass Du in Gefahr bist, mein Bruder. In mir ist es auch. Raus aus allem [...].«[113] Eine solche Verrückung des Subjekts wird über dessen Situierung in der Landschaft realisiert. Schon George Moorse strapazierte diese visuelle Metapher der Subjektkonstitution (vgl. Kap. 4.7.1.), die sich in gleicher Weise im Fernsehfilm von Egon Günther wiederfindet: Auch darin wandert Lenz in einer Panorama-Einstellung durch eine Winterlandschaft. Darauf folgt ein harter Schnitt, und die Figur ist tobend und in Ketten auf einem Bett gefesselt zu sehen. Das *viator*-Motiv, in dem der Wanderer für den Menschen einsteht, und das *peregrinato*-Motiv, das die Wanderschaft als das Leben zeigt, werden noch einmal aufgegriffen, wenn Lenz mit seinem Bruder nach Livland wandert (Günthers Version endet nicht wie die Büchner-Verfilmung von Moorse mit dem Abtransport Lenzens nach Straßburg, sondern erst mit seinem vermutlich einsamen Tod 1792 in Moskau). Diesmal hat er familiale Anbindung und als Ziel seine Heimat vor Augen; entsprechend spielt die Szene nun auf einem reifen sommerlichen Kornfeld, kommentiert von Aussagen im *voice-over* über seine vermeintliche Genesung. Der Film *Feuerreiter* zeigt Hölderlin von Anfang an als einsamen Wanderer auf elenden Wegen. Um rechtzeitig noch von Bordeaux nach Frankfurt zu Susette zu gelangen, unterzieht er sich den größten Belastungen in heißen staubigen Gefilden, was zum physischen Zusammenbruch führt. Hatte auch dieser Künstler hier noch ein Ziel vor Augen, wird der psychische Zusammenbruch später mit einer typischen Narrenszene angezeigt: Hölderlin springt ziellos, verwahrlost und barfuß durch Bad Homburg, gefolgt von einer Schar neckender Kinder.[114] In dem Film *Shine,* der den Pianisten David Helfgott inszeniert, lässt eine entsprechende Szene lange

---

112 Gespräch Goethes mit Caroline Herder zwischen 16. und 20.3.1789, belegt aus einem Brief an Herder vom 20.3.1789; zitiert aus Biedermann (1889-1896), Goethes Gespräche, Bd. 8, S. 250.

113 Zur historischen Rekonstruktion der Trennung von Goethe und Lenz vgl. Zeithammer (2000), Genie in stürmischen Zeiten, S. 256ff. Für die englische und französische Tradition sind die ›melancholischen‹ Dichter Thomas Chatterton, über den Alfred de Vigny ein Künstlerdrama lieferte (1833), und Charles Baudelaire zu nennen.

114 Die Bilder von »planlosem Herumfahren und unruhigem Umherschweifen«, »wilden Hetzjagden und endlosen Irrwegen der Helden« gehen auf antike Wahnsinnsfiguren wie Io, Aias, Herakles oder Orest zurück; vgl. Müller (2000), Signum oder Stigma, S. 63f.

auf sich warten. Zwar setzt die Rahmenhandlung bereits mit der Frage an David ein: »Hast Du Dich verirrt?«, auf die David herunterspielend antwortet: »Vielleicht habe ich mich verirrt.« Die Reisen des Klavierschülers von Australien nach England und später wieder zurück sind nicht szenisch umgesetzt. Jedoch reiht sich auch Helfgott in die Tradition desorientierter Wandererfiguren ein, indem er bei fortgeschrittener Krankheit eines Tages den Joggern im Stadtpark nachläuft, was in einem scheinbar unmotivierten Schreien, Johlen und Springen im Park gipfelt. Camille Claudel wird in einer ersten Szene ihrer Filmbiographie bereits mit einem Koffer gezeigt, in dem sie den Lehm für ihre Skulpturen transportiert. Gegen Ende des Films sehen wir die Figur ungepflegt, übermäßig weiß geschminkt und aus einer Flasche trinkend am offenen Feuer mit Gesellen von der Straße. Der Brief an ihren Bruder Paul schließlich, der im *Off* verlesen wird, während sie der Wagen in die Anstalt bringt, formuliert ihre Heimatlosigkeit und Selbstentfremdung. Sie fragt sich, warum sie nicht bei ihrer Mutter auf dem Familiensitz in Villeneuve-sur-Frère wohnen könne und wann sie endlich zu Hause, wörtlich: »bei sich« (»chez moi«), ankommen würde (02:42:00).[115] Die Filmtrilogie über Janet Frame, *An Angle at My Table,* beginnt mit einer Einstellung, in der die Figur bereits als kleines Mädchen auf der Wanderschaft im Fluchtpunkt des landschaftlichen Panoramas gezeigt wird; später lebt die Autorin zeitweise in einem Wohnwagen, erringt ein Europastipendium und tritt dort den langen Weg zur Genesung an. In *Amadeus*, um ein letztes Beispiel hierfür anzuführen, spalten sich Genie und Wahnsinn in zwei Figuren auf: Antonio Salieri erzählt aus der Psychiatrie heraus das Leben seines genialen Konkurrenten Mozart. Ihm gelingt es, Mozart in den Wahnsinn zu treiben bzw. ihn derart zu schwächen, dass ihn sein Arbeitspensum schließlich das Leben kostet.[116] Salieri zeigt sich während des Films stets in Innenräumen (Elternhaus, Kirche, seine und Mozarts Wohnung, Theater, Kutsche, Wiener Hofburg, Psychiatrie), während Mozart mit fortschreitendem ›Verfall‹ auf den Straßen Wiens sichtlich derangiert und alkoholisiert umherstolpert.

Der zweite Topos, nämlich die Unmöglichkeit der Liebe und des Begehrens, kann analog abgearbeitet werden. Lenz verliebt sich laut Günthers Version in Friederike Brion (als alternative Theorie zu seiner unerfüllten Liebe zu Goethes verheirateter Schwester Cornelia Schlosser). Erst auf dem Weg nach Moskau zeigt der Film die Sexualität des Dichters – vermutlich mit einem Bauernmädchen –, als er eine Phase der Besserung

115 Zum Film vgl. auch Walker (1993), Art and artists on screen, S. 78-89.

116 Dieser ›Krankheitsverlauf‹ korrespondiert mit der Psychiatriegeschichte insofern, als die Insassen der Anstalten ebenso häufig an »Auszehrung« wie am »Gehirnschlag« starben; vgl. z.B. die Sektionsstatistik der Anstalt Eberbach aus den Jahren 1815-1842 in Goldberg (1999), Psychiatrie und weibliche Devianz, S. 87.

durchlebt, die abrupt mit einem verfremdenden Schnitt auf das Lenin-Mausoleum überführt wird, da Lenz in Moskau gestorben ist. Hölderlin im DEFA-Film von Herrmann Zschoche halluziniert Susette Gontard noch in der Klinik. In der neueren Fassung von Nina Grosse verzweifelt er am Konflikt zwischen seinem heterosexuellem Begehren nach Susette und dem homosexuellem Begehren, das ihm sein Freund Isaac von Sinclair anträgt. Camille Claudels Liebe zu Auguste Rodin schlägt in eine Haßliebe um, weil Rodin sich weigert, die Beziehung zu Rose Beuret, seiner Lebensgefährtin und der Mutter seines Sohnes, zu beenden. Hinzu kommen Camilles Schwierigkeiten mit einer von Rodin unbemerkten Schwangerschaft und der späteren Fehlgeburt. Irritationen hinsichtlich ihres Begehrens ergeben sich des Weiteren aus ihrer inzestuös gefärbten Beziehung zu ihrem Bruder Paul Claudel.[117] David Helfgott und Janet Frame teilen das filmisch inszenierte Schicksal, sich nicht auf eine Beziehung einlassen zu können: Steht im Falle Janet Frames das mangelnde Selbstvertrauen in ihr äußeres Erscheinungsbild im Weg – was zudem von der Trauer um den Verlust der idealisierten Schwester verstärkt wird –, so verhindert die ›Besessenheit‹ des Pianisten Helfgott sogenannte ›normale‹ Begehrensmuster. Beiden gelingt es aber, nach ihrer psychiatrischen Behandlung sexuelle und/oder eheliche Beziehungen einzugehen, was durchaus als Teil des Normalisierungs- und Heilungsprozesses gelesen werden muss. In *Amadeus* wird das zölibatäre Modell des Komponisten Salieri, der zugunsten der Inspiration seine Keuschheit Gott geweiht hat, gegen das hedonistische, promiskuitive, auch obszöne Dasein[118] des genialen Mozart ausgespielt. Insofern bestätigt dieser Film einerseits das Modell des unerfüllten Begehrens, weil Salieri sich in lebenslanger Enthaltsamkeit übt und dennoch in der Psychiatrie endet, andererseits hebelt der Film das Modell aber auch aus, weil Mozart Kreativität und Sexualität in seinem Leben vereinen kann und dennoch das unangefochtene Genie bleibt. Mozarts Wahnsinn ist Effekt einer innerfilmischen Inszenierung der Erzählerfigur Salieri, dessen Identität wiederum die Wahnidee eines namenlosen Insassen sein könnte, der in Rückblenden das Publikum an seinen Phantasien teilhaben lässt. Dass es sich ›tatsächlich‹ um den ehemaligen Hofkomponisten handelt, der hier Beichte ablegt, kann die Narration weder inner- noch außerfilmisch verifizieren.

Die Instrumentenmetapher als dritter Topos, deren Dissonanzen sich aus den ›falsch gestimmten‹ und gespannten Nervensaiten des Künstlers

117 Zur melodramatischen Inszenierung der Geschwisterliebe vgl. die Szenenanalyse in Lynch (1998), Camille Claudel. Biography Constructed as Melodrama, S. 120ff.

118 Mozarts Obszönität wird im etymologisch wörtlichen Sinne des *ob scenae* von Salieri lediglich berichtet, sein erotisches Abenteuer mit einer vom Konkurrenten begehrten Sängerin wird nicht gezeigt.

generieren, ist für den Film ein besonders ergiebiges Analysekriterium. Denn diese Dissonanzen lassen sich – *on* oder *off screen* – auch für die Filmmusik nutzen. Im Hölderlin-Film *Hälfte des Lebens* wird ganz konventionell verfahren: Sind der Filmanfang und die späteren Liebesszenen mit einem langsamen Klavier-Satz im Stil der Wiener Klassik hinterlegt, so wird hingegen der erste ›Anfall‹ Hölderlins durch laute Kakophonie angezeigt.[119] Zum stürmischen Lauf einer Gruppe von Revolutionären, an deren Spitze sich der Dichter selbst phantasiert, erklingt die Marseillaise, die jedoch unvermittelt in Orchesterlärm übergeht; Kamerazoom und Zeitlupenaufnahme verstärken den Eindruck des Surrealen.[120] Weil diese Sequenz mit Hölderlins erster psychotischer Vision mit Bildaufbau und Symbolik das monumentale Gemälde *La Liberté guidant le peuple* von Eugène Delacroix (1831) zitiert und damit die bürgerliche Julirevolution und die Ereignisse am 28. Juli 1830 in Paris antizipiert, kann die akustische Dissonanz als kritische, ja skeptische Kommentierung zu den Revolutionen von 1789 oder auch 1830 interpretiert werden. Ob diese Vision, dass der Dichter an die Stelle der allegorischen Freiheit tritt, die das Volk anführt, tatsächlich positiv zu konnotieren wäre, scheint zweifelhaft. Diesbezüglich lässt sich die filmische Aussage nicht vereindeutigen. Am Ende seiner sich zunehmend verschlechternden psychischen und physischen Entwicklung spielt Hölderlin selbst ein Cembalo, dem er zuerst einen dissonanten Cluster, dann eine kurze Melodie (die er mit Susette einst gemeinsam musizierte) entlockt, bis er letztlich mit einer Schere die Saiten des Instruments zum Reißen bringt.[121] Dazu kommentiert er: »Es gibt keine Harmonie, es gibt sie nicht. […]« Der neuere Hölderlin-Film bedient sich hingegen verstärkt synthetischer Cluster, die – auch szenenweise vom

---

119 Das leitmotivische Stück vom Komponisten der Filmmusik, Georg Katzer, lehnt sich an den Stil der Mittelsätze Mozart'scher Klavierkonzerte an, geht aber in der Kadenz und anderen Sequenzen auch in die Stilistik Beethovens über; vgl. Miltschitzky (1998), Hölderlin – Ein traumatisierter Dichter als »Filmheld«, S. 196, und Kap. 4.8.

120 Die Kakophonie kehrt wieder, als Hölderlin quälende Träume von Susette hat. Die optische Verzerrung korreliert erneut mit den Disharmonien, die an dieser Stelle auch als ›traumatischer‹ Bruch seiner ästhetischen und erotischen Ideale zu deuten sind.

121 Eine interessante Spielart dieses Topos findet sich in dem englischen Spielfilm *Hilary and Jackie* (Anand Tucker, GB 1998) über die in den 1960er Jahren berühmte Cellistin Jacqueline du Pré. Bei ihrem Debut geraten einige Töne außer Kontrolle; sie bricht ab und verkündet äußerst geistesgegenwärtig, dass die A-Saite ihres Cellos zu reißen droht; nach der Reparatur würde sie mit dem Programm fortfahren. Der Film setzt die psychische Labilität und Sensibilität der Künstlerin an zahlreichen Stellen mit Anspielungen an die typischen narrativen Topoi der Psychopathologie um. Das Krankheitsbild fokussiert sich letztlich aber auf die Multiple Sklerose, deren intermittierend-progredienter Krankheitsverlauf Irritationen in Bezug auf die psychische Verfassung hervorrufen kann. Die beschädigte Cello-Saite ist hier zugleich Metapher für die demyelinisierten Nervenzell-Axone; der schließlich von Tremor und spastischen Paresen geschüttelte Körper fungiert wiederum als Metapher für die ehemals schwingenden Cello-Saiten.

Lachen einer hohen Stimme begleitet – jene Szenen untermalen, die den Künstler beim Dichten zeigen. Überhaupt wird die Fremdheit Hölderlins in der Welt mit ethnisch akzentuierten Melodien und Rhythmen unterstrichen. Im Film über Camille Claudel dominiert von Anfang an die Chromatik in der Musik Debussys, die atonale Spannungsgefüge, aber keine Harmonik im traditionellen Sinne mehr erzeugt.[122]

Die beiden Musik-Filme zu Mozart/Salieri und David Helfgott bieten erwartungsgemäß besonders deutliche Beispiele für die adäquate Instrumentierung des Wahnsinns: So ist Salieri derjenige, der mit dem System der Harmonik nicht immer zurechtkommt. Er komponiert einen Begrüßungsmarsch für Mozart zur Audienz am Kaiserhof, der allerdings von diesem umgehend in einem entscheidenden Kadenz-Akkord korrigiert wird: »It doesn't really work, does it?« (00:34:53),[123] wobei die deutsche Synchronisation mit der Frage: »Hier stimmt was nicht, oder?« verbalsprachlich noch besser in das semantische Feld der ›Stimmigkeit‹ hineinpasst. Auch als Salieri dem Konkurrenten auf dem Totenbett die letzten Takte seines Requiems abverlangt, wird sein eigenes eingeschränktes Harmonieverständnis deutlich.[124] Er glaubt nicht an den harmonischen Satz, wie ihn Mozart für das »Confutatis« vorschlägt. Für ihn erklingt dort Dissonanz, wo Mozart Spannung für die Auflösung des harmonischen Gefüges erzeugt. Der Schwerpunkt in dieser audiovisualisierten Metapher liegt eindeutig auf der Wahrnehmung: Nur wer sich Harmonie vorstellen, zuvor aber die äußerste Spannung der Dissonanz aushalten kann, erweist sich als kongenialer Rezipient.

Ganz anders findet sich die Instrumentenmetapher im David Helfgott-Film umgesetzt, abgesehen davon, dass sie auch verbal von einem Professor am Konservatorium ausgesprochen wird: »Er hat wirklich phantastische Hände, nur ohne Verbindung zu allem, was über der Schulter ist. Er ist ein wenig zart besaitet, gewiß. Frederic Chopinsky.« (00:46:00)[125] Der Rückbezug auf eine der ersten Szenen des Films, als David im Kindesalter seinen ersten Wettbewerb mit einer Polonaise von Chopin bestreitet, ist deutlich. Denn in jener Szene wird die grundlegende Dissonanz exponiert: Der noch kleine, vom Vater gegängelte Pianist spielt auf einem völlig verstimmten Instrument, das zudem von Davids bereits sehr gut

122 Die kritische ›Gestimmtheit‹ der Bildhauerin korrespondiert ironisch mit einer Liedkomposition Debussys – »Spleen« aus den *Ariettes oubliées* nach Texten von Paul Verlaine (1913) –, als sie den Komponisten auf einer Probe dieses Liedes besucht.

123 Die Angabe bezieht sich auf den Director's Cut (153 Min., 2001).

124 Als Mozart auf einem Maskenball Salieris Kompositionsstil parodiert, überzeichnet er dessen vermeintlich banale Tonika-Dominante-Harmonik.

125 Auch antwortet der Student Helfgott seinem Lehrer, wie er es vom Vater her gewöhnt ist: »Ich stimme immer zu«. Und dieser erwidert wie zu erwarten: »Ich weiß nicht, ob das immer klug ist.« (00:46:53)

ausgebildetem Anschlag derart ins Rollen gerät, dass er zunächst seinen Hocker nachziehen muss, schließlich stehend zu Ende spielt (00:05:40-00:06:55). Das Bild evoziert zweierlei Verrückungen: derjenigen des tonalen Bereichs des verstimmten Klaviers, die auch durch das perfekteste Spiel nicht ausgeglichen werden kann, und derjenigen der Verrückung des Sitzplatzes, der Basis des Spielers am Instrument. Später wird auch in diesem Film das Mittel der Kakophonie eingesetzt, wenn nämlich Helfgotts Musik aus dem Walkman, ein Gloria-Satz Antonio Vivaldis, mit den Kirchenchorälen aus der Welt seiner Pflegerin kollidiert. Die auditiven Umstände tragen jeweils dazu bei, die zarten Saiten des Pianisten zu überspannen, und zeigen zugleich dessen Psychogramm an.

Der vierte Topos, der die literarische Rezeption von Genie und Wahnsinn bestimmt, findet sich in der Serialität dieser Künstlerproblematik zum Zwecke der Similarisierung oder Kontrastierung. Diese Künstlerpaare, die zwischen den Attributen krank/gesund, genial/mittelmäßig oder auch angepasst/deviant changieren und eine jeweils binäre Konfiguration in der Erzählung bilden, seien hier nur kurz aufgezählt: Lenz und Goethe, Mozart und Salieri, Hölderlin und seine Freunde Sinclair, Hegel und Schelling, Rodin und Claudel, David Helfgott und Roger Woodward.[126]

Die vier Topoi der Erzählung von Genie und Wahnsinn werden in den Filmen in unterschiedlichsten Varianten der *mise en scène* aufgerufen; zugleich sind sie aber auch als transhistorisch konstant zu deuten. Der psychopathologische Diskurs lässt eine solche Deutung der Kontinuität nicht zu, denn er eröffnet höchst widersprüchliche Perspektiven auf Anamnese und Devianz. Alle Filme, die in diesem Kapitel zur Diskussion stehen, generieren ihre Erzählmodelle und die Inszenierung der Symptome aus den historisch spezifischen psychopathologischen Konzepten. Dies zeigt sich zuerst an der Inszenierung der Anstaltsgebäude und -räume, die zum Beispiel im Falle Hölderlins während den Anfangszeiten der Psychiatrie sowohl den Narrenturm zitieren als auch das spätere »Corridor-System« der ersten Heilanstalten *(Feuerreiter)*. Antonio Salieri (bereits 1825 gestorben) sitzt anachronistisch ebenfalls in einer Klinik mit Korridor und nicht wie zu vermuten im damals noch intakten, erst 1784 eröffneten Wiener Narrenturm.[127]

126 Quasi als Kommentar zum Film sind die Pressezitate in der Internet-Biographie des real existierenden Pianisten Roger Woodward zu lesen: Der *London Guardian* nennt den filmischen Konkurrenten Helfgotts »a genius«, und *The New Yorker* attestiert ihm »fingers and nerves of steel« (http://artworksmusic.com/bio/rogerbio.html, gesehen am 8.5.2006).

127 Die Wiener Landesirrenanstalt mit einem konsequenten »Corridor-System« entstand 1848 bis 1853, »um einen autoritär geregelten Betrieb hinter ›Gitter, Schloß und Riegel, vollkommene Beaufsichtigung und die Anreihung von Isolierzellen in beliebiger Anzahl‹ zu ermöglichen«. Bentmann (1999), Architektur für den Irrsinn, S. 309.

Auch die Handlungssequenzen über die therapeutischen Maßnahmen erzählen eindrückliche Bruchstücke der Psychiatriegeschichte: Deshalb wird Lenz (1992) – noch vor der Etablierung der Zunft der Irrenärzte – nicht von einem Arzt, sondern von dem Soldaten und Dichter Maximilian Klinger mit einem kalten Bad im See vermeintlich »kuriert«. Könnte er auch schlechterdings ins Tollhaus verbracht werden, so bleibt ihm aber die Familie Schlosser, die ihn zu Hause pflegt.[128] Folgerichtig an der Psychiatriegeschichte entlang konstruiert, ist nur Lenz noch 1777/78 in Ketten zu sehen, bevor 1793 Jean-Baptiste Pussin und Philippe Pinel die Irren von ihren Fesseln im Pariser Bicêtre (für Männer) und in der Salpêtrière (für Frauen) ›befreiten‹.[129] Hölderlin (in *Hälfte des Lebens*) hingegen wird bereits mit der Autenrieth'schen Maske ruhiggestellt, die ihm die Pfleger nach dreitägiger Tortur in der Klinik-Einzelzelle wieder abnehmen. Den Pianisten Helfgott und die Autorin Janet Frame behandeln namenlose Hände mit Elektroschocks. Der Dichterin droht obendrein die Lobotomie, die nur ausgesetzt wird, weil sie einen Lyrikpreis für ihre erste Publikation gewonnen hat, weil also ihre ›Genialität‹ den Wahnsinn dominiert.

Entsprechend historisch inspiriert sind die Symptome der Künstler modelliert, mit denen die Biographien in das Register der Pathographie wechseln. Klinger befiehlt dem seit 30 Tagen nicht ansprechbaren Lenz: »Sag was, damit jeder hört, dass Du ein Mensch bist.« Lenz stößt daraufhin einige Silben aus: »Я могу говорить«,[130] was sich erst durch Klingers Übersetzung als verständlicher russischer Satz herausstellt: »Ich kann sprechen«. Das Bad im kalten Wasser durchbricht den kataton-hypomotorischen Mutismus und bekräftigt die Wiederherstellung der Vernunft in der Sprache, wenn es danach heißt: »C'est ça impossible. Er ist bei Verstand, spricht und freut sich des Lebens.« Die vorher gezeigten Symptome der Dyskinesien, des Grimassierens und Schreiens lassen alle Deutungen der Paläodiagnostik zu: vom Fieberwahn über Melancholie und Hypochondrie bis zur hypermotorischen Phase der Katatonie.[131] Ähnlich offen interpretierbar sind die Halluzinationen und Autoaggressionen bei Hölderlin, Verfolgungswahn und Tobsuchtsanfälle bei Claudel oder auch die gelockerten Assoziationen, zum Teil hebephrenen Ausdrucksanomalien sowie inadäquaten Affekte und Affektäußerungen bei Helfgott. Gleichwohl es sich bei Janet Frame um eine neuseeländische Autorin handelt, bietet sich als Interpretationsfolie das stetig erweiterte, sehr breite amerikanische Schizophrenie-Konzept der Nachkriegszeit an, weil sie allein aufgrund

128 Zu den vielen Pflegestationen vgl. Winter (1987), J. M. R. Lenz, S. 98-101.

129 Vgl. Shorter (1999), Geschichte der Psychiatrie, S. 28.

130 Bei der Begegnung mit dem Bauernmädchen und seinem ersten sichtbaren sexuellen Kontakt wiederholt dieser den Satz mit einer spezifischen Erweiterung: »Я могу говорить по-русски.« (»Ich kann russisch sprechen.«)

131 Letztere Diagnosen sind historisch belegt; vgl. Winter (1987), J. M. R. Lenz, S. 101.

ihrer soziophoben Symptomatik in die Anstalt eingewiesen und, wie bereits erwähnt, beinahe einer Lobotomie unterzogen, jedenfalls aber mit den zu dieser Zeit verstärkt aufkommenden Psychopharmaka behandelt wird. Der günstige Ausgang ihrer Erkrankung rekurriert zugleich auf die Korrektur der Kraepelin'schen Regel, nach der schizophrene, nicht aber manisch-depressive Krankheitsbilder einen ungünstigen Verlauf prognostizieren lassen.[132] Auf psychotische Symptome aus dem Formenkreis der Schizophrenie deuten des Weiteren indexikalische Symbole der Spaltung hin – meist in der popularistischen Zweiteilung des schizophrenen Subjekts verstanden –, sei es der Fingerspalt, den Hölderlin in die gleißende Sonne hält *(Feuerreiter),* der szenisch ausagierte geteilte Apfel und das erzählte Kugelmenschengleichnis *(Hälfte des Lebens)* oder die Visualisierung der Körper/Geist-Teilung: Konsequent transformieren die Einstellungen in *Shine* diese Teilung in die *mise en scène,* wenn sie Kopf und Hände des Pianisten kurz vor dem Zusammenbruch im *shot-reverse shot*-Verfahren zeigen.[133] Zudem folgt der Film über Helfgott einem klassischem *double-bind*-Modell, wie es Gregory Bateson in den 1950er Jahren als kritischen Aspekt der Schizophrenie erzeugenden Interaktion entwickelte. Die widersprüchlichen, reaktiven und unausweichlichen Situationen in der Kommunikation mit dem Vater (z. B. nötigt er den Sohn unter Zwang zu Aussagen wie »Ich bin ein glücklicher Mensch.«) sowie die abwesende Mutter konstellieren die typische schizophrenogene Familiensituation.[134] Der Vater scheint, der Logik des Films folgend, im Grunde ›kränker‹ zu sein als der Sohn, wird aber aufgrund seines Agierens im privaten Lebensbereich nicht verhaltensauffällig und somit auch nicht therapiebedürftig. Auch hatte er seinerseits in der Kindheit Situationen erlebt, in denen der Vater ihm die Zukunft bestimmte und seine Geige zerstörte, so dass in diesem Film die Zeichen der Vaterschaft sozialisierende und genetische Faktoren in patriarchaler Linie transportieren, die als Krankheitsauslöser

---

132 Vgl. Huber (1994), Psychiatrie, S. 167; Shorter (1999), Geschichte der Psychiatrie, S. 384-437.

133 Als David endlich die monumentale Lebensaufgabe des dritten Klavierkonzerts von Sergej Rachmaninov in Angriff nimmt und auch zu Ende bringt, kommt es zum Kollaps. Der Film arbeitet dann aber nicht mit den bereits erwähnten Dissonanzen, sondern mit Schweigen. Die Impulse kommen nicht mehr im Kopf an, die Musik tritt in den Hintergrund und reißt schließlich ab. Stattdessen sind Geräusche mit starkem Hall-Effekt zu hören, das Klappern der Tastenmechanik, Herzschlag, das Aufschlagen der Brille und des Körpers auf dem Boden, eine Telefonklingel. Lediglich jeweils eine kurze Einstellung in der Vogelperspektive auf die Bühne und eine verzerrte gespiegelte Untersicht fangen die Gestalt in der Totalen ein. Ganz ähnlich arbeitet der Film *Hilary and Jackie,* als Jacqueline während eines Cello-Konzertes ihren ersten Multiple Sklerose-Schub erleben muss: Die Musik tritt abrupt in den akustischen Hintergrund, die Finger quietschen hörbar über die Saiten und der Bogen fällt in Zeitlupe auf die Bühne.

134 Zum »absurden Vorwurf« an die »schizophrenogenen Mütter« nach Frieda Fromm-Reichmann vgl. auch Shorter (1999), Geschichte der Psychiatrie, S. 269ff.

nicht leicht zu unterscheiden sind. Die Abwesenheit der Mutter kommt bereits in Moorses *Lenz* zum Ausdruck, wenn Oberlin sowohl den symbolischen als auch realen Vater trifft, die abwesende Mutter hingegen von ihrem kranken Sohn herbeiphantasiert und sogar ihr Tod auf diese Weise antizipiert wird.

Mozart macht Witze darüber, dass er sich nicht für eine Perücke entscheiden kann (00:26:40): Er bedauert, nicht drei Köpfe sondern leider nur einen zu besitzen. Dieses triadische Konzept spiegelt erste Schizophrenie-Theorien wider: zum einen in der Teilung von Denken, Fühlen und Wollen, wie sie etwa Eugen Bleuler in die psychiatrische Debatte eingeführt hat, und zum anderen in der Theorie des Krankheitsursprungs, wie sie Wilhelm Lange um 1900 entwarf: Bei ihm ist die Katatonie (als Form der Schizophrenie und als »Gehirnkrankheit«) von der Psychopathie oder Gemütskrankheit zu unterscheiden; sie ist physiologisch durch Vererbung, Intoxikation oder Infektion bedingt. Alle diese drei möglichen Krankheitsursachen werden in den Filmen figuriert. So fußt die Idee, dass Salieri Mozart vergiftet hat, auf der »kleinen Tragödie« von Aleksandr Puškin, der bereits 1832 das zu Mozarts Zeiten kursierende Gerücht als psychologische Studie des Neides auf die Bühne bringt.[135] Im Film von Miloš Forman – wiederum basierend auf dem Drama von Peter Shaffer – vergiftet gleichsam Salieri den Konkurrenten Mozart mit dem ödipalen Komplex, indem er ihn glauben macht, dass ihn sein Vater über den Tod hinaus verfolgt. Unmittelbarer als Vergiftung zu lesen, ist die Digitalis-Medikation bei Hölderlin: Dieses Herzmittel erzeugt bei 2-3 % aller damit behandelten Patienten toxische neurozerebrale Nebenwirkungen, u.a. »Reizbarkeit, Kopfschmerz, Verwirrtheit, Neuralgien, Augenflimmern, Wolkensehen, Rot-Gelb-Grün-Sehen«.[136] Auch für Camille Claudel werden toxische Zusammenhänge zumindest metaphorisch anzitiert, wenn Rodin zur ihr sagt, dass sie sich am Schmerz berausche (»Tu t'enivres de douleur«; im Untertitel »intoxicated by pain«) (01:54:39). Dass Unbekannte oder auch Rodin sie vergiftet hätten, integriert sie kurz darauf selbst in ihre paranoiden Phantasien, die sie Doctor Michaud mitteilt.[137] Selbst die Ansteckung als Ursache der Katatonie bzw. Schizophrenie findet sich bei Helfgott wieder. Wie bereits erwähnt, wird von Beginn des Films an Davids Affinität zum Komponisten und Pianisten Frédéric Chopin nahegelegt. Chopin starb bekanntlich in jungen Jahren an der Tuberkulose, einer der weitverbreitetsten Infektionskrankheiten des 19. Jahrhunderts,

135 Aleksandr Puškin: Mocart i Sal'eri [Neid], UA 1832, Bol'šoj teatr Petersburg.

136 Pschyrembel (1994), S. 327.

137 Zur (Paläo-)Diagnostik von Claudels Symptomen vgl. Lhermitte und Allilaire (1984), Camille Claudels psychische Krankheit, S. 156-177, und die psychiatrischen Dokumente ihrer Krankheit in Paris (1984), Camille Claudel, S. 185-200.

so dass der Vergleich beider Figuren in eine metonymische Verrückung der Krankheitsursache überführt wird.

Die Einschließung der Figuren in historisch variable Klassifikationssysteme sowie in die semantisch aufgeladenen Räume der Anstalten wiederholt sich strukturell in der Einschließung der Narration selbst. Das Motiv der Rahmung lässt sich bis hin zu den Fensterscheiben verfolgen, durch die David Helfgott zu Beginn und gegen Ende des Films das ›normale‹ Leben in einem Restaurant beobachtet, und die als *mise en abyme* in den Brillengestellen und -gläsern von Vater und Sohn noch einmal auftauchen. In *Feuerreiter* ist es ein Sonnensegel, das die Bildfläche zu Beginn des Films horizontal zweiteilt, während am Ende des Films die weißen Wände des Anstaltskorridors den Bildbereich vertikal dritteln. Bei Camille Claudel wird zu Anfang eine Erdspalte exponiert, in der sie ihren Lehm kratzt. Dort vergräbt sie am Ende Teile ihrer zerstörten Werke. Auf diese Weise wird der Pygmalion-Mythos umgedeutet in ein christliches Bestattungsritual, nach dem aus Staub wieder Staub werden soll. Aus einem ähnlichen Graben heraus beobachtet sie schließlich den verhassten und gefürchteten Rodin bei seinen nächtlichen Spaziergängen.

Der Film *Amadeus* stellt am deutlichsten das ordnende Prinzip der Rahmung aus: Betritt der Seelsorger, der Salieri besucht, das Krankenzimmer durch den Anstaltskorridor, verlässt hingegen Salieri dieses Zimmer am Ende des Films, während er im Rollstuhl gefahren wird und dabei die Funktion des Pfarrers übernimmt: Er erteilt allen ›Mittelmäßigen‹ – den Männern im Anstaltstrakt und allen übrigen auf der Welt – die Absolution. Der Pfarrer wird von der Klinik absorbiert, sein freier Platz wird der Möglichkeit der Geschichte nach von einem mittelmäßigen, ja anmaßend-verrückten Künstler eingenommen. Die Erzählung des genialen Künstlers Mozart entwickelt sich aus einer nächtlichen Anti-Beichte heraus: Salieri erzählt gleich der Sheherazade in *1001 Nacht,* um zu überleben und Schuld auf sich zu laden, nicht um schuldfrei zu werden. In diesem Film werden drei Konzepte der Devianz verhandelt, wie sie in der Religion (Sünde), in der Psychiatrie (Wahnsinn) und in der Psychoanalyse (Ödipuskomplex) zu finden sind. Denn Salieri erkennt als erster im Komtur die in die Oper *Don Giovanni* hineinprojizierte Vaterfigur Leopold Mozart, die Schuldkomplexe bei seinem Sohn auslösen kann und ihn in den Wahnsinn – nicht etwa in die Neurose – treibt. Die nächtliche Erzählung Salieris bringt jedenfalls Ordnung in die Psychiatrie. Als anachronistischer Psychoanalytiker, als Insasse mit dem ärztlichen Blick und anstelle des ›Seelsorgers‹ früherer Zeiten definiert er die Insassen der Anstalt als Kreaturen der »Mittelmäßigkeit«. War der Korridor zuerst chaotisch bevölkert von Symptomträgern aller Arten, so erweist er sich am Ende als seriell strukturierter Symptomkatalog, der verschiedene Krankheitsbilder systematisiert, ohne jedoch deren Benennen zu ermöglichen.

Ähnlich instabil und zugleich an historischen Konzepten orientiert wie die Krankheitsbilder der Künstler erweisen sich die Geschlechterkonstruktionen in den genannten Filmen: Helfgott sollte sich – wie seine Lehrer ironisch äußern – beispielweise keinesfalls seinem Vorbild Frédéric Chopin annähern und diesem effeminierten, zart-besaiteten Salongenie des frühen 19. Jahrhunderts nacheifern; er bewältigt aber auch nicht den Rachmaninov, der sehr »männliche Hände« gehabt haben soll – wie der Film behauptet – und dessen Spiel immer auch ein Ermannen über das Instrument bedeutet, das es zu ›zähmen‹ gilt. Den Ausweg aus dieser konfliktuösen Männlichkeit bietet für ihn der psychotische Kollaps.

Die Passagen in die Krankheit hinein und auch wieder aus ihr heraus sind mit Irritationen der Geschlechterfrage verbunden. Zwar ließe sich zunächst vermuten, dass es im Verlauf der Krankheit zur Virilisierung der weiblichen Figuren und desgleichen zu einer Effeminierung der männlichen Figuren kommt.[138] Aber dies wäre innerhalb der dichotomen Geschlechterkonzeption in der Verschränkung mit den psychopathologischen Aspekten zu einfach gedacht. Denn diese Irritationen drücken sich bald in einfachen Zeichen, bald in komplexen Zeichensystemen und intertextuellen Rekurrenzen aus. So spielen beispielsweise in einigen Filmen weniger die überflüssigen Zwangsjacken als die fehlenden Hosen bedeutungsstiftende Rollen. Janet Frame etwa pflegt stets ihre sehr altmodische Kleiderwahl: Vom orthopädischen Schuhwerk bis zum geblümten Sommerkleid haftet ihrem Auftreten eine gewisse Schrulligkeit an.[139] Während jüngere Frauen aus ihrer Familie bereits Hosen tragen, steigt sie in die Stiefel ihres Vaters und probiert damit ein paar vorsichtige Twist-Schritte. Die Weigerung, Hosen zu tragen, legt den Verdacht nahe, dass es mit Janets Emanzipation anders bestellt ist als in ihrem Umfeld. Hier schiebt sich die Altersdifferenz zu ihren jüngeren Verwandten als bedeutsames Anderssein vor die Geschlechterdifferenz. Fehlende Hosen – gleichsam als ostentative Leerstelle der Männlichkeit – haben im David Helfgott-Film gegenläufige Bedeutung; sie sind Indiz für die einsetzende Regression des jungen Pianisten. Er läuft mit Oberbekleidung, aber ohne Hosen durch das Treppenhaus und zieht dabei die Empörung einer Nachbarin

138 Showalter sieht im männlichen Wahnsinn eine symbolische Weiblichkeit repräsentiert, die selbst wiederum aus problematischen Zuschreibungen an die Kategorien des ›Männlichen‹ und ›Weiblichen‹ zu entstehen scheint; vgl. Showalter (1985), The Female Malady, S. 8. Ebenso fraglich ist eine Beschreibung von Claudel bzw. die Interpretation des überlieferten Fotomaterials, wonach sie nach ihrer Trennung von Rodin – in den Jahren ihrer fortschreitenden Krankheit – zum »Mannweib« mutiert; vgl. Lhermitte und Allilaire (1984), Camille Claudels psychische Krankheit, S. 160.

139 Vgl. hierzu Buovolo (2000), Seelenverwandtschaften. Künstlerinnen im Film, S. 207ff.

auf sich.[140] Im späteren Verlauf der Krankheit hüpft er gerne im Exhibitionisten-Look (der pure Trenchcoat) auf dem Trampolin. Salieri und der Pfarrer schließlich tragen beide keine Hosen, sondern Schlafrock und Soutane; als zölibatäre Männer stehen sie in den geschlossenen Anstalten der Klinik und der Kirche außerhalb der modischen Konventionen in der männlichen Öffentlichkeit. Mozart wiederum treibt es mit seiner modischen Orientierung am effeminierten Adel so weit, dass er durchaus als putzsüchtig, hysterisch, ewig pubertierend, also jedenfalls als nicht gerade ›männlich‹ angesehen werden kann. (Wobei die Frauenfiguren in *Amadeus* aus dem Genie- und Wahnsinns-Diskurs konsequent ausgeschlossen sind.) Das *engendering* der Figuren kann demnach nur aus ihrem Verhältnis zueinander rekonstruiert werden. Deutlich wird dies vor allem im Hölderlin-Film *Feuerreiter*, in dem Sinclair ebenso wie der Dichter zwischen männlichen und weiblichen Konnotationen changieren. Sinclair als französischer Kollaborateur schlägt sich in der Geschlechtermetaphorik der Nationen auf die effeminierte Seite – die es zu penetrieren gilt, wie eine politisch agitative Transvestiten-Einlage im Film satirisch vor Augen führt. Hölderlin als der potente Deutsch-Nationale bezieht seine Stärken aus den spannungsreichen Beziehungen zu Sinclair und Susette. Die inszenierten Positionswechsel in der Hölderlin-Sinclair-Konstellation (oben/unten oder hinten/vorne) sind visuelle Signale der geschlechterdifferenten Instabilität, wobei hier vor allem die Klischees hetero- und homosexueller Differenzmodelle zum Tragen kommen.[141]

Eine Ausnahme hinsichtlich dieser dynamischen, aber dennoch binär organisierten Geschlechterkonzeptionen stellt der Film über Camille Claudel dar. Ihr werden im Film dreierlei Geschlechtsidentitäten jeweils von anderen Figuren zugesprochen: Die Mutter erzählt, dass Camille immer schon eine Junge sein wollte; Rodin spricht von ihrer Meisterschaft und zugleich von seiner Muse.[142] Eine dritte Stimme allerdings konstatiert, sie habe mehr Begabung als ein Mann – sie sei eine Hexe.[143] Diese

140 Die Regression und Infantilisierung zeigt sich auch im ›gestörten‹ Verhältnis der Patienten Lenz und Helfgott zu ihren Pflegerinnen, weil ihre Distanzschwäche unbedingt die Nähe zur mütterlichen Brust sucht (mit mehr oder weniger sexueller Konnotation).

141 Vgl. dazu ausführlicher Nieberle (2001), Hölderlin, S. 312-316.

142 In einem überlieferten Brief an Gabriel Mourey (vermutlich im Mai 1895) schreibt Rodin über Claudel: »die geniale Frau (das Wort ist nicht zu stark)«; Octave Mirbeau äußert ebenfalls 1895: »Wir befinden uns hier im Angesicht von etwas Einmaligem, einer Revolte der Natur: einer genialen Frau.« (zitiert aus: Schweers (1992), Camille Claudel, S. 150, 160) Der »Kritikerkaiser« Gustave Kahn bezeichnet Claudel 1905 neben Berthe Morisot als »die authentische Repräsentation des weiblichen Genies«; zitiert aus: Paris (1984), Camille Claudel, S. 298.

143 Die triadischen Strukturen wiederholen sich auf existenzialphilosophischen Aussagen von Paul und Camille Claudel an verschiedenen Stellen im Film, nach denen die Sünde nicht existiere, die Inspiration nicht existiere, aber Gott existiere.

Hexenallegorie wird dann überdeutlich, wenn zuerst ein großes Feuer in der Großaufnahme zu sehen ist, das sich während des Kamerazooms als der Laubhaufen erweist, hinter dem die Mutter steht und ihre Gartenabfälle verbrennt. Bereits an einer früheren Stelle im Film wird das Verbrennen von Camille evoziert, wenn sie im Zweikampf mit Rose Beuret aus der Glut der Schmiedesse Feuer fängt. Schließlich trägt sie auf dem Weg zur Vernissage ihrer letzten Ausstellung eine große Fackel vor sich her. Die triadische Konzeption zwischen männlicher, weiblicher und der *gender*-indefiniten Sphäre der Inquisition, die durchaus an den ›Hexenwahn‹ im doppelten Wortsinn anknüpft, ist analog in die Eigeninterpretation ihrer Skulptur *L'âge mûr (Das reife Alter)* transformiert, die Rodin als sein eigenes Porträt zwischen zwei Frauen missdeutet. Camille interpretiert die Skulptur für sich aufs Neue: Sie selbst sei es, die in allen dreien Figuren zu sehen ist – als junge Frau, als alte Frau und als Mann, den sie mit all der ihr eigenen Härte gestaltet habe: ›die heilige Dreieinigkeit der Leere‹,[144] wie die Figur der Bildhauerin diese Zeichenkonstellation nennt. Der Claudel-Film verknüpft den psycho- und *gender*-historischen Diskurs in solchem hohen Maße, dass er die Möglichkeiten weiblicher Professionalität und Kreativität, die Rolle der ewigen Muse und den Pygmalion-Mythos mit seinem notwendigen Scheitern in der psychotischen Devianz durchdekliniert.

Als Fazit aus diesen drei Abschnitten ließe sich folgendes festhalten: Der psychopathologische Diskurs erweist sich in der Analyse als instabile, dynamische, polyseme Zeichenkonstellation, aus der sich die Erzählungen der filmischen Pathographie zusammensetzen. Damit gehen Irritationen in Bezug auf das Geschlecht der Figuren einher, die von historisch zumeist kaum plausiblen Diagnosen charakterisiert sind. Auf diese Weise entstehen Effekte der Devianz durch wechselseitige Symptomzuschreibungen, die sowohl als Abnormität der psychischen Verfassung als auch der geschlechtlichen Identität aufscheinen. Letztlich lassen sich diese Filme seit den 1970er Jahren an die Thesen Foucaults zur Disziplinargesellschaft rückkoppeln, die sozialhistorisch in Zusammenhang mit der Antipsychiatrie-Bewegung[145] sowie mit der feministischen Kritik an der patriarchalen Disziplinierung und Domestizierung zu sehen sind.[146] In

144 Vgl. auch Buovolo (2000), Seelenverwandtschaften. Künstlerinnen im Film, S. 214f. Buovolo übersetzt hier irrtümlich frz. *vide* (engl. *void* im Untertitel) mit *Lehre* statt *Leere*.

145 Diese Tendenzen finden sich nicht nur in Künstlerfilmen, sondern überhaupt in Spielfilmen, die von Psychiatrie handeln. So »hat sich in den siebziger Jahren eine neue sozialpsychologische Perspektive durchgesetzt (als Slogan: ›Nicht der psychisch Kranke ist krank, sondern die Gesellschaft, in der er lebt!‹).« Wulff (1985), Konzeptionen der psychischen Krankheit im Film, S. 183.

146 Bertoluzza u.a. beschreiben die Antipsychiatrie-Bewegung als »männlich codiert, d.h. an männlichen Ausdrucksformen von Verrücktheit« orientiert, was einen erneuten

jeglicher Hinsicht wird der Künstler und die Künstlerin als Opfer repressiver familialer und weiterer sozialer Umstände vorgestellt. Das stabile Gefüge in der Erzählung von Genie und Wahnsinn bilden die traditionellen literarischen Topoi des Umherirrens und der Liebesmelancholie, die Instrumentenmetapher sowie die Kontrastanordnung von ›gesunden‹ und ›kranken‹ Künstler(innen)figuren.

5.5. Gothic Hero/ine: Das Grauen der Autorschaft

Das Modell des Autors als *Gothic Hero,* der sich mit Ängsten konfrontiert sieht, der das Unheimliche heraufbeschwört und zugleich imstande ist, dieses in Erzählung und Schrift zu bändigen, wurde von der Forschung bisher nicht berücksichtigt. Zudem wird dieses Modell von Entwürfen einer weiblichen Autorschaft durchkreuzt, die an die Heroine des *female gothic* angelehnt ist.[147] Hier ergeben sich bei einer Sichtung von Filmen, die auf das Genre der *Gothic Novel* zurückgreifen, signifikante Zusammenhänge. Im Folgenden werden an einigen Beispielen diese Zusammenhänge von Dichtung als (Er)Zeugnis[148] mit der filmischen Inszenierung der *gothic*-Tradition aufgezeigt. Dabei kommen sowohl geschlechterdifferente Modelle von Autorschaft als auch entsprechend konstruierte Ängste zur Sprache. Als besonders ergiebig erweisen sich hierbei die seit Mitte der 1980er Jahre entstandenen Filme, die die Topoi der englischen Schwarzen Romantik aufnehmen und die Ereignisse der Clique um Lord Byron (Mary Shelley, Percy Bysshe Shelley, Claire Clairmont, John Polidori) in der am Genfer See gelegenen Villa Diodati im Sommer 1816 erzählen. Wie zu zeigen sein wird, setzen sich die Beobachtungen in einer Erzählung über die deutsche Romantik fort, insbesondere über das Skandalon in

---

Ausschluss der Frauen aus diesem Diskurs bedeutete; vgl. Bertoluzza et al. (1994), Der weibliche Wahnsinn zwischen Ästhetisierung und Verleugnung, Einleitung, S. 14ff. In dieser Hinsicht arbeiten die Filme über Janet Frame und Camille Claudel einer Weiblichkeit zu, die in der wahnsinnigen Frau ihre Repräsentantin als Opferfigur findet; zur Kritik daran vgl. Schlichter (2000), Die Figur der verrückten Frau, S. 87-90.

147 Dieses Kapitel erschien in der ersten Fassung als Nieberle (2004), Das Grauen der Autorschaft: Angstnarrationen im literarhistorischen Biopic.
Das Erzählmodell lässt sich filmgeschichtlich besonders gut am *film noir* beobachten, in dem ebenfalls männliche und weibliche plot-Varianten zu unterscheiden sind: »Films noirs are usually focalized around a male protagonist who is drawn into the investigation of an enigma. The enigma is either a woman, or a woman is a central delaying factor in the unraveling of the enigma. (...) The female gothic takes a female as the focalizing figure, and places a male as the enigma. The woman is usually young and inexperienced, the man is older, and she is ›alternately attracted and repelled‹ by him.« Smith (1988), Film noir, the female gothic and ›Deception‹, S. 63f.

148 Vgl. Begemann (2002), Der Körper des Autors.

Clemens Brentanos Vita, das der literarischen Überlieferung nach in der geschiedenen Ehe mit Auguste Bußmann bestanden haben soll.

Für die filmische Narration ist das Spiel mit den Genre-Konventionen und deren strukturierender Funktion besonders wichtig: Der Film *Gothic* (Ken Russell, GB 1986) bedient sich des Topos des ›*haunted house*‹, das die Villa Diodati insgesamt acht Mal zwischen die einzelnen Sequenzen der grauenhaften Ereignisse schneidet. Das Haus wird in der Rahmenhandlung als Attraktion für historische und gegenwärtige Touristengruppen ausgestellt, das medial wahrgenommen und kommentiert werden muss (Fernrohr und Lautsprecher). Im Laufe der einen erzählten Nacht, die von einem nicht enden wollenden Gewitter heimgesucht wird, kann aber nur die auktoriale Erzählinstanz das Gebäude in der Totalen im Blick haben. *Haunted Summer* (Ivan Passer, USA 1987)[149] hingegen fokussiert stärker die diskursiven Praktiken der Angst: Gespräche über eine Poetik des Bösen, die starke Kontrastierung des medizinischen (Dr. John Polidori) mit dem poetischen Diskurs (Lord Byron) sowie die Kalkulation des ›maßvollen‹ Drogenkonsums – als bewusstseinserweiternde, den männlichen Autoren vorbehaltene inspirierende Maßnahme (wie sie von Thomas de Quincey 1822 in den *Confessions of an English Opium-Eater* formuliert wurde) – stecken das Feld des romantischen Diskurses über das Unheimliche ab und sequenzieren zugleich die erzählte Zeit, die sich über die Sommermonate Juli/August des Jahres 1816 hin erstreckt. Die nächtlichen Vorgänge der Drogenexperimente, die das Unheimliche evozieren, sind hier wie dort als Höhlengleichnis angelegt: Es verweist zum einen auf die Topographie der *Gothic Novel,* wenn unter den feudalen Gebäuden von Schlössern und Abteien dem Unheimlichen begegnet werden kann, um diese (Gedanken-)Gebäude als solche zu unterwandern, zu unterhöhlen. Zum anderen aber kommt die Metapher des Kinos selbst zum Tragen: Die Schatten und Schemen der architektonischen Topographie sind Projektionen der filmischen Inszenierung, die über fokalisierende *POV-shots* als Wahrnehmung der Figuren ausgewiesen und damit gleichermaßen in die Wahrnehmung des Publikums transportiert werden. Paradox bleibt dabei, dass die völlige Dunkelheit, die bei den Figuren bisweilen deren Ängste auslöst, in der filmischen Darstellung nicht umsetzbar ist. Denn träten Schwärze und Stille der Leinwand an die Stelle des Filmbildes und ließen so die Kino-Illusion zur Gänze verschwinden, drängt sich das Mediale als Belichtungsfehler oder Filmriss in den Vordergrund der Narration. Angst als psychophysiologische Reaktion auf dasjenige, was jenseits räumlicher

149 Beide Filme, *Gothic* und *Haunted Summer,* entstanden auf der Basis der Erzählung von Anne Edwards: *Haunted Summer* (1972). Die mehr oder weniger enge Bezugnahme der Filme auf diesen Prätext im Sinne einer ›Literaturverfilmung‹ soll hier nicht diskutiert werden.

und kausaler Zusammenhänge zu situieren ist, wandelt sich mit Hilfe szenischer Ausleuchtungstechniken in eine Furcht der Zuschauer vor dem konkreten Bild und dem darin zu sehen Gegebenen.[150]

Grundlegende Schemata für die genannten Filme sind darüber hinaus die Narrationen vom Autor sowohl als Verbrechergeschichte, die Verständnis für seine Taten/Werke zu evozieren versucht, als auch als Detektivgeschichte, die auf die Rekonstruktion der Taten/Werke abzielt. Zunächst lassen sich in allen genannten Beispielen Verweise auf den Autor als Verbrecher finden: sei es, dass er wie Lord Byron als solcher bezeichnet wird, sei es, dass er wie Brentano von einem Gericht als Schuldiger verurteilt wird (*Requiem für eine romantische Frau,* Dagmar Knöpfel, D 1999). Insbesondere in *Haunted Summer* eröffnet sich jedoch der Diskurs des Autors als Erzeuger: Die Dämonisierung des Weiblichen, das in der Romantik mit deren Idealisierung einhergeht, korreliert im Feld der Autorschaft mit dem Zeugnis. Wenn Mary Shelley – hier die Dunkelhaarige – von einem Monster träumt, so schickt sie sich später an, Zeugnis abzulegen von ihrer aus ihren Angstträumen geborenen Kreatur: Sie schreibt einen Roman, der später als *Frankenstein: or, the Modern Prometheus* (1818) in die Literaturgeschichte eingehen wird. Ihre Stiefschwester und Geliebte Byrons, Claire Clairmont, hingegen wird als blonde Grazie dem Bereich des Schönen, Liebreizenden und Unschuldigen zugeordnet: Sie artikuliert sich mündlich – sei es im Lied, im Schrei oder in der Rede. In der Auseinandersetzung mit Byron um ihr ungeborenes Kind fordert sie seine Fürsorge ein, auch wenn sie nach der Geburt auf das Kind verzichten muss. Sie ruft Percy und Mary als Zeugen dieser Verhandlungen auf. Im performativen Akt des Zeugnisablegens wird ein gültiger Vertrag über den Fortbestand der Generation geschlossen. Autorin und Autor treten mit ihrem Zeugnis dafür ein. Byron, der zunächst Percy als Vater vermutet, schließlich aber seine Vaterschaft anerkennt und Fürsorge schwört (auch dies ein performativer Akt, der keine Handlungsrelevanz außerhalb der Sprache hat), ist Erzeuger des Kindes. Seine Zeugungskraft beschränkt sich aber keineswegs auf die familiäre Genealogie, vielmehr betrifft sie auch ein literarisches Vaterschaftsmodell. Statt seiner Werke, deren Entstehung im Film gerade nicht gezeigt wird, tritt er als Erzeuger des Imaginären auf: Er ist der symbolische Vater des Frankenstein'schen Monsters, das Mutter Mary nach unbefleckter, imaginär-literarischer Empfängnis in ihrem Werk ›gebären‹ wird, weil er allein imstande ist, ihre Ängste und

150 Die für die wissenschaftliche und alltagssprachliche nicht unumstrittene Unterscheidung zwischen Angst und Furcht (Kierkegaard, anders auch Freud) hat sich als heuristisches Instrument der Analyse auch in der Forschung wieder etabliert; vgl. hierzu Begemann (1987), Furcht und Angst im Prozess der Aufklärung, S. 4; Bernsen (1996), Angst und Schrecken in der Erzählliteratur des französischen und englischen 18. Jahrhunderts, S. 21; besonders auch Arnold-de Simine (2000), Leichen im Keller, S. 5-16.

Alpträume – und damit ihre darauf gründende Autorschaft – hervorzurufen. Indem er nämlich Percy zu einer zu hohen Dosis Opium verleitet, löst er in Mary Angst vor dem Verlust des Partners aus: Percy nimmt seine Geliebte als Fratze wahr. Aber Autor und Autorin lehren sich gegenseitig das Fürchten: Mary zwingt Byron später in derselben Höhle unter dem Schloss, in der sie bereits Opium konsumierten, in eine vergleichbare Situation, gleichsam als Wiederholung und geschlechtsspezifische Verkehrung des Schreckens. Grund für seine Angstattacke sind von ihr verabreichte halluzinogene Pilze, die ihm den verstoßenen Doctor Polidori als Monster erscheinen lassen. Er flieht vor seiner eigenen Wahrnehmung, obgleich es sich um ein klug eingefädeltes Maskenspiel von Mary handelt. Entdämonisiert und desillusioniert, kann er doch noch Marys Zuneigung gewinnen, die sich ihm hingibt, so dass sich diese inszenierten Ängste und ein sexuelles Begehren als notwendige Bedingungen für das schreibende Subjekt herausstellen.

Über die Verknüpfung des Erzeuger-Diskurses und demjenigen des Autors als Verbrecher entsteht ein signifikanter Zusammenhang mit dem Genre der *Gothic Novel,* die spätestens seit *The Castle of Otranto* von Horace Walpole (1765) genealogische Irrungen und Wirrungen zum Gegenstand hat, indem der porträtierte Ahne aus seinem eigenen Bilderrahmen heraussteigt und somit die symbolische Ordnung der Repräsentation verlässt. Ina Schabert legt in ihrer *Englischen Literaturgeschichte aus der Sicht der Geschlechterforschung* die Konzepte des *male* und *female gothic* dar:[151] Während männliche Autoren ihre Helden der *Gothic Novel* distanzlos den Qualen des Unheimlichen und damit auch des Weiblichen aussetzen, sie somit zu Täter und Opfer gleichermaßen machen, bewahren Autorinnen für ihre Heroinen die detektivische und moralisierende Distanz. Sie sehen auf ihren Streifzügen durch Labyrinthe, Höhlen und Ruinen auf Körperlichkeit, Sexualität und Sünde; sie erforschen das Abjektale[152] einer männlich dominierten Kultur im lustvollen Erleben von Angst. Die Bilder ihres toten Kindes, die Mary in *Gothic* immer wieder imaginiert, sind eben jene Bilder des Abjektalen einer weiblichen Genealogie, das sich in der Mutter oder im Kind figuriert. Mit hinein spielt hier aber auch der Plot des Shakespeare-Dramas: Die Autorin erweist sich als Lady Macbeth romantischer Autorschaft. In zahlreichen Einstellungen flieht sie – von Alpträumen und Visionen gepeinigt – durch die Gänge und Treppen des herrschaftlichen Gebäudes (ein Sujet, das Heinrich Füssli 1784 mit *Lady Macbeth* ins Bild setzte). Ihre Angstphantasien bedrohen nicht den König, sondern die Dichter Byron und Shelley. Der Arzt, der noch in *Macbeth* das nächtliche Geschehen diagnostiziert und

151 Schabert (1997), Englische Literaturgeschichte, S. 401-415.
152 Kristeva (1982), Powers of Horror. An Essay on Abjection, bes. Kap. 1, 2.

aufklärt (V/1), versagt jedoch in der Figur des Doctor Polidori, weil er nicht allein die medizinisch-naturwissenschaftliche Instanz repräsentiert, sondern – als späterer Autor von *The Vampyre* (1819) – selbst Schuld auf sich lädt: Er versündigt sich an Gott, frönt homosexueller und masochistischer Praktiken und legt damit eine Lesart der Figur als Spiegelung des sadistischen *gothic hero* nahe. Diesem männlichen Helden in der Figur Byrons eröffnet sich – sowohl in *Gothic* als auch in *Haunted Summer* – weder eine aufhellende Perspektive noch die Möglichkeit heterosozialer und heterosexueller Bindung; der *gothic hero* versinkt in nihilistischer Melancholie. In *Haunted Summer* prahlt er anfänglich sogar wörtlich damit, nur vor sich selbst – als narzisstische Doppelung des männlichen Ideals – Angst haben zu können und kündigt am Ende seine Bereitschaft zur Auflösung seiner Identität über die Identifikation mit Shelley an, indem er von nun an nicht irgendein Anderer, sondern Shelley werden wird. Der Autor als *male gothic hero* ist ein Held der Schwarzen Romantik, der seiner dämonischen Potentiale entlarvt wird und einsam zurückbleibt. Byron wird in den griechischen Freiheitskampf aufbrechen, um dort gegen die Türken zu kämpfen. Der Dichter scheint geläutert und geht zum Tagesgeschäft des ent-individualisierten Kriegshelden über.[153]

In *Requiem für eine romantische Frau*[154] sieht sich männliche Autorschaft ebenfalls durch das Weibliche gefährdet: Die Geliebte und Ehefrau Auguste Bußmann dient als Folie idealisierender und bedrohlicher Weiblichkeitsphantasien. Die Liebesbeziehung kann sich, wie in Kap. 4.9.2. bereits ausgeführt, nur in der brieflichen Korrespondenz manifestieren. Von der körperlichen Präsenz des Weiblichen in ihrer gemeinsamen »poetischen Existenz« sieht sich Brentano bedroht, weil Auguste entweder »der Teufel oder einfach nur blöde« sei. Als *gothic hero* erkennt er in ihr die Allegorie zwischen Sündenfall und Demenz/Wahn; jedoch erliegt er immer wieder ihrer sexuellen Attraktion und lädt Schuld auf sich: Indem er Gewalt ausübt und Auguste schlägt, indem er sich als unfähig erweist, mit ihr zusammenzuleben, und ihr wiederum die Schuld dafür zuschreibt. Das Grauen seiner Autorschaft besteht in der Flucht vor dem – von ihm selbst imaginierten – Weiblichen. Davon erzählen die Einstellungen, in denen er nachts vor Auguste flieht und durch finstere Gassen hetzt. Auch er bleibt in der Einsamkeit des melancholisch-nostalgischen Autors zurück, der noch 23 Jahre nach der Scheidung von Auguste die Ambivalenz ihrer Weiblichkeit bedichtet. Sein im heterodiegetischen *voice-over* von

153 Vgl. dazu Klein (1990), Literarischer Schrecken – Konvergenz der Temporalitäten, S. 94-97.

154 Das Treatment des Films schrieb Hans Magnus Enzensberger, der früher schon Quellen dieser Ehegeschichte arrangierte und edierte: Enzensberger (1996), Requiem für eine romantische Frau.

der Dichterfigur deklamiertes, bereits 1808 entstandenes Gedicht »Über eine Skizze. Verzweiflung an der Liebe in der Liebe«[155] zitiert den Topos der weiblichen Leiche – als doppeltes Objekt der Furcht und des Begehrens –, die als Voraussetzung für und zugleich als ästhetisches Produkt der männlichen Autorschaft aufgerufen wird, denn »die Tilgung und Abtötung des Weiblichen ist mit einer weiteren Form der Belebung verbunden, die aus der Produktion des Kunstwerks resultiert. Der Text wird also nicht nur über die weibliche Leiche geschaffen, sondern es wird dem Künstler auch durch dieses Opfer eine zweite Geburt geschenkt«.[156] Der Autor Brentano wird demnach nicht nur medial im literarischen Biopic wieder zum Leben erweckt, vielmehr ist seine Wiedergeburt bereits in die teleologischen Angstnarrationen seines Begehrens eingeschrieben, die der Film kodiert zu sehen gibt. Zu sehen ist nämlich während seiner Rezitation allein die Suche nach Auguste, die sich im Fluss ertränkt hat, nicht aber deren lebloser Körper: Der Fackelschein über der Wasseroberfläche erscheint als abschließende metaphorische Figuration eines Geschlechterverhältnisses, das die zwei antipodischen Elemente Feuer und Wasser aufeinandertreffen lässt. Die audiovisuell montierte Verquickung von Todesangst und Sexualität, die das Bild der toten Frau auslöscht, aber das Werk im nostalgisch-narzisstischen Gestus des Eigenzitats zu Gehör bringt, korreliert mit dem letzten Vers, der sich zugleich als poetisches Programm des detektorischen Erzählens verstehen lässt, wonach Ent- und Verrätselung sich darin gleichermaßen zeigen:[157] »Enthüll' – verhüll' – das Freudenbett – die Bahre«.

Angst hat keine psychophysiologische, soziokulturelle oder epistemische Ursache und Wirkung, sondern literarisch-narrative, lautet die These, die sich aus den genannten Filmen ableiten lässt. Das für das literarhistorische Biopic konstitutive Lesen und Schreiben der Figuren wird mit romantischen Klischees des Unheimlichen verknüpft, so dass der Film über die Schrift und intertextuelle Referenzen zwar ein vorgängiges Medium der Narration ins Bild holt,[158] zugleich aber auch die literarische Diskursivierung der Angst ausstellt, die dem Genre der *Gothic Novel* und ihres dort ausgesetzten Zusammenhangs zwischen Ursache und Wirkung folgt. Schreib- und Leseszenen sind mit Kodierungen von Angst besetzt.

Finden sich zunächst in *Haunted Summer* auf diegetischer Ebene die Geschlechterkonventionen des Sublimen und Schönen inszeniert, wenn den Männern die in Nebel gehüllte Landschaft der Alpen und die Seefahrt zugeordnet wird, Claire jedoch ganz Stimme und Schönheit zu sein

155 Brentano (1963), Werke, Bd.1, S. 200ff.
156 Bronfen (1994), Nur über ihre Leiche, S. 185.
157 Vgl. Arnold-de Simine (2000), Leichen im Keller, S. 476-480.
158 Paech (2002), Der Platz des Autors beim Schreiben des Films, S. 22f.

scheint, die in Stehgreif-Gedichten der Männer gepriesen wird, so kehrt sich dieses Verhältnis spätestens in der ersten Schreibszene um: Mary Shelley schreibt stumm und konzentriert am Tisch, während ihr Geliebter Percy im Bett liegt und prüfend Verse deklamiert. Das Schreiben wird begleitet von indexikalischen Zeichen eines Gewitters, eines für die *Gothic Novel* typischen Naturereignisses, das Angst und Schrecken hervorruft: Blitze und Donner sind in ihrem Auftreten unberechenbar und drohen mit ihrer stetigen Wiederholung. Weibliches Schreiben wird somit als ein unkalkulables und angsteinflößendes Naturereignis indiziert. Deutet sich der Zusammenhang von Schreiben und Angst mit dem Bereich der Sexualität über die raumsemantische Situierung der Figuren bereits an (im Bett der Autor, am Tisch die Autorin), so wird die hinsichtlich der Geschlechterstereotypien als unkonventionell geltende Verbindung von Mary und Percy Shelley vom Anfang des Films an zu einer inzestuösen *ménage à trois* potenziert: Claire hat einen Alptraum und flüchtet sich aus Angst in das Bett des Paares, das mit ihr zärtlich wird. Percy glaubt Claires Erzählung von ihrem Alptraum nicht, die sie atemlos vorträgt. Für ihn scheint die weibliche Angst nur Vorwand für die Realisierung sexueller Wünsche zu sein, was Claire somit auch im Licht der *female gothic heroine* erscheinen lässt. Ihre Träume und ihre Ängste halten einer Überprüfung in der Realität nicht stand, weil sie keine Zeugen für ihre innerpsychischen Vorgänge hat und ihnen zudem keine poetische Form geben kann. Die Aneignung des Weiblichen in der romantisch-männlichen Poetik, die vor allem Shelley in seinen späteren Schriften betrieben hat,[159] zeigt sich in der Negation der Schrift, die in *Haunted Summer* der weiblichen Romanautorin als ›Schreiberin‹ und Analytikerin des Grauens zugeordnet ist.

Die Schreibszenen in *Requiem für eine romantische Frau* konzentrieren sich ganz auf den männlichen Schreiber: Bankier Bethmann, Vormund seines Mündels Auguste, wird durchgängig in seinem Bureau, am Schreibtisch oder am Pult des Sekretärs gezeigt. Er repräsentiert sämtliche moralische, juridische und ökonomische Diskurse, die die Mesalliance zwischen Clemens und Auguste betreffen. Der Freund Savigny übt sich in der ausgleichenden Vermittlung; er besucht den schreibenden Bethmann und den lamentierenden Brentano, oder er spricht eindringlich mit Auguste vor seinem Pult. Clemens aber ist der Hüter des poetischen Werks: Während er stets mit Feder und Papier in der Nahaufnahme am Tisch zu sehen ist, steht Auguste in derselben Einstellungsgröße vor dem Spiegel, so dass damit bereits die geschlechtsspezifischen Medien der Selbsterkenntnis vorgestellt sind. Auguste schreibt selten und spontan kleine Nachrichten und Briefe, zusammengekauert auf der Treppe oder im Bett,

159 Schabert (1997), Englische Literaturgeschichte, S. 380-384.

keineswegs aber positioniert am Mobiliar männlicher Diskursmacht. Sie setzt sich höchstens *auf* Brentanos Schreibtisch und verwüstet unter Gelächter seine Ordnung der Papiere, am Ende schließlich die ganze Wohnung. Das sich zuspitzende Drama zwischen Auguste und Clemens und ihrer Entfremdung erzählen diejenigen Kameraeinstellungen besonders deutlich, die ihre Blicke auf den Schreibtisch von Clemens werfen: Zunächst im Schwenk von der Treppe, von der die nackte Auguste herabsteigt und an Clemens' Tisch tritt. Dann mit einer späteren Einstellung von der auf einer Sofalehne lesenden Auguste über den Türrahmen hin zum schreibenden Clemens, zu dem Auguste hinzutritt, nachdem die sich öffnende Tür ins Bild geschwenkt ist. Ein Zoom fokussiert den autoreferentiellen Gestus der Narration und zeigt das Paar, Auguste stehend neben dem sitzenden Clemens, mit dem Türrahmen im Vordergrund des Bildes. Dieses Gespräch, das als filmische Rahmung ausgestellt ist, endet im Konflikt; sie verlässt das Zimmer und knallt die Tür zu. Anstatt des Schwenks ist nun nur mehr der Umschnitt zwischen beiden Schauplätzen bzw. Geschlechtersphären möglich, was auch für den Rest des Films konsequent durchgehalten wird. Clemens schreibt in seinem Arbeitszimmer, während sich Auguste auf Sesseln und Diwans im Nebenzimmer räkelt und dabei mitunter die Wasserpfeife raucht. Die Raumanordnung zweier Zimmer mit einer Tür dazwischen kann – stark abstrahiert – parallel zum Freud'schen Persönlichkeitsmodell gesehen werden, das in Diagrammen des Analytikers mit gepunkteten Trennlinien zwischen Unbewusstem und Vorbewusstem gestaltet ist.[160] Clemens, der Verbieter, agiert als Über-Ich für Auguste, sie wiederum, die triebhafte Verführerin, als Es für Clemens; dazwischen ist die vermittelnde Instanz eines romantischen Autor-Ich zu suchen. Gegenseitige Besuche enden mit dem Schließen der Tür, die Wächterfunktion für den Autor hat. Spätere Umschnitte trennen das Paar räumlich noch weiter: Während sie sich auf dem Land aufhält und lange einsame Spaziergänge macht, arbeiten Achim von Arnim und Clemens in der Bibliothek. Allerdings ist auch Auguste ein körperbezogenes Schreibmodell zugewiesen, das jedoch ganz weibliche ›Natur‹ repräsentieren soll oder sonst nur psychisch höchst labilen und sozial gefährdeten Autoren wie dem psychotischen Hölderlin oder dem liebeskranken Shakespeare zugewiesen ist: Sie ritzt die Initialen ihrer Liebe in eine Baumrinde, sie bemalt ihren Körper mit Tinte, sie schneidet sich mit einem Federmesser die Pulsadern auf. Ihre Schreibpraktiken und ihr absolut furchtloses Wesen, das allen Drohungen und Verboten von Clemens mit einem höhnischen Lachen begegnet, widerstehen jeglicher Auktorialität und Autorität. Angst

160 Freud (2000), Vorlesungen zur Einführung in die Psychoanalyse. Und Neue Folge. Studienausgabe, Bd. I, S. 515; vgl. auch das abweichende Diagramm in Freud (2000), Das Ich und das Es (1923). Studienausgabe, Bd. III: Psychologie des Unbewußten, S. 293.

kann nur haben, wer imaginiert; und nur wer Angst hat, kann imaginieren. So auch der als ›weibisch‹ markierte Doctor Polidori in *Gothic,* der zwar extreme Praktiken einer Körperbeschriftung betreibt (wenn er Blutegel ißt und sich somit die Spur des Blutsaugers als Sujet seines späteren Vampir-Romans buchstäblich einverleibt), sich durch seine Angstattacken aber als Autor, nicht als ›Naturwesen‹ geriert. Auguste jedoch schmiegt sich an Steine, Eisengitter und Bäume, steht an stillen Wassern und stirbt schließlich als Ophelia. Zwar wandert auch Clemens an einem Fluß entlang, aber er hat ein konkretes Ziel vor Augen, wie die fokalisierende *over-shoulder*-Fahrt deutlich macht: In der verlassenen Abtei angelangt, begegnet er dort nicht dem Unheimlichen, sondern er hilft dem Einsiedler, Käfer zu konservieren und taxonomisieren. Die männliche Figur arbeitet der Katalogisierung des Natürlichen zu, während die weibliche Figur mit der Natur und den Elementen zu verschmelzen versucht.

In *Gothic* finden sich überhaupt keine Hinweise auf das papierene Schreiben der Figuren. Ihre Imaginationen werden als Selbsterfahrungstrip dargestellt. Diffuse Ängste sollen, analog zur psychologischen Funktion des Märchens, kanalisierende Gestalt annehmen, wobei sich die filmische Inszenierung als willfähriger Gehilfe dieses Plans erweist, denn es wird kein Gemeinplatz des Grusel-Genres (Hell/Dunkel-Kontraste, Kellertreppen, Spinnweben, Gewitter und Blitzeinschlag, Ungeziefer, Skeletteile, Schreckgeräusche etc.) ausgelassen. Das buchstäbliche Schreiben weicht in *Gothic* einem Modell kollektiver Autorschaft, die hier stellvertretend die gesamte Epoche der (Schwarzen) Romantik – imaginiert in einer einzigen Nacht – zu verantworten hat.[161] Die Hände der Figuren, die womöglich mit Feder und Tinte agieren sollten, werden sich während einer Séance zu einem Kreis gereicht. Die nun folgenden Geschehensmomente des Grauens sind Effekte der kollektiven Imagination und rufen das Unheimliche hervor, das, so Elisabeth Bronfen, »ein Moment bezeichnet, in dem der Wunsch nach irgend etwas, zusammen mit dem ungebrochenen Glauben an die Allmacht der eigenen Gedanken, in Angst vor irgend etwas umschlägt, in den Zweifel an der Konstruktion des eigenen Selbst«.[162] Anstelle des literarischen Werks scheinen dann nur Spuren einer Schrift auf, die sich durch das *›haunted house‹* ziehen: Eine Schleimspur, übel riechend sowie von raunenden und schmatzenden Geräuschen begleitet, spricht alle Sinne an und kann von keiner der beteiligten Figuren gedeutet werden. Sie zeigt das Abjektale an, das mit seinem Aufscheinen in

161 Claire ist von dieser Form der Autorschaft ausgeschlossen: Ein epileptischer Anfall, der neurophysiologisch auf unkontrollierte Entladungen im Gehirn hindeutet und mit den fortwährenden Blitzen während des Unwetters korrespondiert, disqualifiziert sie von Anfang an für die Entdeckungen des Unbewussten und unterstreicht ihren Status als naturhaftes Objekt des Begehrens und der Angst.

162 Bronfen (1994), Nur über ihre Leiche, S. 168.

die Welt der Zeichen einbricht und sich konsequent der Lektüre entzieht. Erst mit einer erneuten Bündelung der Hände in einer Wiederholung der Séance soll das Unheimliche, das »Angst vor irgend etwas« erzeugt, zurückgedrängt werden. Nur für Mary wird es keine Verdrängung geben, denn sie unterbricht das Ritual und setzt damit erneut Ängste aus dem Unbewussten frei. Weil nur die Liebe Angst töten kann, wie es in Rückbezug auf den 1. Joh. Brief 4,18 heißt, muss Percy sie vor einem traumwandlerischen Sprung vom Balkon der Villa retten.

Ängste sind als grundlegend für die Produktion und Rezeption von Literatur zu verstehen, was sich insbesondere an den intertextuellen und intermedialen Bezügen zwischen Literatur, Malerei und Film zeigt. Obgleich Byron, Polidori und Shelley sowohl in *Haunted Summer* als auch in *Gothic* zeitgenössische biologische, physikalische und seelenkundliche Schöpfungstheorien diskutieren, bleiben diese Zitationen in der diskursiven Rahmung des Gesprächs gefangen. Wenn Shelley in *Gothic* nackt auf das Dach der Villa Diodati steigt, sich ungeschützt dem Blitzeinschlag preisgibt und damit eine beängstigende Vorstellung der Prometheus-Figur gibt, erfahren die Theorien zur Elektrizität als lebensspendender Kraft ihre literarische Grundierung, die zugleich Marys inspirierendes Moment ihres *Frankenstein-plot* enträtselt. Byrons weitere Leseliste orientiert sich am Kanon der *Gothic Novel* (*The Castle of Otranto* von Horace Walpole, 1765, und *The Monk* von Mathew »Monk« Lewis, 1796), ergänzt von einer Sammlung deutscher Geistergeschichten. In *Haunted Summer* wird eine Bildlektüre von Füsslis *The Nightmare* (1781) vorgeführt, das sowohl von Polidori als auch Byron einer Interpretation unterzogen wird. Byron demütigt dabei wieder einmal den Doktor, der sich auf die atemraubende Bedeutung des Alpgeistes festlegt: Die Kreatur sitze der Schlafenden auf der Brust, raube ihr die Luft und hauche ihr Alpträume ein. Eindeutig sei aber doch, so Byron, dass der Alp auf der Schamgegend der Frau sitze. Der Maler selbst habe sich im Konflikt mit seiner Frau befunden und das Bild als Vergewaltigungsphantasie arrangiert. Während dieser mündlichen Ausführungen gibt es einige Umschnitte: Abwechselnd setzt die Kamera die Figuren Claire und Mary ins Bild, deren ängstliche Reaktion auf den in Großaufnahme gezeigten Gesichtern abzulesen ist. Diese filmische Konvention des Horrorgenres ist mit seinen Rückbezügen auf Edmund Burke und Ann Radcliffe, nachdem das Obskure und Obszöne *(ob-scenae)* die Imagination der Leser mehr anrege als jede unmittelbare Inszenierung, durchaus im Diskurs des Sublimen und Schönen bereits formuliert.[163] Indem Byron eine biographische Interpretation des Bildes derjenigen des Arztes vorzieht – sich somit im metabiographischen Kontext situiert –, die zudem Angst, Sexualität und Traum verknüpft, verweist der Film auf

163 Vgl. Schabert (1997), Englische Literaturgeschichte, S. 402f.

sein eigenes Erzählverfahren: die detektivische Narration vom Entstehen des Kunstwerks und der damit verbundenen Ängste. Die Provokation des Bildes besteht zudem darin, dass die dargestellten Ebenen des Traums und der ›Realität‹ nicht eindeutig festzulegen sind:[164] Sehen die Betrachter das, was die Schlafende träumt, oder das, was den Alptraum hervorruft? Befindet sich die narrative Instanz des Bildes demnach innerhalb oder außerhalb der diegetischen Bezugswelt? Diese metaleptische Figur der narrativen Transgression, die unentschieden bleiben muss, ist mit der Positionierung der Schlafenden angezeigt: Sie streckt sich über die Rahmung des Bettes hinaus, auf dem sie mehr hängt als liegt. Das angstauslösende, unheimliche Moment des Bildes – Horace Walpole attestierte ihm einen »schockierenden« Eindruck[165] – wird als metaleptische Allegorie des Weiblichen visualisiert. Damit fungiert es als *mise en abyme* der *Gothic Novel,* wie sie in den Filmen thematisch verhandelt wird. Auch der Film *Gothic* arbeitet mit dieser metaleptischen Transgression, aber er wählt ein ganz anderes Verfahren, weil er das Bild direkt in die Diegese des Bildes hereinholt: Dasselbe Bild Füsslis hängt zunächst im Appartement von Mary und Percy über dem Kamin und ist nur kurz im Ausschnitt zu sehen, während das Paar über die Beziehung von Byron zu Claire spricht. Später am Abend legt sich Mary zu ihrer schlafenden Stiefschwester und blättert in einem Buch mit pornographischen Illustrationen. In einer Doppelseite, die eine Illustration enthält, auf welcher ein Bett mit einer weiß gekleideten Frau zu sehen ist, vor dem ein Mann steht, findet sie ein gezeichnetes Porträt von Byron. Die Kamera zeigt die Anordnung der Bilder zwischen den Buchdeckeln: Links das Byron-Porträt (markiert mit den Initialen L. B.), rechts die Buchillustration. Mary erspäht aus einem Winkel noch einmal das Gemälde über dem Kamin, die Kamera schwenkt und nähert sich dem Bild bis zur Nahaufnahme. Ein erster Schnitt zeigt das Bilddetail des Nachtmahrs nun ohne Rahmung, ein nächster Schnitt zeigt Marys Bett. Darauf liegt sie im weißen Kleid quer hingestreckt, auf ihr sitzt ein ›lebendiger‹ Nachtmahr. Der Film wiederholt mit dieser Totalen die

Lord Byron (Philip Anglim) doziert über Füsslis »Nachtmahr« (*Haunted Summer,* Ivan Passer, USA 1986), Quelle: VHS-Edition

164 Marcussen (1993), Sleeping with the Incubus. On Henry Fuseli's The Nightmare (1781), S. 232.

165 Vgl. ebd., S. 233.

mise en scène des Gemäldes und inszeniert Mary als Schlafende und Träumende.[166] Die sexuelle Konnotation wird über die jeweilige Substitution innerhalb der jeweils in der Totale gezeigten Signifikanten hergestellt, die folgende Kette bilden: Nachtmahr (ungerahmt) – Byrons Porträt (gerahmt) – Mann vor dem Bett im pornographischen Kontext (gerahmt) – Nachtmahr auf der Schlafenden (ungerahmt). Damit sind die Verfahren der Verschiebung und Verdichtung als konstitutive Elemente der Traumarbeit nach Freud indiziert.[167] Marys Traumsequenz endet mit ihrem Schrei und einem Schnitt, der Claire auf ihrem Bauch liegend zeigt. Die angedeutete inzestuöse ›Paarung‹ mit der Stiefschwester korrespondiert mit der parallel montierten Erzählung von Byrons Praxis, das Dienstmädchen Justine (!) hinter der Totenmaske seiner Halbschwester Augusta als Liebesobjekt zu missbrauchen. Nicht ganz zu klären ist, ob es sich bei dem pornographisch illustrierten Buch, das Mary vor dem Einschlafen liest, um *Justine* des Marquis de Sade handelt. Wollte man dies aufgrund der Parallelmontage der Einstellungen annehmen, dann haben Marys Ängste literarischen Ursprung, während das Begehren Byrons buchstäblich literarisches ›Re-nommée‹ in der Personifikation der Justine erzeugt.

Von einer Verszeile aus Shakespeares *Romeo and Julia* inspiriert und deren Sprachbildlichkeit in das ikonische Narrativ übersetzend, wird das Bild Füsslis in eine filmische Narration transformiert, die den Hintergrund für das Entstehen von Marys Roman *Frankenstein* und dessen monströses Geschöpf aufdecken soll. Die romantische Figur der Doppelung liefert die narrative Struktur der Sequenzen in beiden Filmen: Polidori bezieht sich in *Haunted Summer* mit seiner Interpretation womöglich auf die zweite Fassung des Bildes von Füssli (ca. 1782-91), das jedoch nicht gezeigt wird, in dem der Nachtmahr aber näher an der Brust der Schlafenden sitzt. In diesem Bild erstreckt sich die Schlafende seitenverkehrt über das Bild, das Geisterpferd im Hintergrund ist nicht schwarz, sondern weiß. Beide Interpretationen, diejenige von Byron und von Polidori, wirken angsterzeugend auf das Frauenpaar Mary und Claire. Das gerahmte Bild hat deshalb doppelte Funktion im narrativen Kontinuum des Films: Es entgrenzt den virtuellen Raum und fixiert ihn zugleich in der Erzählzeit,[168] wobei die fokalisierende Kamera jedoch ablenkt auf die Inszenierung weiblicher

---

166 Die Verfilmung von Kleists *Marquise von O…* von Eric Rohmer (1976) legt diese Interpretation ebenfalls nahe, wenn Rohmer den Gedankenstrich in der Kleists'chen Erzählung mit einem gleichsam ikonographischen Gedankenstrich bei Füssli gleichsetzt und die Gräfin sich wie die Schlafende in Füsslis Bild über das Bett hinstreckt. Der Hinweis auf das Bildzitat findet sich bei Paech (1990), Ein-BILD-ungen von Kunst im Spielfilm, S. 49.

167 Freud (2000), Die Traumdeutung. Studienausgabe, Bd. II, S. 280-308.

168 Paech (1990), Ein-BILD-ungen von Kunst im Spielfilm, S. 45ff.

Ängste vor der männlich-diskursiv erzeugten Angst.[169] Die Doppelung des Gemäldes in *Gothic* arbeitet hingegen mit dieser diegetisch konzentrierenden und zugleich entgrenzenden Funktion eines Bildes innerhalb des einfachen filmischen *framing*. Das doppelt gerahmte Bild als vor-filmisches Objekt wird zugunsten einer rekonstruierten *mise en abyme* aufgegeben und in die Diegese implementiert; Mary verdoppelt sich in der Figur der Schlafenden und träumt deren Alptraum, so dass in der filmischen Narration die Symbolik der weiblichen Schlafenden in die Semiose des Weiblichen überführt wird. Nun bleibt es dem Publikum überlassen, über die Ebenen der Narration zu entscheiden oder diese als unentscheidbar zu akzeptieren. Kostet dieses Verfahren einerseits die affektiven Potentiale des Kinos aus (über die Illusion der Unmittelbarkeit des filmischen Bildes), so handelt es sich andererseits damit ein, die gesamte parodistische Rezeptionsgeschichte des Bildes und deren karikierend-komische Aspekte mit zu inszenieren.[170] Das weiße Geisterpferd übrigens, das an anderer Stelle aus der ikonischen Rahmung in die filmische Diegese überwechselt und Mary mit seinem Stampfen und Wiehern erschreckt, hat in *Gothic* ebenfalls komische Funktion (indem es den Selbstmordversuch des Doktors vereitelt, der sich, auf seinem Rücken sitzend, an einem Scheunenbalken aufhängen will, das Pferd allerdings vorzeitig mit dem Alpgeist auf dem Rücken losgaloppiert). In *Requiem für eine romantische Frau* dient es – als domestiziertes Symbol männlicher Sexualität – nur mehr als Attribut des Weiblichen, wenn Auguste es einem jungen Bauernsohn zum Geschenk macht. Ein weiteres Tier, der Ziegenbock, erfährt in diesem Film eine ähnliche Domestizierung: Als Attribut der ›teuflischen‹ Auguste führt sie ihn am Halsband auf Hof und Wiesen spazieren, während er für Mary in *Gothic* noch als satanische Allegorie des ›bocksbeinig‹ hinkenden Byron erscheint. In seiner Kindheit, so erläutert Polidori in *Haunted Summer*, sei Byron wegen dieser Behinderung als ›Mrs. Byrons kleiner krummer Teufel‹ bezeichnet worden.

Eine weitere Angstphantasie, diesmal von Percy Bysshe Shelley imaginiert und die Ängste des romantischen Dichters ausstellend, sind die Augenbrüste. Auch hier handelt es sich um eine Lesefrucht des Autors, die jedoch nicht mehr – wie die ersten Lektüreimaginationen – mittels des Virage-Verfahrens als Erzählsequenz bläulich markiert, sondern farbig in

169 Analog verfahren die beiden Filme in Bezug auf die für die Frau bedrohliche männliche Homosexualität: Während Mary in *Haunted Summer* die sexuellen Praktiken von Byron und Polidori als Schattenspiel hinter einem Fenster der Hausfassade wahrnimmt, werden in *Gothic* beide Frauenfiguren, Mary und Claire, aber eben auch das Publikum im Gestus der illusionären Unmittelbarkeit mit dem Begehren zwischen Byron, Polidori und Shelley konfrontiert.

170 Zu den zahlreichen Karikaturen und Parodien vgl. Andrus (1995), Some implications for another reading of Henry Fuseli's ›The Nightmare‹.

die Diegese des Films implementiert ist. Unter dem Einfluß von Opium und als Reaktion auf die Lektüre des Gedichts *Christabel* von Samuel Taylor Coleridge (1816) erscheint ihm Claire mit zwei Augen anstelle ihrer Brustwarzen. Bereits an früherer Stelle war Percy zu sehen, der auf ein Blatt Brüste und Augen zeichnet. Aber erst der Körper Claires bietet ihm eine Projektionsfläche, um diese Einzelelemente zu synthetisieren und dem Frauenkörper gleichsam einzuschreiben. Der *shot-reverse shot*-Wechsel zwischen Percys und Claires Gesichtern in der Großaufnahme, worauf die Kamera auf Claires Brüste schwenkt, fokalisiert die Narration dahingehend, dass es sich hierbei um eine Wahrnehmung Percys handelt, die ihn ängstigt und sofort flüchten lässt. Psychoanalytisch könnte diese Figur als metonymische Überlagerung der erogenen Zone der Augen auf die erogene Zone der Brust gedeutet werden,[171] die über die Spiegelung des Auges im Auge die Blendung als ödipale Kastrationsangst aufruft.[172] Das surreale weibliche Körperbild durchkreuzt damit die Phantasie der mütterlichen Brust als Objekt des männlichen Voyeurismus. Die Brüste erhalten den Status eines sehenden Subjekts und erkennen ihr voyeuristisches Gegenüber. Eine solche Doppelung weiblicher Augenpaare evoziert das Unheimliche, mit denen sich der das Weibliche imaginierende Autor konfrontiert sieht. In *Requiem für eine romantische Frau* findet sich dieses Bild noch einmal wieder, allerdings signifikant verändert: Nicht der Dichter Brentano imaginiert die Brüste von Auguste als Augenpaar, sie selbst bemalt ihren Körper mit einer augmentierten Transformation der Gesichtssinne:[173] Um den Nabel (den Om/phalos) zeichnet sie die Konturen von Lippen, um die Brustwarzen zieht sie ›Augenringe‹. Die filmische Narration stellt Auguste als verstummte Frau aus, deren Mund keine Entsprechung in den Lippen der Vagina hat, sondern mit dem Nabel auf eine ›stumme‹ Öffnung des Körpers deutet. Sie erweist sich an dieser Stelle als eine Imagination der Erzählinstanz, die nicht dem Autor, sondern allein dem Publikum zu sehen gegeben wird. Die Augen auf die Brustwarzen zu verlagern, ist eine Figur der Verschiebung, die zwar den männlichen Objektstatus zur Disposition stellt, seine Autorschaft als imaginierende Instanz aber bekräftigt. Indem sie dem weiblichen Körper vorbehalten bleibt, werden daran geschlechterdifferente Vorstellungen des

171 Freud (2000), Drei Abhandlungen zur Sexualtheorie (1905). Studienausgabe, Bd. V: Sexualleben, S. 114.

172 Psychoanalytisch gelesen, bearbeitet der historische Film kollektive Traumata wie etwa die Ermordung Kennedys als symbolische Kastration, ablesbar z. B. am blinden/geblendeten Staatsanwalt und der Spiegelfunktion seiner Brille; vgl. Hediger (1998), Montage der nachträglichen Angst. Vom Schreiben und Umschreiben der Geschichte im Kino, S. 53f.

173 In René Magrittes *Le Viol* (1934) findet sich die diminuierte Form, als dort Brüste, Nabel und Scham des weiblichen Körpers auf ein Gesicht projiziert sind.

Unheimlichen verhandelt, die als Formulierung imaginärer Ängste wiederum dem männlichen Autor zugeschrieben sind.

Der Film *Gothic* geht nach der zweiten Séance-Szene – als misslungene Form kollektiver Autorschaft – zu einer Sequenz über, während der Mary sich in klaustrophobischen Phantasien gefangen sieht. Ihre Angstphantasien werden mittels der Tür als Metapher für einen Zugang zum Unbewussten und als extradiegetischer Raum der Narration markiert. Sie befindet sich in einem Raum, dessen Wände von sieben Türen gebildet sind, von denen aber nur fünf ausgeleuchtet sind. Ganz anders als für die Kafka-Figur, die mühelos den Durchgang zum Gesetz hinter den Türen passiert, ist Marys panisches Rütteln und Rasen ganz zwecklos. Nur zwei dieser sich nach Zufallsprinzip öffnenden Türen gewähren ihr Zugang zu den klaustrophischen Weiten ihrer Ängste, die sich auf den Tod ihrer Kinder und die Todesarten von Percy (ertrunken, dann begraben und verbrannt), Polidori (mit Gift suizidiert) und Byron (von Blutegeln fast ausgesaugt) konzentrieren. Diese Visionen, von denen Mary nachher behauptet, sie hätte damit als Seherin in die Zukunft schauen können, verweisen jedoch allein auf Marys genealogische Funktion der Gebärenden und als Objekt des Begehrens männlicher Autoren, sind also somit – als kumulative Zitation der Signifikanten – retrospektiv auf die narrativen Elemente des Films bezogen. Sie zeigen eben nicht die männliche Leiche als Objekt ihrer späteren Autorschaft, sondern legen nacheinander die späteren Erzählungen aus ihrer Biographie und die Strukturen ihrer *patchwork family* offen. Diese Weitung ihrer Erfahrungen in bisher unzugängliche Bereiche können insofern im Sinne des detektivischen Narrativs gelesen werden, als dass sich die abschließende Rekonstruktion der Werkgenese im ›Fall‹ Mary Shelleys in der paradoxen Situation einer Erweiterung/Einengung ereignet. Damit wird jenes Modell der Autorin der Schauerromantik bestätigt, das sie als Chronistin des häuslichen Terrors und alltäglichen Wahnsinns beschreibt,[174] wohingegen Shelley mit ihrem *Frankenstein* und den darin verhandelten wissenschaftlichen Diskursen jedoch gerade aus diesem Modell ausgebrochen ist. Die diffusen Ängste der Autorin gerinnen zu kurzen Erzählungen, die in der filmischen Narration vom Imaginären ins Symbolische überführt werden. Das Öffnen der Türen ist von Spezialeffekten organisiert: Die filmische *mise en scène* öffnet die Türen ›wie von Geisterhand‹, nicht aber eine autonom handelnde Autorinnenfigur.

Dieser Abschnitt versuchte zu zeigen, inwiefern die Angstnarrationen in den behandelten Filmen mit geschlechterdifferenten Aspekten von Autorschaft verknüpft sind. Mit Filmen über Autoren und Autorin der Romantik wird ein Modell der Autorschaft als *gothic hero/heroine* entworfen:

174 Vgl. hierzu Arnold-de Simine (2000), Leichen im Keller, bes. S. 10, 482f.

Die Figuren Brentano, Byron, Polidori und Shelley weisen Züge dieses generischen Heldentypus auf, der zwar Männlichkeit als romantisches Krisensymptom repräsentiert, zugleich aber darüber seine Autorschaft sichert. Die nicht-schreibende Frau sieht sich hingegen auf ihren Objektstatus und ihre Sexualität reduziert (Claire, Auguste); die Autorin Mary Shelley erscheint entweder als rationalistische Schreiberin – und eben nicht als Dichterin *(Haunted Summer)* – oder als angsterfüllte Rasende, die sich auf genealogische Entdeckungsfahrten im Stil der *female gothic heroine* macht *(Gothic)*. Wenn diese Filme gegen Ende des 20. Jahrhunderts in das kommerzialisierte literarhistorische Gedächtnis der Medienkultur eingespeist wurden, so kommt ihnen vor dem Hintergrund einer gerade zu dieser Zeit prosperierenden Jugendkultur des Gothic[175] und Darkwave über die forcierte Ästhetisierung des Alltag hinaus eine mit der Angst immer auch einhergehende aufklärerische Funktion zu,[176] weil sie vermeintliche ›Ursprünge‹ der Imaginationen des Unheimlichen zu datieren und an literarhistorischen Personifikationen zu bündeln versuchen. Vor dem Hintergrund der Künstlerbiographik, wie sie mit ihrem autoteleologischen Ansinnen bis zu Giorgio Vasaris *Vite* (1550/1568) zurückverfolgt werden kann, ist auch dem literarischen Biopic immer schon eine Angst vor dem Tod der Kunst und dem Vergessen des Künstlernamens eingeschrieben.[177] Sind nun aber vermeintlicher Ursprung und gezeigte Wirkung von ›irgend etwas‹ einmal ausgemacht und benannt, erscheint ›es‹ womöglich weder unheimlich noch angsteinflößend.

---

175 Vgl. Gunzenhäuser (1993), Horror at Home: Genre, Gender und das Gothic Sublime; Hodkinson (2002), Goth: Identity, Style, and Subculture.

176 Begemann spricht von der »Dialektik der Phantasie« und zeigt in seiner Studie, wie die aufklärerischen Intentionen des 18. Jahrhunderts Furcht und Angst erzeugen; umgekehrt könnte dies also auch für die auf der *Gothic Novel* basierenden Filme gelten, so dass Angstimagination und Aufklärung dialektisch einhergehen; vgl. Begemann (1987), Furcht und Angst im Prozess der Aufklärung, S. 290-313.

177 Vgl. die Lektüre von Vasaris *Vite* von Didi-Huberman (2000), Vor einem Bild, S. 77f. Mit dem Freud'schen Gedächtnismodell des Wunderblocks gelesen, bleiben die Spuren der Doppelstruktur von Begehren und Angst erhalten: »Man stellt sich einen gigantischen *Wunderblock* mit manieristischen Formen vor, einen magischen Notizblock voll Zeichnungen mit glorreichen Motiven – darunter aber nimmt das Wachs ohne Unterlaß die Spuren aller Auslöschungen, aller Reuegefühle und aller Berichtigungen in sich auf.« (S. 78)

5.6. Cueing: Der Billardspieler

»wahr waren nur die drei Billardkugeln, die übers grüne Löschpapier rollten, immer neue Figuren bildeten: Unendlichkeit, in tausend Formeln auf zwei Quadratmetern enthalten, er schlug sie mit seinem Stock heraus, während seine Stimme sich in den Zeiten verlor.«

Heinrich Böll: *Billard um halbzehn*

Wenn es dem narrativen Medium Film obliegt, das Medium Literatur dergestalt in Szene zu setzen, dass nicht nur Schrift sichtbar, sondern auch literarische Kreativität plausibel wird, wie die bisherigen Kapitel an den Beispielen juristischer, pathologischer, psychologischer Narrative zeigen sollten, gilt es noch eine weitere interessante Variante auktorialer Inszenierung diesbezüglich zu berücksichtigen. Abschließend wird deshalb in diesem Kapitel ein autoreflexives Narrativ diskutiert, das den Diskurs der künstlerischen Kreativität in den des Spiels überträgt. Besonders relevant für eine Literaturtheorie als Spieltheorie sind die rezeptionsorientierten Ansätze, die sich von einer Ernsthaftigkeit der Literatur- und Geisteswissenschaften der ersten Hälfte des 20. Jahrhunderts abgewendet und im Spiel eine neue Freiheit entdeckt haben wollen. In Derridas Arbeiten, die sich den Logiken des Teleologischen, Sinnproduktiven und der Tauschökonomie widersetzen, wird das Spiel eher marginal als neue Lektüremöglichkeit literarischer Texte erwogen; bei Iser hingegen ist das Spiel eine zentrale Kategorie, die sich aus der Koexistenz des Fiktiven und Imaginären ergibt.[178] Das Spiel hat die vorzügliche Eigenschaft, das autonome Subjekt ebenso von seiner Autonomie und Intentionalität zu entlasten, wie dies auch der juristische Diskurs des Klagens/Beklagtwerdens, die unabwendbare Krankheit oder die unerklärliche Angst mit den Autorsubjekten anzustellen vermochte: Es hat seine eigenen Regeln und bestimmt die Aktivitäten des Spielers maßgeblich. Es vereinnahmt die Subjektposition und verweist den spielenden Schreiber und Leser gleichermaßen in die Objektposition. Geht ein Schreiber (als sein erster Leser) genauso den »Vertrag des Fiktiven« ein wie das spätere lesende und auch schauende Publikum, bestimmt ein Zusammenspiel aus Imaginärem und Fiktivem den weiteren Fortgang der Bedeutungsgenerierung, die womöglich konventionalisiert, aber nicht entindividualisiert gedacht werden kann. Das »Textspiel«, als das Iser die Positionierung des Lesers zum Text beschreibt, eröffnet die Möglichkeiten des »Spielen[s] und Gespieltwerden[s]«, weil es – im Übrigen wie das Billardspiel – zwischen der – zwar nicht endlichen, aber im Spiel zu beendenden – identifikatorischen semantischen

178 Vgl. Iser (1990), Das Fiktive und das Imaginäre, Kap. V: »Textspiel«; vgl. hierzu auch Assmann (1997), No Importance in Being Earnest? Literary Theory as Play Theory, S. 179.

Repräsentanz und der aleatorischen Regulierung des Codes oszilliert.[179] Insofern mag es nicht überraschen, dass kognitive Ansätze zur Filmnarratologie auf die Metapher des *cueing* zurückgreifen, um die kognitiven Effekte filmischen Erzählens zu erläutern.[180] Bei dieser Erzähltheorie ist nicht mehr von einem narrativen Subjekt auszugehen, das Erzählungen intentional organisiert; vielmehr fungiert das *cue* als Einsatzsignal, als Stichwort und Anstoß, das mit einem initiierenden Impuls arbeitet und auf anschließende selbsttätige Abläufe setzt: Ein Stoß mit dem Queue (engl. *billard cue*) bringt den Ball ins Rollen. Dem entspricht das Signal auf der Bühne oder am Filmset, das die Aktionen der Schauspieler und des gesamten Produktionsteams initiiert; auf diese Abläufe kann in der Folge kein Einfluss mehr genommen werden bis zum nächsten *cue*. Das Genre-Kino profitiert davon ähnlich wie die Gattungsorientierung literarischer Texte, denn die Rezeptionshaltung hängt ebenso in hohem Maße von spezifischen Signalen ab; durch sie wird das Spiel von Normerfüllung und Normabweichung, als das ein theoretisches Konzept des Genres auch beschrieben werden kann, überhaupt möglich. Der Autorname im Filmtitel, die Genre-Bezeichnung *Biopic* oder andere para- und kontextuelle Informationen wecken eine spezifische Erwartung, die dann mit den gegebenenfalls als Novum erkannten und gewürdigten Abweichungen korreliert werden. Ein ›spielender Autor‹, der Sinnstiftung zwar initiieren, aber nicht mehr fixieren kann, solidarisiert sich auf diese Weise mit dem ebenfalls ›spielenden‹ Leser und Zuschauer, der seine individuelle Rezeptionsvariante übergeordneten *cues* geschuldet sieht, die ihrerseits genrespezifischen, narrativen und historischen Codes verpflichtet sind, die sich zudem stetig ändern.

Ein solches Konzept des spielerischen, performativen Anstoßes, der sich in strategisch anvisierten und dennoch unberechenbaren Bahnen entfalten kann, findet sich nun nicht allein als narratologische Metapher in der Forschung benutzt, sondern hat sich über die Anekdoten in Mozarts Künstlervita in der filmischen Künstlerbiographik etabliert und kann auch für den literarischen Autor beobachtet werden.[181] Für die Figur Mozart rührt der Verweis auf sein leidenschaftliches Billardspiel bereits aus der

179 Iser (1990), Das Fiktive und das Imaginäre, S. 474f.

180 Griem und Voigts-Virchow (2002), Filmnarratologie, S. 163. Als maßgeblicher Ansatz ist hier derjenige von Bordwell zu erwähnen; vgl. dort zum *cueing* Bordwell (1985), Narration in the Fiction Film, S. 51 u.ö.

181 In David Leans *Lawrence of Arabia* (GB 1962) ist der Billardtisch dem britischen Hauptquartier in Kairo zugewiesen und steht für die Machtspiele des Militärs. Lawrence spielt nicht mit, vielmehr zerstört er die Spielaufstellung der Bälle bei Missachtung jeglicher Regel (I, 00:11:20). Billard ist hier primär eine Metapher für den Rebellen; das Schreibmodell wird über die Kartographie/Choreographie verhandelt (vgl. Kap. 3.5.).

zeitgenössischen Biographik her.[182] Dieses Spiel vereint agonale und aleatorische Elemente, was einerseits auf eine Bewältigungsstrategie hinweist und andererseits aber die Rolle des Zufalls betont, denn einen unberechenbaren Rest an Kontingenz kann auch die höchste künstlerische Virtuosität bei der Kontrolle der Bälle nicht ausschließen.[183] Zahlreiche Quellen tradieren Mozarts Vorliebe für dieses Spiel; er stellte sich sogar einen Spieltisch zu Hause auf und geriet wegen seiner hohen Spielschulden auch bisweilen in Schwierigkeiten.[184] In Karl Hartls zweitem Mozart-Film, *Reich' mir die Hand, mein Leben* (A 1955),[185] erscheint dieses Biographem als dramaturgisch affirmatives Element, dient doch sein Billardspiel zunächst als Verarbeitungsmöglichkeit für eine missglückte Audienz bei Hofe, wo er sich um den Kompositionsauftrag für die Oper zu den Prager Krönungsfeierlichkeiten bewirbt (*La clemenza di Tito,* 1791). Bei einer Partie Billard gegen sich selbst geht er seine Kränkungen noch einmal durch und spült sie mit dem Krügel Wein womöglich auch hinunter. Weil er vom Hof weder einen definitiven Auftrag noch finanzielle Unterstützung erhält, zeigt sich der Freund Schikaneder sehr viel solidarischer, wenn er dem Künstler einen beträchtlichen Vorschuss auf das Singspiel *Die Zauberflöte* auf den Billardtisch schüttet. Dient er zum einen als Entspannungsmöglichkeit und Zahltisch in Schikaneders Theater, verdeutlicht er zum anderen noch einmal – entsprechend des Doppelplots von Geld und Liebe – die melodramatische Figurenkonstellation zwischen Mozart, seiner Frau Constanze und der Sängerin Annie Gottlieb: Die Sängerin steht direkt hinter dem Spieltisch mit einer Carambole-Konstellation von zwei weißen und einem roten Ball (00:58:20). Deutlicher kann der tragische Konflikt des unglücklich liebenden und sich ständig in finanziellen

---

182 Nettl berichtet von Mozarts Billardspiel im Prager Gasthof »Zur Traube«, wo der Komponist musikalische Einfälle gesammelt haben soll: »Mozart habe dort im Jahre 1787 häufig verkehrt und hier Proben seiner Leidenschaftlichkeit im Billard-Spiel abgelegt. – ›Als er einst über eine von ihm verfehlte Parthie sich selbst verwundert, und dies durch ein gedankenvoll vor sich hingemurmeltes hm hm zu erkennen gegeben, soll er diese unarticulierten Laute zufällig mit einer Betonung hervorgebracht haben, die zur musikalischen Benutzung ihm ganz brauchbar erschienen. Wenige Jahre nachher wurden sie bei dem Componieren des Schikaneder'schen Textes von der Zauberflöte dem Papageno in den Mund gelegt, womit auch das Quintett des ersten Actes beginnt.« Nettl (1938), Mozart in Böhmen, S. 112.

183 Vgl. bei Iser die Charakterisierung von Spielen nach Caillois, der »agôn, alea, mimicry und ilinx« unterscheidet, womit sieg-orientierte, zufallsgesteuerte, karnevalistische oder rauschhafte Spiele beschrieben sind; vgl. Iser (1990), Das Fiktive und das Imaginäre, S. 445ff.

184 So heißt es in Mozarts amtlichem Nachlassverzeichnis: »1 grüntuchenes Billard mit 5 Bällen und 12 [Queues], einer Laterne und 4 Leuchtern«. Schurig (1922), Constanze Mozart: Briefe, Aufzeichnungen, Dokumente 1782 bis 1842, S. 153.

185 Hartl hatte 1942 bereits *Wen die Götter lieben* gedreht; zur Umschrift der Mozart-Figur vor und nach der »Gleichschaltung« der österreichischen Filmproduktion vgl. Dassanowsky (1999), Wien-Film, Karl Hartl and Mozart.

Nöten befindlichen Künstlers nicht vor Augen geführt werden. Die biographische Anekdote hat somit zwar dramaturgische und im Hinblick auf das Genre ›Melodram‹ auch metafiktionale Funktion; aber sie stellt kein Moment einer narrativ reflektierten Autorschaftskonzeption dar, denn mit der Arbeitsweise Mozarts und seiner unerklärlichen, eben mythischen, Kreativität ist das Billardspiel in diesem Film noch nicht verknüpft. Diese Verknüpfung nimmt erst Miloš Forman in seinem für viele nachfolgende Biopics prägenden Film *Amadeus* vor (USA 1984). Als die familiären Schwierigkeiten für Mozart kaum mehr erträglich sind und der Konflikt des Vaters mit Constanze um die miserable Haushaltsführung und den unpassenden Lebensstil der jungen Leute zu eskalieren droht, zieht sich der Komponist in das Billardzimmer zurück und schreibt an seiner Oper weiter (01:23:00).[186] In dem Moment, wenn sich die Zimmertür schließt, öffnet sich gleichsam der Zugang zum Kopf des Künstlers und seinem inneren Ohr insofern, als die unterbrochene Komposition just an diesem Punkt wieder im *Off* zu hören ist. Es handelt sich dabei um eine Phrase des Conte Almaviva, der am Ende aller Intrigen in *Le nozze di Figaro* (1785) seine Ehefrau um Verzeihung bittet (»Contessa perdono! Perdono, perdono!«), so dass in dieser Schlussszene (IV/15) die familiale Ordnung und Harmonie wieder hergestellt ist. Impliziert wird damit die romantische Sehnsucht des Komponisten nach einer solchen Restauration des eigenen Familienlebens, die aber zugleich seiner Kreativität kaum förderlich wäre, denn erst in der Abgrenzung von diesem Alltag ist das sozial inkommensurable ›Genie‹ produktiv. Er zieht sich auf sein einsames Tun zurück, indem er schreibt und zugleich einen Billardball auf dem grünen Tisch rollen lässt. In dieser Szene werden folglich das schreibende Subjekt und dessen allmähliche Verfertigung der Gedanken beim Schreiben nicht nur über die Musik im *Off* auditiv nachvollzogen, sondern mittels des Billardspiels gleichermaßen visualisiert und narrativiert. Der Schreiber schreibt sich demnach selbst, weil er von sich weg über drei Banden wieder zu sich hin spielt: Dies gibt seinem Notentext ebenso sequenzierende Impulse wie dem Billardball, alles andere läuft ›wie von selbst‹ ab. Unnötig ist zu erwähnen, dass der Schreibtisch im Bildhintergrund ebenso wie das Fortepiano im Nebenraum unbenutzt bleiben; der Billardtisch als dritter Ort scheint hingegen der geeignete und im wörtlichen Sinn verstandene *locus descriptionis* für den Schreibvorgang zu sein. In der filmischen Inszenierung werden folglich Billardspiel und Schreibvorgang als synergetische, sich gegenseitig strukturierende Handlungen enggeführt. Beide Tätigkeiten bedürfen nur kleiner Impulse, die selbsttätig intendierte und zugleich überraschende

186 Die Zeitangabe bezieht sich auf den Director's Cut (153 Min., 2001).

Effekte auslösen.[187] Mit dem weißen/gelben Ball wird nach den Regeln – im besten und schwierigsten Fall – über drei Banden gespielt und eine Carambolage mit dem roten und weißen/gelben Ball anvisiert. Wenn der komponierende Mozart sich immer wieder selbst anspielt, entsteht ein autopoetisches System musikalischer Autorschaft, das auf das Queue verzichten kann und stattdessen in der anderen Hand die Feder führt.

Das Prinzip der Wiederholung, die Kugel immer wieder auf dieselbe Laufbahn bringen zu wollen, wiederholt sich nun wiederum auf der Ebene der Dreharbeiten. So scheint diese Szene dem Regisseur besonders wichtig gewesen zu sein, denn wie Hauptdarsteller Tom Hulce berichtet, brauchte es eine Vielzahl von *takes,* bis diese Szene realisiert werden konnte:

> »A real challenge were the brief scenes where you see me writing music with one hand while caroming billiard balls off the cushions of the table with the other. We did endless takes of that scene. I was determined to be accurately writing the music you hear on the track. But in take after take, something would go wrong – the ink would spill, the ball would bounce off the table or scatter the pages. It took hours and hours just to get those few seconds.«[188]

Ein solcher Bericht zeigt aber auch, dass die filmische und narrative Herstellung dessen, was hier erzählt wird, seinerseits eine solche vom *cueing* abhängige Herstellung narrativer Zusammenhänge ist und auf demselben Wege erzeugt wird wie die schriftliche Notation des Kunstwerks, oder kurz gesagt: Komponist, Drehbuchautor, Regisseur, Schauspieler – sie alle unterliegen den Regeln und gleichermaßen den Unwägbarkeiten des *cueing.*

Das hauptsächlich vom französischen und englischen Adel kultivierte Carambole-Spiel (z.B. war Ludwig XIV. ein prominenter Trendsetter im Billardspiel) erzählt darüber hinaus in einer sozialgeschichtlichen Perspektive von der Emanzipation des Künstlers, wobei er die Abhängigkeit vom Adel überwindet und sich in einem bürgerlichen ›Brotberuf‹ etabliert, indem er jedoch gerade die Werte und Güter des Adels übernimmt. Nicht zufällig ist es die Vertonung von Beaumarchais' *Figaro*-Trilogie,[189] an der Mozart in dieser Szene arbeitet und die für ihre unverblümte Kritik an den Privilegien des Adels zu ihrer Zeit heftig umstritten war.

---

187 Diese Schreibszene korrespondiert mit dem von Friedrich Rochlitz (Für Freunde der Tonkunst, Bd. 2, Leipzig 1825) etablierten Klischee des Mozart'schen Genius, dass der Musiker lediglich aufzuschreiben brauchte, was im Kopf bereits fertig komponiert war; vgl. hierzu auch: »So machte er [Mozart, S.N.] ganze Musikstücke im Kopfe fertig und trug sie nachher mit sich herum, bis er zum Niederschreiben veranlaßt ward, oder auch in eigenem Drange sich ihrer entledigen wollte.« Schlosser (1828), Wolfgang Amad. Mozart, S. 73f.

188 Zitiert aus Tibbetts (2005), Composers in the Movies, S. 273.

189 Die Oper bezieht sich auf die zweite der drei Komödien, *La folle journée, ou le mariage de Figaro,* uraufgeführt 1784.

Mozart komponiert den Schluss von *Le nozze di Figaro:* »Contessa perdono!« (Tom Hulce in *Amadeus,* Milos Forman, USA 1984), Quelle: DVD-Edition

Deshalb verwundert es auch nicht, dass bei einer nächsten Verwendung dieses Autorschaftsnarrativs der adlige Lord Byron und seine Gäste in der Villa Diodati am Genfer See einen standesgemäßen Billardtisch vorfinden und diesen auch nutzen. In der Version dieser literaturgeschichtlichen Ereignisse, wie sie Ken Russell in *Gothic* (GB 1986) inszenierte, fungiert Weiblichkeit als *cue* für die Autoren Byron und Bysshe Shelley (vgl. hierzu Kap. 5.5.). Wirft Mary Shelley ihrem Gastgeber Lord Byron seine übergroße Eigenliebe vor (der entsprechend alleine mit sich Billard spielt und die übliche Zweierkonstellation am Spieltisch vermeidet), so imaginiert Percy Bysshe Shelley seine Schwägerin Claire als surreale Phantasie auf dem Billardtisch liegend. Zum üblichen Spiel sowie zum Schreibakt kommt es in der Diegese dieses Films an keiner Stelle. In einer weiteren Verfilmung der Ereignisse des schwarzromantischen Sommers 1816, einer spanischen Produktion mit Hugh Grant und Elizabeth Hurley in den Hauptrollen, *Remando al Viento* (*Rowing with the Wind,* E 1987), zieht sich das Billardspiel als zentrale Metapher für die Konkurrenz der männlichen Autoren untereinander durch die gesamte erste Filmhälfte. Während Byron und Bysshe Shelley Technik und Regeln des auktorialen Spiels souverän beherrschen (vgl. die Szenen 00:16:00 und 00:32:00),[190] obsiegt über den verzweifelt liebenden John Polidori der Alkohol und der halbherzige Wille zum Suizid, so dass er nicht mehr fähig ist, die entscheidenden Impulse

190 Die Figuren spielen hier, wie es den Romantikern entspricht, mit den modernsten Queues, die bereits Lederkappen tragen; die Erfindung dieser Kappe (im Deutschen die sogenannte Pomeranze) durch François Mingaud beeinflusste entscheidend die weitere Entwicklung der Spieltechnik, weil sie Rück- und Drehläufe (Effet, Piquet etc.) ermöglichte; vgl. Schiffer (1994), Billard, S. 13. Im Büchner-Film *Addio, piccola mia* (Lothar Warneke, DDR 1979) doziert der Gerichtspräsident über die Erfindung der Pomeranze und die somit erreichte Verbesserung der Spielqualität; hier scheint es sich aber um eine zeitdokumentarische, nicht metafiktionale Funktion des Billardspiels zu handeln.

für seine eigene Autorschaft zu geben. Hier kommen Suchtpotential und homoerotisches Begehren im Scheitern einer männlichen Autorfigur zusammen. Immerhin gelingt es Polidori trotz Rausch und Verzweiflung in einer entsprechenden Szene am Billardtisch aber noch, den weißen Ball anzustoßen, der dann über Bande die Weinflasche anspielt (00:42:00). Mary Shelley hingegen als einzige Frau versucht nachts und alleine, es den Männern gleichzutun: Sie spielt den roten, nicht den weißen Ball an und gibt nach einem einzigen missglückten Versuch mit dem Queue umgehend wieder auf (00:31:00). Sie weiß demnach weder um die Regeln noch beherrscht sie die Technik des *cueing*. Ihr Kreativitätsmodell basiert auf dem Grauen des Abjektalen; sie spielt nicht über Bande, sondern schöpft ihren Roman *Frankenstein* aus dem Unbewussten, ihren Träumen und Ängsten.

In *Gripsholm,* der autobiographischen Interpretation der Erzählung von Kurt Tucholsky (Xavier Koller, D/A/CH 2000), wird das Billardspiel nicht nur als kurzer Einblick in die Werkstatt des Autors inszeniert oder als (dünne) leitmotivische Linie. In diesem Film dient es als narrativer Rahmen, innerhalb dessen sich der Autor Tucholsky an den Sommer 1932 erinnert (vgl. auch Kap. 4.9.3). In der Romanvorlage wird das Billardspiel nicht erwähnt; es ist eine bedeutsame Zutat, die sich der filmischen Narration und Inszenierung verdankt. Nach der Titelsequenz, die in die wenig überzeugende performative Nennung des Namens »Tucholsky« und sämtlicher Pseudonyme als »Autor des Abends« nach einer Varieté-Darbietung übergeht,[191] folgt ein harter Schnitt auf die erste Billardszene: Tucholsky kauert rauchend an dem grünen Tisch, spielt ein Whiskyglas an, sinniert über etwas nicht Ersichtliches (00:04:15-00:09:20). Diese Szene wird zweimal von langen Rückblenden an seine letzte Zeit in der Redaktion der Weltbühne, an den Aufbruch in den Urlaub mit seiner Freundin Lydia, die Sekretärin eines Berliner Unternehmers ist,[192] sowie die Reise nach Schweden unterbrochen. Diese Analepsen werden mit kontrapunktischem *voice-over* von Lydias Erzählstimme sowie harten Schnitten eingeleitet und abgeschlossen. Auch das Ende des Films wird erneut von den Bildern des einsamen Autors in Großaufnahme durchsetzt (keuchend, starrend, schwitzend), der einen überaus verzweifelten Eindruck erweckt (01:26:00). Das Schließen des Erzählrahmens indiziert

191 Vorbild für die Varieté-Szenen im »Cabaret Rondell« könnte die »Tucholsky-Matinée« im Berliner Theater am Nollendorfplatz vom März 1929 gewesen sein.

192 Die Andeutung des zunehmend antisemitischen Klimas in Berlin 1932 ist wenig überzeugend gestaltet, denn es werden die bloßen Stereotype eines misshandelten kleinen jüdischen Blumenmädchens im Varieté sowie des feisten Nazi-Unternehmers, der die Rechnungen seiner jüdischen Lieferanten nicht bezahlt, verwendet und mit auf den Strassen umherfliegenden Wahlplakaten der NSDAP, die das Konterfei Hitlers zeigen, atmosphärisch ergänzt.

die Ankunft in der diegetischen Gegenwart. Gleichwohl wird an dieser Stelle vorher auch noch einmal kurz auf eine Spieltisch-Einstellung in der Totalen mit einem in den Bildvordergrund laufenden roten Ball und zwei weißen Bällen umgeschnitten (einer dieser weißen Bälle läuft quer durch den Bildhintergrund) (01:31:00), die allerdings ganz ohne Spieler auskommt und außerhalb der angedeuteten Zeitebenen liegen muss. Dieser Umschnitt erfolgt nach einer wegzoomenden Vogelperspektive auf die geometrische Schlossanlage mit ihren Grünflächen, wodurch die Idylle des Schlosses und das grüne Tuch des Billardtisches, das im übrigen auf die historische Herkunft des ursprünglichen Spielorts auf dem Rasen verweist, abschließend parallelisiert werden. Spielt der Autor an dem zunächst gezeigten Endpunkt der Erzählung schon nicht mehr, so verdichtet die fortlaufende Handlung des Sommers 1932 den langsamen Abschied Tucholskys vom Schreiben und von der Welt anhand der tatsächlichen Ereignisse von 1929 bis 1931 und rekonstruiert Abschied und Verstummen des Autors mit der Metapher des für ihn zunehmend schwieriger werdenden Billardspiels. Dieses Verfahren bietet sich aus raumsemantischen Gründen an, verfügt diese Tucholsky-Figur mit seinen Freunden doch über das gesamte Schloss Gripsholm seines ebenfalls hinzuerfundenen Mäzens Baron Valberg. Das Interieur einer Bibliothek mit Billardtisch mag darin kaum überraschen und verdeutlicht das problematische Verhältnis zwischen den Mächtigen und dem Autor in einer historisierend-innenarchitektonischen Allegorie. Man könnte aufgrund der kontrastreichen Opposition von Berliner Verleger und schwedischem Adeligen annehmen wollen, dass die traditionsreichen, aber aufgeschlossenen Feudalherren nicht das Problem für die Intellektuellen gewesen wären, sondern nur die neuen nationalsozialistischen Emporkömmlinge und alle diejenigen, die sich mit ihnen arrangierten.

Die politischen Umstände des drohenden NS-Regimes und der Prozess, den die Reichswehr gegen den Herausgeber der *Weltbühne,* Carl von Ossietzky, 1932 anstrengt, der im Film aber kurzerhand als Prozess gegen Tucholsky erwähnt wird,[193] beeinflussen zunehmend sein »leidenschaftliches« Schreiben, was sich in missglückten Billardstößen im Spiel mit seinem Freund Karlchen darstellt (00:38:24). Ein zweites Gespräch der Freunde über Tucholskys schwierige Lage findet vor dem Billardtisch statt und beschränkt sich bereits auf das begleitende Rauchen und Trinken, während die gemeinsame Spielpartie nicht mehr zu sehen ist (00:46:45). Wenig später, als es um ein Drehbuch für einen Film mit Billie geht, verkündet der Autor: »Das Schreiben lass ich bleiben.« (00:51:26) Seine

193 Anklagegrund war u.a. Tucholskys Satz »Soldaten sind Mörder« in der Glosse »Der bewachte Kriegsschauplatz« in der *Weltbühne* vom 4.8.1931. Bei Tucholsky verzichtete man auf die Anklage, weil er im Ausland wohnte, Ossietzky wurde freigesprochen.

Leidenschaft zu fliegen, die er mit Karlchen teilt, nimmt zunehmend morbide Züge an, wenn er für Lydia und Karlchen viel zu riskant erscheinende Manöver fliegt (00:54:00). Der zunächst auf den Flug bezogene Konflikt mit Karlchen wächst sich zu einer politischen Auseinandersetzung aus; der Freund reist ab. Dieser Abschied befördert Kurts depressive Stimmung und Schreibblockaden noch weiter. Als es um seine Angst und sein Selbstmitleid geht, was ihm von Lydia vorgeworfen wird, steht er hilflos am Spieltisch, ohne Queue, ohne einen Blick auf die Bälle, die er im Affekt nur anstößt (01:09:00). Weil die Probleme seines unfreiwilligen Exils in Schweden zunehmen und die Abschiede von den Freunden sich wiederholen (erst Karlchen, dann Billie, schließlich Lydia), kann er weder spielen noch schreiben. Seine wachsende Gleichgültigkeit gegenüber der Welt noch ein letztes Mal überwinden wollend, versagt er an der Schreibmaschine und wechselt erneut an den Billardtisch. Darauf steht, ähnlich wie im Fall des alkoholisierten Polidori, ein Brandy-Service (01:20:18); wütend, verzweifelt, nahezu panisch schießt er die rote Kugel gegen die Bande – die Szene bricht ab und zeigt ihn am nächsten Morgen einsam an einem Baum sitzend im Garten. Das Billardspiel nimmt im Erzählverlauf den Platz des immer unmöglicher werdenden Schreibens ein, und mit zunehmender Verschlechterung der Situation des Autors vermag er auch keine Partie mehr zu spielen. Letztlich ist nur mehr die Großaufnahme der Autorfigur mit Whiskyglas zu sehen; auch der Billardtisch und das Spiel verschwinden aus Kadrierung und Narration. Wann und wo der Roman *Gripsholm* entstanden ist, legt die filmische Erzählung gerade nicht offen.

Zusammenfassend lässt sich festhalten, dass das *cueing* als Autorschaftsmodell den Prozess des Schreibens vor der Kamera mit dem Billardspiel synthetisieren (Mozart), diesen ersetzen (Byron) oder ablösen kann (Tucholsky). Im ersten und zweiten Fall übernimmt das Spiel metonymische Funktion, weil es die literarische Kreativität auf die spielerische Kompetenz verdichtet, im zweiten Fall hat es metaphorische Qualität, weil der Akt des Schreibens auf das Spiel mit dem Queue verschoben wird. Auf der Suche nach dem anderen Medium im Film fungiert auf diegetischer Ebene ein Drittes: der andere Signifikant, der seinerseits auf das andere Medium der Literatur verweist. Schreiben und Kreativität – mithin das Rätsel des auktorialen Ursprungs literarischer Texte, das das literarhistorische Biopic stets nur zu lösen verspricht, dieses Versprechen aber nicht einlösen kann – werden in autoreferentielle Zeichenspiele verschoben und ihre endgültige Bedeutungszuweisung dadurch aufgeschoben.

Postscriptum: Im Bonusmaterial der DVD-Edition (»Making of«) von David Cronenbergs *eXistenZ* (CAN/GB/F 1999) äußert sich der Regisseur zur ursprünglichen Idee seines Films wie folgt:

> »I did an interview with the writer Salman Rushdie in London for a Canadian magazine called *Shift*. I have had the inkling before that, before I did the interview that I might want to do a movie that reflected in some way his situation. That is to say, a writer who had written something that he felt was relatively innocent, and somebody found himself condemned to death by, in this case, a militant islamic group for what he had written.«[194]

Zieht man die Aussage des filmischen Autors heran, ändert sich der Blick auf den Film und seine Interpretation beträchtlich[195] und es könnte eine abstrahierte Form der literarhistorischen Filmbiographie zum Vorschein kommen. Der mit einer Fatwa verfolgte Autor Rushdie hatte mit seinem Roman *The Satanic Verses* (1988) den Zorn islamischer Mächtiger auf sich gezogen und war von der iranischen Regierung zum Tod verurteilt worden (offiziell von 1989 bis 1998). In Drehbuch und Film von Cronenberg transformiert der verfolgte Autor zunächst in die Filmfigur der Spieleprogrammiererin Allegra Geller, die von Gegnern ihrer virtuellen Spielwelten umgebracht werden soll: »Death to the demoness, Allegra Geller!« Der Eintritt der Autorin in ihr Werk in zahlreichen metaleptischen Verschränkungen provoziert metafiktionale Überlegungen über die Art und Weise, zwischen den diegetischen Ebenen der erzählten Welt zu wechseln: »Depends on the game. You can get jagged, brutal cuts, slow phase, shimmering little morphs.« (00:39:23) Damit sind sowohl filmische Montageverfahren als auch digitale Animationsprozesse angesprochen: Der Sprung von der *Bio-graph Company* der frühen Filmindustrie zu einem Gerät wie dem *Bio-port* aus der Unterhaltungsindustrie, mit dem die Figuren sich neuronal an die aus organischem Material gefertigten Spielkonsolen andocken, ist nur eine weitere Belegstelle für die komplexen intermedialen und interfilmischen Referenzen in dieser Metanarration. Das Spiel mit dem Titel »eXistenZ« erweist sich nach einigen Abenteuern – es handelt sich hier auch um einen sogenannten Cyber-Thriller – letztlich nur als ein Spiel im Spiel mit dem Titel »transCendenZ«. Die Figur Allegra Geller stellt sich als eine von dem Spieleautor Yevgeny Nourish programmierte Autorinnenfigur heraus, deren Wirksamkeit im Diskurs während der Spielrunden erprobt wird. Aber auch dieser zweite Autor soll für sein Werk getötet

194 Cronenberg (1995), Cronenberg meets Rushdie. Das Interview ist nachzulesen auf Cronenbergs Homepage: http://www.davidcronenberg.de/cr_rushd.htm, zuletzt gesehen am 23.4.2006. Der Schauspieler Don MacKellar führt die Spielemetapher in der »Making of«-Dokumentation auf der DVD fort: »If you think of a David Cronenberg-film as a game, you have the chance to enter in *Naked Lunch* or in *Crash*.«

195 Vgl. Kamp (1996), Autorkonzepte und Filminterpretation; Kamp (1999), Autorkonzepte in der Filmkritik.

werden: »Death to the demon Yevgeny Nourish«. Wann angesichts dieses komplexen *framing* sich die Binnenerzählungen in einen finalen Rahmen einordnen lassen und die letztmögliche Ebene der Transzendenz für den toten Autor (aller anderen metafiktionalen Autoren) erreicht sein wird, lässt der Film erwartungsgemäß offen, denn jede Erzählung von Autorschaft könnte wiederum von einer neuen Erzählung über Autorschaft gerahmt sein. Das Spiel als metareflexives Erklärungsmodell fiktionaler und imaginärer Rezeptionsprozesse bewährt sich bei Cronenberg als ein futuristisch angelegtes Computerspiel, das im Billardspiel sein historisierendes Pendant hat. »The chip is mightier than the pen«, schreibt Cronenberg in seinem Interview mit Salman Rushdie 1995.[196] Falls sich diese Differenz in der Zukunft als zutreffend herausstellen sollte, wie Cronenbergs Film nahelegen möchte, bleibt jedoch auch eine Indifferenz festzuhalten: Gemeinsam ist dem Chip und dem Schreibgerät die nötige Initiierung durch das *cueing,* liegen Schreiben und Rechnen doch in dieser Hinsicht so weit nicht auseinander, wie der Film in gleicher Weise vor Augen führt.[197] Die Resurrektion des toten Autors jedoch ist eine Frage der verfügbaren Narrationen, die sein Wirken stets aufs Neue im Diskurs etablieren und dabei die spielerischen Aspekte jenseits teleologischer Sinnstiftung bei Produktion und Rezeption nicht außer Acht lassen mögen.

196 Cronenberg (1995), Cronenberg meets Rushdie, http://www.davidcronenberg.de/cr_rushd.htm (23.4.2006).

197 Dieses produktions- und rezeptionsästhetische *Cueing* ist zu unterscheiden vom stochastisch und statistisch einschlägigen *Queueing,* das u.a. die Warteschlangenorganisation in der Datenverarbeitung betrifft. Vgl. sonst auch Kittler (1999), Lesen und Rechnen.

6. Vom Nutzen der Filmbiographie für die Literaturgeschichte

»Es ist ein Wunder: der Augenblick, Husch da, im Husch vorüber, vorher ein Nichts, nachher ein Nichts, kommt doch noch als Gespenst wieder und stört die Ruhe eines späteren Augenblicks. Fortwährend löst sich ein Blatt aus der Rolle der Zeit, fällt heraus, flattert fort – und flattert plötzlich wieder zurück, dem Menschen in den Schoß. Dann sagt der Mensch ›ich erinnere mich‹ (...)«[1]

Friedrich Nietzsche: *Vom Nutzen und Nachteil der Historie für das Leben (Unzeitgemäße Betrachtungen, II. Stück)*

»Der Historiker blickt durch ein Fernrohr, der Biograph durch ein Vergrößerungsglas«,[2] – und das Biopic durch die Kamera.[3] Was Romein als figurale Bestimmung des intermedialen Verhältnisses zwischen Geschichte und Biographie formulierte, bewährt sich durchaus noch auf einer literalen Bedeutungsebene für die literarhistorische Filmbiographie. Kaum zu überschätzender Vorteil für den Film sind seine technischen Möglichkeiten der Narration: Von der Panoramaeinstellung, die das Autorsubjekt in einer historisch-metaphorischen Landschaft inszeniert, bis hin zur Detailaufnahme, die den Tintenklecks als Stigma des Schreibens auf der Haut des Autors fokussiert, ist alles möglich – sogar die sekundenschnelle Parallelmontage beider Einstellungsgrößen, ohne die narrative Illusion zu brechen oder das Medium zu wechseln. Zwar sind die Bedenken eines Historikers, dass Geschichtsbücher kaum noch gelesen, historische Filme jedoch in Massen konsumiert werden und deshalb das popularisierte historische Wissen zu verantworten haben,[4] nicht uneingeschränkt zu teilen. Aber dass der Film es einem breiten Publikum ermöglicht, Episoden der Literaturgeschichte in einem konventionalisierten Zeitraum von zumeist 90 Minuten zu erfahren, und dass dieses Publikum eine solche Erfahrung im Anschluss an die Kinovorstellung als angeeignetes Wissen interpretieren könnte, ist nicht von der Hand zu weisen.

1 Nietzsche, Vom Nutzen und Nachteil der Historie für das Leben (Unzeitgemäße Betrachtungen, Zweites Stück), in: Nietzsche (1954), Werke in drei Bänden, S. 211.

2 Romein (1948), Die Biographie, S. 119.

3 Die bruchlose Analogiebildung (z.B. mit »der Regisseur«, »der Filmautor«) bietet sich für das Autorenkollektiv der Filmschaffenden nicht an; ›das Biopic‹ steht auch hier als *singulare tantum* für Biographen, Skriptautoren, Drehbuchautorinnen, RegisseurInnen, Kameraleute, Continuity, Beleuchter, Darsteller und alle weiteren Mitwirkenden an einem solchen Film.

4 Vgl. Rosenstone (1988), History in Images/History in Words, S. 1174.

Ausgangspunkt für die vorliegende Untersuchung war das Spannungsverhältnis zwischen der literaturtheoretischen Debatte über die ›sterbenden‹ Größen der Biographie und des Autors einerseits und dem konjunkturell wiederkehrenden Interesse an diesen ›Wiedergängern‹ des Kulturbetriebs andererseits. Diese beiden Kategorien haben zweifellos einen beträchtlichen Anteil an der anhaltenden Kultivation jenes literarischen Interpretationsmodells, das auf dem Biographismus und seinen späteren Entwicklungen feuilletonistischer und historiographischer Prägung basiert. Ein kurzer Blick auf die technischen Vorgeschichten der Autorbiographie hat gezeigt, dass die Künstlervita, die sich nicht allein auf die Kunstgeschichte beschränkt, seit der Antike von technischen Innovationen profitierte, sei es die Skulptur, der Buchdruck, die Photographie, die Lithographie, schließlich die Kinematographie gewesen. Als besonders attraktiv und populär erwiesen sich dabei jene Möglichkeiten der Dichterverehrung, die Wort, Bild, Musik und Raum synergetisch und synästhetisch zu nutzen wussten. Zu erinnern ist etwa an die Feierlichkeiten hermeneutischer Gemeinschaften eines bestimmten Autors, die Komposition und Inszenierung von Standbildern und Inschriften in der Architektur öffentlicher Räume sowie nicht zuletzt an die Einrichtung von Museen und Gedenkstätten, die vorgeben, den historischen Lebensraum der AutorInnen begehbar zu machen bzw. – in neueren Konzepten – einen museumspädagogisch aufbereiteten Eindruck der künstlerischen Produktionsbedingungen vermitteln zu wollen, ohne auf die (Re-)Konstruktion einer ›Aura‹ zu verzichten. Das Kino konnte hier an eine reiche Tradition des Dichterbildes im kulturellen Gedächtnis anknüpfen und setzt auch dessen ältere Medien häufig ins Bild, um seinerseits an diese Praktiken des Erinnerns zu erinnern und durch diese Vereinnahmung zugleich die eigenen narrativen Potentiale zu betonen.

Dass es sich bei der Textsorte der Biographie sowie bei der Funktion des Autors um konjunkturelle Phänomene handelt, wurde bereits – allemal für die Biographik – in den 1920/30er Jahren von Tomaševskij und Kracauer als ein spezifisches Interesse bürgerlicher Identitätspolitik interpretiert. Die Orientierung an den geistigen Größen der Vergangenheit, mit der zeitgenössische Defizite kompensiert werden könnten, ist dabei nur ein Aspekt der Rezeption. Spätestens mit der Ablösung des heroischen Narrativs und der Entdeckung der devianten Subjekte für die neuere Biographik nach dem Faschismus und Zweiten Weltkrieg gilt das Argument nicht mehr uneingeschränkt. Das Subjekt in seiner (post-)modernen Inkohärenz eignet sich nicht in jedem Fall zur Identifikation im naivpopularistischen Sinn; vielmehr sind hier komplexe psychosoziale Distinktionsmechanismen am Werk. Damit wäre an Neale anzuschließen, der als gemeinsames und zur rezeptiven Auseinandersetzung einladendes Moment aller Filmbiographien das Motiv der Suche nach einem Selbst, nach sozialer Aufmerksamkeit und Anerkennung benennt, das mit dem Motiv des Preises, der für die Erlangung dieses Ziels zu zahlen ist, kontrastiert wird.[5] Diesen Beobachtungen zum Hollywood-Kino ist für die literarhistorische Filmbiographie auch europäischer Provenienz insoweit zu folgen, als bis in die 1950er Jahre das heroische Siegen oder Aufopfern den *plot* darstellten (Klimax), während sich die sozialkritischen Ansätze seit den 1970er Jahren zunehmend der Biographie als einer Narrativierung des Scheiterns zuwenden (Anti-Klimax).[6]

Herauszuarbeiten, inwiefern Autor und Autorin als Figuren einer Literaturgeschichte, die das Kino geschrieben hat, eine tragende Rolle in der Filmgeschichte spielen und deshalb die literaturtheoretische These vom »Tod des Autors« womöglich unterlaufen, lautete die Aufgabenstellung dieser Studie. Für ein solches literaturwissenschaftliches Erkenntnisinteresse von jener subjektkritischen Metapher auszugehen, von der Barthes prinzipiell behauptet, dass sie »in dem Gegenstandsbereich, der uns beschäftigt, mehr methodologische Existenz und heuristisches Vermögen« besitze, »als wir denken«,[7] hat sich deshalb bewährt, weil die Ästhetik des Kinos sowohl für des Autors Verschwinden als auch seine Rückkehr in diesem Dispositiv sorgt. Zudem hat sich erwiesen, dass die medialen Interferenzen, von deren mehr oder weniger expliziten Existenz bei einer filmischen Transformation literarhistorischer Erzählungen auszugehen ist, nicht nur die literarischen oder filmischen Diskurse betreffen. Vielmehr lassen sich auch hier sogenannte Biographeme und ihre ›anderen Signifikanten‹ jenseits von Film und Literatur – etwa Thackerays Opernglas – ausmachen, die an einer filmischen Biographik mitwirken. Gegenstand des biographischen Erzählens ist immer auch die mediale Selbstreferenz, was sich daran zeigt, dass beispielsweise die Anfänge von Literatur- und Filmgeschichten interferieren, Hören und Sehen als Wahrnehmungsformen aufklärerischer Medien konkurrieren, die Oper als vorgängiges Dispositiv des Kinos aufscheint oder Phonographie und Kinematographie allegorisch lesbar werden. Schreiben als objektloses Schreiben, wie es Barthes sowie andere Theoretiker und Historiker für die Perspektivierung der Moderne bisher formuliert haben, das den Vorgang, seine Gesten, Vorkehrungen und Materialität in den Fokus der Aufmerksamkeit rückt,[8] findet sich in

5 Vgl. Neale (2000), Genre and Hollywood, S. 64.

6 Vgl. zur Forschungsdebatte und exemplarischen Analysen zur Buchbiographik: Zahlmann und Scholz (2005), Scheitern und Biographie.

7 Barthes, Schreiben, ein intransitives Verb?, in: Barthes (2006), Das Rauschen der Sprache, S. 20f.

8 Vgl. Ludwig (2005), Geschichte des Schreibens. Bd. 1, S. 1: »Die Geschichte des Schreibens ist die Geschichte einer Tätigkeit. Einer Tätigkeit, die den Menschen sowohl von anderen Lebewesen unterscheidet, als auch vor ihnen auszeichnet, ebenso wie das Lesen, dem Gegenüber in einem zusammengehörigen Paar.«

der Mehrzahl der untersuchten Filme. Es wird als intransivites Performativ inszeniert, weil die Zuschauer zumeist nicht zu lesen bekommen, was Autor und Autorin produzieren; ein kurzer Blick auf das ›Skript‹ vermittelt noch keinen ›Text‹. Der Text hingegen wird nicht symbolisch-repräsentativ zu sehen gegeben, allenfalls bekommt ihn das Publikum in den Zwischentiteln des Stummfilms zu lesen oder im *voice-over* des Tonfilms auf einem anderen medialen Kanal zu hören. Diese Disparität ist jedoch als sinnfällige Allegorie des Lesens zu werten, denn die Literarizität der Filme schlägt sich gerade auch in der damit figurierten Spannung von Lesbarkeit und Unlesbarkeit erzählter Fiktionen nieder. Der Schwerpunkt des filmischen Erzählens liegt demnach auf der performativen Qualität von Schrift/Schreiben, was just in dem Augenblick, wenn das schreibende Subjekt mit einem historischen Namen oder seinem Träger affiziert wird, sich zur Idee von Autorschaft verdichtet und eine auch außerfilmisch gültige Interpretationsrichtung für seine Texte vorgeben kann.

Diese in jeder literarhistorischen Filmbiographie stets aufs Neue inszenierte Prozedur, ihre Voraussetzungen und Effekte lassen sich mit einigen ausgewählten, von Foucault vorgeschlagenen Aspekten moderner Autorschaft näher beschreiben.[9] Die Aneignungsfunktion des Werks wird häufig bereits in den Filmtiteln und Paratexten zum Film realisiert, zumal der Name des/der historischen Autors/Autorin (als ›stabiler Designator‹) als eines der wenigen griffigen Kriterien für das hybride Genre des Biopic gelten muss. Auch bestätigen die Filme die Annahme, dass die Autorfunktion nicht in jeder Epoche und in jedem Diskurs gleich wirksam ist. So betonte das patriotisch gestimmte Kino kurz vor dem Ersten Weltkrieg bis zum Ende der Weimarer Republik den Dichter als völkischen Repräsentanten einer deutschen Nation, die es gegen Frankreich zu verteidigen gilt, wozu es die Erzählung über den tragischen Heldentod Theodor Körners nutzte. Der NS-Film bediente den Diskurs der radikalisiert-romantischen Differenz zwischen Kunst (als anzustrebendem Ideal) und Leben (als defizitärer Realität), die in der theatralen Inszenierung eines ›eisernen Willens‹ und konsequenten Durchhaltens überwunden werden muss (Neuberin, Lessing, Schiller). Erst in den 1970er Jahren wechselt das biographische Paradigma des Kinos von der Heroisierung zur Psychologisierung, und es setzte eine unverhohlene Identifikation mit den scheiternden Figuren der deutschen Literaturgeschichte ein (Lenz, May, Kleist), denen man sich mit filmischen Mitteln des Dokumentarischen oder auch Assoziativen möglichst ›authentisch‹ annähern wollte. Das Kino der DEFA hingegen akzentuierte das Verhältnis von Revolution und Literatur zum sozialistischen Staat, der sich auf sein literarhistorisches Erbe besinnen will, und wählte dafür die Figuren Forster, Hölderlin, Novalis,

9 Vgl. Foucault (2000), Was ist ein Autor?, S. 211ff.

Büchner, auch Fallada. Die Filme der 1990er Jahre in ihrem Rückzug auf das ›Private‹ forcierten den Diskurs des Obszönen und der Liebesökonomie in der Dichterbiographik. Das Erzählen des kaum Erzählbaren wird nur im Rückgriff auf die Idylle und die Liebestragödie möglich, womit noch einmal an das auktoriale Subjekt vor dem modernen Verlust seiner Kohärenz erinnert wird (Tucholsky, Schwarzenbach, Brecht als Vertreter der Moderne; Hölderlin, Brentano, ja auch Goethe für die Romantik). Diesen Spezifizierungen der Diskurse sind jedoch die Konventionen des Genre-Kinos entgegenzuhalten, denn auch so unterschiedlichen Autoren und Autorin wie Tucholsky, Brecht und Schwarzenbach wird ein vergleichbares Konzept von Idylle übergestülpt; Spezifizierungen des literarischen Diskurses (z.B. Journalismus und Prosaroman, Drama und Lyrik, Reiseliteratur) korrelieren dann mit der Landschaft, in der die Handlung jeweils zu platzieren ist.

Als konstante Verfahren der Autorfunktionalisierung in der Moderne führt Foucault die Methoden der Literaturkritik an, die sie wiederum der Hagiographie entlehnt. Dazu gehört auch, solche Werke, die nicht in den Zusammenhang anderer Werke desselben Autors passen wollen, schlicht auszusortieren und fortan zu verschweigen. An diesem Punkt erweist sich das Kino ganz dem Fahrwasser der Literaturkritik folgend, denn literarhistorische Filmbiographien machen sich nicht auf die Suche nach den unbekannten, vergessenen oder verstörenden Werken eines Autors; sie affirmieren den vorgängigen Kanon der außerfilmischen Realitäten wie Kritik, Institution, Geschichtsschreibung, wenn Goethe mit dem *Gemalten Bande*, Hölderlin mit *Hälfte des Lebens* und *Hyperion,* Körner mit *Leyer und Schwerdt,* Heine mit dem *Buch der Lieder,* Zola mit *J'accuse…!,* Brecht mit den *Buckower Elegien* usw. in der Narration verkoppelt werden. Diesbezüglich haben die Einzeldarstellungen ergeben, dass kanonische Texte oftmals nur in wenigen Zeilen anzitiert werden, sie gleichsam nur als Marker dazu dienen, die Aneignung des Werk durch den Autornamen zu vollziehen und in der Narration als *trial scene,* etwa als Dichterlesung, zu inszenieren. Über den Satz »So kam ich unter die Deutschen« muss die Filmfigur Hölderlin überhaupt nicht hinauskommen.[10] Auch das Interesse an der historischen Person eines Autors und seinen soziokulturellen Kontexten wird den Regeln der filmischen Narration untergeordnet, die sich aus den verschiedenen Genres speisen, an denen das Biopic partizipiert. Hieraus generieren sich dann dramaturgisch notwendige, aber gleichwohl biographische Fiktionen, die zwar mittels detailreicher Faktizität beeindrucken

---

10 Vergleichbares findet sich im Komponisten-Biopic, wo sich die Verknappung des Kanons z.B. in Beethovens Vertonung der Ode an die Freude in der Neunten Symphonie, Schuberts Unvollendeter Symphonie oder Verdis Gefangenenchor zeigt; vgl. Tibbetts (2005), Composers in the Movies, S. 9f.

können und dennoch von den – wie Samuel sie bezeichnet – ›esoterischen‹ historiographischen Versionen[11] beträchtlich abweichen und bisweilen populärgeschichtlich über die Maßen zugespitzt werden: Demnach hätte Dreyfus seine Rehabilitierung allein Zola zu verdanken, Hölderlin wäre über seiner Liebe zu Susette Gontard irre geworden, und Brecht ist Opfer seines ›Harems‹ geworden, der ihn den letzten Lebensfunken kostete.

Auch in diesem wie in anderen Punkten stimmen die Ergebnisse der Filmdurchsicht mit den Ergebnissen der bisherigen Biopic-Forschung überein, denn das Genre fordert generell die Anpassung der Fakten an die Fiktionalisierung, was allerdings zunehmend, wie in Kap. 4.1. angeschnitten, auch für die seriöse Geschichtswissenschaft diskutiert wird.[12] Filmbiographien sind dem inoffiziellen Wissen eines fragmentarischen *common sense* zuzuschlagen, das sich in hohem Maße in den kommerziell etablierten, aber auch ›subkulturellen‹ Prozessen der kontinuierlichen Umschrift des historischen *popular memory* formiert. Diesem Wissen wohnt gleichermaßen ein mediales Wissen inne, das nicht nur an die Medien der erzählten Zeit erinnert, sondern auch an die jeweiligen Medien und ihre Kontexte zu Zeiten der Filmproduktion.[13] Für die US-amerikanische Biopic-Produktion hat sich bezüglich der erzählten Zeiten eine deutliche Konzentration auf das 19. und 20. Jahrhundert herausgestellt, wovon die deutschsprachige literarhistorische Filmbiographie mit ihrer unübersehbaren Gewichtung auf Autoren des Sturm und Drang, der Romantik und der Klassischen Moderne nur insofern abweicht, als die Autoren des Sturm und Drang in ihrer Jugend dargestellt sind, sie also gleichsam die Reife der Weimarer Klassik vorbereiten. Überhaupt kann man, anders als bei Biopics zu Musikern und Wissenschaftlern, eine starke Konzentration auf die Jugend des Dichters beobachten, weil er allegorisch die Entwicklung einer gesamten Epoche vollzieht und seine Rebellenjahre überwindet, von deren Energie und Innovationskraft die Gesellschaft im Nachhinein stets profitiere. Nur in den seltensten Fällen hat eine Filmbiographie den Anspruch, das gesamte Leben »von der Wiege bis zur Bahre« – so der erste Körner-Film – zu erzählen. Vielmehr konzentriert sich die Narration auf Episoden, die aus Sicht der teleologisch konzipierten Biographik als entscheidende Lebensereignisse oder -abschnitte erachtet werden. Zumeist handelt es sich hierbei um die Anfänge und Enden der Lebensgeschichten (erste Lieben, erste Texte; letzte Jahre und Monate vor der Einlieferung

11 Vgl. hierzu Kap. 2.1.

12 Vgl. zu den Erzählstrukturen der Historiographie ferner White (1987), The Content of Form; zu den Einflüssen postmoderner Ansätze in der Geschichtswissenschaft Evans (1997), In Defence of History.

13 Burgoyne zitiert diesbezüglich Bertolucci, der jeden Film, auch den Spielfilm, als Dokumentation seiner eigenen Entstehung beschrieben hat; vgl. Burgoyne (2003), Memory, history and digital imagery in contemporary film, S. 220f.

in die Heilanstalt; letztes Treffen mit der geliebten Frau, letzter Ferientag, letzte Liebe, letzter Text), von denen aus weiterreichende Erzählkonstruktionen entwickelt werden (Rückblenden, Traumsequenzen, Visionen).

Widersprüche und Abweichungen zur Biopic-Forschung haben sich indessen in Bezug auf die genrespezifische Zuordnung der Filme ergeben. Noch Anderson argumentiert, dass Biopics ihre Genre-Schwerpunkte nach den Berufen oder dem sozialen und juristischen Status der biographierten Personen setzen (z. B. das Musical für Entertainer, der Western für Geächtete, der Gangster-Film für Ganoven und Erpresser usw.).[14] Dieses Konzept erweist sich für die literarhistorische Filmbiographie als kaum plausibel, eröffnet sich doch auch innerhalb dieses Sub-Genres ein seinerseits breites Spektrum an Genre-Orientierungen, die nicht mit dem beruflichen oder juristischen Status eines Autors zusammenhängen können. So werden die Brüder Grimm als Archivare und Philologen einmal in ein Musical, das andere Mal in ein Fantasy-Abenteuer eingestellt; Kafka findet sich sowohl im historischen Drama als auch, wie Hammett, im *film noir;* Goethe liebt einmal im Operettenfilm, dann in der Romanze, schließlich im Melodram. Hier kommen deshalb Kriterien zum Tragen, die nicht unbedingt von der historischen Person und ihrem Lebenslauf abzuleiten sind. Vielmehr provozieren technische Neuerungen (etwa der Tonfilm bei Goethe, Cinerama und Morphing bei den Grimms) eine solche Anpassung von Lebensgeschichte und Genre, die dem Film entsprechende Publikumsresonanz sichern helfen sollen. Hinzu kommt der wichtige Aspekt der Rückprojektion der Autorenfiguren in ihre Texte, so dass diese Texte häufig bestimmend für das Filmgenre wirken, innerhalb dessen solche hybriden Erzählweisen zwischen Biographie und Literaturverfilmung realisiert werden. Ohne die biographistische Interpretation der jeweiligen Werke, die den Filmen als Basis ihrer Drehbücher dienen, wäre ein großer Teil der literarhistorischen Filmbiographien überhaupt nicht entstanden: Erst die wechselseitige Projektion von vermeintlich biographischen Informationen, die den Werken entnommen werden, auf wiederum autobiographisch orientierte Interpretationen, die Erzählerinstanz oder lyrisches Ich mit der historischen Figur des Autors identifizieren – und vice versa –, führt zu jener zirkulären Hermeneutik, die mit einer mimetischen Literaturauffassung einhergeht. Oder wie ausgerechnet die Autorfigur Brecht es im ihrem Film formuliert: »Ich muss hinschauen. Worüber soll ich sonst schreiben?«[15]

Allerdings arbeiten das Medium Film und seine Erzählweisen immer auch gegen eine solche biographische Lesart: Genauso wie die älteren Filme, die von einer biographischen Entelechie des Dichters ausgehen, die

14 Vgl. Anderson (1988), Biographical Film, S. 332.

15 In *Abschied – Brechts letzter Sommer* (Jan Schütte, D 2000), 00:33:57.

sich in seinem Werk äußert und in dem er sich ›verschwendet‹, vollziehen auch die jüngeren Filme – etwa seit den 1970er Jahren – eine Rekonstitution von Autorschaft, die Name, Werk und Person stets aufs Neue performativ verknüpft, um die Illusion eines kohärenten vor-modernen Subjekts zu erzeugen – und gleichermaßen zu destruieren. Denn in medienanalytischer Hinsicht ergibt sich hier eine interessante filmische Variante der von Foucault angesprochenen Ego-Pluralität, die als weiterer charakteristischer Aspekt moderner Autorschaft gelten muss. Gerade in den narrativen Rückübertragungen der Autorfigur in das Werk konkurrieren oftmals akustische und visuelle Erzählinstanzen, was jene illusionäre Kohärenz des Subjekts sowohl hervorruft als auch unterläuft – je nach perzeptiver bzw. apperzeptiver Disposition: Zu erinnern ist diesbezüglich an die wiederholt angetroffene Differenz zwischen kinemato- und phonographischen Optionen bzw. an die kommentierende Montage des akustischen *voice-over* mit subversiver visueller Fokalisation.

Der Durchgang durch eine deutschsprachige ›Literaturgeschichte vor der Kamera‹ hat aber auch gezeigt, dass dem Konzept Autorschaft nicht ausschließlich performative Qualitäten eignen, die sich auf den Augenblick des Vollzugs beschränken lassen. Es ist ebenso der Warnung Foucaults vor dem etwaigen Missverständnis zu folgen, dass Autorschaft kein spontaner Effekt sei, sondern zu ihrer Etablierung komplexe und lange andauernde Operationen notwendig sind. Als das Kino beginnt, literarische Autorschaft zum Gegenstand seines Erzählens zu machen und entsprechend zu inszenieren, etabliert es, wie auch die Schreibmaschine und die Phonographie, ein wirkmächtiges Dispositiv.[16] Es begründet eine narrative und mediologische Tradition, die ihre Figuren den sich verändernden gesellschaftlichen Kontexten anpasst und einen jeweils technisch neuen und zugleich auch ästhetisch-ideologisch neuen Körner, Goethe, Schiller oder Hölderlin erfindet. Autorschaft ist eine Funktion des Textes, aber nicht nur des literarischen Textes, der mit ihr affiziert ist, sondern auch sämtlicher Para-, Inter- und Kontexte – einschließlich ihrer Dispositive und ökonomischen Prozesse –, wozu sowohl die literarische als auch filmische Biographik zu zählen sind. Nicht genauer untersucht wurde in dieser Studie, welche Paratexte im unmittelbaren Umfeld eines Films erschienen sind und wie zum Beispiel die Filmkritik den performativen filmischen Effekt der Autorschaft mitvollziehen oder auch sich kritisch davon distanzieren wollte (beispielsweise damit begründet, dass ein Film literarhistorisch inplausibel oder inadäquat sei), wobei dann wiederum *ex negativo* eine Vorstellung von der ›echten‹ historischen Person aufgerufen ist (was die diskursive Verbindung von Werk und Autor, nur auf anderem Schauplatz, bekräftigt). Auch läge eine weiterführende

16 Vgl. Kittler (1986), Grammophon, Film, Typewriter.

diskursanalytische Kontextualisierung der Filmbiographien des Kinos mit den ab den 1950er Jahren zunehmend produzierten Fernsehfilmen – sowohl Spielfilmen als auch Dokumentationen – nahe. Diese Aspekte müssen weiteren, gesonderten Einzelanalysen vorbehalten bleiben.

Deutlich sollte hingegen geworden sein, dass die literarhistorische Filmbiographie im Hinblick auf ihre ideologische Stoßrichtung mit den jeweils vorherrschenden historiographischen Epistemen in Verbindung gebracht werden kann (national mit den Körner-Filmen, geistesgeschichtlich sowie völkisch-totalitär mit den Schiller-Filmen, marxistisch mit den DEFA-Filmen, sozialgeschichtlich mit den BRD-Filmen der 70/80er Jahre, kulturgeschichtlich/geschichtskritisch mit Filmen der 90er Jahre).[17] Darüber hinaus aber hat das Biopic sich gegen die Thesen von der ›obsoleten‹ oder ›unmöglichen‹ Literaturgeschichtsschreibung behauptet, die vor allem seit den 1970er Jahren im wissenschaftlichen Diskurs diskutiert werden und mittlerweile auch die Mediengeschichte erreicht haben.[18] Vermutlich hat es diese kritischen Einwände nur bedingt zur Kenntnis genommen, denn im Gegensatz zur gehemmten Geschichtsschreibung bei gleichzeitigem Theorie-Hoch hat die Filmbiographie weder eine eigene Theorie entwickelt noch ausreichend Forschungsaktivität auf sich ziehen können. Dessen ungeachtet legt das Genre jedoch regelmäßig ›praktische‹ Ergebnisse seiner filmischen Geschichtsschreibung vor, die im unterhaltungsindustriellen Diskurs verhandelt werden. Eine am Rande zu vermerkende Ironie *dieser* Geschichte ist die neu konzipierte Modularisierung der wissenschaftlichen Literaturgeschichtsschreibung mittels filmischer Metaphern: Literaturgeschichte wird, so zuerst geschehen in *A New History of French Literature,*[19] dem Verfahren der Montage unterworfen, und ihre einzelnen Ereignisse finden sich mit *Insert*-ähnlichen Datumsangaben versehen, unter denen dann exemplarische soziokulturelle, ästhetische und politische Fragestellungen erläutert sind.[20] Aus den chronikal organisierten Essays ein narratives ›Ganzes‹ zu konstruieren, bleibt somit den Lesern überlassen. Die einzelnen Lebensgeschichten indessen, die in der Filmbiographie erzählt werden, arbeiten zum einen einer traditionellen *historia magistra vitae* zu, sind aber zum anderen nicht ohne den modern erweiterten Begriff der ›Geschichte‹ zu verstehen, der den Prozess des Erzählens selbst

17 Zur Debatte in der Literaturwissenschaft vgl. z.B. Schönert (1992), Einleitung, Huber und Lauer (2000), Neue Sozialgeschichte?, Hutcheon und Valdés (2002), Rethinking Literary History.

18 Vgl. z.B. die Einleitung in Hörisch (2001), Der Sinn und die Sinne – Eine Geschichte der Medien, sowie die Beiträge in Engell und Vogl (2001), Mediale Historiographien.

19 Hollier (1989), A New History of French Literature.

20 Vgl. hierzu auch Pechlivanos, der allerdings im genannten Fall von räumlichen Metaphern spricht, was nicht vollständig überzeugt; Pechlivanos (1995), Literaturgeschichte(n), S. 173.

zunehmend offenlegt, indem filmische Mittel der Narration autoreferentiell eingesetzt werden.

In diesem Zusammenhang sind auch noch einmal die in Kap. 5. dargelegten Narrative der literarhistorischen Filmbiographie zu erwähnen, die einem transnationalen, transmedialen und über die Künstlersparte des literarischen Autors hinausgreifenden kulturellen Gedächtnis zuarbeiten, das mit dem Willen zur zeitlichen und räumlichen Ordnung einen Vorrat an kulturhistorischen Erzählungen anlegt. Mit Hilfe dieses Archivmaterials ist sowohl die Erinnerung als auch das kollektive Vergessen zu organisieren. Die Autor- und Autorinnenfiguren sind hierfür nicht einseitig gezeichnet – im Gegenteil. Sie stehen ein für die komplexen Zusammenhänge der Literaturproduktion und -rezeption, die jeweils in ihrer Ambivalenz verhandelt werden: Der Autor ist Täter und Opfer, Kläger und Beklagter in einem; sein Schreiben wird auf sein Spielen verschoben, um damit nicht zuletzt die Rolle der Leser und Zuschauer zu reflektieren; die Figuren sind Träger endogen und/oder exogen bedingter Krankheitsbilder, bisweilen auch als gleichermaßen angsteinflößend und angsterleidend gezeichnet, was eine Diskussion um Macht und Ohnmacht des Subjekts provoziert. Der damit assoziierte ethische Aspekt ergibt sich aus der zunehmenden Tendenz der (post-)modernen Theorien, das Subjekt von seinem alleinigen Handeln und Verantworten zu entlasten und Objektpositionen sowie Figuren des Dritten stärker zu berücksichtigen. Selbst der Tod ist nicht eins (was er vermutlich auch niemals war), wird doch lediglich die historische Person für tot erklärt; die symbolische Figur aber verschwindet längstens bis zum nächsten Aufflackern der Projektorlampen, die sie erneut zum Leben erwecken können. Auch dieser Vorgang der narrativen Trennung von historischem und symbolischem Autor wurde im Kino wiederum narrativiert: Wenn Mark Twain am Ende seiner Lebensgeschichte gestorben ist und seine Leiche bereits beweint wird, tritt er an sein eigenes Totenbett. Seinen Tod des Autors bewertet er als eine Folge außerordentlicher Übertriebenheit: »Oh my darling, if you could only know what you look upon is my death – it has been greatly exaggerated.«[21]

Wenn man die kritischen Einwände gegen die Geschichtsschreibung berücksichtigt, die Nietzsche in *Vom Nutzen und Nachteil der Historie für das Leben (Unzeitgemäße Betrachtungen, Zweites Stück)* formuliert, sowie die Adaptation dieser Impulse für den historischen Film durch Bronfen, bietet es sich an, eine vorläufig abschließende Bewertung der

21 *The Adventures of Mark Twain* (Irving Rapper, USA 1944), 02:35:00. Damit schließt die Rahmenerzählung, die bereits am Filmanfang mit dem Verfahren der Doppelbelichtung den Autor seine eigene Geburt und Kindheit erzählend zeigt (00:05:20): von einem Wolkenhimmel aus und genüsslich eine Zigarre rauchend. Die große Apotheose vereint schließlich Twain und seine Figuren Huckleberry Finn und Tom Sawyer auf dem Weg in eine Welt des Imaginären, in die Erfinder und Erfundene gemeinsam zurückkehren.

literarhistorischen Filmbiographie zu versuchen. Der historische Film als Medium metapherngenerierender, sinnstiftender Erzählungen hat für die Historie einen spezifischen Nutzen, denn das Kino widersetzt sich dem Anspruch der Geschichtsschreibung, sich vom Exemplarischen lösen zu müssen.[22] Er eröffnet im Dialog mit den Genre-Traditionen, die nach Bachtin immer auch ein spezifisches *»genre memory«* implizieren, die Möglichkeiten, »eindeutige Festschreibungen von Opfer- und Täterpositionen« zu meiden und stattdessen eine »plastische, bildhafte Vorstellung von Geschichte« zu vermitteln.[23] Das kollektiv Verdrängte kann immer wieder hervorgeholt und zu einer rezeptiven Realität, zu ›Leben‹ im Sinne der Nietzscheanischen Opposition zur toten Geschichte werden, die Geschichte und Geschichtsschreibung in der Ambivalenz von Vergangenheitsferne und Zukunftsnähe (oder auch, chiastisch, Vergangenheitsnähe und Zukunftsferne) aufs Neue durchspielt. Literaturgeschichte im Kino wird auf diese Weise verhandelbar und, im besten Sinne, diskutabel, gleichwohl sie aus wissenschaftlicher Sicht auf die Biopics oftmals als indiskutabel gelten muss. Von einer solchen Unterscheidung kann jedoch überhaupt nur gesprochen werden, weil sich esoterische und populäre Geschichtsschreibung voneinander abgrenzen und sich darüber im Diskurs kontinuierlich selbst produzieren. Das Subjekt sieht sich vor der Filmbiographie mit historischen Entwürfen von Texten und deren Interpretationen konfrontiert, die mit der ihnen inhärenten Einladung zum Wiederlesen immer schon die Teleologie und Endlichkeit des Diskurses vom ›gesicherten‹ Wissen desavouiert haben. Dass die Autorfigur in den Filmbiographien als Allegorie des Schreibens und Lesens fungiert und dabei in jeder Vorführung aufs Neue ihr filmisches Leben in dem der Historie impliziten *futurum exactum* einbüßt, wird billigend in Kauf genommen.

Der Autor ist tot: Mark Twain macht sich auf den Weg zurück ins Imaginäre, wo bereits Huckleberry Finn und Tom Sawyer auf ihn warten (*The Adventures of Mark Twain,* Irving Rapper, USA 1944), Quelle: VHS-Edition

22 Vgl. Bronfen (2001), Retro-Bildwelten, S. 107.
23 Ebd., S. 107.

7. Literaturverzeichnis

-r: Der Friedrich Schiller-Film in Stuttgart, in: *Schwäbische Kronik des Schwäbischen Merkur,* 8.4.1923.

Albersmeier, Franz-Josef und Volker Roloff (Hg.): *Literaturverfilmungen.* Frankfurt a.M. 1989.

Albert, Claudia: Schiller als Kampfgenosse?, in: Claudia Albert (Hg.): *Deutsche Klassiker im Nationalsozialismus: Schiller, Kleist, Hölderlin.* Stuttgart, Weimar 1994, S. 48-76.

—: »Folge Deiner Lust« – Libertinage und Gewalt in Sade-Verfilmungen von 1952 bis 2001, in: *Das achtzehnte Jahrhundert* 27/1 (2003), S. 98-109.

Allan, Séan: DEFA: An Historical Overview, in: Séan Allan und John Sandford (Hg.): *DEFA. East German Cinema, 1946-1992.* New York, Oxford 1999, S. 1-21.

Alt, Peter André: *Schiller. Leben – Werk – Zeit. 2 Bde.* München 2000.

—: *Franz Kafka. Der ewige Sohn. Eine Biographie.* München 2005.

Altman, Rick: *Film / genre.* London 1999.

Anderson, Carolyn: Biographical Film, in: Wes D. Gehring (Hg.): *Handbook of American Film Genres.* New York u.a. 1988, S. 331-351.

Anderson, John R.: *Kognitive Psychologie.* Heidelberg, Berlin [3]2001.

Andrus, Z. Dana: Some implications for another reading of Henry Fuseli's ›The Nightmare‹, in: *Gazette des beaux-arts* 126 (1995), S. 235-252.

Anz, Thomas (Hg.): *Handbuch Literaturwissenschaft. Gegenstände – Konzepte – Institutionen.* 3 Bde. Stuttgart, Weimar 2007.

Aquino, John T.: *Truth and lives on film. The legal problems of depicting real persons and events in a fictional medium.* Jefferson, NC 2005.

Arens, Katherine: »Jefferson in Paris«. Imperious History, Un-Domesticated, in: *Das achtzehnte Jahrhundert* 27/1 (2003), S. 76-85.

Arnold, Heinz Ludwig (Hg.): *Karl May.* München 1987 (text + kritik, Sonderband).

Arnold-de Simine, Silke: *Leichen im Keller. Zu Fragen des Gender in Angstinszenierungen der Schauer- und Kriminalliteratur (1790-1830).* St. Ingbert 2000.

Assmann, Aleida: Schrift und Autorschaft im Spiegel der Mediengeschichte, in: Wolfgang Müller-Funk und Hans Ulrich Reck (Hg.): *Inszenierte Imagination. Beiträge zu einer historischen Anthropologie der Medien.* Wien, New York 1996, S. 13-24.

—: No Importance in Being Earnest? Literary Theory as Play Theory, in: *REAL* 13 (1997), S. 175-184.

—: *Erinnerungsräume. Formen und Wandlungen des kulturellen Gedächtnissen.* München 1999.

—: Geschichte im Gedächtnis, in: Martin Huber und Gerhard Lauer (Hg.): *Nach der Sozialgeschichte. Konzepte für eine Literaturwissenschaft zwischen Historischer Anthropologie, Kulturgeschichte und Medientheorie.* Tübingen 2000, S. 15-28.

Assmann, Aleida und Jan Assmann: Schrift, in: Joachim Ritter und Karlfried Gründer in Verbindung mit Günther Bien (Hg.): *Historisches Wörterbuch der Philosophie. Bd. 8: R-Sc.* Basel u.a. 1993, S. 1417-1429.

Austin, Wendy: *First Love. The Adolescent's Experience of Amour.* New York 2003.

Babka, Anna: *Unterbrochen. Gender und die Tropen der Autobiographie.* Wien 2002.

Balázs, Béla: *Schriften zum Film. 2 Bde.* Berlin 1982.

Baldizzone, José: Esquisse d'un catalogue des biographies cinématographiques, in: *Les Cahiers de la Cinémathèque* 45 (1986), S. 13-22.

Barnes, Julian: *Flaubert's Parrot.* London 1985.

Barthes, Roland: *Die helle Kammer. Bemerkungen zur Photographie. Übersetzt von Dietrich Leube.* Frankfurt a. M. 1985.

—: *Sade Fourier Loyola. Übersetzt von Maren Sell und Jürgen Hoch.* Frankfurt a. M. 1986.

—: *Fragmente einer Sprache der Liebe. Übersetzt von Hans-Horst Henschen.* Frankfurt a. M. 1988.

—: Der Tod des Autors. Übersetzt von Matias Martinez, in: Fotis Jannidis, Gerhard Lauer, Matias Martinez und Simone Winko (Hg.): *Texte zur Theorie der Autorschaft.* Stuttgart 2000, S. 185-193.

—: *Das Rauschen der Sprache. (Kritische Essays IV) Aus dem Französischen von Dieter Hornig.* Frankfurt a. M. 2006.

Bauer, Frank: *Horrido Lützow! Geschichte und Tradition des Lützower Freikorps.* München 2000.

Baumgart, Reinhard: Meine Geschichten sind ich. Reiner Stachs überzeugende Kafka-Biografie verstrickt uns in das Labyrinth eines unglücklichen Lebens und geglückten Schreibens, in: *Zeit Literatur 57,* Dez. 2002.

Bauschinger, Sigrid, Susan L. Cocalis und Henry A. Lea (Hg.): *Film und Literatur. Literarische Texte und der neue deutsche Film, 13. Amherster Kolloquium zur Deutschen Literatur.* München, Bern 1984.

Bazin, André: Ontologie des fotografischen Bildes (1945), in: ders.: *Was ist Kino? Bausteine zur Theorie des Films.* Köln 1975, S. 21-27.

Becker-Cantarino, Barbara: Leben als Text. Briefe als Ausdrucks- und Verständigungsmittel in der Briefkultur und Literatur des 18. Jahrhunderts, in: Hiltrud Gnüg und Renate Möhrmann (Hg.): *Frauen – Literatur – Geschichte. Schreibende Frauen vom Mittelalter bis zur Gegenwart.* Stuttgart 1985, S. 83-103.

Bedini, Silvio: *Thomas Jefferson and his copying machines.* Charlottsville VA 1984.

Beebee, Thomas O.: *Epistolary Fiction, 1500-1850.* Cambridge u.a. 1999.

Begemann, Christian: *Furcht und Angst im Prozess der Aufklärung: Zu Literatur und Bewußtseinsgeschichte des 18. Jahrhunderts.* Frankfurt a. M. 1987.

—: Brentano und Kleist vor Friedrichs *Mönch am Meer.* Aspekte eines Umbruchs in der Geschichte der Wahrnehmung, in: *DVjs* 64 (1990), S. 89-145.

—: Der Körper des Autors. Autorschaft als Zeugung und Geburt im diskursiven Feld der Genieästhetik, in: Heinrich Detering (Hg.): *Autorschaft. Positionen und Revisionen.* Stuttgart, Weimar 2002 (Germanistische Symposien, Berichtsbände, Bd. 24), S. 44-61.

Beindorf, Claudia: *Terror des Idylls. Die kulturelle Konstruktion von Gemeinschaften in Heimatfilm und Landsbygdsfilm 1930-1960.* Baden-Baden 2001.

Beit, Hedwig von: *Symbolik des Märchens. Bd. II: Gegensatz und Erneuerung im Märchen.* Tübingen, Basel [6]1997.

Belach, Helga und Wolfgang Jacobsen: *Richard Oswald: Regisseur und Produzent.* München 1990 (CineGraph Buch).

Belford, Barbara: *Oscar Wilde. Eine Biographie. Aus dem Amerikanischen von Susanne Luber.* Zürich 2004.

Bell, Alana: Biopic Bibliography, in: *Biography* 23/1 (2000), S. 212-222.

Beneke, Sabine und Johannes Zeilinger (Hg.): *Karl May. Imaginäre Reisen. Eine Ausstellung des Deutschen Historischen Museums Berlin, 31.8.2007 bis 6.1.2008.* Berlin 2007.

Benjamin, Walter: *Das Kunstwerk im Zeitalter seiner technischen Reproduzierbarkeit. Drei Studien zur Kunstsoziologie.* Frankfurt a. M. 1963.

Bentmann, Reinhard: Architektur für den Irrsinn. Bemerkungen zur Baugeschichte der Psychiatrie auf dem Eichberg, in: Christina Vanja und Steffen Haas (Hg.): *Wissen und Irren. Psychiatriegeschichte aus zwei Jahrhunderten – Eberbach und Eichberg.* Kassel 1999, S. 299-329.

Berghahn, Daniela: The Re-Evaluation of Goethe and the Classical Tradition in the Films of Egon Günther and Siegfried Kühn, in: John Sandford (Hg.): *DEFA. East German Cinema, 1946-1992.* New York, Oxford 1999, S. 222-244.

Bernsen, Michael: *Angst und Schrecken in der Erzählliteratur des französischen und englischen 18. Jahrhunderts. Wege moderner Selbstbewahrung im Auflösungsprozeß der theologisch-teleologischen Weltanschauung.* München 1996.

Berry-Flint, Sarah: Genre, in: Toby Miller und Robert Stam (Hg.): *A Companion to Film Theory.* Malden, MA, Oxford 2004, S. 25-44.

Bertaux, Pierre: *Friedrich Hölderlin.* Berlin, Weimar 1987.

Bertoluzza, Eva, Martina Gitzl und Michaela Ralser (Hg.): *Der weibliche Wahnsinn zwischen Ästhetisierung und Verleugnung.* Wien 1994.

Bhabha, Homi K. (Hg.): *Nation and Narration.* London, New York 1990.

Bickenbach, Mathias: *Das Autorenfoto in der Mediengeschichte.* Köln (Habil.) 2005 (noch nicht erschienen).

Biedermann, Woldemar von (Hg.): *Goethes Gespräche. 10 Bde.* Leipzig 1889-1896.

Birus, Hendrik: Im Gegenwärtigen Vergangnes. Die Wiederbegegnung des alten mit dem jungen Goethe, in: Waltraud Wiethölter (Hg.): *Der junge Goethe. Genese und Konstruktion einer Autorschaft.* Tübingen, Basel 2001, S. 9-23.

Biti, Vladimir: Literatur als Gedächtnis, Literaturgeschichte als Erinnerung, in: *Arcadia* 34/2 (1999), S. 217-224.

Blasberg, Cornelia: Der literarische Eigensinn narrativer Geschichtskonstruktionen: Das Beispiel der Literaturgeschichtsschreibung, in: Daniel Fulda und Silvia Serena Tschopp (Hg.): *Literatur und Geschichte. Ein Kompendium zu ihrem Verhältnis von der Aufklärung bis zur Gegenwart.* Berlin, New York 2002, S. 104-145.

Bliersbach, Gerhard: *So grün war die Heide … Der deutsche Nachkriegsfilm in neuer Sicht.* Weinheim, Basel 1985.

Blumenberg, Hans-Christoph: *Das Leben geht weiter. Der letzte Film des Dritten Reichs.* Berlin 1993.

Bogner, Ralf Georg: *Der Autor im Nachruf. Formen und Funktionen der literarischen Memorialkultur von der Reformation bis zum Vormärz.* Tübingen 2006.

Bohnenkamp, Anne und Tilman Lang (Hg.): *Interpretationen: Literaturverfilmungen.* Stuttgart 2005.

Bordwell, David: The classical Hollywood style, 1917-1960, in: David Bordwell, Janet Staiger und Kristin Thompson (Hg.): *The Classical Hollywood Cinema. Film Style and Mode of Production to 1960.* London, Melbourne, Henley 1985, S. 1-84.

—: *Narration in the Fiction Film.* London 1985.

Borgelt, Hans: *Die Ufa – ein Traum. Hundert Jahre deutscher Film. Ereignisse und Erlebnisse. Mit einem Vorwort von Volker Schlöndorff.* Berlin 1993.

Bourdieu, Pierre: Die Illusion der Biographie. Über die Herstellung von Lebensgeschichten. Aus dem Französischen von Friedrich Balke, in: *Neue Rundschau* 102/3 (1991), S. 109-115.

Brandenburg, Hans (Hg.): *Friedrich von Schiller: Feuertrunken – Eine Dichterjugend.* Ebenhausen b. München 1909.

Braudy, Leo und Marshall Cohen (Hg.): *Film Theory and Criticism.* New York, Oxford [6]2004.

Braun, Michael: Kafka im Film. Die »Prozeß«-Adaptionen von Orson Welles, Steven Soderbergh und David Jones, in: Michael Braun und Werner Kamp (Hg.): *Kontext Film. Beiträge zu Film und Literatur.* Berlin 2006, S. 27-44.

Braun, Peter: *Dichterhäuser.* München 2003.

—: *Dichterleben, Dichterhäuser.* München 2005.

Braungart, Wolfgang (Hg.): *Verehrung, Kult, Distanz. Vom Umgang mit dem Dichter im 19. Jahrhundert.* Tübingen 2004.

Brentano, Clemens: *Werke.* München 1963.

Brockhoff, Horst, Gisela Wiese und Rolf Wiese (Hg.): *Ja, grün ist die Heide …: Aspekte einer besonderen Landschaft.* Ehestorf 1998.

Bronfen, Elisabeth: *Nur über ihre Leiche. Tod, Weiblichkeit und Ästhetik. Deutsch von Thomas Lindquist.* München [2]1994.

—: Retro-Bildwelten. Die 50er Jahre im Hollywood-Kino der 90er Jahre des 20. Jahrhunderts, in: *Historische Anthropologie* 9/1 (2001), S. 103-115.

Brucker, Jacob und Johann Jacob Haid: *Bilder-sal heutiges Tages lebender, und durch Gelahrtheit berühmter Schrifftsteller. In welchem derselbigen nach wahren Originalmalereyen entworfene Bildnisse in schwarzer Kunst, in natürlicher Ähnlichkeit vorgestellet, und ihre Lebensumstände, Verdienste um die Wissenschafften, und Schrifften erzählet werden.* 10 Lieferungen. Augsburg 1741-1755.

Die Brüder Grimm. Brothers Grimm. Das Buch zum Film von Terry Gilliam. Frankfurt a. M. 2005.

Büchner, Georg: *Werke und Briefe. Münchner Ausgabe. Hg. von Karl Pörnbacher, Gerhard Schaub, Hans-Joachim Simm und Edda Ziegler.* München [3]1992.

Büchner, Ludwig: Georg Büchner, der Sozialist (1896), in: Dietmar Goltschnigg (Hg.): *Georg Büchner und die Moderne: Texte, Analysen, Kommentar, B. 1: 1875-1945.* Berlin 2001, S. 154-156.

Buovolo, Marisa: Seelenverwandtschaften. Künstlerinnen im Film, in: Jürgen Felix (Hg.): *Genie und Leidenschaft. Künstlerleben im Film.* Mainz 2000, S. 199-218.

Burgoyne, Robert: Memory, history and digital imagery in contemporary film, in: Paul Grainge (Hg.): *Memory and Popular Film.* Manchester. New York 2003, S. 220-236.

Burke, Séan: *The Death and Return of the Author. Criticism and Subjectivity in Barthes, Foucault and Derrida.* Edinburgh 1992.

Burt, Richard: *Unspeakable Shaxxxspeares: Queer Theory and American Kiddie Culture.* Houndmills, London 1998.

Bußmann, Hadumod: *Lexikon der Sprachwissenschaft.* Stuttgart [3]2002.

Calvet, Louis-Jean: *Roland Barthes. Eine Biographie. Aus dem Französischen von Wolfram Bayer.* Frankfurt a. M. 1993.

Campe, Rüdiger: Die Schreibszene, Schreiben, in: Hans Ulrich Gumbrecht und K. Ludwig Pfeiffer (Hg.): *Paradoxien, Dissonanzen, Zusammenbrüche. Situationen offener Epistemologie.* Frankfurt a. M. 1991, S. 759-772.

Christadler, Maike: Natur des Genies und Weiblichkeit der Natur, in: Kathrin Hoffmann-Curtius und Silke Wenk (Hg.): *Mythen von Autorschaft und Weiblichkeit im 20. Jahrhundert.* Marburg 1996, S. 32-43.

Clair, Jean (Hg.): *Melancholie. Genie und Wahnsinn in der Kunst.* Ostfildern-Ruit 2005.

Corbin, Alain: *Auf den Spuren eines Unbekannten. Ein Historiker rekonstruiert ein ganz gewöhnliches Leben. Aus dem Französischen von Bodo Schulze.* Frankfurt a. M. 1999.

Courtade, Fracis und Piere Cadars: *Geschichte des Films im Dritten Reich.* Frankfurt a. M., Wien, Zürich 1976.

Crepon, Tom: *Leben und Tode des Hans Fallada.* Halle, Leipzig [8]1978.

Cronenberg, David: Cronenberg meets Rushdie, in: *Shift* 3/4 (1995), (http://www.davidcronenberg.de/cr_rushd.htm, zuletzt gesehen am 23.4.2006).

Custen, George F.: *Bio/Pics: How Hollywood Constructed Public History.* New Brunswick 1992.

—: The Mechanical Life in the Age of Human Reproduction: American Biopics, 1961-1980, in: *Biography* 23/1 (2000), S. 127-159.

—: Making History, in: Marcia Landy (Hg.): *The Historical Film: History and Memory in Media.* New Brunswick 2001, S. 67-97.

Dahlke, Günther und Lilli Kaufmann (Hg.): … *wichtigste aller Künste. Lenin über den Film. Dokumente und Materialien.* Berlin 1970.

Damm, Sigrid: *Cornelia Goethe.* Berlin 1989.

—: *Christiane und Goethe. Eine Recherche.* Frankfurt a. M. 1998.

Dassanowsky, Robert von: Wien-Film, Karl Hartl and Mozart: Aspects of the Failure of Nazi Ideological »Gleichschaltung« in Austrian Cinema, in: *Modern Austrian Literature. Journal of the International Arthur Schnitzler Research Association* 32/4 (1999), S. 177-188.

Davidis, Michael und Ingeborg Dessoff-Hahn: *Archiv der Gesichter. Toten- und Lebendmasken aus dem Schiller-Nationalmuseum. Eine Ausstellung des Deutschen Literaturarchivs und der Stiftung Museum Schloß Moyland in Verb. mit dem Museum für Sepulkralkultur in Kassel.* Marbach [3]2000.

D--ck: *Eine deutsche Liebesgeschichte aus vergangener Zeit. Karl Hartls Hermann Löns-Film der Bavaria »Rot ist die Liebe«.* film-presse zum honorarfreien Abdruck (Stiftung Deutsche Kinemathek Berlin, Schriftgutarchiv), 5.2.1957.

Dedner, Burghard: Biographie und Pathographie. Jakob Lenz' Krankheitsgeschichte in den Erzählungen von Zeitzeugen, Dichtern und Wissenschaftlern, in: Irmela von der Lühe und Anita Runge (Hg.): *Biographisches Erzählen (Querelles. Jahrbuch für Frauenforschung, Bd. 6).* Stuttgart, Weimar 2001, S. 55-69.

—, Hubert Gersch und Ariane Martin (Hg.): *»Lenzens Verrückung«. Chronik und Dokumente zu J. M. R. Lenz von Herbst 1777 bis Frühjahr 1778.* Tübingen 1999.

Deeken, Annette (1984), Träume eines Geistersehers. Zur Ästhetik eines Syberberg-Films, in: *Jahrbuch der Karl May-Gesellschaft* 1984, S. 44-59.

Deines, Stefan: Über die Grenzen des Verfügbaren. Zu den Bedingungen und Möglichkeiten kritischer Handlungsfähigkeit, in: Stefan Deines, Stephan Jaeger und Ansgar Nünning (Hg.): *Historisierte Subjekte – Subjektivierte Historie. Zur Verfügbarkeit und Unverfügbarkeit von Geschichte.* Berlin, New York 2003, S. 63-76.

—, Stephan Jaeger und Ansgar Nünning (Hg.): *Historisierte Subjekte – Subjektivierte Historie. Zur Verfügbarkeit und Unverfügbarkeit von Geschichte.* Berlin, New York 2003.

Delabar, Walter: Eine kleine Liebesgeschichte. Kurt Tucholskys »Schloß Gripsholm. Eine Sommergeschichte«, in: Sabina Becker und Ute Maack (Hg.): *Kurt Tucholsky. Das literarische und publizistische Werk.* Darmstadt 2002, S. 115-142.

Deleuze, Gilles: *Das Bewegungs-Bild. Kino 1. Übersetzt von Ulrich Christians und Ulrike Bokelmann.* Frankfurt a. M. 1989.

Derrida, Jacques: Das Gesetz der Gattung (1980), in: ders.: *Gestade.* Wien 1994, S. 245-283.

Didi-Huberman, Georges: *Ähnlichkeit und Berührung. Archäologie, Anachronismus und Modernität des Abdrucks. Aus dem Französischen von Christoph Hollender.* Köln 1999.

—: *Vor einem Bild. Aus dem Französischen von Reinold Werner.* München, Wien 2000.

—: Anhaltspunkte für eine abwesende Wunde. Monographie eines Flecks, in: Bettine Menke und Barbara Vinken (Hg.): *Stigmata. Poetiken der Körperinschrift.* Paderborn 2004, S. 319-340.

Diederichs, Eugen: *Aus meinem Leben. Geschrieben im Jahre 1927.* Sonderausgabe. Jena 1938.

Diez, Katharina: *Heinrich Heines erste Liebe.* Berlin 1870.

van Dijk, Suzan und Marianne Walle: Les »George Sand« étrangères. Auto-appellation et possibilité de s'identifier. À partir du cas de Bozena Němcová, in: *Œuvre et critiques* 28/1 (2003), S. 76-101.

Dilthey, Wilhelm: *Der Aufbau der geschichtlichen Welt in den Geisteswissenschaften.* Frankfurt a. M. 1970.

Dinter, Kurt: *Deutsch bis in den Tod. Wie Dichter des Weltkrieges sangen und starben.* Erfurt 1935.

Dotzler, Bernhard: Landschaften, menschenleer. Zur Kritik der rezeptionsästhetischen Urteilskraft, in: Stephan Porombka und Susanne Scharnowski (Hg.): *Phänomene der Derealisierung.* Wien 1999, S. 247-267.

Dupke, Thomas: *Mythos Löns: Heimat, Volk und Natur im Werk von Hermann Löns.* Wiesbaden 1993.

—: *Hermann Löns. Mythos und Wirklichkeit. Eine Biographie.* Hildesheim [2]1994.

Ellmann, Richard: *Oscar Wilde. Aus dem Amerikanischen von Hans Wolf.* Darmstadt 1992.

Elsaesser, Thomas: American Graffiti und Neuer Deutscher Film – Filmemacher zwischen Avantgarde und Postmoderne, in: Andreas Huyssen und Klaus R. Scherpe (Hg.): *Postmoderne. Zeichen eines kulturellen Wandels.* Reinbek b. Hamburg 1986, S. 302-328.

—: *Der Neue Deutsche Film von den Anfängen bis zu den neunziger Jahren.* München 1994.

Engell, Lorenz und Joseph Vogl (Hg.): *Mediale Historiographien.* Weimar 2001.

Enzensberger, Hans Magnus: *Requiem für eine romantische Frau. Die Geschichte von Auguste Bußmann und Clemens Brentano.* Frankfurt a. M. 1996.

Erdheim, Mario: Klatsch und Tratsch, in: *Kursbuch* 148: Die Rückkehr der Biographien (Juni 2002), S. 179-189.

Erll, Astrid: Medium des kollektiven Gedächtnisses – ein (erinnerungs-)kulturwissenschaftlicher Kompaktbegriff, in: Astrid Erll und Ansgar Nünning (Hg.): *Medien des kollektiven Gedächtnisses. Konstruktivität – Historizität – Kulturspezifität.* Berlin, New York 2004 (Media and Cultural Memory / Medien und kulturelle Erinnerung, Bd. 1), S. 3-22.

Ette, Ottmar: *Roland Barthes. Eine intellektuelle Biographie.* Frankfurt a. M. 1998.

Evans, Richard J.: *In Defence of History.* London 1997.

Fähnders, Walter und Sabine Rohlf (Hg.): *Annemarie Schwarzenbach. Analysen und Erstdrucke.* Bielefeld 2005.

Fahrner, Klaus: *Der Bilddiskurs zu Friedrich Schiller.* Stuttgart 2000.

Febel, Gisela: Zwischen Theoriemüdigkeit und Trivialität – Fiktionale Dichterbiographien in der französischen Literatur am Ende des 20. Jahrhunderts, in: Christian von Zimmermann (Hg.): *Fakten und Fiktionen: Strategien fiktionalbiographischer Dichterdarstellung in Roman, Drama und Film seit 1970. Beiträge des Bad Homburger Kolloquiums, 21.-23. Juni 1999.* Tübingen 2000, S. 37-56.

Felix, Jürgen (Hg.): *Genie und Leidenschaft. Künstlerleben im Film.* Mainz 2000 (Filmstudien, Bd. 6).

Flusser, Vilém: *Die Schrift. Hat Schreiben Zukunft?* Göttingen [5]2002.

Fohrmann, Jürgen: *Das Projekt der deutschen Literaturgeschichte. Entstehung und Scheitern einer nationalen Poesiegeschichtsschreibung zwischen Humanismus und deutschem Kaiserreich.* Stuttgart 1989.

Foldy, Michael S.: *The trials of Oscar Wilde: deviance, morality, and late-Victorian society.* New Haven, CO. 1997.

Forster, Georg: *Werke. Hg. von der Deutschen Akademie der Wissenschaften zu Berlin, Institut für Deutsche Sprache und Literatur durch Gerhard Steiner. Bd. 17: Briefe 1792 und 1794 und Nachträge.* Berlin 1989.

Foucault, Michel: *Wahnsinn und Gesellschaft. Übersetzt von Ulrich Köppen.* Frankfurt a. M. 1973.

—: *Die Ordnung des Diskurses. Aus dem Französischen von Walter Seitter.* Frankfurt a. M. 1991.

—: *Überwachen und Strafen. Die Geburt des Gefängnisses. Aus dem Französischen übersetzt von Walter Seitter.* Frankfurt a. M. 1994.

—: *Die Geburt der Klinik. Eine Archäologie des ärztlichen Blick. Übersetzt von Walter Weitter.* Frankfurt a. M. [5]1999.

—: Was ist ein Autor?, in: Fotis Jannidis, Gerhard Lauer, Matias Martinez und Simone Winko (Hg.): *Texte zur Theorie der Autorschaft.* Stuttgart 2000, S. 198-229.

—: *Schriften zur Literatur. Übersetzt von Michael Bischoff, Hans-Dieter Gondek und Hermann Kocyba.* Frankfurt a. M. 2003.

—: Die Sprache, unendlich, in: ders. (Hg.): *Schriften zur Literatur. Übersetzt von Michael Bischoff, Hans-Dieter Gondek und Hermann Kocyba.* Frankfurt a. M. 2003, S. 86-99.

Freud, Sigmund: *Drei Abhandlungen zur Sexualtheorie (1905). Studienausgabe, Bd. V: Sexualleben.* Frankfurt a. M. 2000.

Freud, Sigmund: *Das Ich und das Es (1923). Studienausgabe, Bd. III: Psychologie des Unbewußten.* Frankfurt a. M. 2000.

—: *Die Traumdeutung. Studienausgabe, Bd. II.* Frankfurt a. M. 2000.

—: *Vorlesungen zur Einführung in die Psychoanalyse. Und Neue Folge. Studienausgabe, Bd. I.* Frankfurt a. M. 2000.

Friedrich, Hans-Edwin und Uli Jung (Hg.): *Schrift und Bild im Film.* Bielefeld 2002 (Schrift und Bild in Bewegung, Bd. 3).

Füssel, Marian: Die Rückkehr des ›Subjekts‹ in der Kulturgeschichte. Beobachtungen aus praxeologischer Perspektive, in: Stefan Deines, Stephan Jaeger und Ansgar Nünning (Hg.): *Historisierte Subjekte – Subjektivierte Historie. Zur Verfügbarkeit und Unverfügbarkeit von Geschichte.* Berlin, New York 2003, S. 141-159.

Füßmann, Klaus (Hg.): *Historische Faszination. Geschichtskultur heute.* Köln 1994.

Gaddis, John Lewis: *The Landscape of History. How Historians Map the Past.* Oxford, New York 2002.

Gaskell, Elizabeth: *The life of Charlotte Brontë. Hg. von Angus Easson.* Oxford 1996.

Geiger, Annette: Organische Architektur im Futurismus, in: Marijana Erstic, Gregor Schuhen und Tanja Schwan (Hg.): *Avantgarde – Medien – Performativität. Inszenierungs- und Wahrnehmungsmuster zu Beginn des 20. Jahrhunderts.* Bielefeld 2005, S. 51-77.

Geiss, Axel: *Repression und Freiheit. DEFA-Regisseure zwischen Fremd- und Selbstbestimmung.* Potsdam 1997.

Genazino, Wilhelm: *Das Bild des Autors ist der Roman des Lesers.* Münster 1994.

Gergen, Kenneth J.: Erzählung, moralische Identität und historisches Bewußtsein. Eine sozialkonstruktionistische Darstellung, in: Jürgen Straub (Hg.): *Erzählung, Identität und historisches Bewußtsein. Die psychologische Konstruktion von Zeit und Geschichte. (Erinnerung, Geschichte, Identität 1).* Frankfurt a. M. 1998, S. 170-202.

Gerhard, Ute: *Schiller als »Religion«. Literarische Signaturen des 19. Jahrhunderts.* München 1994.

Gerhold, Hans: Kafka/Kafka (1991). Der Dritte Mann unter Prager Anarchisten, in: Stefan Rogall (Hg.): *Steven Soderbergh und seine Filme.* Marburg 2003, S. 39-52.

Gerstner, Hermann: *Die Brüder Grimm. Ihr Leben und Werk in Selbstzeugnissen, Briefen und Aufzeichnungen.* Ebenhausen bei München 1952.

Gervinus, Georg Gottfried: *Geschichte der poetischen National-Literatur der Deutschen. 5 Theile.* Leipzig 1835-1842 (Historische Schriften, Bd. 2-6).

Giddens, Anthony: *Wandel der Intimität. Sexualität, Liebe und Erotik in modernen Gesellschaften. Aus dem Englischen von Hanna Pelzer.* Frankfurt a. M. 1993.

Giesen, Rolf: *Lexikon der Special Effects: Von den ersten Filmtricks bis zu den Computeranimationen der Gegenwart.* Berlin 2001.

Gilli, Marita: »Volk« bei Georg Forster und den deutschen Jakobinern, in: Ulrich Herrmann (Hg.): *Volk – Nation – Vaterland.* Hamburg 1996, S. 46-54.

Gilliam, Terry: »Ich fordere Gefängnis für alle«. US-Regisseur Terry Gilliam, 64, über den Nutzen der Repression und seinen neuen Film »The Brothers Grimm« (Interview), in: *Der Spiegel,* Nr. 41 (10.10.2005).

Gleichen-Rußwurm, Alexander von: *Schiller. Die Geschichte seines Lebens.* Stuttgart 1913.

Gleixner, Ulrike: Biographie, Traditionsbildung und Geschlecht: Historische Relevanz und Partizipation am Beginn der Moderne, in: Jens Flemming, Pauline Puppel, Werner Troßbach, Christina Vanja und Ortrud Wörner-Heil (Hg.): *Lesarten der Geschichte: Ländliche Ordnungen und Geschlechterverhältnisse. Festschrift für Heide Wunder zum 65. Geburtstag.* Kassel 2004, S. 31-44.

Göbel, Helmut, Hermann Eckel, Kirsten Gleinig und Monika Meffert (Hg.): *Briefe an junge Dichter.* Göttingen 1998.

Goethe, Johann Wolfgang: *Sämtliche Werke. Briefe, Tagebücher und Gespräche, I. Abt., Bd. 14: Aus meinem Leben. Dichtung und Wahrheit. Hg. von Klaus-Detlef Müller.* Frankfurt a. M. 1986.

—: *Sämtliche Werke. Briefe, Tagebücher und Gespräche. I. Abt., Bd. 2: Gedichte 1800-1832. Hg. von Karl Eibl.* Frankfurt a. M. 1988.

—: *Sämtliche Werke. Briefe, Tagebücher und Gespräche. I. Abt., Bd. 9: Wilhelm Meisters theatralische Sendung. Wilhelm Meisters Lehrjahre. Unterhaltungen deutscher Ausgewanderter. Hg. von Wilhelm Voßkamp und Herbert Jaumann. Unter Mitwirkung von Almuth Voßkamp.* Frankfurt a. M. 1992.

—: *Sämtliche Werke. Briefe, Tagebücher und Gespräche. II. Abt., Bd. 2 (29). Hg. von Hartmut Reinhardt.* Frankfurt a. M. 1997.

Goldberg, Ann: Psychiatrie und weibliche Devianz: Frauen, ländliche Gesellschaft und die nassauische Irrenanstalt Eberbach, 1815-1849, in: Christina Vanja und Steffen Haas (Hg.): *Wissen und Irren. Psychiatriegeschichte aus zwei Jahrhunderten – Eberbach und Eichberg.* Kassel 1999, S. 76-93.

Götz, Kurt und Max Kaufmann: *Friedrich Schiller. Eine Dichterjugend. Drehbuch.* (im Nachlass Curt Goetz, Wien) o.J.

Grabes, Herbert und Margit Sichert: Literaturgeschichte, Kanon und nationale Identität, in: Astrid Erll und Ansgar Nünning (Hg.): *Gedächtniskonzepte der Literaturwissenschaft. Theoretische Grundlegung und Anwendungsperspektiven.* Berlin, New York 2005 (Media and Cultural Memory / Medien und kulturelle Erinnerung, Bd. 2), S. 297-314.

Gradmann, Christoph: *Historische Belletristik. Populäre historische Biographien in der Weimarer Republik.* Frankfurt a. M. 1993 (Historische Studien, Bd. 10).

Graevenitz, Gerhart von: Geschichte aus dem Geist des Nekrologs. Zur Begründung der Biographie im 19. Jahrhundert, in: *DVjs* 54 (1980), S. 105-170.

Gramsci, Antonio: *Selections from the Cultural Writings. Ed. David Forgacs.* Cambridge, MASS. 1985.

Greenblatt, Stephen: *Shakespearean Negotiations. The Circulation of Social Energy in Renaissance England.* Berkeley 1988.

—: *Was ist Literaturgeschichte? Aus dem Englischen von Reinhard Kaiser und Barbara Naumann.* Frankfurt a. M. 2000.

Griem, Julika (Hg.): *Bildschirmfiktionen. Interferenzen zwischen Literatur und neuen Medien.* Tübingen 1998 (ScriptOralia, Bd. 106).

— und Eckart Voigts-Virchow: Filmnarratologie. Grundlagen, Tendenzen und Beispielanalysen, in: Ansgar Nünning und Vera Nünning (Hg.): *Erzähltheorie transgenerisch, intermedial, interdisziplinär.* Trier 2002, S. 155-184.

Grob, Norbert: Unglaubliches Blau, Grün wie von geschmolzenen Smaragden. Vincent van Gogh im Film: Bilder, Assoziationen, Lektüren, in: Jürgen Felix (Hg.): *Genie und Leidenschaft. Künstlerleben im Film.* Mainz 2000, S. 78-94.

Gross, Rudolf: *Warum die Liebe rot ist. Farbsymbolik im Wandel der Jahrtausende.* Düsseldorf, Wien 1981.

Grube, Gernot, Werner Kogge und Sybille Krämer (Hg.): *Schrift. Kulturtechnik zwischen Auge, Hand und Maschine.* München 2005.

Gunning, Tom: *D. W. Griffith and the Origins of American Narrative Film. The Early Years at Biograph.* Urbana, Chicago 1991.

Gunzenhäuser, Randi: *Horror at Home: Genre, Gender und das Gothic Sublime.* Essen 1993.

Gutenberg, Andres und Ralph J. Poole (Hg.): *Zitier-Fähigkeit. Findungen und Erfindungen des Anderen.* Berlin 2001 (Geschlechterdifferenz & Literatur, Bd. 13).

Gutzkow, Karl: *Der Königsleutenant. Lustspiel in vier Aufzügen.* Leipzig 1852 (Dramatische Werke. Siebenter Band, Zweite Abtheilung).

Haase, Jürgen (Hg.): *Feuerreiter. Das Buch zum Hölderlin-Film.* Berlin 1998.

— (Hg.): *Die Braut. Das Buch zum Film um Goethe und Christiane Vulpius von Egon Günther.* Berlin 1999.

Habel, F.-B.: *Das große Lexikon der DEFA-Spielfilme. Die vollständige Dokumentation der DEFA-Spielfilme von 1946 bis 1993.* Berlin 2001.

Haehner, Olaf: *Historische Biographik: Die Entwicklung einer geschichtswissenschaftlichen Darstellungsform von der Antike bis ins 20. Jahrhundert.* Frankfurt a. M. u. a. 1999.

Hagemann, Karen: *»Mannlicher Muth und Teutsche Ehre«: Nation, Militär und Geschlecht zur Zeit der Antinapoleonischen Kriege Preußens.* Paderborn, München u. a. 2002 (Krieg in der Geschichte, Bd. 8).

Hahn, Andrea und Bernhard Fischer (Hg.): *»Alles von mir!«: Therese Huber (1764-1829), Schriftstellerin und Redakteurin.* Marbach [2]1995.

Hahn, Barbara: Brief und Werk: zur Konstitution von Autorschaft um 1800, in: Ina Schabert und Barbara Schaff (Hg.): *Autorschaft. Genus und Genie um der Zeit um 1800.* Berlin 1994, S. 145-156.

Hake, Sabine: *German National Cinema.* London, New York 2002.

—: *Film in Deutschland. Geschichte und Geschichten seit 1895. Aus dem Englischen von Roger Thiel.* Reinbek b. Hamburg 2004.

Hall, Robert A.: *How Cyrano's Bravoure Turns Comedy into Tragedy.* Ithaca, NY 1995.

Hampf, Heinz: Die Märchen der Brüder Grimm. Von der handschriftlichen Urfassung zur Textgestalt der Buchmärchen, in: *Muttersprache* 96 (1986), S. 1-12.

Hand, Wayland D.: Die Märchen der Brüder Grimm in den Vereinigten Staaten, in: *Brüder-Grimm-Gedenken* 1 (1963), S. 525-544.

Hanisch, Michael: *Auf den Spuren der Filmgeschichte. Berliner Schauplätze.* Berlin 1991.

Häntzschel, Hiltrud: *Brechts Frauen.* Reinbek b. Hamburg 2002.

Hartman, Geoffrey: Realism, Authenticity, and the New Biographical Culture, in: *Partisan Review* 68/1 (2001), S. 111-126.

Hartmann, Frank: *Medienphilosophie.* Wien 2000.

Hatzig, Hansotto: Verfilmungen, in: Gert Ueding (Hg.): *Karl-May-Handbuch.* Stuttgart 1987, S. 656-662.

Hauschild, Jan-Christoph: *Georg Büchner. Biographie.* Stuttgart, Weimar 1993.

Hayward, Susan: *French National Cinema.* London 1993.

Hediger, Vinzenz: Montage der nachträglichen Angst. Vom Schreiben und Umschreiben der Geschichte im Kino, in: *Cinéma* 43 (1998), S. 47-62.

Heining, Heinrich: *Goethe und der Film.* Baden-Baden 1949.

Hellinger, Marlis: Zum Begriff der sprachlichen Interferenz, in: *Arbeiten aus Anglistik und Amerikanistik (AAA)* 5/2 (1980), S. 187-199.

Hellwig, Karin: *Von der Vita zur Künstlerbiographie.* Berlin 2005.

Hess, Heide und Peter Liebers (Hg.): *Arbeiten mit der Romantik heute.* Berlin 1978 (Arbeitshefte der Akademie der Künste der DDR, Bd. 26).

Heuser, Magdalena, Julia Klöppel und Daniel Benedict: Georg Forster und das Treffen in Travers. Literarischer und filmischer Zugriff auf einen Stoff aus der Zeit der Französischen Revolution, in: *Das achtzehnte Jahrhundert* 27/1 (2003), S. 110-121.

Heydebrand, Renate von und Simone Winko: Ein problematisches Verhältnis: *Gender* und der Kanon der Literatur, in: Hadumod Bußmann und Renate Hof (Hg.): *Genus. Geschlechterforschung/Gender Studies in den Kultur- und Sozialwissenschaften.* Stuttgart 2005, S. 186-220.

Heydemann, Güther, Gunther Mai und Werner Müller (Hg.): *Revolution und Transformation in der DDR 1989/90.* Berlin 1999.

Hilmes, Carola: Georg Forster und Therese Huber: Eine Ehe in Briefen, in: Gislinde Seybert (Hg.): *Das literarische Paar. Le couple littéraere. Intertextualität der Geschlechterdiskurse. Intertextualité et discours des sexes.* Bielefeld 2003, S. 111-135.

Hilzinger, Sonja: »Avantgarde ohne Hinterland«. Zur Wiederentdeckung des Romantischen in Prosa und Essayistik der DDR, in: Heinz Ludwig Arnold (Hg.): *Literatur der DDR.* München 1991 (text + kritik, Sonderband), S. 93-100.

Hinderer, Walter: Zur Liebesauffassung der Kunstperiode, in: Walter Hinderer (Hg.): *Codierung von Liebe in der Kunstperiode.* Würzburg 1997 (Stiftung für Romantikforschung, Bd. 3), S. 7-33.

Hlavin-Schulze, Karin: *»Man reist ja nicht, um anzukommen«. Reisen als kulturelle Praxis.* Frankfurt a. M. 1998.

Hodkinson, Paul: *Goth: Identity, Style, and Subculture.* Oxford 2002.

Hofmann, Fritz: Treffen in Travers, in: ders.: *Himmelfahrt nach Hohenstein.* Berlin, Weimar 1977, S. 131-183.

Hofmann, Gert: ›Spiegel meiner Seele‹. Susette Gontards Briefe an Hölderlin, in: Gislinde Seybert (Hg.): *Das literarische Paar. Le couple littéraere. Intertextualität der Geschlechterdiskurse. Intertextualité et discours des sexes.* Bielefeld 2003, S. 137-148.

Höhn, Gerhard: *Heine-Handbuch. Zeit, Person, Werk.* Stuttgart 1987.

Hölderlin, Friedrich: *Sämtliche Werke und Briefe. Hg. von Michael Knaup.* Darmstadt 1992.

Holland, Merlin: *Irish Peacock & Scarlet Marquess: The Real Trial of Oscar Wilde.* London 2004.

Hollier, Denis (Hg.): *A New History of French Literature: A Panorama of Literature in its Cultural Context, Music, Painting, Politics, and Monuments Public and Private.* Cambridge 1989.

Holmes, Diana und Robert Ingram: *François Truffaut.* Manchester, New York 1998.

Holzmann, Gabriela: *Schaulust und Verbrechen. Eine Geschichte des Krimis als Mediengeschichte (1850-1950).* Stuttgart, Weimar 2001.

Homberger, Eric und John Charmley (Hg.): *The Troubled Face of Biography.* Basingstoke, London 1988.

Hörisch, Jochen: *Der Sinn und die Sinne – Eine Geschichte der Medien.* Frankfurt a. M. 2001.

Hörnigk, Frank: Gewinn an Nähe: »Dantons Tod« auf den DDR-Bühnen der siebziger und achtziger Jahre. Ein Vergleich, in: Hans-Georg Werner (Hg.): *Studien zu Georg Büchner.* Berlin, Weimar 1988, S. 277-293.

Huber, Gerd: *Psychiatrie. Lehrbuch für Studierende und Ärzte.* Stuttgart, New York [5]1994.

Huber, Martin und Gerhard Lauer: Neue Sozialgeschichte? Poetik, Kultur und Gesellschaft – zum Forschungsprogramm der Literaturwissenschaft, in: Martin Huber und Gerhard Lauer (Hg.): *Nach der Sozialgeschichte. Konzepte für eine Literaturwissenschaft zwischen Historischer Anthropologie, Kulturgeschichte und Medientheorie.* Tübingen 2000, S. 1-11.

Huber, Therese (Hg.): *L. F. Huber's Sämmtliche Werke seit dem Jahre 1802 nebst seiner Biographie, Bd. 1.* Tübingen 1806.

Hugo, Adèle: *Le Journal. Hg. von Frances Vernor Guille. Bd. 1.* Paris 1968.

Hutcheon, Linda und Mario J. Valdés (Hg.): *Rethinking Literary History. A Dialogue on Theory.* Oxford, New York 2002.

Illouz, Eva: *Der Konsum der Romantik. Liebe und die kulturellen Widersprüche des Kapitalismus. Aus dem Amerikanischen von Andreas Wirthensohn.* Frankfurt a. M. 2003.

Inge, M. Thomas: Walt Disney's »Snow White and the Seven Dwarfs«: Art, Adaptation, and Ideology, in: *Journal of Popular Film & Television* 32/3 (2004), S. 132-143.

Iser, Wolfgang: *Das Fiktive und das Imaginäre. Perspektiven literarischer Anthropologie.* Frankfurt a. M. 1990.

Jacob, Joachim: Briefe aus dem Jenseits. Der Tod des Autors in der Empfindsamkeit, in: Heinrich Detering (Hg.): *Autorschaft. Positionen und Revisionen.* Stuttgart, Weimar 2002, S. 8-23.

Jaeger, Klaus (Hg.): *Goethe im Film. Anekdoten, Kritiken, Kuriositäten. Anlässlich der Ausstellung ›Goethe im Film‹ vom 19.11.-17.12.67 im Goethe-Museum Düsseldorf.* (Typoskript) 1967 (Schriftgutarchiv des Deutschen Filminstituts Frankfurt a. M.).

Jaeger, Stephan: Historiographisch-literarische Interferenzen. Möglichkeiten und Grenzen des Diskursbegriffes, in: Daniel Fulda und Silvia Serena Tschopp (Hg.): *Literatur und Geschichte. Ein Kompendium zu ihrem Verhältnis von der Aufklärung bis zur Gegenwart.* Berlin, New York 2002, S. 61-85.

Jäger, Manfred: *Kultur und Politik in der DDR. 1945-1990.* Köln 1994.

Jannidis, Fotis, Gerhard Lauer, Matias Martinez und Simone Winko (Hg.): *Rückkehr des Autors. Zur Erneuerung eines umstrittenen Begriffs.* Tübingen 1999 (Studien und Texte zur Sozialgeschichte der Literatur, Bd. 71).

Jauß, Hans Robert: *Literaturgeschichte als Provokation.* Frankfurt a. M. 1970.

Jeismann, Michael: *Das Vaterland der Feinde. Studien zum nationalen Feindbegriff und Selbstverständnis in Deutschland und Frankreich in Deutschland und Frankreich 1792-1918.* Stuttgart 1992.

Jesionowski, Joyce E.: *Thinking in Pictures. Dramatic Structure in D. W. Griffith's Biograph Films.* Berkeley, Los Angeles, London 1987.

Jost, Erdmut: *Landschaftsblick und Landschaftsbild. Wahrnehmung und Ästhetik im Reisebericht 1780-1820.* Freiburg i. Br. 2005.

Kafka, Franz: *Der Proceß (Kritische Ausgabe, Bd. 5,1).* Frankfurt a. M. 1990.

Kalisch, Eleonore: Aspekte einer Begriffs- und Problemgeschichte von Authentizität und Darstellung, in: Erika Fischer-Lichte und Isabel Pflug (Hg.): *Inszenierung von Authentizität.* Tübingen, Basel 2000, S. 31-44.

Kamp, Werner: *Autorkonzepte und Filminterpretation.* Frankfurt a. M. 1996.

—: Autorkonzepte in der Filmkritik, in: Fotis Jannidis, Gerhard Lauer, Matias Martinez und Simone Winko (Hg.): *Rückkehr des Autors. Zur Erneuerung eines umstrittenen Begriffs.* Tübingen 1999, S. 441-463.

Kanz, Roland: *Dichter und Denker im Porträt. Spurengänge zur deutschen Porträtkultur des 18. Jahrhunderts.* München 1993.

Kanzog, Klaus: *Erzählstrategie. Eine Einführung in die Normeinübung des Erzählens.* Heidelberg 1976 (UTB, Bd. 495).

—: Norminstanz und Normtrauma. Die zentrale Figuren-Konstellation in Georg Büchners Erzählung und George Moorse's Film »Lenz«. Filmanalyse als komplementäres Verfahren zur Textanalyse, in: *Georg-Büchner-Jahrbuch* 3 (1983), S. 76-97.

—: *»Staatspolitisch besonders wertvoll«. Ein Handbuch zu 30 deutschen Spielfilmen der Jahre 1934 bis 1945.* München 1994 (diskurs film, Bd. 6).

—: Über die allmähliche Verfertigung der Worte beim Lesen. Lesen und Schreiben als filmische Wahrnehmung, in: Hans-Edwin Friedrich und Uli Jung (Hg.): *Schrift und Bild im Film.* Bielefeld 2002, S. 47-66.

Kapfhammer, Gerald, Wolf-Dietrich Löhr und Barbara Nitsche (Hg.): *Autorbilder. Zur Medialität literarischer Kommunikation in Mittelalter und Früher Neuzeit.* Münster 2007.

Karpenstein-Eßbach, Christa: Medien als Gegenstand der Literaturwissenschaft. Affären jenseits des Schönen, in: Julika Griem (Hg.): *Bildschirmfiktionen. Interferenzen zwischen Literatur und neuen Medien.* Tübingen 1998, S. 14-32.

Karsten, Eileen: *From Real Life to Reel Life: A Filmography of Biographical Films.* Metuchen NJ, London 1993.

Kaufmann, Doris: *Aufklärung, bürgerliche Selbsterfahrung und die »Erfindung« der Psychiatrie in Deutschland, 1770-1850.* Göttingen 1995.

kbu/DPA: »Brothers Grimm«: In der Heimat ungeliebt, in: *Stern*, Nr. 41, 6.10.2005.

Kebir, Sabine: *Ein akzeptabler Mann? Brecht und die Frauen.* Köln 1989.

Keener, John F.: *Biography and the Postmodern Historical Novel.* Lewiston NY u. a. 2001 (Studies in Historical Novel, Bd. 3).

Kiesel, Helmuth und Paul Münch: *Gesellschaft und Literatur im 18. Jahrhundert. Voraussetzungen und Entstehung des literarischen Markts in Deutschland.* München 1977.

Kinder- und Hausmärchen. Gesammelt durch die Brüder Grimm. München 1977.

Kindt, Tom und Hans-Harald Müller: Was war eigentlich der *Biographismus* – und was ist aus ihm geworden?, in: Heinrich Detering (Hg.): *Autorschaft. Positionen und Revisionen.* Stuttgart, Weimar 2002 (Germanistische Symposien, Berichtsbände, Bd. 24), S. 355-375.

Kittler, Friedrich A.: *Aufschreibesysteme 1800/1900.* München 1985.

—: *Grammophon, Film, Typewriter.* Berlin 1986.

—: Das Werk der Drei. Vom Stummfilm zum Tonfilm, in: Friedrich A. Kittler, Thomas Macho und Sigrid Weigel (Hg.): *Zwischen Rauschen und Offenbarung. Zur Kultur- und Mediengeschichte der Stimme.* Berlin 2002, S. 357-370.

Kittler, Wolf: Lesen und Rechnen, in: Heinrich Bosse und Ursula Renner (Hg.): *Literaturwissenschaft. Einführung in ein Sprachspiel.* Freiburg i. Br. 1999, S. 427-441.

Klein, Christian: Einleitung: Biographik zwischen Theorie und Praxis. Versuch einer Bestandsaufnahme, in: Christian Klein (Hg.): *Grundlagen der Biographik. Theorie und Praxis des biographischen Schreibens.* Stuttgart, Weimar 2002, S. 1-22.

— (Hg.): *Grundlagen der Biographik. Theorie und Praxis des biographischen Schreibens.* Stuttgart, Weimar 2002.

Klein, Jürgen: Literarischer Schrecken – Konvergenz der Temporalitäten: Zur Ästhetik und Semantik der Gothic Novel, in: Peter Gendolla und Carsten Zelle (Hg.): *Schönheit und Schrecken. Entsetzen, Gewalt und Tod in alten und neuen Medien.* Heidelberg 1990, S. 93-128.

Klier, Walter: Literaturkolumne. Biographien oder Tratsch als Kunst, in: *Merkur* 57/3 (2003), S. 236-241.

Kline, T. Jefferson: Truffaut's Adèle in the New World: Autobiography as Subversion of History, in: Steven Ungar und Tom Conley (Hg.): *Identity Papers: Contested Nationhood in Twentieth-Century France.* Minneapolis 1996, S. 195-214.

Kloock, Daniela und Angela Spahr: *Medientheorien. Eine Einführung.* München ²2000.

Klotz, Volker: *Bühnen-Briefe. Kritiken und Essays zum Theater. Davor eine Abhandlung über Briefszenen in Schauspiel und Oper.* Frankfurt a. M. 1972.

Kluge, Alexander (Hg.): *Bestandsaufnahme: Utopie Film: 20 Jahre neuer deutscher Film; Mitte 1983.* Frankfurt a. M. 1983.

Kn. [d.i. Koeppen, Wolfgang]: Noch ein Goethe-Film?, in: *Berliner Börsen-Courier,* 15.11.1932.

Knoop, Ulrich: »... in die ganze Geschichte der Poesie eingreifen ...«. Zur Verschriftlichung der Märchen durch die Brüder Grimm, in: *Hessische Blätter für Volks- und Kulturforschung* 18 (1985), S. 15-26.

Koelbl, Herlinde: *Im Schreiben zu Haus. Wie Schriftsteller zu Werke gehen. Fotografien und Gespräche.* München ²1998.

Kögler, Hans-Herbert: Situierte Autonomie. Zur Wiederkehr des Subjekts nach Foucault, in: Stefan Deines, Stephan Jaeger und Ansgar Nünning (Hg.): *Historisierte Subjekte – Subjektivierte Historie. Zur Verfügbarkeit und Unverfügbarkeit von Geschichte.* Berlin, New York 2003, S. 77-91.

Köhne, Friedel und Lissy Reincke: *Heinrich Heines erste Liebe. Ein Filmsingspiel in 4 Akten. Nach dem gleichnamigen Singspiel von Wilhelm Lindemann. Für den Film bearbeitet von Friedel Köhne und Lissy Reincke.* Berlin o.J.

Kolb, Bryan und Ian Q. Whishaw: *Neuropsychologie.* Heidelberg u.a. 1993.

Kord, Suanne: *Ein Blick hinter die Kulissen: Deutschsprachige Dramatikerinnen im 18. und 19. Jahrhundert.* Stuttgart 1992 (Ergebnisse der Frauenforschung, Bd. 27).

Korn, Karl: *Zola in seiner Zeit.* Frankfurt a. M. 1980.

Korte, Helmut und Johannes Zahlten (Hg.): *Kunst und Künstler im Film.* Hameln 1990 (Art in science – science in art, Bd. 1. Schriftenreihe der Hochschule für Bildende Künste Braunschweig N. F.).

Korte, Helmut: *Der Spielfilm und das Ende der Weimarer Republik. Ein rezeptionshistorischer Versuch.* Göttingen 1998.

Koschorke, Albrecht: *Körperströme und Schriftverkehr. Mediologie des 18. Jahrhunderts.* München 1999.

Kozloff, Sarah: *Invisible Storytellers. Voice-Over Narration in American Fiction Film.* Berkeley, Los Angeles, London 1988.

Kracauer, Siegfried: *Das Ornament der Masse. Essays.* Frankfurt a. M. 1977.

—: *Von Caligari zu Hitler. Eine psychologische Geschichte des Films.* Frankfurt a. M. 1993.

Kramer, Thomas: Heldisches Geschehen, nacherzählt. Rezeption und Medienwechsel 1933 bis heute, in: Sabine Beneke und Johannes Zeilinger (Hg.): *Karl May. Imaginäre Reisen. Eine Ausstellung des Deutschen Historischen Museums Berlin, 31.8.2007 bis 6.1.2008.* Berlin 2007, S. 291-308.

Krämer, Lucia: Der Dichter als tragischer Held und Ideenträger. Eine Analyse jüngster Oscar Wilde-Darstellungen in Drama und Film, in: Christian von Zimmermann (Hg.): *Fakten und Fiktionen. Strategien fiktionalbiographischer Dichterdarstellungen in Roman, Drama und Film seit 1970. Beiträge des Bad Homburger Kolloquiums, 21.-23. Juni 1999.* Tübingen 2000, S. 285-300.

Krenzlin, Leonore: Das Weiße im Auge der Geschichte. Gespräch mit Hermann Beyer, in: *Film und Fernsehen* 6 (1989), S. 45-49.

Kris, Ernst und Otto Kurz: *Die Legende vom Künstler. Ein geschichtlicher Versuch.* Frankfurt a. M. 1995.

Kristeva, Julia: *Powers of Horror. An Essay on Abjection.* New York, Chichester 1982.

Kruckis, Hans-Martin: Biographie als literaturwissenschaftliche Darstellungsform im 19. Jahrhundert, in: Jürgen Fohrmann und Wilhelm Voßkamp (Hg.): *Wissenschaftsgeschichte der Germanistik im 19. Jahrhundert.* Stuttgart, Weimar 1994, S. 550-575.

—: *»Ein potenziertes Abbild der Menschheit«. Biographischer Diskurs und Etablierung der Neugermanistik in der Goethe-Biographik bis Gundolf.* Heidelberg 1995.

Kümmel, Albert und Erhard Schüttpelz (Hg.): *Signale der Störung.* München 2003.

Kunz, Don: American Cinematic Adaptations of Cyrano de Bergerac, in: *Literature/Film Quarterly (LFQ)* 16/3 (1988), S. 160-166.

Kursbuch 148: Die Rückkehr der Biographien. Juni 2002.

Kutzer, Michael: *Anatomie des Wahnsinns. Geisteskrankheit im medizinischen Denken der frühen Neuzeit und die Anfänge der pathologischen Anatomie.* Hürtgenwald 1998.

Kuxdorf, Manfred: Die Kontroverse um die Märchen der Brüder Grimm, in: *Germanistische Mitteilungen* 24 (1986), S. 27-37.

Kuzina, Matthias: *Der amerikanische Gerichtsfilm. Justiz, Ideologie, Dramatik.* Göttingen 2000.

Landfester, Ulrike: Das Zittern der Rose. Versuch über Metapher, Geschlecht und Begehren in der deutschen Liebeslyrik, in: Andreas Kraß und Alexandra Tischel (Hg.): *Bündnis und Begehren. Ein Symposion über die Liebe.* Berlin 2002, S. 35-62.

Landy, Marcia: *Cinematic Uses of the Past.* Minneapolis, London 1996.

—: *The Folklore of Consensus. Theatricality in the Italian Cinema, 1930-1943.* Albany 1998.

Langer, Gudrun: Babička contra Ahnfrau. Božena Němčovás »Babička« als nationalkulturelle ›Immatrikulation‹, in: *Zeitschrift für Slavische Philologie* 57 (1998), S. 133-169.

Larsen, Peter: Benjamin at the Movies. Aura, Gaze and History in the Artwork Essay, in: *Orbis Litterarum* 48 (1993), S. 109-134.

Laube, Heinrich: *Die Karlsschüler. Schauspiel in fünf Akten.* Leipzig 1847 (Heinrich Laube's Dramatische Werke, Sechster Band).

Laußmann, Sabine: Strategien visueller Verrätselung im film noir, in: Ludwig Bauer, Elfriede Ledig und Michael Schaudig (Hg.): *Strategien der Filmanalyse. Zehn Jahre Münchner Filmphilologie. Prof. Dr. Klaus Kanzog zum 60. Geburtstag.* München 1987, S. 47-58.

Le Goff, Jacques: Wie schreibt man eine Biographie?, in: Fernand Braudel et al. (Hg.): *Der Historiker als Menschenfresser. Über den Beruf des Geschichtsschreibers.* Berlin 1990, S. 103-112.

Lehár, Franz: *Friederike. Singspiel in 3 Akten. Text von Ludwig Herzer und Fritz Löhner. Textbuch der Gesänge.* Berlin 1928.

Lejeune, Philip: *Der autobiographische Pakt. Aus dem Französischen von Wolfram Bayer und Dieter Hornig.* Frankfurt a.M. 1994.

Ley, Stephan: *Goethe und Friederike. Versuch einer kritischen Schlussbetrachtung.* Bonn 1947.

Leyen, Friedrich von der: *Geschichte der deutschen Dichtung. Ein Überblick.* München 1926.

Lhermitte, François und Jean-François Allilaire: Camille Claudels psychische Krankheit, in: Reine-Marie Paris (Hg.): *Camille Claudel, 1864-1943. Übersetzt von Annette Lallemand.* Frankfurt a.M. 1984, S. 147-177.

Liebrand, Claudia: Hybridbildungen – Film als Hybride, in: Claudia Liebrand und Irmela Schneider (Hg.): *Medien in Medien.* Köln 2002 (Mediologie, Bd. 6), S. 179-184.

Liersch, Werner: *Hans Fallada. Sein großes kleines Leben.* Berlin 1981.

Link, Jürgen: Literaturanalyse als Interdiskursanalyse. Am Beispiel des Ursprungs literarischer Symbolik in der Kollektivsymbolik, in: Jürgen Fohrmann und Harro Müller (Hg.): *Diskurstheorien und Literaturwissenschaft.* Frankfurt a.M. 1988, S. 284-307.

Löffler, Sigrid: Biografie. Ein Spiel, in: *Literaturen* 7/8: Biografien: Leben & Legenden (2001), S. 14-17.

Lombroso, Cesare: *Entartung und Genie. Neue Studien. Übersetzt und hg. von Hans Kurella.* Leipzig 1894.

Löns, Hermann: *Das zweite Gesicht. Eine Liebesgeschichte.* 16.-23. Tsd. Jena 1917.

—: *Sämtliche Werke, Bd. 1. Nach der Gesamtausgabe von 1923 in 7 Bänden, hg. von Bodo von Petersdorf.* Augsburg o.J.

Lucius, Ferdinand: *Friederike Brion von Sessenheim. Geschichtliche Mittheilungen.* Strassburg 1877.

Ludwig, Albert: *Schiller. Sein Leben und Schaffen. Dem deutschen Volke erzählt.* Berlin, Wien 1912.

Ludwig, Otto: *Geschichte des Schreibens. Bd. 1: Von der Antike bis zum Buchdruck.* Berlin, New York 2005.

von der Lühe, Irmela und Anita Runge (Hg.): *Biographisches Erzählen.* Stuttgart, Weimar 2001 (Querelles. Jahrbuch für Frauenforschung, Bd. 6).

Lynch, Joan D.: Camille Claudel. Biography Constructed as Melodrama, in: *Literature/Film Quarterly (LFQ)* 26/2 (1998), S. 117-123.

de Man, Paul: Autobiographie als Maskenspiel, in: ders.: *Die Ideologie des Ästhetischen. Hg. von Christoph Menke.* Frankfurt a.M. 1993, S. 131-146.

Marcuse, Herbert: *Kultur und Gesellschaft I,* Frankfurt a.M. 1968.

Marcussen, Marianne: Sleeping with the Incubus. On Henry Fuseli's *The Nightmare* (1781), in: *Analecta Romana Instituti Danici* 21 (1993), S. 231-242.

Margadant, Jo Burr: Introduction: Constructing Selves in Historical Perspective, in: Jo Burr Margadant (Hg.): *The New Biography: Performing Feminity in Nineteenth-Century France.* Berkeley u.a. 2000, S. 1-32.

Martin, Ariane und Gideon Stiening: »Man denke an Lenz, an Hölderlin«. Zum Rezeptionsmuster ›Genie und Wahnsinn‹ am Beispiel zweier Autoren, in: *Aurora* 59 (1999), S. 45-70.

Martinez, Matias: Das lyrische Ich. Verteidigung eines umstrittenen Begriffs, in: Heinrich Detering (Hg.): *Autorschaft. Positionen und Revisionen.* Stuttgart, Weimar 2002 (Germanistische Symposien, Berichtsbände, Bd. 24), S. 376-389.

Martus, Steffen: Der Autor als Verbrecher, in: Heinrich Detering (Hg.): *Autorschaft. Positionen und Revisionen.* Stuttgart, Weimar 2002 (Germanistische Symposien, Berichtsbände, Bd. 24), S. 406-425.

Matthias, Lisa: *Ich war Tucholskys Lottchen: Text und Bilder aus dem Kintopp meines Lebens.* Hamburg 1962.

Mayer, Hans: *Lenz. Die Erzählung von Georg Büchner und der Film von George Moorse.* München 1994.

Mayser, Erich: *Heinrich Heines ›Buch der Lieder‹ im 19. Jahrhundert.* Stuttgart 1978.

McCabe, Bob: The Times bfi London Film Festival [Terry Gilliam on »Brothers Grimm«], in: *Sight and Sound* 15/11 (2005), S. 24-25.

— und Terry Gilliam: *Dreams and Nightmares. The Brothers Grimm and other cautionary tales of Hollywood.* London 2006.

McGee, Laura Green: »Ich wollte ewig einen richtigen Film machen! Und als es soweit war, konnte ich's nicht!« The End Phase of the GDR in Films by DEFA ›Nachwuchsregisseure‹, in: *German Studies Review* 26/2 (2003), S. 315-332.

McLuhan, Marshall: *Die magischen Kanäle.* Frankfurt a. M. 1970.

—: *Das Medium ist die Botschaft.* Dresden 2001.

Meidinger-Geise, Inge: Heimkehr in Vorbilder. Hermann Gerstner und die Brüder Grimm, in: *Frankenland. Zeitschrift für fränkische Landeskunde und Kulturpflege* 36/10 (1984), S. 329-333.

Meinecke, Friedrich: Deutsche Jahrhundertfeier und Kaiserfeier. Freiburger Universitätsfestrede 14. Juni 1913, in: *Logos. Zeitschrift für systematische Philosophie* 4 (1913), S. 161-175.

—: *Das Zeitalter der deutschen Erhebung (1795-1815). Mit einem Geleitwort von Siegfried A. Kaehler.* Göttingen [7]1963.

Mergenthaler, Volker: *Sehen schreiben – Schreiben sehen. Literatur und visuelle Wahrnehmung im Zusammenspiel.* Tübingen 2002.

Miller, Robert Milton: *Star Myths: Show-Business Biographies on Film.* Metuchen NJ, London 1983.

Miltschitzky, Elisabeth: Als Individuum im Kollektiv. ›Massenwirksamkeit‹ und Publikumserfolg im DDR-Film, in: Michael Schaudig (Hg.): *Positionen deutscher Filmgeschichte. 100 Jahre Kinematographie: Strukturen, Diskurse, Kontexte.* München 1996 (diskurs film, Bd. 8), S. 419-454.

—: *Hölderlin – Ein traumatisierter Dichter als »Filmheld«.* Marburg 1998.

Möbius, Hanno: *Montage und Collage. Literatur, bildende Künste, Film, Fotografie, Musik, Theater bis 1933.* München 2000.

Monk, Claire und Amy Sargeant (Hg.): *British historical cinema: The history, heritage and costume film.* London 2002.

Mühl-Benninghaus: Exemplifikationen des Militärischen zwischen 1914 und 1918, in: Corinna Müller und Harro Segeberg (Hg.): *Die Modellierung des Kinofilms. Zur Geschichte des Kinoprogramms zwischen Kurzfilm und Langfilm (1905/06-1918).* München 1998 (Mediengeschichte des Films, Bd. 2), S. 273-300.

Mühlfeld, Julius: *Theodor Körner. Ein deutsches Lebensbild.* Anklam 1862.

Müller, Christian: *Vom Tollhaus zum Psychozentrum. Vignetten und Bausteine zur Psychiatriegeschichte in zeitlicher Abfolge.* Hürtgenwald 1993.

Müller, Corinna: Variationen des Kinoprogramms. Filmform und Filmgeschichte, in: Corinna Müller und Harro Segeberg (Hg.): *Die Modellierung des Kinofilms. Zur Geschichte des Kinoprogramms zwischen Kurzfilm und Langfilm (1905/06-1918).* München 1998 (Mediengeschichte des Films, Bd. 2), S. 43-75.

Müller, Irmgard: Signum oder Stigma: Zur Deutung von *melancholia* und *mania* in der antiken Heilkunde, in: Bernd Effe und Reinhold F. Glei (Hg.): *Genie und Wahnsinn. Konzepte psychischer ›Normalität‹ und ›Abnormität‹ im Altertum.* Trier 2000, S. 63-81.

Müller, Wolfgang: *Dichter-Helden in der DDR-Literatur der siebziger Jahre.* New York, Bern u.a. 1989.

Müller-Funk, Wolfgang: *Die Kultur und ihre Narrative. Eine Einführung.* Wien, New York 2002.

Murdoch, Iris: *Jackson's dilemma.* London 1995.

Murphy, A. Mary: Limited Lives: The Problems of the Literary Biopic (2002), in: Kinema: http://www.kinema.uwaterloo.ca/murph021.htm, 10.01.2006.

Musil, Robert: *Nachlass zu Lebzeiten.* Reinbek b. Hamburg 1962.

Naeke, August Ferdinand: *Wallfahrt nach Sesenheim. Hg. von K. A. Varnhagen van Ense.* Berlin 1840.

Nagl, Thomas: »Die Entscheidungsschlacht für den deutschen Grossfilm«. Ohm Krüger (1941) und der historische Nazi-Blockbuster, in: Jan Distelmeyer (Hg.): *Tonfilmfrieden/Tonfilmkrieg. Die Geschichte der Tobis vom Technik-Syndikat zum Staatskonzern.* München 2003 (CineGraph Buch), S. 167-181.

Neale, Steve: *Genre and Hollywood.* London 2000.

Němcová, Božena: *Durch diese Nacht sehe ich keinen einzigen Stern. Drei Brief-Entwürfe. Aus dem Tschechischen übersetzt und mit einem Nachwort von Susanna Roth.* Berlin 1997.

—: *Großmutter. Roman. Aus dem Tschechischen von Josef Mühlberger.* München 2005

Nestmeyer, Ralf: *Französische Dichter und ihre Häuser.* Frankfurt a. M., Leipzig 2005.

Nettl, Paul: *Mozart in Böhmen. Herausgegeben als zweite, vollständig neubearbeitete und erweiterte Ausgabe von Rudolph Freiherrn von Procházkas Mozart in Prag.* Prag 1938.

Neubert, Franz: *Goethe und sein Kreis. Erläutert und dargestellt in 651 Abbildungen. Mit einer Einführung in das Verständnis von Goethes Persönlichkeit.* Leipzig 1919.

Neugebauer, Claus (Hg.): *Heinrich.* München, Freiburg i. Br. 1980.

Nickisch, Reinhard M. G.: *Brief.* Stuttgart 1991.

Nieberle, Sigrid: Hölderlin: Varianten und Variablen seiner Bitextualität, in: Annegret Heitmann, Sigrid Nieberle, Barbara Schaff und Sabine Schülting (Hg.): *Bi-Textualität. Inszenierungen des Paares.* Berlin 2001, S. 303-320.

—: Beautiful Minds – Psychopathologie im Narrativ des Künstlerfilms, in: Tanja Nusser und Elisabeth Strowick (Hg.): *Krankheit und Geschlecht. Diskursive Affären zwischen Literatur und Medizin.* Würzburg 2002, S. 103-120.

—: »Daß der suchende Blick es / Kaum noch erkennt«. Hölderlin und Sinclair, in: Gislinde Seybert (Hg.): *Das literarische Paar / Le couple littéraire. Intertextualität der Geschlechterdiskurse / Intertextualité et discours des sexes.* Bielefeld 2003, S. 149-168.

Nieberle, Sigrid: Das Grauen der Autorschaft: Angstnarrationen im literarhistorischen Biopic, in: *The Germanic Review* 79/2 (2004), S. 115-134.

Niefanger, Dirk: Der Autor und sein ›Label‹. Überlegungen zur »fonction classificateure« Foucaults (mit Fallstudien zu Langbehn und Kracauer), in: Heinrich Detering (Hg.): *Autorschaft. Positionen und Revisionen.* Stuttgart, Weimar 2002 (Germanistische Symposien, Berichtsbände, Bd. 24), S. 521-539.

Nietzsche, Friedrich: *Werke in drei Bänden. Hg. von Karl Schlechta.* München 1954.

Noltenius, Rainer: *Dichterfeiern in Deutschland. Rezeptionsgeschichte als Sozialgeschichte am Beispiel der Schiller- und Freiligrath-Feiern.* München 1984.

Novalis: *Schriften. Die Werke Friedrich von Hardenbergs. Bd. 2. Hg. von Paul Kluckhohn und Richard Samuel.* Stuttgart [2]1965.

Nünning, Ansgar: Von der fiktionalen Biographie zur biographischen Metafiktion. Prolegomena zu einer Theorie, Typologie und Funktionsgeschichte eines hybriden Genres, in: Christian von Zimmermann (Hg.): *Fakten und Fiktionen: Strategien fiktionalbiographischer Dichterdarstellung in Roman, Drama und Film seit 1970. Beiträge des Bad Homburger Kolloquiums, 21.-23. Juni 1999.* Tübingen 2000, S. 15-36.

Ornstein, Beverly und Howard Schatz: *Body Type. An Intimate Alphabet.* New York 1996.

Ott, Ulrich (Hg.): *Erinnerungsstücke. Von Lessing bis Uwe Johnson. Eine Ausstellung des Schiller-Nationalmuseums und des Deutschen Literaturarchivs. 1. Juli bis 24. November 2001.* Marbach 2001 (Marbacher Kataloge, Bd. 56).

Packalen, Sture: *Zum Hölderlinbild in der Bundesrepublik und der DDR.* Göteborg 1986.

Paech, Joachim: Unbewegt, bewegt – Das Kino, die Eisenbahn und die Geschichte des filmischen Sehens, in: Ulfilas Meyer (Hg.): *Kino-Express. Die Eisenbahn in der Welt des filmischen Sehens.* München 1985, S. 40-49.

—: Ein-BILD-ungen von Kunst im Spielfilm, in: Helmut Korte und Johannes Zahlten (Hg.): *Kunst und Künstler im Film.* Hameln 1990, S. 43-50.

—: *Literatur und Film.* Stuttgart, Weimar [2]1997.

—: Figurationen ikonischer n...Tropie. Vom Erscheinen des Verschwindens im Film, in: Sigrid Schade und Georg Christoph Tholen (Hg.): *Konfigurationen. Zwischen Kunst und Medien.* München 1999, S. 122-136.

—: Der Platz des Autors beim Schreiben des Films. Francois Truffaut: »L'enfant sauvage«, in: Joachim Paech (Hg.): *Der Bewegung einer Linie folgen ... Schriften zum Film.* Berlin 2002, S. 13-23.

—: Die Szene der Schrift und die Inszenierung des Schreibens im Film, in: Hans-Edwin Friedrich und Uli Jung (Hg.): *Schrift und Bild im Film.* Bielefeld 2002, S. 67-79.

Paris, Reine-Marie (Hg.): *Camille Claudel, 1864-1943. Übersetzt von Annette Lallemand.* Frankfurt a. M. [2]1984.

Pauli, Harald: Jede Menge Leben. Film-Biografien so weit das Auge reicht. »Ray« und »Sylvia« markieren den Anfang eines Genre-Trends, in: *Focus,* Nr. 1 (31.12.2004).

Pechlivanos, Miltos: Literaturgeschichte(n), in: Miltos Pechlivanos, Stefan Rieger, Wolfgang Struck und Michael Weitz (Hg.): *Einführung in die Literaturwissenschaft.* Stuttgart, Weimar 1995, S. 170-181.

Peitsch, Helmut: *Georg Forster: A history of his critical reception.* New York u.a. 2001.

Peters, Paul: *Die Wunde Heine. Zur Geschichte des Heine-Bildes in Deutschland.* Bodenheim [2]1997.

Peters, Ursula: *Das Ich im Bild. Die Figur des Autors in volkssprachlichen Bilderhandschriften des 13. bis 16. Jahrhunderts.* Köln 2008 (Pictura et Poesis, Bd. 22).

Pethes, Nicolas und Jens Ruchatz (Hg.): *Gedächtnis und Erinnerung. Ein interdisziplinäres Lexikon.* Reinbek b. Hamburg 2001.

Pezold, Klaus: Hölderlins Platz in der Literaturgeschichte, in: *Weimarer Beiträge* 17/5 (1971), S. 211-214.

Pfeifer, Klaus: *Medizin der Goethezeit. Christoph Wilhelm Hufeland und die Heilkunst des 18. Jahrhunderts.* Köln, Weimar, Wien 2000.

Pidduck, Julianne: Versions, Verse and Verve. Jean-Paul Rappeneau's *Cyrano de Bergerac* (1990), in: Susan Hayward (Hg.): *French Film: Texts and Contexts.* London 2005, S. 281-296.

Portmann-Tinguely, Albert: *Romantik und Krieg. Eine Untersuchung zum Bild des Krieges bei deutschen Romantikern und »Freiheitssängern«: Adam Müller, Joseph Görres, Friedrich Schlegel, Achim von Arnim, Max von Schenkendorf und Theodor Körner.* Freiburg 1989 (Historische Schriften der Universität Freiburg Schweiz, Bd. 12).

Poschmann, Henri: *Georg Büchner. Dichtung der Revolution und Revolution der Dichtung.* Berlin, Weimar 1983.

Projektgruppe Deutscher Heimatfilm des Ludwig-Uhland-Instituts für Empirische Kulturwissenschaft, Universität Tübingen: *Der deutsche Heimatfilm: Bildwelten und Weltbilder. Bilder, Texte, Analysen zu 70 Jahren deutscher Filmgeschichte.* Tübingen 1989.

Propp, Vladimir: *Morphologie des Märchens. Hg. von Karl Eimermacher.* München 1972.

Prümm, Karl: Film und Fernsehen. Ambivalenz und Identität, in: Wolfgang Jacobsen, Anton Kaes und Hans Helmut Prinzler (Hg.): *Geschichte des deutschen Films.* Stuttgart, Weimar 1993, S. 499-518.

Pschyrembel. Klinisches Wörterbuch. Berlin, New York [257]1994.

Puccini, Giacomo: *Die Bohème. Szenen aus Henry Murgers »Vie de Bohème« in vier Bildern, dt. v. Ludwig Hartmann.* Lörrach o.J.

Pugh, Anthony: Foucault, Rhetoric and Translation, in: Arthur Still und Irving Velody (Hg.): *Rewriting the History of Madness. Studies in Foucault's Histoire de la folie.* London, New York 1992, S. 126-141.

Radczun, Evelyn: Bericht über das ›Hölderlin-Kolloquium‹ in Jena, in: *Weimarer Beiträge* 17/5 (1971), S. 191.

Rau, Heribert: *Theodor Körner. Vaterländischer Roman in zwei Theilen.* Leipzig 1863.

Raulff, Ulrich: Wäre ich Schriftsteller und tot ... Vorläufige Gedanken über Biographik und Existenz, in: Hartmut Böhme und Klaus R. Scherpe (Hg.): *Literatur und Kulturwissenschaften. Positionen, Theorien, Modelle.* Reinbek b. Hamburg 1996, S. 187-204.

—: *Der unsichtbare Augenblick: Zeitkonzepte in der Geschichte.* Göttingen [2]2000.

Rebhandl, Bert: Er ist ein Querkopf, er ist ein Grobian! Schiller und Schlüter: Zwei Bio-Pics aus dem Dritten Reich, in: *Frankfurter Allgemeine Zeitung,* 9.8.2005.

Reich-Ranicki, Marcel: *Vom Tag gefordert: Reden in deutschen Angelegenheiten.* Stuttgart [2]2001.
—: *Lauter schwierige Patienten. Gespräche mit Peter Voß über Schriftsteller des 20. Jahrhunderts.* Berlin 2003.
Reinlein, Tanja: *Der Brief als Medium der Empfindsamkeit. Erschriebene Identitäten und Inszenierungspotentiale.* Würzburg 2003.
Rentschler, Eric: *West German Film in the Course of Time. Reflections on the Twenty Years since Oberhausen.* Bedford Hills NY 1984.
—: Film der achtziger Jahre. Endzeitspiele und Zeitgeistszenerien, in: Wolfgang Jacobsen, Anton Kaes und Hans Helmut Prinzler (Hg.): *Geschichte des deutschen Films.* Stuttgart, Weimar 1993, S. 285-322.
Rhenus: Rheinische Uraufführungen, in: *Der Film: Die illustrierte Wochenschrift* Nr. 46 (1918), S. 68.
Rhiel, Mary: *Re-Viewing Kleist. The Discursive Construction of Authorial Subjectivity in West German Kleist Films.* New York u.a. 1991.
Richter, Hans: Der politische Film (1944), in: Karsten Witte (Hg.): *Ideologiekritik der Traumfabrik.* Frankfurt a. M. 1972, S. 61-78.
Ricœur, Paul: Life in Quest of Narrative, in: David Wood (Hg.): *On Paul Ricoeur. Narrative and Interpretation.* London 1991, S. 20-33.
Riße, M. und G. Weiler: Heinrich von Kleist und Henriette Vogel: Forensisch-historische Aspekte eines erweiterten Suizids, in: *Rechtsmedizin* 9/3 (1999), S. 112-114.
Ritter, Joachim: *Landschaft. Zur Funktion des Ästhetischen in der modernen Gesellschaft.* Münster 1963.
Röckelein, Hedwig: Der Beitrag der psychohistorischen Methode zur »neuen historischen Biographie«, in: Hedwig Röckelein (Hg.): *Biographie als Geschichte.* Tübingen 1993 (Forum Psychohistorie, Bd. 1), S. 17-38.
Roehler, Oskar: *Die Unberührbare. Das Original-Drehbuch.* Köln 2002.
Roesler-Friedenthal, Antoinette: Das Porträt des Künstlers in den Kanonisierungsprozessen der Kunstgeschichte, in: Renate von Heydebrand (Hg.): *Kanon – Macht – Kultur. Theoretische, historische und soziale Aspekte ästhetischer Kanonbildung.* Stuttgart, Weimar 1998 (Germanistische Symposien-Berichtsbände, Bd. 19), S. 177-200.
Rölleke, Heinz: Die Brüder Grimm als Bühnenfigur, in: *Euphorion* 96/1 (2002), S. 93-100.
—: *Die Märchen der Brüder Grimm. Eine Einführung.* Stuttgart 2004.
Romein, Jan: *Die Biographie. Einführung in ihre Geschichte und ihre Problematik.* Bern 1948.
Roschke, Carsten: *Der umworbene »Urfeind«. Polen in der nationalsozialistischen Propaganda 1934-1939.* Marburg 2000.
Rosenstone, Robert A.: *AHR Forum:* History in Images/History in Words: Reflections on the Possibility of Really Putting History onto Film, in: *The American Historical Review* 93/5 (1988), S. 1173-1185.
—: In Praise of the Biopic, in: Richard Francaviglia und Jerry Rodnitzky (Hg.): *Lights, Camera, History: Portraying the Past in Film.* Arlington TX 2007, S. 11-29.
Rost, Andreas: Kinostunden der wahren Empfindung. Herzog, Wenders, Fassbinder und der Neue deutsche Film, in: Michael Schaudig (Hg.): *Positionen deutscher Filmgeschichte. 100 Jahre Kinematographie: Strukturen, Diskurse, Kontexte.* München 1996 (diskurs film, Bd. 8), S. 367-408.

Rother, Rainer: Monumentalkino. Zum Entstehen des ›Großfilms‹ in Deutschland, in: Corinna Müller und Harro Segeberg (Hg.): *Die Modellierung des Kinofilms. Zur Geschichte des Kinoprogramms zwischen Kurzfilm und Langfilm (1905/06-1918).* München 1998 (Mediengeschichte des Films, Bd. 2), S. 375-396.

Röwekamp, Burkhard: Kafkaeske Visionen. Das Beobachtungsmuster ›Schriftsteller‹ im zeitgenössischen Film, in: Jürgen Felix (Hg.): *Genie und Leidenschaft. Künstlerleben im Film.* Mainz 2000, S. 167-182.

Runge, Anita und Lieselotte Steinbrügge (Hg.): *Die Frau im Dialog. Studien zu Theorie und Geschichte des Briefes.* Stuttgart 1991.

Ruppelt, Georg: *Schiller im nationalsozialistischen Deutschland. Der Versuch einer Gleichschaltung.* Stuttgart 1979.

Samuel, Raphael: *Theatres of Memory. Bd. 1: Past and Present in Contemporary Culture.* London, New York 1994.

Schabert, Ina: *In Quest of the Other Person. Fiction as Biography.* Tübingen 1990.

—: Das Doppelleben der Menschenbuchstaben, in: Susi Kotzinger und Gabriele Rippl (Hg.): *Zeichen zwischen Klartext und Arabeske.* Amsterdam 1994, S. 95-106.

—: *Englische Literaturgeschichte. Eine neue Darstellung aus der Sicht der Geschlechterforschung.* Stuttgart 1997.

—: Körperalphabete, Modealphabete und die somatographische Kunst von Erté, in: Gertrud Lehnert (Hg.): *Mode, Weiblichkeit und Modernität.* Dortmund 1998, S. 62-85.

Schäffner, Wolfgang: Wahnsinn und Literatur. Zur Geschichte eines Dispositivs bei Michel Foucault, in: Gerhard Neumann (Hg.): *Poststrukturalismus. Herausforderung an die Literaturwissenschaft.* Stuttgart, Weimar 1997 (Germanistische Symposien, Berichtsbände, Bd. 18), S. 59-77.

Schahadat, Schamma: Liebesdreiecke. Die »ménage à trois« zwischen Selbstmord und Kollektiv, in: Sylvia Sasse und Stefanie Wenner (Hg.): *Kollektivkörper. Kunst und Politik von Verbindung.* Bielefeld 2002 (Masse und Medium, Bd. 2), S. 237-261.

Schärf, Christian (Hg.): *Schreiben. Szenen einer Sinngeschichte.* Tübingen 2002.

Schenk, Ralf (Red.) und Filmmuseum Potsdam (Hg.): *Das zweite Leben der Filmstadt Babelsberg. DEFA-Spielfilme 1946-1992.* Berlin 1994

Scheuer, Helmut: *Biographie. Studien zur Funktion und zum Wandel einer literarischen Gattung vom 18. Jahrhundert bis zur Gegenwart.* Stuttgart 1979.

—: Biographie – Überlegungen zu einer Gattungsbeschreibung, in: Reinhold Grimm und Jost Hermand (Hg.): *Vom Anderen und vom Selbst. Beiträge zu Fragen der Biographie und Autobiographie.* Königstein i. Ts. 1982, S. 9-29.

—: Biographische Modelle in der modernen deutschen Literatur, in: *Österreichische Zeitschrift für Geschichtswissenschaften (ÖZG)* 5/4 (1994), S. 457-487.

Schiesari, Juliana: *The Gendering of Melancholia. Feminism, Psychoanalysis, and the Symbolic of Loss in Renaissance Literature.* Ithaca, London 1992.

Schiffer, Franz: *Billard. Pool, Snooker, Karambol. Regeln, Technik, Geschichte.* München 1994.

Schiller, Friedrich: *Sämtliche Werke in fünf Bänden.* München [8]1987.

Schilling, René: *»Kriegshelden«. Deutungsmuster heroischer Männlichkeit in Deutschland 1813-1945.* Paderborn, München u.a. 2002 (Krieg in der Geschichte, Bd. 15).

Schittly, Dagmar: *Zwischen Regie und Regime. Die Filmpolitik der SED im Spiegel der DEFA-Produktionen.* Berlin 2002.

Schlegel, Friedrich: *Charakteristiken und Kritiken. Kritische Friedrich-Schlegel-Ausgabe. Hg. von Ernst Behler unter Mitwirkung von Jean-Jacques Anstett und Hans Eichner, Abt. 1, Bd. 2.* Paderborn u.a. 1967.

Schlichter, Annette: *Die Figur der verrückten Frau. Weiblicher Wahnsinn als Kategorie der feministischen Repräsentationskritik.* Tübingen 2000.

Schlosser, Johann Aloys: *Wolfgang Amad. Mozart. Eine begründete und ausführliche Biographie desselben. Herausgegeben zur Gründung und Errichtung eines Monuments für den Verewigten.* Prag 1828.

Schlüpmann, Heide: *Unheimlichkeit des Blicks. Das Drama frühen deutschen Kinos.* Basel, Frankfurt a.M. 1990.

Schmid, Wilhelm: Vom hohen Niveau des blauen Porzellans. Über die Schwierigkeit, der Dramaturg des eigenen Lebens zu sein: Oscar Wilde, in: Jean-Pierre Dubost (Hg.): *Bildstörung. Gedanken zu einer Ethik der Wahrnehmung.* Leipzig 1994, S. 148-161.

Schmidt, Arno: *Sitara und der Weg dorthin. Eine Studie über Wesen, Werk und Wirkung Karl Mays.* Karlsruhe 1963.

Schmidt, Jochen: Hölderlin im 20. Jahrhundert. Rezeption und Edition, in: Gerhard Kurz, Valérie Lawitschka und Jürgen Wertheimer (Hg.): *Hölderlin und die Moderne. Eine Bestandsaufnahme.* Tübingen 1995, S. 105-125.

Schmidt, Patrick: Zwischen Medien und Topoi: Die *Lieux de mémoire* und die Medialität des kulturellen Gedächtnisses, in: Astrid Erll und Ansgar Nünning (Hg.): *Medien des kollektiven Gedächtnisses. Konstruktivität – Historizität – Kulturspezifität.* Berlin, New York 2004 (Media and Cultural Memory / Medien und kulturelle Erinnerung, Bd. 1), S. 25-43.

Schmitz-Emans, Monika: *Schrift und Abwesenheit. Historische Paradigmen zu einer Poetik der Entzifferung und des Schreibens.* München 1995.

Schneider, Christian: Ich und mein Selbst. Über die Konjunktur biographischer Selbstverständigung, in: *Kursbuch* 148: Die Rückkehr der Biographien (Juni 2002), S. 41-53.

Schneider, Irmela: *Der verwandelte Text. Wege zu einer Theorie der Literaturverfilmung.* Tübingen 1981.

Schneider, Peter: *Lenz. Eine Erzählung.* Berlin 1973.

Schöne, Albrecht: *Emblematik und Drama im Zeitalter des Barock.* München 1964.

Schönert, Jörg: Einleitung. Möglichkeiten und Probleme einer Integration von Literaturgeschichte in Gesellschafts- und Kulturgeschichte, in: Lutz Danneberg und Friedrich Vollhardt (Hg.): *Vom Umgang mit Literatur und Literaturgeschichte.* Stuttgart 1992, S. 337-348.

Schönfeld, Christiane: »Blut muß ich saufen, es wird vorübergehen!«. Herbert Maisch's Propaganda Film *Friedrich Schiller – Triumph eines Genies* (1940), in: *Germanistik in Ireland* 1 (2006), S. 75-88

Schubert, Dietrich: Formen der Heinrich-Heine-Memorierung im Denkmal heute, in: Aleida Assmann und Dietrich Harth (Hg.): *Mnemosyne. Formen und Funktionen der kulturellen Erinnerung.* Frankfurt a.M. 1991, S. 101-143.

Schulten, Monika: *Jean-Paul Sartres »L'idiot de la famille« – ein methodisches Modell der Dichterbiographie: Ein Vergleich zwischen Wilhelm Diltheys verstehender und Jean-Paul Sartres dialektischer Konzeption der Biographie.* Frankfurt a.M. 1991.

Schulte-Sasse, Linda: A Nazi Herstory. The Paradox of Female »Genius« in Pabst's Neuberin Film *Komödianten* (1941), in: *New German Critique* 50 (1990), S. 57-84.

Schulte-Sasse, Linda: National Socialism's Aestheticization of Genius: the case of Herbert Maisch's »Friedrich Schiller – Triumph eines Genies«, in: *The Germanic Review* 66/1 (1991), S. 4-15.

—: *Entertaining the Third Reich: Illusions of Wholeness in Nazi Cinema.* Durham, London 1996.

Schünemann, Astrid und Nikolas Hülbusch: Kunst als Offenbarung des Göttlichen. »Andrej Rubljow« von Andrej Tarkowskij, in: Jürgen Felix (Hg.): *Genie und Leidenschaft. Künstlerleben im Film.* Mainz 2000, S. 55-76.

Schurig, Artur (Hg.): *Constanze Mozart: Briefe, Aufzeichnungen, Dokumente 1782 bis 1842. Im Auftrage des Mozarteums zu Salzburg mit einem biographischen Essay herausgegeben von A. S.* Dresden 1922.

Schütte, Wolfram: George Moorses jüngster Film »Lenz« nach Georg Büchners Novelle, in: *Frankfurter Rundschau,* 10.05.1971.

Schwarzenbach, Annemarie: *Alle Wege sind offen. Die Reise nach Afghanistan 1939/1940. Ausgewählte Texte. Hg. von Roger Perret.* Basel 2000.

Schweers, Annette: Camille Claudel, 1864-1943. Begegnung mit einer Vergessenen, in: Sibylle Duda und Luise F. Pusch (Hg.): *WahnsinnsFrauen.* Frankfurt a. M. 1992, S. 146-173.

Schweikhart, Gunter: Mythologische Elemente in Künstlerporträts der Renaissance, in: Bodo Guthmüller und Wilhelm Kühlmann (Hg.): *Renaissancekultur und antike Mythologie.* Tübingen 1997, S. 231-251.

Seeßlen, Georg: Durch die Heimat und so weiter. Heimatfilme, Schlagerfilme und Ferienfilme der fünfziger Jahre, in: Hilmar Hoffmann und Walter Schobert (Hg.): *Zwischen Gestern und Morgen. Westdeutscher Nachkriegsfilm 1946-1962.* Frankfurt a. M. 1989, S. 136-161.

—: Sissi – Ein deutsches Orgasmustrauma, in: Hans-Arthur Marsiske (Hg.): *Zeitmaschine Kino. Darstellung von Geschichte im Film.* Marburg 1992, S. 65-79.

Segeberg, Harro: Von der proto-kinematographischen zur kinematographischen (Stadt-)Wahrnehmung – Texte und Filme im Zeitalter der Jahrhundertwende, in: Harro Segeberg (Hg.): *Die Mobilisierung des Sehens.* München 1996 (Mediengeschichte des Films, Bd. 1), S. 325-358.

—: *Literatur im technischen Zeitalter. Von der Frühzeit der deutschen Aufklärung bis zum Beginn des Ersten Weltkriegs.* Darmstadt 1997.

—: Literatur als Medienereignis: »Friedrich Schiller. Der Triumph eines Genies« (1940), in: *Jahrbuch der Deutschen Schillergesellschaft* 45 (2001), S. 491-533.

—: Die großen Deutschen. Zur Renaissance des Propagandafilms um 1940, in: Jan Distelmeyer (Hg.): *Tonfilmfrieden/Tonfilmkrieg. Die Geschichte der Tobis vom Technik-Syndikat zum Staatskonzern.* München 2003 (CineGraph Buch), S. 159-166.

—: *Literatur im Medienzeitalter. Literatur, Technik und Medien seit 1914.* Darmstadt 2003.

Selbmann, Rolf: Dichterdenkmäler im 19. Jahrhundert und das Dichterdoppeldenkmal in Weimar, in: Edition Haniel (Hg.): *Das Denkmal: Goethe und Schiller als Doppelstandbild in Weimar.* Tübingen 1993, S. 50-66.

Semsek, Hans-Günter: *Englische Dichter und ihre Häuser.* Frankfurt a. M., Leipzig 2001.

Sennewald, Jens Emil: »Es war einmal mitten im Winter« – die poetischen Konstruktionen der *Kinder- und Hausmärchen, gesammelt durch die Brüder Grimm,* in: *Études Germaniques* 57/4 (2002), S. 671-688.

Sennewald, Jens Emil: *Das Buch, das wir sind. Zur Poetik der »Kinder- und Hausmärchen, gesammelt durch die Brüder Grimm«.* Würzburg 2004.
Shorter, Edward: *Geschichte der Psychiatrie. Übersetzt von Yvonne Badal.* Berlin 1999.
Showalter, Elaine: *The Female Malady: Women, Madness, and English Culture, 1830-1980.* London 1985.
Siegert, Bernhard: *Relais. Geschichte der Literatur als Epoche der Post. 1751-1913.* Berlin 1993.
Silverman, Kaja: *The Subject of Semiotics.* New York 1983.
Simeon, Ennio: Giuseppe Becce and »Richard Wagner«: Paradoxes of the First German Film Score, in: Thomas Elsaesser und Michael Wedel (Hg.): *A Second Life: German Cinema's First Decades.* Amsterdam 1996, S. 219-224.
Simon, Hans-Ulrich: *Mörike in Porträts seiner Zeit. Eine Ikonographie.* Stuttgart 2004.
Skowronek, Susanne: *Autorenbilder. Wort und Bild in den Porträtkupferstichen von Dichtern und Schriftstellern des Barock.* Würzburg 2000.
Smith, Murray: Film noir, the female gothic and ›Deception‹, in: *Wide Angle. A Film Quarterly of Theory, Criticism and Practice* 10/1 (1988), S. 62-75.
Sontag, Susan: *Kunst und Antikunst. 24 literarische Analysen.* Frankfurt a. M. 1995.
—: *Krankheit als Metapher. Aids und seine Metaphern.* Frankfurt a. M. 2003.
Sorlin, Pierre: How to Look at an »Historical« Film, in: Marcia Landy (Hg.): *The Historical Film: History and Memory in Media.* New Brunswick 2001, S. 25-49.
Spada, Hans: *Allgemeine Psychologie.* Bern u.a. 1990.
Spielmann, Yvonne: Das Bild der Schrift und des Schreibens in Peter Greenaways Film *The Pillow Book,* in: Hans-Edwin Friedrich und Uli Jung (Hg.): *Schrift und Bild im Film.* Bielefeld 2002, S. 81-95.
Stach, Reiner: *Kafka. Die Jahre der Entscheidungen.* Frankfurt a. M. 2002.
Stadler, Ulrich: *Der technisierte Blick. Optische Instrumente und der Status von Literatur. Ein kulturhistorisches Museum.* Würzburg 2003.
Stetz, Margaret D.: Oscar Wilde at the Movies: British Sexual Politics and ›The Green Carnation‹ (1960), in: *Biography* 23/1 (2000), S. 90-107.
Stingelin, Martin: »er war im Grunde der eigentliche Schriftsteller, während ich bloss der Autor war«. Friedrich Nietzsches Poetologie der Autorschaft als Paradigma des französischen Poststrukturalismus (Roland Barthes, Gilles Deleuze, Michel Foucault), in: Heinrich Detering (Hg.): *Autorschaft. Positionen und Revisionen.* Stuttgart, Weimar 2002 (Germanistische Symposien, Berichtsbände, Bd. 24), S. 80-106.
— (Hg.): *»Mir ekelt vor diesem tintenklecksenden Säkulum«. Schreibszenen im Zeitalter der Manuskripte.* München 2004.
— (Hg.): *»Schreibkugel ist ein Ding gleich mir: aus Eisen«. Schreibszenen im Zeitalter der Manuskripte.* München 2005.
Straschek, G. P.: Stalin, Heinz Goldberg und ›Genrich Gejne‹, in: *Exilforschung. Ein internationales Jahrbuch* 1 (1983), S. 147-158.
Straub, Enrico: »L'art à la machine«: Zum Selbstverständnis der Fotografie im 19. Jahrhundert am Beispiel von Nadars Künstlerporträts, in: Brunhilde Wehinger (Hg.): *Konkurrierende Diskurse: Studien zur französischen Literatur des 19. Jahrhunderts. Zu Ehren von Winfried Engler.* Stuttgart 1997 (Zeitschrift für französische Sprache und Literatur, Beihefte, N.F., Bd. 24), S. 106-125.
Streicher, Andreas: *Schillers Flucht von Stuttgart und Aufenthalt in Mannheim von 1782 bis 1785.* Hamburg-Großborstel 1912 (Hausbücherei der Deutschen Dichter-Gedächtnis-Stiftung, Bd. 46).

Strobel, Jochen (Hg.): *Vom Verkehr mit Dichtern und Gespenstern. Figuren der Autorschaft in der Briefkultur.* Heidelberg 2006.

Strowick, Elisabeth: Poetologie der Ansteckung und bakteriologische Reinkultur. Infektiöses Material bei Thomas Bernhard, Thomas Mann und Robert Koch, in: Tanja Nusser und Elisabeth Strowick (Hg.): *Krankheit und Geschlecht. Diskursive Affären zwischen Literatur und Medizin.* Würzburg 2002, S. 57-74.

Studnitz, Cecilia: *Es war wie ein Rausch. Fallada und sein Leben.* Düsseldorf 1996.

Sudau, Ralf: *Werkbearbeitung, Dichterfiguren. Traditionsaneignung am Beispiel der deutschen Gegenwartsliteratur.* Tübingen 1985 (Studien zur deutschen Literatur, Bd. 82).

Swantenius, Swaantje: *Hermann Löns und die Swaantje.* 6.-10. Tsd. Berlin 1921.

Taylor, Henry M.: *Rolle des Lebens. Die Filmbiographie als narratives System.* Marburg 2002 (Zürcher Filmstudien).

Thompson, Kristin: The Formulation of the Classical Style, 1909-28, in: David Bordwell, Janet Staiger und Kristin Thompson (Hg.): *The Classical Hollywood Cinema. Film Style and Mode of Production to 1960.* London, Melbourne, Henley 1985, S. 155-240.

Tibbetts, John C.: *Composers in the Movies. Studies in Musical Biography.* New Haven, London 2005.

Tomaševskij, Boris: Literatur und Biographie. Übersetzt von Sebastian Donat, in: Fotis Jannidis, Gerhard Lauer, Matias Martinez und Simone Winko (Hg.): *Texte zur Theorie der Autorschaft.* Stuttgart 2000, S. 49-61.

Tonkin, Elizabeth: History and the Myth of Realism, in: Raphael Samuel und Paul Thompson (Hg.): *The Myths We Live By.* London, New York 1990, S. 25-35.

Träger, Claus (Hg.): *Die Französische Revolution im Spiegel der deutschen Literatur.* Leipzig 1975.

Trimborn, Jürgen: *Der deutsche Heimatfilm der fünfziger Jahre: Motive, Symbole und Handlungsmuster.* Köln 1998.

Tucholsky, Kurt: *Gesamtausgabe, Bd. 14: Texte 1931. Hg. von Sabine Becker.* Reinbek b. Hamburg 1998.

—: *Gesamtausgabe, Bd. 19: Briefe 1928-1932. In Zusammenarbeit mit Dirk Baldes hg. von Sabina Becker.* Berlin 2005.

Türck, Christoph: *Vom Kainszeichen zum genetischen Code. Kritische Theorie der Schrift.* München 2005.

Ullrich, Sebastian: »Der Fesselndste unter den Biographen ist heute nicht der Historiker«. Emil Ludwig und seine historischen Biographien, in: Wolfgang Hardtwig und Erhard Schütz (Hg.): *Geschichte für Leser. Populäre Geschichtsschreibung in Deutschland im 20. Jahrhundert.* Stuttgart 2005, S. 35-56.

Vardac, A. Nicholas: Realism and Romance: D. W. Griffith, in: Marcia Landy (Hg.): *Imitations of Life. A Reader on Film and Television Melodrama.* Detroit 1991, S. 353-361.

Varnhagen, Rahel: *Gesammelte Werke, Bd. VI: Briefwechsel zwischen Varnhagen und Rahel. Fünfter Band.* Reprint. München 1983.

Varty, Anne: *A Preface to Oscar Wilde.* London 1998.

Vest, James M.: Echoes of Alfred Hitchcock's Vertigo, The Birds, and Frenzy in François Truffaut's Story of Adèle H., in: *Hitchcock Annual* (1997/1998), S. 96-113.
Vines, Lois D.: From Film to Reading and Writing: L'Histoire d'Adèle H., in: *The French Review* 73/3 (2000), S. 539-548.
Virilio, Paul: *Ästhetik des Verschwindens. Aus dem Französischen von Marianne Karbe und Gustav Roßler.* Berlin 1986.
Vossen, Ursula: Die große Attraktion. Opern- und Operettensänger im deutschsprachigen Tonfilm, in: Katja Uhlenbrok (Hg.): *MusikSpektakelFilm. Musiktheater und Tanzkultur im deutschen Film 1922-1937.* München 1998 (CineGraph Buch), S. 105-120.

Wagner, Benno: Franz Kafka (Orson Welles: The Trial – Steven Soderbergh: Kafka). Bilderpolitik, in: Anne Bohnenkamp und Tilman Lang (Hg.): *Interpretationen: Literaturverfilmungen.* Stuttgart 2005, S. 145-156.
Wagner-Egelhaaf, Martina: *Die Melancholie der Literatur. Diskursgeschichte und Textfiguration.* Stuttgart, Weimar 1997.
Walker, John Albert: *Art and artists on screen.* Manchester, New York 1993.
Wassermann, Walter und C. H. Diller (Hg.): *Drehbuch zu dem Film »Friedrich Schiller, der Triumph eines Genies« (1940). Hg. von Thomas Reis.* Frankfurt a. M. 1983.
Weber, Ernst: *Lyrik der Befreiungskriege (1812-1815). Gesellschaftspolitische Meinungs- und Willensbildung durch Literatur.* Stuttgart 1991.
Wedel, Michael: Schizophrene Technik, sinnliches Glück. Die Filmoperette und der synchrone Musikfilm 1914-1929, in: Katja Uhlenbrok (Hg.): *MusikSpektakelFilm. Musiktheater und Tanzkultur im deutschen Film.* München 1998 (CineGraph Buch), S. 85-104.
Westphalen, Joseph von: *Zur Entstehung der Dichterfigur. Ein Beitrag zur Geschichte des Dichter- und Künstlerbildes.* München (Diss.) 1978.
Wexman, Virginia Wright: *Creating the Couple. Love, Marriage, and Hollywood Performance.* Princeton NJ 1993.
White, Hayden: *Auch Klio dichtet oder die Fiktion des Faktischen. Studien zur Tropologie des historischen Diskurses.* Stuttgart 1986.
—: *The Content of Form. Narrative Discourse and Historical Representation.* Baltimore, London 1987.
—: Historiography and Historiophoty, in: *American Historical Review* 93/5 (1988), S. 1193-1199.
Wiedemann, Dieter und Hans Lohmann: Der DEFA-Spielfilm zwischen Anpassung und Protest. Daten, Meinungen und Hypothesen zur Funktion des DEFA-Films in den achtziger Jahren, in: *Zeitschrift für Literaturwissenschaft und Linguistik* 82 (1991), S. 38-51.
Wilhelm, Gottfried und Eberhard Galley: *Heine Bibliographie. Teil II: Sekundärliteratur 1822-1953.* Weimar 1960 (Bibliographien, Kataloge und Bestandsverzeichnisse. Hg. von den Nationalen Forschungs- und Gedenkstätten der klassischen deutschen Literatur in Weimar, Bd. 2).
Winkler, Hartmut: Über das mimetische Vermögen, seine Zukunft und seine Maschinen, in: *Kinoschriften. Jahrbuch der Gesellschaft für Filmtheorie* 5 (2002), S. 227-239.
Winter, Hans-Gerd: *J. M. R. Lenz.* Stuttgart 1987.

Wischnewski, Klaus: Lohn des Risikos [Zum Film »Treffen in Travers«, DDR 1989], in: *Film und Fernsehen* 6 (1989), S. 44.

Wohlgschaft, Hermann: *Große Karl-May-Biographie. Leben und Werk.* Paderborn 1994.

Wolff, Hellmuth Christian: Zum Singspiel »Dichterliebe« von Mendelssohn, in: *Mendelssohn-Studien* 6 (1986), S. 150-162.

Wulf, Joseph: *Literatur und Dichtung im Dritten Reich. Eine Dokumentation.* Ungekürzte Ausg. Wien 1983.

Wulff, Hans J.: *Konzeptionen der psychischen Krankheit im Film. Ein Beitrag zur »strukturalen Lerngeschichte«.* Münster 1985.

—: Visuelle Reflexivität. Transition, Punktuierung: Die Blenden und Überblendungen als Mittel der filmischen Rede, in: Jörg Frieß, Britta Hartmann und Eggo Müller (Hg.): *Nicht allein das Laufbild auf der Leinwand … Strukturen des Films als Erlebnispotentiale.* Berlin 2001, S. 139-159.

Zachau, Reinhard K.: *Hans Fallada. Eine kritische Untersuchung zur Rezeption seines Werks in den Jahren 1930-1997.* Stuttgart 2000.

Zahlmann, Stefan und Sylka Scholz (Hg.): *Scheitern und Biographie: Die andere Seite moderner Lebensgeschichten.* Gießen 2005.

Zeithammer, Angela: *Genie in stürmischen Zeiten. Ursprung, Bedeutung und Konsequenz der Weltbilder von J. M. R. Lenz und J. W. Goethe.* St. Ingbert 2000.

Zierold, Martin: *Gesellschaftliche Erinnerung. Eine medienkulturwissenschaftliche Perspektive.* Berlin, New York 2006 (Media and Cultural Memory / Medien und kulturelle Erinnerung, Bd. 5).

Zimmer, Hasko: *Auf dem Altar des Vaterlandes. Religion und Patriotismus in der deutschen Kriegslyrik des 19. Jahrhunderts.* Frankfurt a. M. 1971.

Zimmermann, Christian von (Hg.): *Fakten und Fiktionen. Strategien fiktionalbiographischer Dichterdarstellungen in Roman, Drama und Film seit 1970. Beiträge des Bad Homburger Kolloquiums, 21.-23. Juni 1999.* Tübingen 2000 (Mannheimer Beiträge zur Sprach- und Literaturwissenschaft; Bd. 48).

—: *Biographische Anthropologie. Menschenbilder in lebensgeschichtlicher Darstellung (1830-1940).* Berlin, New York 2006.

Ziolkowski, Theodore: *Das Amt der Poeten. Die deutsche Poetik und ihre Institutionen. Übersetzt von Lothar Müller.* München 1994.

Zipes, Jack (Hg.): *The Oxford Companion to Fairy Tales.* Oxford, New York 2000.

Zischler, Hanns: *Kafka geht ins Kino.* Reinbek 1996.

Žižek, Slavoj: *Die Tücke des Subjekts. Aus dem Englischen von Andreas Hofbauer.* Frankfurt a. M. 2001.

Zola, Émile: *Humanité, vérité, justice. L'affaire Dreyfus. Lettre à la jeunesse.* Paris 1897.

8. Verzeichnis literarhistorischer Filmbiographien (1909-2007)

8.1. Alphabetisch nach dargestellten Autor(inn)en

Der Schwerpunkt dieser zunächst nach Namen sortierten Filmographie liegt auf der Dokumentation von Dichterfiguren in einer filmischen Literaturgeschichte. Sie ordnet einzelnen Autoren und Autorinnen diejenigen biographischen Spielfilme zu, in denen eine Figur – sowohl Haupt- als auch Nebenfigur – ihres Namens dargestellt wird. Die hier verwendeten Kurztitel (Originaltitel, Regie, Länge, Produktionsland und -jahr) finden sich im anschließenden alphabetischen Verzeichnis der Filmtitel um Angaben zu Drehbuch und Besetzung ergänzt.

Aleramo, Sibilla (1876-1960)
Un viaggio chiamato amore (Michele Placido, 96 Min., I 2002)

Andersen, Hans Christian (1805-1875)
Die schwedische Nachtigall (Peter Paul Brauer, 97 Min., D 1941)
Mr. H. C. Andersen (Ronald Haines, 62 Min., GB 1950)
Hans Christian Andersen (Charles Vidor, 112 Min., USA 1952)
The Daydreamer (Jules Bass, 98 Min., USA 1966)
Unge Andersen (Rumle Hammerich, 110 Min., DK/N/S 2005)

Andreas-Salomé, Lou (1861-1937)
Al di là del bene e del male (Liliana Cavani, 127 Min., I/F/BRD 1977)

Apollinaire, Guillaume (1880-1918)
Waiting for the Moon (Jill Godmilow, 88 Min., GB/F/USA/BRD 1987)

Arenas, Reinaldo (1943-1990)
Before Night Falls (Julian Schnabel, 133 Min., USA 2000)

Arnim, Achim von (1781-1831)
Die Braut (Egon Günther, 112 Min., D 1999)
Requiem für eine romantische Frau (Dagmar Knöpfel, 100 Min., D 1999)

Artaud, Antonin (1896-1948)
En compagnie d'Antonin Artaud (Gérard Mordillat, Jérôme Prieur, 90 Min., F 1993)

Austen, Jane (1775-1817)
Becoming Jane (Julian Jarrold, 120 Min., GB 2007)

Bahr, Hermann (1863-1934)
Geliebte Milena (Véra Belmont, 115 Min., D/F/CDN 1990)

Barrett Browning, Elizabeth (1806-1861)
The Barretts of Wimpole Street (Sidney Franklin, 110 Min., USA 1934)
The Barretts of Wimpole Street (Sidney Franklin, 105 Min., GB 1956)

Barrie, James Matthew (1860-1937)
Finding Neverland (Marc Foster, 106 Min., GB/USA 2004)

Bashkirtseff, Marie (1858 – 1884)
Il Diario di una donna amata (Henry Koster, ca. 90 Min., I/A 1935)
Marie Bashkirtseff (Henry Koster, 86 Min., A 1935)

Beaumarchais, Pierre-Augustin Caron de (1732-1799)
L'insolent Beaumarchais (Edouard Molinaro, 100 Min., F 1996)

Benn, Gottfried (1886-1956)
Mein Herz – Niemandem! (Helma Sanders-Brahms, 103 Min. D 1997)

Bergerac, Cyrano de (1619-1655)
Cyrano de Bergerac (Clément Maurice, Kurzfilm mit Ton-Zylinder, F 1900)
Cyrano de Bergerac (Ernesto Maria Pasquali Jean Durand, Kurzfilm, F 1909)
Les Aventures de Cyrano de Bergerac (Albert Capellani, Kurzfilm, F 1911)
Cirano di Bergerac (Augusto Genina, 142 Min., I 1923)
Cyrano de Bergerac (Fernand Rivers, 100 Min., F 1945)
Cyrano de Bergerac (Michael Gordon, 112 Min., USA 1950)
Cyrano et d'Artagnan (Abel Gance, Nelly Kaplan, 120 Min., F/I/E 1962)
Cyrano de Bergerac (Jean-Paul Rappeneau, 137 Min., F 1990)

Blixen, Karen (1885-1962)
Out of Africa (Sydney Pollack, 150 Min., USA 1985)

Bocage, Manuel Maria Barbosa du (1765-1805)
Bocage (José Leitão de Barros, 124 Min., P 1936)
Bocage – O Triunfo do Amor (Djalma Limongi Batista, 85 Min., BR/P 1998)

Brecht, Bertolt (1898-1956)
Abschied – Brechts letzter Sommer (Jan Schütte, 89 Min., D 2000)

Brentano, Bettine (1785-1859)
Die Braut (Egon Günther, 112 Min., D 1999)
Requiem für eine romantische Frau (Dagmar Knöpfel, 100 Min., D 1999)

Brentano, Clemens (1778-1842)
Requiem für eine romantische Frau (Dagmar Knöpfel, 100 Min., D 1999)

Brinkmann, Rolf Dieter (1940-1975)
Brinkmanns Zorn (Harald Bergmann, 105 Min., D 2006)

Brontë, Anne (1820-1849)
Les soeurs Brontë (André Téchiné, 115 Min., F 1978)

Brontë, Charlotte (1816-1855)
Les soeurs Brontë (André Téchiné, 115 Min., F 1978)
Brontë (Delbert Mann, 88 Min., USA/IRL 1983)

Brontë, Emily (1818-1848)
Les soeurs Brontë (André Téchiné, 115 Min., F 1978)

Brown, Christy (1932-1981)
My Left Foot (Jim Sheridan, 103 Min., IRL 1989)

Browning, Robert (1812-1889)
The Barretts of Wimpole Street (Sidney Franklin, 110 Min., USA 1934)
The Barretts of Wimpole Street (Sidney Franklin, 105 Min., GB 1956)

Büchner, Georg (1813-1837)
Addio, piccola mia (Lothar Warneke, 117 Min., DDR 1979)

Bunin, Ivan (1870-1953)
Dnevnik yevo zheny (Aleksei Uchitel, 110 Min., RUS 2000)

Burton, Richard Francis (1821-1890)
Mountains of the Moon (Bob Rafelson, 135 Min., USA 1990)

Byron, George Gordon Noël (1788-1824)
The Bad Lord Byron (David MacDonald, 83 Min., GB 1949)
Lady Caroline Lamb (Robert Bolt, 123 Min., GB/I 1972)
Gothic (Ken Russel, 87 Min., GB 1986)
Haunted Summer (Ivan Passer, 106 Min., USA 1987)
Remando al Viento (Gonzalo Suárez, 126 Min., E 1987)

Bysshe Shelley, Percy (1792-1822)
Gothic (Ken Russel, 87 Min., GB 1986)
Haunted Summer (Ivan Passer, 106 Min., USA 1987)
Remando al Viento (Gonzalo Suárez, 126 Min., E 1987)

Campana, Dino (1885-1932)
Un viaggio chiamato amore (Michele Placido, 96 Min., I 2002)

Campbell, Alan (1904-1963)
Julia (Fred Zinnemann, 118 Min., USA 1977)
Mrs. Parker and The Vicious Circle (Alan Rudolph, 119 Min., USA 1994)

Capote, Truman (1924-1984)
Capote (Bennett Miller, 98 Min., USA 2005)
Infamous (Douglas McGrath, 110 Min., USA 2006)

Carroll, Jim (geb. 1950)
The Basketball Diaries (Scott Kalvert, 102 Min., USA 1995)

Carroll, Lewis (1832-1898)
Dreamchild (Gavin Millar, 94 Min., GB 1985)

Cassady, Neal (1926-1968)
Heart Beat (John Byrum, 110 Min., USA 1980)

Cervantes, Miguel de (1547-1616)
Cervantes (Vincent Sherman, 111 Min., E/F/I 1968)

Christie, Agatha (1890-1976)
Agatha (Michael Apted, 105 Min., GB 1979)

Defoe, Daniel (1660-1731)
Robinson soll nicht sterben (Josef von Baky, 97 Min., BRD 1956)

Dumas fils, Alexandre (1824-1895)
La Note bleue (Andrzej Zulawski, 135 Min., F/D 1991)

Duras, Marguerite (1914-1996)
Cet amour-là (Josée Dayan, 100 Min., F 2001)

Eliot, T. S. (1888-1965)
Tom & Viv (Brian Gilbert, 125 Min., GB/USA 1993)

Fallada, Hans (1893-1947)
Fallada – Letztes Kapitel (Roland Gräf, 97 Min., DDR 1988)

Ferber, Edna (1885-1968)
Mrs. Parker and The Vicious Circle (Alan Rudolph, 119 Min., USA 1994)

Fitzgerald, F. Scott (1896-1940)
Beloved Infidel (Henry King, 123 Min., USA 1959)

Forster, Georg (1754-1794)
Treffen in Travers (Michael Gwisdek, 101 Min., DDR 1989)

Frame, Janet Paterson (1924-2004)
An Angel at my Table (Jane Campion, 158 Min., NZ 1990)

García Lorca, Federico (1898-1936)
La Desaparición de García Lorca (Marcos Zurinaga, 104 Min., S/F/USA/PR 1997)

Ginsberg, Allen (1926-1997)
Heart Beat (John Byrum, 110 Min., USA 1980)

Goethe, Johann Wolfgang (1749-1832)
Der junge Goethe (Arthur Wellin, 98 Min., D 1919)
Die Jugendgeliebte (Hans Tintner, 83 Min., D 1930)
Friederike (Fritz Friedmann-Frederich, 62 Min. (Exportfassung mit tschech. Untertiteln im Bundesfilmarchiv), D 1932)
Theodor Körner. Ein deutsches Heldenlied (Carl Boese, 80 Min., D 1932)
Die Braut (Egon Günther, 112 Min., D 1999)

Goldoni, Carlo (1707-1793)
Rouge Venise (Etienne Périer, 120 Min., I/F 1989)

Gordon, Ruth (1896-1985)
The Actress (George Cukor, 90 Min., USA 1953)

Gottsched, Johann Christoph (1700-1766)
Komödianten (Georg Wilhelm Pabst, 112 Min, D 1941)

Grillparzer, Franz (1791-1872)
Brüderlein fein (Hans Thimig, 95 Min., D 1942)

Grimm, Jacob (1785-1863) und Wilhelm (1786-1859)
The Wonderful World of the Brothers Grimm (Henry Levin, George Pal, 135 Min., USA 1962)
Requiem für eine romantische Frau (Dagmar Knöpfel, 100 Min., D 1999)
The Brothers Grimm (Terry Gilliam, 118 Min., GB/CZ/USA 2005)

Hammett, Dashiell (1894-1961)
Julia (Fred Zinnemann, 118 Min., USA 1977)
Hammett (Wim Wenders, 97 Min., USA 1982)

Hamsun, Knut (1859-1952)
Hamsun (Jan Troell, 150 Min., N/D/DK/S 1996)

Harris, Frank (1855-1931)
Cowboy (Delmer Davis, 92 Min., USA 1958)

Hastings, Beatrice (1879-1943)
Les Amants de Montparnasse (Jaques Becker, 103 Min., F/I 1957)

Heine, Heinrich (1797-1856)
Heinrich Heines erste Liebe (Eva Christa, ca. 90 Min., D 1922)

Heinse, Wilhelm (1746-1803)
Hälfte des Lebens (Herrmann Zschoche, 98 Min., DDR 1984)

Hellman, Lillian (1905-1984)
Julia (Fred Zinnemann, 118 Min., USA 1977)

Hemingway, Ernest (1899-1961)
Waiting for the Moon (Jill Godmilow, 88 Min., GB/F/USA/BRD 1987)
In Love and War (Richard Attenborough, 108 Min., USA/GB 1996)

Hölderlin, Friedrich (1770-1843)
Hälfte des Lebens (Herrmann Zschoche, 98 Min., DDR 1984)
Lyrische Suite / Das untergehende Vaterland (Harald Bergmann, 84 Min., D 1992)
Hölderlin-Comics (Harald Bergmann, 90 Min., D 1994)
Feuerreiter (Nina Grosse, 127 Min., D/F/PL 1998)
Scardanelli (Harald Bergmann, 111 Min., D 2000)

Huber, Therese (1764-1829)
Treffen in Travers (Michael Gwisdek, 101 Min., DDR 1989)

Huber, Ludwig Ferdinand (1764–1804)
Treffen in Travers (Michael Gwisdek, 101 Min., DDR 1989)

Hughes, Ted (1930-1998)
Sylvia (Christine Jeffs, 110 Min., GB 2003)

Hugo, Victor (1802-1885)
L'Histoire d'Adèle H. (François Truffaut, 96 Min., F 1975)

Huxley, Aldous (1894-1963)
Priest of Love (Christopher Miles, 98 Min., GB 1981)

Ibsen, Henrik (1828-1906)
Song of Norway (Andrew L. Stone, 142 Min., USA 1970)

Joyce, James (1882-1941)
James Joyce's Women (Michael Pearce, 88 Min., USA 1985)
Nora (Pat Murphy, 106 Min., IRL/GB/I/D 1999)

Juana Inés de la Cruz (ca. 1651-1695)
Yo, la peor de todas (María Luisa Bemberg, 105 Min., AR 1990)

Kafka, Franz (1883-1924)
Geliebte Milena (Véra Belmont, 115 Min., D/F/CDN 1990)
Kafka (Steven Soderbergh, 98 Min., USA/GB/F 1992)
K.aF.ka fragment (Christian Frosch, 85 Min., A/D/CH 2001)

Keith, Agnes Newton (1901-1982)
Three Came Home (Jean Negulesco, 106 Min., USA 1950)

Kerouac, Jack (1922-1969)
Heart Beat (John Byrum, 110 Min., USA 1980)

Khayyam, Omar (1048-1123)
Omar Khayyam (William Dieterle, 101 Min., USA 1957)

Kleist, Heinrich von (1777-1811)
Heinrich (Helma Sanders-Brahms, 125 Min., BRD 1977)

Körner, Theodor (1791-1813)
Theodor Körner. Von der Wiege bis zur Bahre (Gerhard Dammann, Franz Porten, 57 Min., D 1912)
Lützows wilde verwegene Jagd (Richard Oswald, 108 Min., D 1927)
Theodor Körner. Ein deutsches Heldenlied (Carl Boese, 80 Min., D 1932)

Korczak, Janucz (1878-1942)
Korczak (Andrej Wajda, 112 Min., PL/D/GB 1990)

Krusenstjerna, Agnes von (1894-1940)
Amorosa (Mai Zetterling, 117 Min., S 1986)

Lamb, Caroline (1785-1828)
The Bad Lord Byron (David MacDonald, 83 Min., GB 1949)
Lady Caroline Lamb (Robert Bolt, 123 Min., GB/I 1972)

Lasker-Schüler, Else (1869-1945)
Mein Herz – Niemandem! (Helma Sanders-Brahms, 103 Min. D 1997)

Lawrence, D. H. (1885-1930)
Priest of Love (Christopher Miles, 98 Min., GB 1981)

Lawrence, T. E. (1888-1935)
Lawrence of Arabia (David Lean, 228 Min., Director's Cut, GB 1962)

Lee, Nelle Harper (geb. 1926)
Capote (Bennett Miller, 98 Min., USA 2005)
Infamous (Douglas McGrath, 110 Min., USA 2006)

Lenz, Jakob Michael Reinhold (1751-1792)
Lenz (George Moorse, 130 Min., BRD 1971)
Lenz (András Szirtes, 100 Min., H 1987)

Lessing, Gotthold Ephraim (1729-1781)
Komödianten (Georg Wilhelm Pabst, 112 Min, D 1941)

Levi, Primo (1919-1987)
La Tregua (Francesco Rosi, 110 Min., I/F/D/CH 1996)

Lewis, C. S. (1898-1963)
Shadowlands (Richard Attenborough, 131 Min., GB 1993)

Löns, Hermann (1866-1914)
Rot ist die Liebe (Karl Hartl, 90 Min., BRD 1956)

London, Jack (1876-1916)
Jack London (Alfred Santell, 94 Min., USA 1943)

Maupassant, Guy de (1850-1893)
Il Diario di una donna amata (Henry Koster, ca. 90 Min., I/A 1935)
Marie Bashkirtseff (Henry Koster, 86 Min., A 1935)
Guy de Maupassant (Michel Drach, 131 Min., F 1982)

May, Karl (1842-1912)
Karl May (Hans-Jürgen Syberberg, 187 Min., BRD 1974)

Meier, Emerenz (1874-1928)
Wildfeuer (Jo Baier, 105 Min., D 1991)

Miller, Henry (1891-1980)
Henry & June (Philip Kaufman, 131 Min., USA 1990)

Mishima, Yukio (1925-1970)
Mishima (Paul Schrader, 121 Min., USA 1985)

Molière (Jean-Baptiste de Poquelin) (1622-1673)
Molière (Léonce Perret, Kurzfilm (Court Métrage), F 1909)
Nanon (Herbert Maisch, 83 Min., D 1938)
Le Roi danse (Gérard Corbiau, 115 Min., F/D/B 2000)
Molière (Laurent Tirard, 120 Min., F 2007)

Murdoch, Iris (1919-1999)
Iris (Richard Eyre, 91 Min., GB/USA 2001)

Musset, Alfred de (1810-1857)
A Song to Remember (Charles Vidor, 113 Min., USA 1945)
Song Without End (Charles Vidor, George Cukor, 151 Min., USA 1959)
George qui? (Michèle Rosier, 112 Min., F 1973)
Impromptu (James Lapine, 117 Min., GB/F 1991)
Les Enfants du siècle (Diane Kury, 135 Min., F 1999)

Němcová, Božena (1820-1862)
Durch diese Nacht sehe ich keinen einzigen Stern (Dagmar Knöpfel, 105 Min., D 2005)

Neruda, Pablo (1904-1973)
Il Postino (Michael Radford, 108 Min., I/F/BE 1995)

Neuber, Friederike Caroline (1697-1760)
Komödianten (Georg Wilhelm Pabst, 112 Min, D 1941)

Nietzsche, Friedrich (1844-1900)
Al di là del bene e del male (Liliana Cavani, 127 Min., I/F/BRD 1977)

Nin, Anaïs (1903-1977)
Henry & June (Philip Kaufman, 131 Min., USA 1990)

Novalis (Friedrich von Hardenberg) (1772-1801)
Novalis – Die blaue Blume (Herwig Kipping, 97 Min., D 1993)

O'Casey, Sean (1880-1964)
Young Cassidy (Jack Cardiff, John Ford, 110 Min., GB/USA 1965)

O'Neill, Eugene (1888-1953)
Reds (Warren Beatty, 194 Min., USA 1981)

Orton, Joe (1933-1967)
Prick Up Your Ears (Stephen Frears, 111 Min., GB 1987)

Pagnol, Marcel (1895-1974)
La gloire de mon père (Yves Robert, 105 Min., F 1989)
Le château de ma mère (Yves Robert, 98 Min., F 1990)

Parker, Dorothy (1893-1967)
Julia (Fred Zinnemann, 118 Min., USA 1977)
Mrs. Parker and The Vicious Circle (Alan Rudolph, 119 Min., USA 1994)

Piñero, Miguel (1946-1988)
Piñero (Leon Ichaso, 103 Min., USA 2001)

Plath, Sylvia (1932-1963)
Sylvia (Christine Jeffs, 110 Min., GB 2003)

Poe, Edgar Allan (1809-1849)
Edgar Allen Poe (D. W. Griffith, Kurzfilm, USA 1909)
The Loves of Edgar Allan Poe (Harry Lachman, 67 Min., USA 1942)
The Man with a Cloak (Fletcher Markle, 84 Min., USA 1951)
The Spectre of Edgar Allan Poe (Mohy Quandour, 89 Min., USA 1974)

Polidori, John William (1795-1821)
Gothic (Ken Russel, 87 Min., GB 1986)
Haunted Summer (Ivan Passer, 106 Min., USA 1987)

Potter, Beatrix (1866-1943)
Miss Potter (Chris Noonan, 92 Min., GB/USA 2006)

Prevel, Jacques (1915-1951)
En compagnie d'Antonin Artaud (Gérard Mordillat, Jérôme Prieur, 90 Min., F 1993)

Proust, Marcel (1871-1922)
Céleste (Percy Adlon, 105 Min., BRD 1981)

Puschkin, Alexander (1799-1837)
Zhin i smert A. S. Pushkina (Vasili Goncharov, ca. 8 Min., RUS 1910)
Yunost poeta (Abram Naroditsky, 85 Min., SU 1937)

Racine, Jean (1639-1699)
Saint-Cyr (Patricia Mazuy, 119 Min., F/D/BE 2000)

Raimund, Ferdinand (1790-1836)
Brüderlein fein (Hans Thimig, 95 Min., D 1942)

Rawlings, Marjorie Kinnan (1896-1953)
Cross Creek (Martin Ritt, 127 Min., USA 1983)

Reed, John (1887-1920)
Reds (Warren Beatty, 194 Min., USA 1981)

Rimbaud, Arthur (1854-1891)
Una Stagione all'inferno (Nelo Risi, 130 Min., I/F 1971)
Arthur Rimbaud – Une biographie (Richard Dindo, 141 Min., F/CH 1991)
Total Eclipse (Agnieszka Holland, 107 Min., F/GB/BE/I 1995)

Sade, Donatien Alphonse François, Marquis de (1740-1814)
De Sade (Cy Endfield, 113 Min., USA/BRD 1969)
Marquis de Sade (Gwyneth Gibby, 92 Min., USA 1996)
Quills (Philip Kaufman, 124 Min., USA/D 2000)
Sade (Benoît Jacquot, 94 Min., F 2001)

Sand, George (1804-1876)
Abschiedswalzer (Geza von Bolvary, Albert Valentin, 87 Min., D 1934)
A Song to Remember (Charles Vidor, 113 Min., USA 1945)
Rêves d'amour (Christian Stengel, 119 Min., F 1947)
Song Without End (Charles Vidor, George Cukor, 151 Min., USA 1959)
George qui? (Michèle Rosier, 112 Min., F 1973)
Lisztomania (Ken Russell, 104 Min., GB 1975)
La Note bleue (Andrzej Zulawski, 135 Min., F/D 1991)
Impromptu (James Lapine, 117 Min., GB/F 1991)
Les Enfants du siècle (Diane Kury, 135 Min., F 1999)
Chopin. Pragnienie milosci (Jerzy Antczak, 134 Min., PL 2002)

Sandeau, Jules (1811-1883)
George qui? (Michèle Rosier, 112 Min., F 1973)
Les Enfants du siècle (Diane Kury, 135 Min., F 1999)

Sayat Nova (1712-1795)
Nran guyne (Sergei Parajanov, 79 Min., SU 1968)

Schiller, Friedrich (1759-1805)
Friedrich Schiller (Curt Goetz, 111 Min., D 1923)
Friedrich Schiller. Der Triumph eines Genies (Herbert Maisch, 110 Min., D 1940)

Schubart, Christian Friedrich Daniel (1739-1791)
Friedrich Schiller (Curt Goetz, 111 Min., D 1923)
Friedrich Schiller. Der Triumph eines Genies (Herbert Maisch, 110 Min., D 1940)

Schwarzenbach, Annemarie (1908-1942)
Die Reise nach Kafiristan (Fosco Dubini, Donatello Dubini, 101 Min., D/CH/NL 2001)

Shelley, Mary Wollstonecraft (1797-1851)
Gothic (Ken Russel, 87 Min., GB 1986)
Haunted Summer (Ivan Passer, 106 Min., USA 1987)
Remando al Viento (Gonzalo Suárez, 126 Min., E 1987)

Shakespeare, William (1564-1616)
Shakespeare in Love (John Madden, 119 Min., USA/GB 1998)

Skinner, Cornelia Otis (1901-1979)
Our Hearts Were Young and Gay (Lewis Allen, 81 Min., USA 1944)
Our Hearts Were Growing Up (William D. Russell, 83 Min., USA 1946)

Smith, Stevie (Florence Margaret) (1902-1971)
Stevie (Robert Enders, 102 Min., GB 1978)

Stein, Gertrude (1874-1946)
Waiting for the Moon (Jill Godmilow, 88 Min., GB/F/USA/BRD 1987)

Stendhal (Marie-Henri Beyle) (1783-1842)
Dolce far niente (Nae Caranfil, 119 Min., I/F/RO/BE 1998)

Strachey, Lytton (1880-1932)
Carrington (Christopher Hampton, 117 Min., GB/F 1995)

Strindberg, August (1849-1912)
Oviri (Henning Carlson, 92 Min., DK/F 1987)

Susann, Jacqueline (1921-1974)
Isn't She Great (Andrew Bergman, 95 Min., USA/GB/D/JAP 2000)

Suttner, Bertha von (1843-1914)
Karl May (Hans-Jürgen Syberberg, 187 Min., BRD 1974)

Thackeray, William Makepeace (1811-1863)
Les soeurs Brontë (André Téchiné, 115 Min., F 1978)

Tucholsky, Kurt (1890-1935)
Gripsholm (Xavier Koller, 100 Min., D/A/CH 2000)

Turgenjew, Iwan S. (1818-1883)
La Note bleue (Andrzej Zulawski, 135 Min., F/D 1991)

Twain, Mark (1835-1910)
The Adventures of Mark Twain (Irving Rapper, 140 Min., USA 1944)

Uchida, Hyakken (1889-1971)
Madadayo (Akira Kurosawa, Ishirô Honda, 134 Min., JAP 1993)

Verlaine, Paul (1844-1896)
Una Stagione all'inferno (Nelo Risi, 130 Min., I/F 1971)
Arthur Rimbaud – Une biographie (Richard Dindo, 141 Min., F/CH 1991)
Total Eclipse (Agnieszka Holland, 107 Min., F/GB/BE/I 1995)

Vidal, Gore (geb. 1925)
Infamous (Douglas McGrath, 110 Min., USA 2006)

Villon, François (1431-1463)
Un viaggio chiamato amore (Michele Placido, 96 Min., I 2002)
If I Were King (J. Gordon Edwards, 80 Min., USA 1920)
The Beloved Rogue (Alan Crosland, 99 Min., USA 1927)
The Vagabond King (Ludwig Berger, 104 Min., USA 1930)
If I Were King (Frank Lloyd, 100 Min., USA 1938)
François Villon (André Zwoboda, 95 Min., F 1945)
The Vagabond King (Michael Curtiz, 86 Min., USA 1956)
Bocage (José Leitão de Barros, 124 Min., P 1936)

Voltaire (François-Marie Arouet) (1694-1778)
Voltaire (John G. Adolfi, 72 Min., USA 1933)

Walden, Herwarth (Georg Lewin) (1878-1941)
Mein Herz – Niemandem! (Helma Sanders-Brahms, 103 Min., D 1997)

Wieland, Christoph Martin (1733-1813)
Die Braut (Egon Günther, 112 Min., D 1999)

Wilde, Oscar (1854-1900)
The Green Carnation (Ken Hughes, Irving Allen, 123 Min., GB 1960)
Oscar Wilde (Gregory Ratoff, 98 Min., GB 1960)
Wilde (Brian Gilbert, 112 Min., GB 1997)

Wilmot, John, Earl of Rochester (1647-1680)
The Libertine (Laurence Dunmore, 114 Min., GB 2004)

Wojaczek, Rafał (1945-1971)
Wojaczek (Lech Mejewski, 90 Min., PL 1999)

Woolf, Virginia (1882-1941)
Tom & Viv (Brian Gilbert, 125 Min., GB/USA 1993)
The Hours (Stephen Daldry, 110 Min., GB 2002)

Yeats, William Butler (1865-1922)
Young Cassidy (Jack Cardiff, John Ford, 110 Min., GB/USA 1965)

Zola, Émile (1840-1902)
Dreyfus (Richard Oswald, 116 Min., D 1930)
The Dreyfus Case (Milton Rosmer, F. W. Kraemer, 90 Min., GB 1931)
The Life of Emile Zola (William Dieterle, 117 Min., USA 1937)
I Accuse (José Ferrer, 99 Min., GB 1958)

8.2. Alphabetisch nach Filmtitel

ABSCHIED – BRECHTS LETZTER SOMMER. *Drehbuch:* Klaus Pohl. *Regie:* Jan Schütte. *Darsteller:* Josef Bierbichler (Bertolt Brecht), Monica Bleibtreu (Helene Weigel), Jeanette Hain (Käthe Reichel), Margit Rogall (Ruth Berlau), Elfriede Irrall (Elisabeth Hauptmann), Rena Zednikowa (Isot Kilian), Samuel Fintzi (Wolfgang Harich), Birgitt Minichmayr (Barbara Brecht), Paul Herwig (Manfred Weckwerth), Claudius Freyer (Peter Palitzsch). 89 Min. D 2000.

ABSCHIEDSWALZER. *Drehbuch:* Ernst Marischka. *Regie:* Geza von Bolvary, Albert Valentin. *Darsteller:* Janine Crispin (Constantia Gladkowska), Lucienne Le Marchand (George Sand), Catherine Fontenay (Mme Gladkowska), Jean Servais (Frédéric Chopin), Daniel Lecourtois (Franz Liszt), Marcell Vallée (Joseph Elsner). 87 Min. D 1934.

THE ACTRESS. *Drehbuch:* Ruth Gordon. *Regie:* George Cukor. *Darsteller:* Jean Simmons (Ruth Gordon), Anthony Perkins (Fred Whitmarsh), Spencer Tracy (Clinton Jones), Ian Wolfe (Mr. Bagley), Teresa Wright (Annie Jones), Mary Wickes (Emma Glavey), Norma Jean Nilsson (Anna Williams), Dawn Bender (Katherine Follets). 90 Min. USA 1953.

Addio, piccola mia. *Drehbuch:* Lothar Warneke, Helga Schütz. *Regie:* Lothar Warneke. *Darsteller:* Hilmar Eichhorn (Georg Büchner), Michael Gwisdek (Ludwig Weidig), Wolfgang Arnst (Redner), Trude Bechmann (Oma Zeuner), Hans Bergermann (Bauer), Lydia Billiet (Tante Jules), Ralph Borgwardt (Vater N.), Peter Brang (Glaser), Klaus Brasch (Nievergelter), Carola Braunbock (Türmersfrau), Ilona Brömmer (Dame). 117 Min. DDR 1979.

The Adventures of Mark Twain. *Drehbuch:* Alan LeMay, Harold M. Sherman (nach seinem Drama »Mark Twain«). *Regie:* Irving Rapper. *Darsteller:* Fredric March (Mark Twain/Samuel Clemens), Alexis Smith (Olivia Langdon Clemens), Donald Crisp (J. B. Pond), Alan Hale (Steve Gillis), C. Aubrey Smith (Oxford Chancellor), John Carradine (Bret Harte), Bill Henry (Charles Langdon), Robert Barrat (Horace E. Bixby), Walter Hampden (Jervis Langdon), Joyce Reynolds (Clara Clemens), Whitford Kane (Editor Joe Goodwin). 140 Min. USA 1944.

Agatha. (Das Geheimnis der Agatha Christie). *Drehbuch:* Kathleen Tynan, Arthur Hopcraft. *Regie:* Michael Apted. *Darsteller:* Vanessa Redgrave (Agatha Christie), Dustin Hoffman (Wally Stanton), Timothy Dalton (Col. Archibald Christie), Celia Gregory (Nancy Neele), Helen Morse (Evelyn Crawley), Paul Brooke (John Foster), Caroly Pickles (Charlotte Fisher). 105 Min. GB 1979.

Al di là del bene e del male. (Jenseits von Gut und Böse). *Drehbuch:* Franco Arcalli, Liliana Cavani, Italo Moscati. *Regie:* Liliana Cavani. *Darsteller:* Dominique Sanda (Lou Andreas-Salomé), Erland Josephson (Friedrich Nietzsche), Robert Powell (Paul Rée), Virna Lisi (Elisabeth Nietzsche), Michael Degen (Karl Andreas), Elisa Cegani (Franziska Nietzsche), Umberto Orsini (Bernard Foester), Philippe Leroy (Peter Gast), Carmen Scarpitta (Malwida von Meysenbug), Nicoletta Machiavelli (Amando), Amedeo Amodio (Dott. Dulcaman). 127 Min. I/F/BRD 1977.

Les Amants de Montparnasse. (Montparnasse 19/Gli Amori di Montparnasse). *Drehbuch:* Michel-Georges Michel, Jacques Becker, Henri Jeanson. *Regie:* Jaques Becker. *Darsteller:* Gérard Philipe (Amedeo Modigliani), Lilli Palmer (Beatrice Hastings), Anouk Aimee (Jeanne Hébuterne), Lea Padovani (Rosalie), Gérard Séty (Leopold Sborowsky), Lino Ventura (Morel). 103 Min. F/I 1957.

Amorosa. *Drehbuch:* Mai Zetterling. *Regie:* Mai Zetterling. *Darsteller:* Stina Ekblad (Agnes von Krusenstjerna), Erland Josephson (David Sprengler), Philip Zandén (Adolf von Krusenstjerna), Cathérine de Seynes (Eva von Krusenstjerna), Olof Thunberg (Ernst von Krusenstjerna), Rico Rönnbäck (Edward von Krusenstjerna), Gunnel Broström (Evelina Hamilton), Lauritz Falk (Hugo Hamilton), Lena T. Hansson (Ava de Geer). 117 Min. S 1986.

An Angel at my Table. *Drehbuch:* Laura Jones (nach den Autobiographien »To the Is-Land«/»An Angel at My Table«/»The Envoy from Mirror City« von Janet Frame). *Regie:* Jane Campion. *Darsteller:* Kerry Fox (Janet Frame), Alexia Keogh (Janet Frame as adolescent), Karen Fergusson (Janet Frame as a child), Iris Churn (Mother), Kevin J. Wilson (Father), Melina Bernecker (Myrthe), Glynis Angell (Isabel). 158 Min. NZ 1990.

Arthur Rimbaud – Une biographie. *Drehbuch:* Richard Dindo. *Regie:* Richard Dindo. *Darsteller:* Gérard Bloch (Ernest Delahaye), Christiane Cohendy (Isabelle Rimbaud), Madeleine Marie (la mère de Rimbaud), Albert Delpy (Georges

Izambard), Jean Dautremay (Paul Verlaine), Bernard Freyd (Alfred Bardey), Hans-Rudolf Twerenbold (Alfred Ilg), Jacques Bonnaffé (le narrateur). 141 Min. F/CH 1991.

Les Aventures de Cyrano de Bergerac. *Drehbuch:* Nach dem Drama von Edmond Rostand. *Regie:* Albert Capellani. *Darsteller:* Henri Étiévant, Andrée Pascal, Paul Capellani, Émile Mylo. Kurzfilm. F 1911.

The Bad Lord Byron. (Vom sündigen Poeten). *Drehbuch:* Paul Holt, Laurence Kitchin. *Regie:* David MacDonald. *Darsteller:* Dennis Price (Lord Byron), Mai Zetterling (Teresa Guiccioli), Joan Greenwood (Lady Caroline Lamb), Sonia Holm (Annabella Milbanke), Linden Travers (Augusta Leigh), Raymond Lovell (John Hobhouse), Irene Browne (Lady Melbourne), Ernest Thesiger (Count Guiccioli). 83 Min. GB 1949.

The Barretts of Wimpole Street. (Der Tyrann). *Drehbuch:* Ernest Vajda, Claudine West, Donald Ogden Stewart (nach dem Drama von Rudolph Besier). *Regie:* Sidney Franklin. *Darsteller:* Norma Shearer (Elizabeth Barrett), Fredric March (Robert Browning), Charles Laughton (Edward Moulton-Barrett), Katherine Alexander (Arabell Barrett), Ralph Forbes (Cap. Surtees Cook), Maureen O'Sullivan (Henrietta Barrett), Marion Clayton (Bella Hedley), Ferdinand Munier (Dr. Chambers), Leo G. Carroll (Dr. Waterlow). 110 Min. USA 1934.

The Barretts of Wimpole Street. *Drehbuch:* Rudolph Besier, John Dighton. *Regie:* Sidney Franklin. *Darsteller:* Jennifer Jones (Elizabeth Barrett), Bill Travers (Robert Browning), John Gielgud (Edward Moulton-Barrett), Virginia McKenna (Henrietta), Susan Stephen (Bella), Vernon Gray (Cap. Surtees Cook), Jean Anderson (Wilson), Maxine Audley (Arabel), Leslie Phillips (Harry Bevan), Laurence Naismith (Dr. Chambers), Moultrie Kelsall (Dr. Ford-Waterlow). 105 Min. GB 1956.

The Basketball Diaries. *Drehbuch:* Bryan Goluboff, Jim Carroll. *Regie:* Scott Kalvert. *Darsteller:* Leonardo DiCaprio (Jim Carroll), Lorraine Bracco (Jim's Mother), Marilyn Sokol (Chanting Woman), James Madio (Pedro), Patrick McGaw (Neutron), Mark Wahlberg (Mickey), Roy Cooper (Father McNulty), Bruno Kirby (Swifty), Jimmy Papiris (Iggy), Nick Gaetani (Referee), Alexander Chaplin (Bobo), Ben Jorgensen (Tommy), Josh Mostel (Counterman), Juliette Lewis (Diane Moody), Michael Imperioli (Bobby). 102 Min. USA 1995.

Becoming Jane. *Drehbuch:* Kevin Hood, Sarah Williams. *Regie:* Julian Jarrold. *Darsteller:* Anne Hathaway (Jane Austen), James McAvoy (Tom Lefroy), Julie Walters (Mrs. Austen), James Cromwell (Reverend Austen), Joe Anderson (Henry Austen), Lucy Cohu (Eliza De Feuillide), Laurence Fox (Mr. Wisley). 120 Min. GB 2007.

Before Night Falls. (Antes que anochezca / Bevor es Nacht wird). *Drehbuch:* Cunningham O'Keefe, Lázaro Gómez Carriles, Julian Schnabel nach den Memoiren von Reinaldo Arenas. *Regie:* Julian Schnabel. *Darsteller:* Javier Bardem (Reinaldo Arenas), Olivier Martinez (Lázaro Gómez Carriles), Andrea Di Stefano (Pepe Malas), Johnny Depp (Bon Bon/Lieutenant Victor), Michael Wincott (Herberto Zorrilla Ochoa), Giovanni Florido (Young Reinaldo), Olatz Lopez Garmendia (Reinaldo's Mother), Sebastián Silva (Reinaldo's Father), Carmen Beato (Teacher), Diego Luna (Carlos), Lia Chapman (Lolin), Sean Penn (Cuco Sánchez). 133 Min. USA 2000.

BELOVED INFIDEL. *Drehbuch:* Sy Bartlett, Gerold Frank, Sheilah Graham. *Regie:* Henry King. *Darsteller:* Gregory Peck (F. Scott Fitzgerald), Deborah Kerr (Sheilah Graham), Eddie Albert (Carter), Philip Ober (John Wheeler), Herbert Rudley (Stan Harris), John Sutton (Lord Donegall), Karin Booth (Janet Pierce), Ken Scott (Robinson), Buck Class (Dion), A. Cameron Grant (Johnson), Cindy Ames (Miss Bull). 123 Min. USA 1959.

THE BELOVED ROGUE. (DER BETTELPOET / DER FÜRST DER GASSE). *Drehbuch:* Paul Bern. *Regie:* Alan Crosland. *Darsteller:* John Barrymore (François Villon), Conrad Veidt (King Louis XI.), Marceline Day (Charlotte de Vauxcelles), Lawson Butt (Duke of Burgundy), Henry Victor (Thibault d'Aussigny), Slim Summerville (Jehan), Mack Swain (Nicholas), Angelo Rossitto (Beppo), Nigel de Brulier (The Astrologer), Lucy Beaumont (Villon's Mother), Otto Mattiesen (Olivier), Rose Dione (Margot), Bertram Grassby (Duke of Orleans), Dick Sutherland (Tristan l'Hermite). 99 Min. USA 1927.

BOCAGE. *Drehbuch:* Pereira Coelho, Rocha Martins. *Regie:* José Leitão de Barros. *Darsteller:* Raul de Carvalho (Manuel Maria du Bocage), Celita Bastos (Canária), María Castelar (Analia), Lino Ferreira (Francisco), Maria Helena (Marcia), Joaquim Prata (Caldas). 124 Min. P 1936.

BOCAGE – O TRIUNFO DO AMOR. (BOCAGE, THE TRIUMPH OF LOVE). *Drehbuch:* Djalma Limongi Batista, Gualter Limongi Batista. *Regie:* Djalma Limongi Batista. *Darsteller:* Victor Wagner (Manuel Maria du Bocage), Vietia Rocha (Manteigui), Francisco Farinelli (Josino), Linneu Dias (Manteigui's Husband), Majo DeCastro (Alzira), Eugenia Melo e Castro (Liberty). 85 Min. BR/P 1998.

DIE BRAUT. *Drehbuch:* Egon Günther. *Regie:* Egon Günther. *Darsteller:* Veronika Verres (Christiane Vulpius), Herbert Knaup (Johann Wolfgang Goethe), Sibylle Canonica (Charlotte von Stein), Friedrich Wilhelm Junge (Christiph Martin Wieland), Rüdiger Vogler (Hans-Heinrich Meyer), Jörg Schüttauf (Paul Goetze / Seidel), Ulrich Anschütz (Friedrich Wilhelm Riemer), Julia Filimonow (Bettina Brentano), Michael Goldberg (Achim von Arnim), Christian Hockenbrink (August Goethe). 112 Min. D 1999.

BRINKMANNS ZORN. Drehbuch: Harald Brinkmann. Regie: Harald Bergmann. Darsteller: Eckhard Rhode (Rolf Dieter Brinkmann), Alexandra Finder (Maleen), Martin Kurz (Robert), Rainer Sellien (Freyend), Isabel Schosnig (Linda), Baki Davrak (Konrad). 105 Min. D 2006.

BRONTË. *Drehbuch:* William Luce. *Regie:* Delbert Mann. *Darsteller:* Julie Harris (Charlotte Brontë). 88 Min. USA/IRL 1983.

THE BROTHERS GRIMM. *Drehbuch:* Ehren Kruger. *Regie:* Terry Gilliam. *Darsteller:* Petr Ratimec (Young Will), Barbara Lukêsova (Mother Grimm), Anna Rust (Sister Grimm), Jeremy Robson (Young Jacob), Matt Damon (Wilhelm Grimm), Heath Ledger (Jacob Grimm), Peter Stormare (Cavaldi). 118 Min. GB/CZ/USA 2005.

BRÜDERLEIN FEIN. *Drehbuch:* Emmerich Groh. *Regie:* Hans Thimig. *Darsteller:* Hans Holt (Ferdinand Raimund), Hermann Thimig (Ignaz Schuster), Marte Harell (Therese Krones), Paul Hörbiger (Franz Grillparzer), Winnie Markus (Toni Wagner). 95 Min. D (Wien-Film) 1942.

Capote. *Drehbuch:* Dan Futterman (nach der Biographie von Gerald Clarke). *Regie:* Bennett Miller. *Darsteller:* Philip Seymour Hoffman (Truman Capote), Catherine Keener (Nelle Harper Lee), Clifton Collins Jr. (Perry Smith), Chris Cooper (Alvin Dewey), Bruce Greenwood (Jack Dunphy), Bob Balaban (William Shawn), Amy Ryan (Marie Dewey), Mark Pellegrino (Richard Hickock), Allie Mickelson (Laura Kinney), Marshall Bell (Warden Marshall Krutch), Araby Lockhart (Dorothy Sanderson). 98 Min. USA 2005.

Carrington. *Drehbuch:* Christopher Hampton (nach dem Buch »Lytton Strachey« von Michael Holroyd). *Regie:* Christopher Hampton. *Darsteller:* Emma Thompson (Dora Carrington), Jonathan Pryce (Lytton Strachey), Steven Waddington (Ralph Partridge), Samuel West (Gerald Brenan), Rufus Sewell (Mark Gertler), Penelope Wilton (Lady Ottoline Morrell), Janet McTeer (Vanessa Bell), Peter Blythe (Phillip Morrell), Jeremy Northam (Beacus Penrose), Alex Kingston (Frances Partridge), Sebastian Harcombe (Roger Senhouse), Richard Clifford (Clive Bell), Annabel Mullion (Mary Hutchinson), Gary Turner (Duncan Grant). 117 Min. GB/F 1995.

Céleste. *Drehbuch:* Percy Adlon (nach »Monsieur Proust« von Céleste Albaret). *Regie:* Percy Adlon. *Darsteller:* Eva Mattes (Céleste Albaret), Jürgen Arndt (Marcel Proust), Wolf Euba (Robert Proust), Norbert Wartha (Odilon Albaret). 105 Min. BRD 1981.

Cervantes. (Les Aventures extraordinaires de Cervantes / Avventure e gli amori di Miguel Cervantes / Young Rebel). *Drehbuch:* Enrico Bomba (nach dem Roman von Bruno Frank). *Regie:* Vincent Sherman. *Darsteller:* Horst Buchholz (Cervantes), Gina Lollobrigida (Giulia), Jose Ferrer (Hassan Bey), Louis Jourdan (Cardinal Acquaviva), Francisco Rabal (Rodrigo Cervantes), Fernando Rey (Philip II.). 111 Min. E/F/I 1968.

Cet amour-là. (Diese Liebe). *Drehbuch:* Josée Dayan (nach einer Erzählung von Yann Andréa). *Regie:* Josée Dayan. *Darsteller:* Jeanne Moreau (Marguerite Duras), Aymeric Demarigny (Yann Andréa). 100 Min. F 2001.

Le château de ma mère. (My Mother's Castle / Das Schloss meiner Mutter). *Drehbuch:* Yves Robert (nach der Autobiographie von Marcel Pagnol). *Regie:* Yves Robert. *Darsteller:* Philippe Caubère (Joseph Pagnol), Nathalie Roussel (Augustine), Didier Pain (Oncle Jules), Thérèse Liotard (Tante Rose), Julien Ciamaca (Marcel), Victorien Delamare (Paul), Joris Molinas (Lili des Bellons), Julie Timmerman (Isabelle), Paul Crauchet (Mond des Parpaillouns), Philippe Uchan (Bouzigue). 98 Min. F 1990.

Chopin. Pragnienie milosci. (Chopin: Desire for Love). *Drehbuch:* Jerzy Antczak, Jadwiga Baranska. *Regie:* Jerzy Antczak. *Darsteller:* Piotr Adamczyk (Fryderyk Chopin), Danuta Stenka (George Sand), Sara Müldner (Solange), Jadwiga Baranska (Chopins Mutter), Janusz Gajos (Konstanty Pawlowicz), Maria Gladkowska (Duchess Joanna), Krzysztof Gosztyla (Jean Baptiste Auguste Clesinger), Jerzy Gralek (Polit), Magdalena Kizinkiewicz (Madeleine), Michal Konarski (Ferenc Liszt), Anna Korcz (Charlotte Rothschild). 134 Min. PL 2002.

Cirano di Bergerac. *Drehbuch:* Diego Angeli, Mario Camerini, Augusto Genina (nach dem Drama von Edmond Rostand). *Regie:* Augusto Genina. *Darsteller:*

Pierre Magnier (Cirano di Bergerac), Linda Moglia (Roxanne), Angelo Ferrari (Christian de Neuvillette), Alex Bernard (Rageuneau). 142 Min. I 1923.

Cowboy. *Drehbuch:* Edmund H. North, Dalton Trumbo (nach der Autobiographie »My Reminiscences as a Cowboy« von Frank Harris). *Regie:* Delmer Davis. *Darsteller:* Glenn Ford (Tom Reese), Jack Lemmon (Frank Harris), Anna Kashfi (Maria Vidal / Arriega), Brian Donlevy (Doc Bender), Dick York (Charlie), Víctor Manuel Mendoza (Paco Mendoza), Richard Jaeckel (Paul Curtis), King Donovan (Joe Capper), Vaughn Taylor (Mr. Fowler), Donald Randolph (Senor Vidal), James Westerfield (Mike Adams). 92 Min. USA 1958.

Cross Creek. *Drehbuch:* Dalene Young (nach dem Roman von Marjorie Kinnan Rawlings). *Regie:* Martin Ritt. *Darsteller:* Mary Steenburgen (Marjorie Kinnan Rawlings), Rip Torn (Marsh Turner), Peter Coyote (Norton Baskin), Dana Hill (Ellie Turner), Alfre Woodard (Geechee), Joanna Miles (Mrs. Turner), Ike Eisenmann (Paul), Cary Guffey (Floyd Turner), Toni Hudson (Tim's Wife), Bo Rucker (Leroy), Jay O. Sanders (Charles Rawlings). 127 Min. USA 1983.

Cyrano de Bergerac. *Drehbuch:* Edmond Rostand. *Regie:* Clément Maurice. *Darsteller:* Benoît Constant Coquelin (Cyrano de Bergerac). Kurzfilm mit Ton-Zylinder. F 1900.

Cyrano de Bergerac. *Drehbuch:* Nach dem Drama von Edmond Rostand. *Regie:* Ernesto Maria Pasquali Jean Durand. *Darsteller:* Roger Karl. Kurzfilm. F 1909.

Cyrano de Bergerac. *Drehbuch:* Fernand Rivers (nach dem Drama von Edmond Rostand). *Regie:* Fernand Rivers. *Darsteller:* Claude Dauphin (Cyrano de Bergerac), Christian Bertola (Christian de Neuvillette), Ellen Bernsen (Roxane), Pierre Bertin (Comte de Guiche), René Sarvil (Ragueneau), Gaston Rullier (Carbon de Castel-Jaloux), Desportes (Montfleury), Guillot (Lignières), Max Roger (Vicomte de Valvert). 100 Min. F 1945.

Cyrano de Bergerac. (Der letzte Musketier). *Drehbuch:* Carl Foreman (nach dem Drama von Edmond Rostand). *Regie:* Michael Gordon. *Darsteller:* José Ferrer (Cyrano de Bergerac), Mala Powers (Roxane), William Prince (Christian de Neuvillette), Morris Carnovsky (Le Bret), Ralph Clanton (Antoine Comte de Guiche), Lloyd Corrigan (Ragueneau), Virginia Farmer (Duenna), Edgar Barrier (Cardinal Richelieu), Elena Verdugo (Orange Girl), Albert Cavens (Vicomte de Valvert). 112 Min. USA 1950.

Cyrano de Bergerac. *Drehbuch:* Jean-Claude Carrière, Jean-Paul Rappeneau (nach dem Drama von Edmond Rostand). *Regie:* Jean-Paul Rappeneau. *Darsteller:* Gérard Depardieu (Cyrano De Bergerac), Anne Brochet (Roxane), Vincent Perez (Christian de Neuvillette), Jacques Weber (Comte De Guiche), Roland Bertin (Ragueneau), Philippe Morier-Genoud (Le Bret), Pierre Maguelon (Carbon de Castle-Jaloux), Philippe Volter (Vicomte de Valvert), Jean-Marie Winling (Lignière), Louis Navarre (The Bore), Gabriel Monnet (Montfleury). 137 Min. F 1990.

Cyrano et d'Artagnan. *Drehbuch:* Abel Gance (nach Dumas und Rostand). *Regie:* Abel Gance, Nelly Kaplan. *Darsteller:* José Ferrer (Cyrano de Bergerac), Jean-Pierre Cassel (D'Artagnan), Sylva Koscina (Ninon de l'Eclos), Daliah Lavi (Marion de l'Orme), Rafael Rivelles (Cardinal Duc de Richelieu), Laura Valenzuela

(Queen Anne of Austria), Michel Simon (Le Grognard), Philippe Noiret (Louis XIII.). 120 Min. F/I/E 1962.

The Daydreamer. *Drehbuch:* Romeo Muller, Arthur Rankin Jr. (nach den Märchen von Hans Christian Andersen). *Regie:* Jules Bass. *Darsteller:* Jack Gilford (Papa Andersen), Paul O'Keefe (Chris), Margaret Hamilton (Mrs. Klopplebobbler), Ray Bolger (The Pieman), Robert Harter (Big Claus), Tallulah Bankhead (The Sea Witch: Stimme für die animierte Figur), Patty Duke (Thumbelina: Stimme), Sessue Hayakawa (The Mole: Stimme), Burl Ives (Father Neptune: Stimme), Boris Karloff (The Rat: Stimme), Hayley Mills (The Little Mermaid: Stimme), Cyril Ritchard (The Sandman: Stimme), Ed Wynn (The Emperor: Stimme). 98 Min. USA 1966.

De Sade. (Das ausschweifende Leben des Marquis de Sade / Die Liebesabenteuer des Marquis de Sade). *Drehbuch:* Richard Matheson. *Regie:* Cy Endfield. *Darsteller:* Keir Dullea (De Sade), Senta Berger (Anne de Montreuil), John Huston (Abbé de Sade), Anna Massey (Renée de Montreuil), Lilli Palmer (Mme. de Montreuil). 113 Min. USA/BRD 1969.

La Desaparición de García Lorca. (The Dissapearance of Garcia Lorca / Lorca – Mord an der Freiheit). *Drehbuch:* Marcos Zurinaga, Juan Antonio Ramos, Neil Cohen (nach dem Buch von Ian Gibson). *Regie:* Marcos Zurinaga. *Darsteller:* Andy Garcia (Federico García Lorca), Esai Morales (Ricardo), Edward James Olmos (Roberto Lozano), Jeroen Krabbé (Col. Aguirre), Marcela Walerstein (María Eugenia), Miguel Ferrer (Centeno), Tony Plana (Marcos), Eusebio Lázaro (Vicente Fernández), José Coronado (Néstor González). 104 Min. S/F/USA/PR 1997.

Il Diario di una donna amata. *Drehbuch:* Felix Jackson (nach dem Tagebuch von Marie Bashkirtseff). *Regie:* Henry Koster. *Darsteller:* Isa Miranda (Marie Bashkirtseff), Hans Jaray (Guy de Maupassant), Ennio Cerlesi (Bassieux), Loris Gizzi (Dr. Walitzky), Gemma Bolognesi (Maries Mutter), Umberto Sacripante (Photograph). ca. 90 Min. I/A 1935.

Dnevnik yego zheny. (Дневник его жены / His wife's diary). *Drehbuch:* Dunya Smirnova. *Regie:* Aleksei Uchitel. *Darsteller:* Andrei Smirnov (Ivan Bunin), Galina Tyunina (Vera his wife), Olga Budina (Galina young poet), Yelena Morosova (Marga). 110 Min. RUS 2000.

Dolce far niente. (Die süsse Kunst des Müssiggangs). *Drehbuch:* Nae Caranfil (nach dem Roman »La comédie de Terracina« von Frédéric Vitoux). *Regie:* Nae Caranfil. *Darsteller:* François Cluzet (Stendhal / Henri Beyle), Giancarlo Giannini (Conte Nencini), Margherita Buy (Contessa Gabriella Nencini), Pierfrancesco Favino (Giacchino Rossini), Gianni Fantoni (Rossini's Agent), Teresa Saponangelo (Rosa). 119 Min. I/F/RO/BE 1998.

Dreamchild. *Drehbuch:* Dennis Potter. *Regie:* Gavin Millar. *Darsteller:* Coral Browne (Alice Hargreaves), Amelia Shankley (Alice as a child), Ian Holm (Reverend Charles L. Dodgson / Lewis Carroll), Jane Asher (Mrs. Liddell), Nicola Cowper (Lucy), Peter Gallagher (Jack Dolan). 94 Min. GB 1985.

Dreyfus. *Drehbuch:* Fritz Wendhausen, Heinz Goldberg. *Regie:* Richard Oswald. *Darsteller:* Fritz Kortner (Alfred Dreyfus), Grete Mosheim (Lucie Dreyfus), Albert Bassermann (Oberst Picquart), Heinrich George (Emile Zola), Else

Bassermann (Pariser Dame), Erwin Kaiser (Mathieu Dreyfus), Oskar Homolka (Major Ferdinand Walsin-Esterhazy), Nora Mestom (Marguerite Pays – Esterhazys Geliebte), Ferdinand Hart (Major Henry), Fritz Rasp (Major du Paty de Clam). 116 Min. D 1930.

THE DREYFUS CASE. *Drehbuch:* Walter Mycroft, Reginald Berkeley (nach dem Drama »Die Affäre Dreyfus« von Hans Rehfisch und Wilhelm Herzog). *Regie:* Milton Rosmer, F. W. Kraemer. *Darsteller:* Cedric Hardwicke (Capt. Alfred Dreyfus), Beatrix Thomson (Lucie Dreyfus), Charles Carson (Col. Picquart), George Merritt (Emile Zola), Sam Livesey (Labori), Garry Marsh (Maj. Esterhazy), Henry Caine (Col. Henry), George Skillan (Maj. Paty du Clam), Leonard Shepherd (Georges Clemenceau). 90 Min. GB 1931.

DURCH DIESE NACHT SEHE ICH KEINEN EINZIGEN STERN. *Drehbuch:* Dagmar Knöpfel (nach den Briefen von Bozena Němcová). *Regie:* Dagmar Knöpfel. *Darsteller:* Corinna Harfouch (Bozena Němcová), Bolek Polívka (Josef Nemec), Petr Forman (Danek), Ondrej Vetchý (Dr. Lambl), Anna Polívková (Dora Němcová), Adrian Jastraban (Jurenka). 105 Min. D 2005.

EDGAR ALLEN POE. (EDGAR ALLAN POE). *Drehbuch:* D. W. Griffith, Frank E. Woods. *Regie:* D. W. Griffith. *Darsteller:* Herbert Yost (Edgar Allan Poe), Linda Arvidson (Virginia Poe), Arthur V. Johnson (First Publisher), David Miles (Second Publisher), Anita Hendrie (Second Publisher's Wife), Charles Perley (Resident Poet). Kurzfilm. USA 1909.

EN COMPAGNIE D'ANTONIN ARTAUD. (MY LIFE AND TIMES WITH ANTONIN ARTAUD). *Drehbuch:* Gérard Mordillat (nach dem Buch von Jacques Prevel). *Regie:* Gérard Mordillat, Jérôme Prieur. *Darsteller:* Sami Frey (Antonin Artaud), Marc Barbé (Jacques Prevel), Julie Jézéquel (Jany), Valérie Jeannet (Rolande Prevel), Clotilde de Bayser (Marthe Robert), Charlotte Valandrey (Colette Thomas). 90 Min. F 1993.

LES ENFANTS DU SIÈCLE. (THE CHILDREN OF THE CENTURY / DAS LIEBESDRAMA VON VENEDIG – GEORGE SAND UND ALFRED DU MUSSET). *Drehbuch:* Murray Head, Diane Kurys, François-Olivier Rousseau. *Regie:* Diane Kurys. *Darsteller:* Juliette Binoche (George Sand), Benoît Magimel (Alfred de Musset), Stefano Dionisi (Pagello), Robin Renucci (François Buloz), Karin Viard (Marie Dorval), Isabelle Carré (Aimée d'Alton), Patrick Chesnais (Gustave Planche), Marie-France Mignal (Mme de Musset), Ludivine Sagnier (Hermine Musset), Mathias Mégard (Delacroix), Robert Plagnol (Jules Sandeau). 135 Min. F 1999.

FALLADA – LETZTES KAPITEL. *Drehbuch:* Helga Schütz, Roland Gräf. *Regie:* Roland Gräf. *Darsteller:* Jörg Gudzuhn (Hans Fallada), Jutta Wachowiak (Anna Fallada), Katrin Saß (Ursula Losch), Corinna Harfouch (Elsa-Marie Bukonje), Ulrike Krumbiegel (Anneliese), Marga Legal (Falladas Mutter), Hermann Beyer (Abteilungsleiter), Carl-Heinz Choynski (Wächter Paselk), Werner Dissel (Doktor), Werner Godemann (Gendarm). 97 Min. DDR 1988.

FEUERREITER. *Drehbuch:* Susanne Schneider. *Regie:* Nina Grosse. *Darsteller:* Martin Feifel (Friedrich Hölderlin), Ulrich Mühe (Jacob Gontard), Marianne Denicourt (Susette Gontard), Ulrich Matthes (Isaak von Sinclair), Nina Hoss (Marie Rätzer), Pierre Besson (Friedrich Schelling), Tobias Langhoff (Georg Hegel), Matthias Faber (Henry Gontard). 127 Min. D/F/PL 1998.

FINDING NEVERLAND. (WENN TRÄUME FLIEGEN LERNEN). *Drehbuch:* David Magee (nach dem Drama von Allan Knee). *Regie:* Marc Foster. *Darsteller:* Johnny Depp (Sir James Matthew Barrie), Kate Winslet (Sylvia Llewelyn Davies), Julie Christie (Mrs. Emma du Maurier), Radha Mitchell (Mary Ansell Barrie), Dustin Hoffman (Charles Frohman), Freddie Highmore (Peter Llewelyn Davies), Joe Prospero (Jack Llewelyn Davies), Nick Roud (George Llewelyn Davies), Luke Spill (Michael Llewelyn Davies), Ian Hart (Sir Arthur Conan Doyle), Kelly Macdonald (Peter Pan). 106 Min. GB/USA 2004.

FRANÇOIS VILLON. *Drehbuch:* Justin Huntly McCarthy (Dramenvorlage). *Regie:* André Zwoboda. *Darsteller:* Serge Reggiani (François Villon), Jean-Roger Caussimon (Le grand écolier), Henri Crémieux (Maître Piédoux), Pierre Dargout (Thibaud), Guy Decomble (Denisot), Claudine Dupuis (Huguette du Hainaut), Jacques-Henry Duval (Tuvache), Renée Faure (Catherine de Vauselles), Gabrielle Fontan (La Villonne), Micheline Francey (Guillemette), Gustave Gallet (Guillaume de Villon). 95 Min. F 1945.

FRIEDERIKE. *Drehbuch:* Fritz Friedmann-Frederich (nach der Operette von Ludwig Herzer und Fritz Löhner-Beda). *Regie:* Fritz Friedmann-Frederich. *Darsteller:* Hans Heinz Bollmann (Johann Wolfgang Goethe), Mady Christians (Friederike Brion), Paul Hörbiger (Pfarrer Brion), Adele Sandrock (Madame Schöll), Else Elster (Salomea), Ida Wüst (Magdalena), Erika von Wagner (Elisabeth), Otto Wallburg (Student Wagner), Veit Harlan (Karl August von Weimar), Eduard von Winterstein (Hauptmann Knebel). 62 Min. (Exportfassung mit tschech. Untertiteln im Bundesfilmarchiv). D 1932.

FRIEDRICH SCHILLER. (FRIEDRICH SCHILLER. EINE DICHTERJUGEND). *Drehbuch:* Curt Goetz, Max Kaufmann. *Regie:* Curt Goetz. *Darsteller:* Theodor Loos (Friedrich Schiller), Albert Steinrück (Herzog Karl Eugen von Württemberg), Betty Heermann (Franziska von Hohenheim), Max Pategg (Johann Caspar Schiller), Ilka Grüning (Elisabeth Dorothea Schiller), Hans Carl Müller (Kapf), Erich Walter (Scharffenstein), Martin Gier (Petersen), Walter Kaesing (Hoven), Gottfried Krauss (General Rieger), Egmond Richter (Ch. Fr. Daniel Schubart), Rudolf Klein-Rohden (Amtmann von Blaubeuren), Kitty Aschenbach (Luise Vischerin), Paul Bildt (Andreas Streicher). 111 Min. D 1923.

FRIEDRICH SCHILLER. DER TRIUMPH EINES GENIES. *Drehbuch:* Walter Wassermann, C. H. Diller (d. i. Lotte Neumann). *Regie:* Herbert Maisch. *Darsteller:* Horst Caspar (Friedrich Schiller), Heinrich George (Herzog Carl Eugen von Württemberg), Lil Dagover (Franziska von Hohenheim), Eugen Klöpfer (Dichter Schubart), Paul Henckels (Hofmarschall von Silberkalb), Friedrich Kayßler (Vater Schiller). 110 Min. D 1940.

GELIEBTE MILENA. (THE LOVER / MILENA). *Drehbuch:* Véra Belmont (nach der Biographie von Jana Cerna). *Regie:* Véra Belmont. *Darsteller:* Valérie Kaprisky (Milena Jesenska), Stacy Keach (Jesenski), Gudrun Landgrebe (Olga), Nick Mancuso (Jaromir), Peter Gallagher (Ernst Pollak), Yves Jacques (Max Brod), Philip Anglim (Franz Kafka), Pierre Romans (Hermann Bahr). 115 Min. D/F/CDN 1990.

GEORGE QUI? (GEORGE WHO?). *Drehbuch:* Michèle Rosier. *Regie:* Michèle Rosier. *Darsteller:* Anne Wiazemsky (George Sand), Alain Libolt (Charles Fleury), Jean-Gabriel Nordmann (Jules Sandeau), Bulle Ogier (Marie Dorval), Yves

Rénier (Alfred de Musset), Jean-Michel Ribes (Pierre Leroux), Pierre Kalinovski (Frédéric Chopin), Gilles Deleuze. 112 Min. F 1973.

La gloire de mon père. (My Father's Glory / Der Ruhm meines Vaters). *Drehbuch:* Louis Nucéra (nach der Autobiographie von Marcel Pagnol). *Regie:* Yves Robert. *Darsteller:* Philippe Caubère (Joseph Pagnol), Nathalie Roussel (Augustine), Didier Pain (Oncle Jules), Thérèse Liotard (Tante Rose), Julien Ciamaca (Marcel à 11 ans), Victorien Delamare (Paul), Joris Molinas (Lili des Bellons), Benoît Martin (Marcel petit), Paul Crauchet (Mond des Parpaillouns), Pierre Maguelon (François). 105 Min. F 1989.

Gothic. *Drehbuch:* Stephen Volk. *Regie:* Ken Russel. *Darsteller:* Gabriel Byrne (Lord Byron), Julian Sands (Percy Bysshe Shelley), Natasha Richardson (Mary Shelley), Myriam Cyr (Claire Clermont), Timothy Spall (Dr. John Polidori), Alec Mango (Murray), Andreas Wisniewski (Fletcher), Dexter Fletcher (Rushton), Pascal King (Justine), Tom Hickey (Tour Guide), Linda Coggin (Turkish Mechanical Woman), Kristine Landon-Smith (Mechanical Woman), Chris Chappel (Man in Armour). 87 Min. GB 1986.

The Green Carnation. (The Trials of Oscar Wilde / Der Mann mit der grünen Nelke). *Drehbuch:* Ken Hughes (nach einem Drama von John Furnell und der Biographie von H. Montgomery Hyde). *Regie:* Ken Hughes, Irving Allen. *Darsteller:* Peter Finch (Oscar Fingal O'Flahertie Wills Wilde), Yvonne Mitchell (Constance Wilde), James Mason (Sir Edward Carson), Nigel Patrick (Sir Edward Clarke), Marquis of Queensberry), Lionel Jeffries (John Sholto Douglas), John Fraser (Lord Alfred ›Bosie‹ Douglas), Sonia Dresdel (Lady Wilde), Maxine Audley (Ada Leverson). 123 Min. GB 1960.

Gripsholm. *Drehbuch:* Stefan Kolditz (nach Motiven von Kurt Tucholskys Roman »Schloss Gripsholm«). *Regie:* Xavier Koller. *Darsteller:* Ulrich Noethen (Kurt Tucholsky), Heike Makatsch (Lydia), Jasmin Tabatabai (Billie), Marcus Thomas (Karlchen). 100 Min. D/A/CH 2000.

Guy de Maupassant. *Drehbuch:* Michel Drach, Philippe Madral. *Regie:* Michel Drach. *Darsteller:* Claude Brasseur (Guy de Maupassant), Jean Carmet (François), Miou-Miou (Gisèle d'Estoc), Simone Signoret (Maupassants Mutter), Véronique Genest (Fanny), Anne-Marie Philipe (Comtesse Potocka), Jacques Fabbri (Daremberg), Daniel Gélin (Gustave). 131 Min. F 1982.

Hälfte des Lebens. *Drehbuch:* Christa Kozik, Herrmann Zschoche. *Regie:* Herrmann Zschoche. *Darsteller:* Ulrich Mühe (Friedrich Hölderlin), Jenny Gröllmann (Suzette Gontard), Michael Gwisdek (Jacob Gontard), Swetlana Schönfeld (Maria Rätzer), Peter-Mario Grau (Isaac von Sinclair), Christine Gloger (Hölderlins Mutter), Simone Frost (Hölderlins Schwester), Rolf Hoppe (Wilhelm Heinse). 98 Min. DDR 1984.

Hammett. *Drehbuch:* Joe Gores, Dennis O'Flaherty, Thomas Pope, Thomas Ross. *Regie:* Wim Wenders. *Darsteller:* Frederic Forrest (Dashiell Hammett), Peter Boyle (Jimmy Ryan), Marilu Henner (Kit Conger / Sue Alabama), Roy Kinnear (English Eddie Hagedorn), Elisha Cook Jr. (Eli the Taxi Driver), Lydia Lei (Crystal Ling), R. G. Armstrong (Lt. O'Mara), Richard Bradford (Detective Bradford), Michael Chow (Fong Wei Tau), David Patrick Kelly (The Punk), Sylvia Sidney (Donaldina Cameron). 97 Min. USA 1982.

Hamsun. *Drehbuch:* Per Olov Enquist, Marie Hamsun, Thorkild Hansen, Jan Troell, Madeleine Fant. *Regie:* Jan Troell. *Darsteller:* Max von Sydow (Knut Hamsun), Ghita Nørby (Marie Hamsun), Anette Hoff (Ellinor Hamsun), Gard B. Eidsvold (Arild Hamsun), Eindride Eidsvold (Tore Hamsun), Åsa Söderling (Cecilia Hamsun), Sverre Anker Ousdal (Vidkun Quisling), Erik Hivju (Dr. Gabriel Langfeldt), Edgar Selge (Terboven), Ernst Jacobi (Adolf Hitler), Svein Erik Brodal (Holmboe). 150 Min. N/D/DK/S 1996.

Hans Christian Andersen. *Drehbuch:* Myles Connolly, Moss Hart, Ben Hecht. *Regie:* Charles Vidor. *Darsteller:* Danny Kaye (Hans Christian Andersen), Farley Granger (Niels), Zizi Jeanmaire (Doro), Philip Tonge (Otto), Joey Walsh (Peter), Erik Bruhn (The Hussar in »Ice Skating« Ballet), Roland Petit (The Prince in »The Little Mermaid« Ballet), John Brown (Schoolmaster), John Qualen (Burgomaster), Jeanne Lafayette (Celine). 112 Min. USA 1952.

Haunted Summer. *Drehbuch:* Lewis John Carlino (nach den gleichnamigen Roman von Anne Edwards). *Regie:* Ivan Passer. *Darsteller:* Philip Anglim (Lord Byron), Eric Stoltz (Percy Bysshe Shelley), Alice Krige (Mary Shelley), Laura Dern (Claire Clermont), Alex Winter (John William Polidori). 106 Min. USA 1987.

Heart Beat. *Drehbuch:* John Byrum (nach der gleichnamigen Autobiographie von Carolyn Cassady). *Regie:* John Byrum. *Darsteller:* Nick Nolte (Neal Cassady), John Heard (Jack Kerouac), Sissy Spacek (Carolyn Cassady), Ray Sharkey (Ira), Anne Dusenberry (Stevie), Margaret Fairchild (Mrs. Kerouac), Tony Bill (Dick). 110 Min. USA 1980.

Heinrich. *Drehbuch:* Helma Sanders-Brahms (nach Dokumenten von Heinrich von Kleist). *Regie:* Helma Sanders-Brahms. *Darsteller:* Heinrich Giskes (Heinrich von Kleist), Grischa Huber (Ulrike von Kleist), Hannelore Hoger (Henriette Vogel), Lina Carstens (Dienerin Riebisch), Sigfrit Steiner (Diener Riebisch), Heinz Hoenig (Ernst von Pfuel), Elisabeth Stepanek (Dienstmädchen), Henning Schlüter (Gastwirt), Hildegard Wensch (Frau des Gastwirts), Stefan Ostertag (Dahlmann). 125 Min. BRD 1977.

Heinrich Heines erste Liebe. *Drehbuch:* Friedel Köhne, Lissy Reincke. *Regie:* Eva Christa. *Darsteller:* Alois Pennarini (Heinrich Heine), Margarete Lanner (Mathilde), Vera Nordegg (Ottilie), Peter Kreuder (Onkel Salomon), Emil Stettner (Hühneraugenoperateur Hirsch), Egon Brosig (Makler Liebenthal). ca. 90 Min. D 1922.

Henry & June. *Drehbuch:* Philip Kaufman, Rose Kaufman (nach einem Roman von Anaïs Nin). *Regie:* Philip Kaufman. *Darsteller:* Fred Ward (Henry Miller), Uma Thurman (June Miller), Maria de Medeiros (Anaïs Nin), Richard E. Grant (Hugo), Kevin Spacey (Osborn). 131 Min. USA 1990.

Hölderlin-Comics. (Hölderlin-Trilogie 2). *Drehbuch:* Harald Bergmann nach Texten von Hölderlin, Goethe, Bettina von Arnim, Schiller, Schelling u.a. *Regie:* Harald Bergmann. *Darsteller:* Udo Samel (junger Hölderlin), Otto Sander (alter Hölderlin), Walter Schmidinger (alter Hölderlin), Rainer Sellien (alter Hölderlin), Dietrich E. Sattler (Stimme), Martin Heidegger (Stimme). 90 Min. D 1994.

THE HOURS. *Drehbuch:* David Hare (nach dem gleichnamigen Roman von Michael Cunningham). *Regie:* Stephen Daldry. *Darsteller:* Nicole Kidman (Virginia Woolf), Julianne Moore (Laura Brown), Meryl Streep (Clarissa Vaughan), Stephen Dillane (Leonard Woolf), Miranda Richardson (Vanessa Bell), George Loftus (Quentin Bell), Charley Ramm (Julian Bell), Sophie Wyburd (Angelica Bell), Lyndsey Marshal (Lottie Hope as Lyndsay Marshal), Linda Bassett (Nelly Boxall), Christian Coulson (Ralph Partridge), Michael Culkin (Doctor), John C. Reilly (Dan Brown), Jack Rovello (Richard Brown), Toni Collette (Kitty Barlowe). 110 Min. GB 2002.

I ACCUSE. *Drehbuch:* Nicholas Halasz, Gore Vidal. *Regie:* José Ferrer. *Darsteller:* José Ferrer (Capt. Alfred Dreyfus), Anton Walbrook (Maj. Esterhazy), Viveca Lindfors (Lucie Dreyfus), Leo Genn (Maj. Picquart), Emlyn Williams (Émile Zola), David Farrar (Mathieu Dreyfus), Donald Wolfit (Gen. Mercier), Herbert Lom (Maj. DuPaty de Clam), Harry Andrews (Maj. Henry), Felix Aylmer (Edgar Demange), George Coulouris (Col. Sandherr), Peter Illing (Georges Clemenceau). 99 Min. GB 1958.

IF I WERE KING. *Drehbuch:* E. Lloyd Sheldon (nach dem gleichnamigen Drama von Justin Huntly McCarthy). *Regie:* J. Gordon Edwards. *Darsteller:* William Farnum (François Villon), Betty Ross Clarke (Katherine de Vaucelles), Fritz Leiber (King Louis XI.), Walter Law (Thibault), Henry Carvill (Tristan), Claude Payton (Montigney), V. V. Clogg (Toison D'Or), Harold Clairmont (Noel), Renita Johnson (Huguette). 80 Min. USA 1920.

IF I WERE KING. *Drehbuch:* Preston Sturges (nach dem gleichnamigen Drama von Justin Huntly McCarthy). *Regie:* Frank Lloyd. *Darsteller:* Ronald Colman (François Villon), Basil Rathbone (King Louis XI.), Frances Dee (Katherine DeVaucelles), Ellen Drew (Huguette), C. V. France (Father Villon), Henry Wilcoxon (Captain of the watch), Heather Thatcher (The Queen), Stanley Ridges (Rene de Montigny), Bruce Lester (Noel le Jolys), Walter Kingsford (Tristan l'Hermite). 100 Min. USA 1938.

IMPROMPTU. (VERLIEBT IN CHOPIN). *Drehbuch:* Sarah Kernochan. *Regie:* James Lapine. *Darsteller:* Hugh Grant (Frédéric Chopin), Judy Davis (George Sand), Bernadette Peters (Marie d'Agoult), Mandy Patinkin (Alfred de Musset), Julian Sands (Franz Liszt), Emma Thompson (Duchess D'Antan), Anna Massey (George Sand's Mother). 117 Min. GB/F 1991.

IN LOVE AND WAR. *Drehbuch:* Allan Scott, Clancy Sigal, Anna Hamilton Phelan, Dimitri Villard. *Regie:* Richard Attenborough. *Darsteller:* Sandra Bullock (Agnes von Kurowsky), Chris O'Donnell (Ernest Hemingway), Mackenzie Astin (Henry Villard), Emilio Bonucci (Domenico Caracciolo), Ingrid Lacey (Elsie MacDonald), Margot Steinberg (Mabel Rose), Colin Stinton (Tom Burnside), Ian Kelly (Jimmy McBride), Tara Hugo (Katherine de Long), Rocco Quarzell (Roberto Zardini), Vincenzo Nicoli (Enrico Biscaglia). 108 Min. USA/GB 1996.

INFAMOUS. *Drehbuch:* Douglas McGrath (nach der Vorlage von George Plimpton). *Regie:* Douglas McGrath. *Darsteller:* Toby Jones (Truman Capote), Sigourney Weaver (Babe Paley), Gwyneth Paltrow (Kitty Dean), Sandra Bullock (Nelle Harper Lee), Michael Panes (Gore Vidal), Isabella Rossellini (Marella Agnelli). 110 Min. USA 2006.

IRIS. *Drehbuch:* Richard Eyre, Charles Wood (nach dem Buch von John Bayley). *Regie:* Richard Eyre. *Darsteller:* Judi Dench (Iris Murdoch), Jim Broadbent (John Bayley), Kate Winslet (Young Iris Murdoch), Hugh Bonneville (Young John Bayley), Penelope Wilton (Janet Stone), Eleanor Bron (Principal). 91 Min. GB/USA 2001.

ISN'T SHE GREAT. (IST SIE NICHT GROSSARTIG?). *Drehbuch:* Michael Korda, Paul Rudnick. *Regie:* Andrew Bergman. *Darsteller:* Bette Midler (Jacqueline Susann), Nathan Lane (Irving Mansfield), Stockard Channing (Florence Maybelle), David Hyde Pierce (Michael Hastings), John Cleese (Henry Marcus), John Larroquette (Maury Manning), Amanda Peet (Debbie), Terrence Ross (Radio actor), Jeffrey Ross (Shecky), Christopher McDonald (Brad Bradburn), Paul Benedict (Prof. Brainiac), Dina Spybey (Bambi Madison), Pauline Little (Leslie Barnett), William Hill (Passerby), Mal Z. Lawrence (Mort). 95 Min. USA/GB/D/JAP 2000.

JACK LONDON. *Drehbuch:* Ernest Pascal, Charmian London. *Regie:* Alfred Santell. *Darsteller:* Michael O'Shea (Jack London), Susan Hayward (Charmain Kittredge), Osa Massen (Freda Maloof), Virginia Mayo (Mamie), Harry Davenport (Prof. Hilliard), Frank Craven (Old Tom), Ralph Morgan (George Brett), Louise Beavers (Mammy Jenny), Jonathan Hale (Kerwin Maxwell), Leonard Strong (Capt. Tanaka), Paul Hurst (Lucky Luke Lannigan), Regis Toomey (Scratch Nelson), Hobart Cavanaugh (Mike), Olin Howland (Mailman), Ernie S. Adams (Whiskey Bob). 94 Min. USA 1943.

JAMES JOYCE'S WOMEN. *Drehbuch:* Fionnula Flanagan (nach Texten von James Joyce). *Regie:* Michael Pearce. *Darsteller:* Chris O'Neill (James Joyce), Fionnula Flanagan (Nora Barnacle Joyce, Sylvia Beach, Harriet Shaw Weaver u.a.), Paddy Dawson, Martin Dempsey, Timothy E. O'Grady, Tony Lyons. 88 Min. USA 1985.

DIE JUGENDGELIEBTE. (GOETHES JUGENDGELIEBTE / GOETHE'S GREAT LOVE). *Drehbuch:* Hans Tintner. *Regie:* Hans Tintner. *Darsteller:* Hans Stüwe (Johann Wolfgang Goethe), Elga Brink (Friederike von Sesenheim), Jakob Tiedtke (Goethes Vater), Ida Perry (Goethes Mutter), Wilhelm Diegelmann (Pfarrer Brion), Josefine Dora (Mutter Brion), Anita Dorris (Salomea), Ilse Baumann (Jacobea), Roby Robert (Christel), Fred Döderlein (Weyland), Rudolf Lettinger (Salzmann), Willi Clever (Stilling). 83 Min. D 1930.

JULIA. *Drehbuch:* Alvin Sargent (nach einer Kurzgeschichte von Lillian Hellman). *Regie:* Fred Zinnemann. *Darsteller:* Jane Fonda (Lillian Hellman), Jason Robards (Dashiell Hammett), Vanessa Redgrave (Julia), Rosemary Murphy (Dorothy Parker), Meryl Streep (Anne Marie), John Glover (Sammy), Hal Holbrook (Alan Campell), Maximilian Schell (Johann). 118 Min. USA 1977.

DER JUNGE GOETHE. (DER SOHN DER GÖTTER). *Drehbuch:* Hans Land. *Regie:* Arthur Wellin. *Darsteller:* Alexander Moissi (Goethe), Käthe Dorsch (Charlotte Buff). 98 Min. D 1919.

K.AF.KA FRAGMENT. *Drehbuch:* Christian Frosch, Kristina Konrad. *Regie:* Christian Frosch. *Darsteller:* Lars Rudolph (Franz Kafka), Ursula Ofner (Felice Bauer). 85 Min. A/D/CH 2001.

KAFKA. *Drehbuch:* Lem Dobbs. *Regie:* Steven Soderbergh. *Darsteller:* Jeremy Irons (Franz Kafka), Theresa Russell (Gabriela), Joel Grey (Burgel), Ian Holm (Doctor

Murnau), Jeroen Krabbé (Bizzlebek), Armin Mueller-Stahl (Inspektor Grubach), Alec Guinness (Vorsteher). 98 Min. USA/GB/F 1992.

Karl May. *Drehbuch:* Hans-Jürgen Syberberg. *Regie:* Hans-Jürgen Syberberg. *Darsteller:* Helmut Käutner (Karl May), Kristina Söderbaum (Emma May), Käthe Gold (Klara May), Attila Hörbiger (Dittrich, Journalist) Willy Trenk-Trebitsch (Rodolf Lebius), Mady Rahl (Pauline Münchmeyer), Lil Dagover (Berta von Suttner), Rudolf Prack (Sächsischer Justizminister), Rainer von Artenfels (Adolf Hitler), Leon Askin (Anwalt Klotz-Sello). 187 Min. BRD 1974.

Komödianten. *Drehbuch:* Axel Eggebrecht, Walter von Hollander, Georg Wilhelm Pabst (nach dem Roman »Philine« von Olly Boeheim). *Regie:* Georg Wilhelm Pabst. *Darsteller:* Käthe Dorsch (Karoline Neuber), Friedrich Domin (Johann Neuber), Viktor Afritsch (Graf Paul Teuchan aus Coburg), Gustav Diessl (Herzog von Kurland), Erich Dunskus (General beim Herzog von Kurland), Hilde Krahl (Philine Schröder), Bettina Hambach (Victorine), Richard Häussler (Arnim von Perckhammer), Harry Langewisch (Professor Gottsched), Kurt Müller-Graf (Student Gotthold Lessing), Alexander Ponto (Kohlhardt), Henny Porten (Amalia – Herzogin von Weißenfels), Ludwig Schmitz (Müller – der Hanswurst). 112 Min. D 1941.

Korczak. *Drehbuch:* Agnieszka Holland. *Regie:* Andrej Wajda. *Darsteller:* Wojciech Pszoniak (Janucz Korczak), Ewa Dalkowska (Stefania ›Stefa‹ Wilczynska), Teresa Budzisz-Krzyzanowska (Maryna Rogowska-Falska), Marzena Trybala (Estera), Piotr Kozlowski (Heniek), Zbigniew Zamachowski (Ichak Szulc). 112 Min. PL/D/GB 1990.

Lady Caroline Lamb. (Peccato d'amore). *Drehbuch:* Robert Bolt. *Regie:* Robert Bolt. *Darsteller:* Sarah Miles (Lady Caroline Lamb), Jon Finch (William Lamb), Richard Chamberlain (Lord Byron), John Mills (Canning), Margaret Leighton (Lady Melbourne), Pamela Brown (Lady Bessborough), Silvia Monti (Miss Millbanke), Ralph Richardson (King George III.), Laurence Olivier (Duke of Wellington). 123 Min. GB/I 1972.

Lawrence of Arabia. *Drehbuch:* Robert Bolt, Michael Wilson (nach autobiographischen Schriften von T. E. Lawrence). *Regie:* David Lean. *Darsteller:* Peter O'Toole (T. E. Lawrence), Alec Guinness (Prince Feisal), Anthony Quinn (Auda abu Tayi), Jack Hawkins (General Allenby), Omar Sharif (Sherif Ali), José Ferrer (Turkish Bey), Anthony Quayle (Colonel Brighton), Claude Rains (Mr. Dryden), Arthur Kennedy (Jackson Bentley), Donald Wolfit (General Murray). 228 Min. (Director's Cut). GB 1962.

Lenz. *Drehbuch:* George Moorse (nach der Novelle von Georg Büchner). *Regie:* George Moorse. *Darsteller:* Michael König (Jakob Michael Reinhold Lenz), Louis Waldon (Oberlin), Rolf Zacher (Kaufmann), Sigurd Bischoff, Toon Gallée. 130 Min. BRD 1971.

Lenz. *Drehbuch:* Bueki Matyas, Pap Tamas, Szirtes András (nach Georg Büchner). *Regie:* András Szirtes. *Darsteller:* Klára Mónus (Orvosnő), Katalin Szerb (Angyalka), Zsófia Szerb (Angyalka), Károly Pilát (Caspar David Friedrich), Milan Encian (Csontvári Kosztka Tivadar), János Gémes (Lavater), Piroska Douglas (Lenz édesanyja), Tamás Pap (Sziklaváros gondnoka), Rozi Vajda (Friederike Brion), Anikó Artner (Elárusító lány). 100 Min. H 1987.

L'Histoire d'Adèle H. *Drehbuch:* François Truffaut, Jean Gruault, Suzanne Schiffman (nach den Tagebüchern von Adèle Hugo). *Regie:* François Truffaut. *Darsteller:* Isabelle Adjani (Adèle Hugo), Bruce Robinson (Lt. Pinson), Sylvia Marriott (Mrs. Saunders), Joseph Blatchley (Buchhändler), Ivry Gitlis (Hypnotiseur). 96 Min. F 1975.

The Libertine. *Drehbuch:* Stephen Jeffreys. *Regie:* Laurence Dunmore. *Darsteller:* Johnny Depp (Rochester), Samantha Morton (Elizabeth Barry), John Malkovich (King Charles II.), Paul Ritter (Chiffinch), Stanley Townsend (Keown), Francesca Annis (Countess), Rosamund Pike (Elizabeth Malet), Tom Hollander (George Etherege), Johnny Vegas (Sackville), Richard Coyle (Alcock), Hugh Sachs (Ratcliffe), Tom Burke (Vaughan), Rupert Friend (Billy Downs), Jack Davenport (Harris), Trudi Jackson (Rose). 114 Min. GB 2004.

The Life of Emile Zola. *Drehbuch:* Reilly Raine Norman, Geza Herczeg, Heinz Herald nach der Biographie »Zola and His Time« von Matthew Josephson. *Regie:* William Dieterle. *Darsteller:* Paul Muni (Emile Zola), Gloria Holden (Alexandrine Zola), Gale Sondergaard (Lucie Dreyfus), Joseph Schildkraut (Capt. Alfred Dreyfus), Robert Warwick (Maj. Henry), Donald Crisp (Maitre Labori), Robert H. Barrat (Major Walsin-Esterhazy), Henry O'Neill (Col. Picquart), Frank Mayo (Mathieu Dreyfus), Gilbert Emery (Minister of War), Marcia Mae Jones (Helen Richards), Frank Sheridan (Van Cassell), Morris Carnovsky (Anatole France), Vladimir Sokolov (Paul Cezanne), Grant Mitchell (Georges Clemenceau). 117 Min. USA 1937.

L'insolent Beaumarchais. *Drehbuch:* Jean-Claude Brisville, Edouard Molinaro (nach dem Drama von Sacha Guitry). *Regie:* Edouard Molinaro. *Darsteller:* Fabrice Luchini (Pierre-Augustin Caron de Beaumarchais), Manuel Blanc (Gudin), Sandrine Kiberlain (Marie-Thérèse), Michel Serrault (Louis XV.), Jacques Weber (Duc de Chaulnes), Michel Piccoli (Prince de Conti), Dominique Besnehard (Louis XVI.), Jean-François Balmer (Sartine), Axelle Laffont (Mariette Lejay), Florence Thomassin (Marion Menard), Claire Nebout (Chevalier d'Eon). 100 Min. F 1996.

Lisztomania. *Drehbuch:* Ken Russell. *Regie:* Ken Russell. *Darsteller:* Roger Daltrey (Franz Liszt), Sara Kestelman (Princess Carolyn), Paul Nicholas (Richard Wagner), Ringo Starr (The Pope), Rick Wakeman (Thor), John Justin (Count d'Agoult), Fiona Lewis (Marie d'Agoult), Veronica Quilligan (Cosima), Nell Campbell (Olga), Andrew Reilly (Hans von Bülow), David English (Captain), Imogen Claire (George Sand), Rikki Howard (Countess), David Corti (Daniel), Anulka Dziubinska (Lola Montez). 104 Min. GB 1975.

The Loves of Edgar Allan Poe. *Drehbuch:* Arthur Caesar, Samuel Hoffenstein, Tom Reed. *Regie:* Harry Lachman. *Darsteller:* Linda Darnell (Virginia Clemm), John Shepperd (Edgar Allan Poe), Virginia Gilmore (Elmira Royster), Jane Darwell (Mrs. Clemm), Mary Howard (Frances Allan), Frank Conroy (John Allan), Henry Morgan (Ebenezer Burling), Walter Kingsford (T. W. White), Morris Ankrum (Mr. Graham), Frank Melton (Turner Dixon), Morton Lowry (Charles Dickens), Gilbert Emery (Thomas Jefferson), Ed Stanley (Doctor Moran), Francis Ford (Tavern keeper), Harry Denny (Kennedy), Hardie Albright (Shelton). 67 Min. USA 1942.

Lützows wilde verwegene Jagd. (Das Heldenschicksal Theodor Körners und seine letzte Liebe / Die Todeshusaren). *Drehbuch:* Max Jungk. *Regie:* Richard Oswald. *Darsteller:* Ernst Rückert (Theodor Körner), Arthur Wellin (Major von Lützow), Mary Kid (Toni Adamberger), Paul Bildt (Napoleon), Wera Engels (Eleonore Prochaska), Gerd Briese (Graf von Seydlitz), Siegfried Arno (Franz II. von Österreich), Leopold von Ledebur (Johann Wolfgang von Goethe), Albert Steinrück (Ludwig van Beethoven), Friedrich Kühne (Fürst Metternich). 108 Min. D 1927.

Lyrische Suite / Das untergehende Vaterland. (Hölderlin-Trilogie 1). *Drehbuch:* Harald Bergmann. *Regie:* Harald Bergmann. *Darsteller:* Jean-Marie Straub, Udo Samel, Otto Sander. 84 Min. D 1992.

Madadayo. *Drehbuch:* Akira Kurosawa, Ishirô Honda (nach den Essays von Uchida Hyakken). *Regie:* Akira Kurosawa, Ishirô Honda. *Darsteller:* Tatsuo Matsumura (Prof. Hyakken Uchida), Kyôko Kagawa (Professor's Wife), Hisashi Igawa (Takayama), Jôji Tokoro (Amaki), Masayuki Yui (Kiriyama), Akira Terao (Sawamura), Takeshi Kusaka (Dr. Kobayashi), Asei Kobayashi (Rev. Kameyama). 134 Min. JAP 1993.

The Man with a Cloak. *Drehbuch:* John Dickson Carr, Frank Fenton. *Regie:* Fletcher Markle. *Darsteller:* Joseph Cotten (Edgar Allan Poe alias Dupin), Barbara Stanwyck (Lorna Bounty), Louis Calhern (Charles Theverner), Leslie Caron (Madeline Minot), Joe De Santis (Martin the butler), Jim Backus (Flaherty), Margaret Wycherly (Mrs. Flynn), Richard Hale (Durand the lawyer), Nicholas Joy (Dr. Roland), Roy Roberts (The Policeman), Mitchell Lewis (Zack the waiter). 84 Min. USA 1951.

Marie Bashkirtseff. *Drehbuch:* Corrado Álvaro, Felix Joachimson, Hermann Kösterlitz, Fritz Rotter (nach dem Tagebuch von Marie Bashkirtseff). *Regie:* Henry Koster. *Darsteller:* Lili Darvas (Marie Bashkirtseff), Hans Jaray (Guy de Maupassant), Attila Hörbiger (Bassieux), S. Z. Sakall (Dr. Walitzky), Anna Kallina (Maries Mutter), Silvia de Bettini (Germaine), Frida Richard (Fortune Teller), Etha von Storm (Jenny). 86 Min. A 1935.

Marquis de Sade. *Drehbuch:* Craig J. Nevius. *Regie:* Gwyneth Gibby. *Darsteller:* Nick Mancuso (Marquis de Sade), Janet Gunn (Justine), Charlotte Nielsen (Juliette), John Rhys-Davies (Insepector Marais), Irina Malysheva (Madame de Montreuil). 92 Min. USA 1996.

Mein Herz – Niemandem! *Drehbuch:* Helma Sanders-Brahms. *Regie:* Helma Sanders-Brahms. *Darsteller:* Lena Stolze (Else Lasker-Schüler), Cornelius Obonya (Gottfried Benn), Anna Sanders (Edith), Bruno Dunst (Professor), Klaus Bunk (Herwarth Walden), Christian Schlemmer (Wassili Kandinsky), Stefan Ostertag (Franz Marc), Nicolai Albrecht (Marc Chagall). 103 Min. D 1997.

Mishima. *Drehbuch:* Chieko Schrader, Leonard Schrader. *Regie:* Paul Schrader. *Darsteller:* Ken Ogata (Yukio Mishima), Masayuki Shionoya (Morita), Hiroshi Mikami (Cadet No. 1), Junya Fukuda (Cadet No. 2), Shigeto Tachihara (Cadet No. 3), Junkichi Orimoto (General Mashita), Gô Rijû (Mishima Age 18-19), Yuki Nagahara (Mishima Age 5). 121 Min. USA 1985.

Miss Potter. *Drehbuch:* Richard Maltby Jr. *Regie:* Chris Noonan. *Darsteller:* Renée Zellweger (Beatrix Potter), Ewan McGregor (Norman Warne), Emily Watson

(Millie Warne), Barbara Flynn (Helen Potter), Bill Paterson (Rupert Potter), Lucy Boynton (Young Beatrix at 10). 92 Min. GB/USA 2006.

Molière. *Drehbuch:* Louis Feuillade, Abel Gance. *Regie:* Léonce Perret. *Darsteller:* André Bacqué (Molière), Abel Gance (Molière jeune), René d'Auchy (Louis XIV.), A. De Pouzels (Armande Béjart), Mary Brunel (La servante de Forest), Madeleine Sézanne (La muse de Molière). Kurzfilm (Court Métrage). F 1909.

Molière. *Drehbuch*: Laurent Tirard, Grégoire Vigneron. *Regie:* Laurent Tirard. *Darsteller:* Romain Duris (Jean-Baptiste Poquelin, d.i. Molière), Fabrice Luchini (M. Jourdain), Laura Morante (Elmire Jourdain), Fanny Valette (Henriette Jourdain), Edouard Baer (Dorante), Ludivine Sagnier (Célimène), Sophie-Charlotte Husson (Madeleine Béjart). 120 Min. F 2007.

Mountains of the Moon. *Drehbuch:* William Harrison. *Regie:* Bob Rafelson. *Darsteller:* Patrick Bergin (Richard Francis Burton), Iain Glen (John Hanning Speke), Richard E. Grant (Larry Oliphant), Fiona Shaw (Isabel Arundell), John Savident (Lord Murchison), James Villiers (Lord Oliphant), Adrian Rawlins (Edward), Peter Vaughan (Lord Houghton), Delroy Lindo (Mabruki), Bernard Hill (Dr. David Livingstone), Matthew Marsh (William), Richard Caldicot (Lord Russell). 135 Min. USA 1990.

Mr. H. C. Andersen. *Drehbuch:* Jean Haines, Ronald Haines (nach der Autobiographie »Das Märchen meines Lebens« von Hans Christian Andersen). *Regie:* Ronald Haines. *Darsteller:* Ashley Glynne (Hans Christian Andersen), Constance Lewis (Mrs. Andersen), Terence Noble (Mr. Andersen), Stuart Saunders (Bailiff), June Elvin (Jenny Lind), Edward Sullivan (Charles Dickens), Victor Rietti (King Frederick). 62 Min. GB 1950.

Mrs. Parker and The Vicious Circle. (Mrs. Parker and the Round Table). *Drehbuch:* Alan Rudolph, Randy Sue Coburn. *Regie:* Alan Rudolph. *Darsteller:* Jennifer Jason Leigh (Dorothy Parker), Campbell Scott (Robert Benchley), Matthew Broderick (Charles MacArthur), Peter Gallagher (Alan Campbell), Jennifer Beals (Gertrude Benchley), Andrew McCarthy (Eddie Parker), Wallace Shawn (Horatio Byrd), Martha Plimpton (Jane Grant), Sam Robards (Harold Ross), Lili Taylor (Edna Ferber), James LeGros (Deems Taylor), Gwyneth Paltrow (Paula Hunt), Nick Cassavetes (Robert Sherwood), David Thornton (George S. Kaufman), Heather Graham (Mary Kennedy Taylor). 119 Min. USA 1994.

My Left Foot. *Drehbuch:* Jim Sheridan, Shane Connaughton (nach der Autobiographie »My Left Foot« von Christy Brown). *Regie:* Jim Sheridan. *Darsteller:* Daniel Day-Lewis (Christy Brown), Brenda Fricker (Mrs. Brown), Ray McAnally (Mr. Brown), Hugh O'Conor (younger Christy), Fiona Shaw (Dr. Eileen Cole), Cyril Cusack (Lord Castlewelland), Ruth McCabe (Mary), Alison Whelan (older Sheila), Eanna McLiam (older Benny), Declan Croghan (older Tom). 103 Min. IRL 1989.

Nanon. *Drehbuch:* Eberhard Keindorff, Georg Zoch (nach der gleichnamigen Operette von Friedrich Zell/Richard Genée). *Regie:* Herbert Maisch. *Darsteller:* Erna Sack (Nanon Patin), Johannes Heesters (Marquis Charles d'Aubigne), Dagny Servaes (Ninon de l'Eclos), Otto Gebühr (Jean Baptiste Molière), Kurt Meisel

(Hector), Ludwig Andersen (Sekretär), Berthold Ebbecke (Pierre), Ilse Fürstenberg (Die Magd), Clemens Hasse (Francois Patin), Karl Paryla (Louis XIV.), Hermann Pfeiffer (Mons. Duval), Oskar Sima (Marquis de Marsillac). 83 Min. D 1938.

NORA. (NORA – DIE LEIDENSCHAFTLICHE LIEBE VON JAMES JOYCE). *Drehbuch:* Pat Murphy, Gerard Stembridge (basierend auf der Biographie von Branda Maddox). *Regie:* Pat Murphy. *Darsteller:* Susan Lynch (Nora Barncacle), Ewan McGregor (James Joyce), Vinnie McCabe (Uncle Tommy), Veronica Duffy (Annie Barnacle), Aedin Moloney (Eva Joyce). 106 Min. IRL/GB/I/D 1999.

LA NOTE BLEUE. (BLUE NOTE). *Drehbuch:* Andrzej Zulawski. *Regie:* Andrzej Zulawski. *Darsteller:* Janusz Olejniczak (Frédéric Chopin), Marie-France Pisier (George Sand), Sophie Marceau (Solange Sand), Noemi Nadelmann (Pauline Viardot), Féodor Atkine (Eugène Delacroix), Aurélien Recoing (Auguste Clésinger), Benoît Le Pecq (Maurice Sand), Roman Wilhelmi (Adalbert Grzymala), Grazyna Dylong (Laure Czosnowska), Redjep Mitrovitsa (Alexandre Dumas fils), Beatrice Buchholz (Augustine Brault), Serge Ridoux (Louis Viardot), Serge Renko (Ivan Tourgueniev). 135 Min. F/D 1991.

NOVALIS – DIE BLAUE BLUME. *Drehbuch:* Herwig Kipping. *Regie:* Herwig Kipping. *Darsteller:* Christoph Schiller (Friedrich von Hardenberg), Agathe de la Fontaine (Sophie von Kühn), Reiner Heise (Tod), Hansjürgen Hürrig (Friedrichs Vater), Eva-Maria Hagen (Friedrichs Mutter), Gottfried John (Sophies Vater), Marijam Agischewa (Sophies Mutter), Eberhard Esche (Großkreuz), Arno Wyzniewski (August Just), Margret Völker (Caroline Just), Steffen Wink (Carl), Volker Ranisch (Erasmus), Özlem Soydan (Danscour), Sharon Brauner (Friederike). 97 Min. D 1993.

NRAN GUYNE. (ЦВЕТ ГРАНАТА / COLOUR OF POMEGRANATES / DIE FARBE DES GRANATAPFELS). *Drehbuch:* Sergei Parajanov (mit Gedichten von Sayat Nova). *Regie:* Sergei Parajanov. *Darsteller:* Sofiko Chiaureli (Poet as a Youth/Poet's Love/Poet's Muse/Mime/Angel of Resurrection), Melkon Aleksanyan (Poet as a child), Vilen Galstyan (Poet in the cloister), Giorgi Gegechkori (Poet as an old man), Spartak Bagashvili (Poet's father), Medea Djaparidze (Poet's mother), Hovhannes Minasyan (Prince), Onik Minasyan (Prince). 79 Min. SU 1968.

OMAR KHAYYAM. (THE LOVES OF OMAR KHAYYAM). *Drehbuch:* Barré Lyndon. *Regie:* William Dieterle. *Darsteller:* Cornel Wilde (Omar Khayyam), Raymond Massey, Debra Paget, Michael Rennie. 101 Min. USA 1957.

OSCAR WILDE. (FORBIDDEN PASSION). *Drehbuch:* Jo Eisinger nach dem Drama von Leslie und Sewell Stokes. *Regie:* Gregory Ratoff. *Darsteller:* Robert Morley (Oscar Wilde), Ralph Richardson (Sir Edward Carson), Phyllis Calvert (Constance Wilde), John Neville (Lord Alfred Douglas), Dennis Price (Robert Ross), Alexander Knox (Sir Edgar Clarke), Edward Chapman (Marquis of Queensberry), Martin Benson (George Alexander), Robert Harris (Justice Henn Collins), Henry Oscar (Justice Wills). 98 Min. GB 1960.

OUR HEARTS WERE GROWING UP. *Drehbuch:* Norman Panama, Melvin Frank. *Regie:* William D. Russell. *Darsteller:* Gail Russell (Cornelia Otis Skinner), Diana Lynn (Emily Kimborough), James Brown, Brian Donlevy, Bill Edwards. 83 Min. USA 1946.

Our Hearts Were Young and Gay. *Drehbuch:* Sheridan Gibney (nach der Autobiographie von Cornelia Otis Skinner). *Regie:* Lewis Allen. *Darsteller:* Gail Russell (Cornelia Otis Skinner), Diana Lynn (Emily Kimbrough), James Brown (Avery Moore), Bill Edwards (Tom Newhall), Dorothy Gish (Mrs. Otis Skinner), Charlie Ruggles (Mr. Otis Skinner), Beulah Bondi (Miss Abigail Horn), Alma Kruger (Mrs. Lamberton), Jean Heather (Frances »Smitty« Smithers), Helen Freeman (Mrs. Smithers), Nina Koshetz (Herself). 81 Min. USA 1944.

Out of Africa. (Jenseits von Afrika). *Drehbuch:* Kurt Luedtke (nach der Autobiographie von Karen Blixen / Isak Dinesen sowie den Biographien von Judith Thurman und Errol Trzebinski). *Regie:* Sydney Pollack. *Darsteller:* Meryl Streep (Karen Blixen), Klaus Maria Brandauer (Bror Blixen Finecke), Robert Redford (Denys Finch Hatton), Mallick Bowens, Michael Gough, Rachel Kempson, Joseph Thiaka. 150 Min. USA 1985.

Oviri. (Gauguin, le loup dans le soleil / The Wolf at the Door). *Drehbuch:* Henning Carlsen, Jean-Claude Carrière, Christopher Hampton. *Regie:* Henning Carlson. *Darsteller:* Donald Sutherland (Paul Gauguin), Max von Sydow (August Strindberg), Fanny Basdtien, Sofie Graboel, Valerie Morea, Merete Voldstedlund. 92 Min. DK/F 1987.

Piñero. *Drehbuch:* Leon Ichaso. *Regie:* Leon Ichaso. *Darsteller:* Benjamin Bratt (Miguel Piñero), Giancarlo Esposito (Miguel Algarin), Talisa Soto (Sugar), Nelson Vasquez (Tito Goya), Michael Irby (Reinaldo Povod), Michael Wright (Edgar), Rita Moreno (Miguel's Mother), Jaime Sánchez (Miguel's Father). 103 Min. USA 2001.

Il Postino. *Drehbuch:* Anna Pavignano, Michael Radford, Furio Scarpelli (nach dem Roman von Antonio Skármeta). *Regie:* Michael Radford. *Darsteller:* Massimo Troisi (Mario Ruoppolo), Philippe Noiret (Pablo Neruda), Maria Grazia Cucinotta (Beatrice Russo), Linda Moretti (Donna Rosa), Renato Scarpa, Anna Bonaiuto, Mariano Rigillo. 108 Min. I/F/BE 1995.

Prick Up Your Ears. *Drehbuch:* Alan Bennett (nach der Biography von John Lahr). *Regie:* Stephen Frears. *Darsteller:* Gary Oldman (Joe Orton), Alfred Molina (Kenneth Halliwell), Wallace Shawn (John Lahr), Vanessa Redgrave (Peggy Ramsay), Janet Dale (Mrs. Sugden), Lindsey Duncan (Anthea Lahr), Julie Walters (Elsie Orton). 111 Min. GB 1987.

Priest of Love. *Drehbuch:* Alan Plater, Harry T. Moore. *Regie:* Christopher Miles. *Darsteller:* Ian McKellen (D. H. Lawrence), Janet Suzman (Frieda Lawrence), Ava Gardner (Mabel Dodge Luhan), Jorge Rivero (Tony Luhan), Penelope Keith (The Honourable Dorothy Brett), Maurizio Merli (Angelo Ravagli), James Faulkner (Aldous Huxley), John Gielgud (Herbert G. Muskett). 98 Min. GB 1981.

Quills. *Drehbuch:* Dough Wright. *Regie:* Philip Kaufman. *Darsteller:* Geoffrey Rush (Marquis de Sade), Kate Winslet (Madeleine LeClerc), Joaquin Phoenix (The Abbe du Coulmier), Michael Caine (Dr. Royer-Collard), Billie Whitelaw (Madame LeClerc), Patrick Malahide (Delbené), Amelia Warner (Simone), Jane Menelaus (Renee Pelagie), Stephen Moyer (Prouix), Tony Pritchard (Valcour), Michael Jenn (Cleante), Danny Babington (Pitou), George Yiasoumi (Dauphin), Stephen Marcus (Bouchon), Elizabeth Berrington (Charlotte). 124 Min. USA/D 2000.

REDS. *Drehbuch:* Warren Beatty, Trevor Griffiths. *Regie:* Warren Beatty. *Darsteller:* Warren Beatty (John Reed), Diane Keaton (Louise Bryant), Maureen Stapleton (Emma Goldman), Jack Nicholson (Eugene O'Neill), Paul Sorvino (Louis Fraina), Maureen Stapleton (Emma ›E. G.‹ Goldman), Nicolas Coster (Paul Trullinger), Ian Wolfe (Mr. Partlow), Bessie Love (Mrs. Partlow). 194 Min. USA 1981.

DIE REISE NACH KAFIRISTAN. (THE JOURNEY TO KAFIRISTAN). *Drehbuch:* Fosco Dubini, Donatello Dubini, Barbara Marx. *Regie:* Fosco Dubini, Donatello Dubini. *Darsteller:* Jeanette Hain (Annemarie Schwarzenbach), Nina Petri (Ella Maillart). 101 Min. D/CH/NL 2001.

REMANDO AL VIENTO. (ROWING WITH THE WIND). *Drehbuch:* Gonzalo Suárez. *Regie:* Gonzalo Suárez. *Darsteller:* Hugh Grant (Lord Byron), Lizzy McInnerny (Mary Shelley), Valentine Pelka (Percy Bysshe Shelley), Elizabeth Hurley (Claire Clairmont), José Luis Gómez (John Polidori), Virginia Mataix (Elisa), Ronan Vibert (Fletcher), José Carlos Rivas (Criatura), Kate McKenzie (Jane Williams), Jolyon Baker (Edward Williams), Terry Taplin (Godwin), Karen Westwood (Fanny), Bibí Andersen (Fornarina), José María Pou (Oficial aduana), Aitana Sánchez-Gijón (Teresa Guiccioli). 126 Min. E 1987.

REQUIEM FÜR EINE ROMANTISCHE FRAU. (REQUIEM FOR A ROMANTIC WOMAN). *Drehbuch:* Hans Magnus Enzensberger. *Regie:* Dagmar Knöpfel. *Darsteller:* Sylvester Groth (Clemens Brentano), Janina Sachau (Auguste Bußmann), Jeanette Hain (Bettina Brentano), Felix von Manteuffel (Simon Moritz Bethmann), Anian Zollner (Achim von Arnim), Edgar Selge (Friedrich Karl von Savigny), Renée Dumont (Jakob Grimm), Max Urlacher (Wilhelm Grimm). 100 Min. D 1999.

RÊVES D'AMOUR. (LOVE DREAMS). *Drehbuch:* René Fauchois. *Regie:* Christian Stengel. *Darsteller:* Pierre Richard-Willm (Franz Liszt), Mila Parély (George Sand), Annie Ducaux (Marie D'Agoult), Louis Seigner (Le comte d'Agoult), Jules Berry (Belloni), Daniel Lecourtois (Ronchaud), Jean d'Yd (Cadolle), Guy Decomble (Hurau). 119 Min. F 1947.

ROBINSON SOLL NICHT STERBEN. *Drehbuch:* Emil Burri, Johannes Mario Simmel (nach dem gleichnamigen Bühnenstück von Friedrich Forster). *Regie:* Josef von Baky. *Darsteller:* Romy Schneider (Maud), Horst Buchholz (Tom), Erich Ponto (Daniel Defoe), Magda Schneider (Mrs. Cantley), Elisabeth Flickenschildt (Miss Hackett), Mathias Wiemann (King George II.), Gustav Knuth (Carlton Heep), Rudolf Vogel (Mr. Herodes Pum), Gert Fröbe (Mr. Gillis), Günther Lüders (Mr. Drinkwater). 97 Min. BRD 1956.

LE ROI DANSE. (DER KÖNIG TANZT). *Drehbuch:* Andrée Corbiau, Gérard Corbiau, Ève de Castro, Didier Decoin (nach der Biographie »Lully ou le musicien du soleil« von Philippe Beaussant). *Regie:* Gérard Corbiau. *Darsteller:* Benoît Magimel (Louis XIV.), Boris Terral (Jean-Baptiste Lully), Tchéky Karyo (Molière), Colette Emmanuelle (Anne d'Autriche), Cécile Bois (Madeleine), Claire Keim (Julie), Johan Leysen (Cambert), Idwig Stephane (Prince de Conti), Jacques François (Cambefort), Caroline Veyt (Armande Béjart), Ingrid Rouif (Mme de Montespan). 115 Min. F/D/B 2000.

ROT IST DIE LIEBE. *Drehbuch:* Karl Hartl (nach dem Roman »Das zweite Gesicht« von Hermann Löns). *Regie:* Karl Hartl. *Darsteller:* Dieter Borsche (Hermann Löns), Cornell Borchers (Rosemarie von der Flühe), Barbara Rütting (Lisa

Löns), Susanne Cramer (Annemieken), Renate Mannhardt (Heidekrugwirtin Dröge), Günther Lüders (Heidekarl), Thomas Reiner (Prinz Niko), Thea Thiele (Tante des Prinzen), Wolfgang Forester (Jagdpächter Möhrmann), Margarethe Andersen (Haushälterin Luise). 90 Min. BRD 1956.

Rouge Venise. (Rosso Veneziano). *Drehbuch:* Etienne Périer, Matthew Pollack, Luciano Vincenzoni (nach einer Erzählung von Georges Garone). *Regie:* Etienne Périer. *Darsteller:* Vincent Spano (Carlo Goldoni), Wojciech Pszoniak (Antonio Vivaldi), Isabel Russinova (Nicoletta), Massimo Dapporto (Tiepolo), Victor Lanoux (Le grand inquisiteur), Andréa Ferréol (Princesse Hortense), Yorgo Voyagis (Torelli), Catherine Lachens (La Giro), Valérie Mairesse (Célia), Galeazzo Benti (Silvio Conio), Stéphane Bierry (Secrétaire de l'inquisiteur), Alain Doutey (Chiari), Etienne Périer (Pisani). 120 Min. I/F 1989.

Sade. *Drehbuch:* Jacques Fieschi, Bernard Minoret (nach einer Erzählung von Serge Bramly). *Regie:* Benoît Jacquot. *Darsteller:* Daniel Auteuil (Marquis de Sade), Marianne Denicourt (Marie-Constance), Isild le Besco (Emilie), Gregoire Colin (Fournier), Jeanne Balibar (Madame Santero). 94 Min. F 2001.

Saint-Cyr. (Die Schule der verlorenen Mädchen). *Drehbuch:* Patricia Mazuy, Yves Thomas (nach dem Roman »La maison d'Esther« von Yves Dangerfield). *Regie:* Patricia Mazuy. *Darsteller:* Isabelle Huppert (Madame de Maintenon), Jean-Pierre Kalfon (Louis XIV.), Simon Reggiani (The Abbot), Jean-François Balmer (Jean Racine), Anne Marev (Madame de Brinon), Ingrid Heiderscheidt (Sylvine de la Maisonfort), Nina Meurisse (Lucie de Fontenelle), Morgane Moré (Anne de Grandcamp), Bernard Waver (Gobelin), Jérémie Renier (François de Réans). 119 Min. F/D/BE 2000.

Scardanelli. (Hölderlin-Trilogie 3). *Drehbuch:* Harald Bergmann. *Regie:* Harald Bergmann. *Darsteller:* André Wilms (Scardanelli), Walter Schmidinger (Sprecher), Geno Lechner (Lotte Zimmer), Gertrud Fritz (Zeugin Lotte Zimmer), Baki Davrak (Wilhelm Waiblinger), Jürgen Lehmann (Christoph Schwab), Udo Kroschwald (Ernst Zimmer), John Chambers (Maskenspieler), Hans Treichler (Erzähler 1), Egon Schäfer (Erzähler 2), Ernst Specht (Zeuge Waiblinger), Heinz E. Hirscher (Heinz E. Hischer). 111 Min. D 2000.

Die schwedische Nachtigall. *Drehbuch:* Gert von Klass, Per Schwenzen (nach dem Drama »Gastspiel in Kopenhagen« von Friedrich Forster-Burggraf). *Regie:* Peter Paul Brauer. *Darsteller:* Ilse Werner (Jenny Lind), Joachim Gottschalk (Hans Christian Andersen), Karl Ludwig Diehl (Staatsminister Graf Rantzau), Aribert Wäscher (Peer Upän), Hans Leibelt (Theaterdirektor), Marianne Simson (Karin Nielsson), Emil Heß (Thorwaldsen), Hans Herman (Kapellmeister Schaufuß), Volker von Collande (Jennys Verlobter Olaf Larsson), Ernst Sattler (Jennys Vater Axel Lind). 97 Min. D 1941.

Shadowlands. *Drehbuch:* William Nicholson nach seinem gleichnamigen Drama. *Regie:* Richard Attenborough. *Darsteller:* Anthony Hopkins (Jack Lewis), Edward Hardwicke (Warnie Lewis), John Wood (Christopher Riley), Debra Winger (Joy Gresham), Jospeh Mazzello (Douglas Gresham). 131 Min. GB 1993.

Shakespeare in Love. *Drehbuch:* Marc Normann, Tom Stoppard. *Regie:* John Madden. *Darsteller:* Joseph Fiennes (William Shakespeare), Gwyneth Paltrow (Lady Viola), Geoffrey Rush (Philip Henslowe), Colin Firth (Earl of Wessex),

Ben Affleck (Ned Alleyn), Judi Dench (Queen Elizabeth I.). 119 Min. USA/GB 1998.

Les soeurs Brontë. (The Bronte Sisters). *Drehbuch:* André Téchiné, Pascal Bonitzer, Jean Gruault. *Regie:* André Téchiné. *Darsteller:* Marie-France Pisier (Charlotte Brontë), Isabelle Adjani (Emily Brontë), Isabelle Huppert (Anne Brontë), Patrick Magee (Reverend Patrick Brontë), Pascal Greggory (Bramwell Brontë), Alice Sapritch (Tante), Adrien Brine (Mr. Robinson), Hélène Surgère (Mrs. Robinson), Julian Curry (Verleger), Roland Barthes (William Makepeace Thackeray). 115 Min. F 1978.

Song of Norway. *Drehbuch:* Homer Curran, Milton Lazarus, Andrew L. Stone. *Regie:* Andrew L. Stone. *Darsteller:* Torval Maursted (Edvard Grieg), Florence Henderson (Nina Hagerup Grieg), Frederick Jaeger (Henrik Ibsen), Henry Gilbert (Franz Liszt), Frank Porretta (Rikard Nordraak), Christina Schollin (Therese Berg), Aline Towne (Mrs. Thoresen). 142 Min. USA 1970.

A Song to Remember. (Le Chanson du souvenir). *Drehbuch:* Sidney Buchman. *Regie:* Charles Vidor. *Darsteller:* Paul Muni (Professor Elsner), Merle Oberon (George Sand), Cornel Wilde (Frédéric Chopin), Stephen Bekasay (Chopin père), George Macready (Alfred de Musset), Howard Freeman (Franz Liszt), Nina Foch (Constantina). 113 Min. USA 1945.

Song Without End. *Drehbuch:* Oscar Millard. *Regie:* Charles Vidor, George Cukor. *Darsteller:* Dirk Bogarde (Franz Liszt), Capucine (Princess Carolyne), Geneviève Page (Countess Marie), Patricia Morison (George Sand), Ivan Desny (Prince Nicholas), Martita Hunt (Grand Duchess), Lou Jacobi (Potin), Albert Rueprecht (Prince Felix Lichnowsky), Marcel Dalio (Chelard), Lyndon Brook (Richard Wagner), Alexander Davion (Chopin), Katherine Squire (Anna Liszt). 151 Min. USA 1959.

The Spectre of Edgar Allan Poe. *Drehbuch:* Kenneth Hartford, Mohy Quandour. *Regie:* Mohy Quandour. *Darsteller:* Robert Walker Jr. (Edgar Allan Poe), Paul Brvar (Mr. White), Tom Drake (Dr. Forrest), Dennis Fimple (Farron), Mary Grover (Lenore), Karen Hartford (Night Nurse), Marcia Mae Jones (Sarah), Cesar Romero (Doctor Grimaldi), Mario Milano (Grimaldi's Assistant Joseph), Carol Ohmart (Lisa Grimaldi), Frank Packard (Jonah). 89 Min. USA 1974.

Stevie. *Drehbuch:* Hugh Whitemore. *Regie:* Robert Enders. *Darsteller:* Glenda Jackson (Stevie Smith as an adult), Emma Louise Fox (Stevie Smith as a child), Mona Washbourne (Aunt), Trevor Howard (The Man), Alec McCowen (Freddy). 102 Min. GB 1978.

Sylvia. *Drehbuch:* John Brownlow. *Regie:* Christine Jeffs. *Darsteller:* Gwyneth Paltrow (Sylvia Plath), Daniel Craig (Ted Hughes), Jared Harris (Al Alvarez), Blythe Danner (Aurelia Plath), Michael Gambon (Professor Thomas), Amira Casar (Assia Wevill), Andrew Havill (David Wevill), Lucy Davenport (Doreen). 110 Min. GB 2003.

Theodor Körner. Ein deutsches Heldenlied. *Drehbuch:* Franz Rauch. *Regie:* Carl Boese. *Darsteller:* Willi Domgraf-Faßbaender (Theodor Körner), Lissy Arna (Eleonore von Prohaska), Sigurd Lohde (Major von Lützow), Maria Meißner (Frau von Lützow), Wolfgang von Schwind (Turnvater Jahn), Curt Max

Richter (Helfritz), Heinz Klingenberg (Friesen), Josef Peterhans (Humboldt), Ludwig Trautmann (Körners Vater), Martha Maria Newes (Körners Mutter). 80 Min. D 1932.

Theodor Körner. Von der Wiege bis zur Bahre. (Theodor Körner. Historisches Lebensbild). *Drehbuch:* Franz Porten, Gerhard Dammann. *Regie:* Gerhard Dammann, Franz Porten. *Darsteller:* Friedrich Feher (Theodor Körner), Thea Sandten (Toni Adamberger), Hermann Seldeneck (Major Lützow). 57 Min. D 1912.

Three Came Home. *Drehbuch:* Nunnally Johnson (nach der Autobiographie von Agnes Newton Keith). *Regie:* Jean Negulesco. *Darsteller:* Claudette Colbert (Agnes Newton Keith), Florence Desmond (Betty Sommers), Sessue Hayakawa (Colonel Suga), Patric Knowles (Harry Keith). 106 Min. USA 1950.

Tom & Viv. (Tom & Viv. Die Geschichte des T. S. Eliot). *Drehbuch:* Michael Hastings, Adria Hodges. *Regie:* Brian Gilbert. *Darsteller:* Willem Defoe (T. S. Eliot), Miranda Richardson (Vivienne). 125 Min. GB/USA 1993.

Total Eclipse. *Drehbuch:* Christopher Hampton. *Regie:* Agnieszka Holland. *Darsteller:* Leonardo DiCaprio (Arthur Rimbaud), David Thewlis (Paul Verlaine), Romane Bohringer (Mathilde Verlaine), Dominique Blanc (Isabelle Rimbaud), Nita Klein (Rimbaud's Mother), James Thiérrée (Frederic), Emmanuelle Oppo (Vitalie). 107 Min. F/GB/BE/I 1995.

Treffen in Travers. *Drehbuch:* Michael Gwisdek (nach einem Szenario von Thomas Knauf und der gleichnamigen Novelle von Fritz Hofmann). *Regie:* Michael Gwisdek. *Darsteller:* Hermann Beyer (Georg Forster), Corinna Harfouch (Therese Forster), Uwe Kockisch (Ferdinand Huber), Susanne Bormann (Röschen Forster), Lucie Gebhardt (Klärchen Forster), Astrid Krenz Liese (Kindermädchen), Peter Dommisch (Wirt Lionidas), Heide Kipp (Wirtin Marthe), Wolf-Dietrich Köllner (Staatsrat Rougemont), Andreas Schneider (Gendarm Jean Claude), Hark Bohm (Bürgermeister). 101 Min. DDR 1989.

La Tregua. (Die Atempause). *Drehbuch:* Tonino Guerra (nach der gleichnamigen Autobiographie von Primo Levi). *Regie:* Francesco Rosi. *Darsteller:* John Turturro (Primo Levi), Rade Serbedzija (The Greek), Massimo Ghini (Cesare), Stefano Dionisi (Daniele), Teco Celio (Col. Rovi), Roberto Citran (Unverdorben), Claudio Bisio (Ferrari), Andy Luotto (D'Agata), Agnieszka Wagner (Galina), Lorenza Indovina (Flora), Marina Gerasimenko (Maria Fyodorovna), Igor Bezgin (Yegorov), Aleksandr Ilyin (The Mongol), Vyacheslav Olkhovskiy (Lt. Sergei), Anatoli Vasilyev (Dr. Gotlieb). 110 Min. I/F/D/CH 1996.

Un viaggio chiamato amore. (A Journey Called Love). *Drehbuch:* Michele Placido, Diego Ribon, Heidrun Schleef (nach Briefen von Sibilla Aleramo und Dino Campana). *Regie:* Michele Placido. *Darsteller:* Laura Morante (Sibilla Aleramo), Stefano Accorsi (Dino Campana), Alessandro Haber (Andrea), Galatea Ranzi (Leonetta), Diego Ribon (Emilio), Katy Louise Saunders (Young Sibilla). 96 Min. I 2002.

Una Stagione all'inferno. (Une saison en enfer). *Drehbuch:* Raffaele la Capria, Nelo Risi. *Regie:* Nelo Risi. *Darsteller:* Terence Stamp (Rimbaud), Jean-Claude Brialy (Verlaine), Florinda Bolkan (Gennet), Nike Arrighi, Pier Paolo Capponi. 130 Min. I/F 1971.

UNGE ANDERSEN. (YOUNG ANDERSEN). *Drehbuch:* Rumle Hammerich, Ulf Stark. *Regie:* Rumle Hammerich. *Darsteller:* Simon Dahl Thaulow (H. C. Andersen), Peter Steen (old H. C. Andersen), Lise Stegger (Mother), Per Oscarsson (Andersen's grandfather), Henning Jensen (Mr. Meisling), Puk Scharbau (Mrs. Meisling), Lars Brygmann (Mr. Collin), Steen Stig Lommer (Oehlenschläger), Tuva Novotny (Henriette), Troels II Munk (Olsen), Peter Hesse Overgaard (Rahbek), Gert Vindahl (Wulff), Stine Fischer Christensen (Sofie). 110 Min. DK/N/S 2005.

THE VAGABOND KING. *Drehbuch:* Herman J. Mankiewicz (nach dem Musical von Brian Hooker/William H. Post und dem Drama »If I Were King« von Justin Huntly McCarthy). *Regie:* Ludwig Berger. *Darsteller:* Dennis King (François Villon), Jeanette MacDonald (Katherine), O. P. Heggie (King Louis XI.), Lillian Roth (Huguette), Warner Oland (Thibault), Arthur Stone (Oliver the barber), Tom Ricketts (The Astrologer), Lawford Davidson (Tristan), Christian J. Frank (Executioner). 104 Min. USA 1930.

THE VAGABOND KING. *Drehbuch:* Ken Englund, Noel Langley (nach dem Musical von Brian Hooker / William H. Post und dem Drama »If I Were King« von Justin Huntly McCarthy). *Regie:* Michael Curtiz. *Darsteller:* Kathryn Grayson (Catherine de Vaucelles), Oreste Kirkop (François Villon), Rita Moreno (Huguette), Cedric Hardwicke (Tristan), Walter Hampden (King Louis XI.), Leslie Nielsen (Thibault), William Prince (René), Jack Lord (Ferrebone), Billy Vine (Jacques), Harry McNaughton (Colin). 86 Min. USA 1956.

VOLTAIRE. *Drehbuch:* Paul Green, Maude T. Howell (nach einer Vorlage von George Gibbs und E. Lawrence Dudley). *Regie:* John G. Adolfi. *Darsteller:* George Arliss (Voltaire), Doris Kenyon (Mme. Pompadour), Margaret Lindsay (Nanette Calas), Alan Mowbray (Count De Sarnac), Reginald Owen (King Louis XV.), Theodore Newton (Francois), Gordon Westcott (The Captain), David Torrence (Dr. Tronchin), Murray Kinnell (Emile), Doris Lloyd (Mme. Clairon). 72 Min. USA 1933.

WAITING FOR THE MOON. (WARTEN AUF DEN MOND). *Drehbuch:* Mark Magill. *Regie:* Jill Godmilow. *Darsteller:* Linda Bassett (Gertrude Stein), Linda Hunt (Alice Toklas), Jaques Boudet (Guillaume Apollinaire), Bernadette Lafont (Fernande Olivier), Andrew McCarthy (Henry Hopper), Bruce McGill (Ernest Hemingway). 88 Min. GB/F/USA/BRD 1987.

WILDE. (OSCAR WILDE). *Drehbuch:* Julian Mitchell nach der Biographie von Richard Ellmann. *Regie:* Brian Gilbert. *Darsteller:* Stephen Fry (Oscar Wilde), Jude Law (Lord Alfred ›Bosie‹ Douglas), Vanessa Redgrave (Lady Speranza Wilde), Jennifer Ehle (Constance Lloyd Wilde), Gemma Jones (Lady Queensberry), Judy Parfitt (Lady Mount-Temple), Michael Sheen (Robbie Ross), Zoë Wanamaker (Ada Leverson), Tom Wilkinson (Marquess of Queensberry). 112 Min. GB 1997.

WILDFEUER. *Drehbuch:* Jochen Baier, Reinhard Kloos. *Regie:* Jo Baier. *Darsteller:* Anica Dobra (Emerenz Meier), Josef Bierbichler (Helmberger), Karl Tessler (Gottfried), Johannes Thanheiser (Pankratz), Branko Samarovski (Meier), Eva Hörbiger (Meierin), Gerald Forstmaier (Franzl), Fred Stillkrauth (Einarmiger Bauer), George Meyer-Goll (Kapitän), Sepp Schauer (Triftsmeister). 105 Min. D 1991.

Wojaczek. *Drehbuch:* Lech Majewski, Maciej Melecki. *Regie:* Lech Mejewski. *Darsteller:* Krzysztof Siwczyk (Rafal Wojaczek), Dominika Ostalowska (Teresa), Andrzej Mastalerz (Wiktor Sierpien). 90 Min. PL 1999.

The Wonderful World of the Brothers Grimm. *Drehbuch:* Charles Beaumont, William Roberts. *Regie:* Henry Levin, George Pal. *Darsteller:* Laurence Harvey (Wilhelm Grimm / The Cobbler), Karlheinz Böhm (Jacob Grimm), Claire Bloom (Dorothea Grimm), Walter Slezak (Stossel), Barbara Eden (Greta Heinrich), Oskar Homolka (The Duke), Arnold Stang (Rumpelstiltskin), Martita Hunt (Story Teller), Betty Garde (Miss Bettenhausen), Bryan Russell (Friedrich Grimm), Ian Wolfe (Gruber), Tammy Marihugh (Pauline Grimm), Cheerio Meredith (Mrs. von Dittersdorf), Walter Rilla (Priest), Yvette Mimieux (The Princess). 135 Min. USA 1962.

Yo, la peor de todas. (I, the Worst of All). *Drehbuch:* María Luisa Bemberg, Antonio Larreta (nach dem Roman »Sor Juana Inés de la Cruz« von Octavia Paz). *Regie:* María Luisa Bemberg. *Darsteller:* Assumpta Serna (Juana Inés de la Cruz), Dominique Sanda (La Virreina), Héctor Alterio (The Viceroy), Lautaro Murúa (Archbishop), Graciela Araujo (Sister Ursula), Alberto Segado (Father Miranda), Gerardo Romano (Siguenza), Franklin Caicedo (Santa Cruz). 105 Min. AR 1990.

Young Cassidy. *Drehbuch:* John Whiting (nach der Autobiographie »Mirror in My House« von Sean O'Casey). *Regie:* Jack Cardiff, John Ford. *Darsteller:* Rod Taylor (Sean Cassidy / Sean O'Casey), Flora Robson (Mrs. Cassidy), Edith Evans (Lady Gregory), Michael Redgrave (William Butler Yeats), Julie Christie (Daisy Battles), Maggie Smith (Nora), Jack MacGowran (Archie), Pauline Delaney (Bessie Ballynoy), Philip O'Flynn (Mick Mullen). 110 Min. GB/USA 1965.

Yunost' poeta. (Юность поэта / Young Pushkin) *Drehbuch:* Alexander Slonimsky. *Regie:* Abram Naroditsky. *Darsteller:* V. Lisovsky (Alexander Pushkin), Vera Ivashova (Natasha), L. Mazin (Komovsky), I. Paramonov (Kuchelbecker), A. Maruzin (Pushtchin), Konstantin Smirnov (Yakovlev), K. Sushkovich (Sorchakov). 85 Min. SU 1937.

Zhizn' i smert' A. S. Pushkina. (Жизнь и смерть А. С. Пушкина / Life and Death of Alexander Pushkin). *Drehbuch:* Vasili Goncharov. *Regie:* Vasili Goncharov. *Darsteller:* V. Krivtsov (Pushkin). ca. 8 Min. RUS 1910.

9. Abbildungsverzeichnis

10. Personenregister